Chemie, Physik und Technologie der Kunststoffe
in Einzeldarstellungen
Herausgegeben von K. A. Wolf

9

Acryl- und Methacrylverbindungen

Harald Rauch-Puntigam
Theodor Völker

Mit 24 Abbildungen

Springer-Verlag Berlin · Heidelberg · New York 1967

Dr. phil. Harald Rauch-Puntigam

Forschungslaboratorium der Vianova-Kunstharz AG., Graz/Österreich

Dr. phil. Theodor Völker

Forschungslaboratorium der Lonza AG., Fribourg/Schweiz

ISBN-13: 978-3-642-46058-6 e-ISBN-13: 978-3-642-46057-9
DOI: 10.1007/978-3-642-46057-9

Softcover reprint of the hardcover 1st edition 1967

Titel Nr. 4309

Vorwort

Die Autoren dieser Monographie stellten sich die Aufgabe, einen Überblick über das Gebiet der monomeren und polymeren Acryl- und Methacrylverbindungen zu geben. Da bei Polyacryl- und Polymethacrylverbindungen im Gegensatz zu den meisten anderen synthetischen Hochpolymeren wegen der Vielzahl der Monomeren die chemischen Probleme im Vordergrund stehen, wurde besonders auf das chemische Verhalten der einzelnen Vertreter eingegangen und auch die Bildungsweisen der Monomeren ausführlicher behandelt.

Die Physik der Polymerisate ist auf wenige Hinweise beschränkt; eingehende Darstellungen finden sich bereits in den Bänden 6 und 7 der vorliegenden Reihe sowie in Band 3 und 4 der Reihe „Die Physik der Hochpolymeren" im gleichen Verlag.

Die ersten Abschnitte dieses Buches bringen die Herstellung und die Reaktionen der Monomeren, es folgen Analytik und Umgang mit den Rohstoffen und ein Kapitel über die physikalischen Eigenschaften der Monomeren, die in mehreren Tabellen zusammengefaßt sind.

Die Herstellung der Monomeren durch Oxydation von Olefinen gewinnt immer mehr an Bedeutung, weshalb diesen modernen Verfahren ein besonderes Kapitel mit einer ausführlichen Literaturzusammenstellung gewidmet ist.

Durch die vorliegende Einteilung sollte das Gemeinsame der Acryl- und Methacrylverbindungen besonders betont und Überschneidungen vermieden werden.

An den Monomerenteil schließen sich die Kapitel über Polymerisation im allgemeinen und über die einzelnen Polymerisate an.

Wir haben uns bemüht, ein möglichst umfassendes Bild über den Stand der heutigen Acrylatchemie zu geben, wobei der Leser durch die zahlreichen Literaturzitate die Möglichkeit hat, an ihn speziell interessierenden Stellen noch in die Tiefe zu gehen.

Die Literatur wurde bis Anfang 1965 möglichst erfaßt und unter dem Gesichtspunkt der chemischen Praxis und technologischen Anwendung ausgewertet. Da einige moderne Verfahren (z. B. zur Monomerenherstellung) auf alte Ideen zurückgreifen, schien es uns zweckmäßig, gelegentlich auch auf einige ältere Methoden hinzuweisen.

Wir möchten betonen, daß die in dieser Monographie erwähnten Markenbezeichnungen und Firmennamen nur zur Illustration dienen und keinen Anspruch auf Vollständigkeit erheben. Werden die Eigenschaften einzelner Markenprodukte in Tabellenform gebracht, so sollen sie als Beispiele aufgefaßt werden; die Streubreite der Werte vergleichbarer Produkte verschiedener Hersteller ist meist gering.

Bei der Abfassung dieses Buches haben uns die Chemischen Firmen BASF, Bayer, Degussa, Escambia, Montecatini, Resart, Rohm & Haas Co., Ugilor, Union Carbide Corp. und die Maschinenfabriken Alpine, Brückner-Trocknerbau, Kleinewefers, Reifenhäuser und Paul Troester durch Auskünfte, Unterlagen, Sonderdrucke und Abbildungen geholfen, weshalb wir ihnen auch an dieser Stelle bestens danken möchten. Unser Dank gebührt ferner den zahlreichen Kollegen, die uns durch Hinweise und Überlassung von Veröffentlichungen unterstützt haben und besonders Herrn Dipl.-Ing. W. DAIMER für das Lesen der Korrektur und sachdienliche Kritik.

Dem Springer-Verlag, insbesondere Herrn Dr. H. MAYER-KAUPP, danken wir für die gute und vertrauensvolle Zusammenarbeit, dem Herausgeber der Sammlung „Chemie, Physik und Technologie der Kunststoffe in Einzeldarstellungen", Herrn Prof. Dr. K. A. WOLF, für viele wertvolle Ratschläge.

Schließlich dankt der Erstgenannte der Vianova-Kunstharz A. G., Graz, besonders Herrn Dir. Doz. Dr. F. HANUS, der Zweitgenannte der Lonza A. G., Basel, besonders Herrn Dir. Dr. E. STIRNEMANN, für die Genehmigung zur Abfassung dieser Monographie und die Förderung unserer Arbeit.

Graz (Österreich) HARALD RAUCH-PUNTIGAM

Fribourg (Schweiz) THEODOR VÖLKER

Mai 1965

Inhaltsverzeichnis

Abkürzungen von Firmennamen

BASF	Badische Anilin- und Sodafabrik A.G., Ludwigshafen am Rhein.	DuPont	E. I. DuPont de Nemours & Co., Wilmington.
Bayer	Farbenfabriken Bayer A.G., Leverkusen.	Hoechst	Farbwerke Hoechst A.G., vorm. Meister Lucius & Brüning, Frankfurt a. M.-Hoechst.
Ciba	Chemische Industrie Basel A.G.	I. C. I.	Imperial Chemical Industries Ltd., Manchester.
C. W. H.	Chemische Werke Hüls A.G., Marl/Kreis Recklinghausen.	I. G.	I. G. Farbenindustrie A.G.
Degussa	Deutsche Gold- und Silberscheideanstalt vorm. Roessler A.G., Frankfurt a. M.	Montecatini	Società Generale per l'Industria Mineraria e Chimica, Mailand.
		Resart	Resart-Ges., Kalkhof & Rose, Chem. Fabrik, Mainz am Rhein.

Abkürzungen von Fachbüchern

Houben-Weyl-Müller	HOUBEN-WEYL-MÜLLER: Methoden der organischen Chemie, 4. Auflage. Stuttgart: Georg Thieme Verlag.	Ullmann	Ullmanns Encyklopädie der technischen Chemie, 3. Auflage. München-Berlin: Verlag Urban & Schwarzenberg.

Abkürzungen von Fachbezeichnungen

cal	Calorie	e-Wert[1]	
cm	Centimeter	Fp	Schmelzpunkt
conz.	konzentriert	g	Gramm
cps	Centipoise	Gew.-%	Gewichtsprozent
cst	Centistoke	Hz	Hertz
D_4^{20}	Dichte bei 20° bezogen auf Wasser von 4°	kcal	Kilocalorie
		kg	Kilogramm

[1] ALFREY jr., T., and C. C. PRICE: J. Polymer Sci. 2, 101 (1947); L. KÜCHLER: Polymerisationskinetik, S. 186. Berlin-Göttingen-Heidelberg: Springer-Verlag 1951.

Abkürzungen von Fachbezeichnungen (Fortsetzung)

Kp_{750}	Siedepunkt bei 750 Torr	pH	negativer dekadischer Logarithmus der Wasserstoffionenaktivität
kV	Kilovolt		
l	Liter		
LD_{50}	Letale Dosis (50% der Versuchstiere innerhalb von 14 Tagen ex)	ppm	parts per million
		prim.	primär
		ps	Poise
M	Molekulargewicht	Q-Wert[1]	
m	Meter	Q_v	Verbrennungswärme bei konstantem Volumen
MAK	Maximale Arbeitsplatz-Konzentration gesundheitsschädlicher Stoffe	sec.	Sekunden; sekundär
		st	Stoke
Me	Metall (in Formeln)	SZ	Säurezahl (s. S. 130)
mg	Milligramm	tert.	tertiär
ml	Milliliter	V	Volt
mm	Millimeter	VZ	Verseifungszahl (s. S. 131)
n	normal	μ	10^{-3} mm
n_D^{20}	Brechungsindex bei 20°	Ω	Ohm
p. a.	pro analysi		

[1] ALFREY jr., T., and C. C. PRICE: J. Polymer Sci. 2, 101 (1947); L. KÜCHLER: Polymerisationskinetik, S. 186. Berlin-Göttingen-Heidelberg: Springer-Verlag 1951.

Acryl- und Methacrylverbindungen

1 Einleitung

Unter *Acrylverbindungen* versteht man Verbindungen, die sich von der Acrylsäure (Propensäure) ableiten. Als wichtigste Vertreter seien genannt:

$CH_2{=}CH{-}COOH$	Acrylsäure
$CH_2{=}CH{-}CN$	Acrylnitril
$CH_2{=}CH{-}COOR$	Acrylsäureester
$CH_2{=}CH{-}CONH_2$	Acrylsäureamid (Acrylamid)
$CH_2{=}CH{-}CHO$	Acrolein.

Durch Reaktion an der Carboxyl-, Nitril-, Ester-, Aldehyd- oder Amidgruppe ist eine große Zahl von weiteren Verbindungen zugänglich, die zum Teil auch technisches Interesse besitzen.

Die Vinyldoppelbindung kann ebenfalls zahlreiche Additionsaktionen eingehen, von denen die Polymerisationsreaktionen die größte Bedeutung haben.

Der Ersatz des α-Wasserstoffatoms durch verschiedene organische Reste (beispielsweise Alkyle, Halogene oder die Nitrilgruppe) liefert Verbindungen, die im Polymerisationsverhalten gegenüber den oben erwähnten Acrylaten infolge Beeinflussung der Polarisierbarkeit der Doppelbindung und infolge sterischer Faktoren graduelle Unterschiede zeigen. Tritt die Methylgruppe an Stelle des α-Wasserstoffatoms, so gelangt man zur Klasse der *Methacrylverbindungen*, die besonders bei den Thermoplasten bzw. Thermoelasten große Bedeutung besitzt.

$CH_2{=}\overset{\overset{\displaystyle CH_3}{|}}{C}{-}COOH$	Methacrylsäure
$CH_2{=}\overset{\overset{\displaystyle CH_3}{|}}{C}{-}CN$	Methacrylnitril
$CH_2{=}\overset{\overset{\displaystyle CH_3}{|}}{C}{-}COOR$	Methacrylsäureester
$CH_2{=}\overset{\overset{\displaystyle CH_3}{|}}{C}{-}CONH_2$	Methacrylsäureamid (Methacrylamid)
$CH_2{=}\overset{\overset{\displaystyle CH_3}{|}}{C}{-}CHO$	Methacrolein

Auch bei den Methacrylaten sind sowohl die Vinylgruppe als auch die zweite funktionelle Gruppe reaktiv, allerdings meist etwas schwächer als bei den entsprechenden Acrylaten.

Durch diese große Ähnlichkeit im chemischen Verhalten findet sich im technischen Sprachgebrauch oft die Bezeichnung „Acrylate" (im englischen Sprachraum „acrylics") sowohl für Acryl- als auch für Methacrylverbindungen. Wenn sich Acryl- und Methacrylverbindungen gleich verhalten, so wird in diesem Buch die Schreibweise *(Meth)acrylverbindungen* bzw. *Poly(meth)acrylverbindungen* gewählt.

β-Substituierte Acrylsäurederivate wie Crotonsäure, Zimtsäure, Citraconsäure, Maleinsäure und deren andere mehr zeigen hingegen insbesondere beim Polymerisieren ein völlig andersartiges Verhalten. Diese Monomeren werden deshalb in der Literatur bei vergleichenden Betrachtungen getrennt behandelt und gehören nicht in die umfangreiche Familie der verschiedensten Acrylverbindungen.

Die *Acrylsäure* ist schon seit über hundert Jahren als Oxydationsprodukt von Acrolein bekannt und man beschäftigte sich auch schon im vorigen Jahrhundert mit der Chemie ihrer Salze und Ester. 1873 fanden W. Caspary und B. Tollens[1], daß *Acrylsäureallylester* zu einem klaren, harten, durchsichtigen Körper *polymerisiert*. Auch andere Autoren[2] beschäftigten sich mit der Herstellung von (Meth)acrylverbindungen und ihrer damals kurios anmutenden Polymerisation durch Einwirkung von Licht und Wärme, die zum Teil bereits in Formen durchgeführt wurde; eine nachträgliche Formgebung wird ebenfalls erwähnt. Um die Jahrhundertwende befaßten sich O. Röhm[3] und H. v. Pechmann[4] mit einer systematischen Untersuchung der *Acrylsäureester*. Der Schüler Pechmanns, O. Röhm, gründete einige Jahre später gemeinsam mit O. Haas eine chemische Fabrik, die sich in der Folgezeit u. a. energisch mit der Bearbeitung der Acryl- und Methacrylverbindungen beschäftigte, womit die technische Entwicklung dieser Verbindungsklasse eingeleitet wurde.

In den folgenden Jahren gelang in den Laboratorien von Röhm & Haas insbesondere W. Bauer eine industriell brauchbare Acrylesterdarstellung[5] und auch eine Synthese von Methacrylsäuremethylester (1928)[6]. Historisch bedeutend sind auch die in anderen Laboratorien gefundenen ver-

---

[1] Caspary, W., und B. Tollens: A. **167**, 240 (1873).

[2] Auwers, K., und E. Köbner: B. **24**, 1935 (1891); G. W. A. Kahlbaum: B. **13**, 2348 (1880); Weger, F.: A. **221**, 61 (1883); Fichter, F.: Verb. Schweiz. Naturforsch. Ges. **88**, LVIII (1905), Nachruf für Prof. Dr. G. W. A. Kahlbaum.

[3] Röhm, O.: Diss. Tübingen 1901; vgl. B. **34**, 427 und 573 (1901).

[4] Pechmann, H. v., und O. Röhm: B. **34**, 429 (1901).

[5] DRP 571123 (1928), Schweiz. P. 144297, A. P. 1829209, F. P. 675327, E. P. 313877, Röhm & Haas A.G., W. Bauer; C. **1933** I, 4507; **1932** II, 4395; **1930** II, 1133 und **1930** II, 466.

[6] Festschrift zum 50jährigen Bestehen der Röhm & Haas G.m.b.H.; Riddle, E. H.: Monomeric Acrylic Esters; New York; Reinhold Publ. Corp. 1954.

besserten Synthesen für Acrylester durch REPPE[7], Methacrylate durch CRAWFORD[8] und Acrylnitril durch KURTZ[9], womit eine weltweite Entwicklung begann.

Der Bedarf an Methacrylatharzen und Acrylsäureestern in den USA geht aus den folgenden Zahlen[10] hervor:

USA — Bedarf an Methacrylatharzen

1958	etwa	45000 t,
1960		56000 t,
1962 (geschätzt)		70000 t,
1967 (geschätzt)		110000 t.

Die Zunahme dürfte vor allem auf den Bausektor (Verglasungen) zurückzuführen sein.

Ebenso gut beurteilt werden die Zukunftsaussichten bei den Acrylsäureestern:

1962 36000 t,
1970 etwa 70000 t.

Hier werden als Verwendungsgebiete vor allem der Anstrichsektor (Autolacke), Fußbodenpflegemittel und Lederhilfsmittel genannt.

Außer den Poly(meth)acrylsäureestern[11] haben auch die Polymerisationsprodukte des *Acrylnitrils* einen außerordentlichen Aufschwung erfahren[12]. Die Weltproduktion an Acrylfasern wurde von 1959 bis Ende 1961 um 40% gesteigert. Ebenso ist der Bedarf an den durch mechanische Zähigkeit sich auszeichnenden Copolymerisaten des Acrylnitrils mit Styrol, Styrol und Butadien oder mit Methylmethacrylat im Steigen begriffen. Um der Forderung nach großen und billigen Mengen an (Meth)acrylverbindungen zu entsprechen, setzte in den letzten Jahren in den Laboratorien der verschiedensten Chemiewerke eine intensive Forschungstätigkeit in der Suche nach Synthesewegen ein, um von petrochemischen Basisstoffen durch Oxydation zu (Meth)acrylaten zu gelangen. Die Luftoxydation von Ammoniak und Propylen zu Acrylnitril wurde erstmals im Jahre 1960 in einer Anlage der Firma Sohio Lima in Ohio technisch erfolgreich angewandt.

Die Acryl- und Methacrylverbindungen sind hauptsächlich als Polymerisate von technischem Interesse. Beachtenswert ist dabei die im Vergleich zu anderen Verbindungsklassen der Vinylreihe besondere Vielfalt im Aufbau der Polymerisate. Dies rührt erstens daher, daß die

[7] REPPE, W.: A. **582**, 1 (1953).

[8] E. P. 405699 (1932), DRP 648237 (1933) I. C. I., J. W. C. Crawford; C. **1934** II, 3128; E. P. 419457 (1933), I. C. I., J. W. C. Crawford; C. **1935** I, 1770.

[9] DRP 728767 (1939), Schweiz. P. 217478, I. G., P. Kurtz.

[10] Chem. Industrie **14**, 596 (1962).

[11] Chem. Industrie **11**, 712 (1961). — HOPFF, H.: Kunstst. **53**, 593 (1963).

[12] SHERWOOD, P. W.: Brennstoffch. **44**, 211 (1963).

Neigung zur Copolymerisation sehr ausgeprägt ist, zweitens, daß durch Reaktionen an der Säuregruppe der Monomeren eine Vielzahl von Derivaten zugänglich ist, die fast alle polymerisierbar sind und drittens, daß auch nachträglich an den reaktionsfähigen Gruppen des Makromoleküls weitere Reaktionen durchgeführt werden können, die die Eigenschaften der Moleküle entscheidend beeinflussen.

Zum Verständnis des Verhaltens der polymeren Acryl- und Methacrylverbindungen und zum Erkennen der Möglichkeiten ihres Einsatzes ist die Kenntnis der chemischen Eigenschaften der Ausgangsstoffe notwendig. Es wird daher im folgenden Abschnitt auf die Chemie der monomeren Acryl- und Methacrylverbindungen eingegangen.

2 Monomere Acryl- und Methacrylverbindungen

2.1 Darstellungen

2.1.1 Acrylsäure, deren Ester, Säurehalogenide, Anhydride und Salze

A. Herstellung von Acrylsäure aus ungesättigten Verbindungen

1. Oxydation ungesättigter Verbindungen

Wie schon in der Einleitung erwähnt wurde, bestand die erste Darstellungsweise (1843) der *Acrylsäure* in der *Oxydation* von Acrolein[1]; im Laboratorium verwendet man dabei z. B. Silberoxyd[2]. Die Oxydation gelingt ebenso mit Sauerstoff in benzolischer Lösung[3] oder in der Gasphase in Gegenwart eines Oxydationskatalysators[4]. Diese Reaktionen haben in abgeänderter Form heute wieder eine gewisse Bedeutung erlangt (vgl. S. 60). Die Säure entsteht auch bei der Oxydation von Allylalkohol[5] oder von Vinylmethylketon[5a].

$$CH_2{=}CH{-}CHO \searrow$$

$$CH_2{=}CH{-}CH_2OH \longrightarrow CH_2{=}CH{-}COOH$$

$$CH_2{=}CH{-}CO{-}CH_3 \nearrow$$

Formelschema für die Herstellung von Acrylsäure durch Oxydationsreaktionen

2. Verseifung ungesättigter Verbindungen

Zu weiteren Darstellungsmöglichkeiten für *Acrylsäure*, die von Verbindungen mit Doppelbindungen ausgehen, gehören die Verseifung von Acrylnitril, Acrylamid[6] bzw. von Acrylsäureestern.

---

[1] Redtenbacher, J.: A. **47**, 125 (1843).

[2] Law, H. D.: Soc. **1906**, 1449; A. P. 2288566 (1940) Acrolein Corp., K. M. Herstein; Chem. Abstr. **37**, 142 (1943).

[3] E. P. 373326 (1930), F. P. 713261, A. P. 1911219, Röhm & Haas A.G.; W. Bauer und P. Weisert; Chem. Abstr. **26**, 1622 (1932); **27**, 3949 (1933); C. **1932** I, 1297.

[4] E. P. 903034 (1962) The Distillers Co. Ltd., J. R. Bethell, D. J. Hadley, E. J. Gasson, and R. F. Neale.

[5] E. P. 523635 (1940) British Celanese Ltd.

[5a] F. P. 811215 (1936) Wacker Chemie G.m.b.H.; C. **1937** II, 1677.

[6] „Chemistry of Acrylamide", Firmenschrift der American Cyanamid Co. 1956.

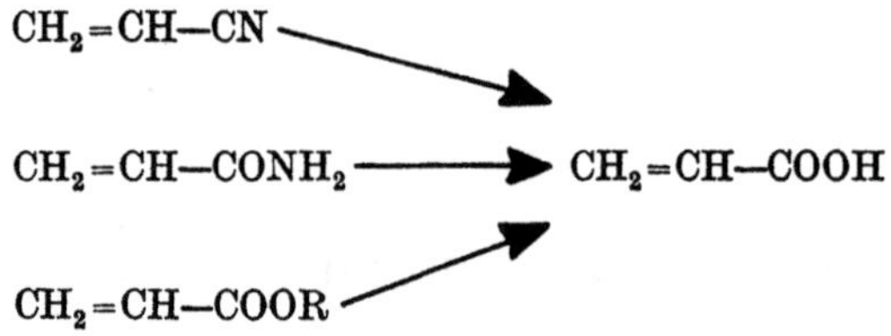

Formelschema für die Herstellung von Acrylsäure aus Acrylsäurederivaten

Zur Darstellung von *Acrylsäure* aus ihrem Methylester durch Acidolyse setzt man diesen mit Ameisensäure in Gegenwart von Schwefelsäure um und erhält schließlich *Acrylsäure* in einer Ausbeute von etwa 75%[7]:

$$CH_2{=}CH{-}COOCH_3 + HCOOH \xrightarrow{H_2SO_4} CH_2{=}CH{-}COOH + HCOOCH_3.$$

3. Spaltreaktionen ungesättigter Verbindungen

Spaltreaktionen in der Gasphase sind die Decarboxylierung von Maleinsäure oder Fumarsäure[8] oder die Pyrolyse von Acrylsäureestern, insbesondere des Isobutyl- und Äthylesters bei 500 bis 580° [9].

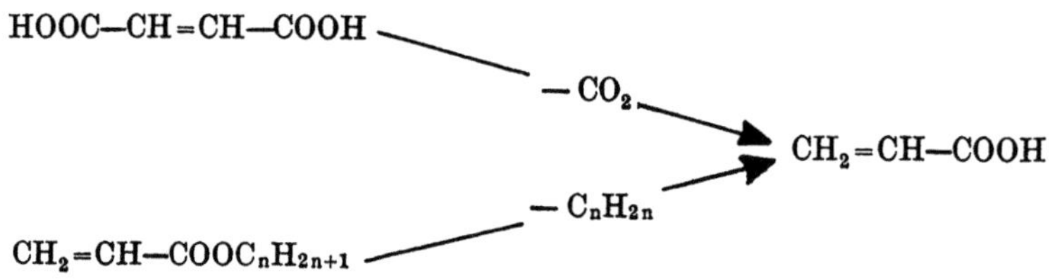

B. Herstellung von Acrylsäure aus gesättigten Propionsäurederivaten

Ist die Carboxylgruppe bereits vorhanden, so kann man die Doppelbindung durch Abspaltung von Wasser oder Alkohol aus Hydracrylsäure, Hydracrylsäureäthern und Milchsäure bzw. deren Salzen[10] oder durch

---

[7] Rehberg, C. E.: Org. Synth. **29**, 5 (1949).

[8] E. P. 933102 (1963) Esso Res. Co., V. C. E. Burnop; DRP 445565 (1925) I. G., H. Aickelin und A. Johannsen; A. P. 1953232 und 1964516 (1929) Selden Co., O. A. Jaeger; E. P. 935051 (1963) BASF; Österr. P. 201579, F. P. 1181740, E. P. 821980, Schweiz. P. 364501 (1957); Union Chimique Belge S. A., A. Verheyden und P. Ochsner.

[9] Ratchford, W. P., C. E. Rehberg, and C. H. Fisher: Am. Soc. **66**, 1864 (1944).

[10] DRP 573724 (1930) Röhm & Haas A.G., W. Bauer.; A. P. 2341663 (1939) H. Schulz; Chem. Abstr. **38**, 4272 (1944).; A. P. 1890277 (1931) Röhm & Haas A.G., W. Bauer; Chem. Abstr. **27**, 1639 (1933).; A. P. 2469 701 (1946) Am. Cyanamid Co., B. C. Redman; Chem. Abstr. **43**, 6221 (1949); DBP 1062696 (1952) Minnesota Mining, R. E. Holmen; DAS 1151501 (1959) BASF, N. v. Kutepow und H. Dörfel.

Abspaltung von Chlorwasserstoff aus α[11]- oder β-Chlorpropionsäure erzeugen[12].

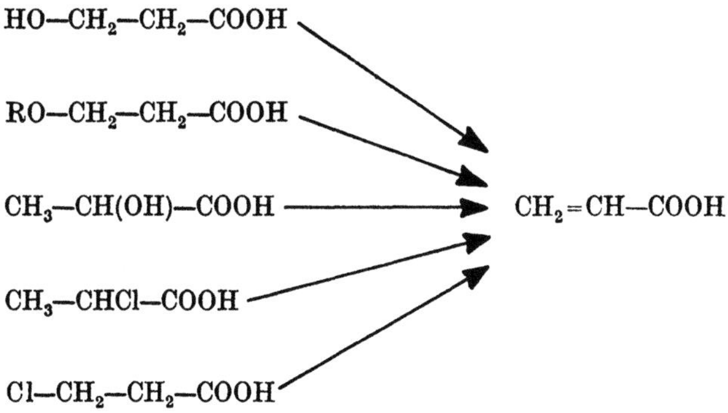

Formelschema für die Herstellung von Acrylsäure aus gesättigten Säuren durch Abspaltungsreaktionen

C. Herstellung von Acrylsäureestern aus gesättigten Propionsäureestern

Als gesättigte Ausgangsverbindungen für *Acrylsäureester* dienen α- bzw. β-monosubstituierte bzw. α, β-disubstituierte Propionsäureester.

1. Spaltreaktionen α-substituierter Propionsäureester

Bei der Chlorierung von Propionsäure entsteht vorwiegend α-Chlorpropionsäure, aus deren Estern durch Halogenwasserstoffabspaltung[13] *Acrylsäureester* erhalten werden können. Acetylierte Milchsäureester liefern bei etwa 480° Acrylsäureester. Die Ausbeute hängt wesentlich von der Estergruppe ab und ist mit 80 bis 90% beim Acetylmilchsäuremethylester am höchsten[14]. Besonders hohe Ausbeuten an *Acrylsäureestern* werden bei der thermischen Spaltung der Milchsäureesterxanthogenate erhalten[15].

---

[11] A. P. 2013648 (1933), E. P. 452658 (1935) DuPont, H. J. Barrett; C. **1936** I, 3217 und C. **1937** I, 1548; DRP 646820 (1931) Röhm & Haas A.G., W. Bauer und H. Lauth; DBP 1129 154 (1957) Minnesota Mining, R. E. Holmen und G. H. Smith.

[12] Moureu, C. u. a.: A. ch. **15**, 227 (1921); E. P. 351518 (1930) I. G.; Chem. Abstr. **26**, 2988 (1932); DRP 546141 (1928) Röhm & Haas A.G., W. Bauer; Chem. Abstr. **26**, 3261 (1932); DRP 607483 (1931) Röhm & Haas A.G., W. Bauer und H. Lauth; C. **1935** II, 1612 und Chem. Abstr. **29**, 1835 (1935).

[13] DBP 1129154 (1957) Minnesota Mining, R. E. Holmen und G. H. Smith; A. P. 2013648 (1933), E. P. 452658 (1935) DuPont, H. J. Barrett; C. **1936** I, 3217 und C. **1937** I, 1548.

[14] Rauch, M., F. Gerner und A. Wecker: Ullmann **12**, 527 (1960); Rehberg, C. E.: Am. Soc. **67**, 56 (1945); Burns, R., D. T. Jones, and P. D. Ritchie: Soc. **1935**, 400 und 714.

[15] DBP 1120444 (1956) C. H. Boehringer Sohn, W. Konz und K. Zeile.

Von Milchsäureallylester ausgehend erhält man *Acrylsäureallylester*[16].

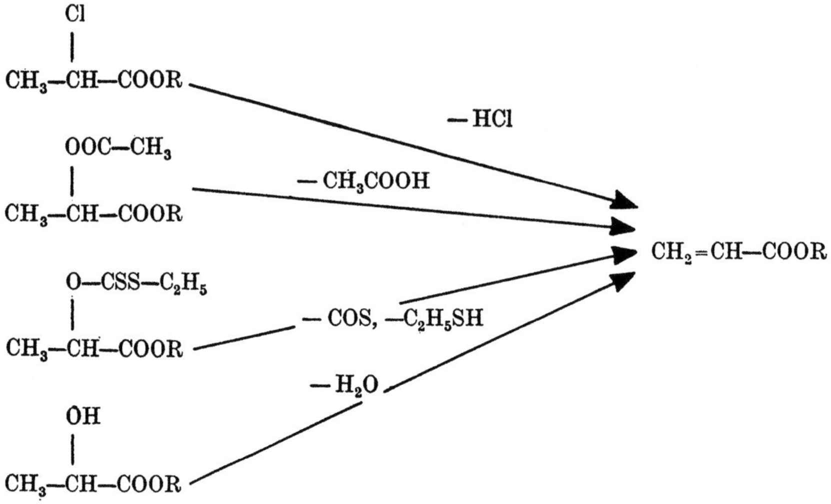

Formelschema für die Herstellung von Acrylsäureestern aus α-substituierten Propionsäureestern durch Abspaltungsreaktionen

2. Spaltreaktionen β-substituierter Propionsäureester

Aus β-Chlorpropionsäureestern gewinnt man *Acrylsäureester* durch Abspaltung von HCl mit heißer Phosphorsäure[17] oder an entsprechend beladenen Kontakten bei 200°. Die Chlorwasserstoffspaltung kann auch mit alkoholischer Kalilauge durchgeführt werden[18].

β-Chlorpropionsäureester erhält man entweder durch Anlagerung von Chlorwasserstoffgas an Acrylnitril, Verseifung mit wäßriger Salzsäure und Veresterung mit Alkohol[19] oder durch Addition von Chlorameisensäureester an Äthylen[20].

Eine weitere Möglichkeit, die technisch zum Teil noch durchgeführt wird (s. S. 12), ist die Wasserabspaltung aus Hydracylsäureestern. Man kann dabei auch von Hydracrylsäure ausgehen und diese zusammen mit einem Alkohol und Schwefelsäure erhitzen[21].

---

[16] A. P. 2462042 (1944) Libbey-Owens-Ford Glass Co., A. M. HOWALD, and J. L. JONES; A. P. 2464992 (1946) U. S. Secretary of Agriculture, C. E. REHBERG, and C. H. FISHER.

[17] DRP 571524 (1930) I. G., B. JACOBI und H. FIKENTSCHER; Chem. Abstr. **27**, 4243 (1933).

[18] A. P. 1864884 (1929) Röhm & Haas A.G., W. BAUER; Chem. Abstr. **26**, 4345 (1932).

[19] DRP 558830 (1930) I. G., H. FIKENTSCHER und B. JACOBI.

[20] A. P. 2020685 (1933) und 2028012 (1936) DuPont, E. F. IZARD, and E. E. RAID; C. **1936** I, 2439.

[21] A. P. 1890277 (1931), F. P. 707154 (1930) Röhm & Haas G.m.b.H., W. BAUER; Chem. Abstr. **26**, 479 (1932); C. **1931** II, 1754; Schweiz. P. 153190 (1929) Röhm & Haas A.G.; A. P. 2464768 (1946) Am. Cyanamid Co., R. C. Redmon; Chem. Abstr. **43**, 4288 (1949).

Für die Alkoholabspaltung aus β-Alkoxypropionsäureestern werden sauer wirkende Katalysatoren auf Trägern vorgeschlagen[22] und die Reaktion bei 300 bis 350° oder mit Säure bei 100 bis 200° durchgeführt[23].

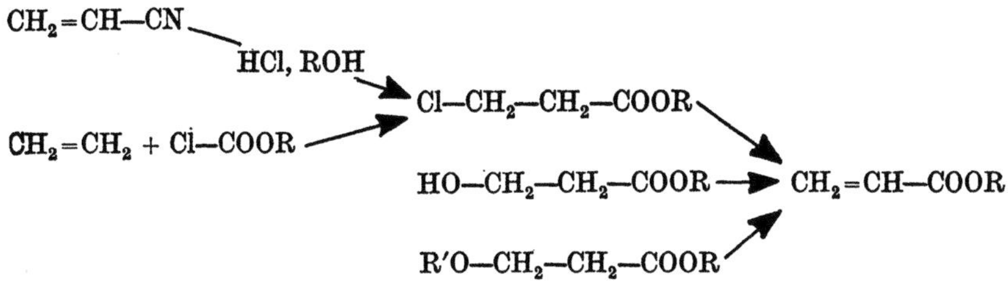

Formelschema für die Herstellung von Acrylsäureestern aus β-substituierten Propionsäureestern durch Abspaltungsreaktionen

3. Spaltreaktionen α, β-disubstituierter Propionsäureester

Aus α,β-Dihalogen-propionsäureestern wird das Halogen entweder in alkoholischer Lösung mit Zink und Schwefelsäure[24] oder mit Zink allein[25] oder mit Zink, das mit einer kleinen Menge Quecksilber oder Halogen aktiviert ist[26], abgespalten.

$$\underset{\substack{| \\ Cl}}{CH_2}—\underset{\substack{| \\ Cl}}{CH}—COOR \xrightarrow{Zn} CH_2{=}CH—COOR + ZnCl_2$$

D. Herstellung von Acrylsäureestern aus anderen Acrylverbindungen

Verwendet man bei der Herstellung von *Acrylsäureestern* ungesättigte Verbindungen als Ausgangsmaterialien, so bieten sich folgende Möglichkeiten an:

1. Acrylsäureester aus Acrylsäure

Bei der direkten Veresterung von Acrylsäure mit Alkoholen[27] oder der Umsetzung von Acrylsäure mit Epichlorhydrin, Äthylenoxyd[28],

---

[22] DRP 729342 (1938) Degussa, H. Schulz; C. **1943** I, 1219; DAS 1124482 (1958) Wacker Chemie G.m.b.H., E. Enk und F. Knörr; DBP 1124483 (1958) Wacker Chemie G.m.b.H., E. Enk und F. Knörr.

[23] F. P. 1345332 (1962) Wacker Chemie G.m.b.H.

[24] Caspary, W., und B. Tollens: A. **167**, 248 (1873).

[25] Michael, A., und O. Schulthess: J. pr. (2) **43**, 589 (1891).

[26] DRP 555933 (1929) und DRP 575423, Röhm & Haas A.G.; Chem. Abstr. **26**, 5964 (1932) und **27**, 5756 (1933).

[27] Moureu, C., M. Murat et L. Tampier: C. r. **172**, 1267 (1921); DBP 1135897 (1959) BASF, W. Baumeister und E. Haarer; DAS 1161259 (1960) BASF, H. Grassner; F. P. 1313991 (1961) Celanese Corp., W. J. Humphrey; Fikentscher, H.: Ullmann **3**, 79 (1953).

[28] DBP 1144262 (1958) Röhm & Haas G.m.b.H., T. Völker und H. Walter; DBP 1147938 (1959) Röhm & Haas G.m.b.H., T. Völker und H. Walter; E. P. 970202 (1962) The Distillers Co. Ltd.

Isoolefinen[29] oder Acetylen[30] resultieren die entsprechenden Ester. Diese auch in der Technik gebräuchlichen Verfahren werden unter 2.1.1 E. 4. nochmals behandelt.

2. Acrylsäureester aus Acrylsäurechlorid

Die Umsetzung von Acrylsäurechlorid mit Alkoholen[31] in Gegenwart säurebindender Mittel[32] ist ebenfalls beschrieben.

3. Acrylsäureester aus Acrylsäuresalzen

Um den *Acrylsäureglycidylester* zu erhalten, geht man vom Natrium- oder Kaliumsalz der Acrylsäure aus und setzt dieses mit Epichlorhydrin um[33].

4. Alkoholyse von Acrylsäureestern

Die Alkoholyse niederer Säureester (z. B. Acrylsäuremethylester)[34] hat in der Acrylsäurereihe nicht die Bedeutung wie in der Methacrylsäurereihe. Sie kann jedoch benutzt werden, um zu *höheren Estern*[35], *Estern der Aminoalkohole*[36], *Acrylsäureallylester*[37] oder *Acrylsäureestern von N-Hydroxyalkyllactamen*[38] zu gelangen. In der Literatur

---

[29] E. P. 934917 (1962) BASF.

[30] E. P. 512806 (1938) I. C. I., J. H. Brown, and J. S. Watt; DRP 728702 (1938) Röhm & Haas G.m.b.H., C. T. Kautter; F. P. 859548 und 859549 (1939) Comp. des Meules Norton.

[31] A. P. 2681897 (1950) Am. Cyanamid Co., C. Frazier, and L. E. Cadwell; E. P. 930668 (1959) Rohm & Haas Co.

[32] A. P. 1951782 (1932) Röhm & Haas A.G., W. Bauer, and H. Lauth; Chem. Abstr. 28, 3417 (1934); DRP 570955 (1933) Röhm & Haas A. G., W. Bauer und H. Lauth; Chem. Abstr. 27, 4244 (1933); Smets, G., and W. van Humbeeck: J. Polymer Sci. A 1, 1227 (1963).

[33] A. P. 2556075 (1948) Am. Cyanamid Co., J. G. Erickson; Chem. Abstr. 45, 7377 (1951).

[34] Rehberg, C. E.: Org. Synth. 26, 18 (1946); Rehberg, C. E., and C. H. Fisher: Am. Soc. 66, 1203 (1944); Rehberg, C. E., W. A. Faucette, and C. H. Fisher: Am. Soc. 66, 1723 (1944); DRP 706792 (1937) Röhm & Haas G.m.b.H., C. T. Kautter; A. P. 2109877 (1935), 2129662 (1934) und 2129667, DuPont, H. J. Barrett, and D. E. Strain; A. P. 2406561 (1943) U. S. Secretary of Agriculture, C. E. Rehberg; E. P. 581897 (1943) L. Berger & Sons Ltd., D. H. Hewitt, and F. Armitage.

[35] Rehberg, C. E.: Org. Synth. 26, 18 (1946); E. P. 960005 (1961) The Distillers Co. Ltd., A. F. E. Sims, and J. Southwood.

[36] A. P. 2138763 (1938) DuPont, G. D. Graves; DAS 1180527 (1960) Union Carbide Corp., J. W. Lynn.

[37] Rehberg, C. E., and C. H. Fisher: J. org. Chem. 12, 226 (1947).

[38] E. P. 930668 (1959) Rohm & Haas Co.

sind saure[39] und alkalische Katalysatoren[40], verschiedene Stabilisatoren[41] und verschiedene Reaktionsführungen[42] angegeben.

5. Acrylsäureester aus Acrylnitril

Um von Acrylnitril zu den höheren ungesättigten Estern zu gelangen, lagert man primär zum Schutz der Doppelbindung Alkohole an, verseift die Nitrilgruppe sauer (H_2SO_4) und verestert gleichzeitig. Durch Spuren starker Säuren wird die Alkoxygruppe wieder abgespalten[43].

Bei 320 bis 340° erhält man aus Acrylnitril, Wasser und Alkoholen beim Überleiten über Silicagel den entsprechenden *Acrylsäureester*[44] unmittelbar.

6. Acrylsäureester aus Acrylamid

Nach einem abgewandelten Verfahren der Knapsack-Griesheim A.G.[45] läßt sich *Acrylsäurebutylester* kontinuierlich aus Acrylamidsulfat mit n-Butanol und Wasser im Molverhältnis 1:2,5:10 im Gegenstrom bei

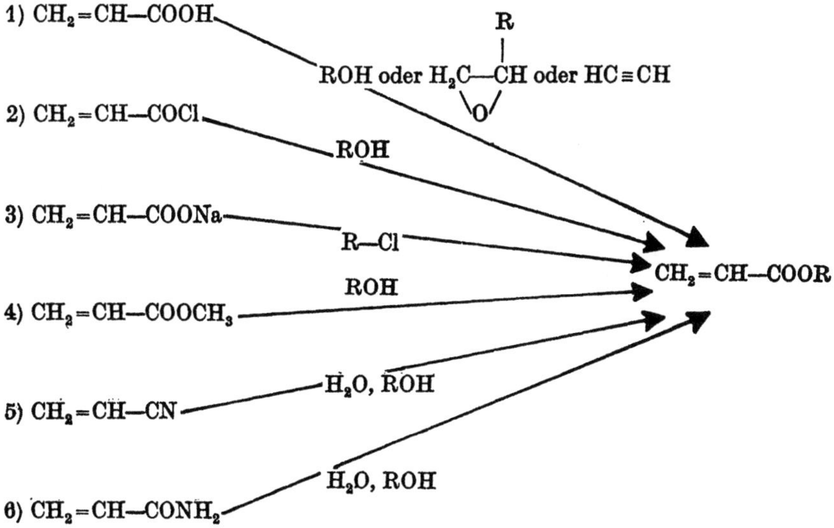

Formelschema für die Herstellung von Acrylsäureestern aus Vinylderivaten

---

[39] F. P. 1285780 (1961) Rohm & Haas Co., E. H. SPECHT et C. E. SMITH.

[40] Schweiz. P. 239750 (1940) Lonza A.G., Chem. Abstr. **43**, 5036 (1949); E. P. P. 960005 (1961) und 962928 (1962) The Distillers Co. Ltd.

[41] HORN, M. B.: Acrylic Resins, Reinhold Publ. Corp., New York (1960).

[42] DAS 1067806 (1954) Röhm & Haas G.m.b.H., C. T. KAUTTER; Jap. P. 18468/62 (1960) Teikoku Kagaku Sangyo Co., Ref. in „Derwent Japanese Patents Rep.“ Vol. 1, No. 45, 1 (1963).

[43] A. P. 2386363 (1943) U. S. Ind. Chem., B. L. SOUTHER; A. P. 2477293 (1947) U. S. Secretary of Agriculture, E. M. FILACHIONE, and C. H. FISHER; BAYER, O.: Ang. Ch. **61**, 229 (1949).

[44] F. P. 1230154 (1959) The Standard Oil Co., F. VEATCH et J. D. IDOL.

[45] DAS 1141987 (1959) Knapsack-Griesheim A.G., W. VOGT, K. GEHRMANN und K. SENNEWALD.

170° herstellen. Die Salzschmelze, welche aus Ammoniumbisulfat und Verunreinigungen besteht, wird abgezogen und das Reaktionsgemisch fraktioniert destilliert.

Ähnlich kann auch bei der Herstellung von *Acrylsäuremethylester*[46] vorgegangen werden.

E. Technische Verfahren zur Herstellung von Acrylsäure(estern)

Technische Bedeutung haben die bis jetzt angeführten Darstellungsweisen jedoch nur teilweise erhalten. Heute bedient man sich bei der *Herstellung von Acrylsäure bzw. deren Ester* besonders der Carbonylierung von Acetylen in Gegenwart von Wasser bzw. Alkohol und der Umwandlung von β-Propiolacton. Daneben hat noch die Wasserabspaltung und Verseifung von Äthylencyanhydrin eine gewisse Bedeutung. Als technische Acryl*ester*darstellung ist außerdem die direkte Veresterung von Acrylsäure wichtig.

1. Acrylsäure und Acrylsäureester aus Äthylencyanhydrin

Dieser schon im Jahre 1929[47] vorgeschlagene Weg wird auch heute noch zum Teil benutzt, indem man in einer Kolonne einem Gemisch von

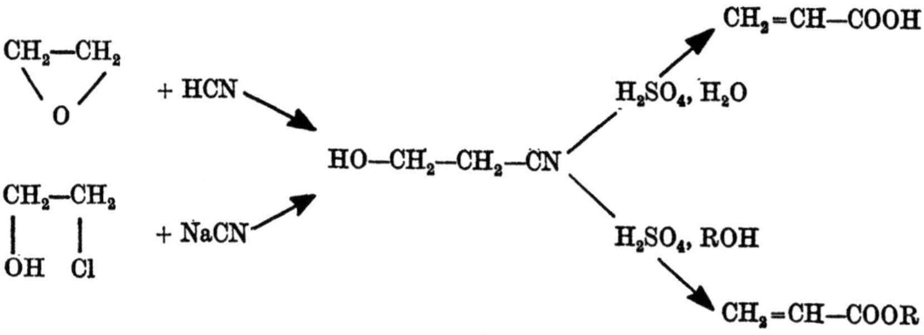

zwei Molen 75%iger Schwefelsäure und einem Mol Äthylencyanhydrin zwei Mol Alkohol entgegenbläst. Die durch Verseifung der Nitrilgruppe entstehende Ammoniumbisulfatschmelze wird am Fuß der Kolonne abgezogen. Der entstandene Ester[48] destilliert über einen Dephlegmator ab und wird dampfförmig mit heißem Wasser gewaschen. Anschließend wird der Ester durch Destillation gereinigt.

---

[46] E. P. 904931 (1960) Knapsack-Griesheim A.G.

[47] DRP. 561397 (1929), I. G., R. Fick; C. **1932** II, 3962; DRP 570031 (1930), E. P. 348134 (1930), F. P. 702023 (1930) I. G., R. Fick; C. **1933**, I, 4507 und **1931** II, 1193.

[48] A. P. 2026894 (1934) I. C. I., R. Hill; C. **1936** II, 702; A. P. 2469701 (1946) Am. Cyanamid Co., B. C. Redman; Chem. Abstr. **43**, 6221 (1949); Fikentscher, H.: Ullmann **3**, 76 (1953).

Soll *Acrylsäure*[49] hergestellt werden, so wird Wasserdampf eingeblasen, die wäßrige Acrylsäure abdestilliert und kondensiert. Die Zugabe von Wasserdampf wird so reguliert, daß die übergehende wäßrige Acrylsäure etwa 50%ig anfällt. Die Weiterreinigung erfolgt durch Vakuumdestillation.

Acrylsäure mit geringem Wassergehalt kann man auch durch Kristallisation bei tiefer Temperatur reinigen.

2. Die Synthese aus Acetylen, Kohlenoxyd und Alkoholen bzw. Wasser[50]

Bei dem *stöchiometrischen* Verfahren kann drucklos[51] oder unter leichtem CO-Überdruck unter Verwendung von Nickeltetracarbonyl als Kohlenoxydlieferant gearbeitet werden; gleichzeitig müssen Säuren anwesend sein, um das Nickel als Salz zu binden.

$$4\,ROH + 4\,HC{\equiv}CH + Ni(CO)_4 \xrightarrow{H^{\cdot}} 4\,CH_2{=}CH{-}COOR + Ni^{++} + H_2$$

Die Verwendung von Wasser an Stelle von Alkoholen führt zu *Acrylsäure*, diejenige von Mercaptanen zu *Thioestern* ($CH_2{=}CH{-}COSR$).

Von größter technischer Bedeutung ist das *kontinuierliche Druckverfahren* der BASF[52], bei welchem der Nickelbromid-Triphenylphosphin-Butylbromid-Komplex

$$\{NiBr_2\,[(C_6H_5)_3P]_2\}\,C_4H_9Br$$

oder andere komplexe Nickelverbindungen[53] als alkohollösliche Katalysatoren, z. B. für die *Acrylsäurebutylester*synthese verwendet werden. Bei 30 atü Gesamtdruck und 170 bis 180° führt man den Alkohol, in dem der Katalysator gelöst ist, gemeinsam mit einem Kohlenoxyd-Acetylen-Gemisch im Verhältnis 1:1 von unten nach oben durch einen Reaktionsturm. Das Reaktionsprodukt, das nicht umgesetzten Alkohol enthält, wird vom Katalysator abdestilliert; der Katalysator kann

---

[49] DRP 571123 (1928), F. P. 675327 (1929), A. P. 1829208 (1929), E. P. 313877 (1929) Röhm & Haas A.G., W. Bauer; C. **1933** I, 4507, **1930** II, 1133, **1932** II, 4395, **1930** II, 466.

[50] Reppe, W.: Neue Entwicklungen auf dem Gebiet der Chemie des Acetylens und Kohlenoxyds. Berlin-Göttingen-Heidelberg: Springer 1949; A. P. 2582911 (1950) Rohm & Haas Co., H. T. Neher, E. H. Specht, and A. Neuman; Chem. Abstr. **46**, 11231 (1952); DBP 1132916 (1960) BASF, C. Berding u. a.; F. P. 1313574 (1962) Lonza A.G.; Österr. P. 230349 (1962) Lonza A.G.

[51] Reppe, W.: A. **582**, 7 (1953).

[52] Reppe, W.: A. **582**, 10ff. (1953); Stadler, R., E. Henkel und E. Raber: Festschrift „Carl Wurster", 65 (1960) BASF; Toepel, T. H.: Chim. et Ind. **91**, 139 (1964); Forbath, T. P.: Chem. Engng. **1962**, 96; DAS 1076672 (1956) BASF, W. Reppe, F. Reicheneder, G. Stengel und A. Zieger.

[53] DBP 892445 (1951) BASF, W. Reppe, W. Schweckendiek und H. Friederich.

wiederverwendet werden. Zusätze verschiedener Aktivatoren erlauben es, die Katalysatorkonzentration sehr niedrig zu halten[54].

Bei der Reaktion von Acetylen, Kohlenmonoxyd und Wasser, die zu *Acrylsäure* führt, wird ähnlich vorgegangen. Die Reaktionspartner werden zusammen mit dem Katalysatorsystem und Tetrahydrofuran als Lösungsmittel bei 60 atü und Temperaturen bis 240° umgesetzt. Das flüssige Reaktionsgemisch wird entspannt, die freiwerdenden Gase nach einer Wasserwäsche zurückgeführt und die gasfreie Lösung destilliert, wobei das organische Lösungsmittel wiederverwendet wird. Die Rohacrylsäure fällt im Sumpf der Kolonne an und wird abgezogen.

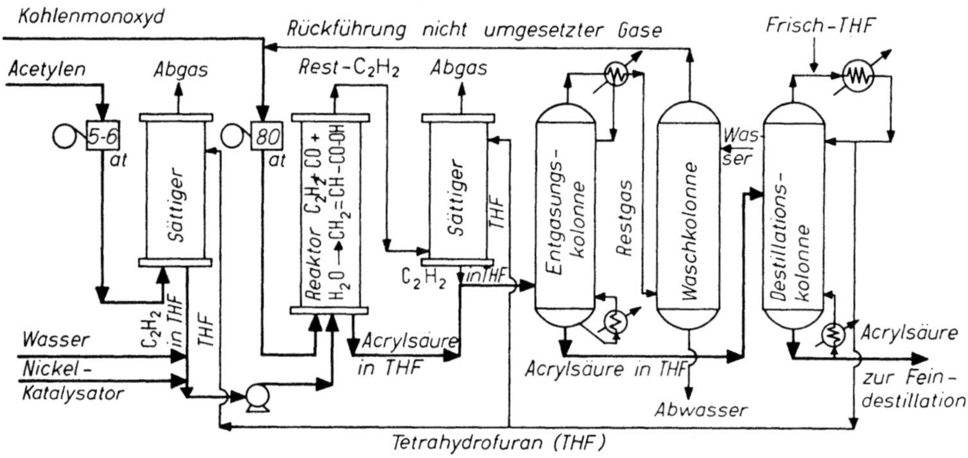

Abb. 1. Herstellung von monomerer Acrylsäure aus Acetylen, Kohlenoxyd und Wasser. Anlage der Dow Badische Chemical Co. in Freeport, Texas, USA. [Nach FORBATH, T. P.: Chem. Engng. 96 (1962)]

Es werden Ausbeuten von etwa 90% d. Th. bezogen auf Acetylen und 85% d. Th. bezogen auf CO angegeben. Da sehr wenig Katalysator benötigt wird, wird dieser meist nicht zurückgewonnen.

Um aus dem Rückstand, der bei der Herstellung von Acrylsäure nach dem Carbonylierungsverfahren hinterbleibt und unter anderem aus Diacrylsäure, Polyacrylsäure, Hydracrylsäure und deren Polyestern bestehen kann, weitere Acrylsäure zu erhalten, kann man entweder eine Spaltung in Gegenwart saurer Katalysatoren bei wenig erhöhter Temperatur und vermindertem Druck oder eine thermische Spaltung bei 450 bis 600° durchführen[55].

Bei der *Acrylestersynthese* der Rohm & Haas Co. (Anlage in Houston),

[54] DBP. 942809 (1953) BASF, W. REPPE und R. STADLER; DBP 1064503 (1957) BASF, R. STADLER und H. LAUTENSCHLAGER; TOEPEL, T. H.: Chim. et Ind. **91**, 139 (1964).

[55] DAS 1151501 (1959), A. P. 3086046, BASF, N. v. KUTEPOW und H. DÖRFEL; F. P. 1351243 (Dtsche Prior. 1962) BASF, F. REICHENEDER und H. GRASSNER.

die nach einem abgeänderten Verfahren abläuft[56], werden Acetylen, Kohlenmonoxyd, Alkohol, Nickelcarbonyl und Chlorwasserstoff als Ausgangsmaterialien in der Weise umgesetzt, daß bis zu 80% des für die Synthese benötigten CO aus dem Kohlenmonoxydgas und nur der Rest aus $Ni(CO)_4$ stammen[57].

Zur Herstellung von *Acrylsäuremethyl- und -äthylester* werden die Rohstoffe in rostfreien Stahlreaktoren umgesetzt. Nach der Reaktion werden die flüssigen Produkte gekühlt und kontinuierlich einer Extraktionskolonne zugeführt, wobei im Kreislauf geführte $NiCl_2$-Lauge am Kopf der Kolonne eintritt, den nicht umgesetzten Alkohol entfernt und am Boden der Kolonne abgezogen wird. Der rohe Acrylsäureester verläßt die Kolonne am Kopf, während das am Boden abgezogene Material mehrere Destillationskolonnen durchläuft und der Alkohol von der $NiCl_2$-Lauge abgetrennt, konzentriert und dem Prozeß im Kreislauf wieder zugeführt wird. Die Lauge wird schließlich wieder am Boden der Endkolonne abgezogen, einer Waschkolonne zugeführt und in der Masse wiedergewonnen.

Der rohe Acrylsäureester wird mit einer Sodalösung absatzweise gewaschen und zur weiteren Reinigung kontinuierlich in einer Reihe von Kolonnen im Vakuum destilliert.

Nach diesem Prozeß können auch höhere Acrylsäureester, wie *Butyl-* und *2-Äthylhexylester* hergestellt werden, doch lohnt sich dieser Syntheseweg nur bei großen Mengen. Für kleinere Mengen ist die direkte Veresterung von Acrylsäure günstiger.

3. Verfahren über das β-Propiolacton[58]

Aus Keten und Formaldehyd bildet sich *Propiolacton*[59], welches auch ohne Zusatz oder in Gegenwart von Katalysatoren (Eisen- oder Zinn-

---

[56] SALKIND, M., E. H. RIDDLE, and R. W. KEEFER: Ind. eng. Chem. **51**, 1328 (1959).

[57] A. P. 2582911 (1950) Rohm & Haas Co., H. T. NEHER, E. H. SPECHT, and A. NEUMAN; Chem. Abstr. **46**, 11231 (1952); A. P. 3060227 (1957), Schweiz. P. 371110, BASF, R. STADLER und H. LAUTENSCHLAGER.

[58] A. P. 2356459 (1941) B. F. Goodrich Co., F. E. KUNG; Chem. Abstr. **39**, 88 (1945); GRESHAM, T. L., J. E. JANSEN, and F. W. SHAVER: Am. Soc. **70**, 998 (1948); DBP 847149 (1950) B. F. Goodrich Co., F. E. KUNG; C. **1953**, 2356.

[59] A. P. 2424589 (1944), E. P. 654235 (1945) B. F. Goodrich Co., T. R. STEADMAN; Chem. Abstr. **41**, 7413 (1947), **45**, 9557 (1951); A. P. 2424590 (1944), E. P. 654236 (1945) B. F. Goodrich Co., T. R. STEADMAN, and P. L. BREYFOGLE; C. **1948** II, 128, **1952**, 5977; A. P. 2469690 (1946) Eastman Kodak Co., H. J. HAGEMEYER jr., and D. C. COOPER; A. P. 2469704 (1946) Eastman Kodak Co., H. G. STONE; A. P. 2450116 bis 2450118 (1945) Eastman Kodak Co., J. R. CALDWELL; Chem. Abstr. **43**, 1055 (1949); A. P. 2 450131 bis 2450134 (1945) Eastman Kodak Co., H. J. HAGEMEYER jr.; Chem. Abstr. **43**, 1055 (1949); A. P. 2462357 (1946) Eastman Kodak Co., H. J. HAGEMEYER jr.

chlorid, Schwefelsäure oder Natriumhydroxyd) sehr heftig bis explosionsartig unter starker Wärmeentwicklung polymerisiert; Katalysatoren geringerer Wirksamkeit sind Natriumchlorid, Calciumhydroxyd und Essigsäure. Durch Zugabe von inerten Verdünnungsmitteln läßt sich die Reaktion beherrschen. Die Polyester sind je nach dem Polymerisationsgrad farblose viskose Öle oder weiße, feste Körper. Pyrolisiert man die Verbindungen bei 150°, so zerfallen sie in *Acrylsäure*[60], bei Verseifung mit kochenden wäßrigen Alkalien erhält man *hydracrylsaure Salze.*

Durch Einwirkung von Alkoholen auf den Polyester gelangt man zu den entsprechenden *Hydracrylsäureestern*, die man auch direkt, entweder durch Überleiten von β-Propiolacton mit einem großen Alkoholüberschuß bei 150 bis 300° über Aktivkohle[61] oder durch Umsetzung von β-Propiolacton in Gegenwart basischer Katalysatoren (Ätzkali, Trimethylammoniumhydroxyd) mit Alkoholen unter Kühlung[62] erhält. In Gegenwart von Säuren entstehen β-Alkoxypropionsäureester und Hydracrylsäureester, wobei erstere bei der Destillation in *Acrylsäureester* übergehen[63].

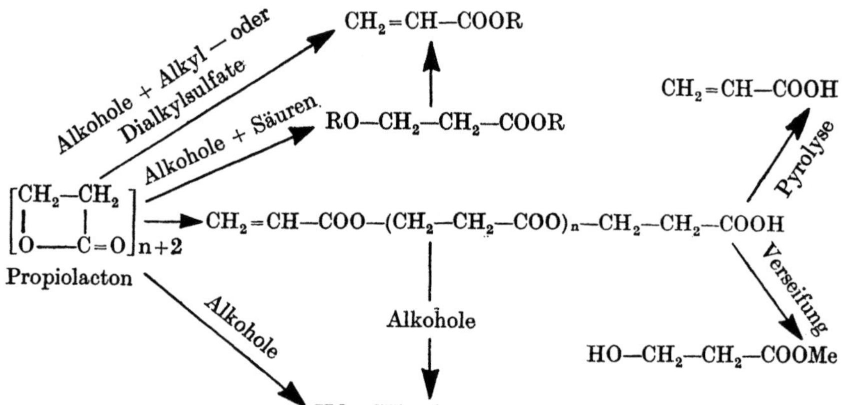

Formelschema für die Herstellung von Acrylsäureverbindungen aus Propiolacton

Erhitzt man β-Propiolacton mit Alkoholen in Gegenwart von Alkylsulfaten auf etwa 100 bis 200° und destilliert den gebildeten Ester ab,

---

[60] A. P. 2361035, 2361036 (1941) und DBP 847149 (1950) B. F. Goodrich Co., F. E. Kung; C **1953**, 2356; Chem. Abstr. **39**, 2080 (1945), **38**, 6301 (1944).

[61] A. P. 2466501 (1947), F. P. 961479, E. P. 651073, B. F. Goodrich Co., T. R. Steadman, and C. E. Feazel; Chem. Abstr. **43**, 5035 (1949), **45**, 5176 (1951); C. **1951**, 118.

[62] Gresham, T. L., und Mitarb.: Am Soc. **70**, 1004 (1948).

[63] A. P. 2352641 (1944) und 2376704 (1945) B. F. Goodrich Co., F. E. Kung; Chem. Abstr. **38**, 5507 (1944) und **40**, 1868 (1946).

so erhält man z. B. *Acrylsäureäthylester*, in 82%iger Ausbeute[64]. Noch höhere Ausbeuten an Acrylsäureestern liefert die Einwirkung molarer Mengen von Dialkylsulfaten bei —30 bis +10° und die nachfolgende Destillation der Reaktionsprodukte[65].

Zu *β-Alkoxypropionsäureestern*, die, wie oben beschrieben, in Acrylate überführbar sind, gelangt man auch durch Umsetzung von Keten mit Acetalen[66].

Bei den Verfahren über das β-Propiolacton entstehen sehr reine Acrylate, welche keine niederen Ester oder Propionate als Verunreinigungen enthalten[67].

4. Die technische Veresterung von Acrylsäure[68]

Diese Methode kommt hauptsächlich für die höheren Ester[69] und auch für Oxyester[70] (Reaktion mit Alkylenoxyden) in Betracht. Beim Arbeiten in der Dampfphase hat sich der Zusatz von Wasser als günstig erwiesen[71].

Bei der Dow Badische Chemical Co. werden *Acrylsäuremethyl-* und *-äthylester* durch direkte Veresterung der Säure hergestellt (s. Abb. 2). Man mischt die Säure mit überschüssigem Alkohol und pumpt das Gemisch bei leicht erhöhter Temperatur durch ein saures Ionenaustauscherbett (Dowex ® 50)[72]. Der im überschüssigen Alkohol gelöste *Acrylsäureester* gelangt in eine Extraktionskolonne, wo Wasser den Alkohol entfernt, der in einer Destillationskolonne wieder gewonnen wird. Der Ester wird über Kopf abgezogen, in zwei Destillationskolonnen gereinigt und mit Inhibitorlösung versetzt.

Bei den meisten Herstellungswegen fällt die *Acrylsäure* in Form einer wäßrigen Lösung an und ist zum Teil auch als solche im Handel. Zur

---

[64] A. P. 2510423 (1948) B. F. GOODRICH Co., F. W. SHAVER; C. **1952**, 6130; Chem. Abstr. **44**, 8364 (1950).

[65] A. P. 2449995 (1945) B. F. Goodrich Co., T. L. GRESHAM, and F. W. SHAVER; Chem. Abstr. **43**, 1055 (1949).

[66] E. P. 828371 (1957) The Distillers Co. Ltd., W. J. FOX; DAS 1086682 (1959) The Distillers Co. Ltd., H. JOWITT.

[67] „Amcel Acrylates", Firmenschrift der Celanese Corp. of America.

[68] E. P. 923594 (1960) The Distillers Co. Ltd., F. J. BELLRINGER, C. J. BROWN, and P. B. BRINDLEY; FORBATH, T. P.: Chem. Engng. **1962**, 96.

[69] MOUREU, C., M. MURAT et L. TAMPIER: C. r. **172**, 1267 (1921); FIKENTSCHER, H.: Ullmann **3**, 79 (1953); DBP 1135897 (1959) BASF, W. BAUMEISTER und E. HAARER; DAS 1161259 (1960) BASF, H. GRASSNER; F. P. 1313991 (1961) Celanese Corp., W. J. HUMPHREY; E. P. 959880 (Dtsche Prior. 1962) Knapsack-Griesheim AG..

[70] DBP 1144262 (1958) Röhm & Haas G.m.b.H., T. VÖLKER und H. WALTER; E. P. 970202 (1962) The Distillers Co. Ltd.

[71] A. P. 2947779 (1957) Standard Oil Co., J. D. IDOL u. a.

[72] FORBATH, T. P.: Chem. Engng. **1962**, 96 .

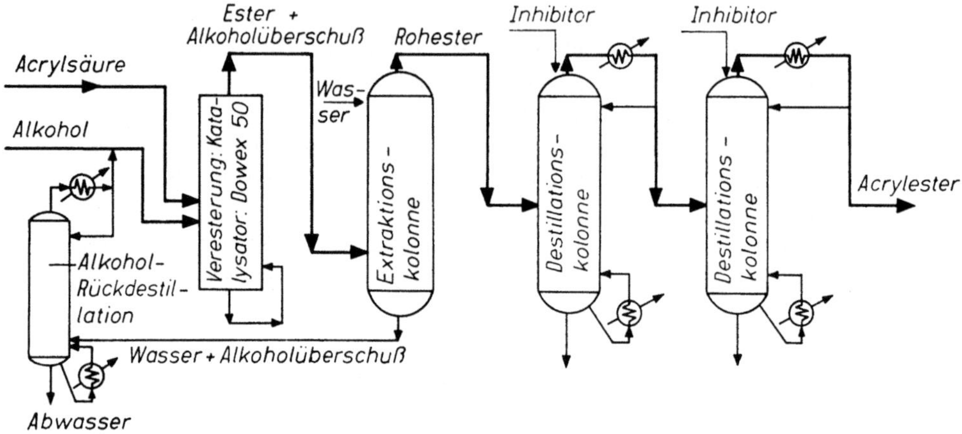

Abb. 2. Herstellung von monomerem Acrylsäureester durch direkte Veresterung von Acrylsäure. Anlage der Dow Badische Chemical Co. in Freeport, Texas, USA. [Nach FORBATH, T. P.: Chem. Engng. 96 (1962)].

Reindarstellung[73] wird mittels Benzin, Benzol u. a. m. das Wasser in Gegenwart von nicht flüchtigen Inhibitoren ausgekreist. Die Gewinnung der freien Säure aus angereicherten Proben erfolgt durch fraktionierte Destillation unter vermindertem Druck.

Bei Laborarbeiten empfehlt es sich, die Glasapparatur mit einem UV-undurchlässigen Lack zu überziehen und die Vorlagen mit einer Eis-Kochsalz-Mischung zu kühlen. Je konzentrierter *Acrylsäure* ist, desto stabiler ist sie. (Um absolut wasserfreie *Acrylsäure* zu erhalten, kann man das Bleisalz mit H_2S zersetzen)[74].

F. Laboratoriumsmethoden zur Herstellung von Acrylsäurehalogeniden, -anhydriden und -salzen

1. Acrylsäurehalogenide

Mit Säurechloriden, z. B. Phosphortrichlorid[75], Thionylchlorid oder besser Benzoylchlorid[76], erhält man aus Acrylsäure dessen Säurechlorid[77]:

---

[73] VÖLKER, T.: Öst. Chemiker-Ztg. **62**, 345 (1961).

[74] ROOD, E. H.: Chemistry of Carbon Compounds, Elsevier Publ. Co., 631 (1951).

[75] REHBERG, C. E., M. B. DIXON, and C. H. FISHER: Am. Soc. **67**, 208 (1945).

[76] STEMPEL jr., G. H., R. P. CROSS, and R. P. MARIELLA: Am. Soc. **72**, 2299 (1950); SCHULZ, R. C., P. ELZER und W. KERN: Makromolekulare Chem. **42**, 195 (1960).

[77] MOUREU, C.: Bull. Soc. chim. France (3) **9**, 390; RODD, E. H.: Chemistry of Carbon Compounds, Elsevier Publ. Co., 631 (1951); FIKENTSCHER, H.: Ullmann **3**, 78 (1953).

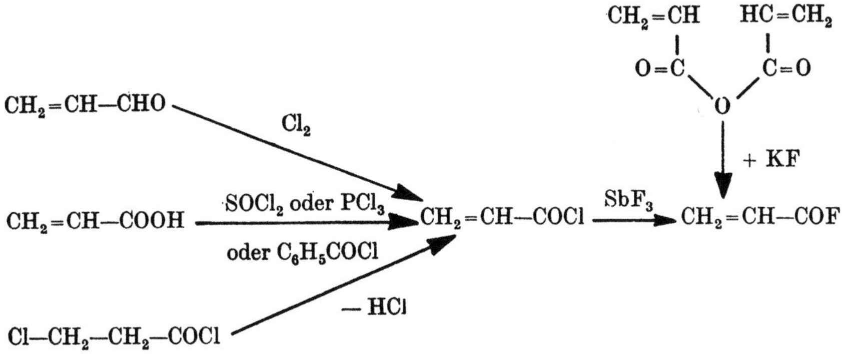

Formelschema für die Herstellung von Acrylsäurehalogeniden aus Acrylsäurederivaten

Durch Umsetzung von Chlor mit Acrolein in der Dampfphase entsteht ebenfalls *Acrylsäurechlorid*[78]. Eine weitere Darstellungsart ist die katalytische Abspaltung von Chlorwasserstoff aus β-Chlorpropionsäurechlorid[79].

Acrylsäurechlorid ist eine leicht flüchtige, die Schleimhäute äußerst stark reizende, farblose Flüssigkeit. Sie polymerisiert im Licht, besonders in Gegenwart basischer Katalysatoren[79] zu einer klaren, durchsichtigen, elastischen Masse.

Bei der Umsetzung des Acrylsäurechlorids mit SbF_3 oder des Säureanhydrids mit Kaliumfluorid erhält man *Acrylsäurefluorid*[80], eine stark rauchende, farblose Flüssigkeit, die leicht polymerisiert und copolymerisiert.

2. Acrylsäureanhydrid

Durch wechselseitige Reaktion des Acrylsäurechlorids mit Natriumacrylat entsteht *Acrylsäureanhydrid.* Die gleiche Verbindung erhält man auch aus Acrylsäure mittels Essigsäureanhydrid[81], indem man mindestens ein Mol Acetanhydrid auf zwei Mol Acrylsäure in Gegenwart von z. B. 1% Schwefelsäure einwirken läßt. Die Anhydridbildung läßt sich außerdem durch Phosphorsäure[82] oder mittels Diketen[83] erreichen. Auch

---

[78] A. P. 2490386 (1946), E. P. 626772 (1946) Shell Dev. Co., R. W. Tess, G. W. Hearne, R. Cerrito, and H. L. Yale; Chem. Abstr. **44**, 2549 (1950).

[79] DRP 547645 (1929) I. G., H. Fikentscher; DRP 577040 (1930) I. G., H. Fikentscher; Chem. Abstr. **27**, 3950 (1933); E. P. 333079 (1929) I. G.; Chem. Abstr. **25**, 524 (1931).

[80] A. P. 2440090 (1944) DuPont, B. W. Howk, and R. A. Jacobson; C. **1948** II, 1460.

[81] E. P. 538310 (1940), F. P. 863141, Norton Grinding Wheel Co.; C. **1944** II, 173.

[82] Arbuzova, I. A., S. A. Plotkina und V. N. Efremova: Ž. obšč. Chim. **26**, 1124 (1956); Chem. Abstr. **50**, 16667 (1956).

[83] A. P. 2476859 (1948) Eastman Kodak Co., H. J. Hagemeyer jr.

aus Kaliumacrylat und Thionylchlorid[84] oder direkt aus Kohlenmonoxyd und Acetylen nach REPPE[85] entsteht *Acrylsäureanhydrid.*

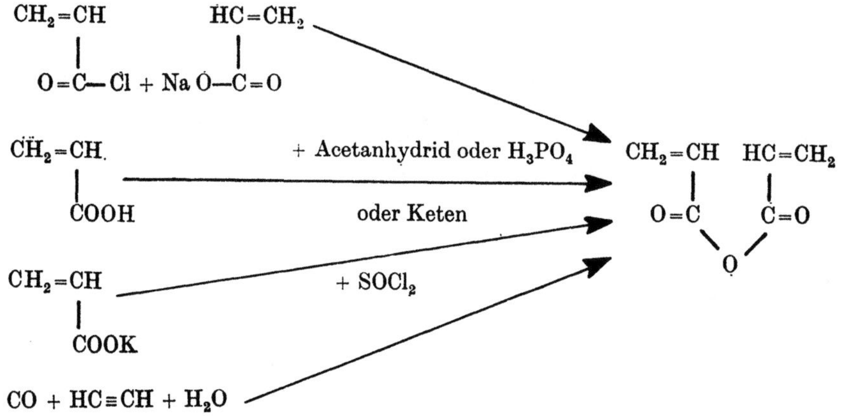

Formelschema für die Herstellung von Acrylsäureanhydrid

Acrylsäureanhydrid ist eine farblose Flüssigkeit, die stark zu Tränen reizt. Es wird durch Wasser zersetzt und zeigt eine ausgeprägte Polymerisations- und Copolymerisationsneigung.

3. Acrylsäuresalze

Die *acrylsauren Salze*[86] werden durch Neutralisation von Acrylsäure mit den entsprechenden Metalloxyden, Metallhydroxyden oder Metallalkoholaten erhalten. Zur Darstellung in fester Form neutralisiert man unter Kühlung in organischen Lösungsmitteln (z. B. Isopropanol), in welchen die Acrylsäure löslich, die Salze aber unlöslich oder schwer löslich sind und trocknet im Vakuum bei tiefer Temperatur. Das *Natriumsalz* der Acrylsäure ist in monomerer und polymerer Form in Wasser löslich, während das *Calciumsalz* nur monomer löslich ist und bei der Polymerisation aus der wäßrigen Lösung ausfällt.

2.1.2 Acrylnitril und Acrylamid

A. Acrylnitril

Die folgenden Synthesewege für Acrylnitril sind wohl chemisch und historisch interessant, werden jedoch technisch derzeit nicht ausgewertet.

---

[84] A. P. 2143924 (1934) I. C. I., L. RUBENSTEIN; Chem. Abstr. **33**, 2913 (1939).

[85] REPPE, W.: A. **582**, 15 und 34 (1953); A. P. 2613222 (1951), E. P. 738157 (1952) Rohm & Haas Co., A. NEUMAN, and H. T. NEHER; E. P. 744888 (1956), DAS 1073478, Rohm & Haas Co., E. H. SPECHT, A. NEUMAN und H. TRAINOR; C. **1959**, 3298, **1960**, 14187; A. P. 2738368 (1951) Hercules Powder Co., W. A. RACZYNSKI; Chem. Abstr. **50**, 15577 (1956); DAS 1077211 (1952) Rohm & Haas Co., E. H. SPECHT, A. NEUMAN und H. T. NEHER; Chem. Abstr. **47**, 11226 (1953); C. **1961** I, 1372.

[86] FIKENTSCHER, H.: Ullmann **3**, 77 (1953).

1. Herstellung von Acrylnitril aus ungesättigten Verbindungen

Geht man von *ungesättigten Verbindungen* aus, so erhält man *Acrylnitril* durch Umsetzung von Cyanwasserstoff mit Vinylchlorid (oder Dichloräthan[87]) bzw. mit Vinylacetylen oder 1-Cyanbutadien[88], sowie bei der Reaktion von Isobuten bzw. Propen mit Ammoniak und Sauerstoff bei etwa 500° [89] (Anmeldejahr dieses Verfahrens: 1947; modernes „Sohio"-Verfahren, vgl. S. 55).

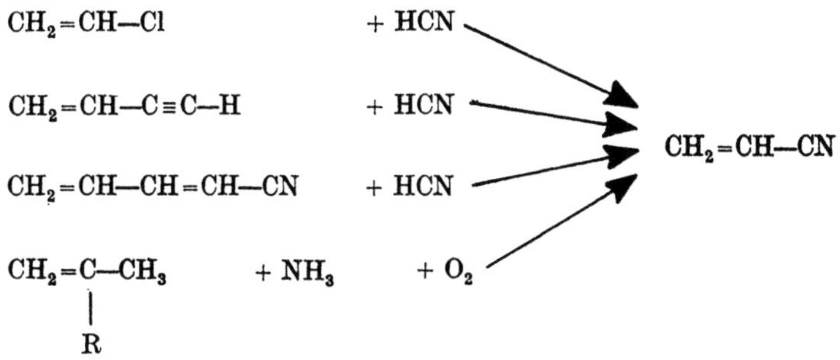

Formelschema für die Herstellung von Acrylnitril aus ungesättigten Verbindungen

2. Herstellung von Acrylnitril aus gesättigten Nitrilen

Die *Einführung der Doppelbindung* in gesättigte Nitrile ist durch Dehydrierung von Propionsäurenitril[90] oder durch Umsetzung von α-Chlorpropionsäurenitril mit Dimethyläther oder Methanol bei erhöhter Temperatur[91] bzw. durch Abspaltung von HCl aus α-Chlorpropionsäurenitril[92], β-Chlorpropionsäurenitril[92] oder HCN aus Bernsteinsäuredinitril[93] möglich.

Weiters entsteht *Acrylnitril* durch Umsetzung von Acetonitril mit

---

[87] A. P. 2467373 (1944) Phillips Petr. Co., H. A. DUTCHER, and J. L. WOLK; C. **1950** I, 2159.

[88] A. P. 2433182 (1944) Phillips Petr. Co., J. L. WOLK; Chem. Abstr. **42**, 3425 (1948).

[89] A. P. 2481826 (1947) Allied Chem. & Dye Corp., J. N. COSBY.

[90] DRP Anm. I 51834 (1935) I. G.; A. P. 2385552 (1941) Rohm & Haas Co., L. R. U. SPENCE, and F. O. HAAS; Chem. Abstr. **40**, 595 (1946); A. P. 2452505 (1943) Sinclair Ref. Co., J. W. TETER; Jap. P. 12911/63 (1963) Chiyode Kako Kensetsu K. K., Ref. in „Derwent Japanese Patents Rep." Vol. 2, No. 29, 4/5; DAS 1127890 (1958) BASF, H. J. NIENBURG, K. RAUCH, M. DECKER und H. BÖHM; C. **1963**, 5228.

[91] F. P. 805563 (1936) I. G.

[92] Ital. P. 393682 (1941) F. Fusco; A. P. 2385549 (1940) Rohm & Haas Co., L. R. U. SPENCE; Chem. Abstr. **40**, 594 (1946).

[93] A. P. 2407848 (1944) Phillips Petr. Co., G. C. RAY; A. P. P. 2410820 (1944) und 2429459 (1946) DUPONT, C. R. HARRIS; Chem. Abstr. **41**, 1235 (1947) und **42**, 962 (1948).

Formaldehyd in Gegenwart wasserabspaltender Katalysatoren[94], durch Wasserabspaltung aus Äthylencyanhydrin[95], durch Umsetzung von Äthan und Blausäure bei erhöhter Temperatur[96] sowie durch die thermische Abspaltung von Essigsäure aus α- und β-Acetoxypropionsäurenitril[97].

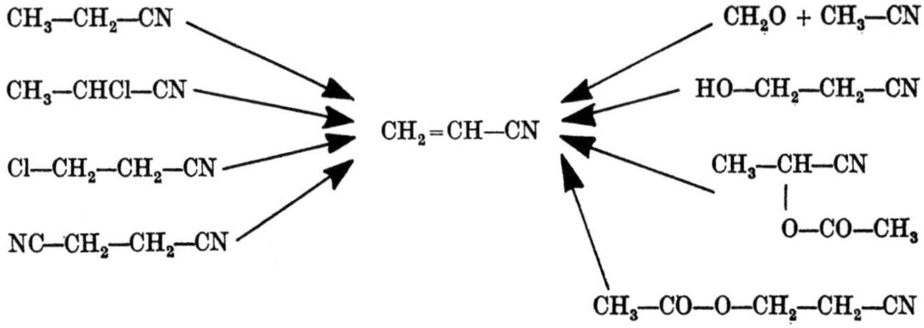

Formelschema für die Herstellung von Acrylnitril aus gesättigten Nitrilen

Leitet man Propionaldehyd und Ammoniak bei kurzer Verweilzeit über einen Chromoxyd-Tonerde-Kontakt, so erhält man ebenfalls *Acrylnitril*[98].

3. Herstellung von Acrylnitril aus Amiden, Oximen und Aminen

Ist die Nitrilgruppe als Oxim- bzw. Amidgruppe im Molekül bereits vorgebildet, so gelingt es, durch Wasserabspaltung zum Nitril zu gelangen. Das älteste Verfahren (1832) hierbei ist die Wasserabspaltung aus Acrylamid[95]. Diese Reaktion kann auch in der Gasphase bei 400 bis 500° durchgeführt werden[99].

Andere Verfahren sind die Dehydratisierung von Hydracrylsäureamid[99] oder eines Gemisches von Milchsäureamid und Ammoniumlactat[100], die Abspaltung von Wasser aus Acroleinoxim[101] und die katalytische

[94] A. P. 2386586 (1940) Eastman Kodak Co., J. H. Brant, and R. L. Hasche; Chem. Abstr. **40**, 595 (1946).

[95] Moureu, C.: A. ch. (7) **2**, 187 und 191 (1832); Moureu, C.: Bull. Soc. chim. France (4) **27**, 901 (1920).

[96] Canad. P. 586007 (1957) The Pure Oil Co., W. L. Fierce, and W. J. Sandner.

[97] Burns, R., D. T. Jones, and P. D. Ritchie: Soc. **1935**, 400; E. P. 424885 (1933) I. C. I.; A. P. 2417748 und 2417749 (1943) Eastman Kodak Co., H. J. Hagemeyer jr.

[98] A. P. 2412437 (1943) Phillips Petr. Co., C. R. Wagner.

[99] A. P. 2373190 (1940) B. F. Goodrich Co., F. E. Kung; Chem. Abstr. **39**, 4085 (1945); C. **1945** II, 1665; A. P. 2375005 (1941) B. F. Goodrich Co., F. E. Kung.

[100] A. P. 2417749 (1947) Eastman Kodak Co., H. J. Hagemeyer jr.; Chem. Abstr. **41**, 3812 (1947).

[101] A. P. 2417024 (1944) The Distillers Co. Ltd., K. H. W. Tuerck, and H. J. Lichtenstein; Chem. Abstr. **41**, 3812 (1947).

Dehydrierung und Dehydratisierung von Propionaldoxim[102]. Die katalytische Dehydrierung von Allylamin[103] gibt Ausbeuten bis zu 90% an *Acrylnitril.*

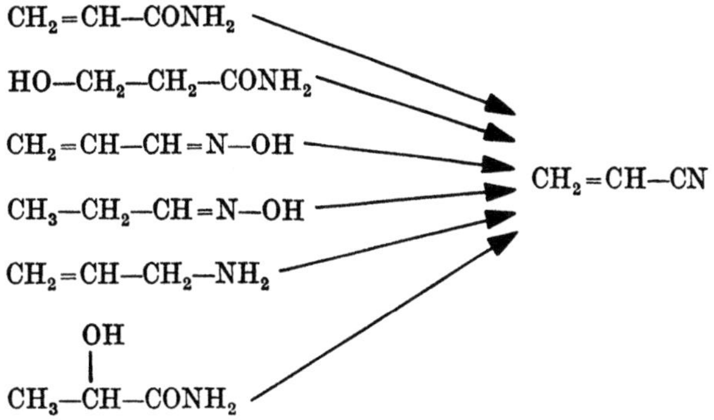

Formelschema für die Herstellung von Acrylnitril aus Amiden, Oximen und Aminen

4. Technische Darstellungen von Acrylnitril

a) Darstellung aus Äthylencyanhydrin

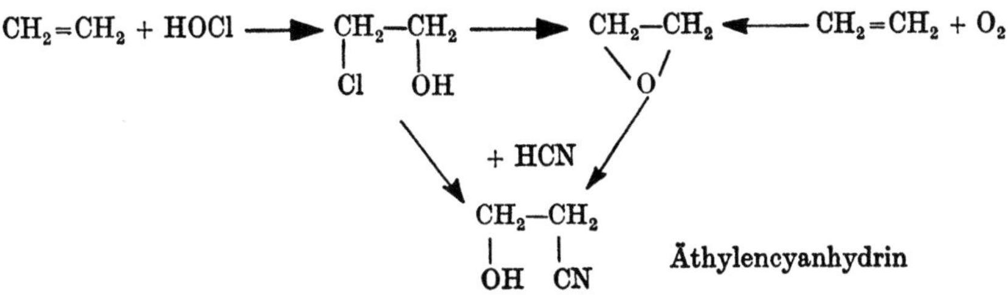

Äthylencyanhydrin

Die Darstellung des als Ausgangsprodukt dienenden *Äthylencyanhydrins*[104] erfolgt aus Äthylenoxyd und Blausäure. Die beiden Verbindungen werden in äquimolaren Mengen in wäßrig-alkalischer Lösung bei 50 bis 60° und Normaldruck zur Reaktion gebracht. Nach der Neutralisation erfolgt die Entwässerung des Äthylencyanhydrins, welches schließlich mit einem Reinheitsgrad von 88 bis 90% anfällt. Dieses Rohprodukt kann zur Acrylnitrilherstellung eingesetzt werden, indem man mittels Magnesiumcarbonat Wasser abspaltet. Man erhält zuerst ein Acrylnitril-Wasser-Azeotrop und schließlich reines *Acrylnitril*[105].

[102] A. P. 2404280 (1943) Phillips Petr. Co., H. A. DUTCHER; C. **1947**, 655.

[103] A. P. 2375016 (1940) Shell Dev. Co., K. E. MARPLE, T. W. EVANS, and B. BORDERS; Chem. Abstr. **39**, 4084 (1945); PETERS, L. M., u. a.: Ind. eng. Chem. **40**, 2046 (1948); A. P. 3065127 (1960) Monsanto Chem. Co., S. A. HEININGER, and G. H. BIRUM.

[104] MATTHEWS, M. A.: BIOS Final Rep. Nr. 757; KURTZ, P.: Ullmann **3**, 83 (1953).

[105] BRUNDRIT, D., and W. HUNTER: BIOS Final Rep. Nr. 1057.

Zur oben beschriebenen Abspaltung von Wasser aus Äthylencyanhydrin in flüssiger Phase sind zahlreiche Abänderungen bekanntgeworden, sowohl was die Katalysatoren betrifft (Verwendung von Ammoniumphosphat[106], Montmorillonit[107], Natriumformiat, Calciumoxyd, Magnesiumoxyd[108] u. v. a. m.) als auch im Hinblick auf die Reaktionsführung und Reinigung[109]. Außerdem ist es möglich, die Wasserabspaltung in der Gasphase auszuführen[110] und besonders unter Zusatz von Phosphorsäure mit praktisch quantitativen Ausbeuten[111] zu arbeiten.

b) Darstellung aus Acetylen (insbesondere nach dem „Kurtz-Verfahren")

Die direkte Synthese von *Acrylnitril* aus Acetylen und Blausäure (eventuell auch Formamid) in der Gasphase kann einmal durch Überleiten der Gasgemische bei höherer Temperatur über verschiedene Katalysatoren[112], zum anderen durch Vermengen der Komponenten mit salz-

[106] A. P. 2392303 (1943) Air Reduction Co., F. R. BALCAR.

[107] A. P. 2413773 (1944) Air Reduction Co., H. S. MILLER.

[108] A. P. 2389607 (1940) Dow Chem. Co., E. C. BRITTON, H. S. NUTTING, and M. E. HUSCHER; A. P. 2461492 (1946), F. P. 943446, E. P. 633001, Am. Cyanamid Co., E. L. CARPENTER, and H. S. DAVIS; A. P. 2690452 (1951) Am. Cyanamid Co., E. L. CARPENTER.

[109] A. P. 2392303 (1943) Air Reduction Co., F. R. BALCAR; A. P. P. 2452554 (1942) und 2500403 (1945) Am. Cyanamid Co., H. S. DAVIS, and E. L. CARPENTER; A. P. 2494116 (1948) Am. Cyanamid Co., E. L. CARPENTER; E. P. 611303 (1939) Am. Cyanamid Co.; F. P. 883599 (1941) Röhm & Haas G.m.b.H.; DBP 962430 (1953) Stamicarbon N. V., P. H. DE BRUIN.

[110] DRP. 496372 (1925) I. G., H. FINKELSTEIN; A. P. 2374051 (1941) Rohm & Haas Co., L. R. U. SPENCE; A. P. 2374052 (1939) Rohm & Haas Co., DRP. 725277 (1939) Röhm & Haas G.m.b.H., L. R. U. SPENCE, and J. C. MITCHELL.

[111] DAS 1153014 (1959) Knapsack-Griesheim A.G., K. SENNEWALD, K. BORN, G. DOBEK und H. ERPENBACH.

[112] DRP 730727 (1940) I. G., E. BAUER; A. P. 2370849 (1943) Phillips Petr. Co., H. A. DUTCHER; Chem. Abstr. **39**, 4890 (1945); A. P. 2385551 (1940) Rohm & Haas Co., L. R. U. SPENCE, D. J. BUTTERBAUGH, and E. H. KROEKER; Chem. Abstr. **40**, 595 (1946); E. P. 573456 (1944) DUPONT; Chem. Abstr. **43**, 7037 (1949); E. P. P. 580035 (1945), 584662 (1945) und 594926 (1945) DUPONT; Chem. Abstr. **41**, 2431 und 3813 (1947) und **42**, 2613 (1948); A. P. 2409124 (1940) DUPONT, R. V. HEUSER; Chem. Abstr. **41**, 1235 (1947); A. P. 2413496 (1944) DUPONT, H. D. GREEN, and D. S. TAYLOR; Chem. Abstr. **41**, 1697 (1947); A. P. 2419186 (1944) DUPONT, C. R. HARRIS, and W. C. SHARPLES; Chem. Abstr. **41**, 4802 (1947); A. P. 2414762 (1941) Jasco Inc., J. J. OWEN, and C. N. KIMBERLIN; Chem. Abstr. **41**, 5893 (1947); A. P. 2425267 (1944) Phillips Petr. Co., W. A. SCHULZE, and J. E. MAHAN; Chem. Abstr. **41**, 7409 (1947); E. P. 593851 (1945) I. C. I., R. T. FORSTER; Chem. Abstr. **42**, 2269 (1948); E. P. P. 603699 und 603700 (1945) I. C. I.; Chem. Abstr. **43**, 1051 (1949); A. P. 2454308 (1948) Am. Cyanamid Co., H. S. DAVIS, and H. A. NEWEY; Chem. Abstr. **43**, 1794 (1949); A. P. 2476771 (1945), E. P. 612590, DUPONT, P. L. SALZBERG; Chem. Abstr. **43**, 8398 (1949); A. P. 2502678 (1948) B. F. Goodrich Co., D. C. SPAULDING, and C. E. BROCKWAY; Chem. Abstr. **44**, 5899 (1950).; A. P. 3062860 (1959) Universal Oil Prod. Co., H. S. BLOCH.

sauren Lösungen von Kupfer-(I)-chlorid und Ammoniumchlorid bei etwa 80° (also nach dem sog. „Kurtz-Verfahren") erfolgen[113].

Aus den Reaktionsprodukten wie sie beim Kurtz-Verfahren erhalten werden, wird das gebildete *Acrylnitril* mit Wasser herausgewaschen[114] und durch Destillation gereinigt. Um die Katalysator-Aktivität konstant zu halten, müssen bestimmte Bedingungen, z. B. ein molares Verhältnis von Kupferchlorid zur Summe aller anderen Komplexbildner zwischen 1:1 bis 1:0,8, erfüllt werden[115]. Auch andere Laboratorien haben sich seit dem Bekanntwerden des *Kurtzschen* Verfahrens mit dieser Darstellungsweise erfolgreich beschäftigt[116].

c) *Knapsack-Griesheim-Verfahren*[117]

$$CH_3{-}CHO + HCN \longrightarrow CH_3{-}\underset{H}{\overset{OH}{C}}{-}CN \longrightarrow CH_2{=}CH{-}CN + H_2O$$

Bei diesem kontinuierlich arbeitenden Verfahren wird ein Gemisch von Milchsäurenitril, Wasser und Phosphorsäure bei erhöhter Temperatur (400 bis 800°) gegebenenfalls bei Unterdruck z. B. über Quarz mit einer Verweilzeit von 1/10 bis 1/2 Sekunden gespalten.

Die Phosphorsäure wird nach Verlassen des Reaktionsrohres abgeschieden und die Reaktionsprodukte (Acrylnitril, Milchsäure, Blausäure, Acetaldehyd und Wasserdampf) kondensiert und dann getrennt.

Als maximale Ausbeute an *Acrylnitril* werden 90% bezogen auf einen Umsatz von 93% angegeben[117]. Durch eine verbesserte Apparatur und

---

[113] DRP 728767, Schweiz. P. 217478 (1939) I. G., P. KURTZ; DRP 730637 (1940) I. G., P. KURTZ und H. SCHWARZ; Chem. Abstr. **38**, 379 (1944); KURTZ, P.: A. **572**, 23 (1951); KURTZ, P.: Ullmann **3**, 84 (1953).

[114] DRP 732562, A. P. 2324854 (1940) I. G., P. KURTZ, J. CASPER und H. SCHWARZ; Chem. Abstr. **38**, 118 und 751 (1944).

[115] E. P. 916185 (1961) Knapsack-Griesheim A.G.;

[116] A. P. 2385327 (1941) Am. Cyanamid Co., C. W. BRADLEY, and H. S. DAVIS; Chem. Abstr. **40**, 1867 (1946); A. P. 2385469 (1942) Am. Cyanamid Co., D. J. SALLEY; Chem. Abstr. **40**, 351 (1946); A. P. 2413623 (1944) DUPONT, C. R. HARRIS; Chem. Abstr. **41**, 1697 (1947); A. P. 2417068 (1944) DUPONT, M. W. FARLOW, and W. A. LAZIER; Chem. Abstr. **41**, 3812 (1947); A. P. 2423318 (1945) DUPONT, B. W. HAWK; Chem. Abstr. **41**, 6576 (1947); E. P. 591945 (1943) Am. Cyanamid Co.; Chem. Abstr. **42**, 922 (1948); E. P. 601076 (1945) I.C.I.; Chem. Abstr. **42**, 7314 (1948).

[117] DBP 1033656 (1953) und 1069614 (1954), A. P. 2790822, E. P. 792572, F. P. 1106462, Knapsack-Griesheim A.G., A. WOLFRAM, K. H. STEIL und A. AGUNTE; SENNEWALD, K.: Erdöl u. Kohle **1959**, 364; SENNEWALD, K., und K. H. STEIL: Chemie-Ing.-Techn. **30**, 440 (1958).

Zerstäubung der Ausgangslösung wurde die Ausbeute an Acrylnitril bis auf 95% gesteigert[118].

Nach dem Knapsack-Verfahren können allgemein α-Oxycarbonsäurenitrile, -ester und -amide dehydratisiert, somit außer *Acrylnitril* auch andere *Acrylsäure-* und *Methacrylsäurederivate* gewonnen werden.

d) Ammonoxydation von Propen

Da auf diese moderne Darstellung von *Acrylnitril* in anderem Rahmen (Kapitel 2.1.6, S. 55) noch näher eingegangen wird, können wir uns hier auf eine kurze Charakteristik beschränken.

Das Verfahren beruht auf der Oxydation von Propen in Gegenwart

$$CH_2{=}CH{-}CH_3 + NH_3 + \tfrac{3}{2}\,O_2 \longrightarrow CH_2{=}CH{-}CN + 3\,H_2O$$

von Ammoniak. Beim Sohioverfahren arbeitet man mit Luft als Oxydationsmittel bei 425 bis 510°, 2bis 3 Atmosphären und einigen Sekunden Berührungszeit; die Katalysatoren bestehen aus Mo- und Bi-Verbindungen. Beim DuPont-Prozeß wird mit Stickoxyd oxydiert, als Katalysatoren dienen z. B. Silberverbindungen.

B. Acrylamid

Acrylamid erhält man durch Umsetzung von Acrylnitril mit Wasser und konzentrierter Schwefelsäure[119] im molaren Verhältnis.

$$CH_2{=}CH{-}CN + H_2O \xrightarrow{H_2SO_4} CH_2{=}CH{-}CONH_2$$

Die Reaktionspartner werden bei 30 bis 60° zur Reaktion gebracht und nach langsamer Steigerung auf etwa 80° eine Stunde bei dieser Temperatur gehalten. Nach dem Abkühlen wird mit Wasser verdünnt, mit Kalk neutralisiert und vom ausgefallenen Calciumsulfat abfiltriert bzw. abzentrifugiert. Das *Acrylamid* kristallisiert beim Einengen des Filtrates aus, wobei das Wasser nach Zusatz diverser Lösungsmittel (Essigsäureester) azeotrop abdestilliert werden kann[120]. Als Stabilisa-

---

[118] DBP 1113216 (1958) Knapsack-Griesheim A.G., K. Sennewald, K. Born, H. Erpenbach und G. Dobek.

[119] DBP 966955 (1942) Cassella, W. Zerweck und R. Müller; C. **1958**, 7894; E. P. 631592 (1946) Am. Cyanamid Co.; Chem. Abstr. **44**, 4494 (1950); Verhulst, J.: Bl. Soc. chim. Belg. **39**, 563 (1930) und **40**, 475 (1931); DBP 968679 (1942), Schweiz. P. 294013 (1943) Cassella, W. Zerweck und R. Müller; C. **1954**, 8218; Knop, W.: Zbl. Arbeitsmed. Arbeitsschutz **15**, 77 (1965).

[120] E. P. 805029 (1957) BASF; C. **1960**, 6996.

toren können Kupferverbindungen[121], Jod[122], Fe-(II)-sulfat[123] oder Kupferpulver[124] zugesetzt werden.

Wird nur mit geringen Mengen Kupfer stabilisiert, so läßt sich das *Acrylamid* nach Neutralisation mit $CaCO_3$ bis pH 7,5 und Abtrennen des Gipses durch Zerstäubungstrocknung gewinnen [124], wobei der geringe Kupfergehalt bei einer Polymerisation nicht stört.

Nach diesem Prinzip wird *Acrylamid* technisch hergestellt; für die praktische Durchführung des Prozesses sind zahlreiche Änderungen[125] bekanntgeworden (Neutralisation der Schwefelsäure mit Ammoniak, Natronlauge oder anderen Basen, Extraktion des *Acrylamids* mit organischen Lösungsmitteln — Methyl-i-butylketon[126] — Reinigung durch Sublimation, Reinigung durch Umkristallisation aus Benzol, Entfernung von Eisenverunreinigungen durch Alkaliphosphatzusatz[123] u. a. m.)

An Stelle von Schwefelsäure wurde auch die Verwendung von Salzsäure vorgeschlagen[127]. Primär entsteht dabei β-Chlorpropionsäureamid in sehr guter Ausbeute, nach HCl-Abspaltung mit Kaliumcarbonat oder Pyridin erhält man *Acrylamid.*

Von der Dow Chem. Co.[128] wird die Hydrolyse von Acrylnitril mit einem Überschuß an Wasser durch Einwirkung sulfonierter Polystyrol-Ionenaustauscher beschrieben. Man erhitzt die Reaktanten vier Stunden bei 100° in einem geschlossenen Gefäß, zieht das überschüssige Acrylnitril im Vakuum ab und extrahiert das *Acrylamid* mit Wasser. Es werden Ausbeuten bis 92% angegeben[128].

Gute Ausbeuten an *Acrylamid* liefert auch die *kontinuierliche* Verseifung von Acrylnitril[129], wobei Acrylnitril, Schwefelsäure und Wasser im Molverhältnis 1:1:1 bei Temperaturen zwischen 180 und 250° und Verweilzeiten von wenigen Minuten durch ein erhitztes Rohr geleitet werden.

Es sind noch einige andere Wege für die Bildung von *Acrylamid* bekanntgeworden, doch ist meist die Ausbeute zu gering oder die Reaktionsführung zu mühsam, um technisch interessant zu sein (z. B.

---

[121] Belg. P. 616662 (1962) The Dow Chem. Co.

[122] Jap. P. 17208/62 (1960) Nitto Chem. Ind. Co., Ref. Derwent Japanese Pat. Rep. Vol. 1, No. 39, 2.

[123] DAS 1146489 (1956) Am. Cyanamid Co., N. Bikales und M. L. Miller; E. P. 789503 (1956) Am. Cyanamid Co.

[124] DBP 1020328 (1955) CIBA A.G., D. Porret und A. Maeder.

[125] Schweiz. P. 373369 (1959) Henkel & Cie. G.m.b.H., D. Bornemann, M. Dohr, G. Renner und C. Ziegler.

[126] F. P. 1230576 (1959) Soc. d'Electro-Chimie.

[127] DRP 753863 (1940) I.G., K. Meisenburg; A. P. 2535245 (1948) Hercules Powder Co., C. A. Weissgerber; C. **1952**, 4220.

[128] Belg. P. 616662 (1962) The Dow Chem. Co.

[129] DAS 1156787 (1958) Henkel & Cie. G.m.b.H., D. Bornemann u. a.

Dehydratisierung von Hydracrylsäureamid[130] oder Abspaltung von Alkohol aus β-Alkoxypropionamiden[131].)

Durch Umamidierung von Acrylsäuremethylester mit niederen Säureamiden erhält man ebenfalls *Acrylamid*[132].

C. N-Substituierte Acrylamide

Setzt man Acrylnitril mit konzentrierter Schwefelsäure und Olefinen bzw. Alkoholen in Eisessig unter 40° um, so gelangt man zu *substituierten Amiden*[133]. Der Reaktionsablauf wird dabei wie folgt gedeutet:

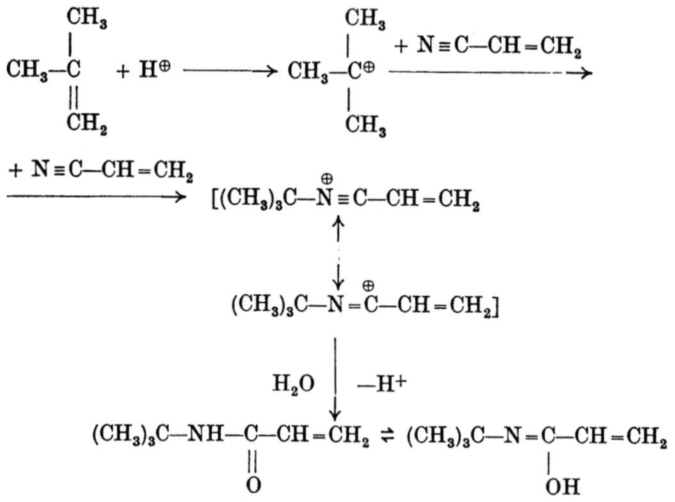

Substituierte Amide entstehen auch durch Einwirkung von Acrylsäurechlorid oder β-Chlorpropionsäurechlorid auf Amine[134], indem man beispielsweise 2 Mol des entsprechenden Amins vorlegt und in die ätherische Lösung 1 Mol Acrylsäurechlorid unter Rühren zutropft:

---

[130] A. P. 2508279 (1948) Am. Cyanamid Co., M. Lichtenwalter, and O. Wiedemann; Chem. Abstr. **44**, 8365 (1950).

[131] A. P. P. 2587209 und 2587210 (1949), DBP 851186 (1950) Union Carbide, B. Phillips, and P. S. Starcher; C. **1953**, 2356.

[132] DAS 1164397 (1959) Röhm & Haas G.m.b.H., N. Jochum, K. Riefstahl und A. Tilly.

[133] Plaut, H., and J. J. Ritter: Am. Soc. 73, 4076 (1951); A. P. 2719176 (1953) Eastman Kodak Co., H. W. Coover, and N. H. Shearer; C. **1957**, 4256.

[134] DRP 752481 (1939), A. P. 2288197, I.G., G. Kränzlein, and M. Corell; Chem. Abstr. **37**, 140 (1943); A. P. 2508718 (1945), E. P. 631738 (1946) General Aniline & Film Corp., G. D. Jones; Chem. Abstr. **45**, 893 (1951) und **44**, 3276 (1950); A. P. 2451436 (1947) Am. Cyanamid Co., J. G. Erickson; Mowry, D. T., and R. R. Morner: Am. Soc. **69**, 1831 (1947).

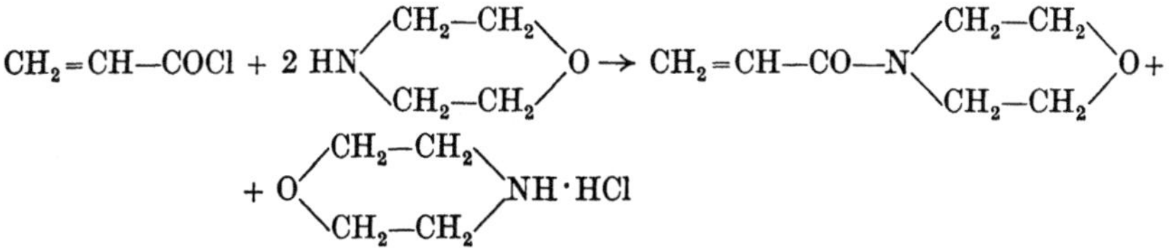

Weitere Wege sind die Reaktion von Aminen mit CO und Acetylen[135], die Abspaltung von Alkoholen aus N-Alkyl-β-alkoxypropionamiden[136] bzw. Aminen aus N-Alkyl-β-aminopropionamiden[137], die Decarboxylierung von Malein- oder Fumarsäurederivaten[138], die Reaktion von Acrylsäure oder deren Estern mit primären bzw. sekundären Aminen[139] und schließlich die Pyrolyse von acylierten Milchsäureamiden[140]:

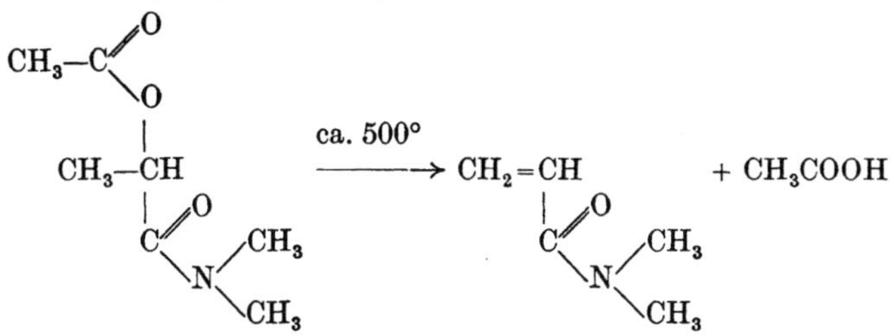

N,N-Dimethylacetoxypropionamid.

N-Methylolacrylamid bildet sich aus Acrylamid und Formaldehyd im alkalischen Medium[141]. Eine Beschreibung der Folgeprodukte, entstanden durch Reaktion an der Methylolgruppe, erfolgt in Kapitel 2.2.1.4.

2.1.3 Methacrylsäure, deren Ester, Amide, Nitrile, Säurehalogenide und Anhydride

Die erste Darstellung von *Methacrylsäure* erfolgte im Jahre 1877 durch R. Fittig[142] und ging von Citrachlorbrenzweinsäure aus:

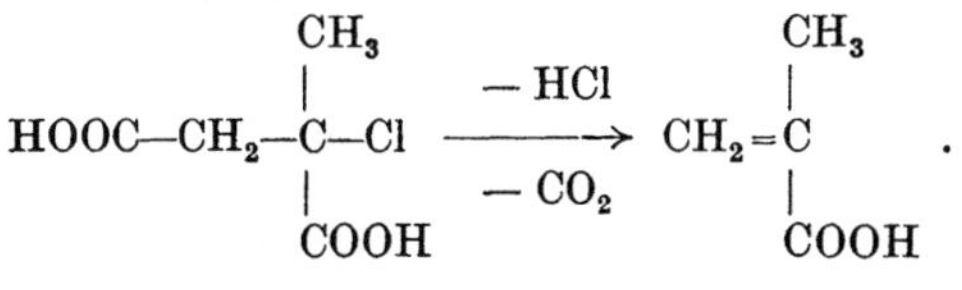

[135] Reppe, W.: Neue Entwicklungen auf dem Gebiet der Chemie des Acetylens und Kohlenoxyds, S. 96. Berlin-Göttingen-Heidelberg: Springer 1949; E. P. 733097 (1952) Rohm & Haas Co.; C. **1958**, 5512.

[136] Canad. P. 560922 (1958) Am. Cyanamid Co., J. G. Erickson.

[137] A. P. 2683741 (1947) Allied Chem. & Dye Corp., P. F. Wiley; C. **1956**, 2025.

[138] DAS 1179929 (1961) BASF, W. Schweckendiek und W. Schliesser.

[139] A. P. 2719175 (1952) und 2719177 (1953) Eastman Kodak Co., H. W. Coover, and N. H. Shearer; Chem. Abstr. **50**, 10763 (1956); C. **1956**, 14509.

[140] Ratchford, W. P., and C. H. Fisher: Am. Soc. **69**, 1911 (1947).

[141] DAS 1002326 (1954) Bayer, E. Müller und H. Holtschmidt.

[142] Fittig, R.: A. **188**, 47 (1877); Fittig, R., und A. Landolt: A. **188**, 81 (1877).

In der Folgezeit sind viele weitere Synthesen für Methacrylsäurederivate bekannt geworden, wobei jedoch nur der Prozeß über Acetoncyanhydrin technische Bedeutung erlangt hat.

A. Herstellung von Methacrylsäure(estern) aus gesättigten Verbindungen

Zur Einführung der Doppelbindung bedient man sich der Abspaltung von Wasser, Säuren, Halogenwasserstoff[143], Alkoholen, Blausäure, Wasserstoff oder Ammoniak aus gesättigten Verbindungen. Als Ausgangsprodukte können 1. α- oder 2. β-substituierte Isobuttersäurederivate dienen.

1. Spaltreaktionen α-substituierter Isobuttersäurederivate

α-Substituierte Isobuttersäurederivate sind präparativ leichter zugänglich als die entsprechenden β-Derivate, doch findet die Abspaltung erst bei energischeren Bedingungen statt.

Aus α-Halogenisobuttersäurederivaten wird HX mittels alkalischer Katalysatoren[144] (Chinolin[145] oder Dimethylanilin[146]) bzw. Zink oder Zinkhalogenid abgespalten[147]. Auch andere Katalysatoren, wie Aktivkohle[148], Schwefelsäure, Phosphorsäure bzw. Ferrichlorid[149] wurden für diese Halogenwasserstoffabspaltung vorgeschlagen[150].

Mäßige Ausbeuten an *Methacrylsäureestern* liefert die Desaminierung von α-Aminoisobuttersäurehydrochloriden mittels Natriumnitrit[151],

---

143 A. P. 2013648 (1933), E. P. 452658 (1935) DuPont, H. J. Barrett; C. **1936** I, 3217 und C. **1937** I, 1548; A. P. 2199774 (1937), E. P. 513243, DuPont, H. J. Barrett; C. **1940** II, 1507 und C. **1940** I, 2385; A. P. 2175810 (1934) DuPont, D. J. Loder; C. **1940** I, 2385.

144 Fittig, R. und F. Engelhorn: A. **200**, 68 (1880); Walden, P.: Ph. Ch. **20**, 574 (1896); Blaise, E. E.: C. r. **140**, 371 (1905); Lossen, W., und O. Gerlach: A. **342**, 159 (1905); Rodd, E. H.: Chemistry of Carbon Compounds, Elsevier Publ. Co., 635 (1951).

145 Hope, E., and W. H. Perkin: Soc. **1911**, 773.

146 Sudborough, J., and M. Davis: Soc. **1909**, 977.

147 A. P. 2199774 (1937), E. P. 513243 (1938) DuPont, H. J. Barrett; C. **1940** II, 1507 und C. **1940** I, 2385; A. P. P. 2111509 und 2111510 (1932) DuPont, D. J. Loder.

148 Russ. P. 52085 und 52086 (1937) I. F. Markow; C. **1938** II, 769.

149 A. P. 2013648 (1933), E. P. 452658 (1935) DuPont, H. J. Barrett; C. **1936** I, 3217 und C. **1937** I, 1548.

150 DRP 546141 (1928) Röhm & Haas A.G., W. Bauer; DRP 607483 (1931) Röhm & Haas G.m.b.H., W. Bauer und H. Lauth; C. **1935** II, 1612; E. P. 351518 (1930) I.G.; A. P. 2199774 (1937), E. P. 513243 (1938) DuPont, H. J. Barrett; C. **1940** II, 1507 und C. **1940** I, 2385; DRP 575423 (1931) Röhm & Haas A.G., Zusatz zu DRP 555933 (1929); A. P. 2175810 (1934) DuPont, D. J. Loder; C. **1940** I, 2385.

151 Barker, A. L., and G. L. Skinner: Am. Soc. **46**, 403 (1924).

während die Alkoholabspaltung aus α-Alkoxyisobuttersäureestern[152] mit P_2O_5 präparativ ergiebiger ist.

Einige Forschungsarbeiten wurden auch auf eine Wasserstoffabspaltung aus Isobuttersäure und Derivaten zu den entsprechenden Methacrylaten verwendet[153]. Die Ausgangsverbindungen sind auf Grund der Synthesen verzweigter Carbonsäuren nach H. Koch[154] aus den geeigneten Olefinen technisch interessant geworden.

Wird Trimethylessigsäuremethylester Temperaturen von 550 bis 650° ausgesetzt[155], so bildet sich durch Methanabspaltung *Methacrylsäuremethylester*.

Mehrere Darstellungsweisen für α-Oxyisobuttersäuren und damit für Methacrylsäureverbindungen gehen von den technischen Großprodukten Aceton und Acetylen aus. Bekanntlich wird bei der äquimolaren Vereinigung der beiden Reaktionspartner[156] 2-Methylbutin-(3)-ol-2(I) erhalten. Diese Verbindung ist leicht in das isomere Isopropenylmethylketon (III), bzw. durch Wasseranlagerung in das 2-Methylbutanol-(2)-on-3 (IV) überführbar. Demgegenüber erhält man bei der Äthinylierung von 2 Mol Aceton das Dicarbinol 2,5-Dimethylhexin-(3)-diol-2,5 (II)[157].

Mit Hypochloriten kann das ungesättigte Keton (III) direkt zu *Methacrylsäure*[158] und das Methylbutanol (IV) zu dem Vorprodukt α-Oxyisobuttersäure[159] mit Ausbeuten um 50% oxydiert werden.

---

152 E. P. 584607 (1943) Ch. Weizmann; Chem. Abstr. **41**, 3812 (1947); Weizmann, Ch., M. Sulzbacher, and E. Bergmann: Am. Soc. **70**, 1153 (1948).

153 A. P. 2101820 (1933) DuPont, J. C. Woodhouse; C. **1938** I, 4726; DAS 1127890 (1958) BASF, H. J. Nienburg, K. Rauch, M. Becker und H. Böhm; C. **1963**, 5228.; A. P. 2945057 (1959), E. P. P. 952833 und 952834, Eastman Kodak Co., E. L. McDaniel, and H. S. Young; McDaniel, E. L., and H. S. Young: Ind. eng. Chem., Prod. Res. and Dev. **2**, 287 (1963).

154 Koch, H.: Brennstoffch. **36**, 321 (1955); Fette Seifen einschl. Anstrichmittel **59**, 493 (1957) und Ullmann **5**, 137 (1954); Koch, H., und W. Haaf: A. **618**, 251 (1958); Koch, H., und K. E. Möller: Ang. Ch. **73**, 240 (1961); Vgl. auch folgende DBP P. 942987, 972291, 972315, 973077, 1064941, 1095802 und 1148990 sowie die Dissertationen an der Technischen Hochschule Aachen: K. E. Möller (1954), J. Franken (1960) und K. H. Schwerte (1962).

155 A. P. 3075001 (1963) W. R. Grace & Co., J. J. Godfrey.

156 DRP. 744081 (1938) I.G., O. Pesta und F. Ebel; Reppe, W.: Neue Entwicklungen auf dem Gebiet der Chemie des Acetylens und Kohlenoxyds, S. 55. Berlin-Göttingen-Heidelberg: Springer 1949; Bergmann, E. D., M. Sulzbacher, and D. F. Herman: J. appl. Chem. **3**, 39 (1953).

157 Reppe, W., und Mitarb.: A. **596**, 32 (1955); Brantschen, A.: Dissert. Univ. Freiburg/Schweiz, 30 (1958).

158 A. P. 2192142 (1938) Rohm & Haas Co., E. F. Meitzner; C. **1942** I, 268; White, T.: Soc. **1943**, 238.

159 A. P. 2379625 (1940) DuPont, L. Coes; Chem. Abstr. **39**, 4620 (1945).

Die Behandlung des Dicarbinols (II) mit Ozon führt ebenfalls zu α-Oxyisobuttersäure[160], je nach Lösungsmittel auch zu Dimeren[161].

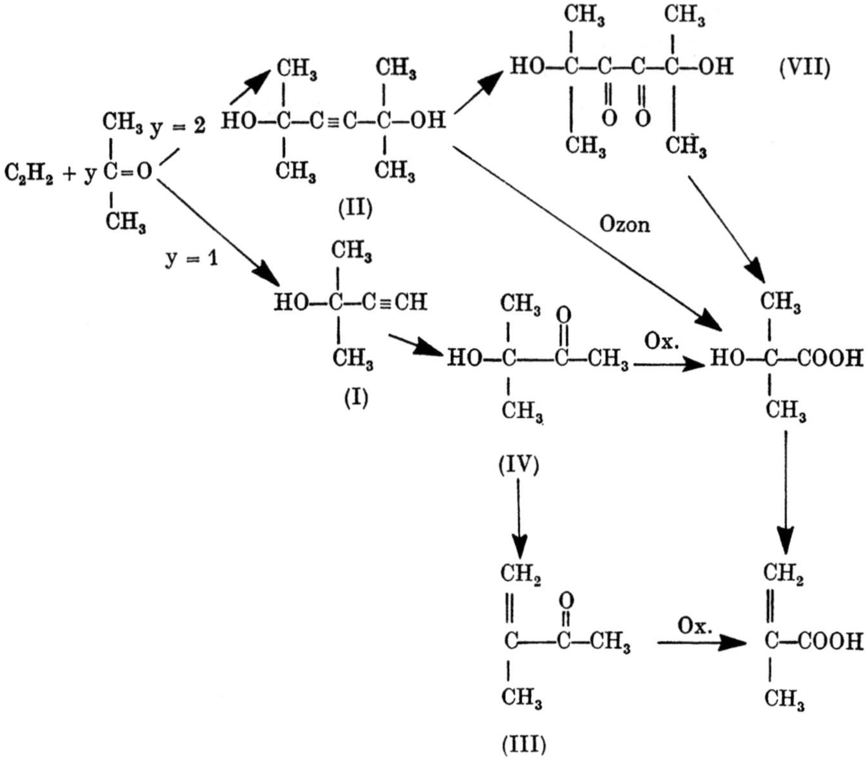

Die Oxydation mit Kaliumpermanganat schließlich führt erwartungsgemäß zum α-Diketon (VII)[162], das sich überraschenderweise ebenfalls in α-Oxyisobuttersäure überführen läßt[161].

Historisch interessant ist, daß die Ozonolyse des Hexins (II) durch A. BROTHMAN im Auftrage der chinesischen Regierung um das Jahr 1943 mit dem Ziel einer kontinuierlichen Methacrylatsynthese bearbeitet wurde[163].

Es muß an dieser Stelle darauf hingewiesen werden, daß α-Oxyisobuttersäure ohne Blockierung der Carboxylgruppe (z. B. durch Veresterung) bisher noch nicht mit interessanten Ausbeuten in *Methacrylsäure* übergeführt werden konnte; beim bloßen Erhitzen zum Siedepunkt werden nur 13% erhalten[164].

---

160 BROTHMAN, A.: Brit. Plastics **19**, 275 (1947) und Kunstst. **37**, 230 (1947).
161 BRANTSCHEN, A.: Dissertation Univ. Freiburg/Schweiz (1958).
162 DUPONT, G., R. DULOU et D. LEFORT: Bl. **1949**, 789.
163 PORTER, R. W.: Chem. Engng. **54**, 102 (1947).
164 BLAISE, E., et P. BAGARD: A. ch. (8) **11**, 114 (1907).

α-Oxyisobuttersäureester dehydratisieren unter Einfluß von P_2O_5[165] PCl_3 oder $POCl_3$[166] bzw. katalytisch über verschiedene Kontakte[167] zu den entsprechenden ungesättigten Verbindungen[168].

Da die Dehydratisierung der α-Oxyisobuttersäurederivate nur schwer erfolgt, wird die OH-Gruppe zuerst verestert und dann unter Säureabspaltung[169] die Doppelbindung eingeführt (vgl. auch die technische Darstellung auf S. 38). Die Veresterung kann entweder mit Keten oder Acetanhydrid[170] oder mit Chlorsulfonsäure[171] oder mit konzentrierter Schwefelsäure durchgeführt werden. Auf diese Art erhält man beispielsweise den *α-Chloromethylacrylsäuremethylester*[172].

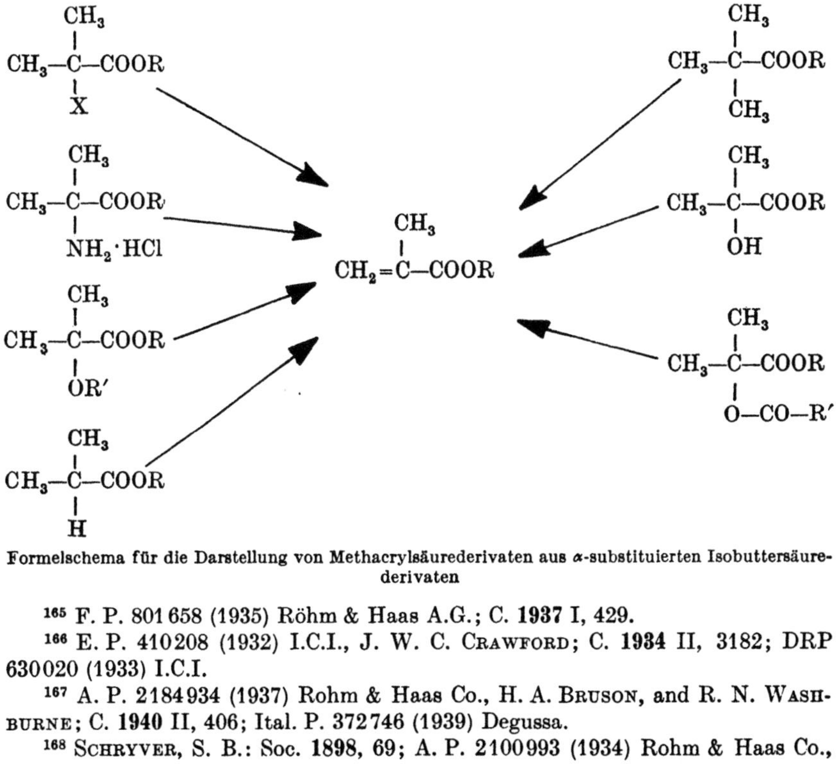

Formelschema für die Darstellung von Methacrylsäurederivaten aus α-substituierten Isobuttersäurederivaten

[165] F. P. 801658 (1935) Röhm & Haas A.G.; C. **1937** I, 429.

[166] E. P. 410208 (1932) I.C.I., J. W. C. CRAWFORD; C. **1934** II, 3182; DRP 630020 (1933) I.C.I.

[167] A. P. 2184934 (1937) Rohm & Haas Co., H. A. BRUSON, and R. N. WASHBURNE; C. **1940** II, 406; Ital. P. 372746 (1939) Degussa.

[168] SCHRYVER, S. B.: Soc. **1898**, 69; A. P. 2100993 (1934) Rohm & Haas Co., H. A. BRUSON; KAUTTER, C. T.: Ullmann **12**, 392 (1960); A. P. 2390326 (1943) U.S. Secretary of Agriculture, C. E. REHBERG, and C. H. FISHER; A. P. 2390327 (1943) U.S. Secretary of Agriculture, C. E. REHBERG, and C. H. FISHER; FISHER, C. H., C. E. REHBERG, and L. SMITH: Am. Soc. **65**, 763 und 1003 (1943).

[169] BURNS, R., D. T. JONES, and P. RITCHIE: Soc. **1935**, 715.

[170] FISHER, C. H., C. E. REHBERG, and L. SMITH: Am. Soc. **65**, 1003 (1943); A. P. 2183357 (1934) I.C.I., P. D. RITCHIE, D. T. JONES, and R. BURNS.

[171] E. P. 409733 (1932) I.C.I., W. COCKER, J. STANLEY, H. DAVIS, and R. HILL; C. **1934** II, 3182; DRP 639953 (1933) I.C.I.

[172] FERRIS, A. F., and I. G. MARKS: J. org. Chem. **19**, 1971 (1954); OWENS, F. H., and F. E. ZIMMERMAN: J. Polymer. Sci. A **1**, 2711 (1963).

Eine andere Variation für die Dehydratisierung besteht darin, ein Gemisch von α-Oxyisobuttersäureester und Essigsäureanhydrid bei 400 bis 600° über einen mit Phosphorsäure imprägnierten Bimsstein zu leiten[173].

2. Spaltreaktionen β-substituierter Isobuttersäurederivate

Aus Isobuttersäurederivaten mit β-ständigen negativen Substituenten (z. B. Alkoxy-, Amino-, Hydroxy- oder Cyangruppen bzw. Halogenen) läuft die Abspaltung zu *Methacrylsäure und Derivaten* wesentlich erleichtert und gegenüber den entsprechenden α-Verbindungen mit geringerer Gefahr unliebsamer Zersetzungsreaktionen ab[174].

Zu β-substituierten Isobuttersäurederivaten kommt man u. a. durch Verwendung von CO und Folgeprodukten. Dazu gehört die Carbonylierung von Allylalkohol nach REPPE[175] [Formelbild (1)] und die Konden-

$$HO{-}CH_2{-}\overset{\overset{\displaystyle CH_2}{\|}}{C}H + CO + H_2O \longrightarrow HO{-}CH_2{-}\overset{\overset{\displaystyle CH_3}{|}}{C}H{-}COOH \longrightarrow CH_2{=}\overset{\overset{\displaystyle CH_3}{|}}{C}{-}COOH \qquad (1)$$

sation von Propionsäureestern mit Ameisensäureestern, bzw. mit CO, Alkohol und Alkoholat[176]. Hinzuzählen kann man außerdem die Reaktionen von Propylen mit Phosgen[177] oder Chlorameisensäureestern

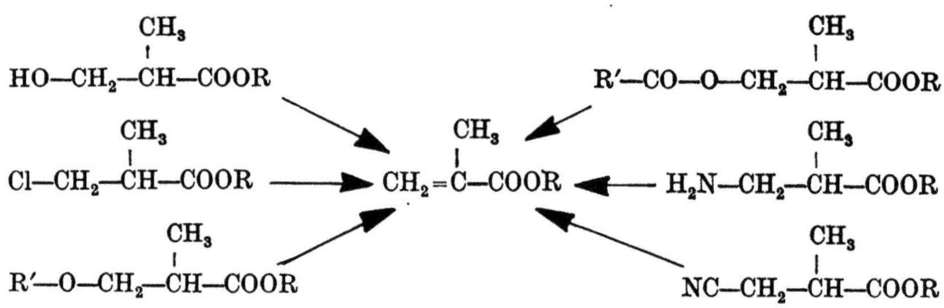

Formelschema für die Darstellung von Methacrylsäurederivaten aus β-substituierten Isobuttersäurederivaten

[173] A. P. 2356247 (1941) Am. Cyanamid Co., P. M. KIRK, and P. P. MCCLELLAN; Chem. Abstr. **39**, 86 (1945).

[174] DRP 729187 (1938) Consortium, P. HALBIG und L. BEER; C. **1943** I, 1219; A. P. 2305663 (1940) P. HALBIG, and L. BEER; VÖLKER, T., A. NEUMANN und U. BAUMANN: Makromolekulare Chem. **63**, 182 (1963).

[175] REPPE, W.: Neue Entwicklungen auf dem Gebiet der Chemie des Acetylens und Kohlenoxyds, S. 109. Berlin-Göttingen-Heidelberg: Springer 1949.

[176] DRP 495935 (1924) I.G., R. WIETZEL; DRP 729187 (1938) Consortium, P. HALBIG und L. BEER; C. **1943** I, 1219; BRANTSCHEN, A.: Dissertation Univ. Freiburg/Schweiz (1958).

[177] A. P. 2020685 (1933) DuPont, E. F. IZARD; C. **1936** I, 2439; A. P. 2028012 (1933) DuPont, E. E. REID.

unter Einfluß von *Friedel-Crafts*-Katalysatoren, die über β-Chlorisobuttersäurederivate zu *Methacrylsäure bzw. deren Estern* führen[178].

B. Herstellung von Methacrylsäure und Derivaten aus ungesättigten Verbindungen

1. Oxydation ungesättigter Verbindungen zu Methacrylsäure

Von Vinylderivaten ausgehend sind vor allem die Oxydation von Methacrolein[179] bzw. Methallylalkohol oder Isopropenylmethylketon[180] zu *Methacrylsäure* zu erwähnen[181], die jedoch noch zu keiner technisch brauchbaren Lösung führten. Demgegenüber scheinen Oxydationsreaktionen von Isobuten, die in letzter Zeit entwickelt wurden, wirtschaftlich interessant, weshalb an anderer Stelle (Kapitel 2.1.6, S. 60) näher darauf eingegangen wird.

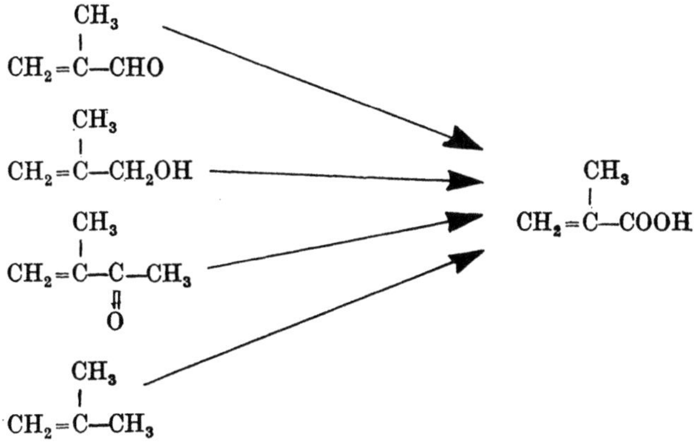

Formelschema für die Darstellung von Methacrylsäure aus Vinylderivaten durch Oxydation

---

[178] A. P. 2013648 (1933), E. P. 452658 (1935) DuPont, H. J. BARRETT; C. **1936** I, 3217 und **1937** I, 1548; A. P. 2199774 (1937), E. P. 513243 (1938) DuPont, H. J. BARRETT; C. **1940** I, 2385 und **1940** II, 1507; A. P. 2175810 (1934) DuPont, D. J. LODER; C. **1940** I, 2385; A. P. 2020685 (1933) DuPont, E. F. IZARD; C. **1936** I, 2439.

[179] A. P. 2101820 (1933) DuPont, J. C. WOODHOUSE; C. **1938** I, 4726; DRP 680023 (1935) Röhm & Haas A.G., W. BAUER und P. WEISERT; F. P. 807222 (1936) RÖHM & Haas A.G.; C. **1937** I, 4871; DBP 869950 (1951) CWH, W. DIETRICH und B. RITZENTHALER; CHURCH, J. M., and L. LYNN: Ind. eng. Chem. **42**, 768 (1950); SMITH, C. W., and R. T. HOLM: J. org. Chem. **22**, 746 (1957); E. P. 903034 (1962) The Distillers Co. Ltd., J. R. BETHELL, D. J. HADLEY, E. J. GASSON, and R. F. NEALE.

[180] WHITE, T.: Soc. **1943**, 238.

[181] CHURCH, J. M., and L. LYNN: Ind. eng. Chem. **42**, 768 (1950).

2. Herstellung von Methacrylsäurederivaten aus anderen Methacrylsäureverbindungen (vgl. 2.1.1, S. 9)

Methacrylsäure kann für Laboratoriumszwecke durch alkalische Verseifung von Methacrylsäuremethylester, Neutralisation mit Schwefelsäure und Destillation gewonnen werden.

Methacrylsäureester können durch Umsetzung von Silbermethacrylat und Äthyljodid[182] oder Kaliummethacrylat und Halogenverbindungen erhalten werden[183]. Außerdem können Methacrylsäure[184], Methacrylsäureanhydrid oder Methacrylsäurechlorid verestert werden[185].

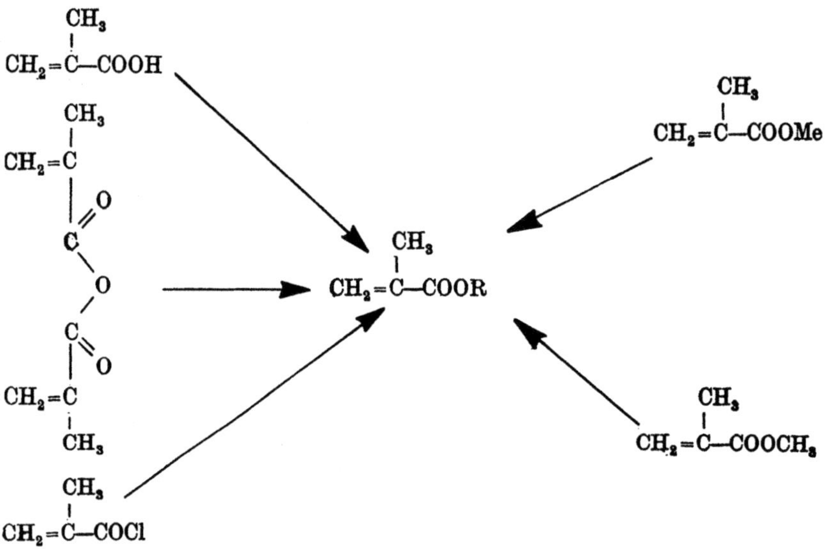

Formelschema für die Darstellung von Methacrylsäureestern aus Methacrylsäurederivaten (vgl. 2.1.1 D)

Mit Paraformaldehyd in Gegenwart einer geringen Menge wasserfreien $ZnCl_2$ reagiert Methacrylsäurechlorid zu *Methacrylsäurechloromethylester*[186]:

---

[182] AUWERS, K., und E. KÖBNER: B. **24**, 1935 (1891).

[183] A. P. 2537981 (1949) Am. Cyanamid Co., P. EDWARDS; JOANISIANI, P. G., B. N. LASKORIN und N. L. ALEKSEEVA: Vysokomolekulyarnye Soedineniya **5**, 1213 (1963).

[184] DBP 1147938 (1959) Röhm & Haas G.m.b.H., T. VÖLKER und H. WALTER; Chem. Week, **25**, 91 (1959); DAS. 1161259 (1960) BASF, H. GRASSNER; E. P. 934917 (1962) BASF.

[185] REHBERG, C. E., M. B. DIXON, and C. H. FISHER: Am. Soc. **67**, 208 (1945); TREADWAY, R. H., and E. YANOVSKY: Am. Soc. **67**, 1038 (1945); HAWORTH, W. N., H. GREGORY, and L. F. WIGGINS: Soc. **1946**, 488.

[186] YAKUBOVICH, A. Y., u. a.: Ž. obšč. Chim. **28**, 1930 (1958); OWENS, F. H., and F. E. ZIMMERMAN: J. Polymer Sci. A **1**, 2711 (1963).

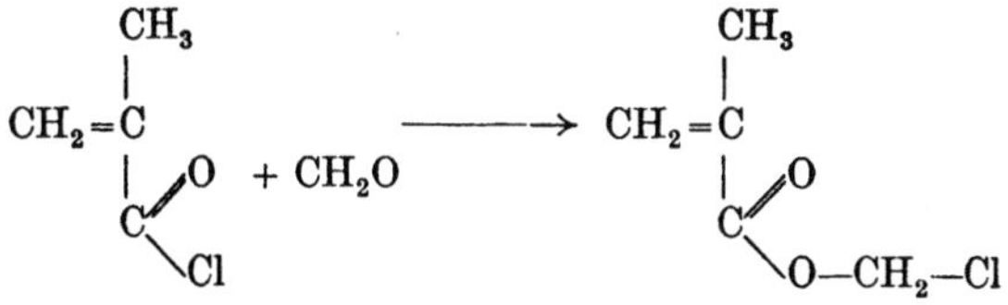

Aus dem Methylester werden die höheren Ester durch Alkoholyse gewonnen, z. B. aus Methacrylsäuremethylester und 1,3-Butylenglykol je nach Molverhältnis bevorzugt der Mono- oder Diester[187].

Außer Alkalialkoholaten[188] und Orthotitansäureestern[189] sind auch saure Katalysatoren (p-Toluolsulfonsäure, Schwefelsäure) für die Alkoholyse[190] von Methacrylsäuremethylester brauchbar. Als Inhibitor kann p-Phenylendiamin dienen. Da ein azeotropes Gemisch von Methacrylsäuremethylester-Methanol abgezogen wird, versetzt man das Destillat mit Wasser, registriert die Abnahme der organischen Schicht und errechnet daraus den Umsatz. Eine bequemere Möglichkeit ist die Kontrolle der Brechungsindices der Methacrylsäuremethylester-Methanol-Mischungen[191].

Eine interessante Methode zur Herstellung von *Methacrylamid* ist die im alkalischen Milieu verlaufende Umamidierung von Methacrylsäuremethylester[192]. Im Laboratoriumsmaßstab kann man *Methacrylamid* auch durch Umsetzung von Methacrylsäuremethylester mit Ammoniak herstellen[193].

3. Verschiedene Synthesen für Methacrylsäure(ester)

Bis in die jüngste Zeit hinein reichen die Bemühungen, Methacrylatsynthesen durch Kondensation von Propionsäureverbindungen mit Formaldehyd zu schaffen[194], die, obwohl sie Ausbeuten bis um 60% aufweisen, infolge relativ niederer Umsätze, stark verdünnter Endprodukte und ungünstiger Zusammensetzungen der Ausgangslösungen als zu aufwendig erscheinen.

---

[187] Baggenstoss, A.: Dissertation Univ. Freiburg/Schweiz (1947).

[188] Schweiz. P. 239750 (1941) Lonza A.G.; Chem. Abstr. **43**, 5036 (1949).

[189] E. P. P. 960005 (1961) und 962928 (1962) The Distillers Co. Ltd.

[190] Haken, J. K.: J. appl. Chem. **13**, 168 (1963); E. P. 461979 (1935) DuPont, J. C. Woodhouse; C. **1937** I, 4871; E. P. 960005 (1961) The Distillers Co. Ltd., A. F. E. Sims, and J. Southwood.

[191] Woods, D. E.: J. Soc. chem. Ind. **66**, 26 (1947).

[192] DAS 1164397 (1959) Röhm & Haas G.m.b.H., N. Jochum, K. Riefstahl und A. Tilly.

[193] Arcus, C. L.: Soc. **1949**, 2732.

[194] F. P. 847370 (1930), Schweiz. P. 207718, I. G.; A. P. 2734074 (1952) Nat. Distillers Prod. Corp., B. Redmon; A. P. 2821543 (1955) Celanese Corp., R. W. Etherington jr.; A. P. 3051747 (1958) The Dow Chem. Co., J. M. Leathers, and G. E. Woodward; A. P. P. 3089899 bis 3089902 (1961) Air Red. Co., J. F. Vitcha, and V. A. Sims.

Für *höhere Methacrylsäureester* wird noch der Weg über den α-Hydroxyisobuttersäureester (Dehydratisierung mit Phosphorpentoxyd) eingeschlagen.

Über die Synthese von Methacrylaten aus Kohlenmonoxyd, Methylacetylen und Wasser bzw. Alkohol vgl. [195].

C. Technische Synthese für Methacrylsäurederivate

Die technische Synthese für *Methacrylsäure*, *Methacrylamid*, *Methacrylnitril* und den *wichtigsten Methacrylsäureester* — den *Methylester* — geht von Acetoncyanhydrin aus [196], doch können auch höhere Ester, wie z. B. *Lauryl-* und *Stearylester*, nach diesem Verfahren erhalten werden[197].

Das Cyanhydrin entsteht aus wasserfreiem Aceton und Cyanwasserstoff[198] in Gegenwart basischer Katalysatoren. Die Reaktion ist stark exotherm.

Läßt man Acetoncyanhydrin unter Kühlung (70 bis 90°) in einen Überschuß von etwa 0,4 bis 0,6 Mol wasserfreie Schwefelsäure einlaufen, so bildet sich eine halbfeste Masse. Bei raschem Erhitzen auf 125 bis 130° erfolgt Umlagerung zum *Methacrylamidsulfat*[196, 199], wobei die Reak-

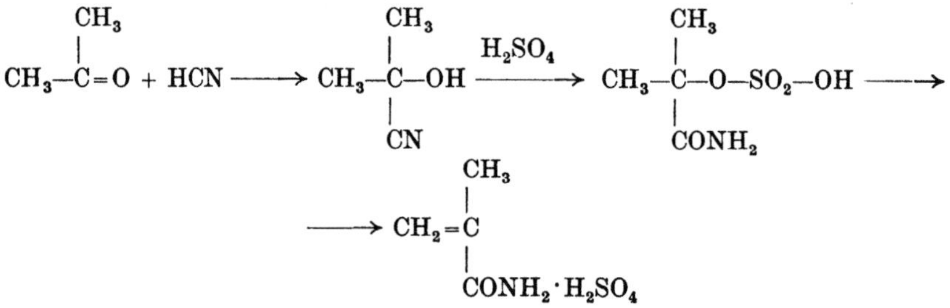

[195] Österr. P. 231423 (1959) National Lead Co.

[196] Verhulst, J.: Bull. Soc. chim. Belg. **39**, 563 (1930) und **40**, 475 (1931); E. P. 405699 (1932), DRP 648237 (1933) I.C.I., J. W. C. Crawford; C. **1934** II, 3182; E. P. 419457 (1933) I.C.I., J. W. C. Crawford; C. **1935** I, 1770; DRP 649165 (1933) I.C.I.; A. P. 2042458 (1934), I. C. I., J. W. C. Crawford; C. **1937** I, 429; E.P. 440967 (1934), DRP 672490 (1935), A. P. 2140469 (1935) I.C.I., J. W. C. Crawford, and J. McGrath; Chem. Abstr. **30**, 4180 (1936) und **33**, 3818, 2536 (1939); DRP. 698643 (1936) Röhm & Haas G.m.b.H., C. T. Kautter; A. P. 2416756 (1941) DuPont, L. T. Jilk; Chem. Abstr. **41**, 3812 (1947); E. P. 905510 (1958) Soc. d'Electro-Chimie; DAS 1163800 (1958) Degussa, L. Hüter und U. Reichau; F. P. 1240677 (1959) Soc. d'Electro-Chimie; E. P. 959119 (Dtsche Prior. 1961) Degussa.

[197] E. P. 936397 (1963) Soc. d'Electro-Chimie.

[198] E. P. 416007 (1933) Triplex Safety Glass Co., L. V. D. Scorah, and J. Wilson; A. P. 2101823 (1934) DuPont, H. R. Dittmar; E. P. 452285 (1935) Triplex Safety Glass Co.; DRP 744877 (1935) Degussa, H. Schulz; F. P. 804124 (1936) I. G.; A. P. 2537814 (1949) Am. Cyanamid Co., H. S. Davis.

[199] Wiley, R., and W. Waddey: Org. Synth. **29**, 61 (1949).

tionszeiten durch Salze der Phosphorsäure oder Schwefelsäure noch verkürzt werden[200].

Nach Kühlung auf 100° wird das rohe *Methacrylamidsulfat* durch Umsetzung mit überschüssigem Methanol und Wasser beim Erhitzen direkt in den *Methacrylsäuremethylester* übergeführt, der mit Wasserdampf

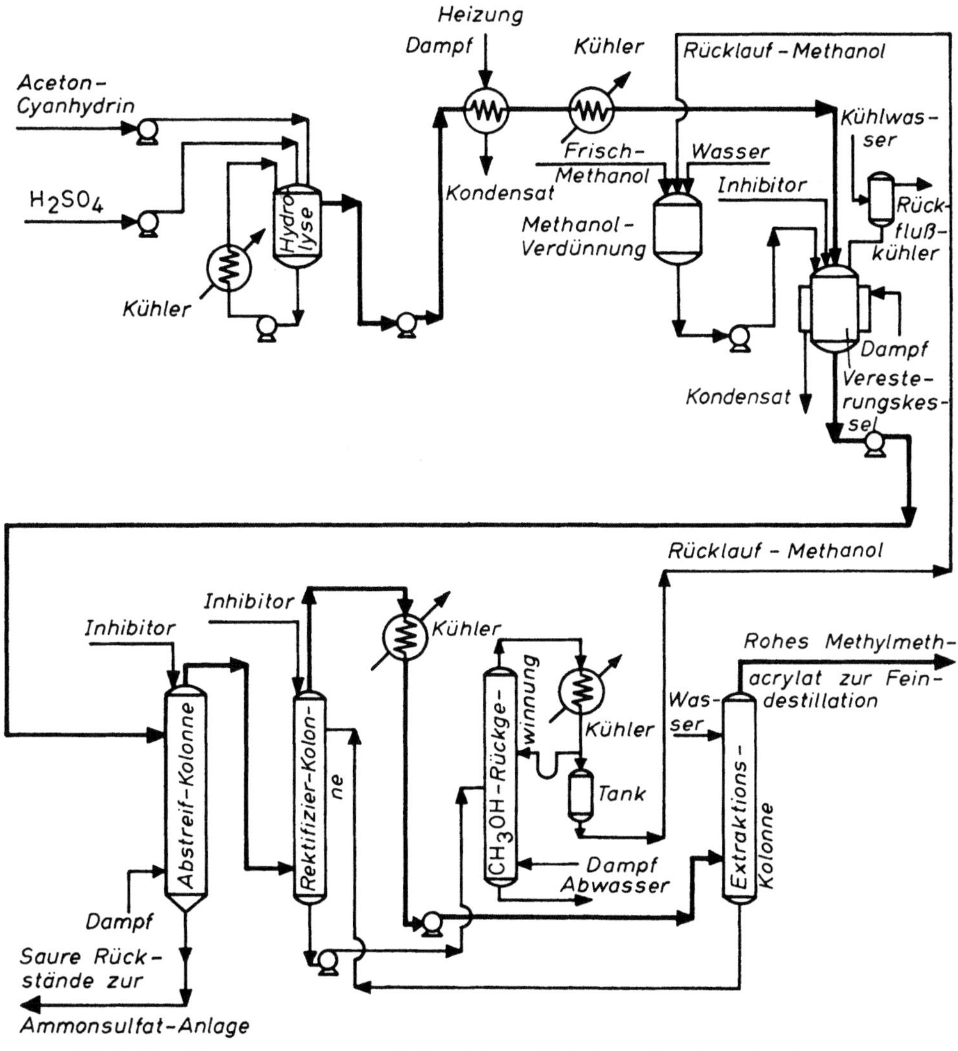

Abb. 3. Herstellung von monomerem Methacrylsäuremethylester. Anlage der Rohm & Haas Co., Houston, Texas, USA. [Nach SALKIND, M., E. H. RIDDLE, and R. W. KEEFER: Ind. eng. Chem. **51**, 1332 (1959)]

[200] DAS 1159428 (1957), Schweiz. P. 366826 (1958) BASF, H. FIKENTSCHER und H. WILHELM.

oder im Vakuum abdestilliert wird. Das zugesetzte Wasser soll die Dehydratisierung des Methanols zum Äther verhindern.

Die *Reinigung* des rohen Esters erfolgt durch mehrmaliges Waschen, Neutralisieren und fraktionierte Vakuumdestillation. Das Reaktionsgut gelangt in eine Kolonne, wo *Methacrylsäuremethylester* und Methanol über Kopf abgezogen werden, wohingegen der Rückstand (Schwefelsäure, Ammoniumbisulfat und Wasser) in Ammoniumsulfat übergeführt wird. Der Ester wird von Methanol in einer Waschkolonne weitgehend abgetrennt und durch Destillation gereinigt. Um eine weitgehende Trennung von Methanol und Wasser einerseits und *Methacrylsäuremethylester* andererseits zu erreichen, empfiehlt es sich, Wasser mit Temperaturen von weniger als 20° zuzusetzen[201].

Bei der *Herstellung von Methacrylsäure* läßt man ein Mol Methacrylamidsulfat zu etwa 10 Mol Wasser in einer verbleiten Apparatur einfließen, rührt mehrere Stunden bei etwa 90° und läßt absitzen. Die Ausbeute beträgt etwa 0,8 Mol *Methacrylsäure* als obere Schicht in 90 bis 94%iger Konzentration[202].

Die *Reinigung*, z. B. durch Destillation, sowie Gewinnung aus ihren wäßrigen Lösungen erfolgt im Falle der Methacrylsäure analog wie bei Acrylsäure bereits angegeben (siehe S. 18).

Zur *Herstellung*[196, 199, 203] *von Methacrylamid* trägt man das rohe Methacrylamidsulfat unter sorgfältiger Kühlung in Wasser ein und neutralisiert mit Kalk oder Ammoniakwasser[204]. Der Sulfatbrei wird abgetrennt und das Filtrat bis zum Ausfallen des *Methacrylamides* im Vakuum eingeengt. Das Verfahren kann auch kontinuierlich durchgeführt werden[205]. Zur *Reinigung* wird entweder aus Benzol umkristallisiert oder im Vakuum sublimiert oder mit organischen Lösungsmitteln (Chloroform) extrahiert.

D. Substituierte Methacrylsäureamide

N-alkylsubstituierte Methacrylsäureamide sind durch Umsetzung von Methacrylnitril mit Alkoholen oder Olefinen und Schwefelsäure im Molverhältnis 1:1:1 leicht zugänglich[206] (vgl. Acrylamid, S. 28).

---

[201] E. P. 905510 (1958) Soc. d'Electro-Chimie.

[202] DRP 863050 (1944) Röhm & Haas G.m.b.H., C. T. KAUTTER und A. SCHMIDT; C. **1953**, 5412 und Chem. Abstr. **48**, 1425 (1954).

[203] F. P. 815908 (1936) Röhm & Haas A.G.; C. **1937** II, 4116; E.P. 943536 (1959) L. HÜTER.

[204] VERHULST, J.: Bull. Soc. chim. Belg. **39**, 563 (1930) und **40**, 475 (1931); DRP 649165 (1933) I.C.I.

[205] DBP 859450 (1952) I.C.I., J. W. C. CRAWFORD und J. GRIGOR.

[206] PLAUT, H., and J. J. RITTER: Am. Soc. **73**, 4076 (1951); A. P. 2719176 (1953) Eastman Kodak Co., H. W. COOVER, and N. H. SHEARER; C. **1957**, 4256.

Weitere Möglichkeiten sind die Umsetzung von Methacrylsäurechlorid bzw. β-Chlorisobuttersäurechlorid mit Aminen[207].

N-Alkylolmethacrylamide erhält man durch Umsetzung von Methacrylamid mit Aldehyden in alkalischer Lösung[208] (vgl. 2.2.1.4, S. 75).

E. Methacrylnitril

1. Herstellung von Methacrylnitril durch Dehydratisierungsreaktionen

Methacrylnitril entsteht aus Acetoncyanhydrin durch Acetylierung zu α-Acetoxyisobuttersäurenitril und anschließende thermische Zersetzung:

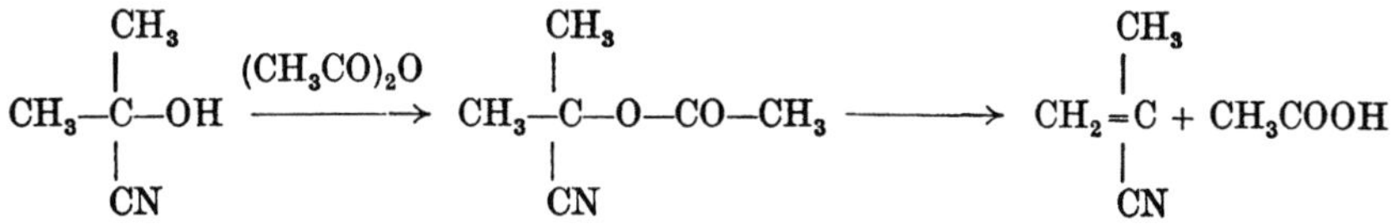

Nach diesem Weg wird das ungesättigte Nitril in geringem Umfang technisch hergestellt[209].

Weitere Darstellungsmöglichkeiten sind die Dehydratisierung von Acetoncyanhydrin mittels Phosphorpentoxyd[210] bzw. Thionylchlorid[211]. Nach der letzteren Methode erhält man etwa 50% Reinprodukt. Setzt man bei der Reaktion Pyridin zu, so erhöht sich die Gesamtausbeute[212].

Durch Wasserabspaltung aus β-Oxyisobuttersäurenitril[213] bzw. Methacroleinoxim[214] mit Essigsäureanhydrid gelangt man ebenfalls zum

---

207 DRP 752481 (1939), A. P. 2288197, I.G., G. Kränzlein, and M. Corell; Chem. Abstr. **37**, 140 (1943); A. P. 2508718 (1945), E. P. 631738 (1946) General Aniline & Film Corp., G. D. Jones; Chem. Abstr. **45**, 893 (1951) und **44**, 3276 (1950); Sokolova, T. A., L. A. Ovsyannikova und I. I. Tikhodeeva: Ž. obšč. Chim. **33**, 1502 (1963).

208 DBP 947338 (1936), E. P. 482897 (1936), F. P. 827059 (1937) I. G., H. Fikentscher, A. Steinhofer, H. Scheuermann, G. Hagen und K. Wolf; C. **1957**, 5129; Chem. Abstr. **32**, 6769, 6776 (1938); A. P. 2173005 (1936), E. P. 503513 (1937) DuPont, D. E. Strain; Chem. Abstr. **34**, 547 (1940); C. **1939** II, 1393; Ital. P. 399685 (1942) Röhm & Haas G.m.b.H.; A. P. 2475846 (1946) Am. Cyanamid Co., L. A. Lundberg; Chem. Abstr. **44**, 873 (1950); DAS 1002326 (1954) Bayer, E. Müller und E. Holtschmidt.

209 E. P. 424885 (1933) I.C.I., P. D. Ritchie, D. T. Jones, and R. Burns; C. **1936** I, 2439; Mowry, D. T., and R. R. Morner: Am. Soc. **69**, 1831 (1947).

210 A. P. 2441462 (1946) Am. Cyanamid Co., W. M. Zeischke; Chem. Abstr. **42**, 7315 (1948).

211 A. P. 2210320 (1938) Rohm & Haas Co., C. T. Kautter, and A. R. H. Gräfe. Macq, A.: Bull. Soc. chim. Belg. **31**, 175; F. P. 794255 (1935) I.G.

212 A. P. 2471928 (1947) Rohm & Haas Co., N. M. Bortnick, and G. W. Cannon; C. **1950** I, 2160.

213 A. P. 2500403 (1945) Am. Cyanamid Co., H. S. Davis, and E. L. Carpenter.

214 Mowry, D. T., and R. R. Morner: Am. Soc. **69**, 1831 (1947); A. P. 2518089 (1948) Allied Chem. & Dye Corp., J. Spillance.

Methacrylnitril. Dabei kann man auch von Isobutyraldoxim ausgehen und dieses dehydrieren und dehydratisieren[215].

Ein amerikanisches Patent[216] beschreibt die Bildung von *Methacrylnitril* aus α-Aminoisobutyraldoxim.

Die Wasserabspaltung aus Methacrylamid zum Nitril gelingt in der Gasphase mit Metalloxyden als Katalysatoren[217].

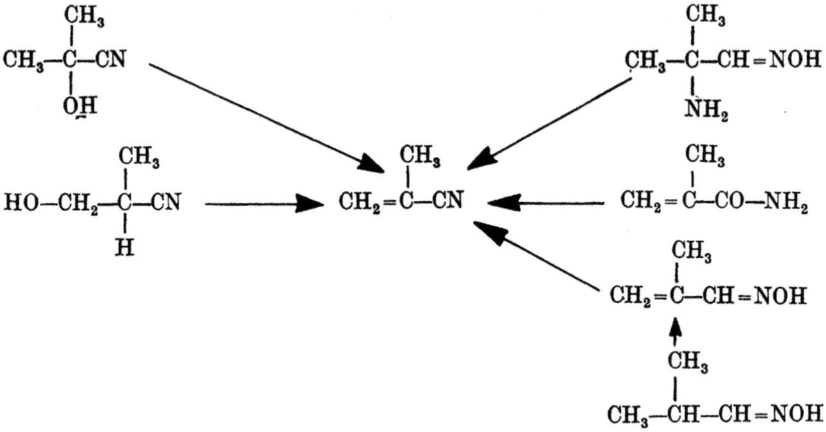

Formelschema für die Darstellung von Methacrylnitril aus Oxyverbindungen, Aldoximen und Amiden durch Wasserabspaltung

2. Herstellung von Methacrylnitril durch Dehydrierungsreaktionen

Methacrylnitril läßt sich auch durch Dehydrierung von aliphatischen Nitrilen[218] oder Methallylamin mit Luft[219] herstellen. Bei der katalytischen Dehydrierung von Isobutyronitril[220] mit Sauerstoff werden Temperaturen von 530 bis 570° angewendet.

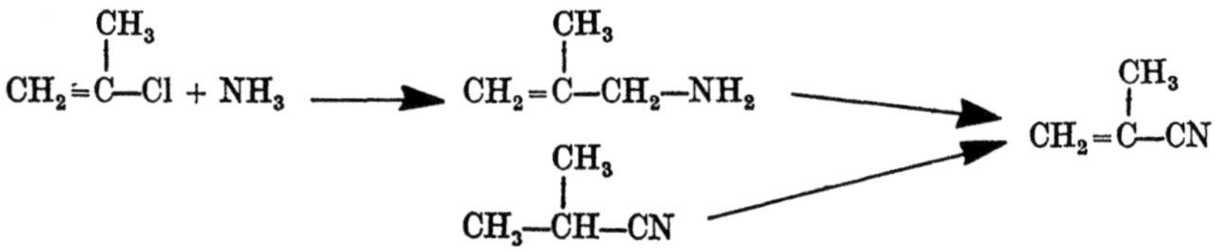

Formelschema für die Darstellung von Methacrylnitril durch Dehydrierung

---

215 A. P. 2404280 (1943) Phillips Petr. Co., H. A. DUTCHER; C. **1947**, 655.

216 A. P. 2471927 (1947) Rohm & Haas Co., N. M. BORTNICK, and D. J. BUTTERBAUGH; C. **1950** I, 2159.

217 A. P. 2373190 (1940) B. F. Goodrich Co., F. E. KUNG; Chem. Abstr. **39**, 4085 (1945) und C. **1945** II, 1665.

218 A. P. 2385552 (1941) Rohm & Haas Co., L. R. U. SPENCE, and F. O. HAAS; Chem. Abstr. **40**, 595 (1946).

219 A. P. P. 2424083 und 2424085 (1943) Shell Dev. Co., H. DE V. FINCH, and I. BERGSTEINSSON; PETERS, L. M. u. a.: Ind. eng. Chem. **40**, 2046 (1948).

220 DAS 1127890 (1958) BASF, N. J. NIENBURG, K. RAUCH, M. BECKER und H. BÖHM; C. **1963**, 5228.

3. Verschiedene Verfahren zur Herstellung von Methacrylnitril

Nach dem Sohioverfahren (vgl. S. 56) kann *Methacrylnitril* aus Isobuten, Luft und Ammoniak gewonnen werden.

Von Isobutyraldehyd ausgehend kommt man zu *Methacrylnitril*, wenn man den Aldehyd zusammen mit Ammoniak über erhitzte Chromoxyd-Tonerde-Kontakte leitet[221]:

$$CH_3-\overset{\displaystyle CH_3}{\overset{|}{C}}H-CHO + NH_3 \longrightarrow CH_2=\overset{\displaystyle CH_3}{\overset{|}{\underset{\underset{\displaystyle CN}{|}}{C}}} + H_2O + H_2$$

Lagert man Isobuten an Nitrosylchlorid an, so erhält man eine Bisnitrosoverbindung, die in *Methacrylnitril* gespalten werden kann[216]. Eine andere Methode ist die der entsprechenden Acrylnitrilsynthese analoge Umsetzung von Methylacetylen mit Blausäure[222].

F. Methacrylsäurehalogenide und Methacrylsäureanhydrid (vgl. 2.1.1 F.)

Zum *Methacrylsäurechlorid* gelangt man durch Umsetzung der freien Säure mit Phosphortrichlorid[223] oder mit überschüssigem Benzoylchlorid[224], mit Benzolsulfochlorid in Gegenwart von Pyridin[225] oder durch HCl-Abspaltung aus β-Chlorisobuttersäurechlorid[226].

Das Chlorid ist eine stechend riechende, polymerisationsfähige[227], bei Luftzutritt rauchende Substanz, die die Augen stark reizt[225].

Methacrylsäurefluorid erhält man durch Erhitzen von Methacrylsäurechlorid mit Antimontrifluorid oder von Methacrylsäureanhydrid mit Kaliumfluorid[228]. Das Monomere läßt sich polymerisieren und copolymerisieren.

Durch Umsetzung von Methacrylsäure mit Essigsäureanhydrid[230], Zinkchlorid oder Phosphorsäure[229] entsteht *Methacrylsäureanhydrid.*

---

[221] A. P. 2412437 (1943) Phillips Petr. Co., C. R. Wagner.

[222] A. P. 2407472 (1944) Rohm & Haas Co., D. J. Butterbaugh, and L. R. U. Spence; Peters, L. M., u. a.: Ind. eng. Chem. **40**, 2046 (1948).

[223] Rehberg, C. E., M. B. Dixon, and C. H. Fisher; Am. Soc. **67**, 208 (1945).

[224] Brown, H. C.: Am. Soc. **60**, 1325 (1938).

[225] Heyboer, J., et A. J. Staverman: R. **69**, 788 (1950).

[226] F. P. 873389 (1941) I.G., H. Fikentscher.

[227] Blatz, P. E.: S P E Trans. **3**, Nr. **1**, 67 (1963).

[228] A. P. 2440090 (1944) DuPont, B. W. Howk, and R. A. Jacobson; C. **1948** II, 1460.

[229] Arbusowa, I. A., S. A. Plotkina und V. N. Efremowa: Ž. obšč. Chim. **26**, 1124 (1956); Chem. Abstr. **50**, 16667 (1956).

[230] Moureu, C.: A. ch. (7) **2**, 167 (1894); E. P. 538310 (1940), F. P. 863141, Norton Grinding Wheel Co.; C. **1944** II, 173; Berlin, A. A., und T. A. Makarowa: Ž. obšč. Chim. **21**, 1267 (1951); Chem. Abstr. **46**, 1996 (1952).

Dieses ist auch durch wechselseitige Umsetzung von Methacrylsäurechlorid mit Natriummethacrylat[230] bzw. von Methacrylsäure und Diketen[231] oder von Kaliummethacrylat[232] und Thionchlorid präparativ zugänglich.

2.1.4 Andere α-substituierte Acrylverbindungen

A. α-Alkylacrylderivate

1. Ester

Um *α-substituierte Acrylester* zu erhalten, geht man von Formylessigestern aus, welche in der α-Stellung den gewünschten Substituenten tragen. Durch Hydrierung resultieren substituierte Hydracrylsäureester. Die Dehydratisierung liefert dann die entsprechenden Acrylverbindungen[233]:

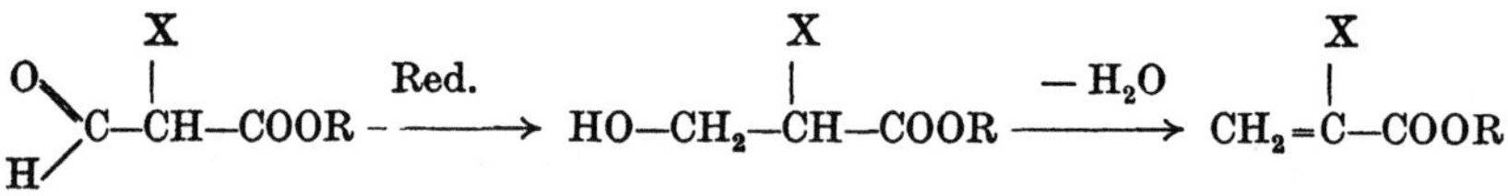

α-Äthylacrylsäureäthylester[234] (Kp 137,5—138,5°) wird aus 2-Äthylmalonsäureester durch Kondensation mit Formaldehyd, partielle Verseifung, Decarboxylierung und nachfolgende Wasserabspaltung hergestellt.

α-Phenyl-acrylsäureester erhält man nach der *Reppe*-Synthese aus Phenylacetylen, Kohlenmonoxyd und Alkohol.

2. Säuren

Als Bildungsreaktion für *α-alkylsubstituierte Acrylsäuren* wird die Oxydation der entsprechenden Vinylketone[235] angegeben. Weitere Möglichkeiten sind die Oxydation α-substituierter Acroleine[236] bzw. die Verseifung von α-Alkylacrylsäureestern.

3. Nitrile

α-Alkylacrylnitrile erhält man aus den entsprechenden Oximen[237] bzw. Ketocyanhydrinen durch Wasserabspaltung oder durch Konden-

[231] A. P. 2476859 (1948) Eastman Kodak Co., H. J. HAGEMEYER.

[232] A. P. 2143924 (1934) I.C.I., L. RUBENSTEIN; Chem. Abstr. **33**, 2913 (1939).

[233] DRP 729187 (1938) Consortium, P. HALBIG und L. BEER; C. **1943** I, 1219.

[234] MANNICH, C., und K. RITZERT: B. **57**, 1117 (1924).

[235] WHITE, T.: Soc. **1943**, 238; F. P. 811215 (1936) Wacker Chemie G.m.b.H.; A. P. 2192142 (1938) Rohm & Haas Co., E. F. MEITZNER; C. **1942** I, 268.

[236] F. P. 807222 (1936) Röhm & Haas A.G.; A. P. 2212900 (1935) Shell Dev. Co., H. P. A. GROLL, and G. HEARNE.

[237] MARVEL, C. S., W. R. MILLER, and L. C. CHOU: Am. Soc. **72**, 5408 (1950).

sation von gesättigten Nitrilen mit Formaldehyd[238]. Die Polymerisationsneigung dieser Verbindungen ist z. T. sehr gering und mitunter nur nach anionischen Mechanismen möglich.

B. α-Halogenacrylderivate

1. Ester

Durch Abspaltung von 1 Mol Halogenwasserstoff aus Trihalogenpropionsäureestern erhält man die α,β-Dihalogenacrylsäureester[239].

α-Chlor- oder α-Bromacrylsäureester können aus den Trihalogenpropionsäureestern durch Abspaltung von 1 Mol Halogen mit metallischem Zink, Magnesium oder Eisen hergestellt werden[240].

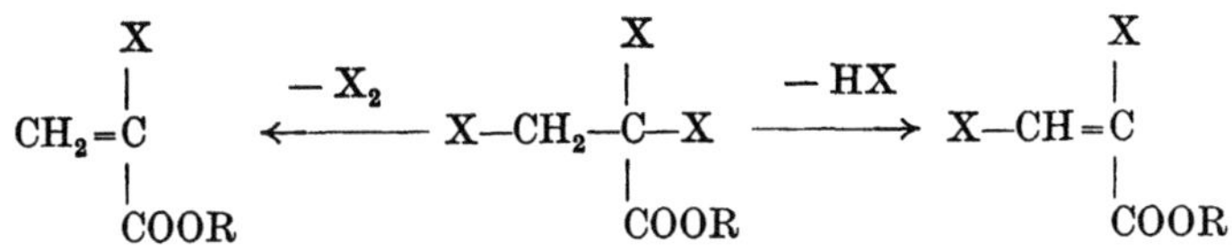

2. Säuren

α-Halogenacrylsäure bzw. -ester erhält man auch aus α,β-Dihalogenpropionsäure(estern) durch Abspaltung von HX[241] mit Alkali- oder Erdalkalihydroxyden oder -carbonaten[242]. Setzt man noch mindestens 10%

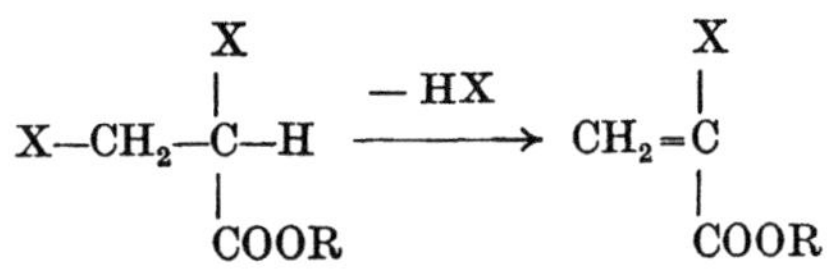

eines mit Wasser mischbaren Lösungsmittels zu, so erhält man eine Verbesserung des Verfahrens[243], ebenfalls dann, wenn man in Gegenwart eines wasserlöslichen Metalljodids arbeitet[244]. Die HCl-Abspaltung kann auch mittels H_2SO_4, H_3PO_4 oder anderer Säuren bei 100 bis 150° erfolgen[245].

[238] A. P. 2385552 (1941) Rohm & Haas Co., L. R. U. SPENCE, and F. O. HAAS; Chem. Abstr. **40**, 595 (1946).

[239] E. P. 609156 (1946) Wingfoot Corp.

[240] E. P. 573596 (1942) Wingfoot Corp.

[241] DRP 555933 (1929) und Zusatz P. 575423 (1931) Röhm & Haas A.G.; Chem. Abstr. **26**, 5964 (1932) und **27**, 5756 (1933); MARVEL, C. S., J. DEC, H. G. COOKE jr., and J. C. COWAN, Am. Soc. **62**, 3495 (1940).

[242] A. P. 2245547 (1939) Pittsburgh Plate Glass Co., M. A. POLLACK; A. P. 2870193 (1959) Pittsburgh Plate Glass Co., M. A. POLLACK.

[243] DBP Anm. p 29358 D (1948) General Aniline & Film Corp., D. R. SAUNDERS.

[244] DAS 1017607 (1954) General Aniline & Film Corp., H. D. ANSPON.

[245] A. P. 2870193 (1957) Morris Plains, M. A. POLLACK.

Durch Oxydation von α-Chloracrolein mit Luftsauerstoff[246] und bei Umsetzung von Formaldehyd und Trichloräthylen in Gegenwart konzentrierter Schwefelsäure[247] entsteht ebenfalls *α-Chloracrylsäure*:

$$CH_2O + Cl\text{—}CH{=}CCl_2 + H_2O \xrightarrow{H_2SO_4} CH_2{=}C(Cl)\text{—}COOH + 2\,HCl$$

β-Chloracrylsäure bildet sich bei der Anlagerung von Chlorwasserstoff an Propinsäure bei 100°[248]. Von Propinsäure ausgehend, kann man auch zu *β,β-Dichloracrylsäure* gelangen, indem man alkalische Hypochloritlösung einwirken läßt[249].

HCl-Abspaltung aus dem Natriumsalz von α,β-Dichloroisobuttersäure gibt *α-Methyl-β-chloroacrylsäure*[250].

Die halogenierten Ester wirken stark reizend auf die Schleimhäute[250]. Die Polymerisate sind härter, aber weniger stabil als diejenigen aus den halogenfreien Estern und verfärben sich stärker[251].

3. Nitrile

α-Chloracrylnitril erhält man durch Chlorierung von Acrylnitril in Pyridinlösung[252] oder durch Umsetzung von Acrylnitril und Chlor in der Dampfphase[253] bzw. durch Abspaltung von Chlor aus α,α,β-Trichlorpropionsäurenitril[254]. In Ausbeuten über 90% erhält man *α-Chloracrylnitril* aus α,β-Dichlorpropionitril durch HCl-Abspaltung an Eisen, Aluminium oder deren Chloriden bei etwa 100° [255]. Das Monomere ist sehr polymerisationsfreudig und kann mit den bekannten phenolischen Inhibitoren stabilisiert werden[255].

β-Chloracrylnitril ist durch Dehydratisierung von β-Chlormilchsäurenitril erhältlich[256] und entsteht auch als Nebenprodukt bei der Chlorierung von Acrylnitril[253].

---

[246] E. P. 573763 (1941) The Distillers Co. Ltd., H. P. STAUDINGER, and K. H. W. TUERCK.

[247] E. P. 514619 (1938) I.C.I., N. MCLEISH, and J. W. C. CRAWFORD; PRINS, H. J.: R. **51** (4), 13 und 469.

[248] GRYSZKIEWICZ-TROCHIMOWSKI, E., O. GRYSZKIEWICZ-TROCHIMOWSKI et W. SCHMIDT: Bl. (5) **15**, 594 (1948); Chem. Abstr. **42**, 7240 (1948).

[249] STRAUS, F., L. KOLLEK und W. HEYN: B. **63**, 1877 (1930).

[250] HURD, C. D., and C. H. RECTOR jr.: J. org. Chem. **10**, 441 (1945); OWENS, F. H., and F. E. ZIMMERMAN: J. Polymer Sci. A **1**, 2711 (1963).

[251] KURTZ, P.: Ullmann **3**, 81 (1953).

[252] BRINTZINGER, H., K. PFANNSTIEL und H. KODDEBUSCH: Ang. Ch. **60**, 311 (1948).

[253] A. P. 2231363 (1940) Wingfoot Corp., J. R. LONG; Chem. Abstr. **35**, 3268 (1941); F. P. 948588 (1947) Bataafsche, W. HEARNE, D. S. LA FRANCE et T. W. EVANS; C. **1950** II, 104.

[254] A. P. 3114765 (1961) Monsanto, K. M. TAYLOR; A. P. 2385550 (1942) Rohm & Haas Co., L. R. U. SPENCE; Chem. Abstr. **40**, 593 (1946).

[255] DAS 1150381 (1961) Münzing & Co., W. MÜNZING und K. PAWELZIK; E. P. 741239 (1953) The Distillers Co. Ltd.

[256] Ital. P. 389377 (1940) A. MAXIMOFF e C. CAPITANI.

$$Cl{-}CH_2{-}\underset{\displaystyle H}{\overset{\displaystyle OH}{\underset{|}{\overset{|}{C}}}}{-}CN \longrightarrow Cl{-}CH{=}CH{-}CN + H_2O$$

Ein anderer Weg ist die Anlagerung von Chlorcyan an Acetylen in Lösung oder in der Gasphase[257]. Auch HCl-Abspaltung aus α,β-Dichlorpropionitril führt zu *β-Chloracrylnitril*[258].

Das Monomere kann zu *β-Chloracrylsäure* verseift werden. Es ist mit verschiedenen Monomeren copolymerisierbar.

Zu *α,β-Dichloracrylnitril* gelangt man durch Halogenwasserstoffabspaltung aus α,β,β-[259] oder α,α,β-[254] Trichlorpropionnitril.

$$Cl{-}CH_2{-}CCl_2{-}CN \longrightarrow Cl{-}CH{=}\underset{\displaystyle Cl}{\underset{|}{C}}{-}CN + HCl$$

Chlor addiert sich in Gegenwart von Pyridin an die Doppelbindung von Acrylnitril und substituiert bei längerdauernder Einwirkung auch die Wasserstoffatome, so daß man schließlich $\alpha,\alpha,\beta,\beta$-Tetrachlorpropionitril erhält[260]. Aus diesem bildet sich durch Chlorwasserstoffabspaltung *α,β,β-Trichloracrylnitril*:

$$CHCl_2{-}CCl_2{-}CN \xrightarrow{-HCl} Cl{-}\underset{\displaystyle Cl}{\overset{\displaystyle Cl}{\underset{|}{\overset{|}{C}}}}{=}C{-}CN$$

4. Aldehyde

α,β-Dichlorpropionaldehyd[261] spaltet beim Erhitzen mit Wasser HCl ab und gibt in guter Ausbeute *α-Chloracrolein*[262].

5. Amide

α-Chloracrylamid entsteht aus α,β-Dichlorpropionsäureester durch HCl-Abspaltung und Aminolyse mit konzentriertem Ammoniak[263]:

$$\underset{\displaystyle Cl}{\overset{}{CH_2}}\text{-}\underset{\displaystyle Cl}{CH}\text{-}COOR + 2\,NH_3 \longrightarrow CH_2{=}\underset{\displaystyle Cl}{C}{-}CONH_2 + NH_4Cl + ROH$$

[257] A. P. 2419488 (1944) Phillips Petr. Co., H. A. DUTCHER; Chem. Abstr. **41**, 5145 (1947).

[258] E. P. 918401 (1961) Am. Cyanamid Co.

[259] Schweiz. P. 228648 (1942) I.G.

[260] BRINTZINGER, H., K. PFANNSTIEL und H. KODDEBUSCH: Ang. Ch. **60**, 311 (1948).

[261] STITZ, F.: Öst. Chemiker-Ztg. **48**, 188 (1947); MOUREU, C., et E. BOISMENU: A. ch. (9) **15**, 209 (1921); YARNALL, W. A., and E. S. WALLIS: J. org. Chem. **4**, 284 (1939).

[262] SCHULZ, H., und H. WAGNER: Ang. Ch. **62**, 110 (1950); DAS 1044058 (1956) Union Carbide, H R. GUEST, and H. A. STANSBURY jr.; Chem. Abstr. **54**, 19487 (1960).

[263] TESSMAR, K.: Kunstst. **44**, 9 (1954).

C. α-Cyanacrylderivate

1. Ester

Poly-(α-cyanacrylsäureester) entstehen bei der Polykondensation von unsubstituiertem Cyanessigester und Formaldehyd in Gegenwart von sekundären Aminen[264]. Wird das Polymere thermisch depolymerisiert, so gelangt man zum monomeren *α-Cyanacrylsäureester*[265].

Weitere Darstellungen von Alkylestern der α-Cyanacrylsäure sind in der Literatur beschrieben[266], wobei besonders auf die Umsetzung von Formaldehyd mit β-Cyanessigsäureester hingewiesen sei[267].

β-Cyanacrylsäureester erhält man durch Anlagerung von Blausäure an Propiolsäureester[268]:

$$\mathrm{H{-}C{\equiv}C{-}COOR + HCN \longrightarrow \underset{\displaystyle |\atop CN}{HC}{=}CH{-}COOR}$$

2. Nitrile

Vinylidencyanid (α-Cyanacrylnitril) wird bevorzugt durch Destillation unter vermindertem Druck oder durch Umkristallisieren aus Toluol gereinigt[269].

Da dieses Monomere nicht nur radikalisch, sondern auch anionisch bereits bei Gegenwart von Wasser, Alkohol u. a. m. polymerisiert[270], wird es bei Lagerung und allen präparativen Operationen durch Zusatz von phenolischen Inhibitoren[271] und insbesondere durch saure Substanzen, vor allem P_2O_5[272] stabilisiert.

Eine präparative Methode zur Herstellung von *Vinylidencyanid* geht von Oligomeren (I) aus, die durch Kondensation von Malonsäuredinitril mit Formaldehyd erhalten werden können[273]. Die thermische Spaltung führt zu *Vinylidencyanid* und Malonsäuredinitril[274]:

---

264 Hellmann, H., und K. Seegmüller: B. **90**, 1363 (1957).

265 E. P. 932328 (1963) Eastman Kodak Co., G. F. Hawkins, and H. F. Mc Curry.

266 E. P. 646954 (1948) B. F. Goodrich Co.; Chem. Abstr. **46**, 6144 (1952); A. P. 2499392 (1947) Eastman Kodak Co., W. O. Kenyon, and C. C. Unruh; A. P. 2514672 (1948) Eastman Kodak Co., D. D. Reynolds, and W. O. Kenyon.

267 Canad. P. 586067 (1958) Rohm & Haas Co., C. H. McKeever.

268 DRP 729188 (1938) I. G., P. Kurtz; C. **1943** I, 1220.

269 Ardis, A. E., u. a.: Am. Soc. **72**, 1305 (1950).

270 Gilbert, H., u. a.: Am. Soc. **76**, 1074 (1954); A. P. 3535827 (1949) B. F. Goodrich Co., A. E. Ardis, and H. Gilbert; Chem. Abstr. **45**, 3196 (1951).

271 A. P. 2614118 (1949) und E. P. 687020 (1950) B. F. Goodrich Co., H. Gilbert.

272 A. P. 2467378 (1949) B. F. Goodrich Co., H. Gilbert.

273 Diels, O., H. Gartner und R. Kaack: B. **55**, 3439 (1922); Diels, O., und B. Conn: B. **56**, 2076 (1923); Ardis, A. E., u. a.: Am. Soc. **72**, 1305 (1950).

274 Ardis, A. E., u. a.: Am. Soc. **72**, 1305 (1950); A. P. 2514387 (1949) B. F. Goodrich Co., H. Gilbert; A. P. 2535827 (1949) B. F. Goodrich Co., A. E. Ardis, and H. Gilbert; Chem. Abstr. **45**, 3196 (1951); DBP 875350 (1950) B. F. Goodrich Co., H. Gilbert; F. P. 1009019 (1950) B. F. Goodrich Co.

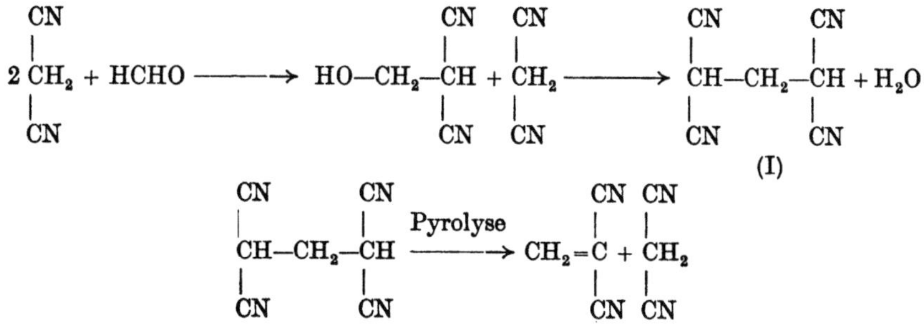

(I)

Vinylidencyanid

In der Technik mehr bevorzugt wird die Darstellung von *Vinylidencyanid* durch Pyrolyse von 1-Acetyloxy-1,1-dicyanäthan[275] bzw. den 1-Acyloxyhomologen (vgl. Formel II).

Die Darstellung des Acetoxydinitrils (II) ist schon lange bekannt[276]. Moderne Synthesen bedienen sich freier Blausäure als Ausgangsmaterial, die mit Essigsäureanhydrid[277] oder Keten[278] in Gegenwart verschiedener Katalysatoren zur Reaktion gebracht wird:

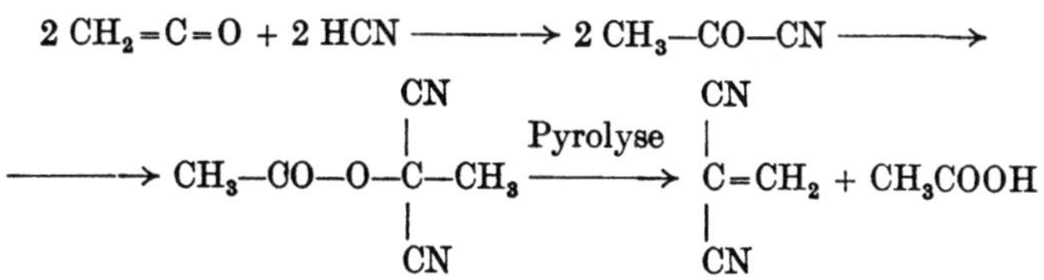

(II)

Zur Reinigung läßt man rohes *Vinylidencyanid* polymerisieren und depolymerisiert bei Temperaturen um 200° [279] (vgl. auch Kapitel 3.6.6).

Eine andere Reinigungsmethode beruht auf einer Addition von Butadien nach DIELS-ALDER zum 4,4-Dicyanocyclohexen-(1) (Formel III), das kristallin anfällt und als polymerisationsstabile Verbindung mit geringeren Schwierigkeiten gereinigt werden kann[280]. Unter vermindertem

[275] A. P. 2476270 (1947) B. F. Goodrich Co., A. E. ARDIS; Chem. Abstr. **43**, 9079 (1949); E. P. 653468 (Am. Prior. 1947) B. F. Goodrich Co., A. E. ARDIS; C. **1952**, 2080.

[276] KLEEMANN, S.: B. **18**, 256 (1885); HÜBNER, H.: A. **120**, 335 (1861).

[277] A. P. 2596804 (1950) B. F. Goodrich Co., A. E. ARDIS; Chem. Abstr. **47**, 1732 (1953); DAS 1086683 (1953) B. F. Goodrich Co., L. F. ARNOLD.

[278] A. P. 2395930 (1946) Union Carbide Corp., F. JOHNSTON, and L. W. NEWTON; A. P. 2574234 (1950) B. F. Goodrich Co., A. E. ARDIS; Chem. Abstr. **46**, 6143 (1952); A. P. 2574235 (1950) B. F. Goodrich Co., A. E. ARDIS, and F. D. STEWART; Chem. Abstr. **46**, 6143 (1952); A. P. 2596826 (1950) B. F. Goodrich Co., F. D. STEWART; Chem. Abstr. **47**, 1732 (1953).

[279] GILBERT, H., u. a.: Am. Soc. **76**, 1074 (1954); A. P. 2535827 (1949) B. F. Goodrich Co., A. E. ARDIS, and H. GILBERT; Chem. Abstr. **45**, 3196 (1951).

[280] ARDIS, A. E., u. a.: Am. Soc. **72**, 1305 (1950).

Druck und bei Rotglut in der Gasphase spaltet es zurück zu Butadien und *Vinylidencyanid*[281]:

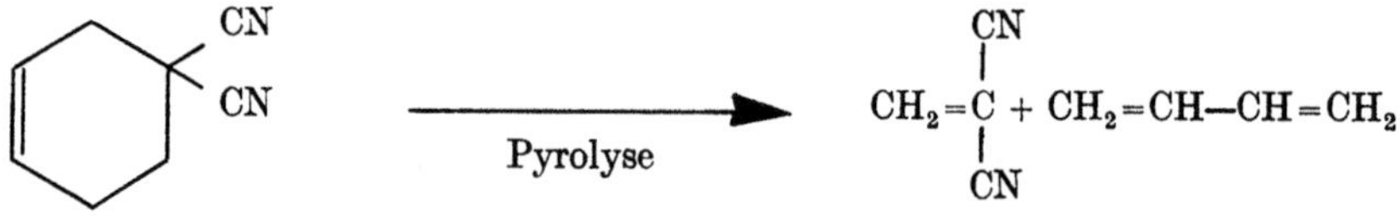

Die *Reaktionen von Vinylidencyanid* sind grundsätzlich ähnlich denen von Acrylnitril. Durch noch weiter verstärkte Polarisierung der Doppelbindung verlaufen Reaktionen nach anionischen Mechanismen, wie Additionen an die Doppelbindung und entsprechende Polymerisationen, noch leichter. Hieraus ergeben sich die besonderen Maßnahmen zu dessen Stabilisierung[282] durch Zusatz von sauren Verbindungen[283].

Reaktionen nach radikalischen Mechanismen sind demgegenüber im Vergleich zu Acrylnitril erwartungsgemäß weniger heftig[284]. *Vinylidencyanid* kann homo-[285] und mit den wichtigsten Monomeren[285, 286] copolymerisiert werden. Technisch interessant sind die auf Basis von *Vinylidencyanid* gewonnenen Fasern.

D. α-Acetoxy-, α-Alkoxy- und α-Carboxymethylacrylsäurederivate

1. Nitrile

Eng verwandt mit der Darstellung von Vinylidencyanid ist diejenige von *α-Acetoxy-acrylnitril* (Formel IV). Hierbei geht man von gleichen Rohstoffen aus und zwar von HCN und Essigsäureanhydrid oder Keten[287]:

$$CH_2{=}C{=}O + HCN \longrightarrow CH_2{=}C(OH)(CN) \xrightarrow{CH_2=C=O} CH_2{=}C(O{-}CO{-}CH_3)(CN) \quad \text{(IV)}$$

(Brenztraubensäurenitril; Enolform) α-Acetoxyacrylnitril

[281] A. P. 2502412 (1948) B. F. Goodrich Co., A. E. Ardis; Chem. Abstr. **44**, 6425 (1950).

[282] A. P. 2614118 und E. P. 687020 (1952) B. F. Goodrich Co., H. Gilbert.

[283] A. P. 2467378 (1949) B. F. Goodrich Co., H. Gilbert; A. P. 2535861 (1949) B. F. Goodrich Co., F. F. Miller; Chem. Abstr. **45**, 4738 (1951).

[284] Gilbert, H. u. a.: Am. Soc. **76**, 1074 (1954); A. P. 2535827 (1949) B. F. Goodrich Co., A. E. Ardis, and H. Gilbert; Chem. Abstr. **45**, 3196 (1951).

[285] A. P. 2589294 (1948) B. F. Goodrich Co., R. F. Schmidt, A. E. Ardis, and H. Gilbert; Chem. Abstr. **46**, 6430 (1952); A. P. 2615871 und 2615880 (1950) B. F. Goodrich Co., V. L. Folt; Chem. Abstr. **47**, 3617—18 (1953).

[286] A. P. 2615872 und 2615873 (1950) B. F. Goodrich Co., S. J. Averill; Chem. Abstr. **47**, 3617 (1953).; A. P. 2628954 (1950) B. F. Goodrich Co., H. Gilbert; Chem. Abstr. **47**, 4655 (1953).

[287] Smrt, J. und F. Sorm: Chem. Listy **48**, 217 (1954); C. **1956**, 5526; Hagemeyer jr., H. J.: Ind. eng. Chem. **41**, 765 (1949).

Erwartungsgemäß kommt man von *α-Acetoxyacrylnitril* ausgehend durch Anlagerung von HCN zu 1-Acetoxy-1,1-dicyanäthan (II) und weiter wie bereits bekannt zu Vinylidencyanid[288].

Hinsichtlich der chemischen Reaktionen verhält sich *α-Acetoxyacrylnitril* wie ein Carbonsäurenitril und wie ein Enolester. Insbesondere die letzte Eigenschaft bedingt, daß es gegenüber wäßrigen Säuren labil ist. Die Polarisierung der Doppelbindung ist schwächer, dementsprechend verlaufen die Additionsreaktionen träger, eine bloß durch Wasser oder Alkohol ausgelöste anionische Polymerisation bleibt aus.

Das Monomere wird gegen Verfärbungen bei Lagerung und im wasserfreien Zustand mit z. B. P_2O_5 stabilisiert. Es kann sowohl homo- als auch copolymerisiert werden. Hierbei verhält es sich ähnlich wie die verwandten Verbindungen Acrylnitril und Vinylacetat. Eine besondere technische Bedeutung hat es trotz zahlreicher Forschungen bisher nicht erlangt.

2. Säuren und Ester

Zu *α-Alkoxyacrylsäureverbindungen*[289] gelangt man entweder über α-Alkoxylformylessigester[290] oder über Brenztraubensäureester. Durch Acetalisierung der Ketogruppe und nachfolgende Alkoholabspaltung entsteht die Doppelbindung[291]:

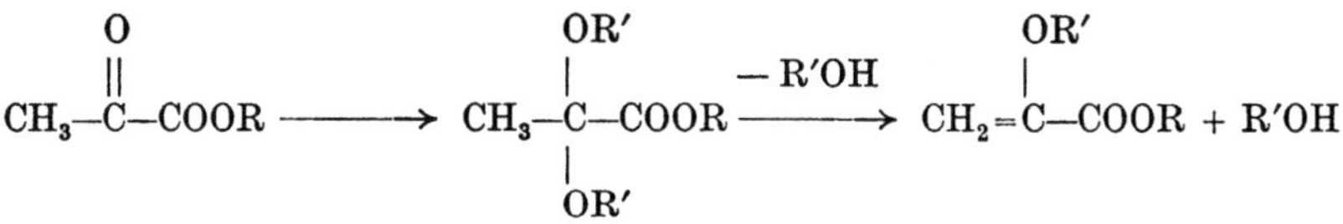

α-Carboxymethyl-acrylsäure(ester) = *Itaconsäure(ester)*[292] können durch Pyrolyse von Zitronensäure gewonnen werden[293]:

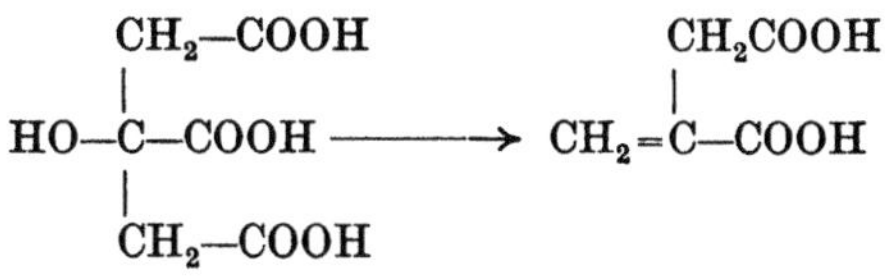

Itaconsäure ist bei Zimmertemperatur eine weiße Substanz mit Fp 169°. Die Dissoziationskonstanten betragen bei 25° K_1 $1{,}5 . 10^{-4}$, K_2 $2{,}2 . 10^{-6}$.

Itaconsäure läßt sich radikalisch in saurer wäßriger Lösung polymerisieren (unter partieller Decarboxylierung[294]) und in Emulsion mit

[288] DRP 736504 (1938) I. G., H. VOLLMANN, F. SCHLOFFER und W. OSTROWSKI.

[289] CLAISEN, L.: B. **29**, 2932 (1896) und **31**, 1019 (1898); ENGELHARD, M., H. PLIENINGER und P. SCHREIBER: B. **97**, 1713 (1964).

[290] DRP 729187 (1938) Consortium, P. HALBIG und L. BEER; C. **1943** I, 1219.

[291] A. P. 2440092 (1945) Polaroid Corp., M. HYMAN jr., and P. H. JOHNSON.

[292] „Itaconic Acid and Esters", Firmenschrift der Chas. Pfizer Co.

[293] SWARTS: Bl. Acad. Belgique (2) **36**, 64 (1873).

[294] BRAUN, D.: Makromolekulares Colloquium, Freiburg/Br., März 1965.

verschiedenen (Meth)acrylsäureestern copolymerisieren. Ebenso ist die Polymerisation und Copolymerisation der Ester nach den verschiedenen Polymerisationsarten möglich.

E. α-Alkylsulfonylacrylsäurederivate

Durch Reaktion von Alkylsulfonylacetonitril oder Alkylsulfonylessigsäureestern mit Formaldehyd unter Einfluß basischer Katalysatoren erhält man die entsprechend α-substituierten Acrylsäurenitrile[295] bzw. -ester[296]:

$$CH_2O + H_2\underset{|}{\overset{SO_2-R}{C}}-COOR_1 \longrightarrow CH_2{=}\overset{SO_2-R}{C}-COOR_1$$

Die Monomeren können Homo- und Copolymerisate bilden.

2.1.5 Acrolein und Methacrolein

A. Acrolein

Acrolein entsteht bei der thermischen Zersetzung von Glycerin und Fetten und ist schon seit 1843 bekannt[297].

Die Dehydratisierung von Glycerin gelingt mit verschiedenen wasserabspaltenden Mitteln, wie z. B. Kaliumbisulfat, Phosphorsäure, Aluminiumoxyd oder Montmorillonitkatalysatoren[298]:

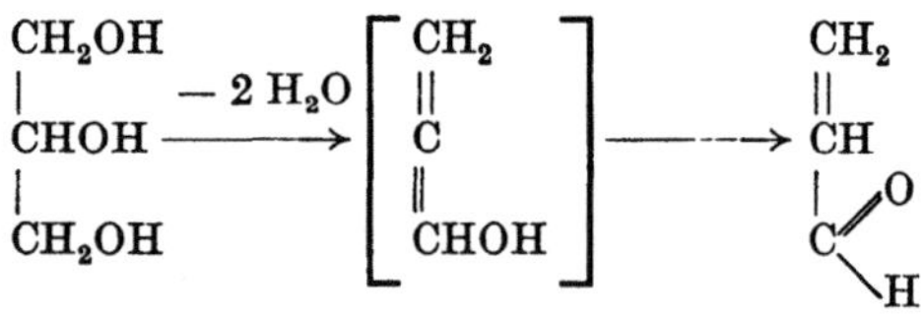

Die Doppelbindung läßt sich auch durch Reaktion von Formaldehyd mit Acetaldehyd relativ glatt bilden[299]. Das Verfahren wird technisch durchgeführt und liefert Ausbeuten von 70 bis 85% d. Th.

$$CH_2O + H_2CH{-}CHO \longrightarrow CH_2{=}CH{-}CHO + H_2O$$

[295] A. P. 2808396 (1955) Eastman Kodak Co., H. M. Hill.

[296] A. P. 2808395 (1955) Eastman Kodak Co., H. M. Hill.

[297] Redtenbacher, J.: A. **47**, 114 (1843).

[298] Adkins, H., and W. Hartung: Org. Synth. Coll. Vol. I, 15 (1956); Hanyu, T., and T. Yanagibashi: J. Soc. Chem. Ind. Japan **37**, 538 (1934); Chem. Abstr. **29**, 727 (1935); Hauschild, R. et J. Petit: Bl. **1956**, 878; A. P. 2042224 (1934) Shell Dev. Co., H. P. A. Groll, and G. H. Berkeley.

[299] Schulz, H., und H. Wagner: Ang. Ch. **62**, 105 (1950); Schweiz. P. 101032 und 101145 (1937) Degussa, H. Wagner; F. P. 830750 (1937) Eastman Kodak Co.; DBP 881503 (1938) Degussa, H. Wagner; DRP 707021 (1938) Degussa, H. Schulz und H. Wagner; A. P. 2245582 (1938) Eastman Kodak Co., M. Gallagher, and R. L. Hasche; A. P. 2246037 (1941) Eastman Kodak Co., M. Gallagher, and R. L. Hasche; A. P. 2294955 (1938) Eastman Kodak Co., J. H. Brant; A. P. 2288306 (1942) Degussa, H. Wagner.

Praktisch wird dabei so vorgegangen, daß wäßriger 30%iger Formaldehyd mit Acetaldehyd in einem Kreislaufverfahren bei etwa 300° gasförmig kondensiert wird.

Geht man von Olefinderivaten aus, so bietet sich Allylalkohol als Rohstoff an. Die Luftoxydation dieses ungesättigten Alkohols ergibt Ausbeuten von über 80%[300].

$$CH_2{=}CH{-}CH_2OH \xrightarrow[\text{Oxydat.}]{200^\circ} CH_2{=}CH{-}CHO$$

Bei der thermischen Spaltung von Diallyläther (eines Nebenproduktes der Allylalkoholdarstellung) fällt ebenfalls *Acrolein* neben Propen an[301].

$$CH_2{=}CH{-}CH_2{-}O{-}CH_2{-}CH{=}CH_2 \longrightarrow CH_2{=}CH{-}CHO + CH_3{-}CH{=}CH_2$$

Nach einem von der Shell Dev. Co.[302] entwickelten Verfahren oxydiert man Propen mit Sauerstoff[303], indem man das Olefin mit etwa der glei-

$$CH_2{=}CH{-}CH_3 \xrightarrow{\text{Oxydation}} CH_2{=}CH{-}CHO$$

chen Menge Wasserdampf verdünnt und mit Sauerstoff bei 368° an einem Carborundkontakt, welcher 0,4% Cu_2O enthält, umsetzt; die Ausbeute beträgt 65%. Nach diesem Verfahren erfolgt die technische Acroleindarstellung bei der Norco Anlage in Louisiana[304].

Während beim Shell-Prozeß das Kupferoxyd auf einem Träger niedergeschlagen ist, werden beim Montecatini-Verfahren Reaktionsrohre verwendet, die eine kleine Bohrung aufweisen, durch welche eine Kupferspirale führt. Die Rohre befinden sich in einem Ölbad von 350 bis 400° und werden von dem Gasgemisch (Propen, Sauerstoff und Wasserdampf) durchströmt. Dadurch bildet sich eine dünne, katalytisch wirkende Schicht von Kupferoxyd auf der Kupferspirale. Ein weiterer Unterschied gegenüber dem Shell-Prozeß ist der höhere Reaktionsdruck, der 2 bis 4 atm beträgt. Die Montecatini arbeitet mit einem Propen-Sauerstoff-Verhältnis von 4:1 bis 5:1, einer Temperatur von 390° und einer Kontaktzeit von 0,8 Sekunden und erzielt 58% Ausbeute[305].

---

[300] Zimakov, P. V., und V. A. Pokrovskij: Doklady Akad. S.S.S.R. **63**, 143 (1948); Chem. Abstr. **43**, 1717 (1949); A. P. 2347636 (1941) Rohm & Haas Co., L. R. U. Spence, and F. W. Robinson; Chem. Abstr. **39**, 86 (1945).

[301] Watson, F. G.: Chem. met. Eng. **54**, 107 (1947); DBP 825836 (1950) Bataafsche (Shell), W. B. Converse; A. P. 2309576 (1941) Shell Dev. Co., W. B. Converse.

[302] A. P. 2451485 (1947) Shell Dev. Co., G. W. Hearne, and M. L. Adams; A. P. 2486842 (1946) Shell Dev. Co., K. D. Detling, and V. P. Guinn.

[303] Chem. Age **86**, 634 (1961).

[304] Smith, C. W.: Acrolein, Verl. John Wiley, New York-London (1962).

[305] Agamennone, M.: Chimica e Ind. **43**, 875 (1961).

Nach dem Verfahren der Standard Oil wird Propen mit Luft ebenfalls zu *Acrolein* oxydiert. Als Katalysatoren dienen Wismutmolybdat bzw. Wismutphosphormolybdat bevorzugt auf SiO_2. Die Ausbeuten liegen bei 72% *Acrolein* bezogen auf einen Propenumsatz von 57%[306] (vgl. S. 60).

Weitere Propen-Oxydationsverfahren wurden von den Farbenfabriken Bayer[307] und der Distillers Co.[308] entwickelt.

Im Laboratorium erhält man *Acrolein* aus Propen durch Einleiten des Gases in eine wäßrig-schwefelsaure Suspension von Quecksilber-(II)-sulfat bei 50 bis 60° [309] oder durch thermische Spaltung von 2,3-Dihydropyran[310] bzw. dem Dimeren von Acrolein bei 400 bis 650° [311]:

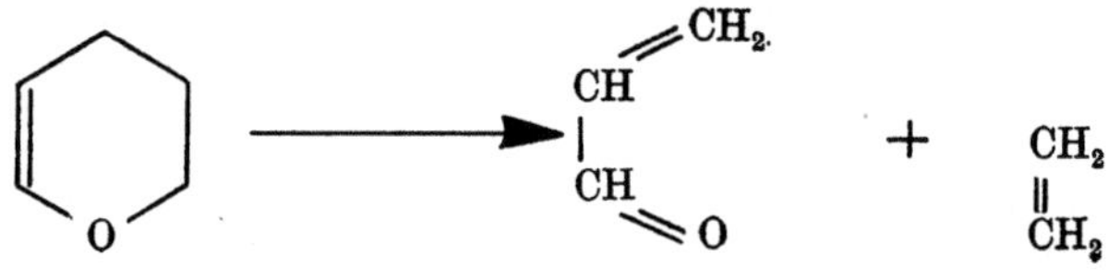

2,3-Dihydropyran kann aus Tetrahydrofurfurylalkohol gewonnen werden, so daß man auch direkt von dieser Verbindung zum *Acrolein* kommt[312].

B. Methacrolein

Methacrolein wird durch Dehydrierung von Isobutyraldehyd[313] oder durch Kondensation von Propionaldehyd mit Formaldehyd in wäßriger Phase in Gegenwart von Borfluorid[314] hergestellt. Modernere Verfahren beruhen vor allem auf der Oxydation von Isobuten[315] (vgl. auch S. 60).

---

[306] Chem. Industrie **14**, 221 (1962); A. P. 2941007 (1960) Standard Oil Co., J. L. Callahan, R. W. Foreman, and F. Veatch; E. P. 963611 (1962) Standard Oil Co.

[307] DBP 1079615, Canad. P. 588908 (1959) Bayer, A. Hausweiler, K. Schwarzer, and R. Stroh.

[308] Belg. P. 587492 (1960) The Distillers Co. Ltd.; Belg. P. 587684 (1960) The Distillers Co. Ltd.; E. P. 864666 (1961), 936610 (1962) und 962841 (1962); The Distillers Co. Ltd., J. L. Barclay u. a.; Canad. P. 623383 (1961), The Distillers Co. Ltd.; J. L. Barclay, D. J. Hadley, and D. G. Stewart.

[309] Denigès, G.: C. r. **126**, 1145 (1898); A. P. 2270705 (1939) Acrolein Corp., K. M. Herstein; A. P. 2197258 (1936) DuPont, A. D. Macallum.

[310] E. P. 573507 (1945), A. P. 2451712, DBP 816096, I.C.I., J. G. Bremner, and D. G. Jones; Bremner, J. G., D. G. Jones, and S. Beaumont: Soc. **1946**, 1018; Wilson, C. L.: Am. Soc. **69**, 3004 (1947).

[311] Canad. P. 624136 (1960) Union Carbide Corp., H. R. Guest, and R. K. Barnes.

[312] E. P. 569625 (1943) Revertex Ltd., C. L. Wilson.

[313] A. P. 2101820 (1933) DuPont, J. C. Woodhouse; C. **1938** I, 4726.

[314] A. P. 2549457 (1948) DuPont, W. F. Gresham.

[315] E. P. 964552 (1962) I.C.I.

2.1.6 Die modernen Oxydationsverfahren zur Darstellung von Monomeren

Der steigende Bedarf an möglichst billigen und großen Mengen von Monomeren, gekoppelt mit der Entwicklung neuer Polymerisationsverfahren, ließ die Verbrauchsziffern für Äthylen, Propen, i-Buten, deren Folgeprodukten wie Styrol und in neuerer Zeit auch die von Vinylchlorid und Vinylacetat stark ansteigen. Infolge der hervorragenden Eigenschaften, z. B. der guten Witterungsbeständigkeit, chemischen Resistenz, enormen chemischen Variationsfähigkeit, der zum Teil optimalen optischen Eigenschaften u. a. m., konnte sich der Einsatz der (Meth)acrylpolymeren ebenfalls stark ausweiten, was aber nicht darüber hinwegtäuschen darf, daß ein großer Teil der klassischen Herstellungsverfahren die (Meth)acrylmonomeren nur mit relativ hohen Gestehungskosten zu liefern vermag. Hieraus erklärt sich das emsige Bemühen einer sehr großen Zahl von Herstellerfirmen um neue Synthesen auf Basis billiger Petrorohstoffe und rationellerer Verfahren. Die großen Erdölproduzenten sind ebenfalls bestrebt, die Absatzmöglichkeiten für ihre Produkte zu erweitern und in Richtung auf großtechnische Anwendungen weiter auszubauen.

A. Die Darstellung von Acrylnitril bzw. Methacrylnitril aus Olefinen

Es sei einleitend vermerkt, daß die *Acrylsäurenitrildarstellung* durch die sog. „*Ammonoxydation*" *von Propen* durch das „*Sohio-Verfahren*" der Standard Oil[316] bereits technische Realität geworden ist und gegenüber den klassischen Verfahren (vgl. Kapitel 2.1.2 und 2.1.3) immer mehr an Bedeutung gewinnt. Seit etwa 1960 arbeitet eine 25000 jato-Anlage in Lima (USA), seit 1962 wird eine nach gleichen Prinzipien arbeitende Anlage in Kawasaki durch die Asahi Chemical Co. (Japan) betrieben.

Formelmäßig kann das Verfahren durch die Reaktionsgleichung (1)

$$CH_2{=}CH{-}CH_3 + NH_3 + \tfrac{3}{2}\,O_2 \longrightarrow CH_2{=}CH{-}CN + 3\,H_2O \qquad (1)$$

beschrieben werden. In der Tat stellt das Verfahren[316] eine mit hoher Selektivität und Ausbeute ablaufende Reaktion von *drei* Reaktionsteilnehmern dar. Der vielfach vertretenen Meinung, daß das Verfahren über Acrolein ablaufe, wird mit dem Hinweis widersprochen, daß bei Abwesenheit von Ammoniak keine Acroleinbildung stattfindet[316]. Es muß aber andererseits auch darauf hingewiesen werden, daß nach Ergebnissen einiger Laboratorien, allerdings bei etwas abgeänderten Bedingungen, das Propen ganz oder teilweise durch Acrolein bzw. Allylalkohol ersetzt werden kann.

---

[316] Veatch, F., J. L. Callahan, J. D. Idol, and E. C. Milberger: Petroleum Refiner **41**, 187 (1962).

Das eigentliche Sohioverfahren arbeitet mit Luft als Oxydationsmittel (entsprechend 1 bis 2 Mol O_2 pro Mol Propen) und mit 1 bis max. 2,5 Mol Ammoniak als Stickstoffspender; zugesetzt wird Wasserdampf. Die weiteren Reaktionsbedingungen sind 425 bis 510°, 2 bis 3 Atmosphären Druck und wenige Sekunden Kontaktzeit. Der Fließbettreaktor ist mit Kontakten auf Basis von Molybdän- und Wismutverbindungen beschickt, die sich durch sehr hohe Lebensdauer und einfache Regenerierbarkeit auszeichnen. Außer *Acrylnitril* werden Acetonitril und HCN erhalten. Hinsichtlich der Reinheit des Propens werden nur relativ geringe Anforderungen gestellt und die Ausbeuten per Gewichtseinheit Propen mit 0,73 *Acrylnitril*, 0,11 Acetonitril und 0,13 Cyanwasserstoff angegeben (Summe = 0,97 Gewichtseinheiten). Durch Verwendung verbesserter Katalysatoren sollen entsprechend 1,01 *Acrylnitril*, 0,09 Acetonitril und 0,08 HCN (Summe = 1,18 Gewichtseinheiten) erhalten werden, wobei die theoretisch optimal mögliche *Acrylnitril*ausbeute bei 1,26 Gewichtseinheiten liegt[316].

Die Reduktion der Acrylnitrilpreise in den USA von Mitte 1961 bis Anfang 1962 um knapp 40% wird auf die durch die neuen Propen-Ammonoxydations-Verfahren verursachten Überkapazitäten zurückgeführt (das Produktionspotential in den USA soll Ende 1962 210000 jato betragen haben)[317].

Der Vormarsch der neuen Acrylnitrilherstellungsverfahren auf Propenbasis ist gewaltig; so z. B. sind zu den bereits erwähnten Anlagen allein in Japan drei weitere hinzugekommen (Mitsubishi, Sumitomo und Nitto). Neue Anlagen, an das von der Distillers entwickelte Verfahren angelehnt, sind in England im Werden, weitere namhafte Produzenten in Amerika haben sich ebenfalls umgestellt, die I. C. I. angeblich die Herstellung auf Basis von Acetylen und Blausäure eingestellt[317].

Die Ammonoxydation von Propen ist Gegenstand ausgedehnter Untersuchungen. Ein Blick in die neuere Patentliteratur[318] zeigt, welche Bedeutung dieser neuen Entwicklung in den Industrieländern beigemessen wird. Gegenüber dem bereits eingehender beschriebenen Verfahren der Standard Oil, unterscheiden sich diese Verfahren vor allem hinsichtlich der Katalysatoren (mitunter nur durch geringe Nuancen), wobei es sich durchwegs um Metalloxyde bzw. deren Salze von Heteropolysäuren oder Phosphate auf mitunter streng spezifizierten Trägern (z. B. Korngröße von SiO_2) oder um Schwermetallverbindungen in genau abgewogenen Mischungsverhältnissen, mitunter auch um bestimmte, pH-Wert erhöhende Zusätze zu den Katalysatoren handelt.

Da die *Reaktion von Isobuten zu Methacrylnitril* im allgemeinen mit schlechteren Ausbeuten als die analoge Umsetzung von Propen zu Acryl-

---

[317] SHERWOOD, P. W.: Brennstoffch. **44**, 214 (1963).

nitril abläuft, sind einige der zitierten Druckschriften besonders auf die Darstellung von *Methacrylnitril* abgestellt. In wenigen Fällen wird sogar die unmittelbare Umsetzung der Reaktionsprodukte mit Schwefelsäure und Alkohol zu den entsprechenden Estern beansprucht und dabei das Hauptgewicht auf die *Gewinnung von Methacrylsäuremethylester* gelegt. Beim Vergleich der Patentschriften stellt man fest, daß mitunter von ein und derselben Firma unterschiedliche Kontakte zu annähernd gleicher Zeit von verschiedenen Erfindern angemeldet werden, was auf die breite Basis, auf der das Problem bearbeitet wird, hindeutet[318].

---

[318] Zusammenstellung von Patenten zur „Olefin-Ammonoxydation", geordnet nach Inhabern und den Prioritäten in den Stammländern:

Asahi Kasei Kogyo Kabushiki Kaisha-Japan: E. P. 913832 (16. 2. und 21. 4. 1959); Japan. P. 11009/62, E. P. 909907 (26. 2. 1960); Japan. P. 15612/62, E. P. 937380 (9. 3. 1960); E. P. 948014 (21. 6. 1960).

The Distillers Co. Ltd. — Großbritannien: DAS 1162830 (16. 4. 1958) D. J. Hadley, and D. G. Stewart; DAS 1165584 (12. 3. 1959) J. R. Bethell, J. L. Barclay, D. J. Hadley, D. G. Stewart, and B. Wood; DAS 1165015 (20. 6. und 4. 11. 1959) D. J. Hadley, J. B. Bream, and J. R. Bethell; E. P. 897226, A. P. 3094552 (28. 10. 1959) B. Wood; Belg. P. 641182 (17. 12. 1962).

Eastman Kodak Co. — USA: F. P. 1329910 (31. 7. 1961) E. L. McDaniel, and H. S. Young.

Esso Research and Eng. Co. — USA: E. P. 930773 (30. 12. 1960), Belg. P. 612136.

DuPont de Nemours and Co. — USA: A. P. 3118928 (16. 8. 1961) W. E. Garrison.

Farbenfabriken Bayer A.G. — Deutschland: E. P. 957022 (18. 7., 23. 10., 28. 11., 9. 12., 12. 12., 24. 12. 1959 sowie 5. 5. 1960).

Imperial Chemical Ind. Ltd. — Großbritannien: E. P. 904418 (15. 3. 1960) J. A. Corran, and R. Roberts.

Knapsack-Griesheim A.G. — Deutschland: Österr. P. 225688 (2. 1. 1960); E. P. 947364, Österr. P. 230350, Japan. P. 17967/63 (7. 12. 1960); E. P. 947365, Österr. P. 233550 (18. 4. 1961).

Nitto Chemical Ind. Co. Ltd. — Japan: Japan. P. 19111/63 (30. 12. 1960); Japan. P. 23611/63, F. P. 1335038 (11. 7. 1961); F. P. 1335166 (11. 7. 1961) — Weiterverarbeitung zu Methacrylsäuremethylester, Japan. P. 10909/64; Japan. P. 4613/64 (11. 7. 1961).

Österreichische Stickstoffwerke A.G. — Österreich: Österr. P. 226672 (20. 6. 1961) H. König, R. Schönbeck und F. Straberger.

Ruhrchemie A.G. — Deutschland: Österr. P. 226671, F. P. 1288403 (26. 4. 1960) O. Roelen et W. Rottig; F. P. 1288404 und 1288405 (26. 4. 1960) O. Roelen et W. Rottig; DAS 1138753 (17. 1. 1961) O. Roelen und W. Rottig.

Shell Internationale Research Maatschappij N.V. — USA: E. P. 925495, F. P. 1301077 (10. 8. 1960) T. J. Jennings et W. E. Amstrong; E. P. 944773 (12. 12. 1960); E. P. 943374 (31. 12. 1961); A. P. 3142697 (31. 3. 1961) T. J. Jennings, and H. H. Voge.

Sicedison S.p.A. — Italien: Belg. P. 636449 (23. 8. 1962); Belg. P. 637628 (20. 9. 1962).

Standard Oil Co. — USA: DAS 1127351, E. P. 867488, A. P. 2904580 (20. 9. 1957) J. D. Idol jr. (vgl. Ref. C. 1963, 5228).; Japan. P. 5016/64 (20. 4. 1961) und

Die DuPont de Nemours beteiligt sich nicht nur an den Forschungsarbeiten über die Ammonoxydation von Propen wie oben beschrieben[318], sondern entwickelte zudem auch ein Oxydationsverfahren, bei dem an Stelle von Luft und Ammoniak dessen Oxydationsprodukt NO eingesetzt wird:

$$4\,CH_2{=}CH{-}CH_3 + 6\,NO \longrightarrow 4\,CH_2{=}CH{-}CN + N_2 + 6\,H_2O \qquad (2)$$

Als Katalysatoren werden entweder silber-[319] oder thalliumhaltige[320] Verbindungen bzw. Gemenge auf Trägern bei 450 bis 500° (etwa 80% Ausbeute) angegeben; neuerdings werden auch Bleioxyde u. a. m. empfohlen[321]. Recht geeignet erscheint ein besonders konstruierter Reaktor mit fest angebrachten Kontaktmassen[319]. Die Reaktionsteilnehmer werden sorgfältig durch inerte Gase (Stickstoff oder Argon) verdünnt.

Nach Literaturmeldungen soll die DuPont in Beaumont (USA) eine 22500 jato-Anlage zur *Darstellung von Acrylnitril* durch Oxydation von Propen mit NO betreiben[317].

B. Die direkte Oxydation von Olefinen bzw. deren Folgeprodukten zu Acrylsäure und Methacrylsäure

Im Gegensatz zu den Oxydationsprozessen zu Acrylnitril scheint die formal einfacher zu beschreibende Oxydation der Olefine zu den *Acrylsäuren* noch nicht die Reife eines technisch brauchbaren Verfahrens erlangt zu haben. Die Darstellung der (Meth)acrylsäureester aus den Nitrilen stellt bekanntlich erhöhte Anforderungen hinsichtlich Reaktionsraum und Zeit und ist zudem durch die anfallenden Ammoniumsalze belastet. Für die Darstellung von Acryl- und Methacrylsäureestern wäre also eine Veresterung der eventuell ebenfalls billigen Carbonsäuren interessanter. Die an sehr vielen Stellen laufenden Forschungen zur Oxydation von Olefinen zu *(Meth)acrylsäure* betreffen Reaktionen, die sich unter Berücksichtigung der anfallenden oder auch unmittelbar verwandten Folgeprodukte in einem Formelschema zusammenfassen lassen:

Belg. P. 640435 (28. 11. 1962); Belg. P. 633450 (11. 6. und 26. 12. 1962); Belg. P. 633452 (8. 1. 1963).

Toa Gosei Chem. Ind. Co. Ltd. — Japan: Japan. P. 22563/63 (10. 1. 1961).

Toyo Rayon Co. Ltd. — Japan: Japan. P. 22138/63 (10. 12. 1960).

Hans J. Zimmer, Verfahrenstechnik — Deutschland: F. P. 1343725 (17. 10. 1961).

319 A. P. 3118927 (1959) DuPont, R. E. Foster.

320 F. P. 1287638 (Am. Prior. 1960) DuPont, M. M. Ch. Arnold, J. M. Kruse et E. L. Reilly.

321 A. P. 3141902 (1961) DuPont, E. B. Huntley, J. M. Kruse, and J. W. Way; Belg. P. 644925 (Am. Prior. 1963) DuPont.

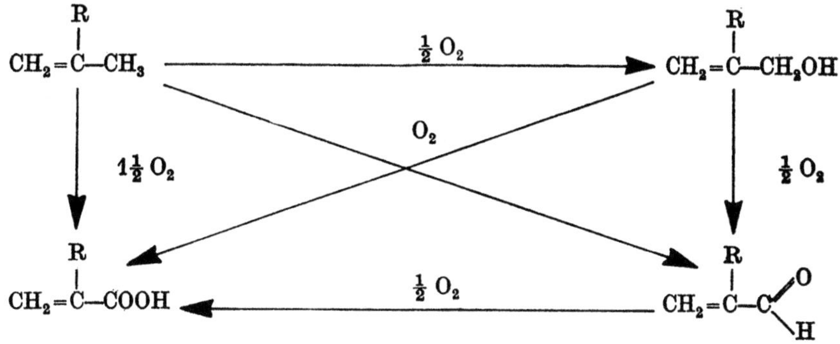

R = H oder CH_3

Aus den Angaben der sehr vielen Patentschriften[322] über die Oxydation von Olefinen zu den Säuren geht hervor, daß bei den bei höherer

[322] Zusammenfassung von Patenten „Olefin-Luft-Oxydation", geordnet nach Inhabern und den Prioritäten in den Stammländern:

The Distillers Co. Ltd. — Großbritannien: E. P. 878802 (17. 2. 1959) J. R. BETHELL, and D. J. HADLEY (betr. Oxydation von (Meth)acrolein, vgl. auch C. **1964**, 239); Japan. P. 20559/63 (17. 2. 1959 und 15. 4. 1959); E. P. 903034 (14. 4., 16. 5. und 4. 8. 1960) J. R. BETHELL, D. J. HADLEY, E. J. GASSON, and R. F. NEALE; F. P. 1299468 (8. 9. 1960) D. J. HADLEY et R. H. JENKINS; F. P. 1331932 (25. 1. 1961) G. CALVIN, B. WOOD et R. H. JENKINS; F. P. 1285654 (4. 4. 1961) J. R. BETHELL, E. J. GASSON, D. J. HADLEY et R. F. NEALE; E. P. 953763 und F. P. 1346675 (6. 2. 1962) C. J. BROWN et A. F. MILLIDGE; Belg. P. 630896 (10. 4. 1962).

DuPont de Nemours and Co. — USA: A. P. 3065264, E. P. 893077 (24. 12. 1958) T. A. KOCH, I. M. ROBINSON, and W. L. WILEY; A. P. 3087964 (25. 5. 1959) T. A. Koch, I. M. ROBINSON, and W. L. WILEY.

Farbenfabriken Bayer A.G. — Deutschland: F. P. 1289710, E. P. 967241 (16. 4. 1961) B. SCHERHAG, A. HAUSWEILER und K. SCHWARZER.

Farbwerke Hoechst A.G. — Deutschland: Belg. P. 610392 (15. 11. 1960); Belg. P. 620549 (21. 7. 1961).

I.C.I. (Imperial Chemical Industries Ltd.) — Großbritannien: F. P. 1364810 (25. 5. 1962); Belg. P. 642164 (15. 3. 1963); Belg. P. 642165 (29. 3. 1963); E. P. 964552 (9. 5. 1963).

Knapsack-Griesheim A.G. — Deutschland: Belg. P. 611961 (26. 1. 1961), E. P. 948687 (Einschließlich Veresterung zur Aufarbeitung).

Shell Internationale Research Maatschappij N.V. — USA: Belg. P. 616690, F. P. 1320461, E. P. 968056 (24. 4. 1961) L. C. FETTERLY, K. F. KOETITZ, and G. W. CONKLIN; F. P. 1320251 (27. 2. und 31. 3. 1961) H. H. VOGE et Z. MORGAN, sowie W. M. H. SACHTLER, H. H. VOGE et L. B. RYLAND; E. P. 971570 (31. 7. 1961); Belg. P. 623214, F. P. 1335423, E. P. P. 967485 und 971666 (6. 10. 1961) L. C. FETTERLY, K. F. KOETITZ, and G. W. CONKLIN.

Standard Oil Co. — USA: A. P. 2881212, Belg. P. 565766 (18. 3. 1957) sowie A. P. 2881213 und A. P. 2881214 (beide vom 17. 12. 1957) J. D. IDOL jr., S. HEIGHTS, J. L. CALLAHAM, and R. W. FOREMAN (vgl. C. **1963**, 2619 und 2620). E. P. 964639 (19. 3. 1962).

Ruhrchemie A.G. — Deutschland: F. P. 1365888 (31. 8. 1962) W. ROTTIG.

Union Chimique — Belgien: Belg. P. 642082 (Engl. Prior. 4. 1. 1963).

Temperatur durchgeführten Versuchen der Bereich um 300 bis 400° besonders günstig ist. Die Reaktionsteilnehmer werden durch Wasserdampf oder inerte Gase verdünnt über die meist fest gelagerten Kontakte geleitet. Bei der Oxydation entstehen neben den gewünschten Säuren in mitunter hohen Mengen Allylalkohol und vor allem Acrolein. Durch Zersetzungsreaktionen bedingt, treten Verluste durch Verbrennung zu CO bzw. CO_2 auf. An Stelle von Propen werden auch dessen Gemische mit Allylalkohol oder Acrolein oder diese Substanzen allein verwendet.

Die *Oxydationen von Isobuten* verlaufen mit höheren Verlusten oder geringeren Umsätzen als die von Propen. Als Katalysatorbestandteile werden die Oxyde, Phosphate und Molybdate der Elemente B, V, P, As, Sb, Bi, Mo, Cu, Ag, Fe, Co, Ni, U, Al, Si, Sn, Te, Mg, Ce, Cr, W und Nb erwähnt, wobei einige dieser Verbindungen meist in einem bestimmten Verhältnis zueinander stehen und gegebenenfalls durch Zusätze aktiviert werden. Die Ausbeuteangaben bei der direkten *Oxydation des Propens* bezogen auf Umsatz liegen unter 40%, die Ausbeuteangaben bezogen auf Acrolein erreichen mitunter knapp 80%, was unter Berücksichtigung optimaler Ausbeuteangaben für die Oxydation von Propen zu Acrolein (um 60%) für die *Acrylsäure* Ausbeuten um maximal 50% — bezogen auf ursprüngliches Propen — ergibt. Nach manchen Patentangaben soll die bei der Oxydation erhaltene *Acrylsäure* als Rohprodukt direkt zu deren Estern verestert werden.

Es ist uns bisher noch kein Hinweis in der Literatur dafür begegnet, daß *Acrylsäure* auf vorgenanntem Weg bereits technisch gewonnen wird. Wohl existieren Anlagen zur *Oxydation von Propen zu Acrolein*[323].

Schließlich sei erwähnt, daß in letzterer Zeit wieder Verfahren zur *Oxydation von Acrolein* bei tiefen Temperaturen (vgl. S. 5) angemeldet werden. Bei 50°, $17^1/_2$ Stunden (!) Reaktionsdauer und Drucken um 10 Atmosphären wurden an Mo- und Co-Oxyden 42 Molprozent *Acrylsäure*, 2 Molprozent Essigsäure und 9 Molprozent Ameisensäure erhalten[324]. Ähnliche Resultate bringt die Oxydation an SeO_2[325], Schwermetallharnstoffverbindungen[326] und Chromsäure mit Peroxyd[327].

---

[323] AGAMENNONE, M.: Chimia e Ind. **43**, 875 (1961).

[324] Belg. P. 625899, F. P. 1346534 (11. 12. 1961) Stamicarbon N.V.

[325] F. P. 1088680, E. P. 742282 (26. 9. 1952) N. V. DE Bataafsche Petr., C. W. SMITH, and R. T. HOLM; (C. **1957**, 13811).

[326] Belg. P. 645825 (Am Prior. 12. 4. 1963) Halcon Int. Inc.

[327] Japan. P. 23726/64 (24. 3. 1962) Kanegafuchi Spinning Co. Ltd.

C. Die Oxydation von Olefinen mit N_2O_4 zu α-Oxycarbonsäuren

Vor einigen Jahren wurden von der Escambia Chem. Corp. (USA) Verfahren angemeldet, nach denen Isobuten[328] bzw. Propen[329] mit überschüssigen Mengen N_2O_4 in etwa 70%iger HNO_3 bei 0° und innerhalb von etwa 17 Stunden zu maximal 85% d. Th. in *α-Oxyisobuttersäure* bzw. 27,8% d. Th. in *Milchsäure* übergeführt werden können. Hierbei fällt ein Teil der Reaktionsprodukte in Form der Nitroester an, die durch Hydrolyse und weitere Oxydation im Falle der Aldehyde in die freien Oxycarbonsäuren übergeführt werden[330]. An Stelle von Isobuten kann auch dessen Folgeprodukt Isobutylenglykol oxydiert werden (Katalysator V_2O_5[331]), wobei auch in Abwesenheit von Lösungsmitteln (HNO_3) mit bloßem N_2O_4 in Gegenwart von Na-, K-, Li-hydroxyden und -carbonaten bzw. von Aluminium- oder Eisenoxyden[332] gearbeitet werden kann:

$$CH_3{-}\underset{CH_3}{\overset{OH}{\underset{|}{\overset{|}{C}}}}{-}CH_2OH + N_2O_4 \longrightarrow CH_3{-}\underset{CH_3}{\overset{OH}{\underset{|}{\overset{|}{C}}}}{-}COOH + NO + H_2O \qquad (3)$$

Zur Isolierung der *Oxyisobuttersäure* extrahiert man unter anderem mit Dichloräthylen[331] oder dampft langsam im Vakuum ein. Laut Literatur kann *Oxyisobuttersäure* nicht direkt mit günstigen Ausbeuten in Methacrylsäure übergeführt werden, weshalb die Escambia in ihren Patenten vorschlägt[331], zuerst zu verestern und dann mit P_2O_5 zu dehydratisieren. Die Dehydration sowohl von *Oxyisobuttersäure* als auch deren Estern läßt sich jedoch glatt an prim. Natriumphosphat auf Trägern in der Gasphase durchführen[333].

Nach einem Referat in der Literatur soll die Isobutenoxydation bis 1962 bereits erfolgreich in einer halbtechnischen Anlage erprobt worden sein und hierbei die *Oxyisobuttersäure* entweder isoliert oder in Schwefelsäure mit Methanol verestert und schließlich zu *Methacrylsäuremethylester* dehydratisiert worden sein[334]. Der Bau einer technischen Anlage wurde angekündigt.

---

[328] DBP 1109160 (Am. Prior. 25. 10. 1954) Escambia Chem. Corp., J. H. GARDNER, and T. R. STEADMAN.

[329] A. P. 2847464, DBP 1114177 (Prior. 29. 12. 1955) Escambia Chem. Corp., N. C. ROBERTSON und E. F. SCHOENBRUNN.

[330] Austral. P. 228304 (Am. Prior. 4. 2., 28. 2. und 1. 3. 1957), Escambia Chem. Corp., J. H. GARDNER, TH. R. STEADMAN, E. F. SCHOENBRUNN, and E. A. MCELHILL.

[331] A. P. 2811545 (Prior. 8. 5. 1953) Escambia Chem. Corp., TH. R. STEADMAN (vgl. Chem. Abstr. **52**, 3853 (1958)).

[332] A. P. 2811546 (Prior. 12. 6. 1953) Escambia Chem. Corp., N. C. ROBERTSON, and TH. R. STEADMAN (vgl. Chem. Abstr. **52**, 3853 (1958)).

[333] F. P. 1215702, E. P. 852664 (Am. Prior. 1957) Escambia Chem. Corp., CH. I. TEWKSBURY, L. H. SUTHERLAND, and W. F. NEWELL.

[334] Referat in Chem. Trade J. **151**, 316 (1962); SACHS, A. P.: Chim. et Ind. **83**, 229 (1960).

Wir sind der Escambia Chem. Corp. zu Dank verpflichtet, daß sie uns hierzu noch folgende Angaben machte[335]: Eine großtechnische Anlage wurde in Pace (Florida) errichtet und sollte im Laufe des Jahres 1964 ihren Betrieb aufnehmen. Als Ausgangsmaterialien sollen rohes Isobuten und Salpetersäure verwendet werden. Ein wichtiges Nebenprodukt stellt hierbei Essigsäure dar, die gleichzeitig als ausbeutesteigerndes Lösungsmittel[336] dient. Es sollen *Oxyisobuttersäure, Methacrylsäure und dessen Methylester* in technischen Quantitäten produziert werden.

Der Ablauf der Oxydation von Isobuten durch N_2O_4 ist sehr komplexer Natur und wurde durch Mitarbeiter der Escambia in den wesentlichen Teilen aufgeklärt[337]. Demnach erfolgt in erster Stufe Anlagerung zu Isobutennitrosonitrat (4), das sich entweder sofort zum Oxim umlagert, dimerisiert oder eine Zwischenstufe unbekannten Aufbaus bildet:

$$CH_2{=}\overset{\displaystyle CH_3}{\overset{|}{C}}{-}CH_3 + N_2O_4 \longrightarrow ON{-}CH_2{-}\underset{\displaystyle CH_3}{\underset{|}{\overset{\displaystyle CH_3}{\overset{|}{C}}}}{-}ONO_2 \qquad (4)$$

In weiterer Folge hydrolysiert das Oxim zum Aldehyd und wird zur Nitrosäure oxydiert, die unbekannte Zwischenverbindung bildet das isolierbare α-Nitratoisobuttersäureanhydrid und beide Verbindungen ergeben bei der Hydrolyse *Oxyisobuttersäure*. Als Nebenprodukte bilden sich etwa 10% Essigsäure sowie 5,7% CO und 16,9% CO_2. Die Gewinnung der Essigsäure sowie die Regenerierung des Stickoxyds sind als selbständige Verfahren beschrieben[336].

Es sei erwähnt, daß tert.-Butanol nach einem Verfahren der Snam (Italien) mit 52% d. Th. ebenfalls zu *Oxyisobuttersäure* oxydiert werden kann[338].

---

[335] SUTHERLAND, L. H.: Ass. Dir. of Research, Escambia Chem. Corp., Privat-Mitteilung.

[336] A. P. 2988425 (Prior. 25. 4. 1958) Escambia Chem. Corp., L. H. SUTHERLAND, and E. F. SCHOENBRUNN; E. P. 954035 (Am. Prior. 28. 8. 1959 und 2. 8. 1960) Escambia Chem. Corp., E. F. SCHOENBRUNN.

[337] SCHOENBRUNN, E. F., and J. H. GARDNER: Am. Soc. 82, 4905 (1960).

[338] Belg. P. 636935 (Ital. Prior. 4. 9. 1962) Snam S.p.A.; vgl. auch Belg. P. 647923 (Am. Prior. 15. 5. 1963) DuPont.

2.2 Reaktionen der Monomeren

2.2.1 Reaktionen der funktionellen Gruppen

2.2.1.1 Reaktionen der Carboxyl-, Säurechlorid- und Anhydridgruppe

A. Salzbildung

Durch Neutralisation von (Meth)acrylsäure mit Metalloxyden, -hydroxyden oder -alkoholaten entstehen die entsprechenden *Salze* (vgl. auch S. 20). Die Silber- und Bleisalze kristallisieren aus Wasser in charakteristischen langen Nadeln[1]. Wie bereits erwähnt, kann man wasserfreie Acrylsäure aus dem Bleisalz mit H_2S in Freiheit setzen[1].

1. Reaktionen von (Meth)acrylsäuresalzen

Die klassische Umsetzung von Äthyljodid mit dem Silbersalz der Methacrylsäure liefert *Methacrylsäureäthylester*[2]. Nach dem gleichen Schema wurde die Synthese eines germaniumhaltigen Esters (*Triphenylgermaniummethacrylat*) durchgeführt[3], der unter Einwirkung von radikalischen Katalysatoren zu einem metallhaltigen Thermoplasten polymerisiert.

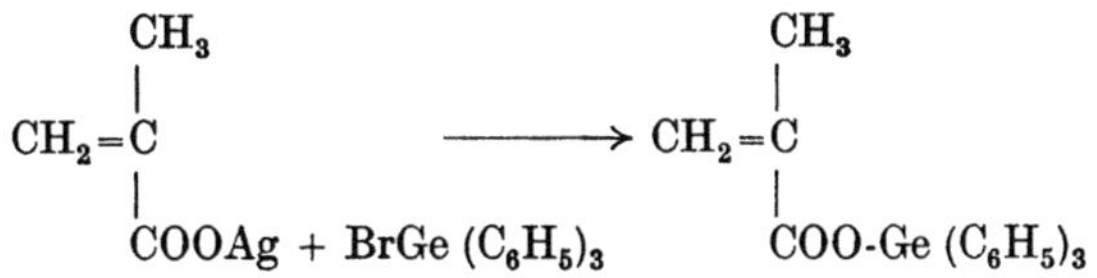

Mit Epichlorhydrin reagiert Kalium(meth)acrylat unter Zusatz katalytischer Mengen Tetramethylammoniumchlorid zum *(Meth)acrylsäureglycidylester*[4]:

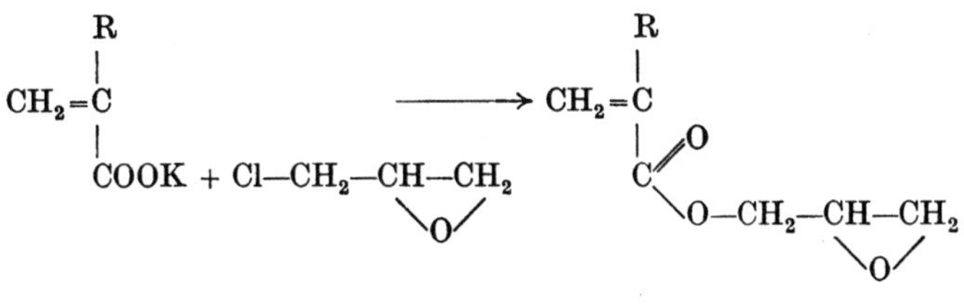

Setzt man Metallsalze von (Meth)acrylsäure mit einem Halogenmethylsiloxan um, so gelangt man zu *(meth)acrylsubstituierten Siloxanen*[5].

---

[1] RODD, E. H.: Chemistry of Carbon Compounds, Elsevier Publ. Co., 631 (1953); Österr. P. Anm. A 68/64 (1964) Dynamit Nobel A. G.

[2] AUWERS, K., und E. KÖBNER: B. **24**, 1935 (1891).

[3] FLORINSKII, F. S.: Ž. obšč. Chim. **32**, 1430 (1962).

[4] A. P. 2556075 (1948) Am. Cyanamid Co., J. G. ERICKSON; Chem. Abstr. **45**, 7377 (1951); A. P. 2537981 (1949) Am. Cyanamid Co., P. EDWARDS.

[5] Canad. P. 579873 (1959) Dow Corning Corp., R. L. MERKER.

(Meth)acrylsäurechlorid[6] bzw. Thionylchlorid[7] geben mit Natrium- bzw. Kalium(meth)acrylat *(Meth)acrylsäureanhydrid,* das auch durch Wasserentzug aus (Meth)acrylsäure erhalten werden kann (vgl. auch S. 19).

Das gemischte Anhydrid aus Acryl- und Methacrylsäure entsteht bei der Umsetzung des Acrylsäurechlorids mit dem Natriumsalz der Methacrylsäure oder umgekehrt in benzolischer Lösung[8]:

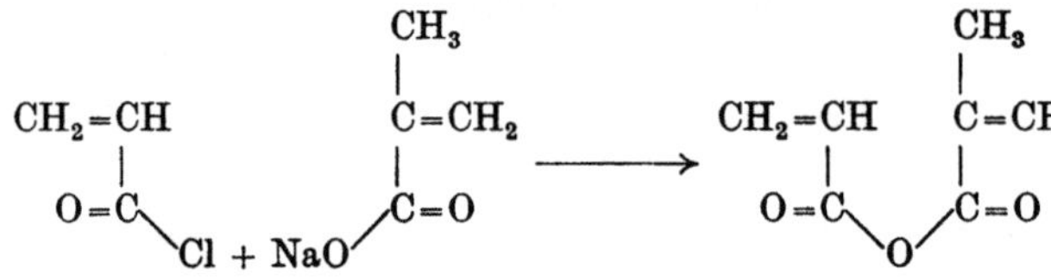

B. Reaktionen von Halogeniden und Anhydriden

Die (Meth)acrylsäureanhydride und -chloride dienen zur Einführung des (Meth)acryloylrestes in andere Verbindungen. So finden sich beispielsweise Literaturangaben für Umsetzungen von Methacrylsäureanhydrid mit Phenolen[9] bzw. Cellulose[10]. Friedel-Crafts-Reaktionen mit Acylverbindungen sowie Reaktionen mit Aldehyden[11] sind ebenfalls bekannt.

Läßt man Methacrylsäureanhydrid auf Aldehyde oder cyclische Acetale von Aldehyden einwirken, so resultieren bifunktionelle polymerisierbare Acetalester[12] (Formel I):

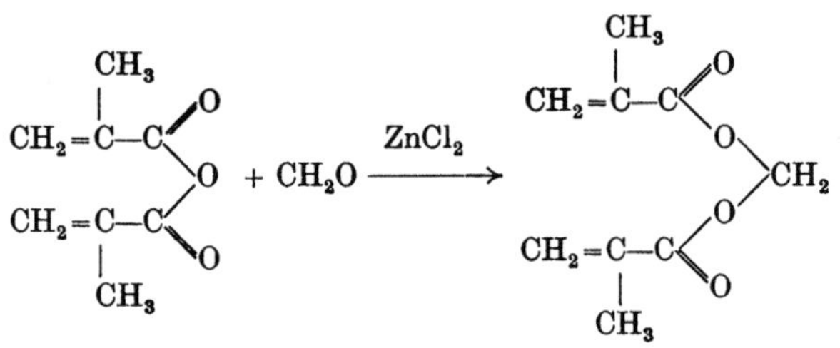

(I)

[6] Moureu, C.: A. ch. (7) **2**, 167 (1894); E. P. 538310 (1940), F. P. 863141, Norton Grinding Wheel Co.; C. **1944** II, 173; Berlin, A. A. und Makarova, T. A.: Ž. obšč. Chim. **21**, 1267 (1951); Chem. Abstr. **46**, 1996 (1952).

[7] A. P. 2143924 (1934) I.C.I., L. Rubenstein; Chem. Abstr. **33**, 2913 (1939).

[8] DBP 1124695 (1960) Rohm & Haas Co., J. Ch. H. Hwa.

[9] E. P. 528438 (1940) und F. P. 854447 (1939) Norton Grinding Wheel Co.; Chem. Abstr. **35**, 7418 (1941).

[10] Berlin, A. A. und T. A. Makarova: Ž. obšč. Chim. **21**, 1267 (1951); Chem. Abstr. **46**, 1996 (1962).

[11] A. P. 2341334 (1941) DuPont, H. J. Richter; Chem. Abstr. **38**, 4349 (1944).

[12] Baggenstoss, A.: Dissertation Univ. Freiburg/Schweiz (1947); DBP 1104700 (1959) Röhm & Haas G.m.b.H., K. Ross, G. Schreyer und T. Völker.; DBP 1148074 (1961) Röhm & Haas G.m.b.H., T. Völker und K. Ross.

Die Herstellung von (Meth)acrylsäureestern aus (Meth)acrylsäurechlorid bzw. (Meth)acrylsäureanhydrid ist beschrieben[13]).

Durch Acylierung der Hydroxylgruppe von Milchsäureestern mit (Meth)acrylsäurechlorid bzw. den Anhydriden, erhält man (Meth)acrylderivate, die zu Polymerisaten mit interessanten physikalischen Eigen-

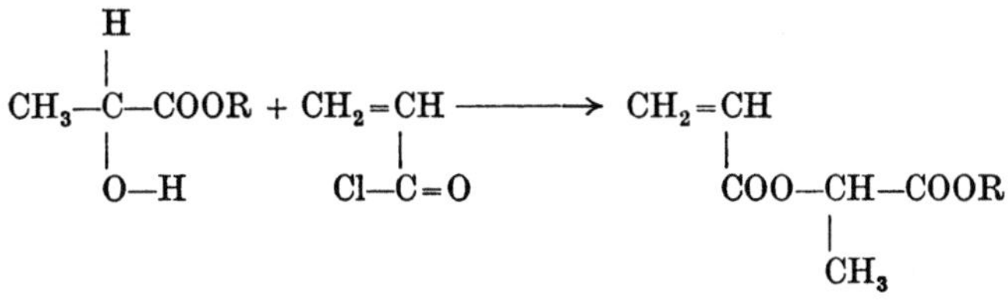

schaften umgewandelt werden können[14]. Die Estergruppen dieser Monomeren sind besonders reaktionsfreudig.

Acrylsäurechlorid ist auch das Ausgangsprodukt eines Verfahrens zur Herstellung von Chloralkylestern, indem man das Säurechlorid in Gegenwart saurer Katalysatoren mit Epoxyverbindungen umsetzt[15]:

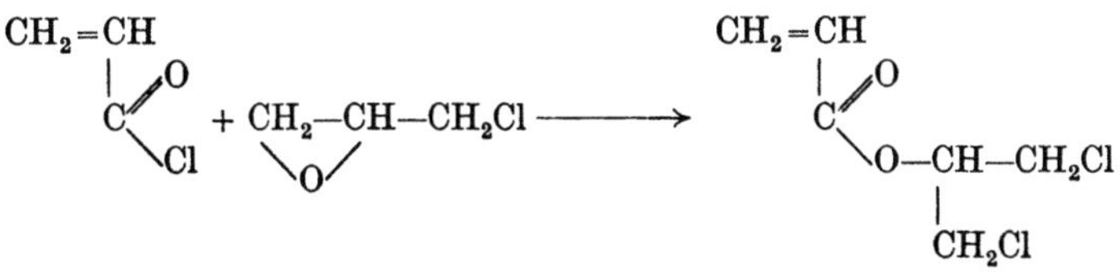

Ähnlich verläuft die Umsetzung mit Tetrahydrofuran[15]:

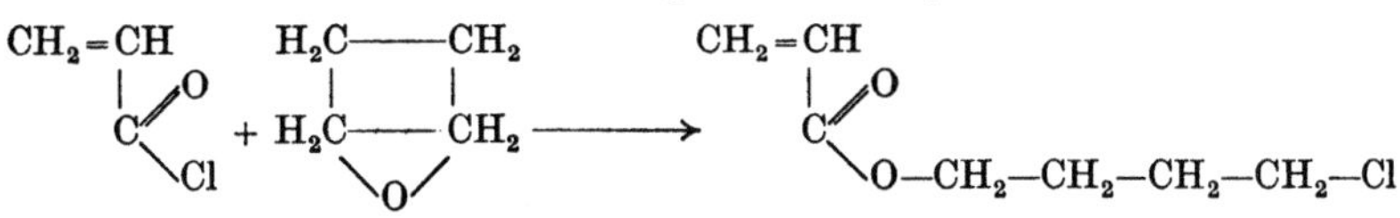

Läßt man Silbercyanat auf Chloride der Acrylsäure einwirken, so resultieren *Acrylisocyanate*[16], die in weiterer Reaktion mit Aminen in Harnstoffderivate und mit Alkoholen in Urethane[17] übergeführt werden können.

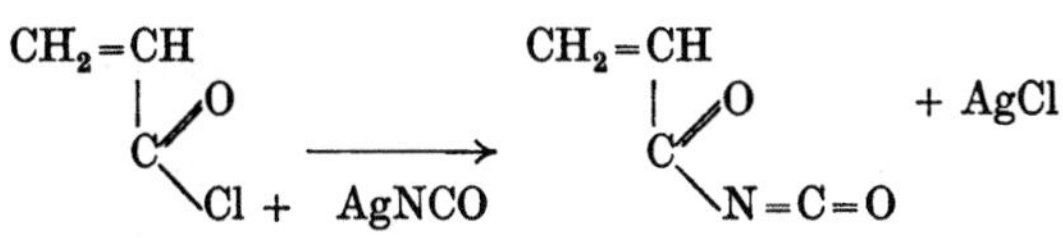

[13] Treadway, R. H., and E. Yanovsky: Am. Soc. **67**, 1038 (1945); Haworth, W. N., H. Gregory, and L. F. Wiggins: Soc. **1946**, 448; A. P. 2556075 (1948) Am. Cyanamid Co., J. G. Erickson; Chem. Abstr. **45**, 7377 (1951); A. P. 2681897 (1950) Am. Cyanamid Co., C. Frazier, and L. E. Cadwell.

[14] Rauch, M., F. Gerner und A. Wecker: Ullmann **12**, 536 (1960).

[15] DAS 1081450 (1958) BASF, H. Baron und H. Friedrich; F. P. 1218142 (1958) BASF, H. Baron et H. Friedrich.

[16] DBP 827553 (1944) J. P. Bemberg A.G., T. Lieser; DPB 888769 (1944) Röhm & Haas G.m.b.H., T. Lieser.

[17] Vgl. DAS 1191811 (1963) Bayer, U. Bahr, G. Nischk und H. Holtschmidt.

Das Säurechlorid kann auch als Ausgangsstoff für eine Reihe von substituierten Amiden dienen[18]:

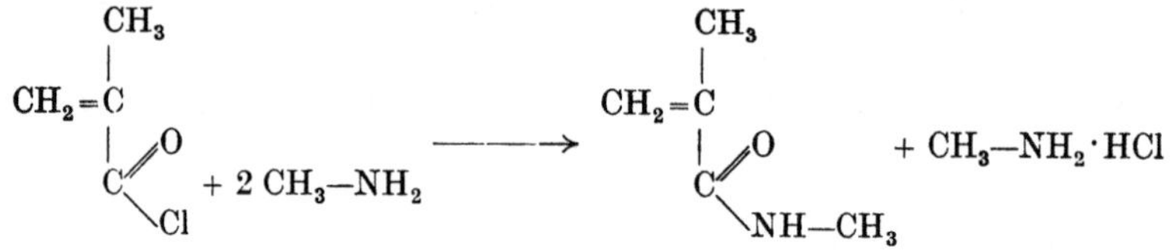

Interessant ist das Umsetzungsprodukt von Acrylsäurechlorid mit einem substituierten Aminoanthrachinon, da es zu farbigen, makromolekularen Stoffen, z. B. in Emulsion, copolymerisiert werden kann[19]:

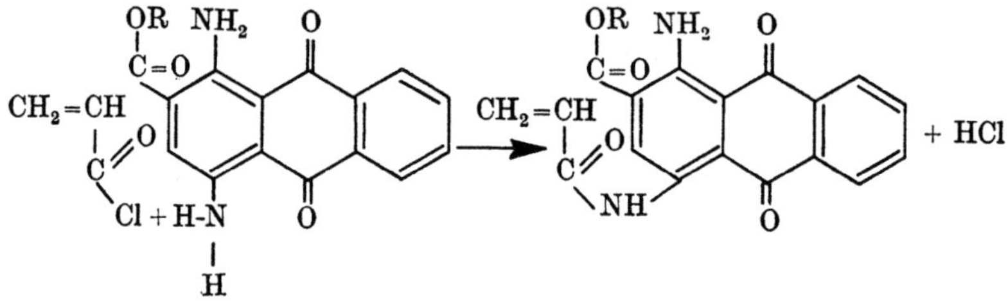

C. Veresterungsreaktionen der (Meth)acrylsäure

(vgl. 2.1.1. D. 1. und 2.1.3. B. 2.)

(Meth)acrylsäure läßt sich direkt mit Alkoholen verestern[20]; um das Reaktionswasser zu entfernen, werden zweckmäßigerweise Benzol oder Cyclohexan als Schleppmittel zugegeben[21]. Als Katalysatoren sind neben Schwefelsäure auch deren saure Ester oder Benzolsulfonsäure sowie Kationenaustauscher[22] wirksam. In neuerer Zeit werden besonders Titanacylate als Veresterungskatalysatoren empfohlen[23].

Primäre Alkohole lassen sich leicht verestern, sekundäre etwas schwerer. Um vorzeitige Polymerisation zu vermeiden, kann die Reaktion in der

[18] Canad. P. 585494 (1956) Rohm & Haas Co., N. M. Bortnick; Sokolova, T. A., L. A. Ovsyannikova und I. I. Tikhodeva: Ž. obšč. Chim. **33**, 1502 (1963).

[19] DAS 1179712 (1962) BASF, K.-H. Beyer, K. Gulbins, G. Lange, G. Louis und H. Weidinger; vgl. auch: DAS 1058467 (1957) CIBA A.G., J. Wegmann und P. Stahel; Schwab, H., und G. Barts: Z. ges. Textil-Ind. **64**, 392 (1962); Belg. P. 594910 (1960) Sandoz; E. P. 963755 (1962) BASF, G. Luetzel, W. Rohland und F. Becke.

[20] Moureu, C., M. Murat et L. Tampier: C. r. **172**, 1267 (1921); Fikentscher, H.: Ullmann **3**. 79 (1953); E. P. 923594 (1960), F. P. 1307203 (1961) The Distillers Co. Ltd., F. J. Bellringer, C. J. Brown et P. B. Brindley; DAS 1161259 (1960) BASF, H. Grassner.

[21] F. P. 1313991 (1961) Celanese Corp., W. J. Humphrey.

[22] Forbath, T. P.: Chem. Engng. **1962**, 96.

[23] DAS 1083265 (1956) B. F. Goodrich Co., F. X. Werber.

Weise geführt werden, daß ein Gemisch von Säure und Alkohol zugetropft und der gebildete Ester und das Wasser laufend entfernt werden.

Mit Tert.-butanol als Veresterungskomponente erhält man nur schlechte Ausbeuten, da der Alkohol zu unbeständig und sperrig ist. Hier führt die Umsetzung von Acrylsäure mit Isobuten im sauren Medium elegant zum Ziel[24].

Interessant sind Umsetzungsprodukte von (Meth)acrylsäure mit Vinyläthern, die zu Verbindungen der Formel II führen[25]:

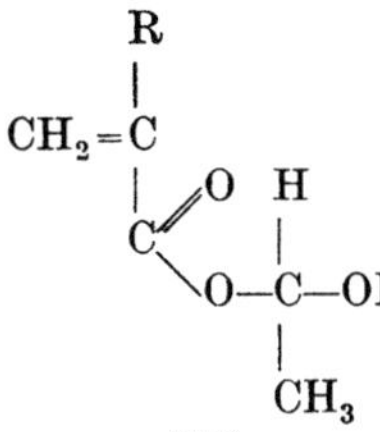

(II)

In diesem Zusammenhang sei auch auf die Umsetzung von Polyallylalkohol mit Acrylsäure verwiesen, die zu unvernetztem Polyallylacrylat führt[26].

Methacrylsäure gibt mit l-Menthol einen optisch aktiven Ester (Formel III), der radikalisch polymerisierbar ist und z. B. durch Polymerisation in Substanz (Co-γ-Strahlen) glasklare, optisch aktive Formkörper liefert[27].

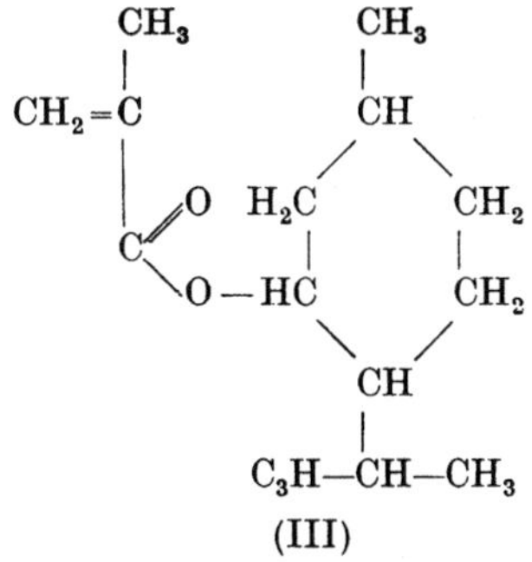

(III)

D. Verschiedene Reaktionen

o-Aminophenol reagiert mit Acrylsäure zu 2-Vinylbenzoxazol:

---

[24] DBP 1135897 (1959) BASF, W. Baumeister und E. Haarer; E. P. 934917 (Dtsch. Prior. 1961) BASF, H. Soenksen, W. Baumeister und E. Umlauf.

[25] DAS 1191925 (1962) BASF, H. Kessler, P. Dimroth und H. Wilhelm.

[26] A. P. 2332460 (1939) Pittsburgh Plate Glass Co., I. E. Muskat, M. A. Pollack, F. Strain, and W. A. Franta; Chem. Abstr. 38, 1821 (1944).

[27] Schulz, R. C.: Ref. in Dtsch. Farben-Z. 17, 469 (1963).

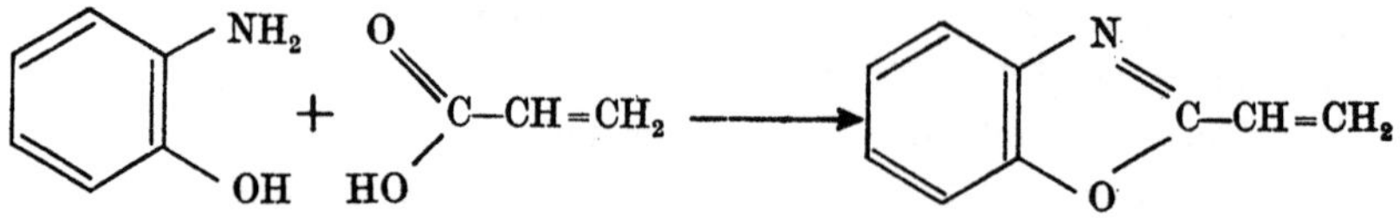

Erwähnt sei schließlich noch, daß *Acrylsäure* bei der Alkalischmelze in Methan, Wasserstoff und CO_2[28], *Methacrylsäure* in Propionsäure und Ameisensäure gespalten wird[29].

2.2.1.2 Reaktionen der Estergruppe

A. Verseifung

Acrylsäureester lassen sich leichter verseifen als die entsprechenden Methacrylsäureester. Bei saurem pH führt die Reaktion zur Acrylsäure, im alkalischen Medium[30] bilden sich die Alkalisalze.

Ammoniak und *Amine* addieren sich primär an die Doppelbindung, bei schärferen Reaktionsbedingungen wird auch die Estergruppe angegriffen[31]:

$$2\,R'_2NH + \underset{\displaystyle COOR}{CH_2{=}\underset{|}{CH}} \xrightarrow{200^\circ} R'_2N{-}CH_2{-}\underset{\displaystyle CO{-}NR'_2}{\underset{|}{CH_2}}$$

B. Umesterung

Unter dem Einfluß saurer oder alkalischer[32] Katalysatoren erfolgt Umesterung. Man kann diese Reaktion zur Darstellung höherer (Meth)-acrylsäureester oder basischer Ester[33] aus (Meth)acrylsäuremethyl- bzw. -äthylester[34] benutzen, wobei dieses Verfahren in der Methacrylatreihe auch technisch angewendet wird (vgl. auch S. 37).

C. Kondensationsreaktionen

Mit *Ketonen* kondensieren Acrylsäureester zu Diketonen[35],

---

[28] Takeshita, K.: J. Amer. Oil. Chemists' Soc. **38**, 162 (1961).

[29] Rodd, E. H.: Chemistry of Carbon Compounds, Elsevier Publ. Co., 635 (1951).

[30] Mast, W. C., and C. H. Fisher: Ind. eng. Chem. **41**, 790 (1949).

[31] Erickson, J. G.: Am. Soc. **74**, 6281 (1952); A. P. 2719175 (1952) Eastman Kodak Co., H. W. Coover, and N. H. Shearer; C. **1956**, 14509.

[32] Schweiz. P. 239750 (1941) Lonza A.G.; Chem. Abstr. **43**, 5036 (1949).

[33] DAS 1180527 (1960) Union Carbide Corp., J. W. Lynn.

[34] A. P. 2138763 (1938) DuPont, G. D. Graves; Horn, M. B.: Acrylic Resins, Reinhold Publ. Corp., New York (1960); Rehberg, C. E., and C. H. Fisher: Am. Soc. **66**, 1203 (1944); Rehberg, C. E., W. A. Faucette, and C. H. Fisher: Am. Soc. **66**, 1723 (1944); Rehberg, C. E.: Org. Synth. **26**, 18 (1946).

[35] „Amcel Acrylates", Firmenschrift der Celanese Corp. of America; Hurd, C. D., and C. D. Kelso: Am. Soc. **62**, 2184 (1940).

$$CH_3-\overset{O}{\overset{\|}{C}}-C_6H_{13} + CH_2=CH-COOR \xrightarrow{C_2H_5ONa} CH_2=CH-\overset{O}{\overset{\|}{C}}-CH_2-\overset{O}{\overset{\|}{C}}-C_6H_{13}+ROH$$

mit *Hydroxylamin* entsteht Acrylhydroxamsäure[36]:

$$CH_2=CH-COOR + H_2N-OH \longrightarrow CH_2=CH-CO-NH-OH + ROH$$

Die *Umamidierung* niederer (Meth)acrylsäureester nach JOCHUM[37] und Mitarbeitern führt in guter Ausbeute zu den entsprechenden Säureamiden:

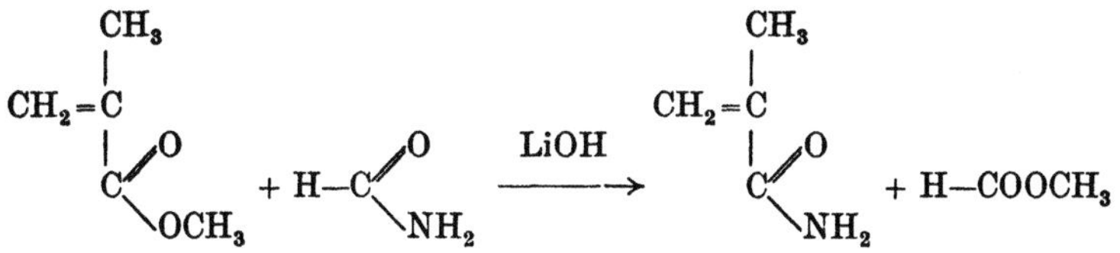

Methacrylsäuremethylester reagiert mit *Mononatriumharnstoff* in Aceton oder mit Harnstoff und Natrium in flüssigem Ammoniak zu Methacryloylharnstoff[38]:

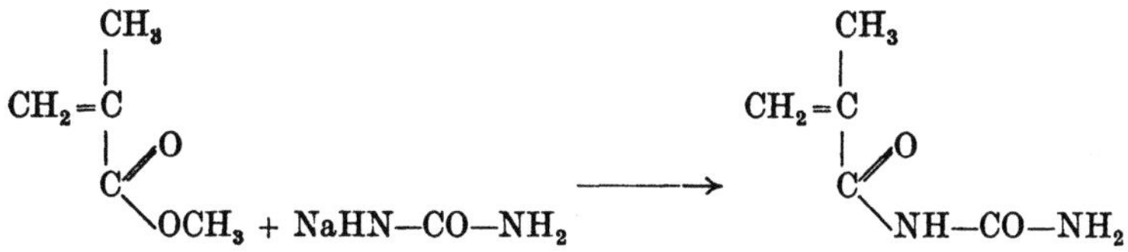

D. Grignard-Reaktionen

Methacrylsäureester verbinden sich mit magnesiumorganischen Verbindungen zu Glutarsäurederivaten[39]:

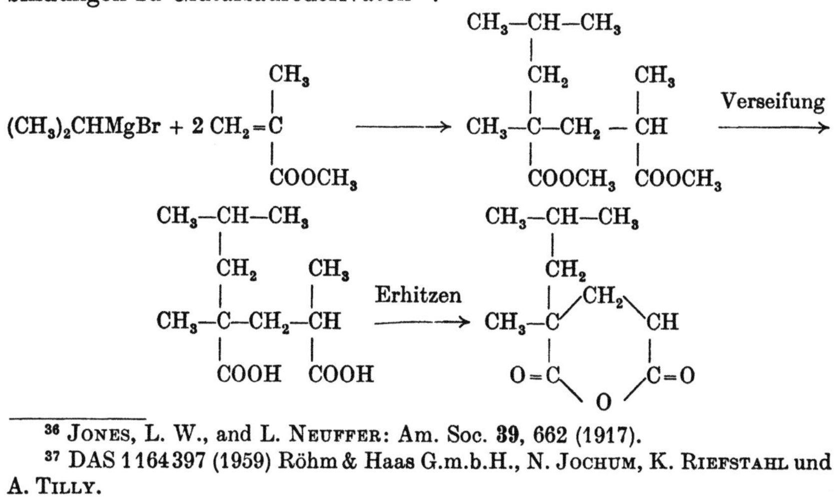

[36] JONES, L. W., and L. NEUFFER: Am. Soc. **39**, 662 (1917).

[37] DAS 1164397 (1959) Röhm & Haas G.m.b.H., N. JOCHUM, K. RIEFSTAHL und A. TILLY.

[38] JACOBSON, R. A.: Am. Soc. **67**, 1998 (1945).

[39] LEBEDEWA, A. I., und J. D. WAINRUB: Ž. obšč. Chim. **22**, 1974 (1952); C. **1955**, 5520.

Von den Reaktionen an der Estergruppe der (Meth)acrylsäureester seien unter anderem einige Umsetzungen an Oxyestern[40] und Aminoestern[41] herausgegriffen:

E. Reaktionen an Oxyestern

Unter Einfluß von Umesterungskatalysatoren bilden sich sowohl aus *2-Hydroxyäthylmethacrylat* wie auch aus *2-Hydroxypropylmethacrylat* die entsprechenden Äthylendimethacrylate.

Isobutyrylchlorid in pyridinischer Lösung acyliert *2-Hydroxyäthylmethacrylat*[42]; ähnlich reagieren andere Säurehalogenide[43]:

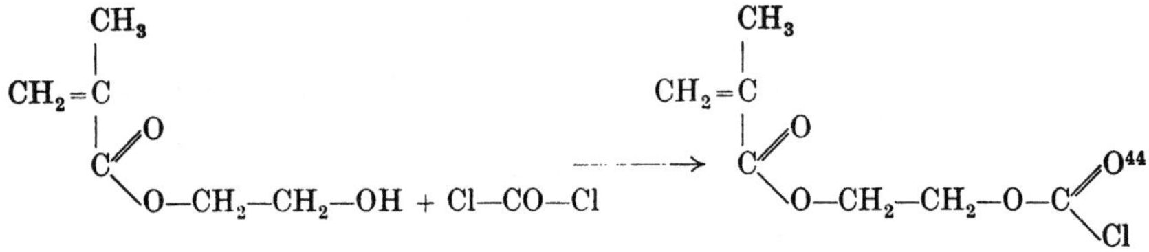

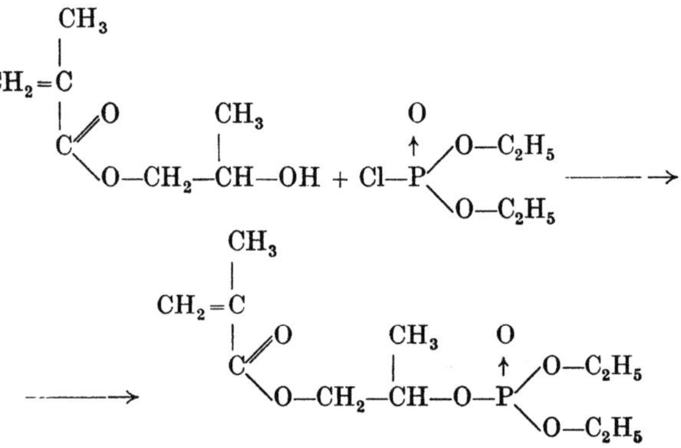

(I)

Diäthylphosphatoisopropylmethacrylat

Neben Veresterungen[45] mit Oxalsäure und Phthalsäure ist auch die Umesterung mit Triäthylphosphit beschrieben[46]:

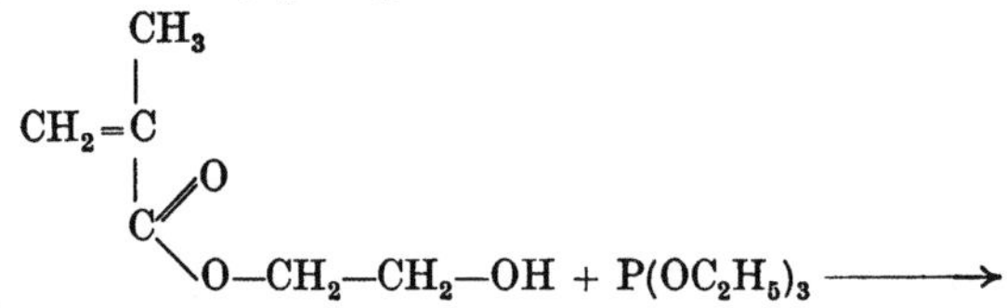

[40] A. P. 2090594 (1936) DuPont, R. A. Jacobson; C. **1937** II, 3076; „SP-216 (7/63)", Bulletin der Rohm & Haas Co.

[41] „SP-84 (12/61)", Bulletin der Rohm & Haas Co.

[42] Loshaek, S.: J. Polymer Sci. **15**, 392 (1955).

[43] A. P. 2863851 (1955) Rohm & Haas Co., J. L. O'Brien.

[44] E. P. 629019 (1949) I.C.I., R. Hammond.

[45] E. P. 595881 (1947) I.C.I., R. Hammond.

[46] A. P. 2934554 (1957) Rohm & Haas Co., C. A. Lane; A. P. 2934555 (1957) Rohm & Haas Co., J. L. O'Brien, and C. A. Lane.

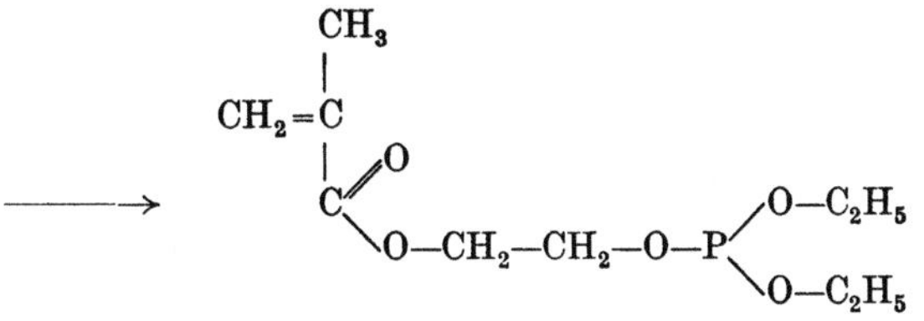

(II)

Die phosphorhaltigen Methacrylsäureester I und II wirken selbstverlöschend und stellen deshalb interessante Comonomere dar.

Die Oxyester reagieren auch mit Diisocyanaten[47] unter Ausbildung von polymerisierbaren Urethanverbindungen.

F. Reaktionen an Aminoestern

Die basischen Methacrylsäureester[48] *Tert.-butylaminoäthylmethacrylat* (III) und *Dimethylaminoäthylmethacrylat* sind wasserlösliche Monomere mit Dissoziationskonstanten pK_b von 4,6 bzw. 5,6 für die Monomeren und 6,5 bzw. 6,9 für die kationischen Homopolymerisate. Sie bilden mit vielen Acrylaten unter den üblichen Versuchsbedingungen Copolymerisate.

Im *Tert.-butylaminoäthylmethacrylat* (III) läßt sich der Wasserstoff der Aminogruppe substituieren[49], z. B. mit Äthylenoxyd, Benzoylchlorid, Acetanhydrid, Chlornitril u. a.:

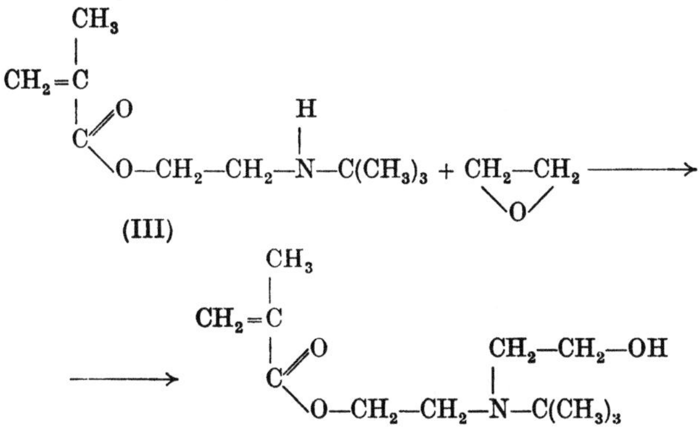

(III)

Dimethylaminoäthylmethacrylat kann mit Dimethylsulfat oder β-Propiolacton quaternisiert werden[50]. Die quaternären Monomeren sind wasserlöslich und ebenfalls polymerisierbar[51].

[47] E. P. 629015 (1949) I.C.I., R. G. Roberts, and R. Hammond.

[48] „SP-84 (12/61)", Bulletin der Rohm & Haas Co.

[49] A. P. 2744884 (1956) Rohm & Haas Co., P. L. de Benneville; Sims, H. J., P. L. de Benneville, and A. J. Kresge: J. org. Chem. 22, 787 (1957); „SP-84 (12/61)", Bulletin der Rohm & Haas Co.

[50] A. P. 2677699 (1952) DuPont, A. L. Barney; A. P. 2744130 (1952) DuPont, H. E. Winberg.

[51] A. P. 2723256 (1953) DuPont, M. Hayek.

2.2.1.3 Reaktionen der Nitrilgruppe

A. Hydrolyse

1. Hydrolyse zu Säuren oder Amiden

Die Nitrilgruppe kann leicht zur Carboxylgruppe oder partiell nur bis zur Amidgruppe hydrolysiert werden. Die zweite Reaktion erfolgt unter Einfluß von konzentrierter Schwefelsäure und Wasser und bildet derzeit einen technisch gangbaren Weg zur Herstellung von *Acrylamid*[52] (vgl. S. 26).

$$CH_2{=}CH{-}CN + H_2O \xrightarrow{H_2SO_4} CH_2{=}CH{-}CONH_2$$

Verwendet man Ammoniumsulfid als verseifendes Agens, so bleibt die Doppelbindung nicht intakt, es wird H_2S angelagert:

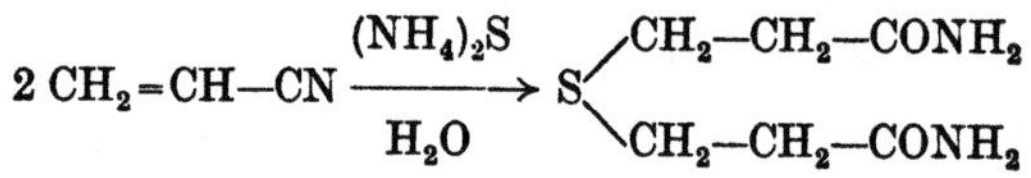

2. Hydrolyse zu substituierten Amiden

Wichtig ist die Reaktion von (Meth)acrylnitril mit Olefinen bzw. Alkoholen in Gegenwart von Schwefelsäure, da sie die beste Methode zur Gewinnung *substituierter (Meth)acrylsäureamide* darstellt[53] (s. S. 28).

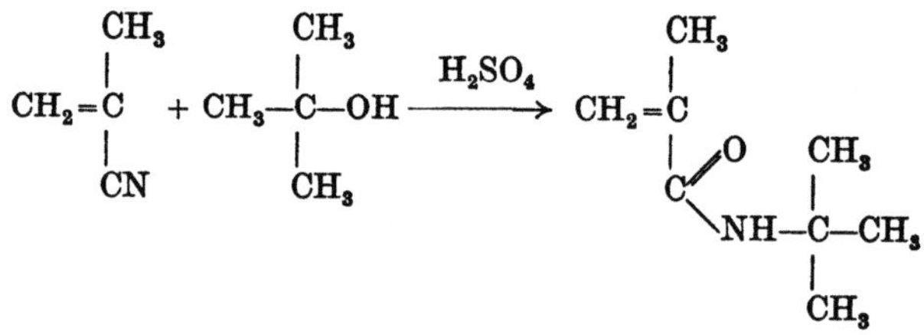

Verwendet man an Stelle von Alkoholen bzw. Olefinen Aldehyde, so resultieren cyclische Verbindungen, die als *Hexahydro-1,3,5-triacyl-s-triazine* klassifiziert werden können[54] und als Vernetzungsmittel interessant sind:

---

[52] DBP 966955 (1942) Cassella, W. Zerweck und R. Müller; C. **1958**, 7894; DBP 968679 (1942), Schweiz. P. 294013, Cassella, W. Zerweck und R. Müller; C. **1954**, 8218; E. P. 631592 (1946) Am. Cyanamid Co.; Chem. Abstr. **44**, 4494 (1950).

[53] Plaut, H., and J. J. Ritter: Am. Soc. **73**, 4076 (1951); A. P. 2719176 (1953) Eastman Kodak Co., H. W. Coover, and N. H. Shearer; Chem. Abstr. **50**, 10763 (1956); C. **1957**, 4256; A. P. 2448991 (1944) Wingfoot Corp., J. G. Lichty; Canad. P. 587057 (1951) Am. Cyanamid Co., H. Plaut.

[54] Wegler, R., und A. Ballauf: B. 81, 527 (1948); Gradsten, M. A., and M. W. Pollock: Am. Soc. **70**, 3079 (1948); A. P. 2559835 (1948) Sun Chem. Corp., E. Zerner, and M. W. Pollock; A. P. 2934528 (1956) Am. Cyanamid Co., L. A. Lundberg.

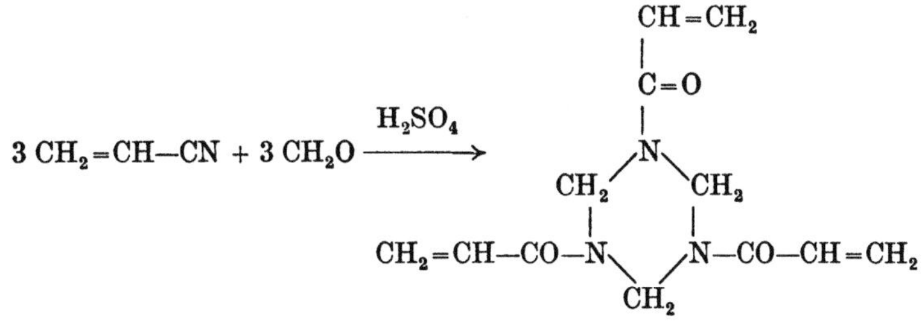

1,3,5-Triacryloyl-s-triazin

Bei geänderten Versuchsbedingungen kann auch das bifunktionelle *Methylenbis(meth)acrylamid* erhalten werden:

$$2\,CH_2{=}CH{-}CN + CH_2O \longrightarrow CH_2{=}CH{-}CO{-}NH{-}CH_2{-}NH{-}CO{-}CH{=}CH_2$$

B. Hydrierung

Die Hydrierung von Acrylnitril mit Kupfer-Katalysatoren führt zu n-Propylamin mit sehr guten Ausbeuten[55].

Bei allen Reaktionen an der Nitrilgruppe ist es zweckmäßig, die Doppelbindung durch Zugabe von *Inhibitoren*, wie z. B. Hydrochinon, Brenzkatechin, Dioxydiphenyl, Methylenblau, substituierte Phenole[56], Pyrogallol[57] oder Oxynitrile[58] vor Polymerisation zu schützen. Vorgeschlagen wurde auch der Zusatz von Cu-Oleat, weil sich diese Verbindung bei Destillationen als nichtflüchtige Substanz leicht abtrennen läßt[59].

2.2.1.4 Reaktionen der Amidgruppe

Bei Umsetzungen des Amids in Lösung fügt man zur Vermeidung von Polymerisation Cyan- oder Rhodankomplexverbindungen des Eisens[60] oder Kupfer- oder Eisensalze oder organische *Inhibitoren*, wie Hydrochinon[61], β-Naphthylamin oder N-Phenyl-β-naphthylamin[62] zu; sehr wirksam sind auch viele quaternäre Ammoniumsalze[63].

---

[55] A. P. 2334140 (1942) Wingfoot Corp., C. F. Winans; DRP 552987 (1930) I. G., W. Reppe und U. Hoffmann.

[56] A. P. 2481080 (1948) Shell Dev. Co., R. C. Castner, and L. M. Peters.

[57] DBP 1098949 (1959) Röhm & Haas G.m.b.H., H. Rauch-Puntigam.

[58] A. P. 2455689 (1946) Shell Dev. Co., K. E. Marple, and B. Borders.

[59] Petr. Refiner 21, 321 (1942).

[60] DBP 1030826 (1955) BASF, H. Wilhelm.

[61] DBP 1092005 (1958) BASF, H. Wilhelm, H. Metzger und K. Dachs.

[62] „Chemistry of Acrylamide", Firmenschrift der Am. Cyanamid Co. (1956).

[63] F. P. 1230790 (1959) Pittsburgh Plate Glass Co., R. M. Christenson, D. P. Hart, and A. N. Salem.

A. Salzbildung

Die Amidgruppe ist befähigt sowohl mit Säuren als auch mit Basen Salze zu bilden. Bekannt ist die salzartige Verbindung von (Meth)acrylamid mit Schwefelsäure[64] (Formel I).

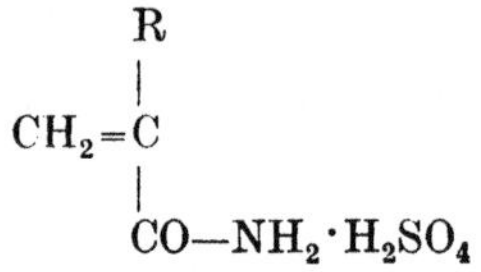

$R = H$ oder CH_3

(I)

Durch Umsetzung von Methacrylamid mit Quecksilberacetat bildet sich das schwer lösliche Quecksilbersalz durch Ersatz eines Wasserstoffatoms der Amidgruppe.

B. Verseifung

Die Amide sind sowohl sauer als auch alkalisch zur Säure verseifbar.

Die Geschwindigkeit der *alkalischen Verseifung* mittels Natriumhydroxyd fällt mit zunehmender Bildung von Ammoniumhydroxyd rasch ab. Mit 0,5n NaOH werden in 10%iger Acrylamidlösung bei 100° nach 12 Minuten fast 90% des Acrylamids verseift.

Die folgende Tabelle über die *saure Verseifung* des Acrylamids ist dem Prospekt der American Cyanamid Co.[62] entnommen:

Tabelle 1. *Verseifungsgeschwindigkeit einer 5%igen Acrylamidlösung bei 50°*

Molarität der Schwefelsäure	% verseift pro Stunde
0,1	0,3
0,5	0,9
1,0	2,1
2,5	4,5

C. Esterbildung

Unter dem Einfluß konzentrierter Schwefelsäure bildet (Meth)acrylamid mit Alkoholen die entsprechenden (Meth)acrylsäureester[65]:

$$CH_2{=}CH{-}CO{-}NH_2 + H_2SO_4 + ROH \longrightarrow CH_2{=}CH{-}COOR + NH_4HSO_4$$

Beim Methacrylamid geht man zweckmäßigerweise gleich vom rohen Methacrylamidsulfat aus und zersetzt dieses mit Wasser und Alkohol[64].

[64] DRP 672490 (1935), A. P. 2140469 (1935), E. P. 440967 (1934) I.C.I., J. W. C. Crawford, and J. McGrath; Chem. Abstr. **33**, 3818 und 2536 (1939) und **30**, 4180 (1936); C. **1936** II, 866; Wiley, R., and W. Waddey: Org. Synth. **29**, 61 (1949); Wiley, R., and W. Waddey: J. org. Chem. **13**, 421 (1948); Verhulst, J.: Bull. Soc. chim. Belg. **39**, 563 (1930) und **40**, 475 (1931); DRP 649165 (1933) I.C.I.

[65] Bayer, O.: Ang. Ch. **61**, 229 (1949).

D. Acylierung

Läßt man Acetanhydrid auf Acrylamid in Nitrobenzol einwirken, so entsteht ein sekundäres Amid[66]:

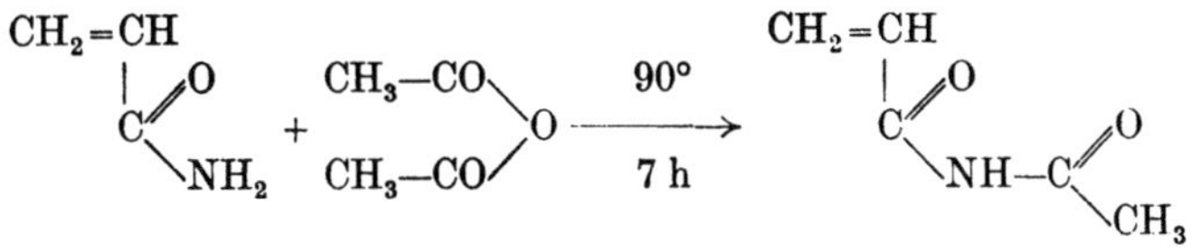

E. Reaktionen mit Aldehyden[67]

In *alkalischer* Lösung bildet sich aus (Meth)acrylamid und Formaldehyd *N-Methylol(meth)acrylamid*[67, 68]:

$$CH_2{=}CH{-}CO{-}NH_2 + CH_2O \longrightarrow CH_2{=}CH{-}CO{-}NH{-}CH_2OH$$

An Stelle von Formaldehyd sind auch andere Aldehyde analog verwendbar, z. B. Chloral[69], wobei das Endprodukt II entsteht:

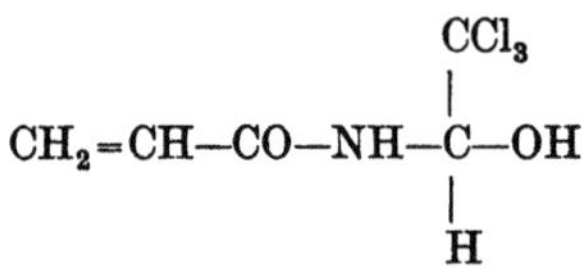

(II)

Im *sauren* Medium reagieren die Methylolverbindungen weiter zu *Methylenbis(meth)acrylamiden*:

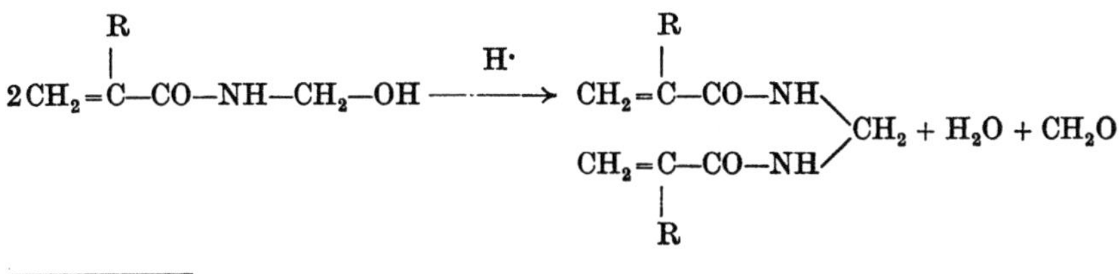

[66] Jap. P. 9212/62 (1959) Kurashiki Rayon Co. Ltd.

[67] DBP 947338 (1936), E. P. 428897 (1936), F. P. 827059 (1937) I. G., H. Fikentscher, A. Steinhofer, H. Scheuermann, G. Hagen und K. Wolf; C. **1957**, 5129; Chem. Abstr. **32**, 6769 und 6776 (1938); A. P. 2173005 (1936), E. P. 503513 (1937) DuPont, D. E. Strain; Chem. Abstr. **34**, 547 (1940); C. **1939** II, 1393; DAS 1085149 (1957) Am. Cyanamid Co., H. P. Wohnsiedler und P. Adams; Feuer, H., and U. E. Lynch: Am. Soc. **75**, 5027 (1953); Müller, E., K. Dinges und W. Graulich: Makromolekulare Chem. **57**, 27 (1962).

[68] Ital. P. 399685 (1942) Röhm & Haas G.m.b.H.; A. P. 2475846 (1946) Am. Cyanamid Co., L. A. Lundberg; Chem. Abstr. **44**, 873 (1950); DAS 1002326 (1954) Bayer, E. Müller und H. Holtschmidt; Canad. P. 584257 (Am. Prior. 1956) Am. Cyanamid Co., H. P. Wohnsiedler, and P. Adams; Canad. P. 584259 (Am. Prior. 1956) Am. Cyanamid Co., G. L. Sutherland, and G. G. Désy.

[69] A. P. 2619416 (1949) Union Carbide, L. J. King.

Zu gleichen Verbindungen gelangt man auch unmittelbar durch Umsetzung von (Meth)acrylamid mit Formaldehyd im sauren Medium[70] bzw. analog durch Einwirkung von (Meth)acrylamid auf Methylol(meth)acrylamid[70], wobei auch unsymmetrische Methylenverbindungen entstehen können[70] (Formel III). *Unsymmetrische Methylenverbindungen* (IV) aus

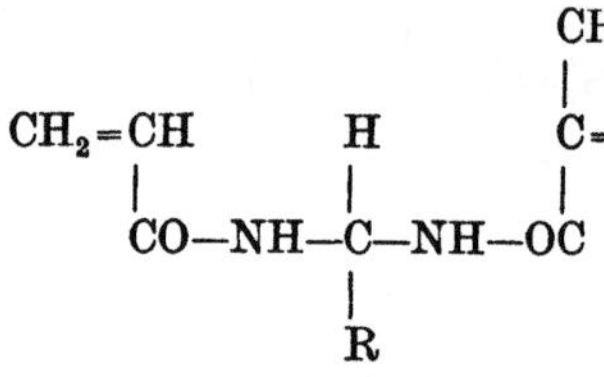

(III)

gesättigten und ungesättigten Amiden erhält man aus (Meth)acrylamid und den Methylolalkyläthern gesättigter Amide unter dem Einfluß starker Säuren[71]:

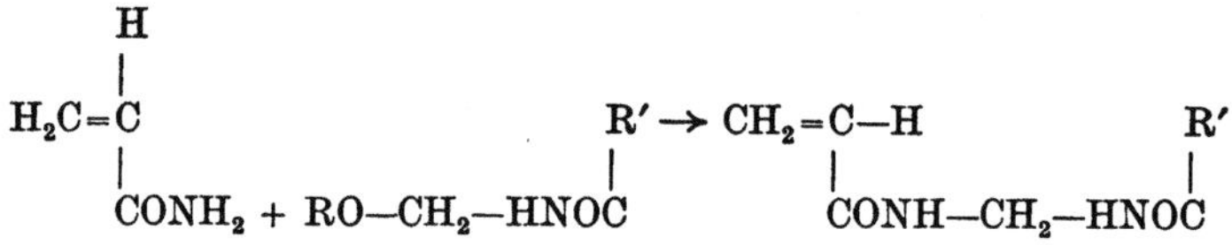

(IV)

1. Reaktionen des N-Methylol(meth)acrylamids

a) Veresterung

Die Hydroxylgruppe von N-Alkylol(meth)acrylamiden verhält sich ähnlich wie eine normale Alkoholgruppe und gibt die entsprechenden Reaktionen, so z. B. Veresterungen mit Carbonsäuren[72], Carbonsäureanhydriden[73,75], Säurechloriden[74] oder Keten[75]:

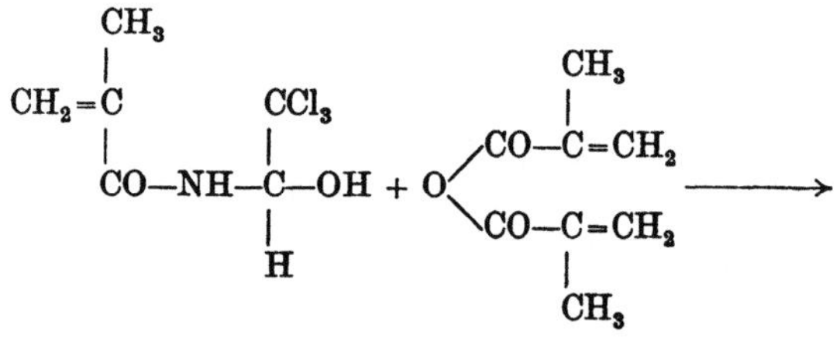

---

[70] A. P. 2475846 (1946) Am. Cyanamid Co., L. A. LUNDBERG; Chem. Abstr. **44**, 873 (1950); E. P. 648252 (1946) General Aniline & Film Corp., G. D. JONES; Chem. Abstr. **45**, 5973 (1951).

[71] E. P. 960742 (1962) Bayer.

[72] DAS 1123475 (1960) Röhm & Haas G.m.b.H., T. VÖLKER und H. RAUCH-PUNTIGAM.

[73] DBP-Anm. F 35885 (1962) Bayer, E. MÜLLER.

[74] FEUER, H., and U. E. LYNCH: Am. Soc. **75**, 5027 (1953).

[75] E. P. 969723 (1964) Bayer.

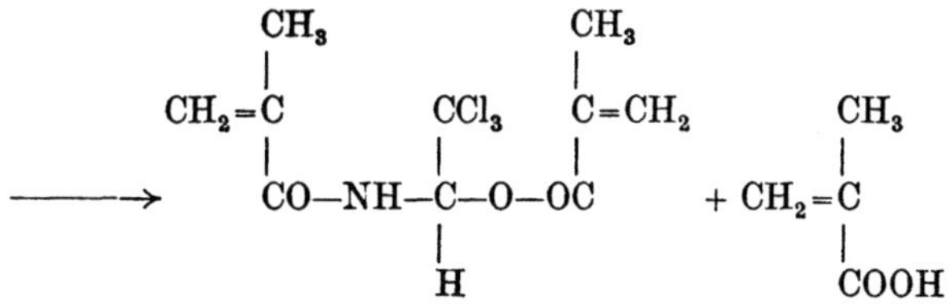

b) Kondensationsreaktionen mit stickstoffhaltigen Verbindungen

Die Methylolverbindungen kondensieren mit *Lactamen*, *Amiden*, *Imiden* und *Aminen*[76]. Als Amine verwendet man vorzugsweise sekundäre Amine, um die als Konkurrenzreaktion verlaufende Addition an die Doppelbindung, die in der Methacrylsäurereihe relativ schwächer als in der Acrylsäurereihe in Erscheinung tritt, zu vermeiden.

Gleiche Reaktionsprodukte erhält man bei der Kondensation von (Meth)acrylamid, Formaldehyd und den entsprechenden Partnern ebenfalls im sauren Milieu, z. B.:

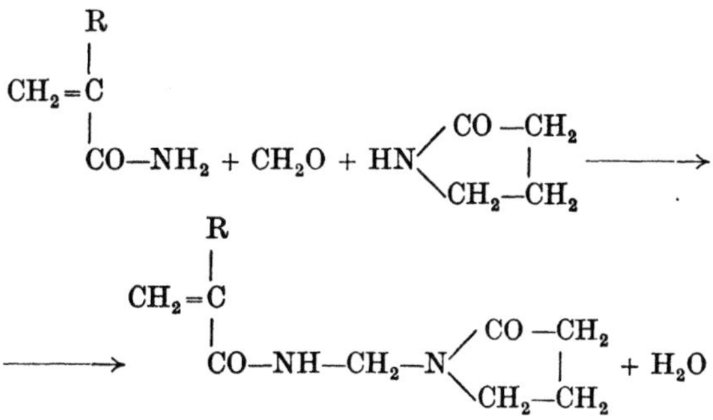

Zu *ungesättigten Mannichbasen* gelangt man durch Umsetzung von (Meth)acrylamid mit Formaldehyd und sekundären Aminen im schwach alkalischen Milieu, wobei durch Verwendung von Verbindungen der allgemeinen Formel

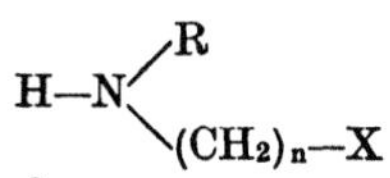

R = Alkyl
X = $-OH$, $-COOH$, $-SO_3H$, $-CN$ u. a.
n = 1—20

weitere funktionelle Gruppen in das Monomere eingeführt werden können[77].

[76] DAS 1102157 (1954) Bayer, E. Müller; DAS 1111825 (1959) BASF, H. Wilhelm, E. Penning, D. Brüning und F. Poschmann; F. P. 1266016 (1960), Ital. P. 631558, Röhm & Haas G.m.b.H., H. Rauch-Puntigam.

[77] Österr. P. 228768 (1963) BASF, K. Dinges, E. Müller, K.-H. Knapp und W. Berlenbach.

Die Amidmethylenamine (Mannich-Basen) sind polymerisierbare Substanzen und können in weiterer Folge auch quaternisiert werden[76].

Brauchbare Synthesen ungesättigter *Amidmethylenamide* aus N-Methylolmethacrylamid und Säureamiden sind in der Literatur beschrieben[78].

Mit *Harnstoffverbindungen* reagiert N-Methylol(meth)acrylamid folgendermaßen:

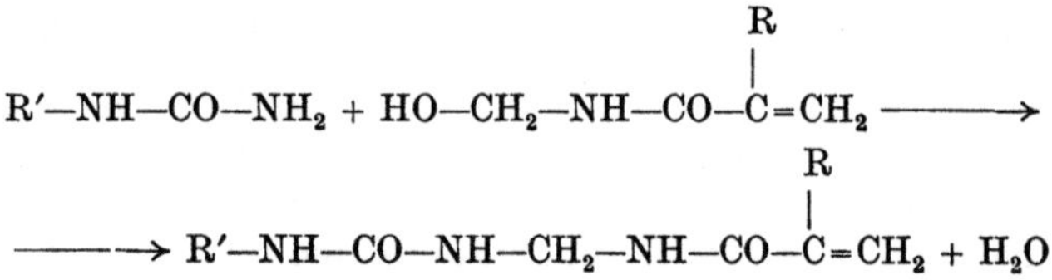

Zum selben Endprodukt gelangt man auch durch Umsetzung von (Meth)acrylamid mit Methylolharnstoffverbindungen[79].

c) Verätherung

Zur Verätherung der Methylolgruppe läßt man auf N-Methylol(meth)-acrylamide Alkohole bei saurem pH einwirken[80] und destilliert die Äther nach Neutralisation im Vakuum.

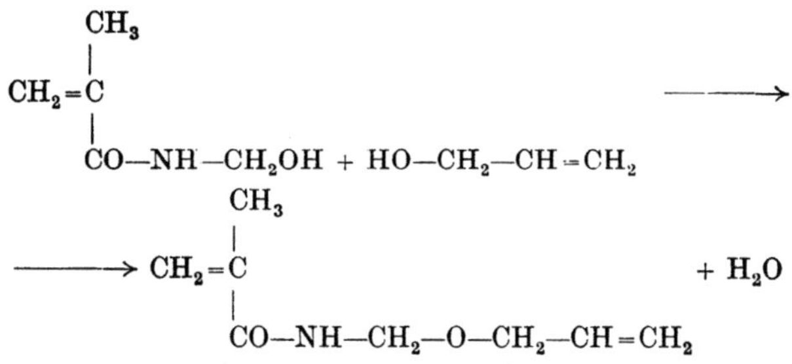

Bei der Verätherung von N-Methylolacrylamid fällt als Nebenprodukt *N,N'-Oxydimethylendiacrylamid* (Fp 133,5°) an (Formel V).

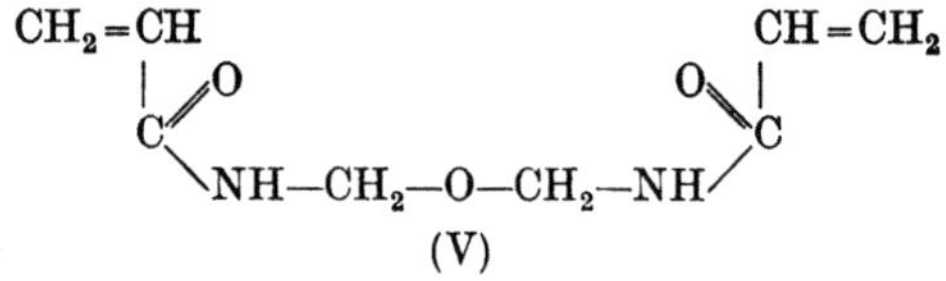

(V)

---

[78] Arbusowa, I. A., J. N. Rosstowski, A. L. Liss und A. G. Jelissejewa: Ž. obšč. Chim. **29**, 3943 (1959); C. **1960**, 17084.

[79] A. P. 2866770 (1958) DuPont, J. I. de Jong.

[80] A. P. 2173005 (1936), E. P. 503513 (1937) DuPont, D. E. Strain; Chem. Abstr. **34**, 547 (1940); C. **1939** II, 1393; DAS 1002326 (1954) Bayer, E. Müller und H. Holtschmidt; DAS 1083548 (1957) Pittsburgh Plate Glass Co., R. M. Christenson; Dowbenko, R., R. M. Christenson, and A. N. Salem: J. org. Chem. **28**, 3458 (1963); F. P. 1230790 (1959) Pittsburgh Plate Glass Co., R. M. Christenson, D. P. Hart, and A. N. Salem; E. P. 961875 (1961) Pittsburgh Plate Glass Co.

Die Umsetzungsprodukte von (Meth)acrylamid mit Formaldehyd und Aminen, Alkoholen oder Amiden haben steigende technische Bedeutung, da sich diese Verbindungen relativ leicht polymerisieren und copolymerisieren lassen und als „*verkappte*“ *Methylolverbindungen*[81] eine gewünschte Vernetzung des Polymerisates im sauren Milieu ermöglichen.

F. Weitere Reaktionen der Amidgruppe

Mit Isocyanaten setzt sich (Meth)acrylamid zu polymerisierbaren *substituierten Harnstoffverbindungen*[82] um:

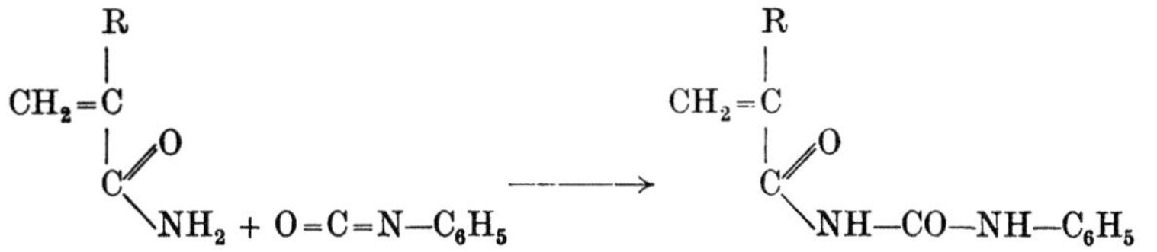

In einer interessanten Umsetzung wird Acrylamid durch Kohlenmonoxyd in Gegenwart von Dikobaltoctacarbonyl[83] in Succinimide überführt, während N-substituierte Acrylamide entsprechende *N-substituierte Succinimide* ergeben:

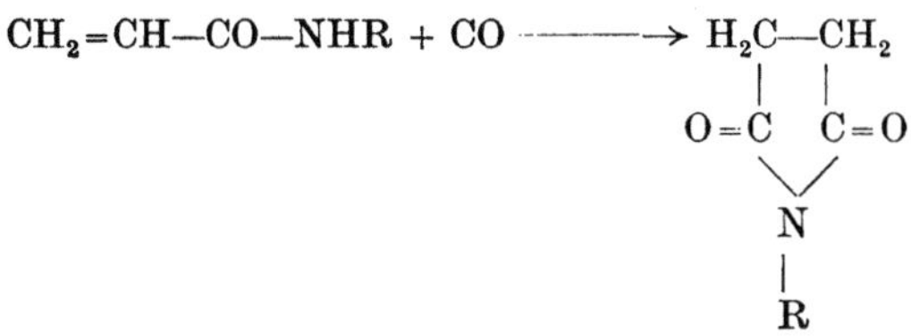

Durch wasserentziehende Mittel wird (Meth)acrylamid zu (Meth)-acrylnitril dehydratisiert[84].

Umsetzung mit Natriumhypochlorit:

$$CH_2{=}CH{-}CO{-}NH_2 \xrightarrow{NaOCl} \underset{(VI)}{CH_2{=}CH{-}CO{-}NHCl} \xrightarrow{CH_3ONa}$$

$$\xrightarrow{CH_3ONa} \underset{(VII)}{CH_2{=}CH{-}NH{-}COOCH_3}$$

Das Reaktionsprodukt (VI), *N-Chloracrylamid*, reagiert mit Natriummethylat zu *N-Vinylcarbamidsäuremethylester* (VII)[85].

---

[81] Müller, E., K. Dinges und W. Graulich: Makromolekulare Chem. **57**, 27 (1962).

[82] DBP 888316 (1943) Cassella, W. Zerweck und W. Kunze.

[83] Falbe, J., und F. Korte: B. **95**, 2680 (1962).

[84] Moureu, C.: Bl. (3) **9**, 424 (1893); C. **1893** II, 258; A. P. 2373190 (1940) B. F. Goodrich Co., F. E. Kung; Chem. Abstr. **39**, 4085 (1945); C. **1945** II, 1665.

[85] „Chemistry of Acrylamide“, Firmenschrift der Am. Cyanamid Co. (1956).

2.2.1.5 Reaktionen der Aldehydgruppe

A. Oxydation

Die *Oxydation* von Acrolein führt zu Acrylsäure[86], die von Methacrolein zu Methacrylsäure[87].

B. Reduktion

Die *Hydrierung* von Acrolein liefert je nach den Versuchsbedingungen verschiedene Produkte. Es besteht die Möglichkeit einmal durch Wasserstoffaddition zu *Propionaldehyd* (II) zu gelangen[88], zum anderen durch Reduktion der Aldehydgruppe *Allylalkohol* (I) zu erhalten[89]:

$$\underset{\text{(I)}}{CH_2{=}CH{-}CH_2OH} \longleftarrow CH_2{=}CH{-}CHO \longrightarrow \underset{\text{(II)}}{CH_3{-}CH_2{-}CHO}$$

Reduziert man mit Aluminiumamalgam, so resultiert sowohl Propionaldehyd als auch Allylalkohol[90].

Zur *Glycerinsynthese* wird nach einem Verfahren der Shell Chem. Co.[91] das gereinigte Acrolein vermischt mit Isopropanol über einen alkalischen Katalysator geleitet. Dabei entsteht Allylalkohol in einer Ausbeute von fast 80%, der bei 60 bis 70° mit einer wäßrigen Lösung von Wasserstoffperoxyd umgesetzt wird. Die Ausbeute an Glycerin beträgt 80 bis 90% bezogen auf Allylalkohol.

C. Acetalbildung

Die Umsetzung von Acrolein mit *Orthoameisensäureäthylester* führt zum Diäthylacetal[92], die mit mehrwertigen Alkoholen zu cyclischen

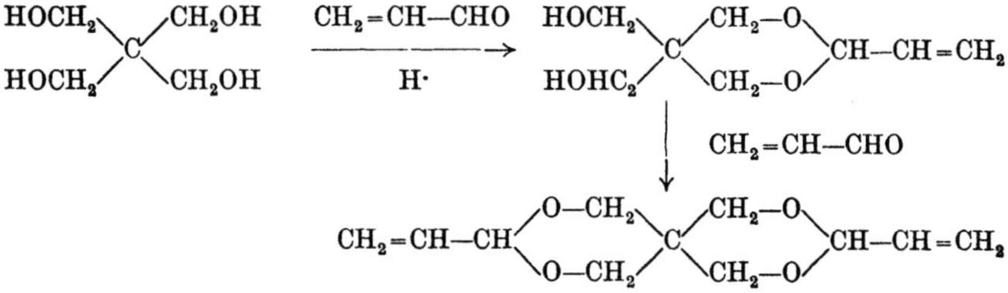

[86] DRP 583242 (1930) Röhm & Haas A.G., W. Bauer und P. Weisert; DAS 1041949 (1953), E. P. 740005, The Distillers Co. Ltd., A. M. Wild, T. Bewley, and K. H. W. Tuerck.

[87] DBP 869950 (1951) CWH, W. Dietrich und B. Ritzenthaler.

[88] Sabatier, P.: Die Katalyse, Akad. Verlagsges. Leipzig, 123 (1927).

[89] Schulz, H.: Ullmann 3, 73 (1953).

[90] Harries, C., und T. Haga: A. 330, 226 (1904).

[91] Petroleum Refiner 34, 160 (1955).

[92] DRP 553177 (1929) Schering A.G., R. Schmidt; Fischer, H. O. L., und E. Baer: Helv. 18, 516 (1935).

Acetalen[93]; *Pentaerythrit* gibt dabei sowohl Mono- als auch Diallylidenpentaerythrit (3,9-Divinyl-2,4,8,10-tetraoxaspiro-[5,5]-undecan) das zu harten, klaren, acrylglasähnlichen Produkten polymerisiert werden kann.

2.2.2 Reaktionen der Vinyldoppelbindung

2.2.2.1 Additionsreaktionen allgemeiner Art

(Meth)acrylverbindungen lassen sich durch *Anlagerung von Wasserstoff* leicht in die gesättigten Verbindungen überführen. Diese Reaktion führt im Fall von Acrylsäureestern quantitativ zu den Propionsäureestern[94] und im Fall von Acrolein durch katalytische Hydrierung an Nickelkontakten zu Propionaldehyd[95].

Die *Addition von Halogenen* zu α,β-Dihalogenpropionsäurederivaten verläuft in vielen Fällen quantitativ und kann daher zur Bestimmung der Doppelbindung herangezogen werden[96].

Als Beispiele für *Friedel-Crafts-Reaktionen* sei einmal die Umsetzung von Acrylsäureestern mit Benzol[97] und zum zweiten die Kondensation

$$CH_2{=}CH{-}COOR + C_6H_6 \longrightarrow CH_3{-}\underset{\displaystyle C_6H_5}{\underset{|}{C}H}{-}COOR$$

von Methacroleindiacetat mit Cumol in Gegenwart von $TiCl_4$ und Bortrifluorid-Ätherat erwähnt. Durch nachfolgende Hydrolyse kann auf diesem Weg der *Cyclamenaldehyd* erhalten werden[98].

---

93 Hibbert, H., and M. S. Whelen: Am. Soc. **51**, 3115 (1929); Schulz, H., und H. Wagner: Ang. Ch. **62**, 105 (1950); E. P. 717418 (1954) Dynamit A.G.; Fischer, R. F., and C. W. Smith: J. org. Chem. **25**, 319 (1960).

94 Roth, H. u. a.: Houben-Weyl-Müller II, 288ff. (1953).

95 Sabatier, P.: Die Katalyse, Akad. Verlagsges. Leipzig, 123 (1927).

96 High Polymers XII, Analytical Chemistry of Polymers, 1. Teil, Interscience Publ. Inc. New York (1959); Acrylic Plastics von E. L. Stanley; Wood, J. L., and V. du Vigneaud: J. biol. Chem. **134**, 413 (1940); A. P. 2647923 (1953) Rohm & Haas Co., C. D. Burton; Mast, W. C., and C. H. Fisher: Ind. eng. Chem. **41**, 790 (1949); Roth, H. u. a.: Houben-Weyl-Müller II, 288ff. (1953); Rowe, R. G., C. C. Furnas, and H. Bliss: Anal. Chem. **16**, 372 (1944); Critchfield, F. E.: Anal. Chem. **31**, 1406 (1959); Moureu, C., et E. Boismenu: A. ch. (9) **15**, 209 (1921); Yarnall, W. A., and E. S. Wallis: J. org. Chem. **4**, 284 (1939); Stitz, F.: Öst. Chemiker-Ztg. **48**, 188 (1947).

97 Riddle, E. H.: Monomeric Acrylic Esters, Reinhold Publ. Corp., New York (1954); A. P. 2647923 (1952) Rohm & Haas Co., Ch. D. Burton.

98 E. P. 850360 (1958) Rhône-Poulenc S. A.

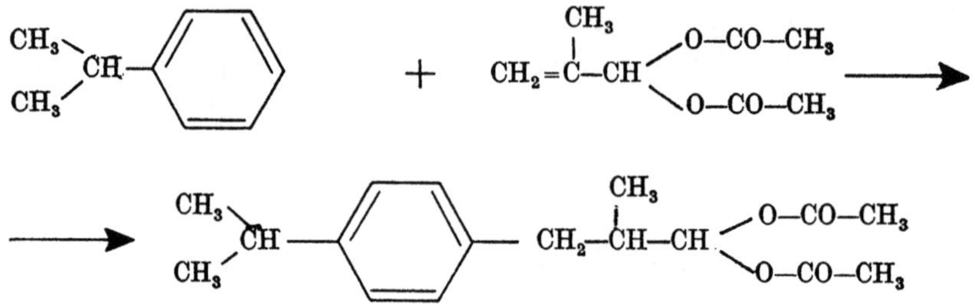

2.2.2.2 Addition von Verbindungen mit aktivem Wasserstoffatom

A. Allgemeine Gesetzmäßigkeiten (Halogenwasserstoffaddition)

Durch den starken +E-Effekt der funktionellen Gruppen der (Meth)-acrylderivate ist die Doppelbindung in dem Sinne polarisiert, daß das wasserstoffreichere β-C-Atom Carbeniumcharakter annimmt und den anionoiden Addenden anlagert[99]. Infolgedessen verlaufen die Anlagerungen von Verbindungen mit aktiven Wasserstoffatomen *entgegen* der Regel von MARKOWNIKOFF[100], d. h. der Wasserstoff oder das elektropositivere Atom treten an das wasserstoffärmere α-C-Atom.

Aus Acrylsäure[101] bzw. anderen (Meth)acrylverbindungen (Ester[102], Acrolein[103]) und HCl entsteht deshalb das β-Chlorderivat, z. B.:

$$\begin{array}{c} COOH \\ | \\ CH \\ \| \\ CH_2 \end{array} + HCl \longrightarrow \left\{ \begin{array}{c} \text{O–H} \\ | \quad \ominus \qquad \oplus \\ \langle O{=}C{-}\overline{C}H{-}CH_2 \\ \quad \alpha \qquad \beta \\ \text{O–H} \\ \ominus \quad | \qquad\qquad \oplus \\ |\underline{O}{-}C{=}CH{-}CH_2 \end{array} \right\} + \overset{\ominus}{|\underline{Cl}}{-}\overset{\oplus}{H} \longrightarrow \begin{array}{c} COOH \\ | \\ CH{-}H \\ | \\ CH_2{-}Cl \end{array}$$

Setzt man β-Chlorpropionsäure weiter mit SO_3 um, so gelangt man zur α-Sulfacrylsäure[104]:

$$\begin{array}{c} Cl{-}CH_2{-}CH_2 \\ \qquad\quad | \\ \qquad\quad COOH \end{array} \xrightarrow[H_2SO_4]{SO_3} \begin{array}{c} COOH \\ | \\ CH_2{=}C \\ | \\ SO_3H \end{array} + HCl$$

---

[99] KLAGES, F.: Lehrbuch der organischen Chemie, Walter de Gruyter & Co., 2. Aufl., Bd. II, 292 (1957); BERTOCCHIO, R.: C. r. **248**, 1533 (1959); C. **1959**, 12196.

[100] MARKOWNIKOFF, W.: A. **153**, 256 (1870); MÜLLER, E.: Ang. Ch. **64**, 245 (1952).

[101] LINNEMANN, E.: A. **163**, 369 (1872); WISLICENUS, J.: A. **166**, 3 (1873).

[102] MOUREU, C., M. MURAT et L. TAMPIER: A. ch. **15**, 234 (1921); MURAT, M.: C. r. **172**, 1267 (1921); A. P. 2508256 (1950) Shell Dev. Co., D. HARMAN, E. A. FEHNEL, and M. CARMACK; FEHNEL, E. A., and M. CARMACK: Org. Synth. **30**, 65 (1950).

[103] Technical Information „Acrolein", Firmenschrift der Carbide & Carbon Chem. Co.

[104] BACKER, H. J., et R. D. MULDER: R. **62**, 46 (1943); Chem. Abstr. **39**, 1623 (1945).

Unterchlorige Säure wird zur α-Hydroxy-β-chlorverbindung addiert[105].

B. Addition von hydroxylgruppenhaltigen Verbindungen

1. Addition von Alkoholen

Aliphatische Alkohole und *Acrylnitril* liefern mit guten Ausbeuten die entsprechenden *β-Äthernitrile*[106]. Die Reaktion wird besonders durch Alkali katalysiert. Dabei findet sich in der Reaktionsfähigkeit der primären und sekundären Alkohole kaum ein Unterschied. Die Addukte mit tertiären Alkoholen sind demgegenüber relativ labiler und schwerer darstellbar. Die Reinigung der rohen Äthernitrile durch Destillation erfolgt nach vorhergehender Neutralisierung, um die Rückspaltung zu vermeiden.

Durch Addition von Methanol an *Methacrylnitril* entsteht β-Methoxy-isobuttersäurenitril, welches, in heiße, konzentrierte Schwefelsäure eingetropft, den Methacrylsäuremethylester in einer Ausbeute von 95% d. Th. liefert[107].

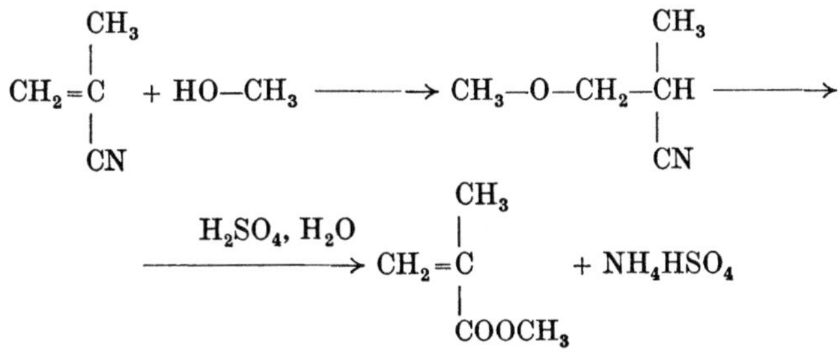

Mit *Acrolein* reagieren Alkohole in Gegenwart von Natriumalkoholat, NaOH bzw. p-Toluolsulfonsäure[108] nur in mäßigen Ausbeuten zu den entsprechenden Alkoxyverbindungen[109]. Die besten Ausbeuten (bis 95% d. Th.) erhält man in Gegenwart von Aminsalzen organischer Säuren[110].

Als Beispiele für Umsetzungen von hydroxylgruppenhaltigen Verbindungen mit *Acrylsäureestern* siehe [111], mit *Acrylamid*[112].

---

105 RIDDLE, E. H.: Monomeric Acrylic Esters, Reinhold Publ. Corp., New York (1954).

106 BRUSON, H. A., and T. W. RIENER: Am. Soc. **65**, 24 (1943).

107 DBP 868153 (1948) Röhm & Haas G.m.b.H., G. ABEL and E. TROMMSDORFF.

108 SCHULZ, H., und H. WAGNER: Ang. Ch. **62**, 105 (1950).

109 DRP 554949 (1930) I. G., M. HEYSE; HALL, R. H., and E. S. STERN: Soc. **1952**, 4083 und **1954**, 3388.

110 A. P. P. 2694732 und 2694733 (1954) Union Carbide, L. W. MCTEER, T. R. MILLER, and H. W. SCHULZ.

111 A. P. 2386363 (1943) U.S. Ind. Chem., B. L. SOUTHER; REHBERG, C. E., M. B. DIXON, and C. H. FISHER: Am. Soc. **68**, 544 (1946); REHBERG, C. E., and M. B. DIXON: Am. Soc. **72**, 2205 (1950).

112 A. P. 2372808 (1941) Resinous Prod. & Chem. Co., H. A. BRUSON; Chem. Abstr. **39**, 4623 (1945).

Die Cyanäthylierung von Alkoholen kann vielseitig angewendet werden; so liefert Allylakohol ein ungesättigtes Allyläthernitril, mehrwertige Alkohole wie Glycerin bzw. Pentaerythrit reagieren entsprechend mit drei bzw. vier Molekülen *Acrylnitril*[113]:

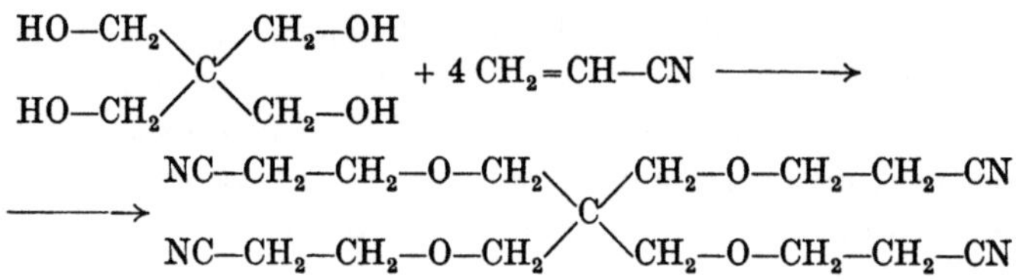

Auch hochmolekulare Polyoxyverbindungen, wie Alkalicellulose, Polyvinylalkohol[114] oder Stärke kann man cyanäthylieren[115]. Durch diesen Prozeß werden Cellulose und Baumwolle gegen Fäulnis, Hitze und Säuren beständiger. Für 6 kg Baumwolle benötigt man hierbei jedoch etwa 2 kg *Acrylnitril*, was für die Praxis auf eine Frage des Preises für *Acrylnitril* hinausläuft[116].

Die Hydroxylgruppen der Cellulose lassen sich analog auch an *Acrylamid* addieren, wobei nach alkalischer Verseifung der Amidgruppen zu Carboxylatgruppen wasser- bzw. alkalilösliche Endprodukte entstehen[117].

Im alkalischen Medium reagiert Formaldehyd als Methylenoxyd und gibt mit *Acrylnitril* den Diäther[118], während sich bei saurem pH die Nitrilgruppe des *Acrylnitrils* mit Formaldehyd zu Methylenbisacrylamid bzw. zum Triazinderivat umsetzt[119] (vgl. S. 72).

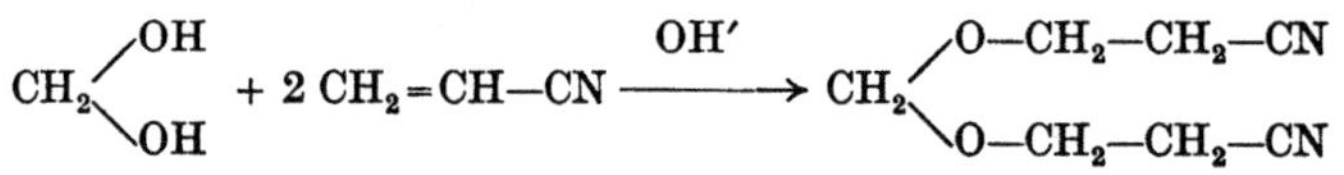

2. Addition von Phenolen

Phenole lagern *Acrylnitril* schwerer als die alipathischen Alkohole an[120], so daß für die Darstellung der entsprechenden Phenoläther schärfere Reaktionsbedingungen erforderlich sind. Die Phenoläthernitrile sind relativ instabiler als die aliphatischen Homologen.

---

[113] A. P. 2401607 (1941) Resinous Prod. & Chem. Co., H. A. Bruson.

[114] A. P. 2341553 (1942) DuPont, R. C. Houtz.

[115] Bayer, O.: Ang. Ch. **61**, 229 (1949); Bruson, H. A.: Org. Reactions **5**, 79 (1949).

[116] Chem. Ind. **14**, 199 (1962).

[117] A. P. 2338681 (1942) Rohm & Haas Co., L. H. Bock, and A. L. Houk; Chem. Abstr. **38**, 3855 (1944); A. P. P. 2618633 und 2618635 (1949) Hercules Powder Co., C. L. P. Vaughan.

[118] A. P. 2352671 (1943) DuPont, J. F. Walker.

[119] Wegler, R., und A. Ballauf: B. **81**, 527 (1948); Gradsten, M. A., and M. W. Pollock: Am. Soc. **70**, 3079 (1948).

[120] DRP 670357 (1937) I. G., H. Ufer.

Im allgemeinen lassen sich Äthernitrile sowohl zu den Ätheraminen hydrieren[115] als auch zu Carbonsäuren verseifen[121].

3. Addition von Wasser und Wasserstoffperoxyd

Um zum Dipropionitriläther zu gelangen, setzt man entweder Wasser[122] oder Äthylencyanhydrin mit *Acrylnitril* um[123]. Beide Verfahren liefern in guten Ausbeuten das gewünschte Cyanäthylierungsprodukt.

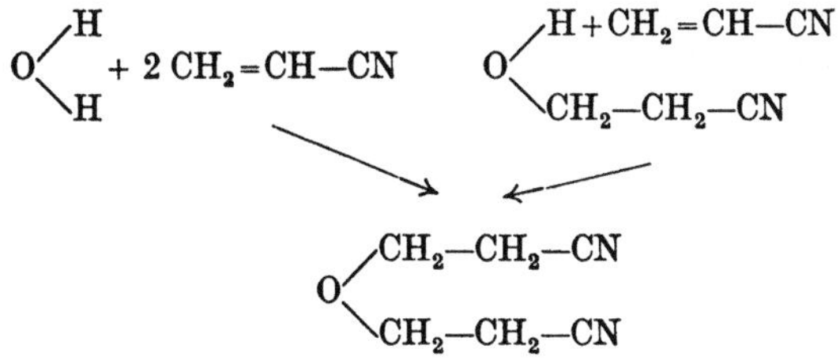

Im sauren Milieu addiert *Acrolein* Wasser analog zu Hydracrylaldehyd (I)[124], der sehr leicht zu (II) dimerisiert[125]:

$$2\,H_2O + 2\,CH_2{=}CH{-}CHO \longrightarrow 2\,HO{-}CH_2{-}CH_2{-}CHO \longrightarrow$$

(I)

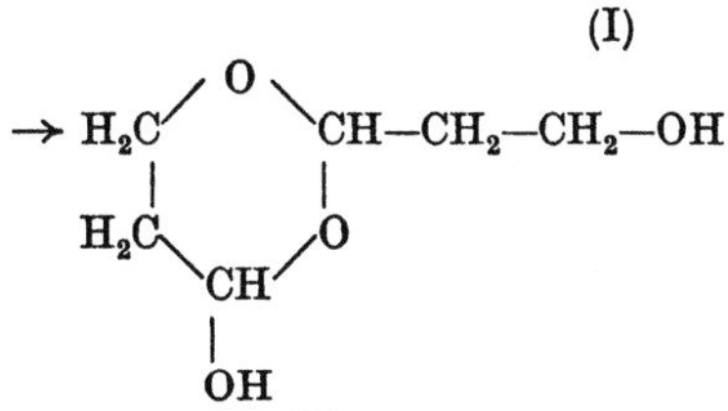

(II)

Die Addition von Wasserstoffperoxyd an *Acrylsäure* liefert Glycerinsäure:

$$HOOH + CH_2{=}CH{-}COOH \longrightarrow HO{-}CH_2{-}CHOH{-}COOH$$

C. Addition von stickstoffhaltigen Verbindungen

1. Addition von Ammoniak

Die Cyanäthylierung von Ammoniak erfolgt quantitativ und liefert je nach den Versuchsbedingungen Mono-, Di- und Tripropionitrilamin.

[121] Christian, R. V., and R. M. Hixon: Am. Soc. **70**, 1333 (1948).

[122] DRP 731708 (1940) I.G., H. Hopff und W. Rapp; Bruson, H. A., and T. W. Riener: Am. Soc. **65**, 26 (1943).

[123] DRP 734221 (1940) I.G., M. Treppenhauer, T. König und W. Bock; A. P. 2333782 (1941) DuPont, V. L. Hansley; A. P. 2382036 (1941) Rohm & Haas Co., H. A. Bruson; A. P. 2404164 (1943) Am. Cyanamid Co., E. L. Carpenter; Wiley, P. F.: Am. Soc. **68**, 1867 (1946).

[124] Nef, J. U.: A. **335**, 219 (1904); Wohl, A.: B. **41**, 3599 (1908); Hall, R. H., and E. S. Stern: Soc. **1950**, 490.

[125] Späth, E. u. a.: B. **74**, 859 (1941), **75**, 1029 (1942), **76**, 520, 949 und 1196 (1943); Hall, R. H., and E. S. Stern: Soc. **1950**, 490.

Mit flüssigem Ammoniak bildet sich in der Hauptsache Iminonitril (II) neben Aminonitril (I). Die Triverbindung (III) entsteht dabei nur in untergeordneter Menge[126], während bei der Umsetzung von *Acrylamid*[127]

$$NH_3 + CH_2{=}CH{-}CN \longrightarrow H_2N{-}CH_2{-}CH_2{-}CN \quad (I)$$

$$NH_3 + 2\,CH_2{=}CH{-}CN \longrightarrow HN(CH_2{-}CH_2{-}CN)_2 \quad (II)$$

$$NH_3 + 3\,CH_2{=}CH{-}CN \longrightarrow N(CH_2{-}CH_2{-}CN)_3 \quad (III)$$

bzw. *Acrylsäureestern*[128] die Triverbindung

$$N(CH_2{-}CH_2{-}CONH_2)_3 \text{ bzw. } N(CH_2{-}CH_2{-}COOR)_3$$

stark überwiegt.

Ähnlich reagiert *(Meth)acrylsäure* mit Ammoniak, wobei sich primär das Ammoniumsalz bildet:

$$NH_3 + CH_2{=}CH{-}COOH \longrightarrow CH_2{=}CH{-}COONH_4$$

$$CH_2{=}CH{-}COONH_4 + NH_3 \longrightarrow H_2N{-}CH_2{-}CH_2{-}COONH_4$$

$$H_2N{-}CH_2{-}CH_2{-}COONH_4 + CH_2{=}CH{-}COONH_4 \longrightarrow$$
$$\longrightarrow HN(CH_2{-}CH_2{-}COONH_4)_2$$

$$HN(CH_2{-}CH_2{-}COONH_4)_2 + CH_2{=}CH{-}COONH_4 \longrightarrow$$
$$\longrightarrow N(CH_2{-}CH_2{-}COONH_4)_3$$

Bei der Umsetzung von wäßrigem Ammoniak und *Acrylnitril*[129], *Acrylamid*[130], *Acrylsäureestern*[131] oder *Salzen der Acrylsäure*[130] erhält man bei höheren Temperaturen β-Alaninderivate:

$$NH_3 + CH_2{=}CH{-}COOMe \longrightarrow H_2N{-}CH_2{-}CH_2{-}COOMe$$

2. Addition von aliphatischen Aminen

Mit Aminen und *Acrylnitril*[131] bzw. *Acrylsäureestern*[132] bilden sich bevorzugt Monoverbindungen. Eine gewisse technische Bedeutung bei

---

[126] DRP 598185 (1931), F. P. 742358, A. P. 1992615, I. G., U. Hoffmann und B. Jacobi; Whitmore, F. C., u. a.: Am. Soc. **66**, 725 (1944); Buc, S. R., J. H. Ford, and E. C. Wise: Am. Soc. **67**, 92 (1945); Ford, J. H., S. R. Buc, and J. W. Greiner: Am. Soc. **69**, 844 (1947); Knost, A. N.: Vestnik Moskov. Uni. **1947**, Nr. 2, 141.; A. P. 2742491 (1953) E. Merck & Co. Inc., J. Weijlard, and A. P. Sullivan jr.

[127] A. P. 2663733 (1951) Hercules Powder Co., L. A. Subluskey; Chem. Abstr. **48**, 3388 (1954).

[128] McElvain, S. M., and G. Stork: Am. Soc. **68**, 1049 (1946).

[129] A. P. 2335997 (1941) Lederle Lab. Inc., G. F. Carlson, and C. N. Hotchkiss; Chem. Abstr. **38**, 2972 (1944).

[130] A. P. 2376334 (1941) Regents of the Univ., S. H. Babcock jr., and B. R. Baker; Canad. P. 417270 (1942) Lederle Lab. Inc., G. H. Carlson, and C. N. Hotchkiss.

[131] Tarbell, D. S., N. Shakespeare, C. J. Claus, and J. F. Bunnett: Am. Soc. **68**, 1217 (1946); King, J. A., and F. H. McMillan: Am. Soc. **68**, 1468 (1946); Burns, R., D. T. Jones, and P. D. Ritchie: Soc. **1935**, 400 und 714.

[132] Morsch, M.: M. **63**, 220 (1933); Mozingo, R., and H. J. McCracken: Org. Synth. **20**, 35 (1940); McElvain, S. M., and K. Rorig: Am. Soc. **70**, 1820 (1948).

der Herstellung amphoterer oberflächenaktiver Substanzen[133], die als Haarshampoo eingesetzt werden können, erlangte die Addition langkettiger Amine an *Acrylsäuremethylester*, wobei man schließlich den resultierenden Octadecylaminopropionsäuremethylester verseift. Es lassen sich jedoch hier wie bei *Acrylamid*[134 137] auch zwei Mol Ester an ein Mol primäres Amin addieren.

$$C_{18}H_{37}NH_2 + CH_2{=}\underset{\displaystyle COOCH_3}{\underset{|}{CH}} \longrightarrow$$

$$\longrightarrow C_{18}H_{37}NH{-}CH_2{-}\underset{\displaystyle COOCH_3}{\underset{|}{CH_2}} \xrightarrow{NaOH} C_{18}H_{37}NH{-}CH_2{-}\underset{\displaystyle COONa}{\underset{|}{CH_2}}$$

Sekundäre Amine addieren bei Zimmertemperatur ebenfalls[135, 137] rea-

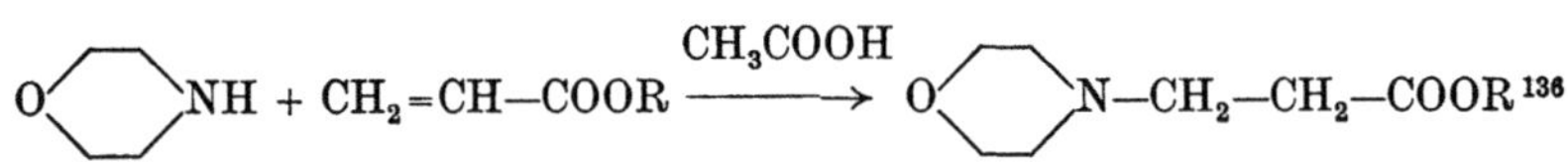

gieren aber bei höherer Temperatur auch mit der Estergruppe unter Aminolyse[137]:

$$2\,R'_2NH + CH_2{=}CH{-}COOR \longrightarrow R'_2N{-}CH_2{-}CH_2{-}CO{-}NR'_2$$

Die Cyanäthylierung eines sekundären Amins (Methyl-β-hydroxyäthylamin[138]) liefert ein Zwischenprodukt bei der Herstellung von Reaktivfarbstoffen (Levafix ®, Bayer):

$$\underset{\displaystyle \underset{|}{CH_2}\atop \displaystyle CH_2{-}OH}{\underset{|}{CH_3{-}NH}} + CH_2{=}CH{-}CN \longrightarrow CH_3{-}\underset{\displaystyle \underset{|}{CH_2}\atop \displaystyle CH_2{-}OH}{\underset{|}{N}}{-}CH_2{-}CH_2{-}CN$$

Acrylnitril, *Acrylsäureester*, *Acrylsäure* bzw. *Acrylamid* reagieren leicht mit dem cyclischen Äthylenimin[139] bzw. Benzotriazol[140], *Methacrylmonomere* auch bei Zusatz von Natriummethylat (mit Äthylenimin) erheblich schwerer[139]:

---

133 A. P. 2468012 (1949) General Mills Inc., A. F. Isbell; Chem. Engng. News **37**, 46 (1959).

134 Buess, C. M.: Am. Soc. **77**, 6613 (1955).

135 Howton, D. R.: J. org. Chem. **10**, 277 (1945); Perrins, T. D.: J. org. Chem. **18**, 898 (1953).

136 „Acrylate Monomers", Firmenschrift der Union Chemicals Co.

137 Erickson, J. G.: Am. Soc. **74**, 6281 (1952).

138 F. P. 1217738 (1958) Bayer.

139 Bestian, H.: A. **566**, 210 (1950).

140 Wiley, R. H., N. R. Smith, D. M. Johnson, and J. Moffat: Am. Soc. **76**, 4933 (1954).

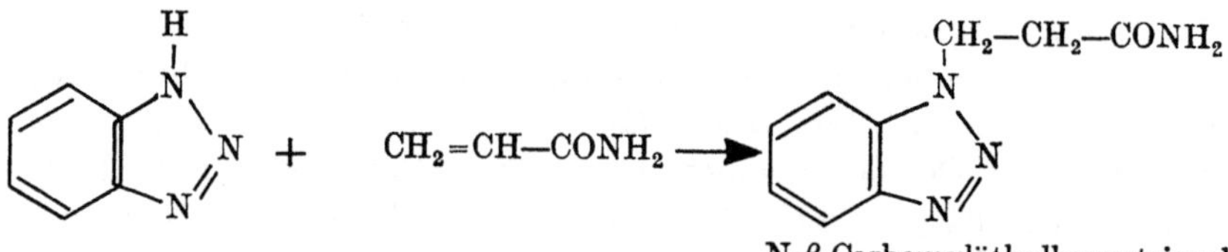

N-β-Carbamyläthylbenzotriazol

3. Addition von aromatischen Aminen

Die aromatischen Amine und Heterocyclen mit NH-Gruppen addieren langsamer als die aliphatischen Amine und meist nur unter Einfluß saurer Katalysatoren[141]:

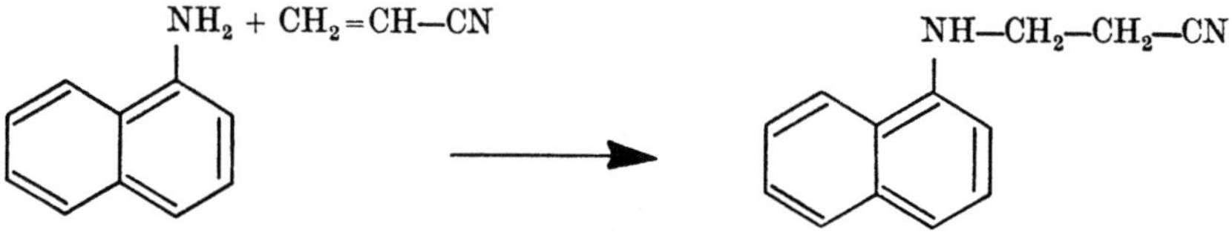

Aus Anilin und *Acrylsäure* erhält man β-Anilinopropionsäure (I) und wenig β-Anilinopropionsäureanilid[142], aus Anthranilsäure und *Acrylamid*[143] β-Anthranilopropionsäureamid (II).

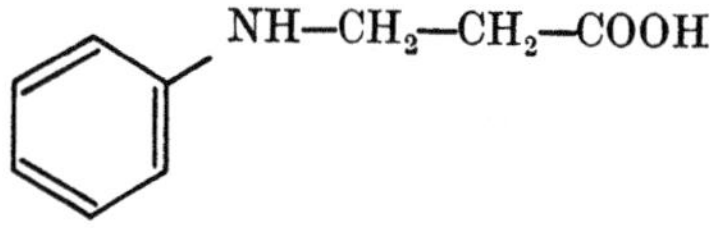

(I)

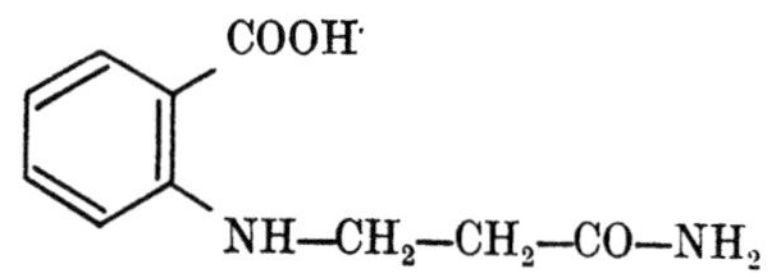

(II)

4. Addition von Oximen

Die Cyanäthylierung von Ketoximen und Aldoximen ist ebenfalls beschrieben[144] und führt bei Dimethylglyoxim zur Verbindung (III).

$$\begin{array}{l} CH_3{-}C{=}N{-}O{-}CH_2{-}CH_2{-}CN \\ \quad\;\; | \\ CH_3{-}C{=}N{-}O{-}CH_2{-}CH_2{-}CN \end{array}$$

(III)

5. Addition von Amiden

a) Einfache Additionen

Mit metallischem Natrium oder quaternären Ammoniumbasen als Katalysatoren lassen sich Säureamide, beispielsweise Formamid[145] und

[141] Bayer, O.: Ang. Ch. **61**, 229 (1949); Bruson, H. A.: Org. Reactions **5**, 79 (1949).

[142] Stoermer, R., und E. Robert: B. **55**, 1037 (1922).

[143] A. P. 2529924 (1948) Eastman Kodak Co., J. B. Dickey; Chem. Abstr. **45**, 2676 (1951).

[144] Bruson, H. A., and T. W. Riener: Am. Soc. **65**, 24 (1943).

[145] DRP 734725 (1940) I.G., R. Wegler; Hromotka, O., und E. Eiles: M. **79**, 129 (1948).

Phthalimid[146] mit *Acrylnitril* bzw. *Acrylsäureestern* umsetzen[147]. Arbeitet man mit einem Überschuß von *Acrylnitril*, so werden beide Wasserstoffe der Carbonsäureamidgruppe substituiert[148].

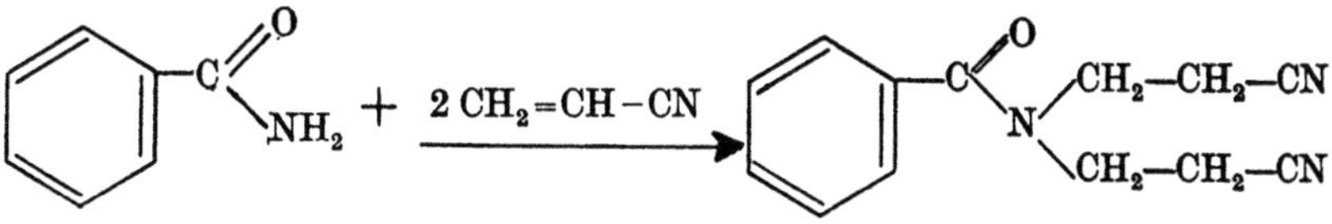

b) Polyadditionen

In stark alkalischer Lösung[149] reagiert *(Meth)acrylamid* mit sich selbst, d. h. es findet eine Polyaddition statt, welche zu Poly-β-alanin[150] (Fp. etwa 325 bis 340°, MG etwa 80000) bzw. Poly(α-methyl-β-alanin) führt. Durch Verseifung mit Schwefelsäure und anschließende Neutralisation mit Bariumhydroxyd erhält man *β-Alanin* bzw. *α-Methyl-β-aminopropionsäure*[151]. Um radikalische Polymerisation zu vermeiden, wird Phenyl-β-naphthylamin zugesetzt. Schwach basische Katalysatoren starten meist Vinylpolymerisationen, Magnesiumalkoholat kann je nach Art des Alkoholrestes und Lösungsmittels beide Polymerisationsarten einleiten[152].

Bei der Auslösung dieser „H-Addition Polymerization“ bildet sich primär ein Anion, welches weiteres Säureamid durch Ladungsübertragung addiert:

$$CH_2{=}CH{-}C\langle{}^{O}_{NH_2} \xrightarrow{B^\ominus} CH_2{=}CH{-}C\langle{}^{O}_{NH^\ominus} + BH$$

$$CH_2{=}CH{-}CONH^\ominus + CH_2{=}CH{-}CONH_2 \longrightarrow$$

$$\longrightarrow CH_2{=}CH{-}CONH{-}CH_2{-}\overset{\ominus}{C}H{-}CONH_2 \longrightarrow$$

---

[146] Galat, A.: Am. Soc. **67**, 1414 (1945).

[147] Radionov, V. M., und N. G. Yartseva: Bull. acad. sci. URSS 251 (1948); Chem. Abstr. **42**, 4942 (1948).

[148] Mariella, R. P., and R. Jonauskas: J. org. Chem. **23**, 923 (1958).

[149] Jap. P. 26791/63 (1961) Nitto Spinning Co. Ltd., Ref. Derwent Jap. Pat. Rep. **2**, No. 51, 11 (1964).

[150] Breslow, D. S., G. E. Hulse, and A. S. Matlack: Am. Soc. **79**, 3760 (1957); A. P. 2672480 (1952) Hercules Powder Co., A. S. Matlack; Chem. Abstr. **47**, 3244 (1955); C. **1955**, 5652.

[151] A. P. 2672480 (1952) Hercules Powder Co., A. S. Matlack; Chem. Abstr. **47**, 3244 (1955); C. **1955**, 5652; Breslow, D. S., G. E. Hulse, and A. S. Matlack: Am. Soc. **79**, 3760 (1957); Ogata, N.: Bl. chem. Soc. Japan **33**, 906 (1960); Okamura, S. u. a.: Chem. High Polymers (Tokyo) **19**/205, 323 (1962); Ref. Makromolekulare Chem. **55**, 244 (1962).

[152] Okamura, S., T. Higashimura, and T. Seno-O: Chem. High Polymers (Tokyo) **20**/218, 364 (1963); Ref. Makromolekulare Chem. **67**, 240 (1963).

$$\longrightarrow CH_2{=}CH{-}CONH{-}CH_2{-}CH_2{-}CO\overset{\ominus}{N}H \longrightarrow$$

$$\xrightarrow{CH_2=CH-CONH_2} CH_2{=}CH{-}CONH{-}CH_2{-}CH_2{-}CONH_2 \xrightarrow[\text{usw.}]{CH_2=CH-CO\overset{\ominus}{N}H}$$

Den gleichen Reaktionsmechanismus findet man bei der Umsetzung von *Diacryloylmethan* mit Äthanolamin[153]:

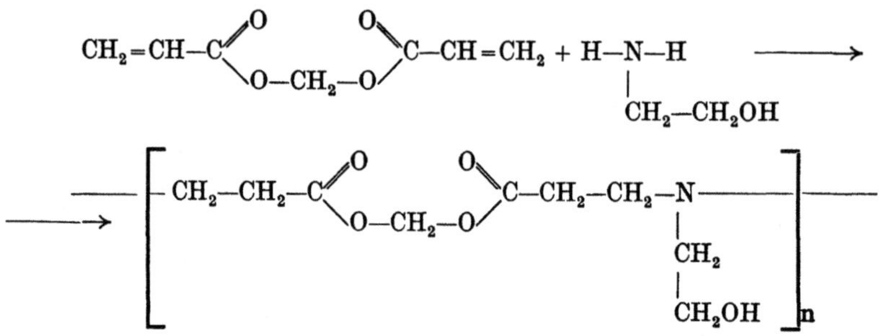

Bei höheren Temperaturen ergibt *Acrylnitril* in Gegenwart von mindestens ein Mol Wasser pro Mol *Acrylnitril* und schwach basisch reagierenden Katalysatoren, wie z. B. ZnO, Poly-β-alanin, das durch Verseifung zu β-Alanin gespalten wird[154].

$$x\,CH_2{=}CH{-}CN + x\,H_2O \longrightarrow$$

$$\longrightarrow CH_2{=}CH{-}CO{-}[{-}NH{-}CH_2{-}CH_2{-}CO{-}]_{x-1}{-}NH_2 \longrightarrow$$

$$\xrightarrow{H_2O} H_2N{-}CH_2{-}CH_2{-}COOH$$

6. Additionen unter Ringschluß

Beispiele für die Addition von amido- und anderen stickstoffhaltigen Gruppen an die Doppelbindung unter *Ringschluß* sind die Umsetzung von *Acrylsäure*[155] bzw. *Methacrylamid* mit Harnstoff, welche durch Zusammenschmelzen der beiden Reaktionspartner erfolgt und zu Dihydrouracil (I) bzw. Methyldihydrouracil (II) führt,

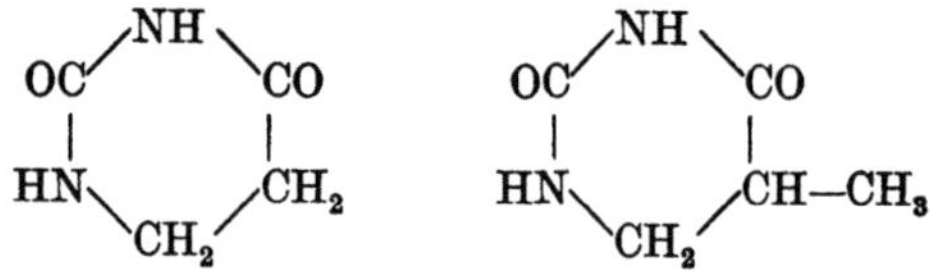

(I) (II)

[153] E. P. 729527 (1953) Hercules Powder Co.; C. **1956**, 5698.; A. P. 2759913 (1953) Hercules Powder Co., G. E. Hulse; Chem. Abstr. **50**, 17533 (1956).

[154] DBP 1098949 (1959) Röhm & Haas G.m.b.H., H. Rauch-Puntigam.

[155] Fischer, E., und G. Roeder: B. **34**, 3751 (1901).

die Umsetzung von *Acrylsäure* mit Hydrazinhydrat[156],

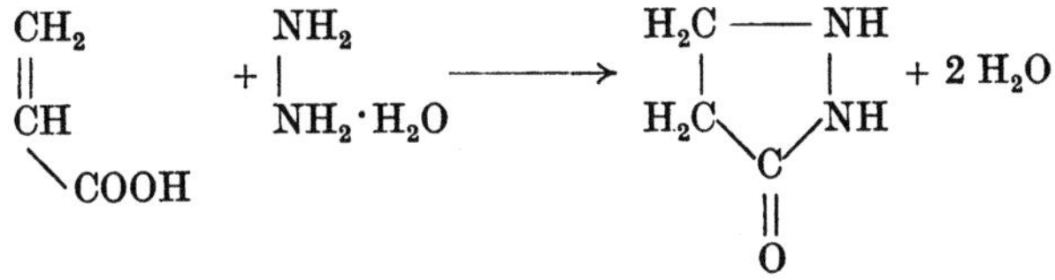

die Umsetzung von *Acrylsäure* mit o-Phenylendiamin zu 2,3-Benzo-1,4-diazocyclohepten-(2)-on-(5)

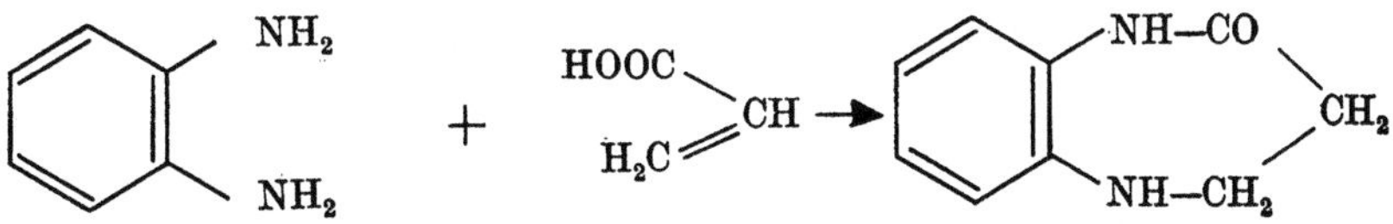

und die Umsetzung von *Acrylsäureestern* mit Diazomethan[157]:

Erwähnt sei hier auch die Chinolinsynthese von Skraup, bei welcher Anilin, Glycerin und Schwefelsäure in Gegenwart eines Nitrokörpers zur Reaktion gebracht werden. Die Schwefelsäure erzeugt aus dem Glycerin *Acrolein*, welches sich mit dem Amin zu Dihydrochinolin vereinigt. Durch die zugesetzte Nitroverbindung erfolgt Dehydrierung zu Chinolin[158]:

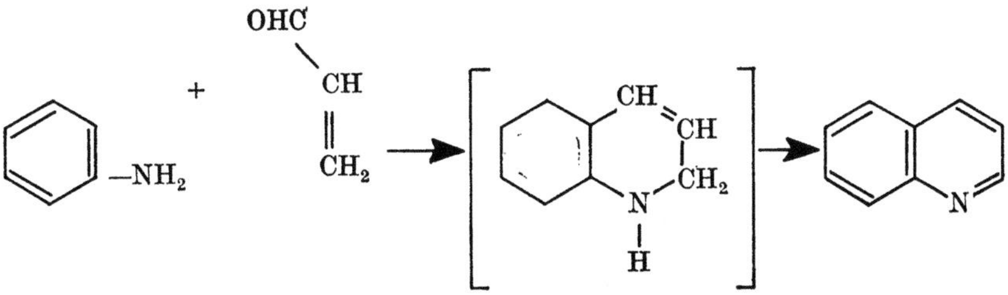

Diazoessigester reagiert mit *Acrylaten* zu Pyrazolinderivaten[159], die sich in Cyclopropanderivate überführen lassen:

---

[156] v. Rothenburg, R.: J. pr. (2) **51**, 43 (1895).

[157] Riddle, E. H.: Monomeric Acrylic Esters, Reinhold Publ. Corp., New York (1954).

[158] Koenigs, W.: B. **13**, 911 (1880); Skraup, Z. H.: B. **13**, 2086 (1880) und **15**, 897 (1882); F. P. 977687 (1951) und Schweiz. P. 240991 (1946) A. Tschitschibabin; Yale, H. L., and J. Bernstein: Am. Soc. **70**, 254 (1948).

[159] Carter van Abele, and E. Rothrock: J. biol. Chem. **178**, 325 (1949).

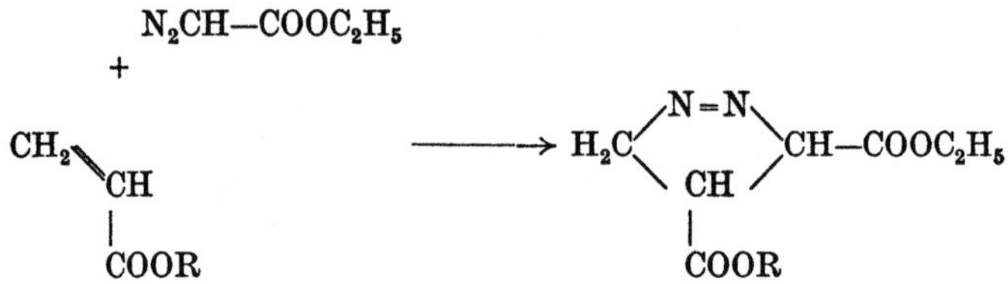

Heterocyclen entstehen auch bei der Gasphasenreaktion von *Acrolein* mit Ammoniak, die β-Picolin[160], bzw. in Gegenwart von Acetaldehyd Pyridin[161] liefert.

D. Addition von schwefelhaltigen Verbindungen

Schwefelwasserstoff reagiert mit zwei Molekülen *Acrylnitril* zu Dipropionitrilthioäther[162]. Hierbei kann man H_2S in *Acrylnitril* einleiten oder das Nitril mit Ammoniumsulfid umsetzen. Ähnlich verhalten sich *Acrylsäureester*[163] und die anderen *(Meth)acrylsäuremonomeren*.

Zu unsymmetrischen Thioäthern gelangt man durch Addition von Mercaptanen oder Thiophenolen an z. B. *Acrylsäureester*[164], *Acrylamid*[165] oder *Acrolein*[166] im alkalischen Medium:

Die Reaktion verläuft quantitativ und man kann daher mit Dodecylmercaptan den Gehalt an Doppelbindungen in Monomeren bestimmen[167] (s. auch Abschnitt 2.4).

[160] Stitz, F.: Österr. Chemiker-Ztg. **45**, 159 (1942); A. P. 2520097 (1950) Shell Dev. Co., G. W. Hearne, and V. W. Buls.

[161] Tschitschibabin, A. E., und M. P. Oparina: J. pr. (2) **107**, 155 (1924); vgl. auch Ж **54**, 159601 (1923).

[162] DRP 669961 (1934) I. G., E. Keyssner.

[163] Gershbein, L. I., and C. D. Hurd: Am. Soc. **69**, 241 (1947); Fehnel, E. A., and M. Carmack: Org. Synth. **30**, 65 (1950).

[164] Hurd, C. D., and L. I. Gershbein: Am. Soc. **69**, 2328 (1947); Szabo, J. L., and E. T. Stiller: Am. Soc. **70**, 3667 (1948); Stephens, J. R., J. J. Hydock, and M. P. Kleinholz: Am. Soc. **73**, 4050 (1951).

[165] „Chemistry of Acrylamide", Firmenschrift der Am. Cyanamid Co.

[166] Catch, J. R., A. H. Cook, A. R. Graham, and J. Heilbron: Soc. **1947**, 1609; Nature **159**, 578 (1947); Pierson, E., M. Giella, and M. Tishler: Am. Soc. **70**, 1450 (1948); Yamada, S., I. Chibata, and R. Tsuri: J. pharm. Soc. Japan **73**, 123 (1953); A. P. 2776996 (1957) DuPont, M. Hunt, and R. Merner.

[167] High Polymers XII, Analytical Chemistry of Polymers, 1. Teil, Interscience Publ. Inc., New York (1959); Acrylic Plastics von E. L. Stanley; Beesing, D. W. u. a.: Anal. Chem. **21**, 1073 (1949).

E. Addition von Salzen, Säuren und anderen Verbindungen mit beweglichem Wasserstoff

1. Addition von Salzen

Anorganische Salze wie Natriumbisulfit addieren sich an *Acrylnitril* in exothermer Reaktion[168], an *Acrylamid* unter etwas schärferen

$$NaHSO_3 + CH_2{=}CH{-}CN \longrightarrow NaSO_3{-}CH_2{-}CH_2{-}CN$$

Bedingungen[165]. Quecksilberacetat lagert sich unter bestimmten Bedingungen quantitativ an die Doppelbindungen an:

$$CH_2{=}CH{-}COOR + Hg(CH_3COO)_2 + CH_3OH \longrightarrow$$

$$\longrightarrow \underset{\displaystyle Hg{-}OOC{-}CH_3}{\underset{|}{CH_2}}{-}\overset{\displaystyle OCH_3}{\overset{|}{CH}}{-}COOR + CH_3COOH$$

2. Addition von Säuren

Aus *Acrylnitril* und Blausäure in Gegenwart von KCN erhält man Bernsteinsäuredinitril[169], durch Erhitzen von *Acrylsäure* in Tetrahydrofuran Acryloyl-β-oxypropionsäure[170] („dimere Acrylsäure"), die sich auch schon beim Lagern von *Acrylsäure*, besonders bei höheren Temperaturen, bildet. Ihre Entstehung läßt sich durch Bestimmung der Esterzahl verfolgen[171].

$$2\,CH_2{=}CH{-}COOH \longrightarrow CH_2{=}CH{-}C\begin{matrix}\nearrow O \\ \searrow O{-}CH_2{-}CH_2{-}COOH\end{matrix}$$

Die Additionsreaktionen verlaufen auch mit anorganischen Säuren, wie z. B. 0,0-Dialkyldithiophosphorsäure (mit *Acrylamid*[165]) mit guten Ausbeuten.

3. Addition von Ketonen

Ketone addieren sich ebenfalls an (Meth)acrylverbindungen, wobei als Beispiele die Cyanäthylierung von Methyläthylketon[172] und die Umsetzung von *Acrylamid* mit Dibenzylketon zum symmetrischen 3,5-

---

[168] BAYER, O.: Ang. Ch. **61**, 229 (1949); BRUSON, H. A.: Org. Reactions **5**, 79 (1949).

[169] DRP 707852 (1938) I.G., P. KURTZ.

[170] „Acrylate Monomers", Firmenschrift der Union Carbide Chemicals Co. (1962); SHERLIN, S. M., A. Y. BERLIN, T. A. SERBRENNIKOVA und F. E. RABINOVICH: Ž. obšč. Chim. **8**, 22 (1938); C. **1939** I, 1971.

[171] „Acrylsäure rein", Firmenschrift der BASF (1963).

[172] A. P. 2403570 (1941) I.G., G. WIEST, and H. GLASER.

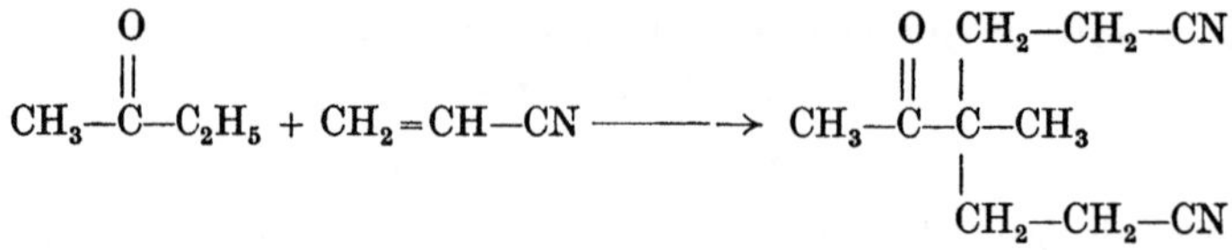

Diphenyl-4-oxoazelainsäurediamid bzw. mit Cyclohexanon über das entsprechende Lactam zur β-substituierten Propionsäure[173] (I) gebracht seien.

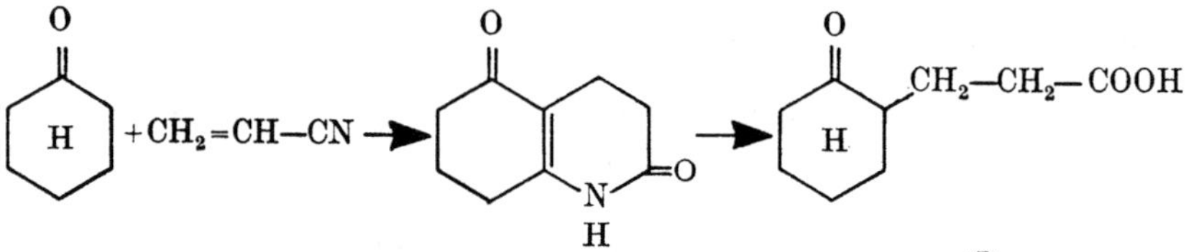

(I)

4. Addition von Diazoniumsalzen

Mit Diazoniumsalzen reagiert *Acrylnitril* allgemein in der Weise, daß sich unter Freisetzung von N_2 der organische Rest an das β-Atom des Acrylnitrils zu gesättigten offenkettigen Verbindungen anlagert, wobei mitunter die Nitril- in eine Carboxylgruppe übergeführt wird[174]:

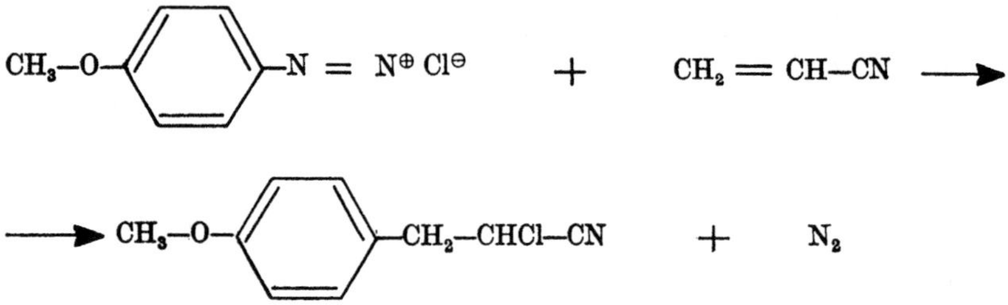

5. Addition von Diazoniumverbindungen

Mit Diazoniumverbindungen erhält man demgegenüber bemerkenswerterweise Cyclopropanderivate:

An Stelle von *Acrylnitril* können auch *(Meth)acrylsäureester* bei den genannten Synthesen verwendet werden[175].

---

[173] ELAD, D., and D. GINSBERG: Soc. **1953**, 4137.
[174] BRUNNER, W. H. und H. PERGER: M. **79**, 187 (1948).
[175] WALBORSKY, H. M., and F. M. HORNYAK: Am. Soc. **77**, 6026 (1955).

6. Verschiedene Additionen

Bei der Umsetzung von Nitromethan mit *Acrylnitril* resultiert ein Trinitril[176]:

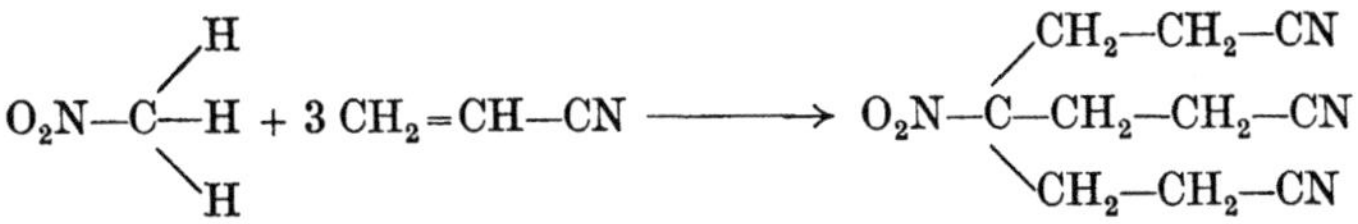

Einige weitere Additionsreaktionen von *Acrylsäureestern* gehen aus den Formelbildern hervor[177]:

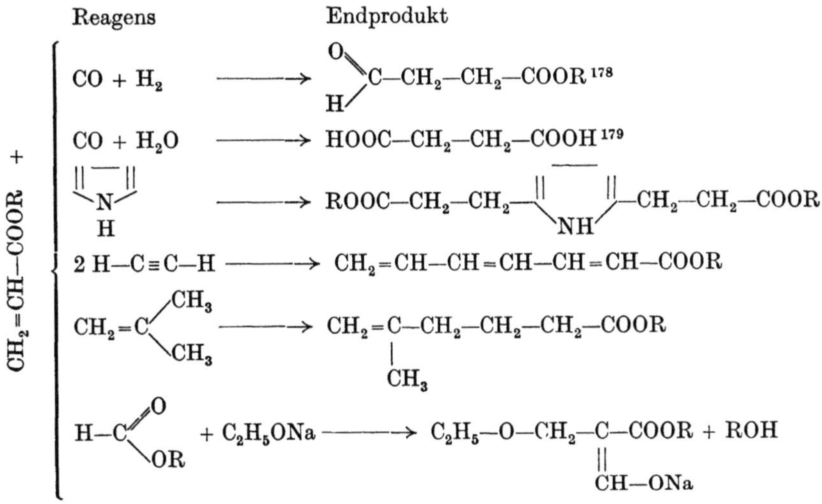

2.2.2.3 Additionen nach Diels-Alder

Besonders die *Acryl*säurederivate gehen viele Diels-Alder-Reaktionen mit großer Leichtigkeit ein und wirken dabei als dienophile Komponente.

Die Dienkomponenten leiten sich bevorzugt von Butadien, cyclischen 1,3-Dienen, aromatischen Verbindungen mit aufgelockertem Elektronensystem und Abietinsäure ab.

Acrolein kann sowohl als dienophile Verbindung wie auch als Dien fungieren.

Mit Butadien reagiert *Acrylnitril*[180] quantitativ und liefert Cyclohexennitril, das durch Alkalischmelze in Adipinsäure umgewandelt werden kann[181].

---

[176] DRP 728531 (1940) I.G., O. Wulff, H. Hopff und G. Wiest; Bruson, H. A., and T. W. Riener: Am. Soc. **65**, 23 (1943).

[177] Riddle, E. H.: Monomeric Acrylic Esters, Reinhold Publ. Corp., New York (1954).

[178] Adkins, H., and G. Krsek: Am. Soc. **71**, 3051 (1949).

[179] Weintraub, L., J. F. Vitcha, and R. Limon: Chem. and Ind. **1965**, 185.

[180] Blomquist, A. T., and E. C. Winslow: J. org. Chem. **10**, 149 (1945).

[181] Pistor, H., und H. Plieninger: A. **562**, 243 (1949).

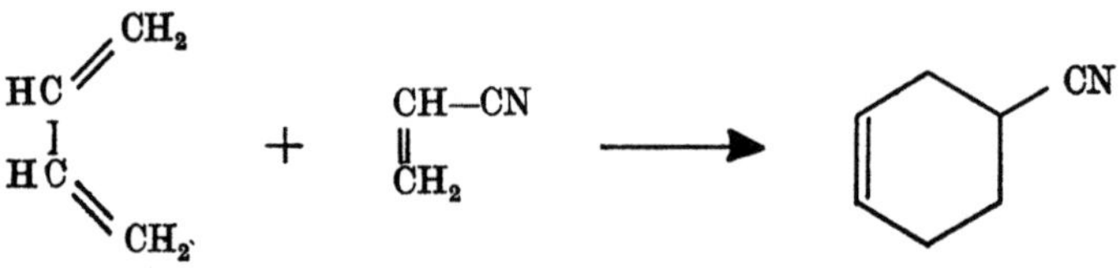

Aus Isopren und *Acrylsäure* entsteht bei 80 bis 110° Δ^3-Tetrahydro-p-toluylsäure (Formel I), mit *Acrolein* der Aldehyd[182].

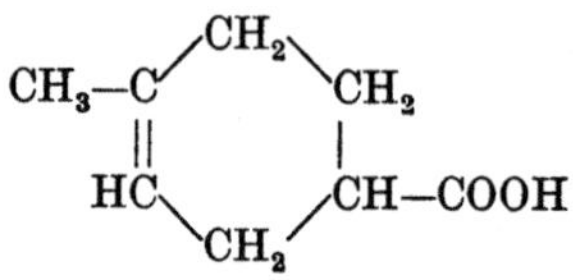

(I)

Durch Addition von 2-Phenyl-1,3-butadien an *Acrylamid* erhält man ein Gemisch von para- und meta-Phenylcyclohexencarbonsäureamid[183], mit *Acrolein*[184] 2-Phenyl-Δ^3-tetrahydrobenzaldehyd (*Acrylsäure*[184], *Acrylnitril*[183], *Acrylsäurechlorid*[183]).

Cyclopentadien wird als Gegenkomponente für viele Acrylverbindungen, wie *Acrylamid*[185], *Acrolein*[186] und *Acrylsäure*[187] beschrieben, ebenso Bis-Cyclopentadienylverbindungen[188], Cyclohexadien[189], α-Phellandren[190], Anthracen und Phenanthren[191].

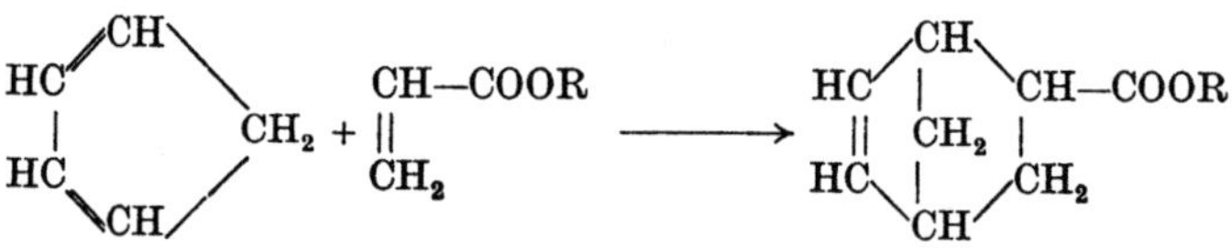

182 Lehmann, E., und W. Paasche: B. **68**, 1070 (1935).

183 Meek, J. S., R. T. Merrow, D. E. Ramey, and S. J. Cristol: Am. Soc. **73**, 5563 (1951); Meek, J. S., R. T. Poon, R. T. Merrow, and S. J. Cristol: Am. Soc. **74**, 2669 (1952).

184 Lehmann, E., und W. Paasche: B. **68**, 1146 (1935).

185 „Chemistry of Acrylamide", Firmenschrift der Am. Cyanamid Co.

186 Diels, O., und K. Alder: A. **460**, 98 (1928); Alder, K., und G. Stein: A. **514**, 197 (1934); Alder, K., G. Stein und E. Rolland: A. **525**, 247 (1936); Diels, O., K. Alder und Mitarb.: A. **470**, 62 (1929); Slobodskoi, A. G., und V. I. Khmelevskij: Ž. obšč. Chim. **10**, 1199 (1940); Chem. Abstr. **35**, 2883 (1941).

187 Diels, O., und K. Alder: A. **460**, 98 (1928).

188 Renner, A., F. Widmer und A. v. Schulthess: Chimia **19**, 120 (1965).

189 Diels, O., K. Alder und Mitarb.: A. **478**, 137 (1930); Alder, K., G. Stein und Mitarb.: A. **514**, 1 (1934).

190 Diels, O., K. Alder und Mitarb.: A. **470**, 62 (1929).

191 DRP 539832 (1927) I.G., G. Kalischer und H. Scheyer; Chem. Abstr. **26**, 2201 (1932); A. P. 1836123 (1931) Winthrop Chem. Co., G. Kalischer, and H. Scheyer; Chem. Abstr. **26**, 1130 (1932); DBP 900496 (1940) BASF, H. Krzikalla und O. Dornheim; Bayer, O.: Ang. Ch. **61**, 229 (1949); Bruson, H. A.: Org. Reactions **5**, 79 (1949).

Acrylsäureester lagern sich außerdem an Sorbinsäure, Fettsäuren oder Indigo zu den entsprechenden Addukten an[192]. Die Addition an Kolophonium oder Harzsäuren ist in der Patentliteratur beschrieben[193] und führt bei Verwendung von *Acrylsäure* zu einer Dicarbonsäure (II), die zur Gewinnung von Kolophoniumharzen mit mehrwertigen Alkoholen verestert wird. Die Harze ähneln den Maleinatharzen und finden beispielsweise als Metall- und Holzlacke Verwendung[194].

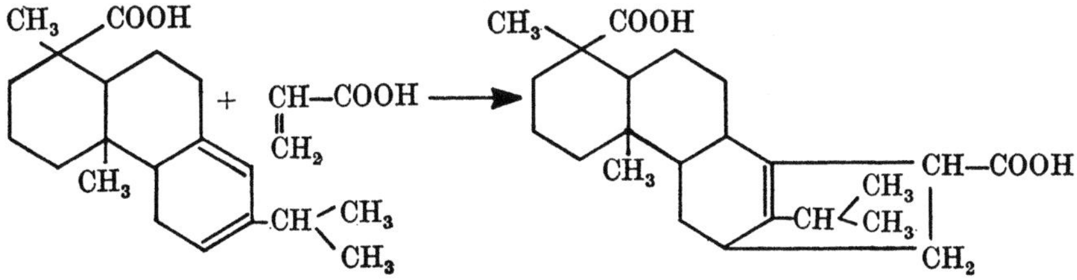

(II)

Acrolein verhält sich bei der Reaktion mit Vinyläthern[195] und zum Teil mit sich selbst, mit Acrylnitril und mit Acrylsäureestern wie ein Dien. Die Dimerisierung findet nach mehrstündigem Erhitzen bei 150° statt und führt zu 2-Formyl-2,3-dihydropyran[196] (Formel III) (vgl. auch 2.2.2.4).

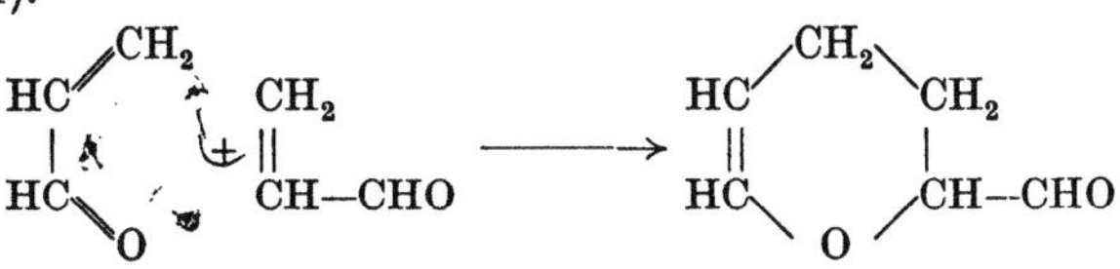

(III)

Beim Erhitzen von *Acrolein* in salzsaurer Lösung erhält man in mäßiger Ausbeute 3-Formyl-5,6-dihydropyran[197] (Formel IV).

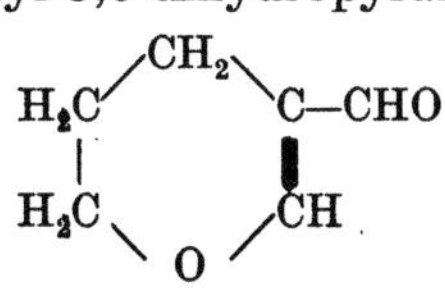

(IV)

[192] KLAGES, F.: Lehrbuch der organischen Chemie, 2. Aufl., Verlag Walter de Gruyter & Co., Berlin (1959), Band 1, 1019.

[193] DRP 744578 (1940) I.G., H. KRZIKALLA, O. DORNHEIM und E. WOLDAN.

[194] DBP 858770 (1950) BASF, O. LISSNER, F. GRAF und T. TOEPEL; DBP 872860 (1951) BASF, H. KRZIKALLA und O. LISSNER.

[195] SMITH, C. W., D. G. NORTON, and S. A. BALLARD: Am. Soc. **73**, 5276 (1951) und **74**, 2018 (1952).

[196] SHERLIN, S. M., A. Y. BERLIN, T. A. SERBRENNIKOVA und F. E. RABINOVICH: Ž. obšč. Chim. 8, 22 (1938); C. **1939** I, 1971; ALDER, K., und E. RÜDEN: B. **74**, 920 (1941).

[197] A. P. 2514156 (1946) Shell Dev. Co., B. P. GEYER, and R. H. MORTIMER.

2.2.2.4 Oligomerisierungen

Bei den auf verschiedenste Weise hergestellten Hochpolymeren der Acryl- und Methacrylverbindungen hat man es hinsichtlich der Art der Monomerenverknüpfung, abgesehen von den Endgruppen, meist mit gut übereinstimmenden Produkten zu tun. Demgegenüber sind die niedrigmolekularen, oligomeren Substanzen sehr unterschiedlich in ihrem Aufbau. Schematisch kann man die verschiedenen Arten der Oligomerendarstellungen in fünf Gruppen unterteilen.

A. Oligomerisierungen nach Art einer Diensynthese

Einige α,β-ungesättigte Verbindungen mit einer dazu konjugierten anderen ungesättigten Gruppe können nach Art einer Diensynthese oligomerisieren. So erhält man aus *Acrolein* das 2-Formyl-2,3-dihydropyran[198] (Formel I) und aus *Methacrolein* das 2,5-Dimethyl-2-formyl-2,3-dihydropyran[199] (Formel II). Auch bei der Dimerisierung von *α-Methylmercaptoacrylsäuremethylester* wird als erster Schritt eine Diensynthese angenommen[200].

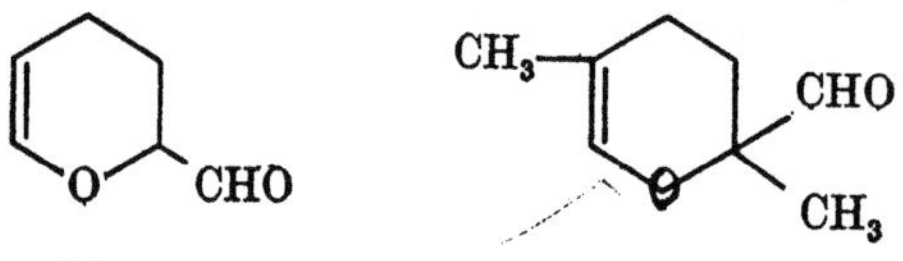

(I) (II)

B. Dimerisierungen zu Cyclobutanderivaten

Besonders stark ausgeprägt findet man diesen Dimerisierungstypus bei *Acrylsäurenitril* und seinen Derivaten. Die erforderlichen Reaktionstemperaturen und die erzielbaren Ausbeuten schwanken hierbei innerhalb weiter Grenzen. *Acrylnitril* dimerisiert bei 250° in 5%iger Ausbeute zu 1,2-Dicyancyclobutan[201] (Formel III); in Gegenwart von Reduktionsmitteln erhält man Adipinsäuredinitril[202].

Methacrylsäurenitril reagiert bei etwa 200° analog zum cis- und trans-1,2-Dimethyl-1,2-dicyancyclobutan (Formel IV), bei höheren Temperaturen jedoch stark bevorzugt und mit höheren Ausbeuten zu α-Methyl-α'-methylenadipinsäuredinitril[203] (Formel V). Diese letztgenannte Art

---

[198] Alder, K., und E. Rüden: B. **74**, 920 (1941).

[199] Stoner, G. G., and J. S. McNulty: Am. Soc. **72**, 1531 (1950).

[200] Gundermann, K. D., und R. Thomas: B. **92**, 1503 (1959).

[201] DAS 1081008 und 1089754 (1959) Knapsack-Griesheim A.G., K. Sennewald, A. Götz und G. Kallrath; C. **1961**, 5616; Coyner, E. L., and W. S. Hillman: Am. Soc. **71**, 324 (1949).

[202] A. P. 2439308 (1946) DuPont, R. M. Leekley; Chem. Abstr. **42**, 5045 (1948).

[203] Albisetti, C. J., D. C. England, M. J. Hogsed, and R. M. Joyce: Am. Soc. **78**, 472 (1956).

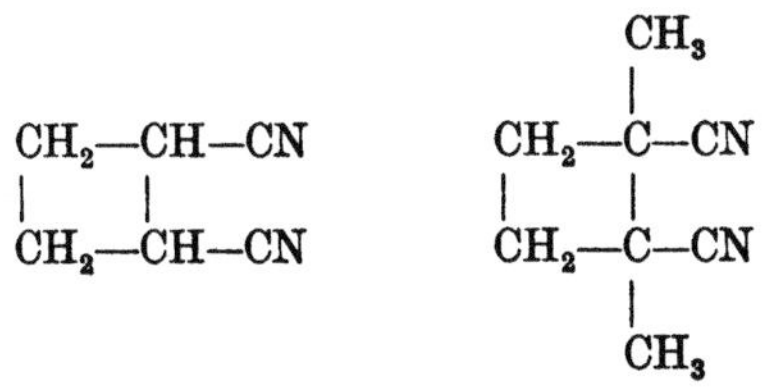

(III) (IV)

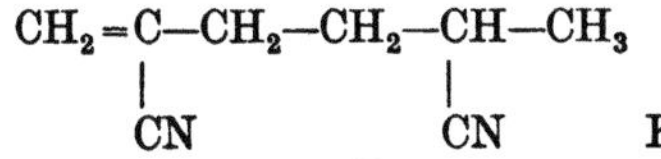

Kp_{25} 148°

(V)

der Dimerisierung (vgl. Punkt C) wird verschiedentlich gern als „substituierende Addition“ bezeichnet. Eine Reihe von substituierten Acrylderivaten dimerisiert noch leichter zu Cyclobutanderivaten als das Acrylnitril selbst, so die *trans-Zimtsäure* zur α-Truxillsäure[204], die *cis-Zimtsäure* zur β-Truxillsäure[205], *Perfluoracrylnitril* analog bei 230° mit 20% Ausbeute und schließlich dimerisieren *α-Alkylmercaptoacrylnitrilderivate* bereits bei Raumtemperatur zu den entsprechenden verschiedenen isomeren Cyclobutanderivaten[206].

C. Thermische Dimerisierungen zu offenkettigen, ungesättigten Produkten

Diese Art der Oligomerisierung erleiden insbesondere *Methacrylsäureester* beim Erhitzen auf Temperaturen von über etwa 180° in Gegenwart von Inhibitoren. Die Durchführung dieser Reaktion ist außer in der Patentliteratur[207] auch in der Fachliteratur[203, 208, 209] eingehend beschrieben. Sie führt im Falle der Dimeren jeweils zu den entsprechenden α-Methylen-α'-methyladipinsäurederivaten.

Mischoligomerisierungen mit anderen Monomeren, z. B. solchen, die für sich allein erhitzt zu Cyclobutanderivaten dimerisieren, wie *Acrylsäurenitril*[203], sind möglich.

Im Gegensatz zu ALBISETTI u. Mitarb.[203] sind wir der Meinung[210],

---

204 STOBBE, H.: B. **52**, 666 (1919); vgl. auch STOERMER, R., und G. FOERSTER: B. **52**, 1255 (1919).

205 STOERMER, R., und F. BACHER: B. **55**, 1860 (1920).

206 LAZERTE, J. D. u. a.: Am. Soc. **78**, 5639 (1956); GUNDERMANN, K. D.: B. **88**, 1432 (1955); GUNDERMANN, K. D., und R. HUCHTING: B. **92**, 415 (1959) und **95**, 632 (1962); GUNDERMANN, K. D., und R. THOMAS: B. **89**, 1263 (1956).

207 A. P. 2232785 (1938) DuPont, B. W. HOWK; C. **1942** II, 223; A. P. 2244487 (1940) I.C.I., J. W. C. CRAWFORD; Chem. Abstr. **35**, 5597 (1941); DBP P 855554 (1944) und 903932 (1948) Röhm & Haas G.m.b.H., C. T. KAUTTER, E. TROMMSDORFF und G. ABEL; C. **1953**, 9312 und **1955**, 468.

208 DANUSSO, F., e R. GALETTI: Chimica e Ind. **37**, 787 (1955).

209 KOLLINSKY, F.: Erdöl u. Kohle **14**, 106 (1961); KOLLINSKY, F.: Houben-Weyl-Müller XIV/1, 1072 (1961).

210 VÖLKER, TH.: In Vorbereitung.

daß sowohl den zu Cyclobutan- als auch den zu Adipinsäurederivaten führenden thermischen Oligomerisierungsreaktionen im ersten Schritt identische Reaktionen zugrunde liegen. Nach unserer Meinung entsteht primär ein Biradikal, das je nach räumlichen Verhältnissen und aufgewandten Reaktionsbedingungen (insbesondere Temperaturen) durch Rekombination zu Cyclobutan- und durch Disproportionierung zu Adipinsäurederivaten führt. Diese Vorstellungen werden schematisch am Beispiel der *Methacrylnitril*dimerisierung veranschaulicht:

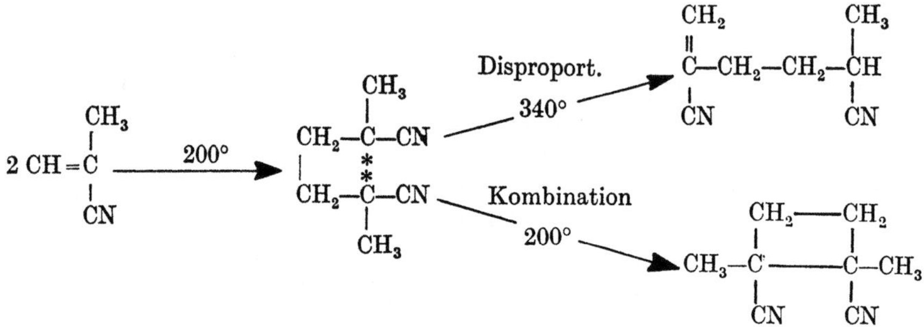

Gegen diese, bei der thermischen Oligomerisierung von *Acrylsäurenitril* durch COYNER und HILLMAN[201] erstmals aufgestellte Biradikalhypothese, sind die im Falle der Dimerisierung von *Methacrylverbindungen* durch ALBISETTI u. Mitarb.[203] aufgeführten experimentellen Argumente nicht stichhaltig. Man hätte prüfen müssen, ob man durch Erhitzen der Cyclobutanderivate zu den entsprechenden Adipinsäurederivaten gelangen kann und nicht den umgekehrten Weg einschlagen sollen, zumal es bekannt ist, daß bei radikalischen Abbruchreaktionen die Häufigkeit der Disproportionierung mit steigender Reaktionstemperatur wächst.

Dimere *Acrylsäure* (Formel VI) bildet sich aus dem Monomeren durch Erhitzen in Abwesenheit von Katalysatoren. Bei 100° dimerisiert etwa 1% Acrylsäure pro Stunde[211].

$$2\ CH_2{=}CH{-}COOH \longrightarrow CH_2{=}CH{-}CO{-}O{-}CH_2{-}CH_2{-}COOH \quad \text{(VI)}$$

D. Monoradikalisch dargestellte Oligomere

Es handelt sich hier um niedrigmolekulare Polymerisationsprodukte, die wahrscheinlich eine regelmäßige 1,2,1,2-Monomerenverknüpfung aufweisen und im Falle des *Acrylsäurenitrils* durch Polymerisation in verdünnten Lösungen, bei erhöhten Temperaturen und in Gegenwart erhöhter Gaben an radikalischen Beschleunigern und an Reglern erhalten wurden. Im Hinblick auf einige Eigenschaften wurden diese Substanzen auch als Modellverbindungen für die Hochpolymeren untersucht[212].

[211] „Acrylate Monomers", Firmenschrift der Union Carbide Chem. Co. (1962).

E. Anionisch dargestellte Oligomere

Dieser Typ von Oligomeren wird nach einem anionischen Bildungsmechanismus gebildet. Die Verbindungen weisen dementsprechend eine streng alternierende 1,2,1,2-Monomerenverknüpfung auf. Im Falle der *Acrylsäureester*[213] und des *Acrylnitrils*[214] können hierbei neben gesättigten — durch Abspaltung des Startmittels — auch ungesättigte Oligomere entstehen. Bei *Methacrylsäuremethylester*, dessen anionische Oligomerisierung mit Methylat und Methanol besonders eingehend untersucht wurde[215], entstehen infolge Fehlens eines abspaltbaren α-Wasserstoffatoms ausschließlich gesättigte Oligomere. Über das Verhältnis von Methanol zum Monomeren kann der gewünschte Polymerisationsgrad der Oligomeren relativ genau eingestellt werden. Im einfachsten Falle der anionischen Oligomerenbildung (Dimerenbildung) erhält man also die entsprechenden Glutarsäurederivate (Formel VII).

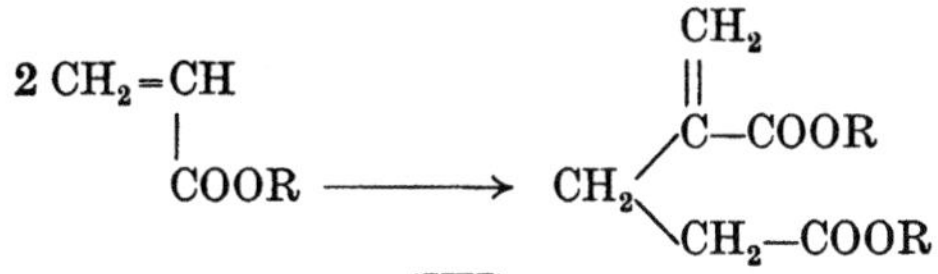

(VII)

Der Ablauf der Oligomerisierung wird wie folgt schematisiert:

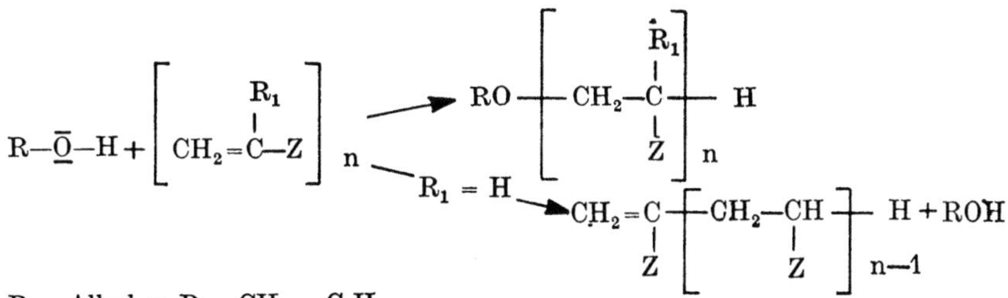

R = Alkyl, z. B. $-CH_3$, $-C_2H_5$
R_1 = $-H$, $-CH_3$
Z = $-CN$, $-COOR$

---

[212] ZAHN, H., und P. SCHÄFER: Makromolekulare Chem. **30**, 225 (1959); vgl. auch ROBB, J. C., and E. SENOGLES: Trans. Faraday Soc. **88**, 472 (4) und 708 (1962) und THINIUS, K., und W. THUMMLER: Plaste u. Kautschuk **6**, 314 (1959).

[213] v. PECHMANN, H., und O. RÖHM: B. **34**, 427 (1901); RÖHM, O.: Dissertation Univ. Tübingen 1901.

[214] ZAHN, H., und P. SCHÄFER: B. **92**, 736 (1959), vgl. auch DRP P 734725 und 735771 (1940) I.G., R. WEGLER.

[215] DAS 1016254 (1956) Röhm & Haas G.m.b.H., T. VÖLKER und A. NEUMANN; C. **1958**, 11413; VÖLKER, T., A. NEUMAN und U. BAUMANN: Makromolekulare Chem. **63**, 182 (1963); VÖLKER, T.: Houben-Weyl-Müller XIV/1, 1074 (1961); SCHREYER, G., und T. VÖLKER: Ang. Ch. **70**, 319 (1958); SCHREYER, G., und T. VÖLKER: Makromolekulare Chem. **63**, 202 (1963); Oligomerisierung von Methacrylnitril vgl.: FEIT, B. A., J. WALLACH und A. ZILKHA: J. Polymer Sci. A **2**, 4743 (1964).

Die technische Bedeutung der auf verschiedene Art hergestellten Oligomeren ist bislang gering. Im Falle der Oligomeren des *Methacrylsäuremethylesters* ermangelte es nicht an Bemühungen, diese als Komponenten bei der Esterölherstellung und bei polymerisierbaren Polyestern sowie Weichmachern zu verwenden[209,212,216]. Diese Entwicklungen scheiterten schließlich an Preisfragen oder aber wurden durch erhöhte Ansprüche überholt. Als Folgeprodukte der Hydrierung des 1,2-Dicyancyclobutans verdienen an dieser Stelle die technisch interessanten Substanzen Adipinsäuredinitril und Hexamethylendiamin Erwähnung. Die industrielle Forschung bemüht sich deshalb, die thermische Dimerisierung des relativ billigen *Acrylnitrils* zu verbessern, was in einer Anzahl von Schutzrechten zum Ausdruck kommt[217].

[216] DBP 1054630 (1957) Röhm & Haas G.m.b.H., F. KOLLINSKY, E. KOCH und W. Ludwig.

[217] Österr. P. 221496 (Am. Prior. 1959) DuPont; E. P. 897275 (Am. Prior. 1959) DuPont.; E. P. 900356 (Dtsche Prior. 1959) Knapsack-Griesheim A.G.; E. P. 900358 (Dtsche Prior. 1960) Knapsack-Griesheim A.G.; F. P. 1289071 (Israel. Prior. 1960) A. KATCHALSKY, D. VOFSI et J. I. PADOVA.

2.3 Physikalische Eigenschaften der Monomeren [1]

2.3.1 (Meth)acrylsäure, substituierte Acrylsäuren, (Meth)acrylsäurehalogenide und -anhydride

Acrylsäure[2]

$CH_2{=}CH{-}COOH$ Propensäure M 72,06.

Stechend essigsäureartig riechende, farblose Flüssigkeit, die mit Wasser und vielen organischen Lösungsmitteln mischbar ist. In der Kälte erstarrt sie zu langen Nadeln.

Fp 12 bis 13° [3,4,5]

Kp_{10} 40° [5], Kp_{36} 63° [6], Kp_{50} 69° [5], Kp_{760} 141° [2]

D_{20}^{20} 1,0472[5]; n_D^{20} 1,4224[7], 1,4215[5]

[1] BEILSTEIN: E 3 II/2, Systemnummer 163.

[2] BEILSTEIN II, 397, E 1 I 186, E 2 II 383; FIKENTSCHER, H.: Ullmann **3**, 75 (1953).

[3] HORN, M. B.: Acrylic Resins, Reinhold Publishing Corp., New York (1960).

[4] MANNICH, C., und E. GANZ: B. **55**, 3486 (1922).

[5] „Acrylate Monomers", Firmenschrift der Union Carbide Chemicals Co. (1962).

[6] LÜTHY, A.: Ph. Ch. **107**, 285 (1923).

[7] „Acrylic Acid", Product Bulletin No. 29, Firmenschrift der American Cyanamid Co. (1953).

Viskosität[5] bei 20° 1,7 cps
bei 40° 0,9 cps

Q-Wert[10] 0,22[11]

e-Wert[10] 1,09

Schmelzwärme[8] 2,66 kcal/Mol bei 13°

Verdampfungswärme[8] 8,9 kcal/Mol bei 136°

Polymerisationswärme 18,5 kcal/Mol[9]

Bildungswärme 89,8 kcal/Mol

Verbrennungswärme Q_v 329 kcal/Mol

Dissoziationskonstante $5{,}5 \cdot 10^{-5}$ [3], $7{,}12 \cdot 10^{-5}$ [8]

Dampfdruck in Abhängigkeit von der Temperatur[8]:

Temperatur (°C)	0°	20°	40°	60°	100°	120°	141°
Dampfdruck (Torr)	2,35	7,76	22	54	249	475	760

Tabelle 2. *Schmelzpunkte von Acrylsäure-Wasser-Gemischen*[5]

Acrylsäure (Gew.-%)	Wasser (Gew.-%)	Schmelzpunkt (°C)
100	0	11,7
95	5	5,5
90	10	1,0
80	20	— 5,5
70	30	—10,3
63	37	(Eutektikum) —12,5
60	40	—12,0
40	60	— 8,0
20	80	— 4,0
0	100	0

Methacrylsäure[12]

$$CH_2{=}C(CH_3){-}COOH \quad \text{Isobutensäure} \quad M\ 86{,}09\,.$$

Wasserhelle Flüssigkeit mit stechendem Geruch; stark ätzend und korrosiv. Die Säure ist mit Alkohol und Äther beliebig mischbar.

Bei 20° lösen 100 g Wasser 9,8 g Methacrylsäure und 100 g Methacrylsäure lösen 40,1 g Wasser.

Aus wäßriger Lösung kann Methacrylsäure ausgesalzen werden[13]. Unter 14° erstarren wäßrige Lösungen mit mehr als 70% Methacrylsäure

[8] FIKENTSCHER, H.: Ullmann **3**, 75 (1953).

[9] EVANS, A. G., and M. POLANYI: Nature **52**, 738 (1943); EVANS, A. G., and E. TYRRALL: J. Polymer Sci. **2**, 387 (1947); „Acrylic Acid", Product Bulletin No. 29, Firmenschrift der American Cyanamid Co. (1953).

[10] ALFREY jr., T., and C. C. PRICE: J. Polymer Sci. **2**, 101 (1947); KÜCHLER, L.: Polymerisationskinetik, S. 186. Berlin-Göttingen-Heidelberg: Springer 1951.

[11] „Glacial Methacrylic Acid-Glacial Acrylic Acid", Firmenschrift der Rohm & Haas Co. (1958).

[12] BEILSTEIN II 421, E 1 II 398, E 2 III 1279; „Glacial Methacrylic Acid", Firmenschrift der Rohm & Haas Co. (1958); KAUTTER, C. T.: Ullmann **12**, 391 (1960); TROMMSDORFF, E.: Kunstst. **27**, 75 (1937).

[13] DRP 863050 (1944) Röhm & Haas G.m.b.H., C. T. KAUTTER und A. SCHMIDT; C. **1953**, 5412.

und im Falle verdünnter Lösungen bilden sich zwei Schichten, wobei der Trübungspunkt mit der Verdünnung variiert.

Unter 15° erstarrt die Methacrylsäure zu langen Prismen unter Volumenabnahme.

Fp 15—15,5° [14]

Kp_{10} 60°, Kp_{25} 79—80°, Kp_{30} 81°, Kp_{40} 142°, Kp_{50} 90°, Kp_{760} 160,5°.

D_4^{20} 1,10153, D_{20}^{20} 1,012—1,014[14]; n_D^{20} 1,4314, n_D^{25} 1,4288

Viskosität[14] bei 20° 1,3—1,45 cps	Polymerisationswärme 15,84 ± 0,17 kcal/Mol
bei 25° 1,2 cps	Verbrennungswärme 5,57 ± 0,02 kcal/Mol
Q-Wert[10] 2,73	Flammpunkt nach *Abel-Pensky*[15] 65°
e-Wert[10] 0,83	Dissoziationskonstante $3{,}72 \cdot 10^{-5}$

pH-Wert der 50%igen Säure bei 20° elektrometrisch gemessen[14] 2—2,2

Dampfdruck in Abhängigkeit von der Temperatur:

Temperatur (°C)	25	50	75	100	125	150
Dampfdruck (Torr)	1	6	23	75	220	500

Tabelle 3. *Substituierte Acrylsäuren, (Meth)acrylsäurehalogenide und -anhydride*

Monomeres	Schmelz-punkt (°C)	Siedepunkt (°C)	(Torr)	Dichte (D_4^{20})	Brechungs-index (n_D^{20})
Acrylhydroxamsäure[16]	115—116	—	—	—	—
Acryloyl-β-oxy-propionsäure („Dimere Acrylsäure")[17]	—	146—148	7	—	—
α-Äthylacrylsäure	—	90— 92	25	—	—
α-Isopropylacrylsäure	—	90— 95	17	—	—
α-Butylacrylsäure	—	113—115	18—20	—	—
α-Chloracrylsäure[18]	64	—	—	—	—
β-Chloracrylsäure	85,5—86	94	18	—	—
α-Carboxymethylacrylsäure (Itaconsäure)[19]	165—169	—	—	1,6	—
Acrylsäurechlorid[20]	—	75	760	1,14	

[14] „Methacrylsäure rein, 16362", Firmenschrift der Röhm & Haas G.m.b.H.

[15] DIN 51 755.

[16] Jones, L. W., and L. Neuffer: Am. Soc. **39**, 662 (1917).

[17] „Acrylate Monomers", Firmenschrift der Union Carbide Chemicals Co. (1962); Sherlin, S. M., A. Y. Berlin, T. A. Serbrennikova und F. E. Rabinovich; Ž. obšč. Chim. 8, 22 (1938); C. **1939** I, 1971.

[18] A. P. 2398867 (1942) The Distillers Co. Ltd.; H. P. Staudinger, and K. W. H. Tuerck; Chem. Abstr. **40**, 4392 (1946); A. P. 2233835 (1938) I.C.I., J. W. C. Crawford, and N. McLeish; Chem. Abstr. **35**, 3651 (1941); Tessmar, K.: Kunstst. **44**, 9 (1954).

[19] „Itaconic Acid and Esters", Firmenschrift der Chas. Pfizer Co.

[20] Rehberg, C. E., M. B. Dixon, and C. H. Fisher: Am. Soc. **67**, 208 (1945); Stempel jr., G. H., R. P. Cross, and R. P. Mariella: Am. Soc. **72**, 2299 (1950); Schulz, R. C., P. Elzer und W. Kern: Makromolekulare Chem. **42**, 195 (1960); Fikentscher, H.: Ullmann **3**, 78 (1953); Rodd, E. H.: Chemistry of Carbon Compounds, Elsevier Publ. Co., 631 (1951); Moureu, C.: Bull. Soc. chim. France (3) **9**, 390.

Tabelle 3 (Fortsetzung)

Monomeres	Schmelzpunkt (°C)	Siedepunkt (°C)	Siedepunkt (Torr)	Dichte (D_4^{20})	Brechungsindex (n_D^{20})
Methacrylsäurechlorid[21]	—60	50—52	135	1,0768	1,4432
		99	760		
Methacrylsäurefluorid[22]	—	56,5—58	760	—	—
Acrylsäureanhydrid[23]	—	55—56	2	1,094	—
		70	5		
		97	35		
Methacrylsäureanhydrid[23]	—	87	13		
		75	5		
Gemischtes Acrylsäure-Methacrylsäureanhydrid[24]	—	64	4	—	1,4516

2.3.2 (Meth)acrylnitril und substituierte Acrylnitrile

Acrylnitril[25]

$CH_2{=}CH{-}CN$ M 53,06.

Farblose, wasserhelle Flüssigkeit von charakteristischem Geruch.

Fp —82 ± 1°

Kp_{10} —19°, Kp_{50} 9°, Kp_{760} 77,6—77,7°

D_4^{20} 0,8060, n_D^{20} 1,3910, n_D^{22} 1,3907, n_D^{25} 1,388

Viskosität bei 20° 0,4 cps

Flammpunkt nach *Abel-Pensky*[26] 0°

Dielektrizitätskonstante 38

Verdampfungswärme 0,1366 kcal/g

Polymerisationswärme 17,3 ± 0,5 kcal/Mol

Verbrennungswärme (fl.) 415,8 kcal/Mol

Spezifische Wärme 0,50 ± 0,03 kcal/Mol

Explosionsgrenzen[26] 3,05—17 Vol.-% Acrylnitril in Luft bei 25°.

Dampfdruck in Abhängigkeit von der Temperatur:

Temperatur (°C)	—16,0	—14,5	—7,5	+0,15	2,3	4,2	15,8
Dampfdruck (Torr)	12,5	13,7	21,1	31,4	34,8	38,9	69,5
Temperatur (°C)	20,0	30,9	32,0	48,8	60,0	72,0	78,8
Dampfdruck (Torr)	86,9	139,7	146,2	260	405	620	771

[21] Heyboer, J., et A. J. Staverman: R. **69**, 788 (1950); Chem. Abstr. **44**, 8323 (1950); Blatz, P. E.: S P E Trans. **3**, 67 (1963).

[22] A. P. 2440090 (1944) DuPont, B. W. Howk, and R. A. Jacobson; C. **1948** II, 1460.

[23] A. P. 2143924 (1934) I.C.I., L. Rubenstein; Chem. Abstr. **33**, 2913 (1939); E. P. 538310 (1940), F. P. 863141, Norton Grinding Wheel Co.; C. **1944** II, 173; Arbusova, I. A., S. A. Plotkina und V. N. Efremova: Ž. obšč. Chim. **26**, 1124 (1956); Chem. Abstr. **50**, 16667 (1956).

[24] DBP 1124695 (1960) Rohm & Haas Co., J. Ch. H. Hwa.

[25] Logemann, H.: Houben-Weyl-Müller XIV/1, 973 (1961); Kurtz, P.: Ullmann **3**, 81 (1953); Davis, H. S., and O. F. Wiedeman: Ind. eng. Chem. **37**, 482 (1945).

[26] „Acrylonitrile", Firmenschrift der Fa. Ugilor, Paris; DIN 51755.

Das Nitril ist mit fast allen organischen Lösungsmitteln mischbar; in Wasser von 20° lösen sich 7,35%, bei 70° 10% und bei 84° 10,8% Acrylnitril.

Die Löslichkeit von Wasser in Acrylnitril bei 20° beträgt 3,2%[26].

Ein bei 70,5° konstant siedendes Gemisch besteht aus 12,5% Wasser und 87,5% Acrylnitril. Weitere azeotrope Gemische sind:

Zweite Komponente	%-Gehalt	Siedepunkt (°C)
Tetrachlorkohlenstoff	79	66,2
Methanol	61,3	61,4
i-Propanol	44	71,7
Benzol	53	73,3

Tabelle 4. *Substituierte Acrylnitrile*

Monomeres	Schmelzpunkt (°C)	Siedepunkt (°C)	Siedepunkt (Torr)	Dichte	Brechungsindex
α-Methylacrylnitril	—	48	170	D^{18} 0,7991	n_D^{25} 1,3977
(Methacrylnitril)		91,3	760		n_D^{20} 1,4007
α-Chloracrylnitril[27]	—	44—45	150	—	—
		87—89	736		
		88—90	760		
α-Bromacrylnitril	—	116	760	—	—
α, β-Dichloracrylnitril[27]	—	129—131	750	—	—
Trichloracrylnitril[27]	—	151—153	750	—	—
α-Cyanacrylnitril[28]	9,7	40,0	5	D_4^{23} 0,992	n_D^{20} 1,4411
(Vinylidencyanid)		50,5	10		
		154	760		
α-Acetoxyacrylnitril[29]	—	110	100	$D^{18,5}$ 1,0647	—
		193	772		
α-Methylsulfonylacrylnitril[30]	69—72	—	—	—	—
α-Äthylsulfonylacrylnitril[30]	65—69	—	—	—	—

2.3.3 (Meth)acrylamid und N-substituierte (Meth)acrylamide

Acrylamid[31]

$CH_2{=}CH{-}CONH_2$ M 71,08 .

Weiße, kristalline Substanz, welche beim Erhitzen sublimiert.

[27] BRINTZINGER, H., K. PFANNSTIEL und H. KODDEBUSCH: Ang. Ch. **60**, 311 (1948).

[28] ARDIS, A. E., u. a.: Am. Soc. **72**, 1305 (1950).

[29] SMRT, J., und F. SORM: Chem. Listy **48**, 217 (1954); C. **1956**, 5526; HAGEMEYER, jr., H. J.: Ind. eng. Chem. **41**, 765 (1949)

[30] A. P. 2808396 (1955) Eastman Kodak Co., H. M. HILL.

[31] Beilstein II 400, E 1 I 186, E 2 II 388; „Chemistry of Acrylamide", Firmenschrift der Am. Cyanamid Co.; FIKENTSCHER, H.: Ullmann **3**, 77 (1953); WILHELM, H., und G. FAULHABER: Ullmann **14**, 288 (1963).

Fp 84,5 ± 0,3° D^{30} 1,122

Siedepunkt (°C)	(Torr)
87	2
103	5
116,5	10
125	25

Tabelle 5. *Löslichkeit von Acrylamid*

Lösungsmittel	Löslichkeit (g/100 ml Lösungsmittel bei 30°)
Aceton	44,5
Benzol	0,02
Chloroform	4,0
Dioxan	30,0
Äthanol	74
Äthylacetat	12,5
Heptan	0,03
Methanol	110
Wasser	204

Das Amid kann aus Benzol umkristallisiert werden und fällt dabei in tafelförmigen Blättchen an. Eine weitere Reinigungsmöglichkeit ist die Sublimation, am besten unter Vakuum oder die Reinigung mittels Ionenaustauscher[32].

Methacrylamid[33]

$$CH_2{=}C(CH_3){-}CONH_2$$

M 85,10 .

Fp 110°

Weiße, kristalline Substanz, leicht löslich in Wasser, Methanol, Äthanol und Aceton, wenig löslich in Benzol, Kohlenwasserstoffen und Chloroform.

Zur Reinigung kann das Amid aus Benzol, Toluol, Wasser oder Alkohol umkristallisiert oder sublimiert werden.

Tabelle 6. *Löslichkeit*[34] *von Methacrylamid*

Temperatur (°C)	Löslichkeit (Gewichtsprozente Methacrylamid im Lösungsmittel) Wasser	Benzol	Toluol	Äthylacetat	Chloroform	Propionitril
0	12,7	—	—	—	3,2	—
6	—	0,25	—	—	—	—
20	20,3	0,49	0,3	5,4	5,3	6,9
50	—	—	1,4	16,3	—	26,8
70	—	—	5,7	40,8	—	49,2
90	—	—	57,9	—	—	77,4

[32] A. P. 2865960 (1956) Eastman Kodak Co., N. H. Shearer jr., and H. W. Coover jr.

[33] Kautter, C. T.: Ullmann **12**, 396 (1960); „Methacrylamid technisch rein", Firmenschrift der Röhm & Haas G.m.b.H.

[34] Wilhelm, H., und G. Faulhaber: Ullmann **14**, 288 (1963).

Tabelle 7. *N-Substituierte Acrylamide* $CH_2{=}CH{-}CO{-}N{<}^{R}_{R'}$ [35]

R	R'	Schmelzpunkt (°C)	Siedepunkt (°C)	(Torr)
Wasserstoff	Methyl	—	84	3
			109—111	7
			125—130	30
Wasserstoff	Äthyl	—	110—112	10
Wasserstoff	Isopropyl	62—63	89—92	2
			110—115	15
Wasserstoff	n-Butyl	—	88—90	0,4
Wasserstoff	sec. Butyl	—	126—130	20
Wasserstoff	tert. Butyl	128—129	—	—
Wasserstoff	Hexyl	—	117	0,15
Wasserstoff	Octyl	—	115	1
Wasserstoff	Dodecyl	55,5—56	109—112	1
			150—155	1
Wasserstoff	Octadecyl	76	—	—
Wasserstoff	Phenyl	104,8—105,1	149—158	0,2
Wasserstoff	p-Chlorphenyl	187	—	—
Wasserstoff	2,6-Dichlor-phenyl	154	—	—
Wasserstoff	p-Toluyl	141	—	—
Wasserstoff	o-Toluyl	109—110	—	—
Wasserstoff	α-Oxyphenyl	123—124	—	—
Wasserstoff	Cyclohexyl	112,5—113,5	109—112	1
Wasserstoff	Hydroxymethyl	74—75	—	—
Wasserstoff	Carbäthoxy-methyl ($-CH_2-COOC_2H_5$)	—	164	14
Wasserstoff	β-Hydroxyäthyl	—	127—130	0,1
			120	0,15
Methyl	Methyl	—	50—55	1
			80—81	20
Methyl	Phenyl	76—77	100—105	0,1
Äthyl	Äthyl	—	81—92	4
			76—77	7
			93	19
			199—200	760
Butyl	Butyl	—	94—96	2
			70	1
N-Acryloylmorpholin		—	80—84	<1
N-Phenyl-N'-acryloylharnstoff		147	—	—
O-Benzyl-N-acryloylurethan		115	—	—
O-Benzyl-N-(α-chloracryloyl)-urethan ($CH_2{=}C(Cl){-}CONH{-}CO{-}O{-}CH_2{-}C_6H_5$)		115	—	—

Fußnotenhinweis s. S. 109

Tabelle 8. *Acrylamidmethylenderivate*[36] $CH_2{=}CH{-}CO{-}NH{-}CH_2{-}X$

X	Schmelz-punkt (°C)	Siedepunkt (°C)	Siedepunkt (Torr)	Dichte (D^{25})	Brechungs-index (n_D^{25})
$-N(CH_3)_2$	—	108—120	0,2	D_4^{20} 0,9853	n_D^{20} 1,4805
$-O-CH_3$	—3 bis 1	91—92	0,1	1,0538	1,4714
$-O-C_2H_5$	6—9	94—96	0,1	1,0192	1,4673
$-O-C_3H_7$	8—11	87—88	0,01	0,9915	1,4649
$-O-C_4H_9$ (n)	—9 bis —6	110—112	0,03	0,9693	1,4613
$-O-C_4H_9$ (iso)	—	99—100	0,03	0,9654	1,4588

Tabelle 9. *N-Substituierte Methacrylamide*[37] $CH_2{=}C(CH_3){-}CO{-}N(R)(R')$

R	R'	Schmelzpunkt (°C)	Siedepunkt (°C)	Siedepunkt (Torr)
Wasserstoff	Methyl	—	68—73	1
			70—73	1
			215	760
Wasserstoff	Äthyl	—	76—80	1
			79—82	1
Wasserstoff	Tert. Butyl	59	82	12
Wasserstoff	n-Butyl	—	85	1
Wasserstoff	Octadecyl	—	190	3
Wasserstoff	Phenyl	86	115—118	1
Wasserstoff	Hydroxymethyl	56	—	—
Wasserstoff	Dimethyl-aminoäthyl	—	121	11
Methyl	Methyl	—	65—67	10
Äthyl	Äthyl	—	88	14
N-Methacryloyläthylenimin		—	49,5—50,5	12
N-Phenyl-N'-methacryloylharnstoff		129	—	—

[35] Rauch-Puntigam, H.: Houben-Weyl-Müller XIV/1, 1028 (1961); E. P. 733097 (1952) Rohm & Haas Co.; C. **1958**, 5512; F. P. 943459 (1947) B. F. Goodrich Co., T. L. Gresham et F. W. Shaver; C. **1950** I, 1281; Moureu, C.: A. ch. (7) **2**, 178 (1894) und Bull. Soc. Chim. France (3) **9**, 419; C. **1893** II, 258; A. P. 2683741 (1947) Allied Chem. & Dye Corp., P. F. Wiley; C. **1956**, 2025; A. P. 2719175 (1952) Eastman Kodak Co., H. W. Coover jr., and N. H. Shearer jr.; C. **1956**, 14509; DRP 827553 (1944) J. P. Bemberg A.G., T. Lieser.

[36] Müller, E., K. Dinges und W. Graulich: Makromolekulare Chem. **57**, 31 (1962); Dowbenko, R., R. M. Christenson, and A. N. Salem: J. org. Chem. **28**, 3458 (1963).

[37] Rauch-Puntigam, H.: Houben-Weyl-Müller XIV/1, 1028 (1961); Moureu, C.: Bull. Soc. Chim. France (3) **9**, 419; C. **1893** II, 258; DRP 827553 (1944) J. P. Bemberg A. G., T. Lieser; A. P. 2683741 (1947) Allied Chem. & Dye Corp., P. F. Wiley; C. **1956**, 2025; A. P. 2830045 (1957) Ciba Ltd., E. Leumann, D. Porret, A. Deflorin, and A. Maeder; A. P. 2534585 (1948) Am. Cyanamid Co., J. G. Erickson; C. **1951** II, 2810; A. P. 2719175 (1952) Eastman Kodak Co., H. W. Coover jr., and N. H. Shearer jr.; C. **1956**, 14509.; Sokolova, T. A.: Ž. obšč. Chim. **27**, 2205 (1957).

Tabelle 10. *Methacrylamidmethylenderivate*[38] $CH_2{=}C(CH_3){-}CO{-}NH{-}CH_2{-}X$

X	Schmelzpunkt (°C)	Siedepunkt (°C)	Siedepunkt (Torr)	Dichte (D_4^{20})	Brechungsindex (n_D^{20})
$-N(CH_3)_2$	—	95—98	0,2	0,9634	1,4782
$-N(C_3H_7)_2$	7,7	121—126	0,2	0,9050	1,4690
$-N(C_4H_9)_2$	28,5	125—130	0,3	0,8835	1,4632
$-N\langle{}^{CH_2-CH_2}_{CH_2-CH_2}\rangle O$	39	134—138	0,5	1,085	n_D^{40} = 1,4930
$-N(CH_3)-CH_2-CH_2OH$	—	n. d.	—	1,080	1,4985
$-N(CH_2-CH_2-OH)_2$	—	n. d.	—	1,124	1,5050
$-NH-(CH_2-CH_2O)_7-H$	—	n. d.	—	1,125	1,4850
$-O-CH_3$	—	83—85	0,8	1,0300	1,4719
$-O-C_2H_5$	—	100	0,5	0,9953	1,4679
$-O-C_3H_7$	—	104—108	0,4	0,9632	1,4591
$-O-C_4H_9$	—	110—112	0,2	0,9610	1,4649
$-O-C_5H_{11}$	—	120	0,4	0,9511	1,4623
$-O-C_6H_{13}$	—	131—135	0,4	0,9371	1,4640
$-O-C_{12}H_{25}$	7,8	n. d.	—	0,9128	—
$-O-C_{18}H_{37}$	40,4	n. d.	—	0,963	—
$-O-CH_2-$ 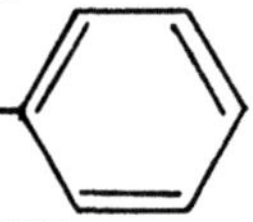	—	n. d.	—	1,0725	1,5328
$-O-$ 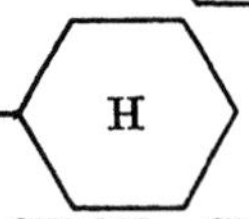	—	120—128	0,2	1,0169	1,4910
$-O-CH(CH_2-Cl)_2$	—	n. d.	—	1,212	1,5015
$-N\langle{}^{CH_2-CH_2-CH_2}_{CO-CH_2-CH_2}\rangle$	37	145—152	0,3	1,104	n_D^{40}=1,5102
$-N\langle{}^{CH_2-CH_2}_{CO-CH_2}\rangle$	102—103	158—160	0,6	1,234	—
$-O-CO-CH_3$	—	92—95	0,3	1,1021	1,4700
$-O-CO-C_2H_5$	—	100—108	0,2	1,0750	1,4678
$-NH-CO-CH_3$	155—155,5	—	—	—	—
$-NH-CO-CH(CH_3)_2$	165—168	—	—	—	—
$-NH-CO-C_6H_5$	148—149	—	—	—	—
$-NH-CO-C_6H_4-OH$	160—161	—	—	—	—
$-NH-CO$ $CH{=}CH-CH_3$	159—160	—	—	—	—

n. d. = nicht destillierbar

[38] MÜLLER, E., K. DINGES und W. GRAULICH: Makromolekulare Chem. **57**, 27 (1962); ARBUSOVA, I. A., J. N. ROSSTOWSKI, A. L. LISS und A. G. JELISSEVA: Ž. obšč. Chim. **29**, 3943 (1959); C. **1960**, 17084.

2.3.4 (Meth)acrylsäureester und α-substituierte Acrylsäureester

Acrylsäuremethylester[39]

$CH_2{=}CH{-}COOCH_3$ M 86,09.

Leichtbewegliche Flüssigkeit von charakteristischem Geruch.

Fp unter —75°

Kp_{760} 79,6—80,3°

D^0 0,9702, D^{-5} 0,9868, D^{-10} 0,9929, D^{20} 0,9561, D^{25}_{25} 0,952

n^{20}_D 1,4040, n^{25}_D 1,401

Viskosität bei 25° 0,503 cst	Verdampfungswärme 7,9 kcal/Mol
0,49 cps	Polymerisationswärme 20,2 kcal/Mol
Q-Wert[40] 0,46	Verbrennungswärme 502,88 kcal/Mol
e-Wert[40] +0,6	Spezifische Wärme 0,48 cal/g/°C

Explosionsgrenzen (Volumsprozente Dampf in Luft) bei Temperaturen bis +40°: 2,8—25.

Flammpunkt nach *Abel-Pensky*[41]: —2,7°

Dampfdruck in Abhängigkeit von der Temperatur:

Temperatur (°C)	—10	—5	0	5	10	20	30	40	50	60	70	80
Dampfdruck (Torr)	18,5	24,5	32	41,5	46	72	112	177	270	395	565	765

Löslichkeit in Wasser bei 20° 6 Gew.-%
30° 5,2 Gew.-%
40° 5 Gew.-%
60° 5 Gew.-%

Löslichkeit von Wasser in Acrylsäuremethylester bei 20° 1,8%, bei 25° 2,5%.

Azeotrope Gemische[42]:

Zusammensetzung				Kp_{760}
7,2%	Wasser	92,8%	Ester	71°
54 %	Methanol	46 %	Ester	62,5°
42,4%	Äthanol	57,6%	Ester	73,5°

Acrylsäureäthylester[43]

$CH_2{=}CH{-}COOC_2H_5$ M 100,11.

Fp ca. —72° [44]

Kp_{10} 1° [44], Kp_{50} 29° [44], Kp_{760} 99,4°

D^{-10} 0,9554, D^{-5} 0,9508, D^0 0,9454, D^{20} 0,9405, D^{25} 0,919

n^{20}_D 1,404

[39] Merkblatt der BASF über Acrylsäureester (1960); FIKENTSCHER, H.: Ullmann **3**, 78 (1953); TROMMSDORFF, E., und R. KRETZ: Houben-Weyl-Müller XIV/1, 1012 (1961).

[40] PRICE, C. C.: J. Polymer Sci. **3**, 772 (1948); KÜCHLER, L.: Polymerisationskinetik, S. 188. Berlin-Göttingen-Heidelberg: Springer 1951.

[41] DIN 51 755.

[42] „Acrylate de méthyle", Firmenschrift der Ugilor, Paris.

[43] FIKENTSCHER, H.: Ullmann **3**, 78 (1953).

[44] „Acrylate Monomers", Firmenschrift der Union Chemicals Co.

Viskosität[44]	bei 0° 0,8 cps	Verdampfungswärme	8,27 kcal/Mol
	bei 20° 0,6 cps	Polymerisationswärme	15,6 kcal/Mol[45]
	bei 25° 0,551 cps		18,6 kcal/Mol[46]
	bei 40° 0,5 cps	Verbrennungswärme	655,49 kcal/Mol
		Spezifische Wärme	0,47 cal/g/°C[45]

Explosionsgrenzen (Volumsprozente Dampf in Luft) bei Temperaturen bis +40°: 1,8 — Sättigung.

Dampfdruck in Abhängigkeit von der Temperatur:

Temperatur (°C)	0	5	10	20	30	40	50	60	70	80	90
Dampfdruck (Torr)	14,2	18,5	24,0	39,2	62,0	85,3	142,6	208,6	297,5	416,5	572,5

Löslichkeit in Wasser bei 20° 2 in 98,
bei 30° 1,8 in 98,2.

Löslichkeit von Wasser in Ester bei 20° 1,5 in 98,5

Flammpunkt nach *Abel-Pensky*[41]: 8,4°.

Tabelle 11. *Azeotrope Gemische von Acrylsäureäthylester*

Zusammensetzung	Siedepunkt (°C)	(Torr)
56,8% Äthanol und 43,2% Ester	76	760
45,0% Wasser und 55,0% Ester	81	760
11,0% Wasser und 89,0% Ester	82,1	760
84,4% Methanol und 15,6% Ester	64,5[45]	760
72,7% Äthanol und 27,3% Ester	77,5[44, 45]	760
54,4% Äthanol und 45,6% Ester	32[44]	100
48,3% Äthanol, 10,1% Wasser und 41,6% Ester	77,1[44]	760
36,3% Äthanol, 8,6% Wasser und 55,1% Ester	44	165

Acrylsäure-n-butylester

$CH_2{=}CH{-}COO(CH_2)_3CH_3$ M 128,17 .

Fp —54,5° [47]

Kp_{10} 38° [44], Kp_{50} 69° [48], Kp_{760} 148,8°[44],

D^{-10} 0,9288, D^{-5} 0,9239, D^{0} 0,9189[43], D_4^{20} 0,8986[43], D_{20}^{20} 0,9015[44]
0,8998[47]

n_D^{20} 1,149[43]

Viskosität	bei 0°[44] 1,3 cps	Verdampfungswärme	8,11 kcal/Mol[43]
	bei 20° 0,9 cps	Polymerisationswärme	15,0 kcal/Mol[49]
	bei 25°[43] 0,856 cps		18,5 kcal/Mol[46]
	bei 40° 0,7 cps	Verbrennungswärme	974,46 kcal/Mol[43]
		Spezifische Wärme	0,46 kcal/kg/°C

[45] „Ethyl acrylate“, Firmenschrift der Ugilor, Paris.

[46] Bulletin SP-60 (11/63) der Rohm & Haas Co.

[47] Blout, E. R., H. Mark, and W. P. Hohenstein: Monomers, Interscience Publ. Inc., New York-London (1951).

[48] „Physical Properties of synthetic Organic Chemicals“, Firmenschrift der Union Carbide Chemicals Co.

[49] Kollinsky, F.: Verfkroniek **32**, 74 (1959).

Explosionsgrenzen (Volumsprozente Dampf in Luft) bei Temperaturen bis +40°: 1,5—9,9.

Dampfdruck in Abhängigkeit von der Temperatur[43]:

Temperatur (°C)	20[48]	50	60	70	80	100	110	120	130	138
Dampfdruck (Torr)	3,2	81,7	114,6	149,6	197,9	336,0	417,6	522,3	646,1	760

Löslichkeit in Wasser bei 20° 0,14 Gew.-%
bei 40° 0,12 Gew.-%
bei 60° < 0,10 Gew.-%

Löslichkeit von Wasser in Ester bei 20° 0,8 Gew.-%

Flammpunkt nach *Abel-Pensky*[41]: + 36,5°.

Azeotrope Gemische:

Zusammensetzung	Siedepunkt (°C)	(Torr)
75% Butanol und 25% Ester	69	100
41% Wasser und 59% Ester	94,2	760

Acrylsäure-sec.-butylester

$$CH_2{=}CH{-}COO{-}\underset{\displaystyle CH_3}{\underset{|}{CH}}{-}C_2H_5 \qquad M\ 128{,}17\,.$$

Kp_{50} 60°, Kp_{765} 131—132,5° D_4^{20} 0,8914 n_D^{20} 1,4140

Acrylsäure-i-butylester

$$CH_2{=}CH{-}COO{-}CH_2{-}\overset{\displaystyle CH_3}{\overset{|}{\underset{\displaystyle CH_3}{\underset{|}{CH}}}} \qquad M\ 128{,}17\,.$$

Kp_{50} 62°, Kp_{760} 132° D_4^{20} 0,8896 n_D^{20} 1,4150

Dampfdruck bei 20° 6,2 Torr

Löslichkeit von Ester in Wasser bei 20° 0,18 Gew.-%

Löslichkeit von Wasser in Ester bei 20° 0,61 Gew.-%.

Acrylsäure-tert.-butylester

$$CH_2{=}CH{-}COO{-}\overset{\displaystyle CH_3}{\overset{|}{\underset{\displaystyle CH_3}{\underset{|}{C}}}}{-}CH_3 \qquad M\ 128{,}17\,.$$

Kp_{26} 30,0—30,8°, Kp_{759} 117—120° D^{20} 0,885 n_D^{23} 1,409 .

Acrylsäure-2-äthylhexylester[50]

$$CH_2{=}CH{-}COO{-}CH_2{-}\underset{\displaystyle C_2H_5}{\underset{|}{CH}}{-}CH_2{-}CH_2{-}CH_2{-}CH_3 \qquad M\ 184{,}28\,.$$

Fp −76° [50]

etwa −90° [51]

Kp_{10} 94° [43], Kp_{50} 130° [48], Kp_{100} 146,7° [52], Kp_{760} 213,5° [52]

D^{20} 0,89[43], D^{20}_{20} 0,8869[48]

n^{20}_D 1,4350[44]

Viskosität bei 0° 2,9 cps[44]
bei 20° 1,7 cps[44]
bei 25° 1,54 cps[52]
bei 40° 1,2 cps[44]

Verdampfungswärme (beim Kp) 0,61 kcal/kg[44]
Polymerisationswärme 13,8 kcal/Mol[46]
Spezifische Wärme (bei 20 bis 30°) 0,45 kcal/kg/°C

Untere Explosionsgrenze mit Luft 0,9 Vol.-%
Flammpunkt nach *Abel-Pensky*[41]: +86° [51]
Löslichkeit von Ester in Wasser bei 20° 0,34 Gew.-%[52]
Löslichkeit von Wasser in Ester bei 20° 0,23 Gew.-%

Dampfdruck in Abhängigkeit von der Temperatur[50]:

Temperatur (°C)	20	50	60	70	80	90	100	120	140	160	180	200
Dampfdruck (Torr)	0,1	1,2	2,2	3,8	6,3	10,1	16,0	37,5	79,5	160	297	528

Tabelle 12. *Physikalische Eigenschaften einiger Acrylsäureester*[53]

Ester — Alkoholrest	Schmelzpunkt (°C)	Siedepunkt (°C)	Siedepunkt (Torr)	Dichte (D^{20}_4)	Brechungsindex (n^{20}_D)
n-Propylester $-CH_2-CH_2-CH_3$	—	122,9 44	760 40	D^0_4 0,91996	—
i-Propylester $-CH(CH_3)_2$	—	110	760	0,8932	—
n-Pentylester $-(CH_2)_4-CH_3$	—	48	7	0,8920	—
n-Hexylester $-(CH_2)_5-CH_3$	—	89	24	0,8882	—
2-Äthylbutylester $-CH_2-CH(C_2H_5)-C_2H_5$	—	65	10	0,8964	—

[50] „Acrylsäure-2-äthylhexylester", Firmenschrift der BASF (1961).
[51] Farbe u. Lack **68**, 364 (1962).
[52] „Amcel Acrylates", Firmenschrift der Celanese Corp. of America.
[53] „Monomers", Firmenschrift der Carbide & Carbon Chemicals Co.; Weger, F.: A. **221**, 61 (1883); „Synthetic Organic Chemicals", Merkblatt der Union Carbide Corp. (1963).

Tabelle 12 (Fortsetzung)

Ester — Alkoholrest	Schmelzpunkt (°C)	Siedepunkt (°C)	(Torr)	Dichte (D_4^{20})	Brechungsindex (n_D^{20})
n-Heptylester $-(CH_2)_6-CH_3$	—	57	1,0	0,8846	—
n-Octylester $-(CH_2)_7-CH_3$	—	57	0,05	0,8810	—
n-Nonylester $-(CH_2)_8-CH_3$	—	76	0,2	0,8785	—
Decylester (verschiedene Isomere) $-C_{10}H_{21}$	—100	158	50	0,8848	—
Laurylester $-C_{12}H_{25}$	etwa 4	170—180	21	—	—
Hexadecylester $-C_{16}H_{33}$	etwa 24	1,5	170	D_4^{30} 0,8628	—
2-Methoxyäthylester $-(CH_2)_2-O-CH_3$	—	56	12	1,0131	—
2-Äthoxyäthylester $-(CH_2)_2-O-C_2H_5$	—47	63 95 174,1	10 50 760	0,9850	—
3-Äthoxypropylester $-(CH_2)_3-O-C_2H_5$	—	75	10	0,9633	—
Propylenglykolester (2 Isomere) $-(C_3H_6)OH$	—	77	5	1,057	—
Glycidylester 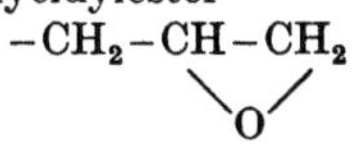	—41,5	57 115	2 18	1,1074	—
Acetomethylester $-CH_2-CO-CH_3$	—	99—101	760	D_{15}^{19} 1,0615	—
2-(2-Chloräthoxy)-äthylester $-CH_2-CH_2-O-CH_2-CH_2-Cl$	—	74	0,8	1,1471	—
2-Cyanoäthylester $-CH_2-CH_2-CN$	—16,9	103	10	1,0690	—
Diäthylaminoäthylester $-CH_2-CH_2-N(C_2H_5)_2$	—100	116 81	50 10	0,9392	—
2-(2-Cyanäthoxy)-äthylester[54] $-CH_2-CH_2-O-CH_2-CH_2-CN$	—	63,5	20	—	—

[54] A. P. 2723260 (1951) Monsanto Chemical Co., D. T. MOWRY, and R. R. MORNER.

Tabelle 12 (Fortsetzung)

Ester — Alkoholrest	Schmelz-punkt (°C)	Siedepunkt (°C)	(Torr)	Dichte (D_4^{20})	Brechungs-index (n_D^{20})
2-Nitrobutylester $-CH_2-CH(NO_2)-CH_2-CH_3$	—	120—130	5	—	—
2-Chloräthylester $-CH_2-CH_2-Cl$	—	64—66	20	—	—
1,1-Dihydroperfluor-äthylester[55] $-CH_2CF_3$	—	45,9	125	—	n_D^{25} 1,3480
-propylester[55] $-CH_2-CF_2-CF_3$	—	50,2	100	—	1,3363
-butylester[55] $-CH_2-(CF_2)_2-CF_3$	—	51,3	50	—	1,3317
-pentylester[55] $-CH_2-(CF_2)_3-CF_3$	—	57,5	30	—	n_D^{25} 1,3289
-hexylester[55] $-CH_2-(CF_2)_4-CF_3$	—	63,5	20	—	1,3296
-ocytylester[55] $-CH_2-(CF_2)_6-CF_3$	—	55,2	2,5	—	1,3289
-decylester[55] $-CH_2-(CF_2)_8-CF_3$	—	53	34,4 μ	—	1,3279

Tabelle 13. *Acrylsäureester von α-Oxypropionsäureestern*[56]

$CH_2=CH-COO-CH(CH_3)-COOR$

R	Siedepunkt (°C)	(Torr)	Dichte (D_4^{20})	Brechungs-index (n_D^{20})
Methyl	58	2,8	1,0920	1,4320
Äthyl	51	0,6	1,0496	1,4290
i-Propyl	58	1,5	1,0135	1,4255
n-Butyl	60	0,8	1,0097	1,4330
i-Butyl	80	2,4	1,0057	1,4310
Cyclohexyl	103,5	1,0	1,0543	1,4578

[55] CODDING, D. W. u. a.: J. Polymer Sci. **15**, 515 (1955); NAUNTON, W. I. S.: Rubber J. **130**, 260 (1956).

[56] REHBERG, C. E., M. B. DIXON, and C. H. FISHER: Am. Soc. **67**, 208 (1945).

Methacrylsäuremethylester

$$CH_2{=}C(CH_3){-}COOCH_3 \qquad M\ 100{,}11\ ,$$

Fp $-48{,}2°$ [57,58]

Kp_{760} 100,6° [57], 100,6 bis 101,1° [58]

Dichte[57,58]: $D_4^{0,4}$ 0,9651, D_4^{20} 0,9430, D_4^{25} 0,9374, D_4^{30} 0,9313, D_4^{40} 0,9200

Brechungsindex[57,58]: n_D^{10} 1,4199, n_D^{20} 1,4146, n_D^{25} 1,4118, n_D^{30} 1,4093, n_D^{40} 1,4040

Spezifisches Volumen[57] bei 25° 1,0667
bei 50° 1,1011
bei 75° 1,1385

Viskosität bei 25° [57] 0,565 cst

Spezifische Wärme[57,58] (bei 20 bis 30°) 0,45 cal/g/°C

Hydrierwärme[57] (bei 82°) 28,636 kcal/Mol

Polymerisationswärme 11,6 kcal/Mol[57]
13 kcal/Mol[58, 59]

Flammpunkt nach *Abel-Pensky*[41,57,58]: 9 bis 10°

Explosionsgrenzen[57,58]: 2,12 bis 12,5 Vol.-% in Luft (25°, 760 Torr)

Dampfdruck in Abhängigkeit von der Temperatur[57,58,60]:

Temperatur (°C)	2	10	20	30	40	50	60	70	80	90	100
Dampfdruck (Torr)	18	24	35	53	81	124	189	279	397	547	760

Löslichkeit in Wasser[57]:

Temperatur (°C)	0	10	20	30	40	50	60	70	80
Löslichkeit (g/l Wasser)	1,85	1,72	1,59	1,50	1,43	1,43	1,49	1,60	1,80

Löslichkeit von Wasser in Methacrylsäuremethylester[57]:

Temperatur (°C)	0	10	20	30	40	50	60	70	80
Löslichkeit (g Wasser in 100 g Ester)	0,85	0,99	1,15	1,34	1,56	1,80	2,07	2,38	2,74

Tabelle 14. *Azeotrope Gemische von Methacrylsäuremethylester*

% Ester	% Wasser	% Methanol	Siedepunkt (°C)	Siedepunkt (Torr)
86	14	—	83	760
88,4	11,6	—	49	200
15,5	—	84,5	64,2	760
18	—	82	34,5	200

[57] Kautter, C. T.: Ullmann **12**, 392 (1960).
[58] „Methyl Methacrylate", Merkblatt der Ugilor, Paris (1959).
[59] Horn, M. B.: Acrylic Resins, Reinhold Publishing Corp., New York (1960).
[60] „Methylmethacrylat", Firmenschrift der Montecatini VEES Nr. 522-G.

Tabelle 15. *Physikalische Eigenschaften einiger Methacrylsäureester ohne Heteroatome im Alkoholrest*

Ester	Siedepunkt (°C)	Siedepunkt (Torr)	Dichte (D_4^{20})	Brechungsindex (n_D^{20})
Äthyl	116,5—117	760	0,9135	1,4147
	30	18		
n-Propyl	141	760	0,9921	$n_D^{15.6}$ 1,420
	71—75	88		
i-Propyl	125	760	D^{20} 0,888	—
n-Butyl	163	760	0,8948	n_D^{25} 1,421
	73	30		
i-Butyl	46—47	13	0,884	—
sec.-Butyl	53—57	18	0,890	—
n-Pentyl	179—181	760	—	1,4817
tert.-Pentyl	67—68	20	D^{20} 0,887	—
n-Hexyl	85—109	35	D_4^{26} 0,8943	1,4316
	68—72	5		
n-Heptyl	181	760	—	1,4273
n-Octyl	160—165	15	—	1,4289
	105	5		
Äthylhexyl	136—147	75	D^{20} 0,8847	1,4390
n-Dodecyl	145—165	5	0,8735	1,4452
	142	4		
n-Hexadecyl	170—212	5	0,8695	1,4515
Stearyl	Fp 28—29	—	—	—
Cyclohexyl	68—70	4	D^{20} 0,9626	1,4578
	71—74	5		
p-Cyclohexylphenyl	Fp 67—68	—	—	—
Phenyl	83—84	4	1,053	—
o-Kresyl	98—103	5	1,031	—
Benzyl	110—117	4	—	—
β-Phenyl-äthyl	110—117	5	1,018	—
Tetrahydrofurfuryl	90	1	D^{25} 1,040	n_D^{25} 1,4554
	265	760		

Tabelle 16. *Physikalische Eigenschaften einiger Methacrylsäureester mit Heteroatomen im Alkoholrest*

Alkoholrest	Siedepunkt (°C)	Siedepunkt (Torr)	Brechungsindex (n_D^{20})	Literatur
β-Hydroxyäthyl $-CH_2-CH_2-OH$	85—86	5	1,4562	61
	99	12		

[61] A. P. 2129722 (1934) DuPont, J. C. Woodhouse; C. **1939** I, 2507; „2-Hydroxyethylmethacrylate (HEMA-96%)", Firmenschrift der Rohm & Haas Co.; Baggenstoss, A.: Dissertation Univ. Freiburg/Schweiz (1947); Messungen der Röhm & Haas G.m.b.H. (n_D^{20}); Ref. in Houben-Weyl-Müller XIV/1 von K. Tessmar (1961).

Tabelle 16 (Fortsetzung)

Alkoholrest	Siedepunkt (°C)	(Torr)	Brechungs-index (n_D^{10})	Literatur
β-Äthoxyäthyl $-CH_2-CH_2-O-CH_2-CH_3$	91—93	35	1,4298	[62]
β-Methoxyäthyl $-CH_2-CH_2-O-CH_3$	65—67	10	—	[63]
β-Hydroxypropyl 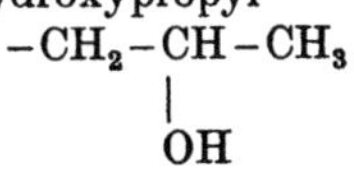	66	1	n_D^{25} 1,4460	[64]
γ-Hydroxybutyl 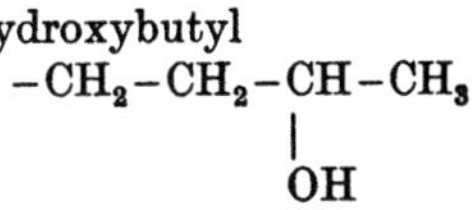	111	12	—	[65]
2,3-Epoxypropyl 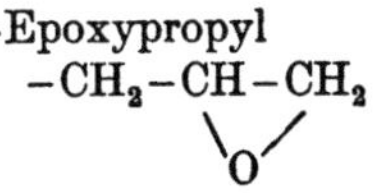	77—78	2	1,4505	[66]
2,2-Dimethyl-4-methylendioxolan 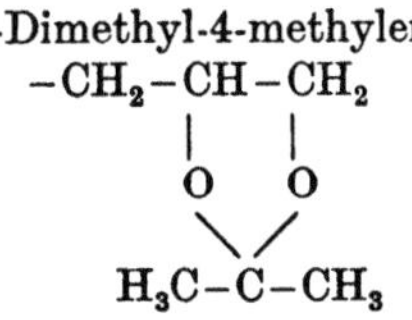	68—70	0,8—1,0	1,442	[67]
Glycerincarbonat 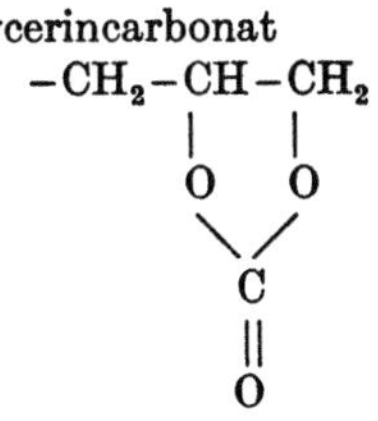	119—121	0,1	—	[68]

[62] Ind. eng. Chem. **28**, 1160 (1936); A. P. 2414089 (1944) Resinous Products & Chemical Co., H. A. BRUSON; Chem. Abstr. **41**, 2444 (1947).

[63] Ind. eng. Chem. **28**, 1160 (1936).

[64] „2-Hydroxypropylmethacrylate (HPMA-96%)", Firmenschrift der Rohm & Haas Co.

[65] BAGGENSTOSS, A.: Dissertation Univ. Freiburg/Schweiz (1947).

[66] A. P. 2556075 (1948) Am. Cyanamid Co.; J. G. ERICKSON; Chem. Abstr. **45**, 7377 (1951).

[67] A. P. 2680735 (1952), Belg. P. 521281 Rohm & Haas Co., V. W. FEGLEY, and S. P. ROWLAND; C. **1955**, 5195.

[68] A. P. 2967173 (1956) DuPont, J. C. FANG.

Tabelle 16 (Fortsetzung)

Alkoholrest	Siedepunkt (°C)	(Torr)	Brechungsindex (n_D^{20})	Literatur
Furfuryl 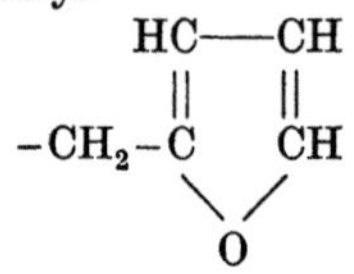	80—82	5	—	63
Tetrahydrofurfuryl 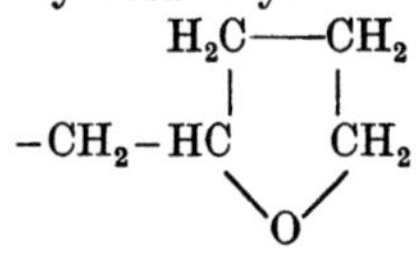	81—85	4	—	63
Isobutyrylglykol $-CH_2-CH_2-OOC-CH(CH_3)_2$	47—48	0,1—0,2	—	69
Milchsäuremethylester 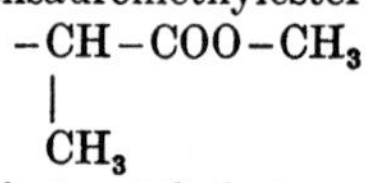	65	2	1,4338	70
Milchsäureäthylester 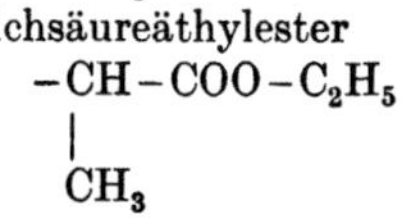	82	5	1,4341	70
Milchsäure-i-propylester 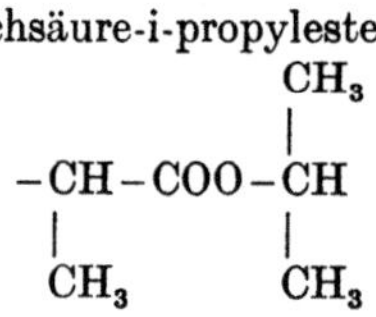	62	1,5	1,4273	70
Milchsäure-n-butylester 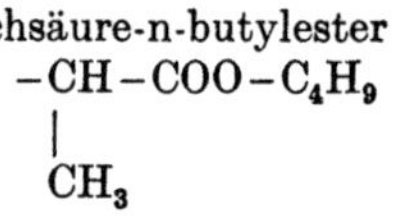	83	2	1,4349	70
Milchsäure-i-butylester 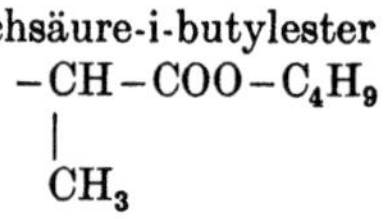	77	0,9	1,4330	70
β-Dimethylaminoäthyl 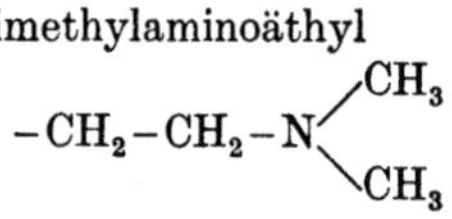	62—65	6	n_D^{25} 1,4376	71
	68,5	10		
	87,5	25		
	97,5	40		

[69] Loshaek, S.: J. Polymer Sci. **15**, 392 (1955).

[70] Rehberg, C. E., M. B. Dixon, and C. H. Fisher: Am. Soc. **67**, 208 (1945).

[71] A. P. 2138763 (1938) DuPont, D. G. Graves; C. **1939** II, 2379; „SP-84 (12/61)", Firmenschrift der Rohm & Haas Co.

Tabelle 16 (Fortsetzung)

Alkoholrest	Siedepunkt (°C)	(Torr)	Brechungsindex (n_D^{20})	Literatur
β-Diäthylaminoäthyl $-CH_2-CH_2-N(C_2H_5)(C_2H_5)$	84	7	—	[72]
β-Dibutylaminoäthyl $-CH_2-CH_2-N(C_4H_9)(C_4H_9)$	101	1	1,4474	[72]
N-Phenyl-N-äthylaminoäthyl $-CH_2-CH_2-N(C_6H_5)(C_2H_5)$	117—119	0,5	1,5372	[72]
N-Methyl-N-benzylaminoäthyl $-CH_2-CH_2-N(CH_3)(CH_2-C_6H_5)$	114	1	1,5076	[72]
Morpholinoäthyl $-CH_2-CH_2-N<(CH_2-CH_2)(CH_2-CH_2)>O$	81	1	—	[72]
tert. Butylaminoäthyl $-CH_2-CH_2-NH-C(CH_3)_3$	61	1,3	n_D^{25} 1,4395	[73]
	93	10		
	103	12		
tert. Octylaminoäthyl $-CH_2-CH_2-NH-C_8H_{17}$	125—132	19	—	[74]
β-Cyanäthyl $-CH_2-CH_2-CN$	100	2	—	[75]
β-Isocyanatoäthyl $-CH_2-CH_2-N=C=O$	74—76	3	—	[76]
β-Ureidoäthyl $-CH_2-CH_2-NH-C(=O)-NH_2$	Fp 77—78	—	—	[77]

[72] E. P. 948629 (1960) Rohm & Haas Co.

[73] „SP-84 (12/61)", Firmenschrift der Rohm & Haas Co.

[74] F. P. 1160704 (1955) Rohm & Haas Co., P. LA ROCHE DE BENNEVILLE; C. **1959**, 17585.

[75] A. P. 2379297 (1941) DuPont, J. HARMON, and C. H. MIGHTON; Chem. Abstr. **39**, 5128 (1945).

[76] A. P. 2718516 (1952) Rohm & Haas Co., N. M. BORTNICK; Chem. Abstr. **50**, 1371 (1956).

[77] A. P. 2694695 (1953) Rohm & Haas Co., N. M. BORTNICK; C. **1955**, 10393.

Tabelle 16 (Fortsetzung)

Alkoholrest	Siedepunkt (°C)	(Torr)	Brechungs-index (n_D^{20})	Lite-ratur
Chloromethyl $-CH_2-Cl$	63—65 45—46	62 15	—	78
β,β,β-Trichloräthyl $-CH_2-CCl_3$	85—87	12	$n_D^{18,5}$ 1,4726	61
β-Chloräthyl $-CH_2-CH_2-Cl$	61—64	11	n_D^{20} 1,4517	79
β-Diäthylphosphitoäthyl 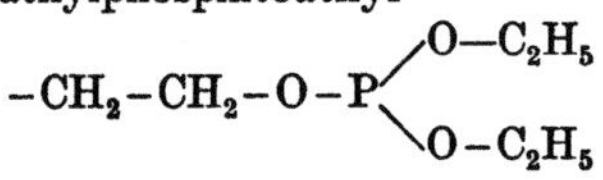	80—93	0,1	n_D^{25} 1,4405	80
2-Diäthylphosphitoisopropyl 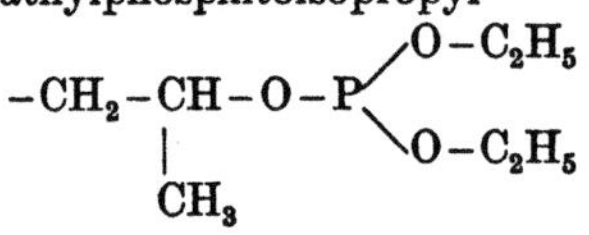	120—145	0,2	1,4381	80
2-Diäthylphosphatoäthyl 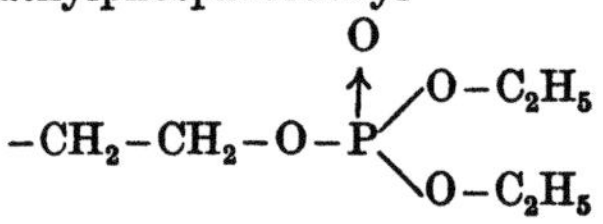	108—115	0,2	1,4336	81
2-Diäthylphosphatoisopropyl 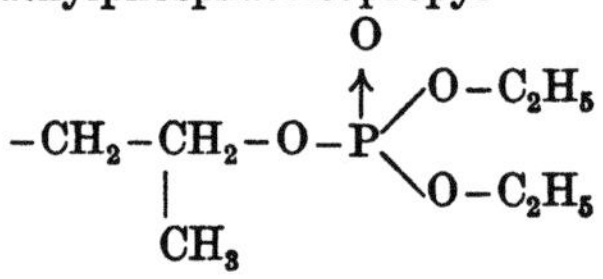	100—106	0,02	1,4342	81
Tri-n-butylzinn $-Sn(C_4H_9)_3$	Fp 18	—	1,4805	82

[78] Owens, F. H., and F. E. Zimmerman, J. Polymer Sci. A **1**, 2711 (1963); Yakubovich, A. Y. u. a.: Ž. obšč. Chim. **28**, 1930 (1958).

[79] Blout, E. R., W. P. Hohenstein, and H. Mark: Monomers, Interscience Publishers Inc., New York-London, Section I (1949), Section II (1951).

[80] A. P. 2934554 (1957), Belg. P. 573178 (1958) Rohm & Haas Co., C. A. Lane.

[81] A. P. 2863851 (1958) Rohm & Haas Co., J. L. O'Brien.

[82] Kockin, D.: Vysokomolekulyarnye Soedineniya **1**, 1509 (1959); Montermoso, J. C., T. M. Andrews, and L. P. Marinelli: J. Polymer Sci. **32**, 523 (1958).

Tabelle 17. *α-Substituierte Acrylsäureester*

Ester — Formel	Siedepunkt (°C)	(Torr)	Brechungsindex (n_D^{20})	Dichte	Literatur
α-Äthyl-acrylsäureäthylester $CH_2{=}C(COOC_2H_5){-}C_2H_5$	137,5—138,5	760	—	—	[83]
α-Methyl-β-chloroacrylsäuremethylester $Cl{-}CH{=}C(COOCH_3){-}CH_3$	41—50	10	n_D^{25} 1,4543	—	[84]
	59	28			
Itaconsäuredimethylester $CH_2{=}C(COO{-}CH_3){-}CH_2{-}COOCH_3$	91,5	10	1,441	D^{24} 1,27	[85]
Itaconsäurediäthylester $CH_2{=}C(COO{-}C_2H_5){-}CH_2{-}COOC_2H_5$	155	95	1,436-8	D_{25}^{25} 1,038	[85]
Itaconsäuredibutylester $CH_2{=}C(COO{-}C_4H_9){-}CH_2{-}COOC_4H_9$	145	10	1,442	D^{22} 0,9833	[85]
Itaconsäuredihexylester $CH_2{=}C(COO{-}C_6H_{13}){-}CH_2{-}COOC_6H_{13}$	134	3	1,446-8	—	[85]
Itaconsäuredi-2-äthylhexylester $CH_2{=}C(COO{-}C_8H_{17}){-}CH_2{-}COOC_8H_{17}$	190	2	1,451-3	—	[85]
α-Methylsulfonylacrylsäuremethylester $CH_2{=}C(COOCH_3){-}SO_2{-}CH_3$	135—137	5	—	—	[86]
α-Methylsulfonylacrylsäureäthylester $CH_2{=}C(COOC_2H_5){-}SO_2{-}CH_3$	150—152	5	—	—	[86]

[83] MANNICH, C., und K. RITZERT: B. **57**, 1117 (1924).
[84] OWENS, F. H., and F. E. ZIMMERMAN: J. Polymer. Sci. A **1**, 2711 (1963); HURD, C. D., and C. H. RECTOR jr.: J. org. Chem. **10**, 441 (1945).
[85] „Itaconic Acid and Esters", Firmenschrift der Chas. Pfizer Co.
[86] A. P. 2808395 (1955) Eastman Kodak Co., H. M. HILL.

Tabelle 17 (Fortsetzung)

Ester — Formel	Siedepunkt (°C)	(Torr)	Brechungs-index (n_D^{20})	Dichte	Lite-ratur
α-Äthylsulfonylacrylsäure-äthylester $CH_2{=}C(COOC_2H_5){-}SO_2{-}C_2H_5$	160—162	5	—	—	86

2.3.5 Acrolein und Methacrolein

Acrolein[87]

$CH_2{=}CH{-}CHO$ Acrylaldehyd, Propenal M 56,06 .

Farblose, leicht bewegliche Flüssigkeit von äußerst stechendem Geruch, deren Dämpfe stark reizend auf die Schleimhäute wirken.

Fp −87° [88], −87,7° [89]

Kp_{760} 52,8° [88]. Dampfdruck bei 20° 215 Torr

D_4^{20} 0,8390 [88], n_D^{20} 1,4017 [88], 1,39975[89] .

Mischbar mit den meisten organischen Lösungsmitteln.

Löslichkeiten: In Wasser lösen sich bei 20° 20,85 Vol.-% Acrolein[90].
Wasser löst sich in Acrolein bei 20° zu 6,8 Vol.-%[90].

Azeotrope Gemische:

% Acrolein	%Lösungspartner	Kp_{760}
97	3% Wasser	52,2°
84,5	15,5% Methanol	51,4°
85,7	0,9% Wasser und 13,4% Methanol	51,2°

Weitere physikalische Daten siehe[91].

Methacrolein[92]

$CH_2{=}C(CH_3){-}CHO$ Methacrylaldehyd M 70,09 .

Fp −81°

Kp_{760} 68,0°. Dampfdruck bei 20° 121 Torr

D_{20}^{20} 0,8474

Löslichkeit[93] in Wasser bei 20° 5,9%

Löslichkeit von Wasser in Methacrolein 1,7%.

[87] Schulz, H., und H. Wagner: Ang. Ch. **62**, 105 (1950); Schulz, H.: Ullmann **3**, 72 (1953); Beilstein I 725, E 1 I 377, E 2 I 728.

[88] Schulz, H.: Ullmann **3**, 73 (1953).

[89] Lorenz, L.: Ullmann **3**, 159 (1953).

[90] Technical Information „Acrolein", Firmenschrift der Carbide & Carbon Chem. Co.

[91] Schulz, R. C.: Kunstst. **48**, 257 (1958); Smith, C. W.: Acrolein, Verlag John Wiley, New York-London (1962).

[92] „Monomers", Firmenschrift der Carbide & Carbon Chem. Co.

[93] „Synthetic Organic Chemicals", Firmenschrift der Union Carbide Chem. Co.

2.3.6 (Meth)acrylverbindungen mit zwei Doppelbindungen

Tabelle 18

Formel	Siedepunkt (°C)	Siedepunkt (Torr)	Dichte (D_4^{20})	Brechungsindex (n_D^{20})	Literatur
$CH_2{=}C(H){-}COO{-}CH_2{-}CH{=}CH_2$	122 47	760 30	0,9441	1,4320	94
$CH_2{=}C(H){-}COO{-}CH_2{-}CH{=}CH{-}Cl$	87	34	1,1385	1,4680	95
$CH_2{=}C(H){-}COO{-}CH_2{-}C(Cl){=}CH_2$	72	29	1,1243	1,4600	95
$CH_2{=}C(H){-}COO{-}CH_2{-}C(CH_3){=}CH_2$	70—74	50	0,9275	—	94
$CH_2{=}C(CH_3){-}COO{-}CH_2{-}CH{=}CH_2$	67	50	0,9335	1,4358	94
$CH_2{=}C(CH_3){-}COO{-}CH(CH_3){-}CH{=}CH_2$	70	97	0,9066	1,4299	95
$CH_2{=}C(CH_3){-}COO{-}CH_2{-}CH{=}CH{-}CH_3$	60	23	0,9344	1,4422	95
$CH_2{=}C(CH_3){-}COO{-}CH_2{-}C(CH_3){=}CH_2$	72	50	0,9275	1,4385	95
$CH_2{=}C(H){-}CONH{-}CH_2{-}O{-}CH_2{-}CH{=}CH_2$	105—109	0,02	1,0303	1,4821	96

[94] MOUREU, C., M. MURAT, et L. TAMPIER: A. ch. **15**, 221 (1921); Chem. Abstr. **16**, 55 (1922); FISHER, C. H., C. E. REHBERG, and L. T. SMITH: Am. Soc. **65**, 763 (1943) und **65**, 1003 (1943).

[95] REHBERG, C. E., and C. H. FISHER: J. org. Chem. **12**, 227 (1947).

[96] MÜLLER, E., K. DINGES und W. GRAULICH: Makromolekulare Chem. **57**, 31 (1962); DOWBENKO, R., R. M. CHRISTENSON und A. N. SALEM: J. org. Chem. **28**, 3458 (1963).

Tabelle 18 (Fortsetzung)

Formel	Siedepunkt (°C)	(Torr)	Dichte (D_4^{20})	Brechungs-index (n_D^{20})	Literatur
$CH_2=C-CH_3$ | $CONH-CH_2-O-CH_2-CH=CH_2$	110—112	0,3	1,008	1,4819	[96]
$CH_2=C-H$ | $COO-CH_2-CH_2-O-CH=CH_2$	67—70	12	1,024	1,4447	[97]
$CH_2=C-CH_3$ | $COO-CH_2-CH_2-O-CH=CH_2$	55	2	—	1,4475	[97]
$CH_2=C-CH_3$ | $COO-(CH_2)_4-O-CH=CH_2$	75—80	2	—	1,4482	[97]
$CH_2=C-CH_3$ | $COO-(CH_2)_2-O-CH=CH_2$	80—82	1	—	1,4515	[97]
$CH_2=C-CH_3$ | $COO-(CH_2)_5-O-CH=CH_2$	112—115	7	0,964	1,4525	[97]
$CH_2=C-H$ | $CONH-CH_2-CH_2-O-CH=CH_2$	85—86	0,2	—	—	[98]
$CH_2=C-H$ | $COO-CH-COO-CH=CH_2$ | CH_3	62,5	1,2	1,0540	1,4450	[99]
$CH_2=C-H$ | $COO-CH-COO-CH-CH=CH_2$ | | CH_3 CH_3	62	0,8	1,0296	1,4418	[99]
$CH_2=C-CH_3$ | $COO-CH-COO-CH_2-C=CH_2$ | | CH_3 CH_3	76	0,7	1,0168	1,4480	[99]

[97] A. P. 2692256 (1951), E. P. 715913, DAS 1025146, Rohm & Haas Co., LaVerne N. Bauer und H. T. Neher; C. **1955**, 8732 und C. **1956**, 14509.

[98] E. P. 733097 (1952) Rohm & Haas Co.; C. **1958**, 5512.

[99] Rehberg, C. E., M. B. Dixon, and C. H. Fisher: Am. Soc. **67**, 208 (1945).

Tabelle 18 (Fortsetzung)

Formel	Siedepunkt (°C)	(Torr)	Dichte (D_4^{20})	Brechungsindex (n_D^{20})	Literatur
$CH_2=C-H$ $\vert$ $COO-CO-CH=CH_2$	55—56 70 97	2 5 35	1,094	—	99
$CH_2=C-CH_3$ $\vert$ $COO-CO-C=CH_2$ $\vert$ CH_3	87 75	13 5	—	—	100
$CH_2=C-CH_3 \quad CH_3-C=CH_2$ $\vert \qquad\qquad \vert$ $CO-O-CH_2-O-OC$	97—101 93—95	12 9—10	1,076	—	101
$CH_2=C-CH_3 \quad CH_3-C=CH_2$ $\vert \qquad\qquad \vert$ $CO-O-CH-O-OC$ $\vert$ CH_3	75 82—85 89—91	3 5 11	—	—	101
$CH_2=C-CH_3 \quad CH_3-C=CH_2$ $\vert \qquad\qquad \vert$ $CO-O-CH-O-OC$ $\vert$ CCl_3	75—85	5	—	—	101
$CH_2=C-CH_3 \quad CH_3-C=CH_2$ $\vert \qquad\qquad \vert$ $CO-O-CH_2-CH_2-O-OC$	110—114	12	1,045	—	102
$CH_2=C-CH_3 \quad CH_3-C=CH_2$ $\vert \qquad\qquad \vert$ $COO-(C_2H_4-O)_3-OC$	162	1,2	D^{25} 1,072	n_D^{25} 1,4595	103

[100] E. P. 538310 (1940), F. P. 863141, Norton Grinding Wheel Co.; C. **1944** II, 173; ARBUSOVA, I. A., S. A. PLOTKINA und V. N. EFREMOVA: Ž. obšč. Chim. **26**, 1124 (1956); Chem. Abstr. **50**, 16667 (1956); A. P. 2143924 (1934) I.C.I., L. RUBENSTEIN; Chem. Abstr. **33**, 2913 (1939).

[101] BAGGENSTOSS, A.: Dissertation Univ. Freiburg/Schweiz (1947); F. P. 859549 (1939) Comp. d. Meules Norton; E. P. 535175 (1941) Norton Grinding Wheel Co. Ltd.; Chem. Abstr. **36**, 1413 (1942); A. P. 2341334 (1941) DuPont, H. J. RICHTER.

[102] BAGGENSTOSS, A.: Dissertation Univ. Freiburg/Schweiz (1947); REHBERG, C. E., C. H. FISHER, and L. SMITH: Am. Soc. **65**, 1003 (1943); A. P. 2355330 (1943) U.S. Secretary of Agriculture, C. E. REHBERG, and C. H. FISHER; Chem. Abstr. **38**, 6299 (1944).

[103] Research Bulletin SR-205 und SR-209; Firmenschriften der Sartomer Resins Inc.

Tabelle 18 (Fortsetzung)

Formel	Siedepunkt (°C)	(Torr)	Dichte (D_4^{20})	Brechungsindex (n_D^{20})	Literatur
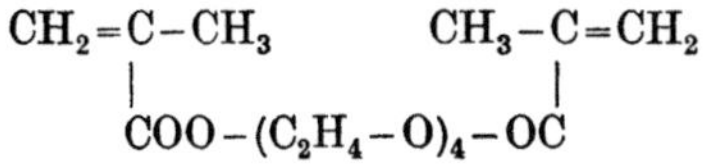	> 200	1	D^{25} 1,078	n_D^{25} 1,4608	103
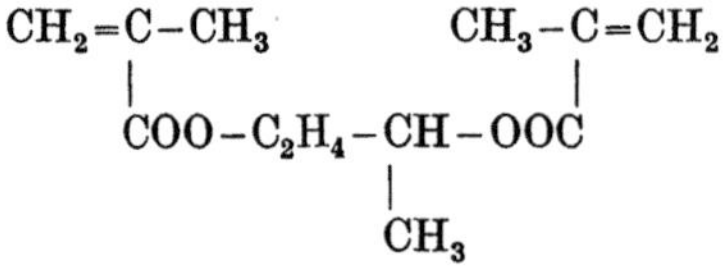	77,5—79 128—133	0,4 12	1,017	1,4523	104
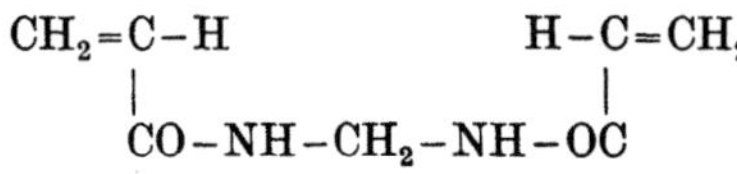	Schmelzpunkt (°C) 185—186		—	—	105
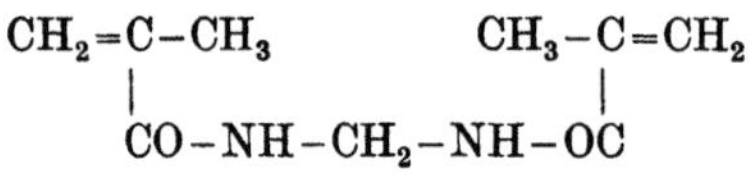	164—165		—	—	105
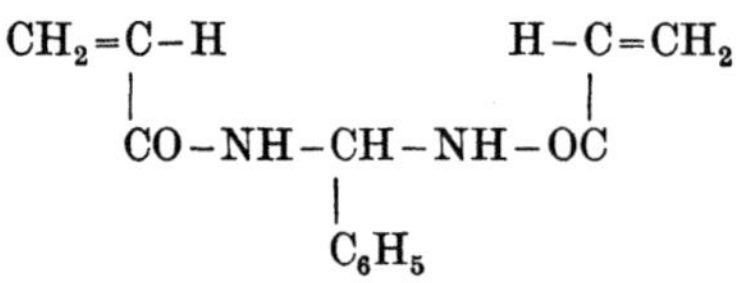	200		—	—	105
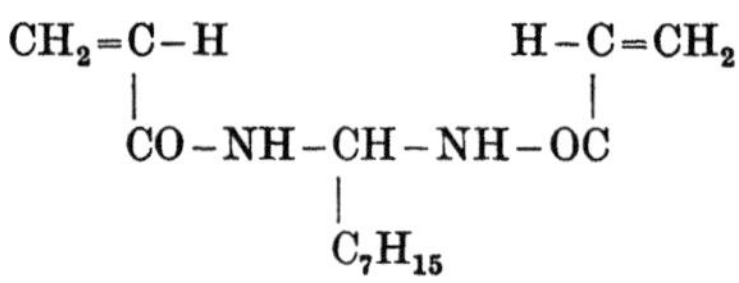	170—175		—	—	105
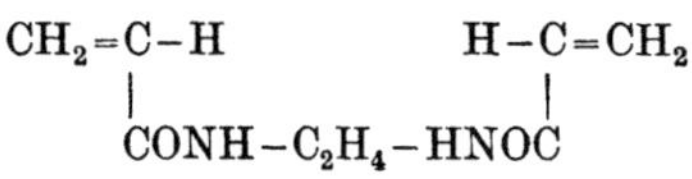	144—145		—	—	106
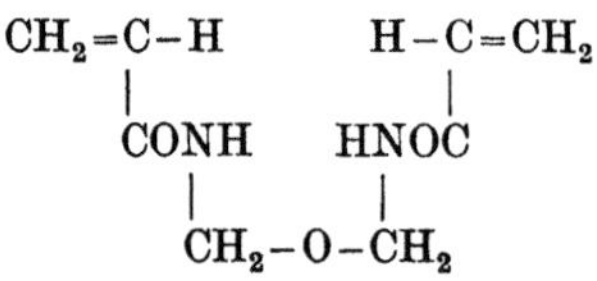	133,5		—	—	107

[104] BAGGENSTOSS, A.: Dissertation Univ. Freiburg/Schweiz (1947); F. P. 1285780 (1961) Rohm & Haas Co., E. H. SPECHT et C. H. SMITH.

[105] E. P. 648252 (1946) General Aniline & Film Corp., G. D. JONES; Chem. Abstr. **45**, 5973 (1951); A. P. 2475846 (1946) Am. Cyanamid Co., L. A. LUNDBERG; Chem. Abstr. **44**, 873 (1950).

[106] E. P. 733097 (1952) Rohm & Haas Co.; C. **1958**, 5512.

[107] DOWBENKO, R., R. M. CHRISTENSON, and A. N. SALEM: J. org. Chem. **28**, 3458 (1963).

Tabelle 18 (Fortsetzung)

Formel	Schmelzpunkt (°C)	Dichte (D_4^{20})	Brechungsindex (n_D^{20})	Literatur
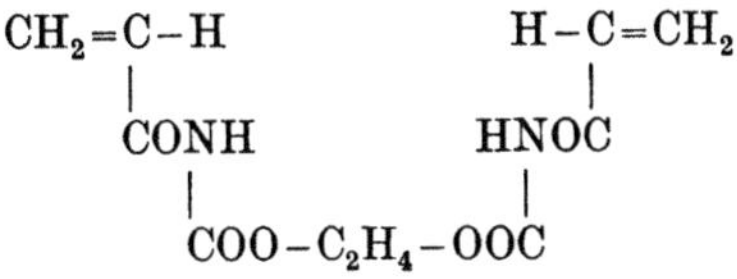	168	—	—	108
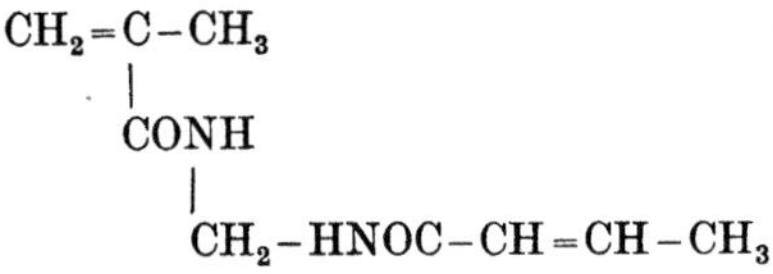	159—160	—	—	109
Verbindungen mit drei Doppelbindungen:				
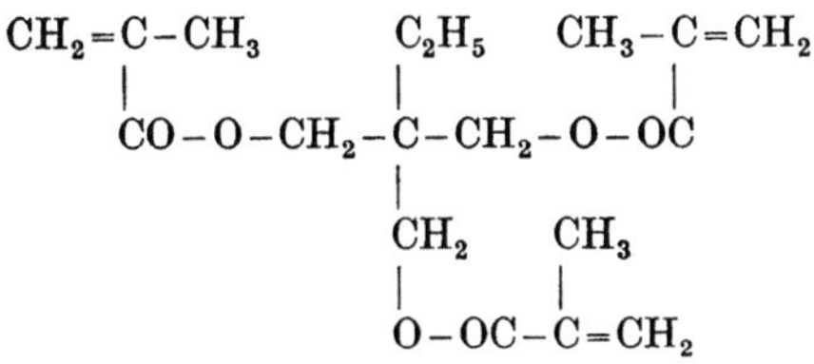	—	D^{25} 1,06	n_D^{25} 1,4700	110
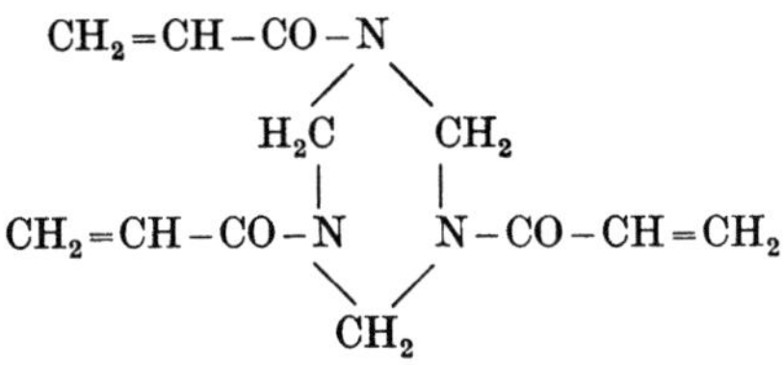	157 (Sintern)	—	—	111
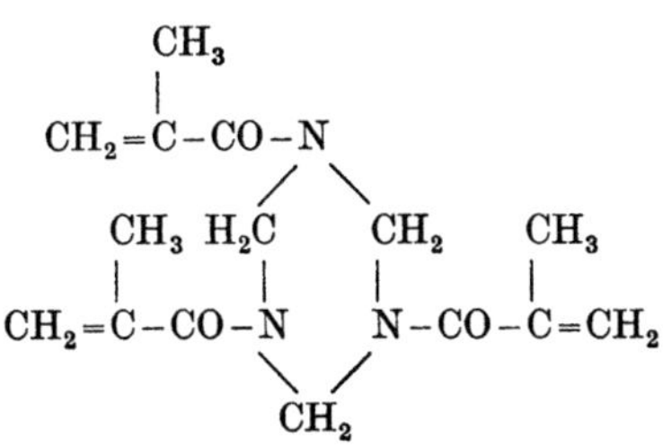	149—151	—	—	111

[108] DRP 827553 (1944) J. P. Bemberg A.G., T. LIESER.

[109] ARBUSOVA, I. A., J. N. ROSSTOWSKI, A. L. LISS und A. G. JELISSEJEWA: Ž. obšc. Chim. **29**, 3943 (1959); C. **1960**, 17084.

[110] Research Bulletin SR-350; Firmenschrift der Sartomer Resins Inc.

[111] A. P. 2559835 (1948) Sun Chemical Corp., E. ZERNER, and M. W. POLLOCK.

2.4 Analytische Bestimmungsmethoden

2.4.1 Acryl- und Methacrylsäure

A. Gehaltsbestimmungen

1. Säurezahl[1]

1,5 bis 2 g Probe werden mit 50 bis 100 ml Wasser verdünnt und sofort mit 0,5 n Natronlauge gegen Phenolphthalein titriert.

$$SZ = \frac{A \cdot 0{,}02805}{E}$$

A = ml Natronlauge 0,5 n

E = Einwaage in g

SZ (Säurezahl) = Verbrauch von KOH in mg pro g Substanz

SZ von Acrylsäure = 778

SZ von Methacrylsäure = 652.

2. Doppelbindungsbestimmung

Zur Gehaltsbestimmung kann auch die *Pyridinsulfatdibromidmethode*[2] dienen, welche im analytischen Teil der Acrylester näher beschrieben ist. Sie beruht auf der Bromierung der Doppelbindung der Monomeren.

Eine weitere *Methode mit Perchlorsäure* ist in der Broschüre der Union Carbide Chemicals Co. „Acrylate Monomers“[3] angegeben.

B. Reinheitskontrollen

1. Wassergehalt

Die Bestimmung erfolgt nach der Methode von Karl Fischer[3].

2. Polymerisationstest[3]

6 ml Eisacrylsäure werden in ein graduiertes 50 ml-Gefäß mit Glasstopfen pipettiert, mit 30 ml destilliertem Wasser verdünnt und gut durchgemischt. Darauf werden 5 ml frische 3%ige Wasserstoffperoxydlösung zugefügt und erneut durchgeschüttelt. 25 ml der Lösung werden in ein Proberöhrchen mit den Maßen 20×150 mm übergeführt, der Inhalt mit einem Thermometer dauernd umgerührt und auf einem Dampfbad erwärmt, bis die Polymerisation einsetzt.

Nun wird das Röhrchen vom Bad entfernt und das Rühren fortgesetzt, bis die Temperatur wieder zu fallen beginnt. Das Thermometer wird entfernt und das Röhrchen eine Stunde bei Zimmertemperatur stehen gelassen.

---

[1] Trommsdorff, E., und R. Kretz: Houben-Weyl-Müller XIV/1, 1017 (1961).
[2] Rowe, R. G., C. C. Furnas, and H. Bliss: Anal. Chem. **16**, 371 (1944).
[3] „Acrylate Monomers“, Firmenschrift der Union Carbide Chem. Co. (1962).

Das Polymerisat wird nun hinsichtlich Farbe, Aussehen und Klarheit mit entsprechenden Standardproben verglichen.

3. Dimerenbestimmung in Eisacrylsäure

Die Methode beruht auf der Verseifung der Probe und ist in der Literatur ausführlich beschrieben[3] (vgl. auch 2.4.2 A. 1.).

2.4.2 Acryl- und Methacrylsäureester [4, 5]

A. Gehaltsbestimmungen

Zur chemischen Gehaltsbestimmung der *Ester* wird die Verseifungszahl ermittelt und der Gehalt an Doppelbindungen bestimmt.

1. Verseifungszahl

Bei der von E. Trommsdorff und R. Kretz[5,6] angegebenen Methode zur Feststellung der VZ, die für die Praxis die wichtigste Bestimmungsgröße ist, werden 0,5 bis 3,0 g Probe mit 50 ml 0,5 n alkoholischer Kalilauge 90 Minuten unter Rückfluß gekocht, der Rückflußkühler mit neutralisiertem Alkohol gespült und nach Zugabe von Phenolphthalein als Indikator in der Kälte mit 0,5 n Salzsäure auf farblos titriert. Parallel dazu wird eine Blindwertbestimmung durchgeführt.

$$\text{Verseifungszahl (VZ)} = \frac{(\mathrm{B} - \mathrm{A})\ \mathrm{ml} \cdot 0{,}02805}{\mathrm{E}}$$

B = Blindwert
A = Bestimmung
E = Einwaage.

2. Doppelbindungsbestimmungen

Den *Gehalt an Doppelbindungen* erhält man entweder aus der Hydrierzahl[7] oder aus der Bromzahl[6,8,9]. Weitere Methoden sind die Addition von Quecksilber-(II)-salz[10], von Mercaptan[6,11], von Morpholin[12] oder das Perchlorsäureverfahren[13].

[4] „Amcel Acrylates", Firmenschrift der Celanese Corp. of America.

[5] Trommsdorff, E., und R. Kretz: Houben-Weyl-Müller XIV/1, 1015 (1961).

[6] High Polymers, XII, Analytical Chemistry of Polymers, 1. Teil, Interscience Publ. Inc. New York (1959); Acrylic Plastics von E. L. Stanley.

[7] Roth, H.: Houben-Weyl-Müller II, 288ff. (1953).

[8] Mast, W. C., and C. H. Fisher: Ind. eng. Chem. **41**, 790 (1949).

[9] Roth, H.: Houben-Weyl-Müller II, 304ff. (1953); Rowe, R. G., C. C. Furnas, and H. Bliss: Anal. Chem. **16**, 372 (1944); Critchfield, F. E.: Anal. Chem. **31**, 1406 (1959).

[10] Mallik, K. L., and M. N. Das: Chem. and Ind. **1959**, 162; Bartels, U., und H. Hoyme: Faserforschg. und Textiltechn. **10**, 345 (1959).

[11] Beesing, D. W. u. a.: Anal. Chem. **21**, 1073 (1949).

[12] Critchfield, F. E., G. L. Funk und J. B. Johnson: Anal. Chem. **28**, 76 (1956).

[13] „Acrylate Monomers", Firmenschrift der Union Chemicals Co.

Im nachstehenden wird die Doppelbindungsbestimmungsmethode mittels Pyridinsulfatdibromid näher beschrieben.

Bestimmung des Doppelbindungsgehaltes mit Pyridinsulfatdibromid[6]. Nach dieser Methode werden *Acryl- und Methacrylsäuren* und *-ester* rasch und vollständig bromiert.

Reagentien:

1. Pyridinsulfatdibromidlösung; 0,1 n. Man gießt in drei 250 ml Erlenmeyerkolben je 40 ml Eisessig.

a) Zum ersten Kolben werden $16{,}0 \pm 0{,}2$ g Pyridin unter Kühlung zugefügt.

b) Zum zweiten Kolben gibt man $20{,}0 \pm 0{,}2$ g konzentrierte Schwefelsäure unter Kühlung. Der gekühlte Inhalt beider Kolben wird gemischt.

c) Dem dritten Kolben setzt man $16{,}0 \pm 0{,}2$ g Brom zu, gießt den Inhalt zur Mischung der ersten beiden Kolben und verdünnt mit Eisessig auf etwa 2000 ml. Diese Lösung (PSDB-Lösung) ist etwa 0,1 n; sie ist in braunen Flaschen ziemlich haltbar. Zum Abmessen bedient man sich vorteilhafterweise eines ganz aus Glas bestehenden Bürettensystems.

2. Quecksilberacetat; 2,5%ig. Man löst 25 g Quecksilberacetat in 1 l Eisessig.

3. Kaliumjodid; 30%ige wäßrige Lösung.

4. Natriumthiosulfat; 0,1 n Lösung.

5. Stärkeindikator; 1%ige wäßrige Lösung.

6. Eisessig.

Analysenmethode:

In einen 100 ml Meßkolben werden etwa 20 ml Eisessig gegeben, der Kolben geschlossen und auf einer analytischen Waage gewogen. Nun fügt man 30 bis 40 Milliäquivalente der Monomerenprobe zu, verschließt wieder, wiegt und füllt bis zur Marke mit Eisessig auf.

Man entnimmt 50 ml PSDB-Lösung aus der Bürette oder mittels Pipette und fügt schnell einen aliquoten Teil von 10 ml Probe zu. Außerdem werden sofort aus einem Meßzylinder 50 ml Quecksilberacetatlösung so zugegeben, daß der Schliffhals des Kolbens völlig benetzt wird. Man verschließt gleich und stellt den Kolben an einen dunklen Ort.

Nach genau 20 Minuten füllt man schnell die Rinne des Jodzahlkolbens mit Kaliumjodidlösung und läßt diese durch Lüften des Stopfens zutropfen. Man verschließt wieder und schüttelt etwa 30 Sekunden gut durch. Mit etwa 100 ml Wasser spült man den Stopfen ab und titriert mit 0,1 n Natriumthiosulfatlösung, indem man gegen Titrationsende Stärkeindikator zufügt.

Gleichzeitig mit der eben beschriebenen Bestimmung wird eine Blindprobe angesetzt, die genau so durchgeführt wird, nur werden an Stelle des aliquoten Probenteils 10 ml Eisessig genommen.

$$\% \text{ Monomere} = \frac{(B - A) \,.\, N \,.\, Ä \,.\, 0{,}1}{\text{Gewicht der Probe im aliquoten Teil}}$$

A = Verbrauch 0,1 n Natriumthiosulfatlösung für die Probe

B = Verbrauch 0,1 n Natriumthiosulfatlösung für die Blindprobe

Ä = Äquivalentgewicht; dieses stimmt bei einigen höheren Estern nicht immer mit dem berechneten überein, da bei deren Herstellung Alkohole technischer Reinheit verwendet werden

N = Normalität der Natriumthiosulfatlösung

Äquivalentgewichte = $^1/_2$ Molgewichte, nur bei höheren Estern[8]:

Acrylsäure-2-äthylhexylester	92,13	Methacrylsäuredecylester	110,0
		Methacrylsäurelaurylester	135,0
		Methacrylsäurestearylester	169,5 .

B. Reinheitskontrollen

1. Physikalische Methoden

Zur Reinheitsbestimmung der *Ester* wird am zweckmäßigsten die *Gaschromatographie*[14] verwendet. Im Prospekt der Celanese Corp.[4] sind für die *Acrylsäuremethyl-*, *äthyl-*, *butyl-* und *-2-äthylhexylester* Säulenmaterial und weitere Untersuchungsdetails angegeben (siehe auch[5] und[15]).

Zur Erfassung von Verunreinigungsspuren dient die Aufnahme des *IR-Spektrums*[6,16] und die *Massenspektrometrie*[17].

Mit Hilfe des *IR-Spektrums* ist es auch möglich, zwischen *Acryl-* und *Methacrylsäureestern* eine Unterscheidung zu treffen[8].

	C=O	C=C	=CH
Acrylsäureester	1725 cm^{-1}	1638	985, 965
Methacrylsäureester	1718	1637	938

Die Identifizierung bestimmter *Ester* mittels der IR-Spektroskopie ist nur dann möglich, wenn völlige Übereinstimmung mit entsprechenden Vergleichsspektren vorliegt.

Im Buch von G. M. KLINE[6] sind außerdem eine Anzahl von *UV-Spektren* abgebildet.

---

[14] HASLAM, J., and A. R. JEFFS: J. appl. Chem. **7**, 24 (1957); HASLAM, J.: Chem. Age London **82**, 169 (1959); RADELL, E. A., and H. C. STRUTZ: Anal. Chem. **31**, 1890 (1959).

[15] TAKAYAMA, Y.: J. chem. Soc. Japan, ind. Chem. Sect. **61**, 682 (1958); C. **1959**, 5256.

[16] HOFMANN, M., und R. KAISER: Ang. Ch. **72**, 141 (1960); DAVISON, W. H. T., and G. R. BATES: Soc. **1953**, 2607.

[17] ARAKI, S., and Y. TAKAYAMA: J. chem. Soc. Japan, ind. Chem. Sect. **58**, 15 (1955); C. **1959** ,12650.

Zur Kontrolle der Reinheit werden außer den Prüfungen auf Verunreinigungen und Beimengungen noch verschiedene physikalische Kenndatenbestimmungen durchgeführt. Dazu gehören die Ermittlung des *Brechungsindex*, des *spezifischen Gewichtes* und des *Siedeverhaltens*.

Neben diesen physikalischen Untersuchungsmethoden sind die *chemischen Verfahren* zur quantitativen Bestimmung von Verunreinigungen und zur Gehaltsbestimmung der Monomeren unerläßlich. Bei den in geringen Mengen vorhandenen Beimengungen, die chemisch erfaßt werden können, handelt es sich z. B. um Stabilisatoren, Säuren oder Wasser. Je nach dem Herstellungsprozeß können auch andere Verunreinigungen, z. B. andere Acryl- oder gesättigte Ester, Blausäure, Eisenspuren oder Polymerisat vorhanden sein.

2. Chemische Methoden

a) *Säuregehalt*[4]

50 ml chemisch reines Methanol werden zu Eis, welches sich in einem 250 ml Erlenmeyer befindet, zugegeben. Darauf fügt man 1 ml 0,1%ige alkoholische Bromthymolblaulösung als Indikator zu und neutralisiert mit 0,05 n Natronlauge bis zur dunkelgrünen Farbe. Man verwendet dabei eine 10-ml-Bürette mit 0,01 ml-Teilung.

In den Kolben pipettiert man nun 100 ml der zu untersuchenden Probe und titriert rasch mit 0,05 n Natronlauge bis zum gleichen Farbton wie oben.

Im Original der Analysenvorschrift wird zur Durchführung einer potentiometrischen Titration geraten.

$$\text{Säuregehalt} = \frac{A \cdot N \cdot \ddot{A} \cdot 100}{\text{ml Probe} \cdot s}$$

A = ml NaOH Verbrauch

N = Normalität der Lauge

Ä = Milliäquivalentgewicht der Säure

s = spezifisches Gewicht .

b) *Wassergehalt*[4,5,13]

Der Prozentsatz an Wasser wird nach der Methode von K. FISCHER[18] bestimmt. VAN LAMOEN und H. BORSTEN[19] legen dabei das Schwefeldioxyd-Pyridin-Methanol-Gemisch vor und titrieren mit Jod-Methanol.

[18] EBERIUS, E.: Wasserbestimmung mit Karl-Fischer-Lösung, Verlag Chemie G.m.b.H., Weinheim (1958); MITCHELL, J., and D. M. SMITH: Aquametrie, Interscience Publ. Inc., New York (1948).

[19] VAN LAMOEN, F. L. J., and H. BORSTEN: Anal. Chem. **27**, 1638 (1955).

c) Stabilisatorgehalt

Der *Hydrochinongehalt* wird entweder titrimetrisch[5,6], kolorimetrisch[4,6,13] oder polarographisch[6,20] erfaßt.

Zur *jodometrischen Methode*[6], die sich zur Hydrochinonbestimmung sowohl in *Acryl-* als auch in *Methacrylsäureestern* bis zum Butylester, sowie für die *Säuren* und einige *Salze* eignet, werden folgende Reagentien benötigt:

Pufferlösung: Es werden 164 g trockenes Natriumacetat und 40 ml Eisessig in destilliertem Wasser gelöst und auf 1 l aufgefüllt.

2 n Schwefelsäure,
0,1 n Jodlösung,
0,02 n Jodlösung (vor Gebrauch stets frisch bereiten),
0,1 n Natriumthiosulfatlösung,
0,02 n Natriumthiosulfatlösung (vor Gebrauch stets frisch bereiten),
25%ige wäßrige Sodalösung,
10%ige wäßrige Kaliumjodidlösung,
Methanol,
1%ige Stärkelösung,
0,04%ige Bromthymolblauindikatorlösung.

Anmerkung:

Fallweise gelangen verunreinigte Proben zur Analyse, welche störende Beimengungen enthalten. Diese Störung kann manchmal durch Verwendung von hydrochinonfreiem Material als Blindprobe ausgeschaltet werden. Dieses bereitet man folgendermaßen:

In einem Scheidetrichter wird der inhibierte *Ester* mit 10%iger Natriumhydroxydlösung im Verhältnis 10:1 mehrmals ausgeschüttelt, bis die wäßrige Schicht praktisch farblos ist. Anschließend wird mit Wasser neutral (gegen Phenolphthalein) gewaschen, über wasserfreiem Natriumsulfat getrocknet und filtriert.

Bestimmung:

1. Hydrochinongehalt unter 0,01%.

Als Einwaagen werden bei Proben mit weniger als 0,006% Hydrochinon 100-ml-Muster, bei 0,006 bis 0,010% 50-ml-Muster verwendet.

Die Proben werden in 500-ml-Erlenmeyerkolben mit 20 ml Pufferlösung und 125 ml Methanol versetzt und geschüttelt. Darauf fügt man je 10 ml 0,02 n Jodlösung unter Umschwenken zu und läßt 1 bis 5 Minuten

---

[20] Exner, J., and M. Bohdanecký: Chem. Listy **49**, 1091 (1955); C. **1956**, 6770; Dimitrijeva, V. N., und V. D. Besuglyi: Zavod. Labor. **23**, 914 (1957); Ryabov, A. V., und G. D. Panova: Doklady Akad. SSSR. (Neue Serie) **99**, 547 (1954); Kolthoff, I. M., and J. J. Lingane: Polarography, 2. Auflage, Interscience Publ. New York-London (1952).

stehen; anschließend wird mit 0,02 n Natriumthiosulfatlösung ohne Stärkeindikator titriert.

Parallel dazu führt man eine Blindbestimmung durch und verwendet die tatsächlich vom Hydrochinon verbrauchte Jodmenge zur Berechnung. Das Äquivalentgewicht beträgt 55.

2. Hydrochinongehalt zwischen 0,01 und 0,35%.

50 ml der Proben werden mit 20 ml Pufferlösung und 50 ml Wasser geschüttelt, ein Überschuß von mindestens 5 ml 0,1 n Jodlösung zugegeben, sodann 1 bis 5 Minuten stehen gelassen und von Zeit zu Zeit heftig geschüttelt. Das überschüssige Jod titriert man mit 0,1 n Natriumthiosulfatlösung unter kräftigem Schütteln und Zusatz von Stärkeindikator.

Auch hier wird ein Blindversuch durchgeführt und der Hydrochinongehalt wie oben berechnet:

$$\%\ \text{Hydrochinon} = \frac{(B - A)\text{ml} \cdot 0{,}55}{\text{ml Probe} \cdot s}$$

B = Blindwert

A = Bestimmung

s = spezifisches Gewicht.

Zur *kolorimetrischen Bestimmung*[4,13] werden Vergleichslösungen mit verschiedenen Hydrochinongehalten in Methanol hergestellt. Die optische Dichte dieser Lösungen wird bestimmt, wobei die ermittelten Werte eine Gerade ergeben sollen.

Um den Hydrochinongehalt in *Methacrylsäuremethylester polarographisch* zu ermitteln, sei auf die Vorschrift von E. L. STANLEY[6] verwiesen. Nach dieser Methode läßt sich auch *Benzochinon* bei einer Minimalmenge von 0,002% bestimmen.

Zur Erfassung des *Hydrochinonmethyläthers*[4,6,8] wird die Farbreaktion mit salpetriger Säure kolorimetrisch ausgewertet.

Von E. L. STANLEY[6] ist auch eine UV-Methode angegeben, nach welcher man in einem Konzentrationsbereich von 0,0 bis 3,0% mit einer Genauigkeit von etwa 0,002% den *Hydrochinonmethyläther* bestimmen kann. Voraussetzung ist die Abwesenheit von anderen Komponenten, welche im Ultravioletten bei 288 mμ absorbieren.

d) Peroxyde und Hydroperoxyde

Zur *polarographischen Methode* werden in der Literatur einige Hinweise gegeben[6].

Ein *jodometrisches Verfahren* eignet sich zur quantitativen Bestimmung von Benzoylperoxyd, Acetylperoxyd, Lauroylperoxyd bzw. Tert.-butylhydroperoxyd und ähnlichen Verbindungen. Die Methode eignet sich nicht für Di-tert.-butylperoxyd und ähnlich sterisch abgeschirmte Peroxyde.

Analysenvorschrift:

50 g Monomeres werden in einen 250 ml Erlenmeyerkolben gegeben und 25 ml Methanol, 2 g festes Kaliumjodid und 5 ml Eisessig zugefügt. Man schüttelt gut durch und kocht den Inhalt unter Rückfluß drei Minuten. Darauf wird rasch abgekühlt und der Kühler und die Wände des Kolbens mit 5 ml Wasser abgespült. Die Titration erfolgt mit 0,01 n Natriumthiosulfatlösung.

e) Aldehyde und Ketone

Aceton kann als Jodoform spektrophotometrisch bestimmt werden[5,21], *Aldehyde und Ketone* mit Hydroxylamin[5,22].

f) Polymerisat

Um auf anwesendes *Polymerisat* zu prüfen, verdünnt man den monomeren *Ester* mit der fünfzigfachen Menge Methanol bzw. bei Acrylsäuremethylester mit 50%iger Essigsäure[10]. Eine Trübung bzw. ein Niederschlag deuten auf Polymerisat hin. Noch empfindlicher fällen Kohlenwasserstoffe im Überschuß.

g) Polymerisationsverhalten

Sehr empfindlich auf Verunreinigungen ist das *Polymerisationsverhalten* der ungesättigten *Ester*, das am besten dilatometrisch erfolgt, da man aus den Zeit-Umsatz-Kurven auf Inhibitoren (lange Induktionsperiode), Radikalbildner (verstärkte Beschleunigung) u. a. Verbindungen mehr schließen kann (vgl. S. 204).

2.4.3 Acryl- und Methacrylnitril

A. Gehaltsbestimmungen

1. Stickstoffbestimmung

Wenn keine weiteren stickstoffhaltigen Verbindungen als Beimengungen vorhanden sind, ist die Stickstoffbestimmung nach KJELDAHL die wichtigste Methode zur Gehaltsermittlung.

2. Doppelbindungsbestimmung

Der Gehalt an Doppelbindungen wird durch *Addition von Dodecylmercaptan* in alkoholischer Lösung bestimmt. Als Katalysator dient hier

[21] TAKAYAMA, Y., and F. TOKIWA: Bl. chem. Soc. Japan **31**, 369 (1958); Chem. Abstr. **52**, 16984 (1958).

[22] HASLAM, J., and D. C. M. SQUIRRELL: Analyst **82**, 511 (1957).

Kaliumhydroxyd. Das überschüssige Mercaptan wird mit Jodlösung zurücktitriert[23].

Gemäß Prospekt der Am. Cyanamid Co[24] wird *Acrylnitril* einem gemessenen Überschuß von Dodecylmercaptan in Isopropanol zugegeben. Die Cyanäthylierung des Mercaptans ist dabei in Gegenwart eines basischen Katalysators innerhalb von zwei Minuten quantitativ und das überschüssige Mercaptan wird mit Bromat-Jodid-Reagens zurücktitriert.

Reagentien:

Mercaptan Reagens: Frisch bereitete Lösung von 35 g (41 ml) rohem n-Dodecylmercaptan in 1 l 99%igem Isopropanol.

Basischer Katalysator: 28 g KOH in 1 l Äthanol lösen.

Bromat-Jodid-Lösung: 3,479 g $KBrO_3$ p.a. und 30 g KJ werden in Wasser gelöst und auf 1 l aufgefüllt. Zur Bestimmung des Titers wird eine 25 ml Probe mit 1 bis 2 ml HCl conz. angesäuert und mit 0,1 n Natriumthiosulfatlösung titriert.

Säurelösung: 16 ml HCl conz. mit Isopropanol zu einem Liter auffüllen.

Durchführung:

25-ml-Mercaptanreagens werden rasch in einen Jodkolben pipettiert und dieser sofort verschlossen. Für jede Probe und für die Blindprobe werden gleiche Kolben vorbereitet. Von der Probe werden 9 bis 12 Tropfen (0,15 bis 0,20 g) in eine gewogene Ampulle gegeben, rasch verschlossen und gewogen. Nun läßt man die Ampulle samt Stopfen offen in den Jodzahlkolben gleiten, der verschlossen zum Durchmischen geschüttelt wird.

Nach Zugabe von 2 ml des basischen Katalysators wird erneut geschüttelt und eine Stoppuhr in Gang gesetzt. In Intervallen von 20 bis 30 Sekunden wird Katalysatorlösung zu den anderen Proben und zuletzt zur Blindprobe gegeben. Nach zwei Minuten beendet man die Reaktion in der ersten Probe durch Zugabe von 125 ml der Säurelösung und verfährt entsprechend mit den übrigen Proben.

Nun wird sofort die Blindprobe mit der Bromat-Jodidlösung bis zu einer schwachen Gelbfärbung titriert, welche auch nach 30 Sekunden langem Schwenken bestehen bleiben soll. Die Proben werden in der Reihenfolge titriert, wie sie begonnen wurden.

$$\%\ \text{Acrylnitril} = \frac{(B - A) \cdot N \cdot 5{,}306}{E}$$

B = Verbrauch Blindprobe
A = Verbrauch Probe
N = Normalität der Bromat-Jodid-Lösung
E = Einwaage der Probe in g.

[23] Kline, G. M.: Analytical Chemistry of Polymers, Interscience Publ., New York-London, 442 (1959).

[24] „Handling-Storage-Analysis of Acrylonitrile", Firmenschrift der Am. Cyanamid Co.

Bemerkungen:

Infolge der leichten Flüchtigkeit soll das Einwiegen und Umfüllen des Monomeren rasch erfolgen.

An Stelle von Isopropanol kann auch Äthanol oder n-Butanol verwendet werden, wobei allerdings bei ersterem der Titrationsendpunkt nicht so scharf ist.

Bei der Gehaltsbestimmung wäßriger *Acrylnitril*proben muß darauf Rücksicht genommen werden, daß maximal 25% Wasser im Reaktionsgemisch vorhanden sein dürfen.

B. Reinheitskontrollen

Bei Verunreinigungen von *Acrylnitril* kann es sich um Aldehyde, Peroxyde, Wasser, Chloride, Blausäure oder Eisen handeln. *Aldehyde* werden durch UV-Analyse oder durch Reaktion mit Fuchsin, *Peroxyde* durch Reduktion mit Eisen-(II)-Verbindungen, wobei letztere in Eisen-(III)-Verbindungen übergehen und titrimetrisch mit Titanchloridlösung erfaßt werden, bestimmt. *Chloride* werden nach den üblichen organischen Analysenmethoden und *Blausäure* und *Eisen* nach physikalischen Methoden ermittelt. *Blausäure* ist auch mit der Methode von LIEBIG erfaßbar[24]. *Wasser* bestimmt man nach der KARL-FISCHER-Methode.

2.4.4 Acryl- und Methacrylamid

A. Gehaltsbestimmungen

1. Stickstoffbestimmung

Um den Prozentgehalt von *(Meth)acrylamid* in Abwesenheit anderer stickstoffhaltiger Substanzen zu ermitteln, ist die Stickstoffbestimmung nach KJELDAHL[25] am besten brauchbar.

2. Doppelbindungsbestimmung

Zur Doppelbindungsbestimmung wird im nachstehenden die Methode der Am. Cyanamid Co.[26] wiedergegeben:

Reagentien:

1. 0,1 n $KBrO_3$-KBr-Lösung (2,79 g $KBrO_3$ und 10 g KBr pro Liter)
2. 6 n H_2SO_4
3. 20%ige KJ-Lösung
4. 0,1 n Natriumthiosulfatlösung
5. 1%ige Stärkelösung.

---

[25] ROTH, H.: Houben-Weyl-Müller II, 61 (1953).

[26] „Chemistry of Acrylamide", Firmenschrift der Am. Cyanamid Co. (1956).

Durchführung:

Eine Probe von 1,0 bis 1,5 g *Acrylamid* wird genau eingewogen, in einen 500 ml Maßkolben übergeführt und mit Wasser aufgefüllt. 25 ml der Lösung werden in einen starkwandigen Erlenmeyerkolben pipettiert und 25 ml der Bromid-Bromat-Lösung ebenfalls mit der Pipette zugegeben. Danach wird mit einem zweifach durchbohrten Gummistopfen verschlossen; die eine Bohrung trägt einen Tropftrichter, die andere ein Rohr, welches mit der Vakuumleitung verbunden ist. Es werden 5 ml der Schwefelsäure zugegeben ohne das Vakuum aufzuheben. Die Lösung soll nun 20 Minuten im Dunklen unter öfterem Schütteln stehen bleiben. Während der Zugabe von 15 ml der KJ-Lösung wird gut durchgemischt und dann das Vakuum aufgehoben. Die Lösung wird sofort mit eingestellter Thiosulfatlösung mit Stärke als Indikator titriert. Zum Vergleich wird eine Blindbestimmung mit angesetzt.

$$\% \text{ Acrylamid} = \frac{(B - A) \cdot N \cdot 3{,}554}{E}$$

B = Verbrauch Thiosulfatlösung Probe

A = Verbrauch Thiosulfatlösung Blindprobe

N = Normalität Thiosulfatlösung

E = Einwaage im aliquoten Teil.

Die potentiometrische Titration von *Acrylamid* in Acetanhydrid mit Perchlorsäure in Eisessig ist ebenfalls beschrieben[27].

2.4.5 Acrolein

Gehaltsbestimmung des *Acroleins*[28]:

Reagentien:

1. Kaliumbromid-Bromat-Lösung: 0,1 n
2. Schwefelsäure: 30%ig
3. Methylorange als Indikator.

Durchführung:

0,5 bis 0,8 g *Acrolein* werden in 25 bis 40 ml Wasser in einen 100 ml Meßkolben eingewogen und mit Wasser auf 100 ml aufgefüllt.

50 ml 0,1 n Kaliumbromid-Bromat-Lösung werden mit 10 ml 30%iger Schwefelsäure angesäuert und mit der wäßrigen Acroleinlösung titriert. Nach zwei Minuten Wartezeit werden 20 ml Schwefelsäure zugefügt und mit wäßriger Acroleinlösung bis zur Entfärbung austitriert. Der Endpunkt ist erreicht, wenn ein Tropfen Methylorange bleibende Rotfärbung der Lösung hervorruft.

---

[27] WIMER, D. C.: Anal. Chem. **30**, 77 (1958).

[28] SCHULZ, H.: Ullmann **3**, 73 (1953).

$$\% \text{ Acrolein} = \frac{100 \cdot 56}{4 \cdot V \cdot E}$$

V = Verbrauch Acroleinlösung
E = Einwaage an Acrolein.

2.5 Lagerung, Handhabung und Toxikologie

A. Acryl- und Methacrylsäure

1. Lagerung, Stabilisierung und Reinigung

Zur Lagerung von *(Meth)acrylsäure* werden Glas, Emaille, V2A, V4A oder Polyäthylenbehälter empfohlen, in der Technik werden meist Tanks aus rostfreiem Stahl verwendet. Aluminium kann nur dann eingesetzt werden, wenn die atmosphärische Feuchtigkeit ausgeschlossen wird. Behälter aus rostfreiem Stahl werden auch für die wäßrigen Lösungen vorgeschlagen[1], während Kupferbehälter zu vermeiden sind, da sie Anlaß zu Verfärbungen geben und außerdem Kupferionen die Polymerisation verzögern.

Unstabilisierte Säure soll nur kurz vor Gebrauch bereitet und vor Licht geschützt aufbewahrt werden, die stabilisierten Monomeren sollen bei etwa 15 bis 18° gelagert werden. Bei längerer Lagerung (über zwei Monate) sollte Stabilisator nachgegeben werden.

Beim Frieren von *(Meth)acrylsäure*[2] konzentriert sich der Inhibitor in den letzten noch flüssigen Anteilen, während in den zuerst erstarrten Anteilen relativ weniger Inhibitor eingeschlossen ist. Aus diesem Grund sollte Einfrieren vermieden werden. Eingefrorene Proben müssen vorsichtig und bei geringer Wärmezufuhr wieder aufgetaut werden.

In den Handel gelangt *(Meth)acrylsäure* normalerweise mit einem Stabilisatorgehalt von 0,01 bis 0,05% Hydrochinon[3] oder 0,025% p-Methoxyphenol. Die Stabilisierung kann auch mit 0,1% Kupferoleat oder mit Farbstoff erfolgen[4].

Bei Stabilisatormengen von 0,1% Kupferoleat oder 0,05% Hydrochinon entstabilisiert man die Säure durch Vakuumdestillation (Kp_{40-50} 85 bis 90°) und kondensiert bei einer Temperatur von etwas über 15° [4].

Wird der Inhibitor bei der Polymerisation nicht entfernt, was bei geringen Stabilisatorgehalten (etwa 0,02% Hydrochinon oder dessen Methyläther) nicht unbedingt notwendig ist, so ist der Methyläther dem

[1] „Acrylate Monomers", Merkblatt der Union Carbide Chem. Co. (1962).
[2] Johnson, D. P., F. E. Critchfield, and L. G. Hess: Ind. eng. Chem. **53**, 71 A (1961).
[3] „Acrylic Acid", Merkblatt der Union Carbide Chem. Co. (1958).
[4] „Methacrylsäure rein, 16362", Firmenschrift der Röhm & Haas G.m.b.H., vgl. auch DAS 1047773 (1957) Röhm & Haas G.m.b.H., K. Riefstahl.

unsubstituierten Hydrochinon vorzuziehen, da letzteres zu Verfärbungen der Polymeren Anlaß geben kann.

Bei der mit Farbstoff stabilisierten *Methacrylsäure* der Röhm & Haas G.m.b.H.[4] wird derselbe durch Schütteln mit 0,5 bis 1% Bleicherde (Tonsil ® LF 80) und Filtration durch Glaswolle, Asbest oder ähnliche säurebeständige Stoffe entfernt. Die Menge an Bleicherde soll so bemessen werden, daß ein farbloses Filtrat erhalten wird.

2. Umgang und Toxikologie

Acryl- und *Methacrylsäure* wirken sowohl in konzentrierter wie auch in verdünnter Form auf der Haut stark ätzend und blasenziehend. Im Merkblatt der Union Carbide Chem. Co.[1] finden sich Angaben über die Toxizität von *Acrylsäure*, die auf Tierversuchen basieren. Daraus geht hervor, daß man beim Umgang mit *Acrylsäure* besonders die Augen schützen muß, da diese Verbindung hinsichtlich Augenverletzungen zu den gefährlichsten Stoffen zählt. Da sie außerdem in unstabilisiertem Zustand heftig polymerisieren kann, ist besondere Vorsicht bei ihrer Handhabung nötig (Schutzbrillen!). Mit *(Meth)acrylsäure* benetzte Stellen müssen sofort mit viel Wasser, eventuell unter Zusatz von 1 bis 2% Soda abgespült werden. Das Einatmen der Dämpfe ist zu vermeiden.

B. Acryl- und Methacrylsäureester

1. Lagerung, Stabilisierung und Reinigung

Die käuflichen Ester sind von den Herstellerfirmen zum Schutz gegen vorzeitige Polymerisation stabilisiert. Es werden besonders Hydrochinon und Hydrochinonmethyläther in Mengen von 0,01 bis 0,1% verwendet[5,6,7]. Inhibierend wirken auch weniger flüchtige Substanzen, wie Methylenblau, Bis-(p-hydroxyphenyl)-amin oder Indulinfarbstoffe[8]. Da sich Hydrochinon (durch Destillation oder Auswaschen) leichter entfernen läßt als sein Methyläther, wird es als Stabilisator dann bevorzugt, wenn man inhibitorfrei arbeiten will und außerdem dann, wenn mehrmonatige Lagerung, eventuell bei Temperaturen über 40° zu erwarten ist[9].

Geringe Stabilisatormengen können bei der Polymerisation durch etwas höhere Beschleunigergaben „überfahren" werden. Dabei wird im allgemeinen der Hydrochinonmethyläther als Stabilisator dem Hydrochinon vorgezogen[10] (siehe auch (Meth)acrylsäure).

---

[5] „Acrylate de méthyle", Firmenschrift der Ugilor, Paris.

[6] „Amcel Acrylates", Firmenschrift der Celanese Corp. of America.

[7] „Esteri acrilici, Bolletino N. 000/2 SERE", Firmenschrift der Montecatini.

[8] Tessmar, K.: Houben-Weyl-Müller XIV/1, 1033 (1961); DAS 1047773 (1957) Röhm & Haas G.m.b.H., K. Riefstahl.

[9] „Acrylate und ihre Verwendung", Firmenschrift der BASF.

[10] „Acrylate Monomers", Firmenschrift der Union Chemicals Co.

Da die monomeren Ester sehr polymerisationsfreudig sind (besonders die niederen Glieder), sind sie vor Sonneneinstrahlung und Wärme gegeschützt aufzubewahren. Besondere Vorsicht ist beim Umgang mit stabilisatorfreien Estern nötig. Diese sollten nur für den jeweiligen Bedarf hergestellt und sofort verwendet werden. Allfällige Aufbewahrung hat bei tiefer Temperatur zu erfolgen. Inhibitorfreier *Acrylsäuremethyl-* und *-äthylester* soll — besonders bei größeren Mengen — nicht über 10 Stunden, der *Butyl-* und *2-Äthylhexylester* nicht über 2 Tage gekühlt gelagert werden[11]. Auch stabilisierte Monomere sollen kühl gelagert und der Stabilisator gelegentlich nachgegeben werden. Bei Lagerung ist es günstig, die Monomeren bis zu einer Sättigung von 50% mit Luft zu behandeln und auch in den Vorratsflaschen ein Restvolumen an Luft zu lassen.

Als Behälter eignen sich Tanks aus rostfreiem Stahl, verzinktem Eisen[12] oder Stahltanks, die mit einem Phenolharzüberzug versehen sind[10]. Die Lagerbehälter sollen peinlichst sauber und mit Sicherheitsventil oder Berstscheibe ausgerüstet sein. Zweckmäßig ist eine Wasser-Außenberieselungsanlage bzw. eine Innenkühlschlange. Die Temperatur der Monomeren soll laufend — am besten mittels Temperaturschreiber — überprüft werden.

Die niederen *(Meth)acrylsäureester* sind leicht entflammbare Flüssigkeiten[13]; so beträgt z. B. der Flammpunkt von *Acrylsäureäthylester* im geschlossenen Becher etwa 9°. Aus diesem Grund sind die entsprechenden Vorsichtsmaßnahmen, wie gute Ventilation, Schutz vor Oxydationsmitteln und Wärmequellen nötig.

Da die Gemische der *(Meth)acrylsäureester* mit Luft explosiv sind, sind alle Ursachen, die Explosion hervorrufen könnten (Funkenbildung, statische Elektrizität) zu vermeiden.

Zur *Reinigung der monomeren Ester* ist entweder die *Destillation*[4] oder das Auswaschen des Inhibitors brauchbar. Im ersteren Fall tropft man das Monomere in das Destillationsgefäß einfach in dem Maße zu, wie es wegdestilliert oder man verwendet eine Fraktionierkolonne. Bei den höheren Estern (etwa ab Hexylester) ist es jedoch nicht möglich, dadurch einwandfreie Trennung von Hydrochinon zu erzielen[14]. Auf jeden Fall soll im Destillationsgefäß genügend Inhibitor (mindestens 0,1%) vorhanden sein und auch bei Verwendung einer Kolonne am Kopf zum Rückfluß noch Inhibitor zugefügt werden, um in der Kolonne Polymerisatbildung zu vermeiden. Während der Destillation soll der Kolonnenkopf auf 5° gehalten werden. Diese Maßnahme ist entbehrlich,

---

[11] WILHELM, H., und G. FAULHABER: Ullmann **14**, 267 (1963).
[12] „Methylmethacrylat", Firmenschrift der Montecatini, VEES Nr. 522-G.
[13] „Methyl Methacrylate", Merkblatt der Ugilor, Paris (1959).
[14] TESSMAR, K.: Houben-Weyl-Müller XIV/1, 1035 (1961).

wenn die Kolonne aus Kupfer ist, da Kupfer stabilisierend wirkt. Das Vakuum soll so gewählt werden, daß das Kühlwasser das übergehende Monomere noch ausreichend kühlt. Die Vorlage muß in Eiswasser tauchen. Es wird auch vorgeschlagen, einen feinen Luftstrahl in die Destillationsblase oder den Kühler einzuleiten, um den inhibierenden Effekt des Sauerstoffes auszunützen. Auf diese Weise wird bei Verwendung einer Fraktionierkolonne sowohl Hydrochinon als auch Hydrochinonmethyläther bis auf einen Restanteil von etwa 0,001% entfernt. Die Destillation wird dabei zweckmäßig nur bis zu etwa 85% Destillat geführt und der Rückstand mit einem neuen Ansatz vereinigt.

Die Destillationsapparatur soll aus rostfreiem Stahl (V2A) ohne scharfe Krümmungen und tote Räume hergestellt und mit Sicherheitsventilen oder Berstscheiben versehen sein. Als Heizquelle soll Niederdruckdampf dienen. Zur Kühlung erwiesen sich Rohrbündelkondensatoren mit Kondensation innerhalb der Rohre als zweckmäßig[9]. Die Größe des Kondensatauffangbehälters soll so bemessen sein, daß die Verweilzeit des Destillates zwei Stunden nicht überschreitet[9].

Auswaschen des Hydrochinons aus (Meth)acrylsäureestern[7,15].

Die Waschlösung für niedere (Meth)acrylsäureester besteht aus einer wäßrigen Lösung, die 5% Natriumhydroxyd und 20 bis 25% Natriumchlorid enthält. Das Kochsalz dient dazu, die Löslichkeit der Ester in Wasser herabzudrücken. Man wählt ein Verhältnis von 5:1 zwischen Monomeren und Waschlösung. Nach einmaliger Wäsche ist praktisch alles Hydrochinon entfernt. Der Verlust an Monomeren durch Verteilung in der Waschlösung beträgt bei *Acrylsäuremethylester* etwa 3% und bei *Acrylsäureäthylester* etwa 1%. Die Monomeren werden anschließend mit Natriumsulfat getrocknet.

Die höher siedenden Ester werden mit einer 25%igen Sodalösung gewaschen, die noch 1% Natriumhydroxyd enthält. Schüttelt man zu heftig, so bilden sich Emulsionen an der Grenzfläche[12]. Ein Trocknen erübrigt sich bei den höheren Estern, da die Löslichkeit des Wassers in denselben sehr gering ist.

Das Auswaschen im größeren Maßstab ist wie folgt beschrieben[6]:

In einem geeigneten Waschtank aus rostfreiem Stahl (V2A) mit Rührer, Schauglas, Kühlschlangen, Sicherheitsventil (Berstscheibe) und Entlüftungsvorrichtung werden 500 kg Monomeres zweimal mit 10 kg einer Lösung, welche 5 kg Natriumhydroxyd und 25 kg Natriumchlorid in 100 kg Lösung enthält, gewaschen. Der Waschvorgang soll bei 20 bis 25° vorgenommen werden. Durch das Waschen wird der Inhibitorgehalt auf etwa 10 bis 20 ppm herabgedrückt.

---

[15] Mast, W. C., and C. H. Fisher: Ind. eng. Chem. **41**, 790 (1949).

Von der BASF wird vorgeschlagen[9], 100 Teile Acrylat nacheinander zweimal mit je drei Teilen Waschlösung und darauf dreimal mit je fünf Teilen Wasser zu waschen.

2. Umgang und Toxikologie

Besonders die *Acrylester* mit niederem Siedepunkt, wie *Methyl-* und *Äthylester* sind toxische Verbindungen. Sie wirken reizend auf die Schleimhäute und haben einen charakteristischen, durchdringenden Geruch. Die *höheren Ester* sind im Geruch erträglicher und auch weniger giftig. Beim Umgang mit *2-Cyanäthylacrylsäureester* sind besonders die Augen zu schützen, da beim Kontakt mit diesem Monomeren schwere Augenschädigungen entstehen können[10].

Bei Inhalation der Acrylsäureesterdämpfe stellen sich Schwindelgefühl, Kopfschmerzen, Benommenheit und Brechreiz ein. Es muß daher für entsprechende Ventilation gesorgt werden.

Die akute orale Toxizität LD_{50} für Ratten in mg/kg beträgt bei *Acrylsäuremethylester* 0,300, bei *Acrylsäureäthylester* 1,020 und bei *Acrylsäurebutylester* 3,73[16]. Die höchstzulässige Konzentration bei achtstündiger Einwirkung (= MAK-Werte) sind 10 ppm für *Acrylsäuremethylester* und 25 ppm für *Acrylsäureäthylester*[6], das sind 10 bzw. 25 cm^3 Dampf pro m^3 Luft oder 35 bzw. 100 mg Dampf pro m^3 Luft. Zum Vergleich werden die MAK-Werte einiger anderer Verbindungen angeben:

	cm^3 Dampf pro m^3 Luft	mg/m^3
Styrol	100	420
Acrylnitril	20	45
Benzol	25	80
Formaldehyd	5	6
Xylol	200	870

Manche Personen zeigen allergische Reaktionen gegen die niederen Acrylate; dies äußert sich in Kopfschmerzen, Augenbrennen und Hautausschlägen.

Physiologisch verhalten sich *Methacrylsäureester*[13,17] ungefähr gleich wie die gesättigten Ester. Die Dämpfe von *Methacrylsäuremethylester* wirken irritierend auf Schleimhäute und Atmungsorgane und sind in hohen Konzentrationen narkotisch. Das Einatmen und der Kontakt mit der Haut sind zu vermeiden. Eine Konzentration von 100 bis 500 ppm in der Luft wird für unschädlich gehalten[13].

---

[16] „2-Hydroxyethylmethacrylate (HEMA-96%)“, Firmenschrift der Rohm & Haas Co.

[17] OETTEL, H.: Ullmann 12, 396 (1960).

Im allgemeinen sind die Ester der Methacrylsäurereihe weniger toxisch als diejenigen der Acrylsäurereihe[17]. Die perorale LD_{50} von *Methacrylsäuremethylester* liegt bei 8 ml, die von *Methacrylsäureäthylester* bei 15 ml und diejenige von *Methacrylsäurebutylester* bei 20 ml/kg Ratte[17,18]. Für *2-Hydroxypropylmethacrylat* werden 11200 mg/kg männlicher Albinomäuse angegeben[19], für *Tert.-butylaminoäthylmethacrylat* 1550 mg/kg und für *Dimethylaminoäthylmethacrylat* 1500 mg/kg[20].

Methacrylsäuremethylester wirkt bei Inhalation toxischer als Aceton aber weniger toxisch als Äthylacetat[17,21].

Auf die Haut von Kaninchen appliziert bewirken die niederen Methacrylsäureester nur geringe lokale Reizung, beim Menschen (Läppchentest) geringfügiges Erythem. Zehn von fünfzig Versuchspersonen zeigten bei erneuter Applikation nach 10 Tagen Überempfindlichkeitsreaktionen.

Festes Polymethylmethacrylat (Acrylglas) ist *nicht* toxisch und völlig reizlos, wenn es frei von Monomeren ist[22].

C. Acryl- und Methacrylnitril

1. Lagerung, Stabilisierung und Reinigung

Acrylnitril ist eine polymerisationsfreudige Substanz und muß daher kühl und vor Sonnenlicht geschützt aufbewahrt werden. Es polymerisiert auch in Gegenwart konzentrierter Alkalien[23]. Sein Flammpunkt beträgt im offenen Becher $0 \pm 2{,}5°$, seine Entzündungstemperatur 481°. Die Explosionsgrenzen liegen zwischen 3,05 und 17,0 Volumsprozenten im Gemisch mit Luft bei 25° [23].

Zum Aufbewahren werden Behälter aus rostfreiem Stahl oder Aluminium vorgeschlagen. Kupfer- oder Kupferverbindungen sollen nicht verwendet werden, da sie Verfärbungen verursachen und die Polymerisation inhibieren.

Das Monomere wird meist mit Hydrochinon (oder Benzochinon) stabilisiert. Ammoniak, Methylenblau und Kupfer-(I)-chlorid stabilisieren ebenfalls. Zur Reinigung kann destilliert werden.

2. Umgang und Toxikologie

Die Giftigkeit von *Acrylnitril* verhält sich zu der von Blausäure etwa wie 1:30 (LD_{50} Maus i.p. 15 mg/kg). Beim Menschen liegt die Geruchs-

---

[18] Deichmann, W.: Toxicity of methyl-, ethyl- and n-butylmethacrylate: J. ind. Hyg. **23**, 343 (1941).

[19] „SP-216 (7/63)“ Bulletin der Rohm & Haas Co.

[20] „SP-84 (12/61)“ Bulletin der Rohm & Haas Co.

[21] Spealman, C. R. u. a.: Monomeric methylmethacrylate: Ind. Medicine **14**, 292 (1945).

[22] Oettel, H.: Ullmann **14**, 308 (1963).

[23] „Handling-Storage-Analysis of Acrylonitrile“, Firmenschrift der Am. Cyanamid. Co.

schwelle zwischen 8 und 40 mg/m³ Luft (4 bis 18 ppm). Die Unerträglichkeitsgrenze ist bei 0,8 bis 1 g/m³ nach 70 Sekunden noch nicht erreicht, daher die Warnwirkung gering.

Bei längerer Inhalation geringerer Konzentrationen an *Acrylnitril* tritt Übelkeit, Erbrechen, Kopfschmerz und Müdigkeit auf. Die für *Acrylnitril* vorgeschlagene MAK von 20 ppm basiert auf Tierversuchen und der Ähnlichkeit des Acrylnitrils mit Blausäure. Kumulative Giftwirkungen sind bei *Acrylnitril* nicht zu befürchten[24].

Wegen der großen Giftigkeit ist beim Umgang mit *Acrylnitril* größte Vorsicht nötig. Für gute Ventilation der Arbeitsräume ist zu sorgen. Die Arbeiten sollen in einem gut ziehenden Abzug durchgeführt werden. Auch Kontakt mit der Haut ist zu vermeiden. Ausführliche Angaben über Giftwirkung u. a. können der Firmenschrift der Am. Cyanamid Co.[25] entnommen werden.

Methacrylnitril[26] ist fast ebenso toxisch wie Acrylnitril. Es ist daher bei der Handhabung dieses Monomeren ebenso wie bei Acrylnitril größte Vorsicht nötig.

Es wird geraten, vor dem Arbeiten mit (Meth)acrylnitril unbedingt das „Merkblatt über den Umgang mit Acrylnitril"[27], in dem sich auch Angaben über Erste Hilfeleistung finden, zu studieren.

D. Acryl- und Methacrylamid

Acryl- und Methacrylamid sind auch in unstabilisiertem Zustand längere Zeit unverändert haltbar. Die Aufbewahrung kann z. B. in Trommeln, die mit Polyäthylenfolien ausgekleidet sind, erfolgen.

(Meth)acrylamid wirkt stark toxisch auf das zentrale Nervensystem und ruft Muskelschwäche, Ataxie und Atrophie hervor. Die akute letale Dosis von *Acrylamid* für Mäuse LD_{50} wurde zu 170 mg/kg gefunden[28]. Bei *Methacrylamid* rufen perorale Gaben von 100 bis 250 mg/kg schwere Vergiftungserscheinungen hervor; das Krankheitsbild ist ähnlich wie bei multipler Sklerose[29]. Die Erscheinungen verschwinden auch nach Jahren nicht vollständig[30]. Geringere Dosen als die akut stark toxischen bewirken keine Schädigungen, weshalb eine kumulierende Wirkung bei *Methacrylamid* ausgeschlossen werden kann.

---

[24] Oettel, H.: Ullmann **12**, 761 (1960).

[25] „Toxicology of Acrylonitrile", Firmenschrift der Am. Cyanamid Co. (1954).

[26] Oettel, H.: Ullmann **12**, 397 (1960); McOmie, W. A.: J. ind. Hyg. **31**, 113 (1949).

[27] „Merkblatt über den Umgang mit Acrylnitril", G 12 (1963), Verlag Chemie, G.m.b.H., Weinheim/Bergstraße.

[28] „Chemistry of Acrylamide", Firmenschrift der Am. Cyanamid Co. (1956).

[29] Oettel, H.: Ullmann **12**, 397 (1960).

[30] Roth, H.: Houben-Weyl-Müller II, 61 (1953).

Das Einatmen von Staub von (Meth)acrylamid und der Kontakt mit der Haut sind zu vermeiden. Verunreinigte Kleidungsstücke sollen sofort gewechselt werden. Staubmasken und Schutzhandschuhe beim Umgang mit größeren Mengen dieser Monomeren sind zu empfehlen.

Giftigkeit des *polymeren Acrylamids:*

Die Acrylamidpolymerisate Cyanamer P 26® (Acrylamid Copolymer) und Cyanamer P 250 ® (Polyacrylamid) der Am. Cyanamid Co. sind *nicht* toxisch[31]. Die Versuche wurden durch Verfütterung dieser Produkte an Kaninchen durchgeführt. Bei dem erstgenannten Produkt handelt es sich um ein Copolymerisat Acrylamid/Acrylsäure, bei letzterem um ein Homopolymerisat von Acrylamid mit einem Molekulargewicht von 5 bis 6.10^6.

E. Acrolein

Acrolein ist stark giftig und wirkt sehr stark reizend auf die Schleimhäute. Die Erträglichkeitsgrenze liegt beim Menschen bei 7 mm^3/m^3 [32].

Zur Lagerung werden Behälter aus Aluminium vorgeschlagen[33], in denen Acrolein bei Zusatz von 0,2% Hydrochinon monatelang haltbar ist.

---

[31] „Cyanamer P 26 und Cyanamer P 250“, Firmenschrift der Am. Cyanamid Co.

[32] KARRER, P.: Lehrbuch der organischen Chemie, 11. Aufl., G. Thieme Verlag Stuttgart, 1009 (1950).

[33] SCHULZ, H.: Ullmann **3**, 73 (1953).

3 Polymere Acryl- und Methacrylverbindungen

3.1 Allgemeines

Acryl- und Methacrylverbindungen haben die Fähigkeit zu polymerisieren, d. h. sich unter Ausbildung von Hauptvalenzbindungen zu hochmolekularen Verbindungen aneinanderzulagern. Die erhaltenen Makromoleküle weisen bei vollständiger Polymerisation praktisch gleiche prozentuale Elementarzusammensetzung wie die Ausgangsmonomeren bzw. deren Gemische auf. Bei Polymerisationsreaktionen ändern sich vor allem die physikalischen Eigenschaften.

Die neu geknüpften homöopolaren Bindungen stammen aus den Vinyldoppelbindungen der Monomeren. Bei der Äthylendoppelbindung handelt es sich bekanntlich nicht um eine „doppelte" Einfachbindung, sondern um einen spezifischen Bindungstypus[1].

Das chemische Verhalten der Vinyldoppelbindung wird von dem Vorhandensein einer π-Elektronenwolke charakteristisch bestimmt. Sofern eine ebene Raumordnung erhalten bleibt, können durch die möglichen Elektronenverschiebungen elektromere und mesomere Grenzstrukturen gebildet werden.

Im stabilen Grundzustand haben die π-Elektronen der Vinyldoppelbindung der Acrylderivate (vgl. Formel I) antiparallele Spinmomente ($\uparrow\downarrow$). Durch Zufuhr von Energie, die der sogenannten „Aktivierungsenergie" zumindest entsprechen muß, wird die π-Bindung aktiviert, wobei man annehmen darf, daß hierbei die beiden π-Elektronen entkoppelt und bei zumindest teilweise parallelen Spinmomenten ($\uparrow\uparrow$) Doppelradikalstrukturen (vgl. Formel II) ausgebildet werden. In dieser

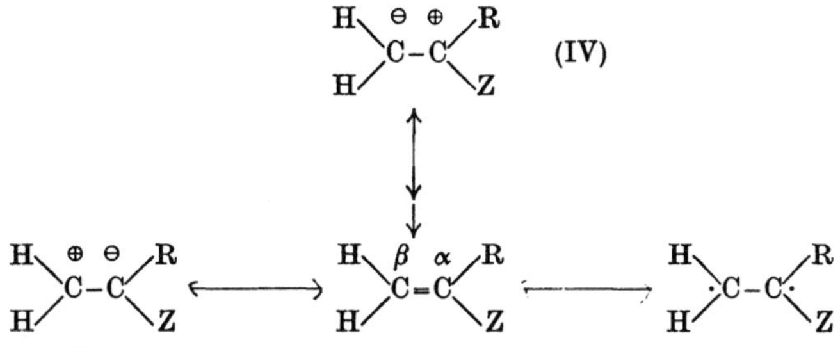

(IV)

(III) (I) (II)

[1] MÜLLER, E.: Neuere Anschauungen der organischen Chemie, 2. Aufl., S. 154. Berlin-Göttingen-Heidelberg: Springer 1957; KLAGES, F.: Lehrbuch der organischen Chemie, II. Band, 3. Aufl., S. 135. Berlin: Walter de Gruyter & Co. 1962.

Situation kann bei Annäherung eines radikalischen Partners durch Reaktion mit dem einen Elektron eine neue Bindung geknüpft und somit eine *radikalische* Polymerisation gestartet werden — das wachsende Makromolekül hat Radikalcharakter. Polare Grenzformen für die Vinyldoppelbindung der Acrylverbindungen (vgl. Formeln III und IV) ergeben sich u. a. aus der Tatsache, daß diese Verbindungen am α-C-Atom unsymmetrisch substituiert sind. In den meisten Fällen entspricht hierbei der Substituent R entweder einem Wasserstoffatom (Acrylsäure und Derivate) oder einem Methylrest (Methacrylsäure und Derivate) und Z einer *elektronenanziehenden* funktionellen Gruppe (z. B. $-COOH$, $-COOR$, $-CN$, $-CONH_2$ u. a. m.).

Aus der Tatsache, daß der Substituent Z meist *elektronenanziehende* funktionelle Gruppen darstellt, folgt, daß eine Polarisierung der Vinyldoppelbindung bei den Acrylmonomeren bevorzugt nach (III) und kaum nach (IV) erfolgt. Damit stehen die im Falle der Acrylverbindungen gegen die Regel von MARKOWNIKOFF ablaufende Anlagerung von aciden Verbindungen, die meist alkalisch katalysierte Michaeladdition von Verbindungen mit aktiven Wasserstoffatomen und die verwandten Polymerisationsarten unter Protonenverschiebungen bei Acrylverbindungen mit aciden Wasserstoffatomen (Bildung von Bisacrylsäure aus Acrylsäure und von Poly-β-alanin aus Acrylamid) im Zusammenhang. In gleicher Weise erklärt sich die Tatsache, daß geeignete Acrylverbindungen (Z = Ester-, Nitril- oder NR_2-Gruppe) wenn überhaupt ionisch, dann nur nach anionischen Mechanismen polymerisieren[2].

Der Ablauf der radikalischen Polymerisation von Acrylverbindungen wird durch den Substituenten Z unter anderem dadurch beeinflußt, daß die am α-C-Atom gebildeten Radikale relativ stärker resonanzstabilisiert sind. Die einzelnen Polymerisationsschritte werden also bevorzugt primär am β-C-Atom ablaufen, was zu Polymeren mit einer weitgehend regelmäßigen 1,2,1,2-(„Kopf-Schwanz")-Verknüpfung führt.

Wenn Z eine funktionelle Gruppe ist, die für sich selbst oder im Zusammenwirken mit der Vinyldoppelbindung nach eigenen Polymerisationsmechanismen reagiert (z. B. bei Acrolein; Z = Aldehydgruppe), so treten Besonderheiten auf, die im Kapitel 3.2.3 eingehend beschrieben werden.

Interessante Einblicke in den reaktionsbestimmenden *Einfluß des Substituenten Z* erhält man, wenn Grenzfälle untersucht werden, bei denen unter den gegebenen Bedingungen verschiedene Polymerisationsabläufe nebeneinander grundsätzlich möglich sind. Es sei hier auf eine Untersuchung über die *Polymerisation von monosubstituierten N-Acrylamidderivaten* mit Natrium-tert.-butylat als Starter, von K. YOKOTA,

---

[2] HAMANN, K.: Ang. Ch. **63**, 231 (1951) und Z. El. Ch. **60**, 317 (1956); SCHILDKNECHT, C. E.: Ind. eng. Chem. **50**, 110 (1958).

M. SHIMIZU und Y. YAMASHITA[3] hingewiesen. Von den geprüften Monomeren polymerisierten die Verbindungen $CH_2{=}CH{-}CONH{-}R_1$ mit R_1 gleich Benzyl-, Phenyläthyl-, p-Anisyl-, p-Toluyl-, Phenyl- und m-Chlorphenylresten nach einem Protonenübergangsmechanismus zu den entsprechend N-substituierten β-Alaninpolymeren, während das Monomere mit R = Cyclohexylrest anionisch (vgl. Formel III) zu einem Vinylpolymeren reagierte. Offenbar bestimmen im vorliegenden Fall die Elektronendonator- bzw. Acceptoreigenschaften des N-Substituenten R_1 am Acrylamid die Acidität des Amidwasserstoffes und damit die Art der Polymerisation[3].

Der *Substituent R*

$$CH_2{=}\underset{\substack{|\\Z}}{\overset{\substack{R\\|}}{C}}$$

übt auf die Mesomerie der Vinyldoppelbindung einen relativ bescheideneren Einfluß als der Substituent Z aus. Von besonderer Bedeutung ist sein Einfluß auf die Polymerisation durch *sterische Effekte*. So findet man bei der Polymerisation im Mittel für die Methacrylmonomeren eine geringere Wärmetönung als für die entsprechenden Acrylverbindungen.

Tabelle 19. *Homopolymerisation von Methylestern von α-Alkyl- und α-Arylacrylsäuren*

$$CH_2{=}\overset{\substack{R\\|}}{C}{-}COOCH_3$$

Substituent R	Polymerisierbarkeit radikalisch	anionisch
H–	+	+
CH_3–	+	+
C_2H_5–	×	+
n–C_3H_7–	×	+
iso–C_3H_7–	—	—
n–C_4H_9–	0	×
iso–C_4H_9–	—	×
sec.–C_4H_9–	—	—
C_6H_5–	×	+
$C_6H_5CH_2$–	×	×
cyclo–C_6H_{11}	—	—

Erläuterungen:

+ Polymerisation zu Hochpolymeren
× langsame Polymerisation zu Niederpolymeren
0 einige Anzeichen für eine Oligomerenbildung
— keine Polymerisation

[3] YOKOTA, K., M. SHIMIZU und Y. YAMASHITA: Makromolekulare Chem. 77, 1 (1964).

Wird der Substituent R vom Wasserstoffatom über den Methylrest hinaus noch weiter vergrößert, so treten insbesondere bei Homopolymerisation dieser Monomeren Schwierigkeiten auf. Als Beispiel hierfür sei auf eine von K. CHIKANISHI und T. TSURUTA[4] publizierte Zusammenstellung über das Polymerisationsverhalten von Methylestern verschiedener α-Alkylacrylester bei der Homopolymerisation hingewiesen (Tab. 19).

Das bereits Gesagte darf nicht dazu verleiten, den Einfluß der Substituenten Z und R schematisch streng in einen Mesomerieeffekt einerseits und einen Raumeffekt andererseits zu klassifizieren, ermöglicht aber eine Reihe von Erscheinungen zu verstehen und zu deuten und bei einigem Verständnis vorherzusagen. Unter diesem Gesichtspunkt überrascht es nicht, daß auch der Substituent Z in bestimmten Fällen aus Gründen der Raumausfüllung die Polymerisation beeinflussen kann. So wurde beobachtet, daß bestimmte Ester der Methacrylsäure sperrig aufgebauter Alkohole (z. B. Tert.-butylalkohol) oder Methacrylsäureanhydrid zu Produkten mit einer höheren Taktizität polymerisieren als die sonst unter vergleichbaren Bedingungen zu ataktischen Polymeren polymerisierenden üblichen Monomeren. Auf gleicher Linie liegen die Beobachtungen, daß bei radikalischer Polymerisationsauslösung die Polymerisationsfreudigkeit der substituierten Amide mit steigendem Molekulargewicht abnimmt[5] und daß bei besonders großvolumigen N-Substituenten eine Homopolymerisation unmöglich wird.

Bestimmte Einflüsse auf den Polymerisationsablauf können auch auf eine Änderung der physikalischen Eigenschaften des Polymerisationsmediums durch Variierung der Substituenten R und Z der Monomeren zurückgeführt werden. So wurde durch T. OTSU, T. ITO und M. IMOTO[6] beobachtet, daß bei Polymerisation von Methacrylsäureestern in Benzol mit wachsender Alkoholkomponente R_2 im Ester $CH_2{=}C(CH_3){-}COOR_2$ eine Erhöhung der Bruttopolymerisationsgeschwindigkeit auftritt. Dieser Effekt ist proportional zur Viskosität der Monomeren im Benzol und kann hinreichend durch den an anderer Stelle besprochenen Gel-Effekt = Trommsdorff-Effekt (s. S. 171) erklärt werden[6].

Der Fachmann versteht unter Acrylverbindungen nur solche Substanzen, die entsprechend der Formel I über eine unsubstituierte β-Methylengruppe (Vinylgruppe) verfügen:

$$H_2C{=}\underset{\displaystyle Z}{\underset{|}{C}}{-}R \qquad \text{(I)}$$

[4] CHIKANISHI, K., und T. TSURUTA: Makromolekulare Chem. **73**, 231 (1964).
[5] RAUCH-PUNTIGAM, H.: Houben-Weyl-Müller XIV/1, 1027 (1961).
[6] OTSU, T., E. ITO, and M. IMOTO: J. Polymer Sci. A **2**, 2901 (1964).

Diese Gepflogenheit geht auf die Tatsache zurück, daß das Polymerisationsverhalten der Monomeren gemäß Formel I, abgesehen von einigen zum Teil bereits erwähnten Sonderfällen im wesentlichen vergleichbar ist. Demgegenüber weist die Polymerisation der *β-substituierten Acrylsäurederivate* eigene, oft spezifische Merkmale auf. Im allgemeinen kann gesagt werden, daß die β-Substitutionsprodukte der Acryl- und Methacrylverbindungen sich vergleichsweise bei Homopolymerisationen wesentlich träger verhalten, mitunter aber sehr brauchbare Comonomere darstellen können. Für einige typische Vertreter dieser Substanzen sei in Stichworten das Polymerisationsverhalten angegeben:

$CH_3-CH=CH-COOR$ = *Crotonsäure und -ester* (Derivate der β-Methylacrylsäure) lassen sich nur beschränkt homopolymerisieren[7].

$C_6H_5-CH=CH-COOR$ = *Zimtsäure und -ester* (Derivate der β-Phenylacrylsäure) lassen sich nur als Ester, nicht jedoch als freie Säure homopolymerisieren[8].

$ROOC-CH=CH-COOR$ = *Maleinsäure und Derivate* (Derivate der β-Carboxylacrylsäure) lassen sich nur unter sehr extremen Bedingungen in Form des Anhydrids radikalisch homopolymerisieren; technisch interessant hingegen ist deren Fähigkeit zur meist alternierend ablaufenden Copolymerisation mit einer großen Reihe von Monomeren. Das gleiche gilt sinngemäß für das trans-Isomere *Furmarsäure* und Derivate[9].

$Cl-CH=C(CH_3)COOCH_3$ = *β-Chlormethacrylsäuremethylester* läßt sich nicht homopolymerisieren und zeigt nur geringe Neigung zur Copolymerisation mit dem chemisch ähnlichen Methacrylsäuremethylester[10].

Aus diesen wenigen Beispielen über das Polymerisationsverhalten von β-substituierten Acrylverbindungen folgt bereits, daß es sich dabei um eine Substanzgruppe handelt, für die sich das wahrscheinliche Polymerisationsverhalten der einzelnen Glieder besonders schwierig durch Analogieschlüsse vorhersagen läßt. Letzten Endes ist man hier im besonderen Maße auf das Experiment als Kriterium angewiesen.

Eine weitere formale Möglichkeit zur Variation der Formel I für Acrylverbindungen

$$\begin{array}{c} CH_2{=}C{-}R \\ | \\ Z \end{array} \qquad (I)$$

besteht im Ersatz des Substituenten Z durch *elektronenliefernde* polare Substituenten oder auch ganz allgemein durch R. Im ersteren Falle gelangt man zu Verbindungen, die erwartungsgemäß außer radikalisch vornehmlich kationisch polymerisieren (z. B. Vinyläther) und Anlagerungsreaktionen gemäß Markownikoff liefern. In gleicher Weise geht

[7] Gilbert, E. E., and J. J. Donleavy: Am. Soc. **60**, 1737 (1938).

[8] Stobbe, H.: B. **58**, 2859 (1925); Marvel, C. S., and G. H. McCain: Am. Soc. **75**, 3272 (1953).

[9] A. P. 1945307 (1930) DuPont, H. B. Dykstra; „Maleates and Fumarates", Firmenschrift der Distillers Co. Ltd.; Official Digest **28**, 869 (1956).

[10] Hurd, C. D., and C. H. Rector jr.: J. org. Chem. **10**, 441 (1945).

die für Acrylverbindungen typische Verhaltensweise der Vinyldoppelbindung verloren, wenn Z durch R ersetzt wird, wir also praktisch Olefine vorliegen haben. Demgegenüber wird der „Acrylcharakter“ der Vinyldoppelbindung verstärkt, wenn R durch Z ersetzt wird. Diese Verbindungen lassen sich meist ebenfalls leicht radikalisch polymerisieren, die Neigung zur anionischen Polymerisation und zu Michaeladditionsreaktionen wird mitunter sogar wesentlich erhöht. Als Beispiele hierfür seien genannt (vgl. Kapitel 2.1.4):

α-Chloracrylsäurederivate: $CH_2{=}\overset{\displaystyle Cl}{\overset{|}{C}}{-}COOR$ [11]

α-Methylenmalonsäurederivate: $CH_2{=}\overset{\displaystyle COOR}{\overset{|}{C}}{-}COOR$ [12]

Vinylidencyanid: $CH_2{=}\overset{\displaystyle CN}{\overset{|}{C}}{-}CN$ [13]

α-Cyanacrylsäurederivate: $CH_2{=}\overset{\displaystyle CN}{\overset{|}{C}}{-}COOR$ [14].

Bei Ersatz des Substituenten R durch andere polare Gruppen erhält man meist Monomere, die in ihrem Polymerisationsverhalten dem der Acrylverbindungen etwa vergleichbar sind:

α-Chlormethylacrylsäurederivate: $CH_2{=}\overset{\displaystyle CH_2Cl}{\overset{|}{C}}{-}COOR$ [15]

α-Acetylacrylsäurederivate: $CH_2{=}\overset{\displaystyle COCH_3}{\overset{|}{C}}{-}COOR$ [16]

α-Carboxymethylacrylsäure- oder Itaconsäurederivate: $CH_2{=}\overset{\displaystyle CH_2{-}COOR'}{\overset{|}{C}}{-}COOR$ [17].

---

[11] Fikentscher, H.: Ullmann **3**, 81 (1953).

[12] Hopff, H., H. Lüssi und S. Allison: Makromolekulare Chem. **44—46**, 95 (1961).

[13] Gilbert, H. u. a.: Am. Soc. **76**, 1074 (1954).

[14] Canale, A. J. u. a.: J. Appl. Polymer Sci. **4**, 231 (1960); Canad. P. 624525 (1959) Eastman Kodak Co.

[15] Ferris, A. F., and I. G. Marks: J. org. Chem. **19**, 1971 (1954); Owens, F. H., and F. E. Zimmerman: J. Polymer Sci. A **1**, 2711 (1963).

[16] DRP 679944 (1937) I.G., C. Dörfelt und K. Billig.

[17] Marvel, C. S., and T. G. Shepherd: J. org. Chem. **24**, 599 (1959); Braun, D.: Gummi, Asbest, Kunststoffe **16**, 340 (1963); „Itaconic Acid and Esters“, Firmenschrift der Ch. Pfizer Co.

3.2 Polymerisationsmechanismen

Die Polymerisation ist eine *Kettenreaktion* und verläuft schematisch nach ähnlichen kinetischen Gesetzen wie das klassische Beispiel der Chlorknallgasexplosion.

Die *Startreaktion* (Primärreaktion) bei der Polymerisation besteht in einer Aktivierung der Vinyldoppelbindung (Sonderfälle für andere Polymerisationsarten, z. B. über die Carbonylgruppe vgl. Kapitel 3.2.3). Die Aktivierung kann durch Bestrahlung, Wärme, Ultraschall oder geeignete Initiatoren erfolgen.

An die Startreaktion schließt die eigentliche Kettenreaktion oder *Wachstumsreaktion* an. Hierbei addieren sich die Acrylmonomeren in rascher Folge unter Erhaltung des angeregten, d. h. radikalischen oder anionischen Zustandes der wachsenden Kette.

Durch Zusatz von geeigneten Substanzen kann das Wachstum des Makroradikals oder Makroanions in der Weise unterbrochen werden, daß ein abgesättigtes Makromolekül und zugleich ein zu weiterem Wachstum fähiges Radikal oder Anion entstehen. Diesen Vorgang bezeichnet man als *Kettenübertragung*, die diese Reaktion auslösenden Substanzen als Überträger oder Regler im technischen Sprachgebrauch. Obwohl durch Kettenüberträger die Bildung von kürzeren Polymerisatketten verursacht wird, haben sie in den meisten Fällen keinen Einfluß auf die kinetische Kettenlänge einer Polymerisation.

Unter dem Begriff „kinetische Kettenlänge" einer Polymerisation versteht man die Zahl der sich an einen Primärvorgang (Kettenstart) anschließenden Elementarreaktionen (d. h. Wachstums- plus Übertragungsschritte).

Das Wachstum einer Kette wird durch Reaktionen, die zu einer Aufhebung des radikalischen (oder anionischen) Zustandes führen, unterbrochen. Eine solche Reaktion bezeichnet man als *Kettenabbruch.* Bei der anionischen Polymerisation kann dies durch Protonen bzw. entsprechende als Kationen wirkende Substanzen oder auch durch intramolekulare Reaktionen erfolgen. Bei der radikalischen Polymerisation wird entweder von „außen" her der Abbruch durch Zusatz von Abbruchreglern oder Inhibitoren, meist aber durch gegenseitige Absättigung von zwei wachsenden Makroradikalen erzielt. Je nachdem, ob diese Reaktion zu zwei inaktivierten oder nur zu einem einzigen inaktiven entsprechend größerem Makromolekül führt, unterscheidet man zwischen einer Abbruchreaktion durch *Disproportionierung* und einer Abbruchreaktion durch *Kombination.*

Bestimmte Acrylmonomere können außer durch Polymerisation der Vinyldoppelbindungen (nach radikalischen oder anionischen Polymerisationsmechanismen) auch über ihre funktionellen Gruppen polymerisieren. Die Polymerisationsarten der *Aldehydgruppen* sind in

Kapitel 3.2.3 beschrieben. *Acrylnitril* kann über die Nitrilgruppe unter Freilassung der Vinyldoppelbindung unter Bildung einer $-C{=}N-$ Kette bei — 78° unter Einwirkung von γ-Strahlen in Gegenwart von Äthylen[1] polymerisieren.

Nach Art einer mehrmaligen Michaelkondensation bilden sich schließlich Poly-β-alanin und Derivate aus den entsprechenden *Acrylsäureamiden*. Diese meist durch Alkoholationen gestartete Reaktion hat technisch keine besondere Beachtung gefunden und ihre Bedeutung bleibt auf die Möglichkeit eines Darstellungsweges für β-Alanin (vgl. S. 89) beschränkt.

3.2.1 Die radikalische Polymerisation

3.2.1.1 Start, Wachstum, Übertragung und Abbruchreaktionen

Die *Startreaktion* für eine radikalische Polymerisation verläuft in zwei Stufen: a) Bildung eines Radikals und b) Addition des ersten Monomerenmoleküls an ein Radikal. Vereinfacht kann man diesen Reaktionsschritt wie folgt formulieren:

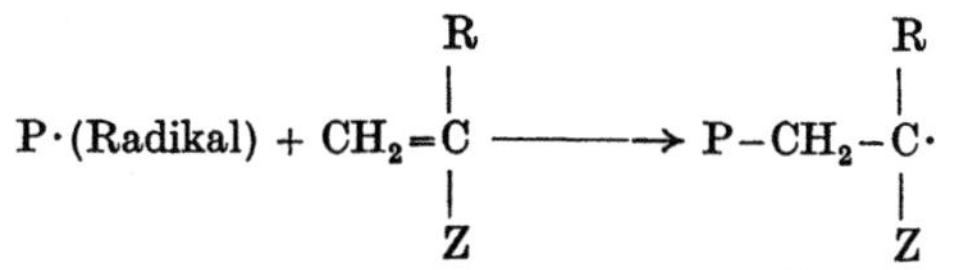

(I)

Die Geschwindigkeit der Startreaktion ist abhängig von der Menge der zum Start befähigten Radikale bzw. bei Verwendung von in Radikale spaltenden Beschleunigern von ihrer Halbwertszeit und anderen Bedingungen (Temperatur, Löslichkeit usw.). Diese Reaktion besitzt eine hohe Aktivierungsenergie (meist um 30 kcal pro Mol), ist also stark temperaturabhängig.

Die *Wachstumsreaktion* besteht aus einer in sehr rascher Folge ablaufenden Addition von n-Molekülen Monomere an das Radikal (I):

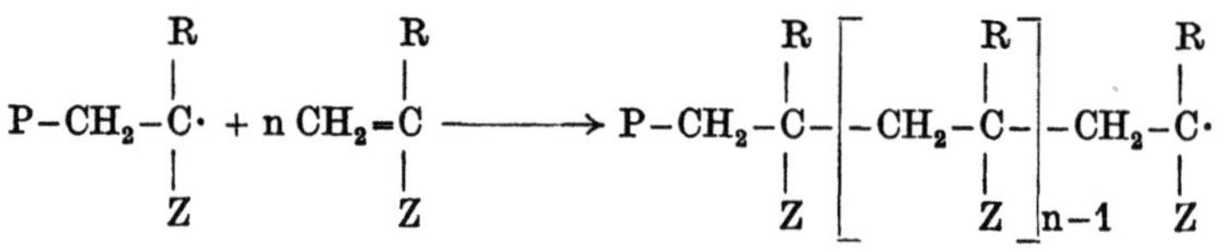

(I) (II)

Die Wachstumsreaktion, d. h. die Bildung des Makroradikals (II) aus (I), benötigt eine wesentlich geringere Aktivierungsenergie als die Startreaktion und ist dementsprechend weniger temperaturabhängig.

[1] TABATA, Y., K. HARA, and H. SOBUE: J. Polymer Sci. A 2, 4077 (1964).

Die *Abbruchreaktion* bei der radikalischen Polymerisation beruht auf der großen Tendenz von Radikalen sich gegenseitig zu gesättigten bzw. inaktiven Verbindungen zu vereinen. Den einfachsten Fall einer Abbruchreaktion durch *Kombination zweier Radikale* formulieren wir also folgendermaßen:

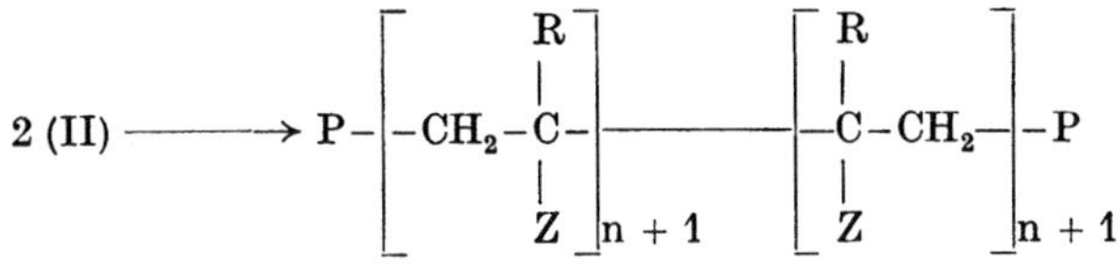

(III)

Eine Abbruchreaktion durch Kombination zum Makromolekül (III) werden wir in der Mehrzahl der Fälle als häufigste Abbruchreaktion finden. Dies gilt in erster Linie für *Acryl*verbindungen. Eine Abbruchreaktion durch Kombination von (II) ist natürlich auch mit dem Initiatorradikal P· möglich[2]. In diesem Falle wird das gebildete Makroradikal im Vergleich zu (III) ein entsprechend niedereres Molekulargewicht aufweisen.

Produkte mit relativ niederem Molekulargewicht entstehen auch, wenn die Abbruchreaktion nicht durch Kombination, sondern durch *Disproportionierung* erfolgt[3].

Es wurde festgestellt, daß bei der radikalischen Polymerisation von sperrig aufgebauten Monomeren, wie *Methacrylsäuremethylester*, die Abbruchreaktion durch Disproportionierung zu etwa 70 bis 80% überwiegt. Der Anteil an durch (Re-)Kombination abgebrochenen Polymerisationsketten zeigt hierbei mit steigender Polymerisationstemperatur meist eine fallende Tendenz. Bei der Abbruchreaktion durch Disproportionierung entstehen paarweise Makromoleküle mit gesättigten und ungesättigten Kettenenden[4], wobei man im Falle der Polymerisation des Methacrylsäuremethylesters folgende Kettenenden annehmen darf:

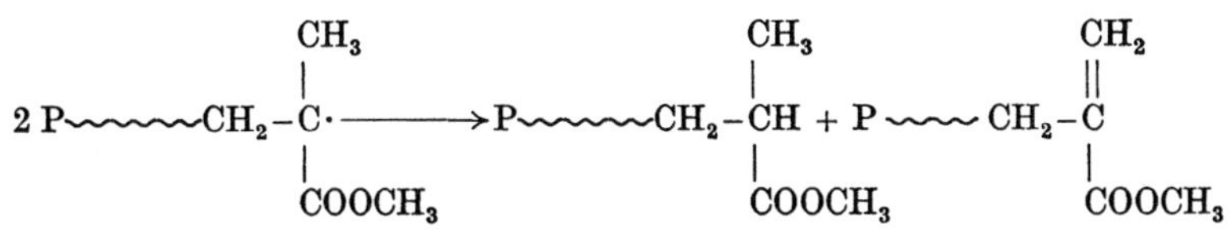

Im Rahmen der schematischen Gliederung der radikalischen Polymerisation in die drei Hauptabschnitte

---

[2] Schulz, G. V.: Z. El. Ch. **47**, 265 (1941); vgl. auch L. Küchler: Polymerisationskinetik, S. 98. Berlin-Göttingen-Heidelberg: Springer 1951.

[3] Schulz, G. V., G. Henrici-Olivé und S. Olivé: Z. El. Ch. (Frankfurt/M) **27**, 1 (1961).

[4] Brockhaus, A., und E. Jenckel: Makromolekulare Chem. **18/19**, 262 (1956); Saha, M. K.: Indian J. Chem. **2**, 289 (1964).

a) Kettenstart,

b) Wachstumsreaktion,

c) Abbruchreaktion

ist bei Verwendung ausschließlich monovalenter Monomerer lediglich die Bildung streng linear gebauter (unvernetzter und unverzweigter) Ketten erklärbar. In der Praxis stellt man demgegenüber fest, daß die radikalische Polymerisation vornehmlich von *Acryl*monomeren auch zu verzweigt gebauten Polymerisaten führen kann. Die Ursache für die Entstehung solcher verzweigter Ketten ist eine *Übertragungsreaktion*[5] zwischen dem wachsendem Polymeren (II) und dem Makromolekül (III oder IV). Die Wirksamkeit von Überträgern für ein bestimmtes Monomeres wird durch das Verhältnis der Geschwindigkeitskonstanten der Übertragungsreaktion (k_L) zur Wachstumsreaktion (k_W) beschrieben[6]:

$$\text{Übertragungskonstante } C = \frac{k_L}{k_W}$$

Die *Übertragungskonstante C* stellt eine temperaturabhängige Größe dar, deren Zahlenwert mit steigender Temperatur zunimmt. Im Verhältnis zu den in der Technik als „*Regler*" gebräuchlichen Stoffen (vgl. 3.2.1.2) mit hohen Übertragungskonstanten weisen die Makromoleküle selbst eine relativ geringere Übertragungswirksamkeit auf. Im einzelnen gesehen kann man sich den Ablauf der Übertragungsreaktion am Beispiel einer Polymerisation von Acrylmonomeren nach folgendem Formelschema vorstellen:

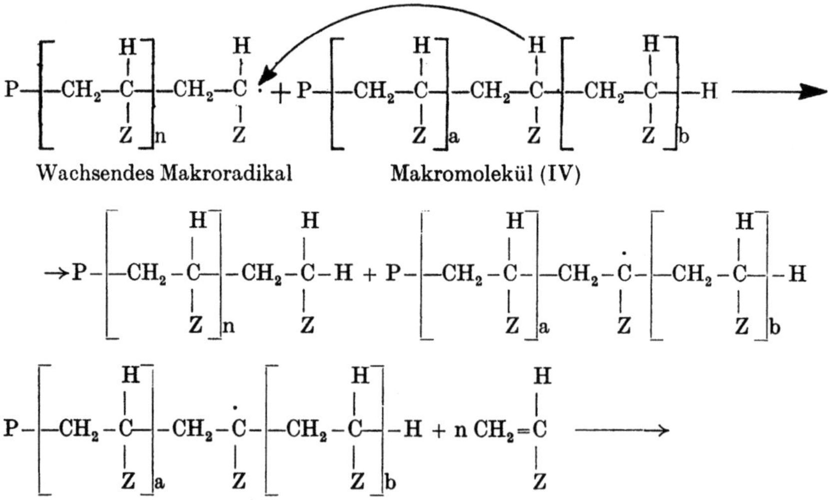

[5] Flory, P. J.: Am. Soc. **59**, 241 and 251 (1937).

[6] Mayo, F. R.: Am. Soc. **65**, 2324 (1943).

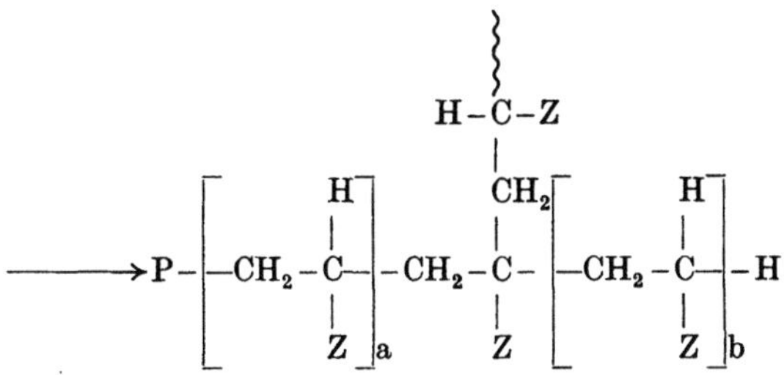

Das Formelschema geht von der Tatsache aus, daß Acrylpolymere in der α-Stellung ein aktiviertes H-Atom aufweisen. Auf analoge Weise können sich auch andere lockerer gebundene H-Atome oder Gruppen an der Reaktion beteiligen. Auch die *Methacryl*polymeren weisen endliche und meßbare — wenn auch wesentlich kleinere — Übertragungskonstanten auf[7]. In der Praxis kann zur *Zurückdrängung von Übertragungsreaktionen durch das Polymere selbst* wie folgt im Rahmen der Möglichkeiten vorgegangen werden:

a) Zusatz von Fremdstoffen mit höheren Übertragungskonstanten,

b) Erniedrigung der Polymerisationstemperaturen,

c) Vorzeitiger Abbruch der Polymerisation.

Wie bereits erwähnt, setzt man in der Technik zur Polymerisationsauslösung geeignete Fremdstoffe zu, die unter bestimmten Bedingungen (z. B. Wärme) die benötigten Radikale liefern (nähere Beschreibung vgl. 3.2.1.2).

Eine rein *thermische Polymerisationsauslösung* wird in der Praxis nicht durchgeführt. Die sogenannte Spontanpolymerisation von Monomeren, die als unerwünschte Reaktion bei unsachgemäßer Lagerung oder Destillation mitunter auftritt, dürfte eher auf die Mitwirkung von Verunreinigungen oder eventuell den Zerfall von sekundär gebildeten Hydroperoxyden zurückzuführen sein. Die Bildung von monomeren Biradikalen beim Erwärmen von z. B. *Methacrylsäuremethylester* ist wegen der hohen Aktivierungsenergie (etwa 50 kcal/Mol) unwahrscheinlich[8]. Eher möglich scheint die Vereinigung von zwei Molekülen Monomeren zu einem dimeren Biradikal[9] zu sein (Aktivierungsenergie etwa 20 bis 30 kcal/Mol)[10]. Bei *Styrol*[11] ist eine thermische Polymerisationsauslösung grundsätzlich

[7] CARLIN, R. B., and N. E. SHAKESPEARE: Am. Soc. **68**, 876 (1946); CARLIN, R. B., and D. L. HUFFORD: Am. Soc. **72**, 4200 (1950).

[8] KÜCHLER, L.: Polymerisationskinetik, S. 118. Berlin-Göttingen-Heidelberg: Springer 1951.

[9] VOLMAN, D. H., and W. M. GRAVEN: Am. Soc. **75**, 3111 (1953).

[10] PRICE, C. C., and R. W. KELL: Am. Soc. **63**, 2798 (1941); SCHULZ, G. V., und F. BLASCHKE: Ph. Ch. B **51**, 75 (1942); SCHULZ, G. V., und G. HARBORTH: Makromolekulare Chem. **1**, 106 (1947).

[11] BREITENBACH, J. W., und H. RUDORFER: M. **70**, 37 (1937).

möglich, im Falle des *Methacrylsäuremethylesters* erscheint eine solche bisher auch eher bewiesen als widerlegt[12].

Auch durch *elektromagnetische Wellen* oder *Teilchenbeschuß* kann eine Polymerisation ausgelöst werden[13]. In den meisten Fällen[14] handelt es sich um Polymerisationen nach Radikalmechanismen, lediglich bei extrem tiefen Temperaturen (—190 bis —196°) wird die Möglichkeit einer ionisch initiierten Polymerisation diskutiert[15]. Ebenfalls ausschließlich wissenschaftliche Bedeutung besitzt bisher die neuerdings eingehender studierte Polymerisation durch Strahlen von Monomeren in festen (kristallinen) Medien, wie diejenige von (Meth)acrylsäuresalzen[16] und (Meth)-acrylamiden[17] (weitere Angaben siehe 3.4.1 A).

3.2.1.2 Einfluß von Fremdstoffen

A. Substanzen zur Auslösung einer radikalischen Polymerisation

1. Radikalbildung durch thermische Spaltung der Beschleuniger

Als *Beschleuniger (Initiatoren, Starter)* werden Stoffe eingesetzt, welche bei höherer Temperatur *Radikale* bilden[18]. Praktisch werden Peroxyde, Hydroperoxyde, Persäuren und aliphatische Azoverbindungen verwendet.

Die *Peroxyde* zerfallen primär unter Spaltung der Peroxydbindung; sekundär können weitere Bruchstücke gebildet werden. In manchen Fällen beteiligt sich auch das Lösungsmittel an der Reaktion (z. B. durch Übertragung), so daß der Startreaktion eine Anzahl verschiedener Radikale zur Verfügung stehen kann.

Das sehr gebräuchliche *Dibenzoylperoxyd* (DBPO) bildet ab 50° Benzoylperoxydradikale, die weiter in Phenylradikale und Kohlendioxyd zerfallen können[19]. Der Benzoylrest addiert jedoch die Monomeren, bevor weiterer Zerfall eintritt[20].

[12] WALLING, C., and E. R. BRIGGS: Am. Soc. **68**, 1141 (1943).

[13] KERN, W., und R. C. SCHULZ: Houben-Weyl-Müller XIV/1, 60 (1961).

[14] DAINTON, F.: Nature **160**, 268 (1947).

[15] BENSASSON, R., und R. MARX: Konf. über Hochpolymere, Moskau (1960) 420; ref. bei R. ROBERTS, Radiation-initiated Polymerization and Graft Polymerization, International Atomic Energy Agency, Vienna (1961).

[16] FADNER, T. A., Y. RUBIN, and H. MORAWETZ: J. Polymer Sci. **37**, 549 (1959); O'DONNELL, J. H., B. MCGARVEY, and H. MORAWETZ: Am. Soc. **86**, 2322 (1964).

[17] MESROBIAN, R. B., P. ANDER, D. S. BALLANTINE, and G. J. DIENES: J. chem. Physics **22**, 565 (1954); ADLER, G.: J. chem. Physics **31**, 848 (1959); ADLER, G., and W. REAMS: J. chem. Physics **32**, 1698 (1960); ADLER. G., D. BALLANTINE, and B. BAYSAL: J. Polymer Sci. **48**, 195 (1960); FADNER, T. A., and H. MORAWETZ: J. Polymer Sci. **45**, 475 (1960); BAYSAL, B., G. ADLER, D. BALLANTINE, and A. GLINES: J. Polymer Sci. B **1**, 257 (1963); ADLER, G., and W. REAMS: J. Polymer Sci. A **2**, 2617 (1964).

[18] WAESER, B.: Kolloid-Z. **168**, 57 (1960).

[19] HEY, D. H., and W. A. WATERS: Chem. Reviews **21**, 169 (1937).

[20] BARTLETT, P. D., and S. G. COHEN: Am. Soc. **65**, 543 (1943); s. aber auch AYREY, G., and R. J. MOORE: J. Polymer Sci. **36**, 41 (1959).

Di-tert.-butylperoxyd zerfällt in monomolekularer Reaktion[21] in zwei Tert.-butoxy-Radikale, die unmittelbar Monomere addieren[22].

Die Monomeren reagieren mit den verschiedenen Radikalen mit unterschiedlicher Geschwindigkeit. Aus der Zerfallsgeschwindigkeit des einen Beschleunigers im Vergleich zu einem anderen kann man also noch nicht auf die Geschwindigkeit der Startreaktion schließen. Untersuchungen, die meist mit DBPO durchgeführt wurden, ergaben, daß die Polymeri-

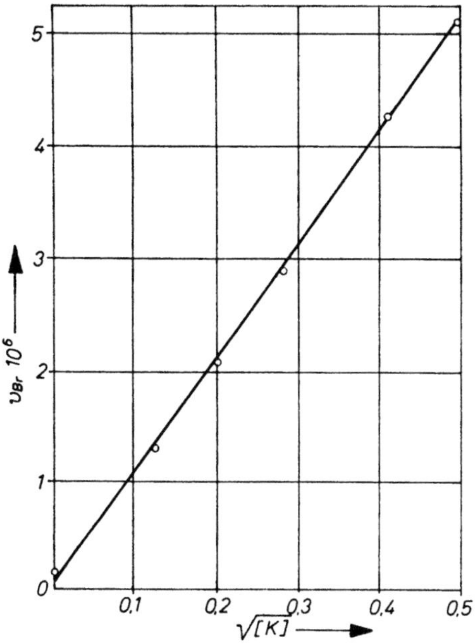

Abb. 4. Abhängigkeit der Polymerisationsgeschwindigkeit von der Konzentration des Beschleunigers. [Küchler, L.: Polymerisationskinetik, S. 104. Berlin-Göttingen-Heidelberg: Springer 1951; nach Schulz, G. V., und E. Husemann: Ph. Ch. B **39**, 246 (1938)]

sationsgeschwindigkeit der Wurzel aus der Beschleunigerkonzentration proportional ist[23] (s. Abb. 4).

Für die Polymerisation von Acryl- und Methacrylsäureverbindungen werden bevorzugt folgende Radikalbildner in einer Konzentration von etwa 0,02 bis 1,0% (bezogen auf die Monomeren) eingesetzt:

---

[21] Lossing, F., and A. W. Tickner: J. chem. Physics **20**, 907 (1952); Ferraris, E.: Materie plast. **30**, 329 (1964).

[22] Volman, D. H., and W. M. Graven: Am. Soc. **75**, 3111 (1953).

[23] Price, C. C., and R. W. Kell: Am. Soc. **63**, 2798 (1941); Schulz, G. V., und F. Blaschke: Ph. Ch. B **51**, 75 (1942); Schulz, G. V., und G. Harborth: Makromolekulare Chem. **1**, 106 (1947).

Tabelle 20. *Halbwertszeiten von Peroxyden*

Starter	Formel	Temperaturen, bei denen das Peroxyd in 0,1 od. 0,2 m Lösung in Benzol nach 10 Std zur Hälfte zerfallen ist[24]	Bemerkungen
Dibenzoylperoxyd	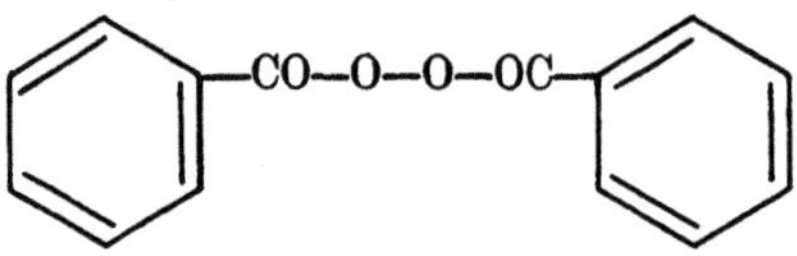	72°	Wird meist mit 25% Wasser phlegmatisiert geliefert; optimaler Aktivitätsbereich 60 bis 90°.
Cumolhydroperoxyd	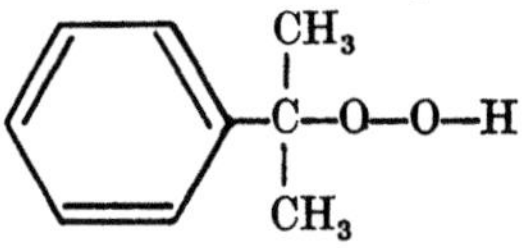	158° (88%ig)	Meist als 70%ige Lösung im Handel.
Dilauroylperoxyd	$C_{11}H_{23}-CO-O-O-OC-C_{11}H_{23}$	63°	Etwa 98- bis 99%ig; optimaler Aktivitätsbereich 60 bis 80°. Fp. 54 bis 55°.
Di-tert.-butylperoxyd	$CH_3-C(CH_3)_2-O-O-C(CH_3)_2-CH_3$	126°	Findet bei Acrylierungen von Alkydharzen bei Temp. über 120° Verwendung. Kp_{760} etwa 110°.
Azoisobuttersäuredinitril	$CH_3-C(CH_3)(CN)-N{=}N-C(CH_3)(CN)-CH_3$	64°	Wird bei Polymerisation von Methylmethacrylat in Substanz verwendet.
Methyläthylketonperoxyd	$C_2H_5-C(CH_3)(O-OH)-O-O-C(CH_3)(O-OH)-C_2H_5$	105°	Verwendung in Redoxsystemen bei Polyesterharzen.
Dicumylperoxyd	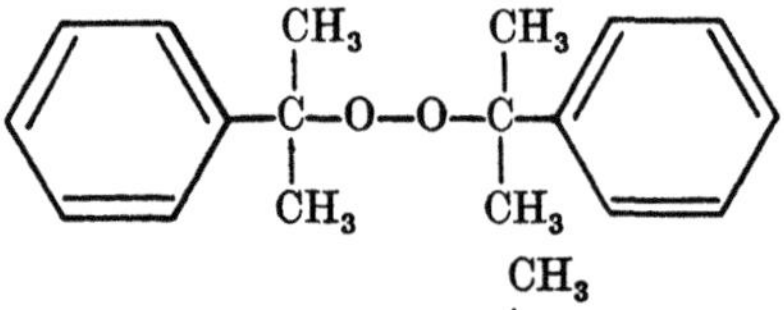	117°	Verwendung bei Acrylierung von Alkydharzen; Fp. etwa 39°.
Tert. Butylhydroperoxyd	$CH_3-C(CH_3)_2-O-O-H$	121°	

[24] LOGEMANN, H.: Houben-Weyl-Müller XIV/1, 248 (1961).

An Stelle von Peroxydverbindungen werden auch geeignete Azokörper, bevorzugt *Azoisobuttersäuredinitril* (AIBN)[25] als Beschleuniger verwendet. Diese aliphatische Azoverbindung zerfällt ab 35° in Stickstoff und zwei polymerisationsauslösende Tert.-butylnitril-Radikale:

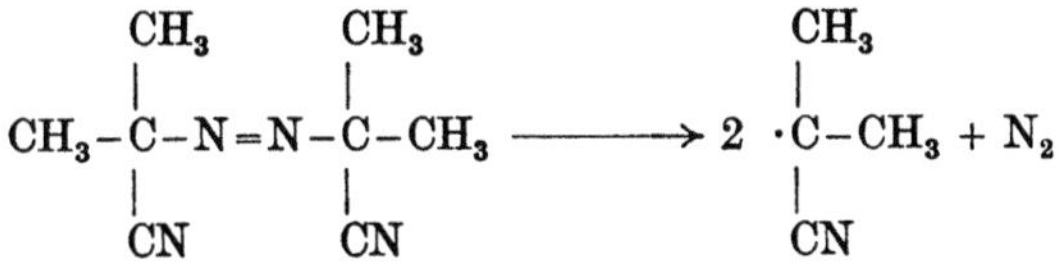

Oft ist es auch zweckmäßig, mit Gemischen von Peroxyden (und AIBN) zu arbeiten, um die Polymerisation bei verschiedenen Temperaturen ablaufen lassen zu können.

Da die Starter in die Makromoleküle eingebaut werden, beeinflussen sie auch die Stabilität gegen Abbau (vgl. 3.6.6). Cyanoisopropylendgruppen (aus AIBN) sind vergleichsweise stabiler als Benzoyloxy- oder Phenylendgruppen (aus DBPO)[26].

Bei Polymerisationen in wäßriger Phase, also in Emulsion oder wäßriger Lösung, werden meist wasserlösliche anorganische Peroxyverbindungen[27], wie *Wasserstoffperoxyd* sowie *Kalium*- und *Ammoniumperoxydisulfat*, verwendet.

Interessant sind auch N-substituierte N-Nitrosoacylamine (Formel I) als neue und aussichtsreiche Gruppe von radikalliefernden Verbindungen[28]. Ihre Aktivität ist derjenigen von Peroxyden bzw. Azoverbindungen vergleichbar.

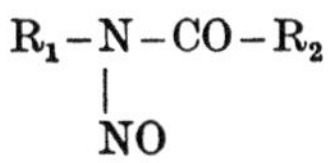

(I)

N-Nitroso-ε-caprolactam[29] (Formel II) zerfällt unter Ausbildung von Biradikalen, die auslösend auf die Polymerisation von (Meth)acrylverbindungen einwirken.

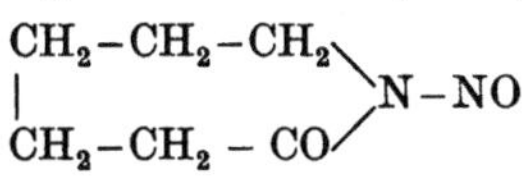

(II)

2. Auslösung der radikalischen Polymerisation bei tieferen Temperaturen (insbes. Redox-Polymerisation)

Das Wesen der *Redoxpolymerisation* besteht darin, daß die bei Reaktion zwischen einem Reduktionsmittel und einem Oxydationsmittel

25 Logemann, H.: Houben-Weyl-Müller XIV/1, 219 (1961).

26 Brown, W. H., and T. J. Miranda: Official Digest **36/2**, 130 (1964).

27 „Kaliumpersulfat EWM und Ammoniumpersulfat EWM", Firmenschriften der Elektrochemischen Werke München.

28 DBP 1123108 (1962) BASF, A. Hrubesch und H. Craubner; Craubner, H., und A. Hrubesch: Makromolekulare Chem. **72**, 21 (1964).

29 Craubner, H., und A. Hrubesch: Makromolekulare Chem. **72**, 38 (1964).

gebildeten intermediären radikalischen Zwischenstufen polymerisationsauslösend wirken können[30]. Ein Vorteil dieser Verfahren ist, daß die Polymerisationen auch bei tiefen Temperaturen mit genügender Geschwindigkeit gestartet werden. Bei der Wahl des richtigen Redoxsystems müssen folgende Punkte beachtet werden:

a) Die Art der verwendeten Oxydations- und Reduktionsmittel bestimmt die Art der Radikale, die mit den Monomeren reagieren sollen.

b) Die Konzentration von Oxydations- und Reduktionsmittel ist weitgehend für die Lebensdauer der Radikale verantwortlich. Die miteinander gekoppelten Redoxreaktionen müssen so ablaufen, daß der Startreaktion die Radikale eine genügend lange Zeit angeboten werden, bevor sie durch weitere Redoxreaktionen verbraucht werden. Erfolgt die Radikallieferung zu langsam, so ergibt sich eine ungenügende Beschleunigung der Polymerisation.

c) Durch Zusatz bestimmter Verbindungen[31] (meist geringe Mengen löslicher Metallverbindungen deren Metallionen verschiedene Wertigkeiten annehmen können), ist es möglich, in den Ablauf des Redoxvorganges einzugreifen und eine optimale Konzentration an polymerisationsauslösenden Radikalen zu gewährleisten.

An *Oxydationsmitteln* sind unter anderem wirksam: Peroxyde, Chlorate, Bromate[32], Hypochlorite und auch Luftsauerstoff. Als *Reduktionsmittel* wurden z. B. Sulfite, Mercaptane, Hyposulfite, Thiosulfate, Amine[33], Salze von Sulfinsäuren[34], Ferrosalze[35] oder reduzierende Zukker[36] empfohlen.

Werden (Meth)acrylsäureester mit Boralkylverbindungen versetzt, so sind sie latent polymerisierbar und unter Luftausschluß lagerfähig; sie polymerisieren bei Luftzutritt[37].

Praktisch geht man bei der *Redoxpolymerisation* so vor, daß man entweder das Reduktionsmittel vorlegt und das Oxydationsmittel zulaufen läßt oder umgekehrt. Die Konzentrationen betragen etwa 0,05 bis 0,2%, das Verhältnis von Reduktionsmittel zu Oxydationsmittel ist etwa äquivalent.

In den folgenden Formeln sind die Reaktionen des beschleunigten Zerfalls von Hydroperoxyden durch Mercaptane und Amine wiedergegeben:

---

[30] KERN, W.: Makromolekulare Chem. **1**, 249 (1947).

[31] KAUFMANN, H. P., und H. BRÜNING: Fette Seifen einschl. Anstrichmittel **65**, 1031 (1963).

[32] DAS 1164094 (1959) Am. Cyanamid Co., E. R. KOLODNY, and R. B. BOOTH.

[33] HOBSON, R. W., and J. D. 'JANNI: Ind. eng. Chem. **42**, 1572 (1950).

[34] DBP 1077870 (1960) Bayer, H. LOGEMANN und W. BECKER.

[35] BAXENDALE, J. H., M. G. EVANS, and G. S. PARK: Trans. Faraday Soc. **42**, 155 (1946).

[36] A. P. 2553325 (1946) General Electric Co., J. A. LORITSCH.

[37] DAS 1162085 (1962) Minnesota Mining Co., D. R. SCHULTZ.

$$ROOH + R{-}SH \longrightarrow R{-}O\cdot + R{-}S\cdot + H_2O$$

$$ROOH + (R)_2NH \longrightarrow R{-}O\cdot + (R)_2N\cdot + H_2O$$

Der Zerfall von Peroxyverbindungen kann auch durch tert. Amine beschleunigt werden, wovon in der Praxis in bestimmten Fällen (z. B. bei Dentalmassen) Gebrauch gemacht wird. Bei der Reaktion mit DBPO entstehen Aminoxyde[38], die je nach Art des tert. Amins im Endpolymerisat Verfärbung hervorrufen können.

B. Substanzen zur Unterbrechung bzw. Verhinderung einer radikalischen Polymerisation

Um die Monomeren gegen vorzeitige Polymerisation zu schützen, setzt man bestimmte Stoffe zu, die die Polymerisation verzögern[39]. Ihre Wirkung beruht darauf, daß sie mit dem startenden bzw. wachsenden Radikal reagieren. Dabei bilden sich meist neue Radikale, die so stark resonanzstabilisiert sind, daß sie keine weiteren Monomeren addieren[40]. Die Schutzwirkung von *Inhibitoren* ist also bis zu deren Verbrauch begrenzt, danach kann die Polymerisation normal fortgesetzt werden.

Am häufigsten werden Chinone, Phenole, Methylenblau, aromatische Amine (Diphenylamin) oder Nitroverbindungen bzw. Kupfer- oder Eisensalze benutzt. Indulin[41] weist gute stabilisierende Wirkung auf und läßt sich durch Behandeln mit Bleicherde entfernen. Hydrochinon wirkt nur in Gegenwart von Sauerstoff oder oxydierenden Substanzen, also offenbar als p-Benzochinon.

Bei der praktischen Auswahl von Inhibitoren muß man außer der stabilisierenden Wirkung auch deren Flüchtigkeit, Löslichkeit, Stabilität, die Möglichkeit zur Wiederentfernung und die Gefahr der Verfärbung bei der Polymerisation berücksichtigen. Die zuzusetzenden Mengen liegen meist zwischen 0,01 und 0,1%.

Die Prüfung der Inhibitoren erfolgt bei erhöhter Temperatur. Verhindern sie dabei eine radikalische Polymerisation, so kann man sicher sein, daß sie auch bei Zimmertemperatur mit Erfolg verwendet werden können.

C. Einfluß von Fremdsubstanzen als Überträger

Viele Verteilungsmittel (z. B. Lösungsmittel) greifen in das Polymerisationsgeschehen durch Übertragungsreaktionen mit dem wachsendem Makroradikal ein[42]. Die Fremdsubstanz wird als Endgruppe eingebaut.

---

[38] BERNDTSSON, B., und L. TURUNEN: Kunstst. **44**, 431 (1954); LAL, J., and R. GREEN: J. Polymer Sci. **17**, 403 (1955); HORNER, L., und E. SCHWENK: A. **566**, 69 (1950); MELTZER, T. H., and A. V. TOBOLSKY: Am. Soc. **76**, 5178 (1954).

[39] STRUBELL, W.: Plaste u. Kautschuk **6**, 332 (1959).

[40] PATAT, F.: Ang. Ch. **65**, 175 (1953).

[41] DBP 1047773 (1957) Röhm & Haas G.m.b.H., K. RIEFSTAHL.

[42] FLORY, P. J.: Am. Soc. **59**, 241 (1937).

Die Wirksamkeit der Überträger hängt von deren Bau, der Temperatur und vom Monomeren ab.

In der Tabelle 21 sind die *Übertragungskonstanten* C (.10⁴) einiger Lösungsmittel bei der Polymerisation von *Methacrylsäuremethylester* bei 80° gegenübergestellt[43].

Tabelle 21. *Übertragungskonstanten von Lösungsmitteln*

Lösungsmittel	Übertragungskonstanten (C.10⁴)
Benzol	0,075
Cyclohexan	0,10
Toluol	0,52
Äthylbenzol	1,35
Isopropylbenzol	1,90
Trichlormethan	1,4
Tetrachlormethan	2,39
Tetrabrommethan	3300
Chlorbenzol	0,2

Die Zahlenwerte der Tabelle können wie folgt veranschaulicht werden: Eine Übertragungskonstante von $C.10^4 = 10000$ würde bedeuten, daß bei gleicher molarer Konzentration von Lösungsmittel und Monomeren sowohl Wachstums- als auch Reaktion mit dem Lösungsmittel mit der gleichen Geschwindigkeit ablaufen.

Die Polymerisation in Reaktionsmedien hoher Übertragungskonstanten *(Telogene)* bezeichnet man als *Telomerisation*[44], das Polymere mit niederem Polymerisationsgrad, welches das Telogen chemisch gebunden enthält, als *Telomeres*, das eingesetzte Monomere als *Taxogen*.

Stoffe mit besonders hohen Übertragungskonstanten sind die sog. *Regler*[45]. Als solche verwendet man meist organische Schwefelverbindungen[46] wie Mercaptane[47], Thiosäuren[48], organische Polyhalogenver-

[43] Riddle, E. H.: Monomeric Acrylic Esters, Reinhold Publ. Co., New York (1954); Kern, W., und R. C. Schulz: Houben-Weyl-Müller XIV/1, 55 (1961); dort weitere zitierte Literatur: Basu, S., J. N. Sen, and S. R. Palit: Pr. roy. Soc. (A) **202**, 485 (1950) und **214**, 247 (1952); Mayo, F. R.: Am. Soc. **70**, 3689 (1948); Fuhrman, N., and R. B. Mesrobian: Am. Soc. **76**, 3281 (1954).

[44] Mayo, F. R.: Am. Soc. **65**, 2324 (1943); Joyce, R. M.: Am. Soc. **70**, 2529 (1948); Müller, E.: Ang. Ch. **64**, 246 (1952).

[45] Flory, P. J.: Am. Soc. **59**, 241 (1937); Schulz, G. V.: Ang. Ch. **71**, 590 (1959).

[46] DRP 751604 (1937), A. P. 2248107, I. G., K. Meisenburg, I. Dennstedt, and E. Zaucker.

[47] A. P. 2434054 (1943) DuPont, M. J. Roedel.

[48] A. P. 2635090 (1949) Chemstrand Corp., C. H. Basdekis; A. P. 2878237 (1955) Am. Cyanamid Co., W. N. Russell, and T. J. Suen.

bindungen oder eventuell auch ungesättigte Verbindungen, wie z. B. das Dimere des α-Methylstyrols für Acrylnitril[49]. Am häufigsten werden Mercaptoverbindungen eingesetzt (besonders tert. Dodecylmercaptan, Kp_5 etwa 100°, D^{20} 0,855 bis 0,870), die nachfolgende Übertragungsreaktion bewirken:

Die entstandenen Mercaptylradikale führen die kinetische Polymerisationskette weiter.

Bei primären Mercaptanen hängt die Übertragungskonstante weniger vom Molekulargewicht als vom Bau des Mercaptans ab. Tertiäre Mercaptane sind weniger wirksam als die primären Verbindungen. Thioglykolsäure besitzt eine besonders hohe Übertragungskonstante. Die Temperaturabhängigkeit von C ist bei den Mercaptanen relativ gering.

Für die Polymerisation von Methacrylsäuremethylester beträgt beispielsweise die Übertragungskonstante C bei 60° für

n—Butylmercaptan (n—C_4H_9—SH) 0,67.

Die Regler dienen in der Technik zur leichteren Einstellung bestimmter herabgesetzter Polymerisationsgrade (bei noch guter Beherrschung des Polymerisationsablaufes), zur Zurückdrängung unerwünschter Propfreaktionen und zum Einbau bestimmter gesättigter Endgruppen.

D. Einfluß von Sauerstoff

Sauerstoff kann die Polymerisationsreaktion sowohl beschleunigen als auch verzögern. Die Polymerisationsverzögerung dürfte auf folgenden Ursachen beruhen:

Sauerstoff lagert sich an die Makroradikale bedeutend schneller als das Monomere an[50]; das resultierende Radikal besitzt jedoch infolge erhöhter Resonanzstabilität herabgesetzte Wachstumsfreudigkeit— die Polymerisation wird verzögert. Es bilden sich Copolymere des Monomeren mit Sauerstoff (alternierend bezogen auf O_2); darüberhinaus können Starterradikale eingefangen werden[51].

Nach Verbrauch des Sauerstoffs setzt die Polymerisation meist mit der Geschwindigkeit ein, mit der sie auch bei Abwesenheit von Sauerstoff ablaufen würde.

---

[49] DBP 966375 (1953), A. P. 2646424, The Dow Chemical Co., H. W. WEHR, and F. B. NAGLE.

[50] SCHULZ, G. V., und G. HENRICI: Makromolekulare Chem. 18/19, 437 (1956).

[51] KERN, W.: Makromolekulare Chem. 1, 199 und 249 (1947).

Die polymerisationsbeschleunigende Wirkung des Sauerstoffs kann auf einem Zerfall der gebildeten Perverbindungen beruhen; sie tritt meist jedoch erst bei höheren Temperaturen in Erscheinung.

Im allgemeinen ist sowohl bei technischen als auch wissenschaftlichen Polymerisationsarbeiten auf ausreichenden Sauerstoffausschluß zu achten. Das Gleiche gilt auch für die Lagerung von Acrylverbindungen, jedoch scheint im schwach alkalischen Milieu (Zerstörung von Hydroperoxyden) demgegenüber die Luft auf Methacrylsäureester inhibierend zu wirken.

3.2.1.3 Einfluß von Reaktionsbedingungen

A. Einfluß der Polymerisationstemperatur

Bei hohen Temperaturen muß man die Anlagerung eines Monomerenmoleküls an ein Polymerradikal als einen reversiblen Prozeß auffassen[52]. Im Falle der *Polymerisation des Methacrylsäuremethylesters* haben wir ein technisch wichtiges Beispiel für diese Aussage: Bei relativ niederen Temperaturen hat man es — eine ausreichende Aktivierung vorausgesetzt — mit einer Polymerisation des Monomeren zum Polymeren und umgekehrt bei hohen Temperaturen (z. B. 300°) annähernd quantitativ mit einer Depolymerisation des Polymeren zum Monomeren (vgl. Kapitel 3.6.6) zu tun. Darüber hinaus gehört nach Dainton und Ivin[53] zu jeder Monomerenkonzentration eine *obere Grenztemperatur*, oberhalb derer keine Polymerisation mehr erfolgt und auch eine *untere Grenztemperatur*, die durch die Startgeschwindigkeit (v_{st}) mitbestimmt ist[54].

Eine indirekte Beeinflussung der Polymerisation durch die Temperatur erfolgt natürlich auch wegen der Abhängigkeit der Zerfallsgeschwindigkeit der Beschleuniger von der Temperatur.

B. Einfluß der Konzentration

Mit Erhöhung der Konzentration an Monomeren steigt das Molekulargewicht und die Polymerisationsgeschwindigkeit, wohingegen durch eine Erhöhung der Konzentration an Beschleuniger das Molekulargewicht erniedrigt wird (s. Abb. 5). Entsprechend wird bei der Polymerisation von Methacrylsäure mit UV-Strahlen in Substanz ein Polymerisat mit einem durchschnittlichen Molekulargewicht von $2 \cdot 10^6$ und bei Polymerisation einer 10%igen wäßrigen Lösung ein solches mit einem durch-

---

[52] Dainton, F. S., and K. J. Ivin: Nature **162**, 705 (1948) sowie Quart. Reviews **12**, 61 (1958)

[53] Dainton, F. S., and K. J. Ivin: Trans. Faraday Soc. **46**, 331 (1950).

[54] Schulz, G. V., und P. Wittmer: Ph. Ch. N.F. **41**, 267 (1964).

schnittlichem Molekulargewicht von 2.10^5 erhalten[55]. Über den Einfluß von *Druck* auf die Polymerisation von Methacrylsäuremethylester vgl.[56].

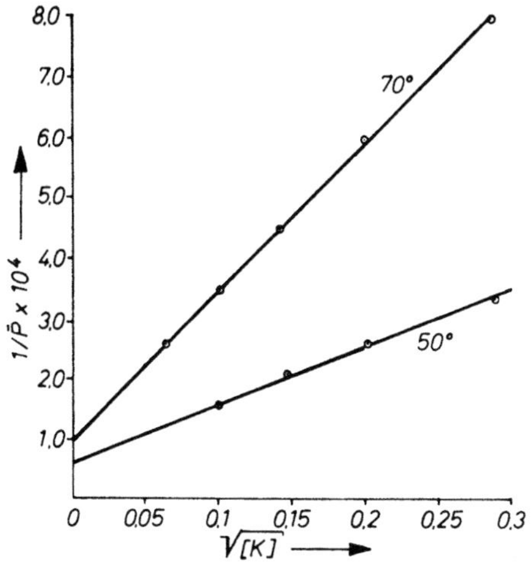

Abb. 5. Abhängigkeit des Polymerisationsgrades von der Konzentration des Beschleunigers. [KÜCHLER, L.: Polymerisationskinetik, S. 104. Berlin-Göttingen-Heidelberg: Springer 1951; nach SCHULZ, G. V., und G. HARBORTH: Makromolekulare Chem. **1**, 106 (1947)]

C. Einfluß der Viskosität

Mit zunehmender Polymerisation steigt naturgemäß die Viskosität des Reaktionsmediums an. Bei bestimmten Viskositäten (Gelpunkt) erfolgt (beispielsweise bei der Polymerisation von *Methacrylsäuremethylester* in Substanz[57] oder von *Acrylnitril*) ein stark beschleunigter Temperaturanstieg und im Extremfall ein explosionsartiger Reaktionsverlauf. Dieselbe Erscheinung findet man auch bei Polymerisation in verschiedenen Verdünnungsmitteln (s. Abb. 6) (z. B. bei Polymerisation von ungesättigten *Amiden* in Lösung durch UV-Licht[58]), und zwar besonders dann, wenn schlechte Lösungsmittel verwendet werden[59].

Bei *Acrylsäure* oder *Acrylnitril*, die als Polymere im Monomeren nicht löslich sind, findet man eine besonders starke Reaktionsbeschleunigung, wohingegen bei *Methacrylsäurebutylester* wegen der Löslichkeit

[55] ALEXANDER, P., und F. S. HITCH: Biochim. biophysica Acta (Amsterdam) **9**, 229 (1952); C. **1954**, 334.

[56] WALLING, C., and D. D. TANNER: J. Polymer Sci. A **1**, 2271 (1963).

[57] SCHULZ, G. V., und F. BLASCHKE: Ph. Ch. B **50**, 305 (1941); SCHULZ, G. V., und F. BLASCHKE: Z. El. Ch. **47**, 749 (1941).

[58] A. P. 2533166 (1945) General Aniline & Film Corp., G. D. JONES; Chem. Abstr. **45**, 1811 (1951); ARBUSOWA. I. A., W. N. JEFREMOWA und J. K. ULESLO: Doklady Akad. SSSR **112**, 645 (1957); C. **1958**, 2452.

[59] NORRISH, R. G. W., and R. R. SMITH: Nature **150**, 336 (1942).

des Polymeren im Monomeren die Temperaturerhöhung wesentlich geringer ist[60].

Gleiche Effekte treten grundsätzlich auf, wenn bei der Polymerisation inerte viskositätserhöhende Zusätze erfolgen[60]. Für diese theoretisch interessanten und für die Praxis wichtigen Erscheinungen wurde die

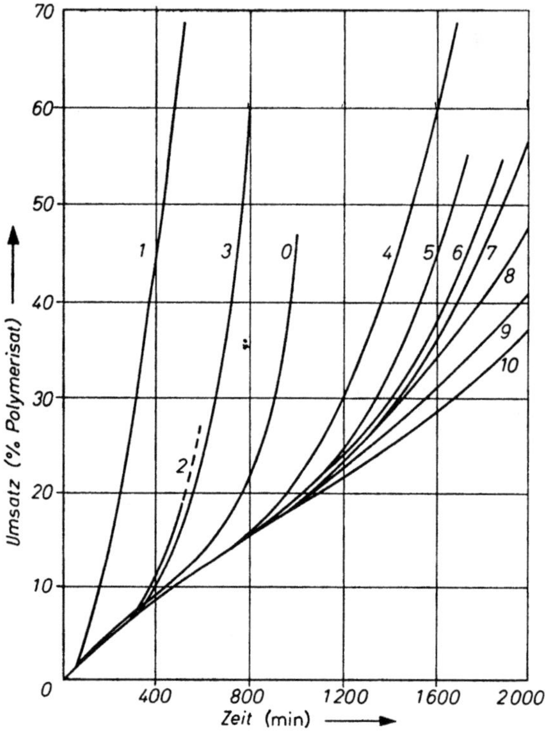

0 unverdünnt
1 Butylstearat
2 Heptan
3 Cyclohexan } Fällungsmittel für das Polymere
4 Amylacetat
5 n-Amylalkohol
6 Äthylacetat
7 Tetrachlorkohlenstoff } schlechte Lösungsmittel für das Polymere
8 Benzol
9 Chloroform
10 Methylenchlorid } gute Lösungsmittel für das Polymere

Abb. 6. Anstieg des Umsatzes bei der Polymerisation von Methacrylsäuremethylester (40 Vol.-%) in verschiedenen Lösungsmitteln bei 40°. [KÜCHLER, L.: Polymerisationskinetik, S. 208. Berlin-Göttingen-Heidelberg: Springer 1951; nach NORRISH, R. G. W., and R. R. SMITH: Nature **150**, 336 (1942)]

---

[60] TROMMSDORFF, E., H. KÖHLE und P. LAGALLY: Makromolekulare Chem. 1, 169 (1947).

Bezeichnung „Geleffekt“[61] oder „Trommsdorff-Effekt“ vorgeschlagen und dafür folgende Deutung gefunden[57,59,60,62]: Durch die steigende Viskosität wird die Bewegung der Makroradikale in zunehmendem Maß behindert, so daß der Kettenabbruch verzögert wird. Das Wachstum geht jedoch fast ungestört weiter, da die kleinen Monomerenmoleküle zu den wachsenden Kettenenden nach wie vor ungestört diffundieren können. Im Endeffekt erhöht sich also die Bruttogeschwindigkeit und — da die Abbruchreaktionen zurückgedrängt werden — der Polymerisationsgrad.

D. Einfluß des pH-Wertes

Der pH-Wert des Mediums kann die Polymerisationsgeschwindigkeit beeinflussen und für eventuelle Sekundärreaktionen an den Monomeren bzw. am Polymeren verantwortlich sein.

Verzichtet man auf pH-Regulatoren, so ergibt sich der pH-Wert durch die Eigenschaften der Monomeren.

Die (Meth)acrylsäure polymerisiert als Salz meist langsamer als die freie Säure[63]. Entgegengesetzt zu den Säuren verhalten sich die basischen Aminoester der Methacrylsäure (z. B. Dimethylaminoäthylmethacrylat), die als Salze leichter polymerisieren.

Besondere Bedeutung hat der pH-Wert bei redoxbeschleunigten Polymerisationen[64].

Durch den pH-Wert wird die Wirkung weiterer Fremdzusätze, wie Inhibitoren[65] und Emulgatoren[66], beeinflußt. Um konstant günstige Bedingungen zu erhalten, arbeitet man oft mit Pufferlösungen[66].

Mannigfaltig sind auch die pH-bedingten *Sekundärreaktionen*: Die monomeren Acryl- und Methacrylverbindungen können im alkalischen pH-Bereich z. B. Wasser an die Doppelbindung addieren und liefern die entsprechenden inaktiven β-Hydroxyverbindungen, die der Polymerisation entzogen werden. Auch die funktionellen Gruppen können angegriffen werden, so z. B. Säureamide im alkalischen Bereich hydrolytisch

---

[61] Burnett, G. M., and H. W. Melville: Pr. roy. Soc. A **189**, 494 (1947).

[62] Trommsdorff, E.: BIOS Final Rep. **363**, 22; Schulz, G. V., und G. Harborth: Makromolekulare Chem. **1**, 106 (1947); Melville, H. W., and W. F. Watson: J. Polymer Sci. **11**, 299 (1953); Melville, H. W.: Z. El. Ch. **60**, 276 (1956).

[63] DBP 932700 (1953) BASF, H. Fikentscher; C. **1956**, 9287; Blauer, G.: J. Polymer Sci. **11**, 189 (1953); Pinner, S. H.: J. Polymer Sci. **9**, 282 (1952); Alfrey, T., C. G. Overberger, and S. H. Pinner: Am. Soc. **75**, 4221 (1953).

[64] A. P. 2628223 (1949) DuPont, J. C. Richards; A. P. 2654731 (1951) DuPont, H. T. Patterson; DBP 901112 (1951) Bayer, I. Dennstedt und W. Wiesemann.

[65] Küchler, L.: Polymerisationskinetik, S. 244. Berlin-Göttingen-Heidelberg: Springer 1951.

[66] Logemann, H.: Houben-Weyl-Müller XIV/1, 168 (1961).

gespalten[67] und im sauren Bereich die (Meth)acrylamidpolymeren in entsprechende Imidpolymere übergeführt werden[68].

Die monomeren Ester hydrolysieren im alkalischen pH-Bereich vergleichsweise leichter[69] als die polymeren Produkte. Methacrylsäureester sind im monomeren Zustand alkalisch etwas schwerer verseifbar als die entsprechenden Acrylsäureester und werden als Polymerisate erst ab etwa 160° von wäßrigem Alkali angegriffen[70].

E. Einfluß von Verdünnungsmitteln

Bei Verteilung eines Monomeren in einer Fremdsubstanz und nachfolgender Polymerisation wird auch bei gegenüber der Polymerisationsreaktion inerter Verhaltensweise der Fremdsubstanz (z. B. sehr kleine Übertragungskonstante, keine inhibierende noch startende Wirkung) die Polymerisation je nach Löslichkeit der Monomeren und Beschleuniger in dem Verdünnungsmittel unterschiedlich ablaufen. Man erhält Polymere mit sehr verschiedener Beschaffenheit, Feinheit und sehr unterschiedlichen Molekulargewichten und Löslichkeiten. Technisch interessiert besonders die Verwendung von Wasser als Polymerisationsmedium, einmal wegen der Kosten und zum anderen wegen der besten Eignung als Mittel zur Abführung der Polymerisationswärme.

Durch sinngemäße Variierung von Beschleunigern, Monomeren und durch geeignete weitere Zusätze, wie Emulgatoren, Suspensionsstabilisatoren, bzw. deren Ausschluß, kommt man zu einem Spektrum äußerlich sehr verschiedener Polymerisatarten, deren Entstehung zum Teil nach unterschiedlichen kinetischen Gesetzmäßigkeiten erfolgt. Mit Rücksicht auf deren große technische Bedeutung werden diese unterschiedlichen Verfahren in einem gesonderten Abschnitt (vgl. 3.4 bzw. 3.4.1 bis 3.4.5) eingehender beschrieben werden. An dieser Stelle gibt die folgende, in Anlehnung an die Literatur[71] zusammengestellte Übersichtstabelle einen ersten Einblick.

---

[67] Arcus, C. L.: Soc. **1949**, 2732; Schulz, R., G. Renner, A. Henglein und W. Kern: Makromolekulare Chem. **12**, 20 (1954).

[68] Staudinger, H., und E. Urech: Helv. **12**, 1107 (1929); Crauwels, K., et G. Smets: Bull. Soc. chim. belges **59**, 182 (1950); A. P. 2486190 (1946) Eastman Kodak Co., L. M. Minsk, and W. O. Kenyon; Chem. Abstr. **44**, 1750 (1950).

[69] Mast, W. C., and C. H. Fisher: Ind. eng. Chem. **41**, 790 (1949).

[70] DBP 1027402 (1956) Röhm & Haas G.m.b.H., N. Jochum und K. Tessmar; DBP 1045658 (1956) Röhm & Haas G.m.b.H., K. Tessmar; Österr. P. 187053 (1951) Pharm. Fabr. Montavit, E. Kvasnickau und O. Kraupp; C. **1957**, 9182.

[71] Trommsdorff, E.: Makromolekulare Chem. **13**, 76 (1954); Gäth, R.: Chem. Industrie (Düsseldorf) **1951**, 629.

Tabelle 22. *Die verschiedenen Polymerisationsverfahren in Wasser als Verdünnungsmittel*[71]

Nr.	Polymerisationsverfahren (vgl. 3.4)	Monomeres	wäßrige Phase	Starter	Ort des Polymerisationsstartes	Polymerisateigenschaften Molekulargewicht	Beschaffenheit
1.	Lösungspolymerisation (vgl. auch 3.4.5)	wasserlöslich z. B.: (Meth)acrylsäure und deren Salze	homogene Lösung	wasserlösliche z. B.: $K_2S_2O_8$, H_2O_2, Redoxsysteme	wäßrige Lösung	niedriger als z. B. bei Substanzpolymerisation	klare, viskose Lösung
2.	Emulsionspolymerisation (vgl. auch 3.4.4)	wenig wasserlöslich, z. B.: (Meth)acrylsäureester	enthält Emulgiermittel	wie bei 1.	Micellengrenzflächen, zum Teil auch in der Lösung	höher als bei Substanzpolymerisation	feindispers, latexartig
2a.	Dispersionspolymerisation (vgl. auch 3.4.4)	wie bei 2.	enthält hochmol. Kolloide in erheblicher Konzentration	wie bei 1.	wie bei 2.	meist nicht bestimmbar, da unlöslich	grobdispers, latexartig, enthält Propfpolymerisat
3.	Fällungspolymerisation (vgl. auch 3.4.3)	teilweise bis wenig wasserlöslich, z. B. Acrylnitril	frei von Emulgier- und Dispergiermitteln	wie bei 1.	wäßrige Lösung	höher als bei Polymerisation in Substanz	wasserunlöslich, sedimentierender Schlamm
4.	Perl- oder Suspensionspolymerisation (vgl. auch 3.4.5)	wie bei 2.	enthält Kolloide wie 2a. in geringerer Konzentration oder anorganische Niederschläge	löslich in Monomeren, z. B.: Organische Peroxy- oder entsprechende Azoverbindungen	in Monomerentröpfchen	wie bei Polymerisation in Substanz	kugelförmig, suspendiert, leicht isolierbar

3.2.1.4 Die Copolymerisation[72]

Wenn mehr als ein Monomeres an einer Polymerisationsreaktion beteiligt ist, dann bezeichnet man die reagierenden Monomeren als Comonomere und die Reaktion als Copolymerisation[73]. Die Comonomeren bilden gemeinsam ein Makromolekül. Es liegen nicht, wie im Polymerengemisch, Makromoleküle aus einer Monomerengattung neben solchen aus einer anderen Monomerengattung nebeneinander vor.

Die Reaktionsfähigkeit von Monomeren mit der wachsenden Kette hängt von den Substituenten der Äthylendoppelbindung ab und wird umso größer sein (Aktivierungsenergie umso kleiner), je resonanzstabilisierter das durch Anlagerung des Monomerenmoleküls gebildete Makroradikal ist.

Die Substituenten sind verantwortlich für das Maß der Resonanzstabilisierung[74], da diese von der Zahl der mesomeren Grenzformen abhängt und lassen sich hinsichtlich der Reaktionsfähigkeit, die sie dem Monomeren verleihen, in eine Reihe einordnen:

$$-C_6H_5 > -CH{=}CH_2 > -CO-CH_3 > -CN > -CONH_2 > -COOR >$$
$$> -Cl > -CH_2X > -OOCCH_3 > -OR$$

Wie aus dieser Reihenfolge hervorgeht, liegen die Acrylsäurederivate hinsichtlich Reaktionsfähigkeit etwa in der Mitte der polymerisierbaren Verbindungen.

Die Makroradikale werden ihrerseits umso träger reagieren, je resonanzstabilisierter sie sind, so daß die reaktionsfähigsten Monomeren die reaktionsträgsten Radikale liefern und umgekehrt.

Die Substituenten im Monomerenmolekül wirken außerdem auf die elektrische Ladungsverteilung der Äthylendoppelbindung ein und erteilen dieser entweder eine positive oder negative Überschußladung. Im Extremfall kann durch diesen Effekt die Homopolymerisation der Monomeren infolge der Abstoßung der gleichnamigen Ladungen verzögert und die Copolymerisation mit einem Partner entgegengesetzter Ladungsverteilung beschleunigt werden.

Einblick in die Verhältnisse bei der Copolymerisation hat man vor allem durch kinetische Messungen erhalten. Es wird dabei angenommen, daß für die Reaktionsfähigkeit des Makroradikals nur die Natur des zuletzt angelagerten Monomeren, also des Kettenendes, ausschlaggebend sei. Außerdem wird der Verbrauch der Monomeren durch Start-, Abbruch- und Übertragungsreaktionen vernachlässigt, was bei genügend großer Kettenlänge der Moleküle zulässig ist. Für die Konzentration der aktiven Zentren wird ein quasistationärer Zustand angenommen.

---

[72] Küchler, L.: Polymerisationskinetik. Berlin-Göttingen-Heidelberg: Springer 1951.

[73] Kern, W., und R. C. Schulz: Houben-Weyl-Müller XIV/1, 7 (1961).

[74] Küchler, L.: Polymerisationskinetik, S. 189. Berlin-Göttingen-Heidelberg: Springer 1951.

Um festzustellen, in welchem Verhältnis die Monomeren zum Aufbau des Makromoleküls beitragen, wird nach kurzer Umsatzzeit die Zusammensetzung des Polymeren untersucht[75].

Bei der Copolymerisation wird das reaktivere Monomere rascher verbraucht, das reaktionsträgere reichert sich an und wird daher mit fortschreitender Polymerisationsreaktion infolge seiner im Vergleich zum Ausgangszustand höheren Konzentration stärker eingebaut als zu Reaktionsbeginn.

Chemisch einheitliche Copolymere auf diskontinuierlichem Wege, erhält man abgesehen von Spezialfällen nur durch Anwendung besonderer Verfahrenskunstgriffe. Werden beispielsweise die relativen Konzentrationsveränderungen der Monomeren während der Polymerisation durch entsprechend dosierte Nachlieferungen ausgeglichen[76], so bildet sich wegen des stets konstanten Verhältnisses der Monomerenkonzentrationen über den ganzen Umsatz hinweg ein Copolymerisat konstanter chemischer Zusammensetzung.

Kontinuierliche Verfahren der Copolymerisation in homogener Phase führen im stationären Zustand grundsätzlich zur Bildung chemisch einheitlich zusammengesetzter Copolymerisate. Ihre Zusammensetzung kann in den Grenzen der vorhandenen technischen Gegebenheiten und der Reaktivität der Monomeren praktisch beliebig eingestellt werden.

In der Literatur wurde von W. RING[77] ein Verfahren angegeben, nach dem die Zusammensetzung des in einem Rührkessel hergestellten Copolymerisates im *stationären Zustand* als Funktion der Monomer-Ausgangskonzentrationen sowie des Umsatzes vorausberechnet werden kann.

Es sei noch darauf verwiesen, daß ALFREY jr. und PRICE[78] das Polymerisationsverhalten der einzelnen Monomeren durch die sog. Q- und e-Werte charakterisieren[79]. Dadurch soll der Umstand behoben werden, daß mittels der *Copolymerisationsparameter*[72] nur die wechselseitigen Reaktionsfähigkeiten eines Monomerenpaares festgelegt werden.

Da es in der Literatur eine Reihe von ausführlichen und gut zugänglichen Zusammenstellungen über *Copolymerisationsparameter* gibt[79], können wir hier auf eine Zusammenfassung verzichten und verweisen auf die Tabellen von L. YOUNG[80], L. KÜCHLER[81] und W. KERN und

[75] MAYO, F. R., and F. M. LEWIS: Am. Soc. **66**, 1594 (1944).

[76] DAS 1164095 (1961) BASF, H. POHLEMANN und H. SPOOR.

[77] RING, W.: Makromolekulare Chem. **75**, 203 (1964).

[78] ALFREY jr., T., and C. C. PRICE: J. Polymer Sci. **2**, 101 (1947); PRICE, C. C.: J. Polymer Sci. **3**, 772 (1948); PRICE, C. C., and T. C. SCHWAN: J. Polymer Sci. **40**, 457 (1959).

[79] Zusammenstellung für (Meth)acrylate: BROWN, W. H., and T. J. MIRANDA: Official Digest **36**, 107 (1964).

[80] YOUNG, L.: J. Polymer Sci. **54**, 411 (1961).

[81] KÜCHLER, L.: Polymerisationskinetik, S. 175. Berlin-Göttingen-Heidelberg: Springer 1951.

R. C. Schulz[82]. Copolymerisationsparameter von einigen Methacrylamidderivaten sind bei E. Müller, K. Dinges und W. Graulich[83], solche von Hydroxypropylmethacrylat in einer Firmenschrift der Rohm & Haas Co. angegeben[84].

3.2.2 Die anionische Polymerisation

Die Polymerisation nach einem Carbanionenmechanismus kann man schematisch folgendermaßen formulieren[85]:

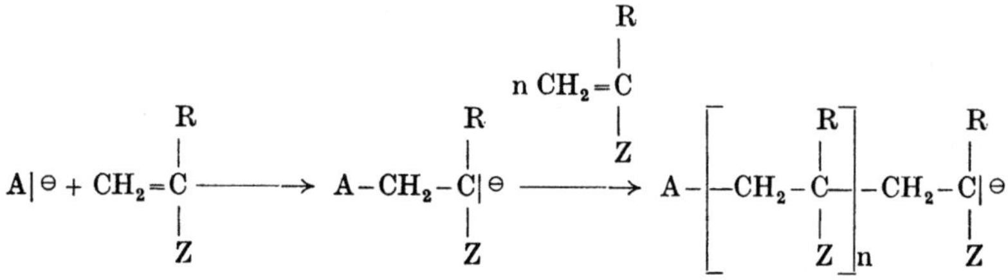

Das Anion addiert sich unter Ausbildung einer Atombindung an das Monomere, wobei wieder ein Carbeniatanion resultiert. Dieses reagiert weiter mit einem Monomeren usw. bis das Wachstum durch eine Abbruchreaktion oder Verbrauch des Monomeren unterbrochen wird.

Eine zweite Art des Kettenstarts bei der anionischen Polymerisation besteht in einem Elektronenübergang auf ein Monomeres durch Alkalimetall-Aromaten-Additionsverbindungen[86]:

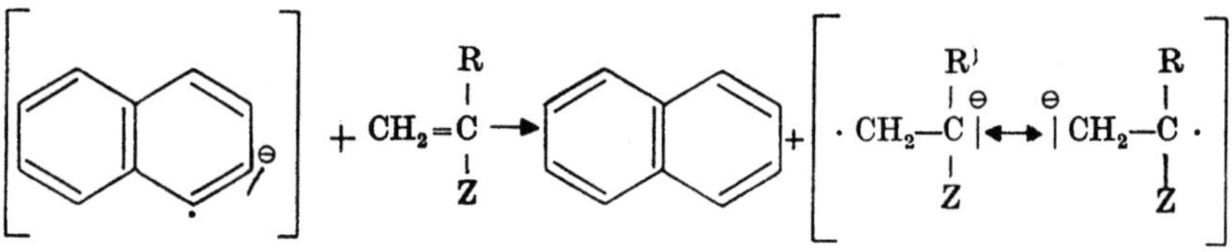

Als Elektronendonator kann auch metallisches Lithium dienen[87].

Das die Polymerisation auslösende angeregte Monomere besitzt eine Radikalstelle und fungiert außerdem als Anion. In Gegenwart von Styrol und Methacrylsäuremethylester polymerisiert letzterer anionisch und an

[82] Kern, W., und R. C. Schulz: Houben-Weyl-Müller XIV/1, 105 (1961).

[83] Müller, E., K. Dinges und W. Graulich: Makromolekulare Chem. **57**, 40 (1962).

[84] Bulletin SP-216 der Rohm & Haas Co., Philadelphia.

[85] Küchler, L.: Polymerisationskinetik, S. 249. Berlin-Göttingen-Heidelberg: Springer 1951.

[86] Swarc, M., and A. Rembaum: J. Polymer Sci. **22**, 189 (1956); Swarc, M.: Proc. roy. Soc. **279**, 260 (1964).

[87] O'Driscoll, K. F., and A. V. Tobolsky: J. Polymer Sci. **31**, 123 (1958); Tobolsky, A. V., D. J. Kelley, K. F. O'Driscoll, and C. E. Rogers: J. Polymer Sci. **28**, 425 (1958).

der Radikalstelle wächst ein Copolymerisat der beiden Monomeren in statistischer Verteilung weiter.

Eine entscheidende Rolle bei anionischen Polymerisaten spielt das *Lösungsmittel*[88], wobei die Reaktionsgeschwindigkeit mit der Polarität desselben ansteigt[89].

Die *Aktivierungsenergie* bei der ionischen Polymerisation ist niedriger als bei der radikalischen Polymerisation, so daß die Polymerisation auch bei sehr tiefen Temperaturen mit genügender Geschwindigkeit abläuft. Die *Molekulargewichte* der Polymeren sind in den meisten Fällen niedriger als bei der radikalisch ausgelösten Polymerisation und durch Verunreinigungen besonders stark beeinflußbar.

Der *Kettenabbruch* bei der ionischen Polymerisation erfolgt durch spezielle Abbruchreaktionen mit dem Monomeren[90], dem Lösungsmittel oder Verunreinigungen. Es kommt aber auch vor, daß das gebildete Makroion sich so stabilisiert, daß es mit bestimmten Monomeren nicht mehr weiterreagiert[91].

Die bei radikalischer Polymerisation üblichen Stabilisatoren sowie Sauerstoff inhibieren die anionische Polymerisation naturgemäß nicht.

Ein weiterer Unterschied gegen die Radikalpolymerisation ist der, daß bei der Radikalpolymerisation der Starter keinen Einfluß auf das Polymerenkettenende ausüben kann, während sich bei der Ionenpolymerisation das Gegenion immer an der Kettenspitze befindet, so daß neu hinzutretende Monomere beeinflußt und in bestimmter Weise eingebaut werden können (vgl. 3.3.6).

Zur *Polymerisationsauslösung*[92] kommen hauptsächlich die Alkalimetalle[93] und deren metallorganische Verbindungen[94] (Alkaliamide[95]), Alkalialkoholate[96] in Ammoniak als Lösungsmittel sowie Grignardver-

---

[88] GLUSKER, D. L., R. A. GALLUCCIO, and R. A. EVANS: Am. Soc. **86**, 187 (1964).

[89] FOX, T. G. u. a.: Am. Soc. **80**, 1768 (1958).

[90] SCHREIBER, H.: Makromolekulare Chem. **36**, 86 (1959); GOODE, W. E., W. H. SNYDER, and R. C. FETTES: J. Polymer. Sci. **42**, 367 (1960).

[91] GRAHAM, R. K., D. L. DUNKELBERGER, and W. E. GOODE: Am. Soc. **82**, 400 (1960).

[92] GOODE, W. E. u. a.: J. Polymer Sci. **46**, 317 (1960); MILLER, M. L., and C. E. RAUHUT: J. Polymer Sci. **38**, 63 (1959); BRAUN, D., M. HERNER, U. JOHNSEN und W. KERN: Makromolekulare Chem. **51**, 15 (1962).

[93] DANNLEY, R. L., and E. L. KAY: Am. Soc. **77**, 1046 (1955); WOODING, N. S., and W. C. E. HIGGINSON: Soc. **1952**, 1178; HANFORD, W. E., and R. M. JOYCE: J. Polymer Sci. **3**, 171 (1948); LEONARD, F., A. J. SZLACHTUN, and I. CORT: J. Polymer Sci. **11**, 539 (1953).

[94] E. P. 912404 (1960) Montecatini.

[95] HIGGINSON, W. C. E., and N. S. WOODING: Soc. **1952**, 760 und 774; EVANS, M. G., W. C. E. HIGGINSON et N. S. WOODING: R. **68**, 1069 (1949); GOODE, W. E., W. H. SNYDER, and R. C. FETTES: J. Polymer Sci. **42**, 367 (1960).

[96] ZILKHA, A., B. A. FEIT, and M. FRANKEL: Pr. chem. Soc. **1958**, 256.

bindungen[97] in Frage. Dabei ist für die initiierende Wirkung der Katalysatoren eine bestimmte Basenstärke notwendig[98].

Auf die Alkalimetalladditionsverbindungen[86] an Aromaten wurde bereits hingewiesen. Als Lösungsmittel kann hier Tetrahydrofuran dienen.

Bei der anionischen Polymerisation von (Meth)acrylverbindungen werden an die Reinheit der Ausgangsmaterialien sehr hohe Anforderungen gestellt. (Geeignete Reinigungsverfahren werden von H. SCHREIBER[99] angegeben). Da außerdem die Reaktionsführung schwierig ist, findet die anionische Polymerisation von (Meth)acrylverbindungen nur in Ausnahmefällen, besonders zur Herstellung taktischer Polymerer oder bei der Zweistufenpolymerisation meist nur im Laboratoriumsmaßstab Anwendung. Sie läuft besonders leicht bei α-Cyanacrylsäureestern und Vinylidencyanid ab[100].

3.2.3 Die (Meth)acroleinpolymerisation

In der Literatur ist die Polymerisation von Acrolein seit vielen Jahren bekannt[101]. Für die Polymeren wurden früher häufig widersprechende Angaben über die Eigenschaften gemacht, was meist durch Verschiedenheiten im chemischen Aufbau verursacht wurde. Die neuen eingehenden Kenntnisse über die Polymerisation dieses Monomeren verdanken wir R. C. SCHULZ, der von seinem Lehrer W. KERN angeregt und gefördert in bisher zehnjähriger Forschungsarbeit mit seinen Mitarbeitern dieses sehr komplexe Gebiet weitgehend aufklärte. In einer zusammenfassenden Arbeit[102] wurde die Vielzahl verschiedenster Ergebnisse von R. C. SCHULZ gegenübergestellt sowie gedeutet und die Besonderheit des Acroleins hinsichtlich seines Polymerisationsverhaltens herausgestellt. Wir schließen uns seiner Auffassung an und behandeln deshalb die Polymerisationsmechanismen dieses Monomeren in diesem getrennten Abschnitt.

Die Besonderheit des Acroleins und seiner Homologen beruht auf der Tatsache, daß diese eine Vinyldoppelbindung und eine polymerisierbare Carbonylgruppe enthalten, daß diese beiden nach verschiedenen Mecha-

---

[97] NISHIOKA, A. u. a.: J. Polymer Sci. **48**, 241 (1960); BEAMAN, R.: Am. Soc. **70**, 3115 (1948); Ang. Ch. **62**, 271 (1950); Ref. über „Intern. Colloquium on Macromolecules, Amsterdam (1949)"; E. P. 566713 (1957) Rohm & Haas Co., T. G. Fox jr., J. W. E. GOODE, and J. D. STROUPE; DAS 1131017 (1960) Rohm & Haas Co., R. P. FELLMANN und M. J. KAMPF.

[98] WOODING, N. S., and W. C. E. HIGGINSON: Soc. **1952**, 774.

[99] SCHREIBER, H.: Houben-Weyl-Müller XIV/1, 1058 (1961).

[100] FIKENTSCHER, H.: Ullmann **14**, 119 (1963).

[101] REDTENBACHER, J.: A. **47**, 113 (1843); MOUREU, C., et C. DUFRAISSE: C. r. **169**, 621 (1919); KERN, W.: Makromolekulare Chem. **1**, 249 (1947/1948); RAUH, C.: Ang. Ch. **69**, 162 (1957); weitere Literatur vgl. SCHULZ, R. C., H. CHERDRON und W. KERN: Houben-Weyl-Müller XIV/1, 1080—1090 (1961).

[102] SCHULZ, R. C.: Ang. Ch. **76**, 357 (1964).

nismen polymerisiert werden können und daß auf Grund der Stellung der beiden Gruppen zueinander sich diese gemeinsam entsprechend den Reaktionen von 1,3-Dienen umsetzen lassen. Zur Unterscheidung der Polymerisationen und zur Verdeutlichung der Analogie des Acroleins mit Butadien wurde folgende Kennzeichnung (I) der einzelnen Acrolein-Kettenglieder verwendet[102]:

$$\begin{array}{cccc} & H & H & \\ & | & | & \\ H_2C= & C- & C= & O \\ (1) & (2) & (3) & (4) \end{array} \qquad \text{(I)}$$

Bei der radikalisch initiierten Homo- und Copolymerisation der Acroleine findet erwartungsgemäß ausschließlich Polymerisation der Vinylgruppe, also in 1,2-Stellung statt[102]. Diese Polymerisation tritt auch bei Aufbewahrung von unstabilisiertem Acrolein auf und führt zu dem unlöslichen pulverförmigen „Disacryl“[101]. Ähnliche Produkte erhält man bei der radikalisch katalysierten Polymerisation in Substanz. Die Ausbeuten und Eigenschaften der Polymeren sind jedoch nicht reproduzierbar; durch Sekundärreaktionen der Aldehydgruppen entstehen Aldehydhydratäther und Vernetzungen, die Grundbausteine der Polymeren bestehen in der Hauptsache aus anellierten Tetrahydropyran-Ringen[103]. Bei höherer Temperatur polymerisiert Acrolein mitunter explosionsartig (Polymerisationswärme des Monomeren: 19,1 kcal/Mol[104]).

Die Polymerisation von Acrolein mit Hilfe bestimmter wasserlöslicher Redox-Systeme ergibt hohe und gut reproduzierbare Ausbeuten[105]. Bei Verwendung des Adduktes aus Polyacrolein und Natriumbisulfit als Emulgator kann auch in Emulsion polymerisiert werden[106], während die übliche Acroleinpolymerisation in Wasser (Löslichkeit des Monomeren in Wasser: 20%) als Fällungspolymerisation aufgefaßt werden muß[107].

Mit einer großen Reihe von anderen Vinylverbindungen können die Acroleinverbindungen radikalisch (in 1,2-Stellung) copolymerisiert werden[108]. Die meisten Copolymeren sind bis auf solche mit Methacrolein-

[103] Schulz, R. C., und W. Kern: Makromolekulare Chem. **18/19**, 4 (1956); Schulz, R. C.: Kunstst. **48**, 257 (1958); Schulz, R. C., J. Kovacs und W. Kern: Makromolekulare Chem. **54**, 146 (1962); Schulz, R. C., K. Meyersen und W. Kern: Makromolekulare Chem. **54**, 156 (1962) und **59**, 123 (1962).

[104] Joshi, R. M.: Makromolekulare Chem. **55**, 48 (1962).

[105] Schulz, R. C.: Makromolekulare Chem. **17**, 62 (1955) und Kunstst. **47**, 303 (1957).

[106] Cherdron, H., R. C. Schulz und W. Kern: Makromolekulare Chem. **32**, 197 (1959); Cherdron, H.: Kunstst. **50**, 568 (1960).

[107] Schulz, R. C., H. Cherdron und W. Kern: Makromolekulare Chem. **24**, 141 (1957).

[108] Schulz, R. C., H. Cherdron und W. Kern: Makromolekulare Chem. **28**, 197 (1958); Schulz, R. C., E. Kaiser und W. Kern: Makromolekulare Chem. **58**, 160 (1962).

oder Methacrylnitrilgehalten von mindestens 30 Mol%[102] nach Trocknung in organischen Lösungsmitteln unlöslich. Von praktischem Interesse kann die Tatsache sein, daß Acrylnitril-Acrolein-Copolymerisate schon bei relativ kleinen Acroleingehalten in wäßriger SO_2-Lösung löslich sind, die für Polyacroleine typische Reaktionsfähigkeit zeigen und daß sich diese Lösungen zu Folien ausgießen oder im Naß-Spinnverfahren zu Fasern verspinnen lassen[109]. Durch Polymerisation von eindiffundiertem Acrolein in Polymethacrylsäuremethylester-Platten durch γ-Bestrahlung erhält man Propfcopolymere, die unlöslich sind und ebenfalls typische Aldehydreaktionen zeigen[110].

Wie bereits erwähnt, cyclisiert ein großer Teil der freien Aldehydgruppen in den (1,2-)Polyacroleinen, so daß für diese nach den am häufigsten vorkommenden Strukturelementen die folgende Strukturformel (II) angenähert gilt:

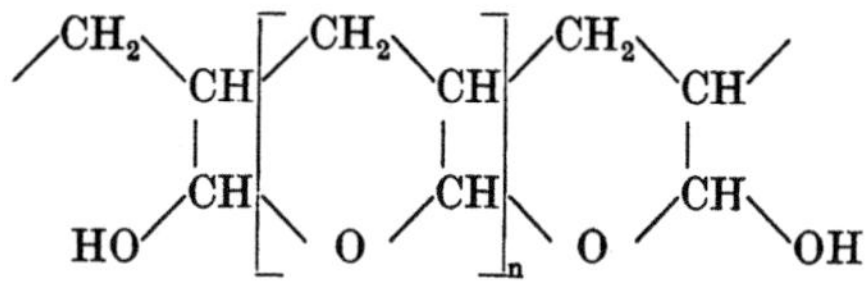

(II)

n = 0, 1, 2

Wie hervorgehoben, ist auch die Carbonylgruppe des Acroleins zur Polymerisation befähigt, doch sind hier nur ionische Katalysatoren brauchbar[102]. Es ist schon lange bekannt[111], daß Acrolein unter dem Einfluß von Basen polymerisiert und daß diese Polymerisationsprodukte sich von den radikalisch dargestellten in den Eigenschaften wesentlich unterscheiden. Außer den verschiedensten Basen wurden auch Katalysatoren verwendet, die als Starter für kationische Polymerisationen gelten, z. B. Schwefelsäure-Ätherat[112], Bortrifluorid-Ätherat[112] und Bortrifluorid[113]. R. C. Schulz und W. Passmann[114] polymerisierten Acrolein anionisch mit den entsprechenden typischen Katalysatoren (n-Butyl-Lithium, Naphthalin-Natrium u.a.m.) bei verschiedenen Temperaturen (bis +30°) und in verschiedenen Lösungsmitteln. Die Polymerisate (III) enthielten bis zu 70% d.Th. freie Vinyldoppelbindungen, die hydrierten

[109] DBP 1019825 (1956) Degussa, O. Schweitzer, W. Kern, R. C. Schulz und R. Holländer.

[110] Henglein, A., W. Schnabel und R. C. Schulz: Makromolekulare Chem. **31**, 181 (1959).

[111] Moureu, C., et C. Dufraisse: C. r. **191**, 1126 (1930); Gilbert, E. E., and J. J. Donleavy: Am. Soc. **60**, 1911 (1938); vgl. auch die unter [101] angegebene Literatur.

[112] Schulz, R. C.: Makromolekulare Chem. **17**, 62 (1955) und Kunstst. **47**, 303 (1957).

[113] Andreeva, J. V., M. M. Koton und K. A. Kovaleva: Vysokomolekulyarnye Soedineniya **4**, 528 (1962).

[114] Schulz, R. C., und W. Passmann: Makromolekulare Chem. **60**, 139 (1963).

Produkte wurden zu Propionaldehyd hydrolysiert, woraus in Verbindung mit weiteren Kriterien zwingend geschlossen wurde, daß Acrolein mit starken anionischen Katalysatoren im wesentlichen in 3,4-Stellung polymerisiert:

$$n\,(CH_2{=}CH{-}CH{=}O) \xrightarrow[\text{Polymerisation}]{\text{anionische}} -\left[\begin{array}{c}-CH-O-\\ |\\ CH{=}CH_2\end{array}\right]_n- \qquad \text{(III)}$$

Bei Variierung der Polymerisationsbedingungen tritt mehr oder minder auch Polymerisation an der Vinyldoppelbindung auf (in 1,2-Stellung) und man erhält — ausgehend von einem einzigen Monomeren — gewissermaßen Copolymerisate (IV), mit der Besonderheit, daß die Grundbausteine „Isomere" desselben Monomeren sind:

$$-\left[\begin{array}{c}-CH-O-\\ |\\ CH{=}CH_2\end{array}\right]_x-\left[\begin{array}{c}-CH_2-CH-\\ |\\ CHO\end{array}\right]_y- \qquad \text{(IV)}$$

Die freien Vinylgruppen der Polymeren (IV) können, ähnlich wie ungesättigte Polyester, radikalisch mit z. B. Methacrylsäuremethylester zu klaren, harten und unlöslichen Formkörpern copolymerisiert werden. Die Kombination der beiden Polymerisationsarten ist ein neues Prinzip für die Herstellung von Copolymeren[115] und es bleibt abzuwarten, zu welcher praktischen Anwendung dies in der technischen Polymerchemie führen wird.

Nach neueren Ergebnissen gelangt man zu ähnlich aufgebauten „Copolymeren" bei der Polymerisation von Acrolein in wäßrigem Ammoniak. Die klaren Formkörper weisen gute elektrische Eigenschaften und hohe Brechungsindices auf[116].

Eine lineare 1,4-Addition des Acroleins, wie sie bei einer Analogie mit Butadien als 1,3-Dien in Betracht gezogen werden muß, ließ sich bisher in keinem Polyacrolein sicher nachweisen[102]. Eine cyclisierende 1,4-Addition des Acroleins findet jedoch in Analogie zur Bildung von Vinylcyclohexen bei der Dimerisierung (vgl. S. 98) zum 2-Formyldihydropyran (V) grundsätzlich statt[117]. Möglicherweise können sich an das ungesättigte Dimere (V) weitere Moleküle Acrolein durch analoge 1,4-Additionsreaktionen anlagern[102]. Das Dimere (V) selbst stellt wie das monomere Acrolein (I) einen ungesättigten Aldehyd dar. Bei Lagerung polymerisiert es über die freie Carbonylgruppe zu einem polymeren Acetal (VI), das beim Erwärmen auf über 185° zum Formyldihydropyran (V) depolymerisiert:

---

[115] Schulz, R. C., und W. Passmann: Makromolekulare Chem. **72**, 198 (1964).
[116] Hank, R., und H. Schilling: Makromolekulare Chem. **76**, 134 (1964).
[117] Alder, K., und E. Rüden: B. **74**, 920 (1941).

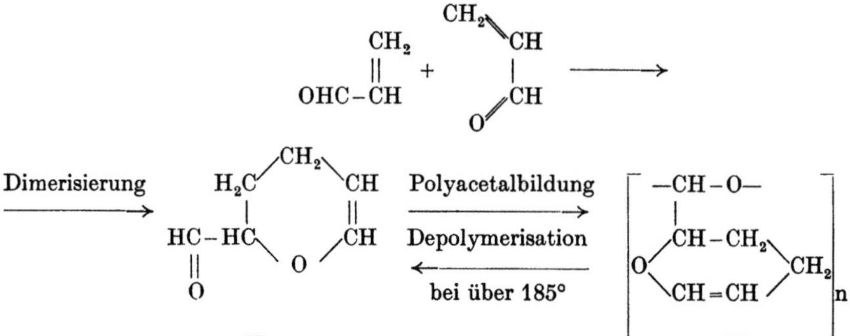

(V) (VI)

Unter den Bedingungen einer kationischen Polymerisation wird Formyldihydropyran (V) über die Kohlenstoffdoppelbindung polymerisiert. Die Polymeren der nachstehenden Formel (VII) erweichen ohne Zersetzung bei 240 bis 260° [118].

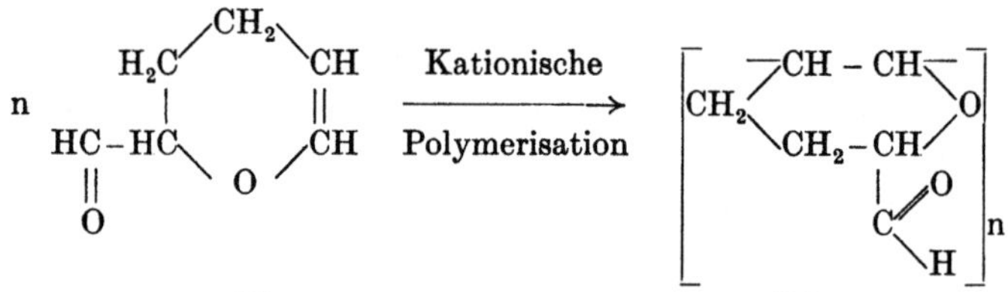

(V) (VII)

Bei Verwendung von aluminiumorganischen Initiatoren und besonders in Gegenwart von β-Propiolacton als Cokatalysator werden bei Reaktionstemperaturen von oberhalb 0° sehr hochmolekulare, lösliche Produkte erhalten. Es wird angenommen, daß die Darstellung dieser Polymeren (VIII) ebenfalls nach einem kationischen Mechanismus abläuft. Bei Lagerung härten die Polymeren zu unlöslichen Produkten nach, was durch Zusatz von Basen verhindert werden kann. Auf Grund verschiedener Kriterien wird diesen Hochpolymeren die Struktur eines „Copolymeren" (VIII) zugeordnet[118], das durch Mischpolymerisation der Vinyläther- und der Carbonyldoppelbindung des Formyldihydropyrans (V) entstanden ist:

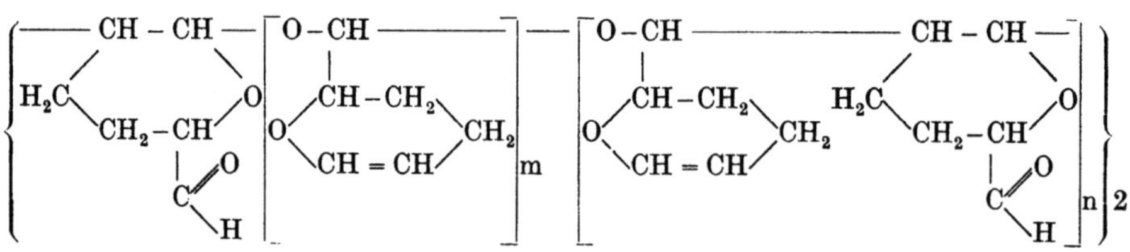

(VIII)

[118] Potnis, S., K. Shohara, R. C. Schulz und W. Kern: Makromolekulare Chem. **63**, 78 (1963); Koral, J. N.: Makromolekulare Chem. **63**, 217 (1963).

Auf Grund der Bruttoformel ihrer Grundbausteine sind sowohl das polymere Acetal als auch die isomeren kationischen Polymerisate von Formyldihydropyran (VI, VII und VIII) als Polymere des Ausgangsmonomeren Acrolein (I) zu bezeichnen. Insgesamt muß man also in der Praxis mit einer Vielzahl verschiedener „Polyacroleine" rechnen, die sich sehr stark in ihren Eigenschaften und ihrer Entstehungsgeschichte voneinander unterscheiden[119].

[119] Ohse, H., H. Cherdron und F. Korte: Makromolekulare Chem. **76**, 147 (1964).

3.3 Unterschiede im Kettenaufbau

Geht man von einem bestimmten Monomeren oder Monomerengemisch aus, so kann man je nach Wahl der Reaktionsbedingungen Polymerisate mit verschiedenen Eigenschaften trotz gleicher chemischer Zusammensetzung und Molekulargewichte erhalten. Diese Unterschiede, die auf verschiedenem Bau von Polymerisatketten (bei eventuell gleicher prozentueller Zusammensetzung) beruhen, werden im folgenden (3.3.1 bis 3.3.5) besprochen.

3.3.1 Verzweigte Polymere

Verzweigungen an Makromolekülen kommen z. B. durch *Übertragungsreaktionen* zustande und treten besonders bei hohen Umsätzen in Erscheinung. Hierbei reagiert das Makroradikal mit einem „toten" Polymeren, übernimmt z. B. ein Wasserstoffatom zur Absättigung und überträgt dabei seine Radikalstelle auf das „tote" Polymere[1]. Die Monomeren addieren an die neue Radikalstelle — es resultieren *verzweigte* Makroradikale.

Kombination von verzweigten Makroradikalen und neuerliche Übertragungsreaktionen können zu *Vernetzungen* führen[2], was vor allem bei Polymerisation in Substanz in Erscheinung tritt.

Infolge Fehlens des α-Wasserstoffatoms sind Verzweigungen bei Poly*meth*acrylverbindungen seltener[3]. Erst bei Molekulargewichten über 100000 treten bei Polymethacrylsäuremethylester Verzweigungen auf[4]. Demgegenüber tragen bei Polymethacrylsäureverbindungen mit beweglichen Wasserstoffatomen in den funktionellen Gruppen, wie bei Amiden und höheren Estern[5], diese zu Verzweigungen durch Übertragungsreaktionen bei.

[1] Flory, P. J.: Am. Soc. **59**, 241 (1937).
[2] Fox, T. G., and S. Gratch: Ann. N.Y. Acad. Sci. **57**, 367 (1953).
[3] O'Brien, J. L., and F. Gornick: Am. Soc. **77**, 4757 (1955).
[4] Henrici-Olivé, G., S. Olivé und G. V. Schulz: Makromolekulare Chem. **23**, 207 (1957).
[5] Crawford, J. W. C.: J. Soc. chem. Ind. **68**, 201 (1949).

Werden die Zweigketten durch Fremdmonomere gebildet, dann spricht man von „Propfpolymeren" (vgl. 3.3.5). Synthetisch können verzweigte Polymere bei Verwendung des gleichen Monomeren wie dort angegeben (3.3.5) gewonnen werden.

3.3.2 Vernetzte Polymere

Wie schon oben erwähnt, können vernetzte Polymerisate durch *Kombination verzweigter Makroradikale* (s. 3.3.1) entstehen, wenn weitere Übertragungsreaktionen ablaufen. Vernetzungen während der Polymerisation nach Erreichung des Gelpunktes[6] erhält man „gezielt" durch *Copolymerisation mit polyvalenten Acrylverbindungen*, d. h. solchen, die mindestens zwei Vinyldoppelbindungen besitzen.

Beispiele für solche „Vernetzer" sind Methylenbis(meth)acrylamid[7], Glykol-di-(meth)acrylsäureester[8], (Meth)acrylsäureanhydrid[9], Äthylidendimethacrylsäureester[10], die Diester von Äthylenoxydoligomeren[11], stickstoffhaltige Ylidenverbindungen[12] und Umsetzungsprodukte von Dioxolan mit Methacrylsäureanhydrid (weitere Verbindungen vgl. 2.3.6).

Technisch leicht zugängliche *trivalente Vernetzungsmittel* sind z. B. die Hexahydro-1,3,5-tri-(meth)acryloyl-s-triazine[13] oder Trimethylolpropantrimethacrylat[14].

Sehr geringe Mengen an Vernetzungsmittel führen zu verzweigten Polymerisaten; diese werden auch erhalten, wenn man außer Vernet-

---

[6] Flory, P. J.: Principles of Polymer Chemistry, Cornell University Press, Ithaca, N.Y. (1953).

[7] A. P. 2475846 (1949) Am. Cyanamid Co., L. A. Lundberg; P. Howe, and J. A. Kitchener: Soc. **1955**, 2143; Hunyar, A., und E. Roth: Faserforsch. u. Textiltechn. 8, 179 (1957); A. P. 2801985 (1956) Am. Cyanamid Co., R. W. Roth; Chem. Abstr. **51**, 15859 (1957); Shashoua, V. E., and R. G. Beaman: J. Polymer Sci. **33**, 101 (1958).

[8] Loshaek, S., and T. G. Fox: Am. Soc. **75**, 3544 (1953); Hayden, P., and H. W. Melville: J. Polymer Sci. **43**, 141 und 215 (1960); Hoffmann, M.: Makromolekulare Chem. **24**, 245 (1957); Mikes, J. A.: J. Polymer Sci. **30**, 615 (1958).

[9] DRP 675032 (1930), A. P. 2073619, E. P. 304681, Röhm & Haas A.G., W. Bauer, and A. Gerlach; Chem. Abstr. **31**, 3068 (1937); E. P. 533497 (1939) Norton Grinding Wheel Co.; Chem. Abstr. **36**, 1113 (1942); A. P. 2308581 (1940) DuPont, C. E. Barnes; Chem. Abstr. **37**, 3860 (1943); DBP 960858 (1954) Röhm & Haas G.m.b.H., G. Abel und A. Wohnhas; C. **1957**, 11400.

[10] Smets, G.: Bull. Soc. chim. belges **62**, 358 (1953); Bueche, F.: J. Appl. Polymer Sci. **1**, 240 (1959).

[11] A. P. 2618621 (1949) Union Carbide, S. L. Burt; Chem. Abstr. **47**, 3034 (1953); DAS 1084920 (1956) O. Wichterle und D. Lim; Research Bulletin SR-205, SR-209 und SR-210, Firmenschriften der Sartomer Resins Inc.

[12] DAS 1123475 (1960) Röhm & Haas G.m.b.H., T. Völker und H. Rauch-Puntigam.

[13] DAS 1103585 (1955) B. F. Goodrich Co., J. F. Jones.

[14] Research Bulletin in SR-350, Firmenschrift der Sartomer Resins Inc.

zungsmitteln hohe Zusätze an Reglern und Beschleunigern verwendet[15]. Die technisch üblichen Mengen an Vernetzungsmitteln liegen bei 1 bis 5%[16].

Durch den Zusatz an Divinylverbindungen erhöht man u. a. die Wärmeformbeständigkeit der Polymerisate auf Kosten des thermoplastischen Verhaltens. Durch Variierung der Abstände der beiden Doppelbindungen sowie des Aufbaus der „Vernetzer“ kann deren Einfluß auf die mechanischen und thermischen Eigenschaften der Polymerisate gesteuert werden. Bei vollständiger Vernetzung sind die Produkte oberhalb der thermischen Erweichung gummielastisch. Dabei ist der Elastizitätsmodul (also die „Strammheit“ bzw. die Kraft der Rückfederung) umso größer, je enger die Netzmaschenweite ist.

Eine weitere Möglichkeit zu Vernetzungsreaktionen besteht in der sog. „*Zweistufenpolymerisation*“[17] (vgl. 3.5.4.5 B). Diese Reaktion beruht z. B. auf einer unterschiedlichen Reaktivität von zwei ausgesucht verschiedenen Doppelbindungen. Sind beide polymerisierbare Doppelbindungen in einem Monomeren enthalten, dann kann durch geeignete Maßnahmen (z. B. bei rein radikalischen Zweistufenpolymerisationen durch Hinausschiebung des Gelpunktes durch überhöhte Gaben von Beschleuniger und Reglern) erreicht werden, daß primär nur die eine Doppelbindung polymerisiert und erst nach vollzogener Formgebung die zweite Vinylgruppe zur Reaktion gebracht wird[18].

Ähnliche Effekte erreicht man durch Verwendung von bivalenten Monomeren, deren eine Vinyldoppelbindung selektiv nach einem bestimmten Reaktionsmechanismus — z. B. kationisch die Vinyläthergruppe[19] und anionisch die Acryldoppelbindung[20] — vorpolymerisiert wird und das Primärpolymerisat wie üblich mit weiteren Monomeren radikalisch im zweiten Schritt auspolymerisiert. Eine neue Möglichkeit, um in zwei getrennten Polymerisationsschritten aus verschiedenen Monomeren räumliche Netzpolymere zu erzeugen, fanden in jüngerer Zeit R. C. SCHULZ und W. PASSMANN[21] (vgl. 3.2.3).

---

[15] LOSHAEK, S., and T. G. FOX: Am. Soc. **75**, 3544 (1953); F. P. 859257 (1939) Pittsburgh Plate Glass Co.; C. **1941** II, 2877; A. P. 2560495 (1948) United States Rubber Co., P. O. TAWNEY; C. **1953**, 3319.

[16] KOLLINSKY, F.: Houben-Weyl-Müller XIV/1, 1078 (1961).

[17] TESSMAR, K., und H. SCHREIBER: Houben-Weyl-Müller XIV/1, 1078 (1961).

[18] F. P. 859257 (1938) Pittsburgh Plate Glass Co.; C. **1941** II, 2877; A. P. P. 2560495 (1948) und 2643991 (1949) United States Rubber Co., P. O. TAWNEY; C. **1953**, 3319 und **1954**, 11316; DAS 1016446 (1953) Peterlite Products Ltd., P. M. J. KOCH DE GOOREYND; C. **1958**, 7312.

[19] A. P. 2692256 (1951) Rohm & Haas Co., LAVERNE N. BAUER, and H. T. NEHER.

[20] DBP 1027401 (1956) Röhm & Haas G.m.b.H., H. SCHREIBER.

[21] SCHULZ, R. C., und W. PASSMANN: Makromolekulare Chem. **72**, 198 (1964).

Als *Popcorn-Polymere* bezeichnet man unlösliche, vernetzte Polymerisate, die sich z. B. in Acrylsäuremethylester bilden können[22]. Kleine Mengen eines Popcorn-Polymeren wirken als Keime für diese Polymerisation und wachsen im Monomeren weiter, bis dieses schließlich in eine weiße, unlösliche, voluminöse feste Masse verwandelt ist. Popcorn-Polymere bilden sich gelegentlich spontan beim Aufbewahren von Monomeren bzw. bei dessen Destillation.

Im Falle von Popcorn-Polymeren handelt es sich hinsichtlich ihrer Morphologie um mikroorientierte Polymere, wie J. W. BREITENBACH[23] nachweisen konnte. Durch polarisationsmikroskopische Aufnahmen kann das Wachstums von Popcorn-Polymeren in seinen Einzelheiten verfolgt werden[23].

Das Spezifikum vernetzter Polymerer ist ihre Unlöslichkeit. Eng damit verknüpft ist der Verlust der thermoplastischen Eigenschaften im Vergleich zu den entsprechenden unvernetzten Polymeren. Durch Vernetzung geht in Emulsionspolymerisaten das Filmbildungsvermögen zurück. Härte, Festigkeit gegenüber mechanischen und chemischen Einwirkungen, Witterungsbeständigkeit und Verrottungsfestigkeit werden bei Kunststoffen durch steigende Vernetzung gefördert; bei übermäßiger Vernetzung werden die Polymerisate extrem spröde. Einen Anhaltspunkt für das Ausmaß der Vernetzung kann man durch Feststellung des Quellungsgrades in geeigneten Lösungsmitteln erhalten.

Bei Kunststoffen wird dem Umstand, daß sich vernetzte Polymere nicht mehr verformen lassen, oft dadurch Rechnung getragen, daß die Vernetzung als Sekundärprozeß („Aushärtung, Vulkanisation, Oberflächenhärtung" u.a.m.) erst nach der eigentlichen Formgebung durchgeführt wird. Die angestrebten Effekte werden durch die Wahl der Vernetzungsmittel und optimale Einstellung der „Maschenweite" des Netzpolymeren sorgfältig anvisiert. In manchen Fällen wird man gleitende Übergänge zur sog. Cyclopolymerisation, die im nächsten Kapitel (3.3.3) besprochen wird, vermuten müssen.

3.3.3 Cyclopolymere

Von der Chemie der Niedermolekularen her wissen wir, daß Reaktionen zu fünf- und sechsgliedrigen Ringen gegenüber äquivalenten Umsetzungen zu offenkettigen Verbindungen meist bevorzugt ablaufen.

Im Falle der Polyacrylverbindungen war, da sie vom Aufbau her als Methylenpolymere der Glutarsäure und ihrer Derivate aufgefaßt werden können, ebenfalls die Bildung entsprechender Ringglieder zu erwarten

[22] BREITENBACH, J. W., und A. FALLY: M. 82, 1118 (1951); RIDDLE, E. H.: Monomeric Acrylic Esters, Reinhold Publ. Corp., New York, 22 (1954).

[23] BREITENBACH, J. W.: Tagungsheft zum 3. Symposium über makromolekulare Stoffe, Zürich, 16. und 17. 10. 1964; BREITENBACH, J. W., A. PREISINGER und E. TOMSCHIK: Makromolekulare Chem. 69, 97 (1963).

gewesen. Entsprechende Reaktionen werden, sofern es sich um polymeranaloge Umsetzungen handelt, im wesentlichen im Abschnitt 3.6 behandelt werden. Im vorliegenden Kapitel wollen wir die Möglichkeiten zur Bildung von Cyclopolymeren während der Polymerisation behandeln, wobei diese Reaktion als *Cyclopolymerisation* bezeichnet wird.

Die Bildung von cyclischen Kettengliedern bei Polymerisation von offenkettigen Verbindungen ist formal bei Umsetzung von Verbindungen des Typus 1,6-Heptadien zu erwarten:

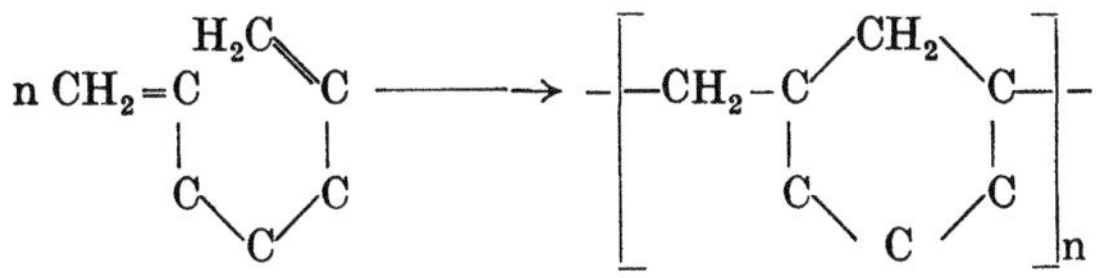

Dem entsprechen zahlreiche Befunde[24] der letzten sieben Jahre. Aus der Reihe der Acrylverbindungen stellen die Cyclopolymerisationen der *Acrylsäure-* und *Methacrylsäureanhydride*[25] besonders eingehend untersuchte Beispiele dar: Unlösliche, also vernetzte Polymerisate, erhält man bei der Polymerisation der Anhydride, wenn bei rascher Reaktionsführung, in Substanz (oder Suspension) oder in stark polaren Lösungsmitteln, gegebenenfalls in Gegenwart von Comonomeren, mit hohen Umsätzen über den Gelpunkt hinaus[26] polymerisiert wird. Die Verwendung der Anhydride als Vernetzer ist dementsprechend schon seit langer Zeit bekannt[27].

[24] JONES, J. F.: J. Polymer Sci. **33**, 15 (1958); DAS 1076376 (Am. Prior. 1957) B. F. Goodrich Co., J. F. JONES; BUTLER, G. B.: J. Polymer Sci. **48**, 279 (1960); MARVEL, C. S.: J. Polymer Sci. **48**, 101 (1960); ASO, CH., and K. SADATAKA: J. chem. Soc. Japan, ind. Chem. Sect. **63**, 188 (1960); C. **1961**, 9232, 7578 und 11735; MACOJAN, S. G., und M. G. AVETJAN: Ž. obšč. Chim. **30/92**, 697; C. **1961**, 16850; MACOJAN, S. G., M. G. AVETJAN und M. G. VOSKOARJAN: Vysokomolekulyarnye Soedineniya **2**, 314 (1960) und **4**, 882 (1962); C. **1961**, 15773; Literaturschnelldienst, Darmstadt **8**, 8 (1962).

[25] DAS 1086892 (Am. Prior. 1955) B. F. Goodrich Co., W. L. SEMON und J. F. JONES; JONES, J. F.: J. Polymer Sci. **36**, 566 (1959); CRAWSHAW, A., and G. B. BUTLER: Am. Soc. **80**, 5464 (1958); MARVEL, C. S., and R. D. VEST: Am. Soc. **79**, 5771 (1957) und **81**, 984 (1959); MARVEL, C. S., and J. K. STILLE: Am. Soc. **80**, 1740 (1958); BUTLER, G. B., and R. J. ANGELO: Am. Soc. **79**, 3128 (1957) und **80**, 3615 (1958); MILLER, W. L., W. S. BREY jr., and G. B. BUTLER: J. Polymer Sci. **54**, 329 (1961); Belg. P. 595864 (Am. Prior. 1959) Rohm & Haas Co., J. C. H. HWA; SCHRÖDER, G.: Houben-Weyl-Müller XIV/1, 1076 (1961); MERCIER, J., and G. SMETS: J. Polymer Sci. A **1**, 1491 (1963).

[26] Berechnung des Gelpunktes vgl.: FLORY, P. J.: Am. Soc. **63**, 3083 (1941) und J. phys. Chem. **46**, 132 (1942); STOCKMAYER, W. H.: J. chem. Physics **11**, 45 (1943) und **12**, 125 (1944).

[27] VÖLKER, T.: Houben-Weyl-Müller XIV/1, 1026 (1961); DRP 675032 (1930) A. P. 2073619; E. P. 304681, Röhm & Haas A.G., W. BAUER, and A. GERLACH; Chem. Abstr. **31**, 3068 (1937); E. P. 533497 (1939) Norton Grinding Wheel Co.; Chem. Abstr. **36**, 1113 (1942).

Demgegenüber erhält man aus *Methacrylsäureanhydrid* nach neuesten Ergebnissen[28] lineare, *lösliche* Cyclopolymerisate bei Polymerisation in Substanz oder in Kohlenwasserstoffen als Verdünnungsmittel im Temperaturbereich von —50 bis +80°, wenn das Monomere besonders rein ist. Im Vergleich hierzu neigt das *Acrylsäureanhydrid* in stärkerem Maße zur Bildung von Vernetzungsstellen[28]. Lösliche Cyclopolymere des Acrylsäureanhydrids wurden lediglich bei der Polymerisation in Lösung[25] erhalten. Das *Mischanhydrid* aus Acrylsäure und Methacrylsäure verhält sich bei der Polymerisation ähnlich wie Methacrylsäureanhydrid[28].

Cyclopolymere können auch bei Polymerisation von Mischanhydriden der (Meth)acrylsäure mit niederen Fettsäuren erhalten werden, wobei nach vollzogener Polymerisation die Bildung des Cyclopolymeren durch Umanhydratisierung, d. h. Abspaltung der Fettsäureanhydride, sekundär vollzogen wird[28]. Das unterschiedliche Verhalten von Methacrylsäureanhydrid bei Polymerisation in Substanz und in unpolaren Lösungsmitteln einerseits und in polaren Lösungsmitteln andererseits, deutet auf Assoziationen des Monomeren im ersteren Falle hin[28]. Bei Betrachtung der unterschiedlichen Cyclopolymerisationsneigung der Anhydride der Acrylsäure und der Methacrylsäure wird man auch die sterischen Verhältnisse in Betracht ziehen müssen, wobei eine höhere Sperrigkeit der Monomeren die Tendenz zur Cyclopolymerisation offenbar fördert.

Ähnlich wie die Anhydride, weisen auch die sekundären *Carbonsäureamide* der Acryl- und Methacrylsäure eine dem 1,6-Heptadien analoge Lage der polymerisierbaren Doppelbindungen auf. Bereits im Jahre 1959 konnten die Autoren zeigen, daß sekundäre N-substituierte *Meth*acrylsäureamide (Imide) auch bei der radikalischen Polymerisation in Substanz mit allen Comonomeren ausschließlich nur lösliche und in keinem Falle vernetzte Cyclopolymerisate bilden[29]. In der Folgezeit griffen G. Schröder[30] und seine Mitarbeiter dieses Problem auf und konnten nachweisen, daß die N-substituierten sekundären Methacrylsäureamide (Methacrylsäureimide) im Gegensatz zu allen anderen bekannten Acrylmonomeren bei der radikalischen Polymerisation eine „anormale Schwanz-Kopf-Kopf-Schwanz"-Addition eingehen. Verseifungen dieser Polymeren führen also nicht zu Produkten, die sich in ihrem Aufbau von formalen Methylen-Glutarsäure-Polymeren, sondern von einem formalen Äthylen-Bernsteinsäure-Copolymeren ableiten. Die Methylester dieser

---

[28] Hwa, J. C. H., W. A. Fleming, and L. Miller: J. Polymer Sci. A 2, 2385 (1964); Hwa, J. C. H., and L. Miller: J. Polymer Sci. 55, 197 (1961); E. P. 965963 (Am. Prior. 1959) Rohm & Haas Co.

[29] Rauch-Puntigam, H., und T. Völker: Unveröffentlichte Versuche; lt. Vortrag von G. Schröder, Freiburg/Br., März 1963.

[30] Schröder, G.: Vortrag in Freiburg/Br., März 1963 (Makromolekulares Kolloquium).

(ähnlich wie Bernsteinsäure sehr leicht anhydridbildenden) Polycarbonsäuren sind mit dem „üblichen" Polymethacrylsäuremethylester isomer, unterscheiden sich jedoch auf Grund eines anderen Kettenaufbaues von diesem bedeutend.

Die Polymerisation von *N-substituierten Methacrylsäureimiden* kann also vereinfacht wie folgt beschrieben werden:

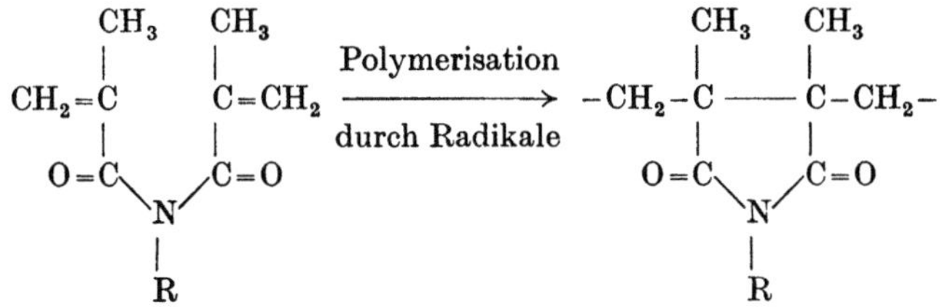

An anderer Stelle wurde bereits darauf hingewiesen (3.3.2), daß *Acetaldiester der (Meth)acrylsäure* als Vernetzungsmittel bei Polymerisationen bekannt sind[31]. Bildet man nun solche Acetalester unter Verwendung eines sperrigen Aldehyds, wie z. B. Chloral, durch Umsetzung mit Methacrylsäureanhydrid, so erhält man bivalente Monomere, die zwar auch vernetzend wirken, aber offenbar zu einem großen Teil als cyclische Bausteine in die Kette eingebaut werden. Mit relativ hohen Gaben dieser nicht brennbaren Monomeren kann man geeignete Monomerenmischungen zu noch verformbaren Kunststoffen mit verbesserten Eigenschaften (höhere Biegefestigkeit, höherer Erweichungspunkt u.a.m.) copolymerisieren. Eine Reihe dieser Eigenschaften steht der Annahme einer Vernetzung entgegen, so daß die Vermutung besteht, daß das *Trichloräthylidendimethacrylat* zu einem beträchtlichen Teil cyclopolymerisiert[32].

Im Falle des *Methacroleinacetaldimethacrylsäureesters* (I) ist es unseres Wissens erstmals gelungen, ein *trivalentes* Monomeres zu gewinnen, daß unter gewissen Bedingungen (starke Verdünnung mit anderen Monomeren, möglichst tiefe Polymerisationstemperatur und nicht allzu rasche Polymerisationsführung, gegebenenfalls bei Polymerisation in Lösung) lösliche Cyclocopolymere liefert[33]. Man kann annehmen, daß dieses trivalente Monomere folgendermaßen in die Kette eingebaut wird:

---

[31] DBP 874371 (1950), E. P. 698193, F. P. 1036017, Dän. P. 78776, Schwed. P. 138671, Schweiz. P. 291823, Jap. P. 540145, Röhm & Haas G.m.b.H., E. Trommsdorff, K. Tessmar und F. Esser; Smets, G.: Bull. Soc. chim. belges **62**, 358 (1953); Bueche, F.: J. Appl. Polymer Sci. **1**, 240 (1959).

[32] DBP 1104700 (1959) Röhm & Haas G.m.b.H., T. Völker, G. Schreyer und K. Ross.

[33] DAS 1125177 (1960) Röhm & Haas G.m.b.H., T. Völker, K. Ross und G. Hosch.

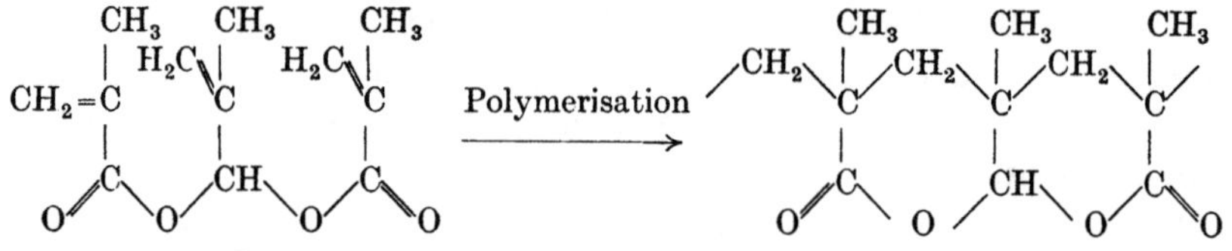

(I)

Eine verbreitete praktische Anwendung haben die Cyclopolymeren der Acryl- und Methacrylmonomeren bislang noch nicht gefunden, doch besteht die Hoffnung, daß man auf diese Weise Kunststoffe mit verbesserten mechanischen und thermischen Eigenschaften technisch gewinnen kann. Einige Möglichkeiten bestehen auch auf dem Gebiet hitzebeständiger Filme und insgesamt verbesserter Fasern, wobei man insbesondere den Umweg über polymeranaloge Umsetzungen einschlägt. Bekannt sind z. B. feuerfeste Fasern aus cyclisiertem Polyacrylnitril, wobei in erster Stufe das Polyacrylnitril cyclisiert und anschließend mit Luft bei 160° dehydriert wird[34].

Es bleibt aber zu betonen, daß man durch Einbau von cyclischen Bausteinen als Kettenglieder bei Kondensationspolymeren (Polyester u.a.m.) inzwischen technisch reifere Lösungen gefunden hat[35].

3.3.4 Blockpolymere

Bei Blockpolymeren sind Ketten von verschiedenen Unipolymerisaten (Blöcke) miteinander zu linearen Makromolekülen verknüpft[36]:

AAAAAAAAAAAABBBBBBBBBBBBBBBBBBBAAAAAAAAAAAAAAAAA
Block A Block B Block A

Blockpolymerisate würden bei der Copolymerisation theoretisch dann begünstigt werden, wenn $r_1 . r_2 \gg 1$ wäre[37]. In dem Fall würde das radikalische Kettenende bevorzugt mit dem gleichen Monomeren reagieren, d. h. neben einem Gemisch der beiden Homopolymerisate würden Blockpolymere gebildet werden. Solche „Idealfälle‘ sind bisher noch nicht bekannt[37].

Demgegenüber ist es beschränkt möglich, daß ein wachsendes Polymerradikal eingeschlossen (oder „eingefroren“) und nachträglich mit anderen Monomeren zur Reaktion gebracht wird. Blockpolymere (im Gegensatz zu Propfpolymeren) werden hierbei bevorzugt dann entstehen,

[34] Vosburgh, W. G.: Textile Res. J. **30**, 882 (1960).

[35] Wallenberger, F. T.: Ang. Ch. **76**, 484 (1964).

[36] Mark, H.: Ang. Ch. **67**, 53 (1955); Immergut, E. H., und H. Mark: Makromolekulare Chem. **18/19**, 322 (1956).

[37] Küchler, L.: Polymerisationskinetik, S. 182. Berlin-Göttingen-Heidelberg: Springer 1951.

wenn das Primärpolymerisat keine Wasserstoffatome an α-C-Atomen trägt, weil sonst leicht eine Verzweigungsreaktion eintreten kann[38].

Im allgemeinen geht man zur Bildung von Blockpolymerisaten meist so vor, daß man ein Homopolymerisat herstellt und dann an das radikalische Kettenende ein zweites Comonomeres anwachsen läßt. Liegt ein „totes" Polymeres vor, so muß man mit geeigneten Abbaumethoden endständige Radikalstellen schaffen, an denen die weitere Polymerisation einsetzen kann.

Ein Beispiel hierfür ist die Einwirkung von Ultraschall auf eine wäßrige Lösung von *Polyacrylamid* in Gegenwart von *Acrylnitril*. Hierbei entstehen Polyacrylamidradikale, die polymerisationsauslösend auf das anwesende Acrylnitril wirken[39]. Bekannt sind ferner Blockpolymerisate von *Styrol* mit *Methacrylsäuremethylester*[40], *Acrylnitril*[41] und *Acrylsäurebutylester*[41].

Durch Einbau von geeigneten Endgruppen können brauchbare „Nahtstellen" für Blockpolymere erzeugt werden. So entsteht bei der Polymerisation von *Styrol* in Tetrabrommethan ein Polystyrol mit bromhaltigen Endgruppen. Durch Lösen in *Methacrylsäuremethylester* und Bestrahlen mit UV-Licht erhält man Blockpolymerisate aus den beiden Monomeren[42]. Auch hier findet man, wie in den meisten analogen Fällen, außerdem Homopolymere.

Besonders elegant und auf ähnlichem Prinzip beruhend ist die Verwendung von „lebenden" Polymeren nach SWARC[43]. Die „lebenden" Polymeren bilden sich bei der anionischen Polymerisation (vgl. 3.2.2) bei Ausschluß kettenabbrechender Substanzen. Da gleichsinnig geladene Makroionen sich gegenseitig nicht desaktivieren können, hört die Polymerisation auf, wenn das gesamte Monomere verbraucht ist und setzt bei erneuter Zugabe von Monomeren wieder ein. Setzt man verschiedene Monomere abwechselnd einem „lebenden" Polymeren zu, so erhält man Blockpolymere, deren Segmentlänge von der Menge an zugegebenem Monomerem abhängt[44]. Wesentlich ist die Reihenfolge der Zugabe der

---

[38] NÓGRADI, J.: Houben-Weyl-Müller XIV/1, 392 (1961); DBP 818693 und 827554 (1950) Bataafsche (Shell), K. NOZAKI; A. P. 2666042 (1953) Shell Dev. Co., K. NOZAKI.

[39] HENGLEIN, A.: Makromolekulare Chem. **14**, 128 (1954) und **18/19**, 37 (1956).

[40] SMETS, G. u. a.: J. Polymer Sci. **14**, 126 (1954) und **17**, 51 (1955); MELVILLE, H. W. u. a.: Nature **169**, 699 (1952) und Trans. Faraday Soc. **50**, 279 (1954).

[41] HICKS, J. A., and H. W. MELVILLE: Nature **171**, 300 (1953) und J. Polymer Sci. **12**, 461 (1954).

[42] DUNN, A. S., B. D. STEAD, and H. W. MELVILLE: Trans. Faraday Soc. **50**, 279 (1954).

[43] SWARC, M.: Proc. roy. Soc. **279**, 260 (1964); SWARC, M.: Nature **178**, 1168 (1956); FREYSS, D., M. LANG et P. REMPP: Bl. **1964**, 221.

[44] SWARC, M., and A. REMBAUM: J. Polymer Sci. **22**, 189 (1956).

Monomeren, da eventuell so reaktionsträge Makroionen gebildet werden können, daß die Polymerisation zum Stillstand kommt.

Blockpolymere entstehen auch nach dem Emulsionsverfahren, wenn man hydrophobe mit sehr hydrophilen Monomeren copolymerisiert[45].

Die Eigenschaften von Blockpolymerisaten sind oft sehr verschieden von denen statistischer Copolymerisate. Im allgemeinen werden sich bei Blockpolymeren die Eigenschaften der Homopolymerisate addieren, während sie bei statistischen Copolymerisaten meist einen Mittelwert darstellen.

Den Nachweis, daß Blockpolymerisate und keine Mischungen von Homopolymerisaten vorliegen, führt man durch geeignete Löslichkeitsprüfungen: Durch fraktionierte Fällung wird das Polymerisat in Fraktionen zerlegt und diese hinsichtlich ihres Molekulargewichtes und ihrer chemischen Einheitlichkeit untersucht.

In der technischen Praxis haben sich im Gegensatz zu anderen Hochpolymeren auf dem Gebiete der Acryl- und Methacrylpolymeren infolge ihrer umständlichen Darstellungsweise noch keine echten Blockpolymeren einführen lassen.

Zwischen den statistischen Copolymerisaten und den Blockpolymeren im strengen Sinne liegen die sog. Copolymerisate mit *heterogenem* Aufbau. Sie sind technisch ohne besondere Schwierigkeiten realisierbar. Hierbei geht man so vor, daß ein bestimmtes Monomeres oder ein bestimmtes Monomerengemisch in Suspension oder in Emulsion vorpolymerisiert wird und die gewünschte Heterogenität durch Zuschleusen von anderem Monomeren oder einem anderen Monomerengemisch zu einem bestimmten Zeitpunkt zum Polymerisationsansatz eingestellt wird. So kann z. B. bei entsprechender Copolymerisation von *Vinylchlorid* und *2-Äthylhexylacrylat* unter Nachschleusen des restlichen Vinylchlorids ein Copolymerisat gewonnen werden, das gegenüber reinem Hart-PVC eine ähnliche Härte, Steifigkeit und Wärmestandfestigkeit, darüber hinaus aber auch eine wesentlich erhöhte Schlagzähigkeit aufweist[46]. Ein statistisches Copolymerisat aus beiden Monomeren gleicher Bruttozusammensetzung (Acrylat + Vinylchlorid) zeigt demgegenüber die typischen Merkmale eines durch „innere Weichmachung" modifizierten PVC, d. h. eine für viele praktische Zwecke unzureichende Wärmestandfestigkeit.

3.3.5 Pfropfpolymere (graft polymers)

Man kann auf gegebene Makromoleküle andere Monomere auch derart aufwachsen lassen, daß verzweigte Propfpolymerisate gebildet werden:

---

[45] WESSLAU, H.: Makromolekulare Chem. **69**, 220 (1963).

[46] ALBERT, W.: Kunstst. **53**, 86 (1963); BOHN, L.: Kunstst. **53**, 1 (1963); DAS 1132725 (1959) Hoechst, W. ALBERT, L. BOHN, H. OBERST, E. PASCHKE und H. PFISTER; Österr. P. 226436 und 233826 (1960) Hoechst; Belg. P. 633706 (1962) Hoechst.

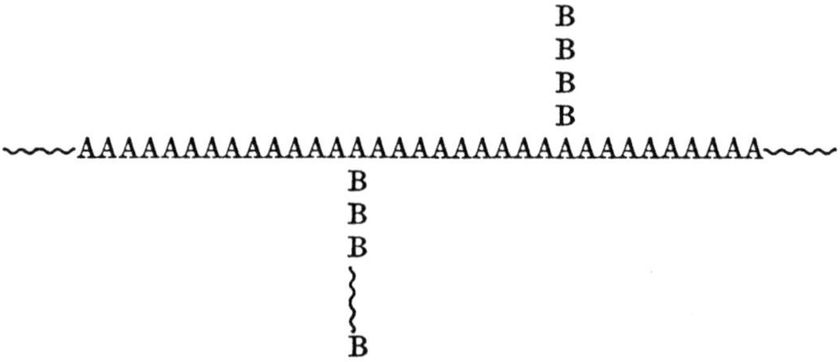

Die aufgepropften Ketten können dabei Längen erreichen, wie sie für Makromoleküle charakteristisch sind.

Eine Möglichkeit zur Bildung von Propfpolymerisaten wurde bereits erwähnt, und zwar die durch *Übertragungsreaktionen* (vgl. 3.3.1). Diese finden besonders leicht bei Polymeren mit lockerer gebundenen Atomen oder Gruppen, wie Halogene[47] oder Wasserstoff (z. B. in Mercaptangruppen[48]), statt. Seitenketten können auch dann anwachsen, wenn noch reaktionsfähige Doppelbindungen in der Hauptkette vorhanden sind[49].

Bei der praktischen Durchführung löst man das Polymere im aufzupropfenden Monomeren auf und startet durch Beschleuniger. Besonders leicht werden Polyalkylenoxyde und Derivate radikalisch durch Acrylmonomere gepropft, wodurch man Emulgatoren für umgekehrte Emulsionen (Wasser in Polymerisat) erhält[50] (vgl. 3.4.4).

Eine weitere Methode zur Herstellung von Pfropfpolymeren besteht in der *Bestrahlung von Polymeren*[51], wodurch sich Radikalstellen bilden, die monomere Verbindungen starten können. Man kann auf diese Weise auf feste, geformte Gegenstände an der Oberfläche Seitenketten aufpfropfen, wobei sich die mechanischen Eigenschaften der Werkstoffe verbessern. Unter anderem wurde die Pfropfung von *Acrylnitril* auf Cellulose[52], Baumwolle[53] und cyanäthylierte Baumwolle[54], auf Polystyrol und und Polyvinylchlorid[55], sowie von *Acrylamid* (auf Amylose[56]) und von

---

[47] Waltcher, J., R. Burrough und E. C. Jahn: Int. Kongress für reine und angewandte Chemie, Stockholm (1953).

[48] Chaudhuri, D. K. R., and J. J. Hermans: J. Polymer Sci. **48**, 159 (1960).

[49] Chateau, M., et J. Pomey: C. r. **251**, 253 (1960).

[50] DAS 1160616 (1961) Hoechst, W. v. Bonin und H. Bartl.

[51] Schurz, J.: Papier **16**, 529 (1962).

[52] Usmanow, C. U., B. I. Aichotschajew, and U. O. Asisow: J. Polymer Sci. **43**, 597 (1960).

[53] Arthur, J. A. u. a.: Textile Res. J. **29**, 759 (1959) und **30**, 505 (1960).

[54] Arthur jr., J. C., and R. J. Demint: Textile Res. J. **31**, 988 (1961).

[55] Usmanow, C. U., U. N. Musaev, and R. S. Teklaev: Moscow High Polymer Conf. (1960).

[56] Mishina, A.: Mem. Inst. Sci. and Ind. Research, Osaka Univ.; Chem. Abstr. **56**, 4947 (1962).

(Meth)acrylsäureestern[57] auf Fasern, Stärke[58] oder Kautschuk[59] beschrieben.

Falls die Pfropfung durch Anwendung energieärmerer Strahlen (UV- oder sichtbares Licht) durchgeführt werden soll, müssen *Sensibilisatoren*[51] zugesetzt werden, die als Energieüberträger wirken. Als Sensibilisatoren können Azoisobuttersäuredinitril, Dibenzoylperoxyd, Anthrachinonfarbstoffe[60] oder Benzophenon[61] dienen.

Radikalstellen kann man auch durch *Ultraschalleinwirkung* oder ganz allgemein mechanisch (intensives Mahlen in Kolloidmühlen) erzeugen. In Gegenwart reaktionsfähiger Monomerer erhält man ein Gemisch von Pfropf-, Block- und Homopolymerisaten.

Startfähige Polymere mit mittelständigen Radikalstellen erhält man durch *chemische Umsetzungen*, so z. B. durch Oxydation eines Polystyrols mit p-Isopropylstyrol-Bausteinen zu einem hydroperoxydhaltigen Produkt[62]:

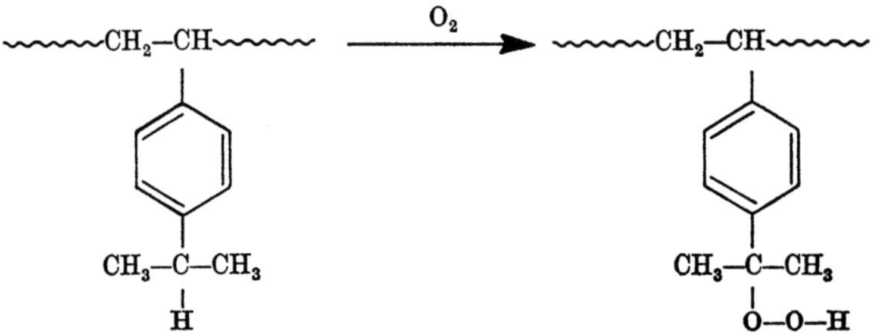

Ähnlich wird auch bei der Pfropfung auf Schellack verfahren[63].

Sind in einem Polymeren Säurechloridgruppen vorhanden, so lassen sich diese in Perestergruppen umwandeln[64], die ebenfalls Pfropfpolymerisationen initiieren können.

Durch nachträgliche Reaktion lassen sich auch bestimmte, linear gebaute Polymerisate mit reaktionsfähigen Gruppen zu Pfropfpolymeren

---

[57] Shinohara, Y.: Chem. High Polymers (Tokyo) **17**, 197 (1960); Chem. Abstr. **55**, 18117 (1961).

[58] Kimura, S., T. Takitani, and M. Imoto: Bl. chem. Soc. Japan **35**, 2012 (1962).

[59] Cockbain, E. G., T. D. Pendle, and D. T. Turner: J. Polymer Sci. **39**, 419 (1959).

[60] Geactinow, N. u. a.: J. Appl. Polymer Sci. **3**, 54 (1960); Geactinow, N., V. Stannet und E. W. Abrahamson: Makromolekulare Chem. **36**, 52 (1959).

[61] A. P. 2850445 (1955) G. K. Oster; Chem. Abstr. **53**, 1844 (1959).

[62] Mark, H.: Textile Res. **23**, 294 (1953); Metz, D. J., and R. B. Mesrobian: J. Polymer Sci. **16**, 345 (1955).

[63] DBP 1151381 (1961) Resart Ges., H. Schmalz und E. H. Hoffmann; DBP 1157398 (Am. Prior. 1959) Rohm & Haas Co., R. E. Zdanowski und W. W. Toy.

[64] Saegusa, T., M. Nozaki, and R. Oda: J. chem. Soc. Japan **57**, 243 (1954); Chem. Abstr. **49**, 2773 (1955); Hahn, W., und A. Fischer: Makromolekulare Chem. **16**, 36 (1955); Smets, G. u. a.: J. Polymer Sci. **34**, 287 (1959).

kondensieren. Dieser Fall liegt bei der Umsetzung von Poly-β-isocyanatmethacrylsäureäthylester mit Aminoendgruppen enthaltendem Polystyrol vor[65].

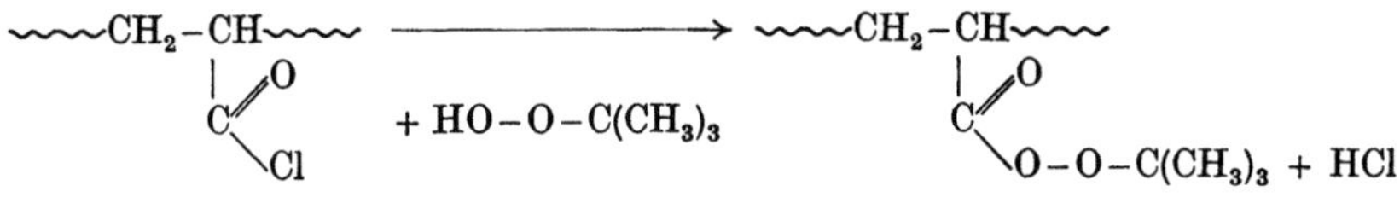

Als Beispiel für eine Pfropfreaktion nach anionischem Mechanismus sei die Umsetzung von Polymethacrylsäuremethylester mit Naphthalin-Natrium in Tetrahydrofuran erwähnt[66], wobei die entstandene polymere metallorganische Verbindung die Polymerisation von Styrol initiiert.

Im Rahmen der technischen Forschung und Anwendung finden die Darstellungsmethoden für Pfropfpolymere insbesondere unter dem Gesichtspunkt der Gewinnung von *schlagfesten Thermoplasten* spezielles Interesse. In der Mehrzahl der bekannten Fälle wird dabei so vorgegangen, daß auf ein Elastomeres, d. h. ein Hochpolymeres mit elastischen Eigenschaften, jedoch relativ niederem Erweichungspunkt, Monomere gepfropft werden, die bei üblicher Polymerisation steife Kunststoffe mit hohen Erweichungspunkten bilden. Als Idealfall wird hierbei sowohl die Erhaltung der elastischen Eigenschaften als auch die Erhaltung der hohen Erweichungspunkte angestrebt.

Als Elastomere wurden in den vergangenen Jahren insbesondere Butadienpolymerisate und -copolymerisate genannt. Die Butadienpolymeren sind durch ihre Doppelbindung besonders befähigt, durch Mischpolymerisation Pfropfpolymere zu bilden[67]. So wurden z. B. Acrylnitril-Butadien-Copolymerisate als Pfropfvorlagen zur Darstellung von schlagfestem Hart-PVC bekannt[68] und ebenso für die Darstellung von schlagfestem Polymethacrylsäuremethylester in bestimmten Zusammensetzungen von verschiedenen Firmen beansprucht[69].

Bei den meisten Pfropfreaktionen entsteht in mehr oder weniger großem Maße ein Gemisch aus Pfropfpolymerisat und den beiden linear gebauten Polymerisaten. Ihre Trennung erfolgt am besten auf Grund der verschiedenen Löslichkeiten. Durch eine Kombination kinetischer und

---

[65] Graham, R. K.: J. Polymer Sci. **24**, 367 (1957).

[66] Belg. P. 585104 (1959; Dtsche Prior. 1958) Röhm & Haas G.m.b.H.

[67] Schweiz. P. 372844 (1958) Rohm & Haas Co., S. S. Feuer.

[68] E. P. 937747 (1959) B. X. Plastics Ltd., N. E. Davenport.

[69] DDR. P. 26250 (Am. Prior. 1957) Rohm & Haas Co., S. S. Feuer; E. P. P. 790942 (1956), 959416 (1961) und 963372 (1961) I.C.I., K. S. Ennor, and B. P. Griffin; DAS 1127086 (1960) Röhm & Haas G.m.b.H., F. Kollinsky und A. Wohnhas.

analytischer Untersuchungen lassen sich Verzweigungsgrad und Länge der Seitenketten abschätzen[70].

3.3.6 Stereospezifische Polymere

Die wichtigsten Begriffe auf diesem neuen, 1955 entdeckten Gebiet der makromolekularen Chemie wurden vornehmlich von G. NATTA[71] geschaffen. Zur Vorgeschichte gehört die damals sensationelle Entdeckung der Niederdruckpolymerisation von Äthylen 1953 durch K. ZIEGLER zusammen mit E. HOLZKAMP und H. MARTIN[72]. G. NATTA, P. PINO und G. MAZZANTI gelang 1954 in Gegenwart gewisser „Ziegler-Katalysatoren" ($TiCl_4$ + Aluminiumalkyle) die Polymerisation von Propen, anderen α-Olefinen sowie von Styrol[73].

Aus den Polymerisaten wurden kristalline Hochpolymere isoliert und deren veränderte Eigenschaften durch G. NATTA und seine Schüler erstmals mit einer verschiedenartigen Struktur der Polymeren in Zusammenhang gebracht.

Im Falle der Polymeren der Acryl- und Methacrylmonomeren geht man bei der Beschreibung der vereinfachten Modelle von der Vorstellung aus, daß die α-C-Atome d oder l Konfigurationen aufweisen und bezeichnet die Folge dieser Konfigurationen entlang der Kette als *Taktizität* und zwar mit

„*isotaktisch*" die Folge gleicher Konfigurationen, entsprechend Formel (I), mit

„*syndiotaktisch*" die alternierende Folge der beiden Konfigurationen, entsprechend Formel (II) und mit

„*ataktisch*" die statistische Verteilung der beiden Konfigurationen.

Bei diesen Modellen ist zu beachten, daß isotaktische Hochpolymere (I) bei genügend hohen Molekulargewichten *keine* meßbare optische Aktivität zeigen[73].

Optisch aktive Monomere, deren asymmetrisches Kohlenstoffatom außerhalb der Kette sitzt, lassen sich durch Umsetzung von (Meth)acrylsäure mit L-Menthol herstellen. Bei der radikalischen Polymerisation erhält man optisch aktive Polymere[74].

---

[70] SCHULZ, G. V., G. HENRICI, and S. OLIVÉ: J. Polymer Sci. **17**, 45 (1955) und Z. El. Ch. **60**, 296 (1956); BLANCHETTE, J. A., and L. E. NIELSEN: J. Polymer Sci. **20**, 317 (1956).

[71] NATTA, G.: Makromolekulare Chem. **16**, 213 (1955).

[72] ZIEGLER, K.: Ang. Ch. **76**, 545 (1964); ZIEGLER, K., E. HOLZKAMP, H. BREIL und H. MARTIN: Ang. Ch. **67**, 541 (1955).

[73] NATTA, G.: Ang. Ch. **76**, 553 (1964) sowie die A. P. P. 3112300 und 3112301.

[74] SCHULZ, R. C.: Vortrag G. d. Ch.-Hauptversammlung Heidelberg, Sept. 1963; vgl. auch KAISER, E., und R. C. SCHULZ: Makromolekulare Chem. **81**, 273 (1965).

Bereits 1942 wurde von C. W. BUNN[75] darauf hingewiesen, daß nur die Helix einer Polymerenkette eine regelmäßige Wiederholung von Monomereneinheiten mit gleich konfigurierten asymmetrischen Kohlenstoffatomen zu erwarten erlaubt. So kann leicht festgestellt werden, daß z. B. der relativ „sperrige“ Polymethacrylsäuremethylester mit Hilfe von Atomkalotten nach BRIEGLEB-STUART als Modell mit „Polymerisationsgraden“ von mindestens acht nur bei einer schraubenförmigen Aneinanderreihung der monomeren Bausteine aufgebaut werden kann[76], wobei ein Gang der Wendel mehrere Monomereneinheiten umfaßt.

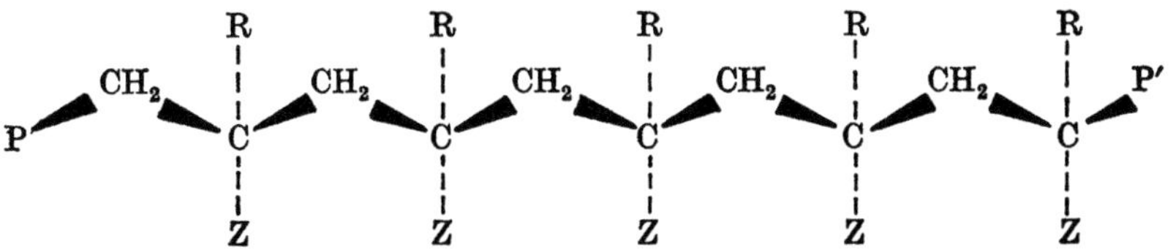
I

isotaktische Anordnung

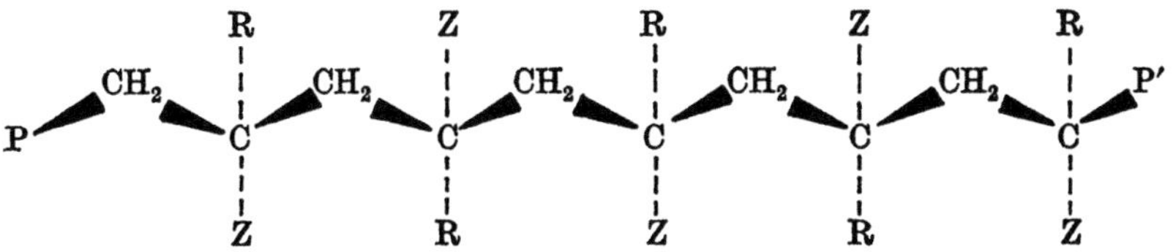
II

syndiotaktische Anordnung

R = H oder Alkyl   Z = —CN, —COOR, —$CONR_2$ P und P′ = Endgruppen

1958 wurde durch die Konformationsanalyse von kristallisierten Polymethacrylsäuremethylesterproben die Vorhersage von C. W. BUNN[75] bestätigt[77,78].

Die *Herstellung* stereoregulärer und zum Teil kristallisierbarer Polymerer aus Acryl- und Methacrylmonomeren wurde eingehend untersucht:

Syndiotaktischen Polymethacrylsäuremethylester erhält man

a) *radikalisch* bei tiefer Temperatur (—40°, UV-Licht + Benzoin) in polaren oder unpolaren Lösungsmitteln oder in Substanz.

b) *anionisch* in polaren Lösungsmitteln bei tiefer Temperatur (—70°).

Isotaktischen Polymethacrylsäuremethylester erhält man *anionisch* in unpolaren Lösungsmitteln (z. B. in Kohlenwasserstoffen) bei etwas höheren Temperaturen, z. B. um 0°.

---

[75] BUNN, C. W.: Pr. roy. Soc. **A 180, 67 (1942).**

[76] VÖLKER, T.: Unveröffentlicht.

[77] FOX, T. G. u. a.: Am. Soc. **80, 1768** (1958).

[78] STROUPE, J. D., and R. E. HUGHES: Am. Soc. **80, 2341** (1958).

Hieraus folgt, daß sowohl durch eine unterschiedliche Solvatation als auch durch thermodynamische Einflüsse Stereoregulierungen während der Polymerisation vorgenommen werden können[79]. Die *isotaktische* Polymerisation des Methylmethacrylates bedarf eines erhöhten Energieaufwandes; die Differenz der Aktivierungsenthalpien beträgt 775 cal/Mol[80].

Die Vorstellungen von CRAMM[81] über die einzelnen Wachstumsschritte bringen chemisch befriedigende Erklärungen und werden im folgenden diskutiert.

A. Der syndiotaktische Schritt

Im Übergangszustand stellt sich das wachsende Kettenende in die sterisch günstigste Konformation ein; es kann mit dem Monomeren ungehindert reagieren. Dementsprechend erhält man bei der radikalischen Polymerisation mit sinkender Temperatur steigende Syndiotaktizität[80]. Mit zunehmender Temperatur machen sich Fehlstellen bemerkbar, bis schließlich sog. „ataktischer" — konventioneller — Polymethacrylsäuremethylester erhalten wird (dieser ist überwiegend syndiotaktisch aufgebaut[80,106]).

Bei der anionischen Polymerisation von Methylmethacrylat in polaren organischen Lösungsmitteln (z. B. Glykoldimethyläther) und tiefen Temperaturen (Vermeidung von Fehlstellen) herrschen die günstigsten Bedingungen für den syndiotaktischen Wachstumsschritt. Hierzu nehmen D. J. CRAMM und K. R. KOPECKY[81] an, daß das Gegenion (Kation) soweit solvatisiert ist, daß es auf das Carbanion der wachsenden Kette keinen Einfluß ausüben kann, da sonst isotaktische Polymerisation stattfinden würde.

B. Der isotaktische Schritt

Bei der anionischen Polymerisation von Methacrylsäuremethylester in unpolaren Lösungsmitteln und bei etwas erhöhten Temperaturen erhält man vorwiegend isotaktische Polymere. Die Stereoregulierung erfolgt also durch Verwendung von Lösungsmitteln mit einer verminderten Solvatisierungstendenz und durch eine erhöhte Energiezufuhr.

Neben der eigentlichen Polymerisation tritt auch die Bildung von Nebenprodukten und niedrigmolekularen Anteilen auf[82,83,84]. Durch

---

[79] KERN, W., und D. BRAUN: Ch. Z. **87**, 799 (1963).

[80] BOVEY, F. A.: J. Polymer Sci. **46**, 59 (1960).

[81] CRAMM, D. J., and K. R. KOPECKY: Am. Soc. **81**, 2748 (1959).

[82] GOODE, W. E., F. H. OWENS, and W. L. MYERS: 137th Meeting of the American Chemical Society, Cleveland, April 1960, Vol. 1, Nr. 1, 79.

[83] GLUSKER, D. L., J. LYSLOFF, and E. STILES: 136th Meeting of the American Chemical Society, Atlantic City, Sept. 1959, Abstracty of Papers 8 (16) und J. Polymer Sci. **49**, 315 (1961).

[84] OWENS, F. H., W. L. MYERS, and F. E. ZIMMERMAN: 137th Meeting of the American Chemical Society, Cleveland, April 1960, Abstracts of Papers 20 (2.) und J. org. Chem. **26**, 2288 (1961).

Dieckmann-Kondensationen schließlich kann unter Abspaltung von Methoxylationen Abbruch durch Ringschlußreaktionen erfolgen[84,85].

Die Vorstellungen von D. J. Cramm und K. R. Kopecky[81] sowie die experimentellen Ergebnisse von W. E. Goode, F. H. Owens und W. L. Myers[86] führen zu folgender Deutung:

Durch eine 1,4-Addition des Starters (= metallorganische Verbindung) an das Monomere wird ein Ionen-Paar-Komplex (III) gebildet. Neues Monomeres wird von diesem Komplex vorerst über die polare Estercarbonylgruppe am Kation ($Li^{\oplus}$) fixiert (IV), die Vinyldoppelbindung hierbei polarisiert und schließlich an das wachsende Kettenende addiert (V). Das weitere Wachstum erfolgt analog wieder durch eine 1,4-Addition eines Monomeren an den neuen Komplex (V).

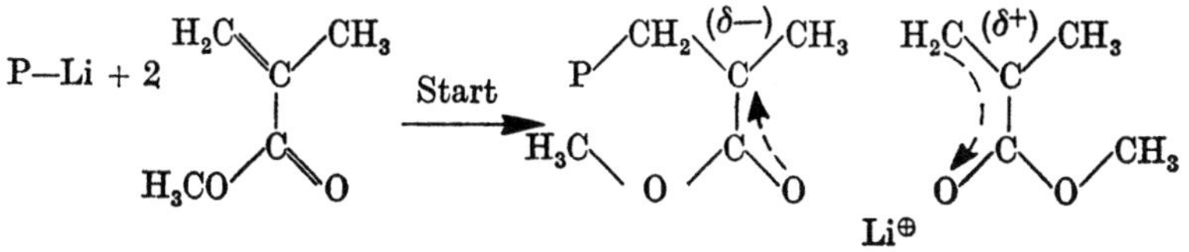

(III)

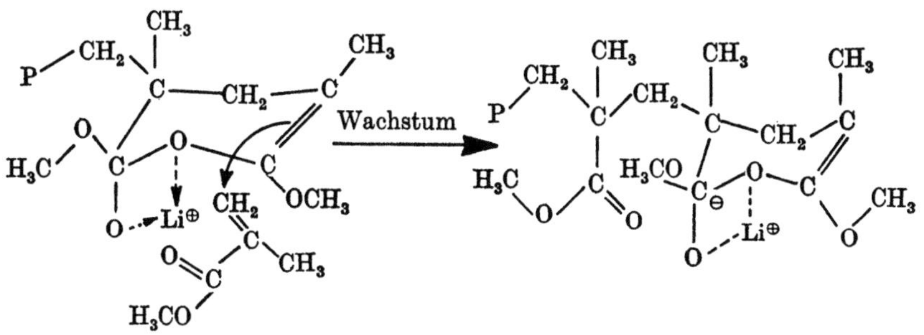

(IV) (V)

C. Die Übergänge — Stereoblockpolymere

Durch geringfügige Änderungen des Polymerisationsmediums kann, wie bereits dargelegt, die stereospezifische Polymerisation gelenkt werden. Bei Grenzfällen kann die Bildung von ataktischem (= syndiotaktischem mit Fehlstellen) Polymethylmethacrylat oder aber auch von *Stereoblockpolymeren* (Segmente von isotaktischem und syndiotaktischem) erwartet werden.

D. L. Glusker u. a.[87] untersuchten vor kurzer Zeit die anionische Polymerisation von Methylmethacrylat bei —60° in Mischungen von

---

[85] Schreiber, H.: Makromolekulare Chem. **36**, 86 (1959); vgl. auch [82—84] sowie Völker, T., A. Neumann und U. Baumann: Makromolekulare Chem. **63**, 182 (1963).

[86] Goode, W. E., F. H. Owens, and W. L. Myers: J. Polymer Sci. **47**, 75 (1960).

[87] Glusker, D. L., R. A. Galluccio, and R. A. Evans: Am. Soc. **86**, 187 (1964).

Toluol mit einmal Tetrahydrofuran und zum anderen mit Diäthyläther, wobei jeweils mit Fluorenyllithium gestartet wurde. In den Mischungen aus Toluol und Diäthyläther (= unpolare Lösungsmittelgemische) wurden annähernd reine *isotaktische* Polymere erhalten. In den Mischungen aus Toluol und Tetrahydrofuran (polares Lösungsmittel) war die Taktizität von den Anteilen an Tetrahydrofuran abhängig, d. h. bei geringen Tetrahydrofurangehalten wurden ebenfalls *isotaktische* bei den höheren Gehalten demgegenüber *syndiotaktische* Polymerisate erhalten. Die bei mittleren Tetrahydrofurangehalten erhaltenen Polymeren klassifizieren die Autoren als Stereoblockpolymere[87]. Auf Grund von Untersuchungen mit Hilfe der magnetischen Kernresonanz wird angenommen, daß die meisten stereospezifischen Polymerisate des Methacrylsäuremethylesters eine Art von Stereoblockpolymerisaten darstellen[88].

D. Die stereospezifische Polymerisation anderer Acrylmonomerer (außer Methacrylsäuremethylester)

Hier gelten sinngemäß abgewandelt etwa die gleichen Gesetzmäßigkeiten wie unter den Punkten A bis C angegeben; hinzu kommen Einflüsse bei Erhöhung der Sperrigkeit der Monomeren. So lassen sich insbesondere verzweigte *Acrylsäureester* (im Gegensatz zu unverzweigten Estern) und N-substituierte *Acrylamide* stereospezifisch polymerisieren und als Polymere zur Kristallisation bringen[89]. Um entsprechende stereospezifische Polyacrylsäureester unverzweigter Alkohole zu erhalten, wird der Umweg über eine polymeranaloge Reaktion durch Alkoholyse beschritten[90]; auf gleiche Weise erhält man die kristallisierbare stereospezifische *Polyacrylsäure* durch Hydrolyse und nicht durch direkte Polymerisation[91].

Bei der Polymerisation der *Methacrylsäure* mit radikalischen Beschleunigern in wäßrigen Lösungen nehmen die syndiotaktischen Anteile mit steigender Polymerisationstemperatur ab (die Fehlstellen zu), die Polymerisate der *Methacrylsäuresalze* weisen gegenüber den Polymerisaten der freien Säure eine höhere Syndiotaktizität auf[92].

Auch eine Erhöhung der Sperrigkeit an der Vinylgruppe scheint einen fördernden Einfluß auf die Bildung von stereospezifischen Polymeren auszuüben. So findet man, daß *Acrylnitril* (R = H) sehr rasch und stark

---

[88] Braun, D., M. Herner, U. Johnsen und W. Kern: Makromolekulare Chem. **51**, 15 (1962).

[89] Garrett, B. S.: Am. Soc. **81**, 1007 (1959); Miller, M. L., and C. E. Rauhut: Am. Soc. **80**, 4115 (1958); Shields, D. J., and H. W. Coover: J. Polymer Sci. **39**, 532 (1959).

[90] Miller, M. L., and C. E. Rauhut: J. Polymer Sci. **38**, 63 (1959).

[91] Miller, M. L., M. C. Botty, and C. E. Rauhut: J. Colloid Sci. **15**, 83 (1960).

[92] Schröder, G.: Makromolekulares Kolloquium in Freiburg/Brsg., März 1962 und Ang. Ch. **74**, 255 (1962).

exotherm ataktisch polymerisiert, *Methacrylnitril* ($R = CH_3$) ebenfalls ataktische Homo- und Copolymere, jedoch mit geringerer Polymerisationswärme, bildet und auch stereospezifisch nach anionischen Mechanismen[93] polymerisiert werden kann. Von den höheren Homologen des Acrylnitrils ($R = C_2H_5$ und C_5H_{11}) war bis vor kurzer Zeit lediglich bekannt, daß sie nur mit ausgesuchten anderen Monomeren Copolymere zu bilden vermögen und daß sie weder mit ionischen noch radikalischen Beschleunigern zu einer Homopolymerisation angeregt werden können[94].

G. NATTA und Mitarbeiter[95] fanden nun in jüngster Zeit, daß sich die *höheren Homologen des Acrylnitrils* ($R = C_2$ und mehr) sehr wohl homopolymerisieren lassen, wenn typische Bedingungen für eine stereospezifische Polymerisation angewendet werden. Die in den Patentschriften angedeuteten Annahmen des Polymerisationsablaufes lassen vermuten, daß es sich hierbei um isotaktische Polymerisationen handelt. Die Polymeren zeigen eine hohe Kristallisationsneigung, sind auch in der Wärme unlöslich und mit Sicherheit nicht vernetzt, da sie noch unterhalb ihrer Zersetzungspunkte (um 340°) thermoplastisch verformbar sind. Die Eigenschaften dieser, bisher nur durch stereospezifische Polymerisation erhältlichen Homopolymeren sind außerordentlich bemerkenswert. Außer ihrer Unlöslichkeit in organischen Lösungsmitteln muß ihre Resistenz gegenüber Säuren hervorgehoben (praktisch kein Angriff durch konzentrierte Salzsäure bei mehrstündigem Kochen) sowie auf die im Rahmen der Polyacrylverbindungen sehr hohen Schmelztemperaturen (*Poly-α-äthylacrylnitril* 190 bis 210°, *Poly-α-propylacrylnitril* 200 bis 220° und *Poly-α-isopropylacrylnitril* 300 bis 320°) hingewiesen werden[95].

E. Eigenschaften der stereospezifischen Polymerisate

Die verschieden taktischen, isomeren Hochpolymeren unterscheiden sich sowohl untereinander als auch gegenüber den entsprechenden ataktischen Polymerisaten meist charakteristisch. Die Unterschiede treten sowohl in der festen Phase — und zwar gleichermaßen im kristallinen wie im amorphen Zustand — als auch in den Polymerisatlösungen auf und können zur Charakterisierung verwendet werden. Die Bezeichnung erfolgt heute meist entsprechend den Vorschlägen von J. D. STROUPE und R. E. HUGHES[78] und nicht der ersten Veröffentlichung auf diesem Gebiet von T. G. FOX[77] folgend.

Gegenüber den stereospezifischen Hochpolymeren weisen die ataktischen Produkte eine geringere Dichte[77] und eine wesentlich geringere

---

[93] BEAMAN, R.: Am. Soc. **70**, 3115 (1958).

[94] MARVEL, C. S., R. T. STIEHL, W. K. TAFT, and B. G. LABBE: Ind. eng. Chem. **46**, 804 (1954).

[95] F. P. 1317509, Österr. P. 234382 (Ital. Prior. 1961) Montecatini, G. NATTA, G. DALL'ASTA und G. MAZZANTI.

Kristallisationsfähigkeit auf[96]. Im amorphen, festen Zustande weist Polymethacrylsäuremethylester als syndiotaktisches Polymerisat die höchste Einfriertemperatur von 115° gegenüber 45° für das isotaktische und 104° für das ataktische Produkt auf. Die sog. „Stereoblöcke" schwanken zwischen 60 und 95° [77,96]. Die kristallisierten Hochpolymeren lassen sich u. a. durch ihre Schmelzpunkte charakterisieren[96]. Spektroskopisch bestehen ausgezeichnete Charakterisierungsmöglichkeiten durch die IR-Spektren[97], für Spezialfragen neuerdings auch durch UV-Spektren[98] und durch das Kernresonanzspektrum[80,88,99], wobei die Anteile isotaktischer bzw. syndiotaktischer Bindungen quantitativ ermittelt werden können. Über Lichtstreuungsmessungen vgl.[100,101].

Bei polymeranalogen Umsetzungen, also im *chemischen Verhalten*, lassen die verschiedenen Formen der stereospezifischen Polymerisate ebenfalls Unterschiede erkennen (vgl. auch 3.6). Die Einflüsse auf die Hydrolysegeschwindigkeiten wurden von einer Reihe von Forschern[102], insbesondere durch G. SMETS und Mitarbeiter[103] untersucht.

1960 referierte der inzwischen leider früh verstorbene K. TESSMAR[104] über verschiedene polymeranaloge Umsetzungen an Polymethacrylsäuremethylester, so durch Alkoholyse, Verseifungen mit Alkali zur Säure, ringschließende Aminolyse zu den entsprechenden Imiden und die Reduktion zu den Polymethallylalkoholen, wobei nicht nur die ursprünglichen Taktizitäten erhalten blieben, sondern im Falle der Ringschlußreaktionen auch interessante Einblicke in den Feinbau der Makromoleküle erhalten wurden.

---

[96] SCHREIBER, H.: Houben-Weyl-Müller XIV/1, 1068—1069 (1961).

[97] FOX, T. G.: J. Polymer Sci. **31**, 173 (1958); BAUMANN, U., H. SCHREIBER und K. TESSMAR: Makromolekulare Chem. **36**, 81 (1960); GOODE, W. E., F. H. OWENS, R. P. FELLMANN, W. H. SNYDER, and J. E. MOORE: J. Polymer Sci. **46**, 317 (1960).

[98] D'ALAGNI, M., P. DE SANTIS, A. M. LIQUORI, and M. SAVINO: J. Polymer Sci. B **2**, 925 (1964).

[99] JOHNSEN, U., und K. TESSMAR: Kolloid-Z. **168**, 160 (1960); BOVEY, F. A., and G. V. TIERS: J. Polymer Sci. **44**, 173 (1960) sowie Fortschr. Hochpolymeren-Forsch. **3**, 139 (1963); JOHNSEN, U.: Kolloid-Z. **178**, 161 (1961).

[100] SCHULZ, G. V., W. WUNDERLICH und R. KIRSTE: Makromolekulare Chem. **75**, 22 (1964).

[101] KIRSTE, R., und W. WUNDERLICH: Makromolekulare Chem. **73**, 240 (1964).

[102] MORAWETZ, H., and E. GAETJENS: J. Polymer Sci. **32**, 526 (1958); GLAVIS, F. J.: J. Polymer Sci. **36**, 547 (1959).

[103] SMETS, G.: Makromolekulare Chem. **34**, 190 (1959); SMETS, G., and W. DE LOECKER: J. Polymer Sci. **40**, 203 (1959), **41**, 375 (1959) und **45**, 461 (1960); SMETS, G., and A. M. HESBAIN: J. Polymer Sci. **40**, 217 (1959); SMETS, G., and W. VAN HUMBEECK: J. Polymer Sci. A **1**, 1227 (1963).

[104] BAUMANN, U., H. SCHREIBER, G. SCHRÖDER und K. TESSMAR: Makromolekulares Kolloquium in Freiburg/Brsg., März 1960; Ang. Ch. **72**, 274 (1960).

F. Kinetik der stereospezifischen Polymerisation

Hierzu wird auf die zahlreichen Originalarbeiten[83,87,105] verwiesen.

G. Die praktische Bedeutung der stereospezifischen Polymerisation im Rahmen der Poly(meth)acrylverbindungen

Es muß vorausgeschickt werden, daß die stereospezifische Polymerisation der Acrylverbindungen gegenüber der „konventionellen" ataktischen Polymerisation einen wesentlich höheren experimentellen Aufwand erfordert und höhere Ansprüche an die Reinheit der Monomeren stellt[96]. Demgegenüber läßt die stereospezifische Polymerisation des Methacrylsäuremethylesters zu Kunststoffen mit verbesserten thermischen Eigenschaften nur relativ geringe Fortschritte erwarten, wenn man die Tatsache berücksichtigt, daß die seitherigen Handelsprodukte bereits zu rund 80 bis 85% aus syndiotaktisch verknüpften Monomereneinheiten aufgebaut sind[80,97,106]. Hinsichtlich gewisser Aussichten gab H. Schreiber bereits einige Auskünfte[96], insgesamt betrachtet, scheint sich jedoch im vorliegenden Falle gegenüber der entsprechenden Polymerisation der α-Olefine eine wesentlich geringere praktische Bedeutung abzuzeichnen. Möglicherweise wird eine solche nur auf ganz spezielle Fälle, wie die Polymerisation der höheren Acrylnitrilhomologen[95], beschränkt bleiben.

Im Bereiche der wissenschaftlichen Forschung stellt die stereospezifische Polymerisation von Methacrylsäuremethylester ein günstiges Objekt dar, da man sie in annähernd reiner Form (95% und mehr) sowohl isotaktisch als auch syndiotaktisch durchführen und die Reaktionsprodukte mit hoher Verläßlichkeit charakterisieren kann[100].

---

[105] Glusker, D. L., E. Stiles, and B. Yoncoskie: J. Polymer Sci. **49**, 297 (1961); Korotkov, A., S. P. Mitsengendler, and V. N. Krasulina: J. Polymer Sci. **53**, 217 (1961); Wiles, D. M., and S. Bywater: Polymer **3**, 175 (1962); Coleman, B. D., and T. G. Fox: Am. Soc. **85**, 1241 (1963); Krause, S., L. de Fonso, and D. L. Glusker: J. phys. Chem., im Druck, ref. in [87].

[106] Baumann, U., und G. Schreyer, ref. durch G. Schreyer und P. R. Szigeti: Kunstst. **53**, 710 (1963).

3.4 Polymerisationsverfahren

3.4.1 Polymerisation in Substanz

A. Allgemeines

Werden Monomere ohne Zugabe von Lösungs- bzw. Verdünnungsmitteln polymerisiert, so nennt man dies „Polymerisation in Substanz". Die im älteren Schrifttum verbreitet anzutreffende Bezeichnung „Blockpolymerisation" sollte in diesem Zusammenhang tunlichst nicht angewendet werden, um Verwechslungen und Unklarheiten (vgl. 3.3.4) zu vermeiden.

Die Polymerisationsauslösung kann auch bei der Polymerisation in Substanz durch Einwirkung von Strahlen, durch anionische Starter oder durch Radikalbildner erfolgen. Die Vorteile einer Polymerisation in Substanz liegen besonders in der Reinheit der Endprodukte (keine gepropften bzw. eingeschlossenen Emulgatoren, Suspensionsstabilisatoren usw.). Ein praktischer Nachteil besteht u. a. in der technischen Schwierigkeit einer geregelten Ableitung der Polymerisationswärme, hauptsächlich dann, wenn mit der Polymerisation eine Formgebung verbunden wird und auf blasenfreie Produkte großer Wert gelegt werden muß. Diese Schwierigkeiten sind naturgemäß besonders nach Erreichung des Gelpunktes (vgl. 3.2.1.3), während des sog. „explosiven“ Ablaufes[1] aktuell und nach Monomeren abgestuft. Sie werden insbesondere beim Acrylnitril (niederes Molekulargewicht, hohe Polymerisationswärme[2]), aber auch bei den Acryl- und Methacrylsäureestern[3] sowie deren Säuren und Amiden auftreten.

Während der Polymerisation tritt eine *Schrumpfung* des Volumens ein, die nach folgender Formel berechnet werden kann:

$$\frac{D_P - D_M}{D_P} \cdot 100 = \text{Schrumpfung} \qquad \begin{array}{l} D_P = \text{Dichte des Polymeren} \\ D_M = \text{Dichte des Monomeren} \end{array}$$

Der Schrumpfvorgang verhält sich linear zum Umsatz und kann zu dessen Verfolgung bequem herangezogen werden. Im Laboratorium verwendet man hierzu sog. *Dilatometer*[4], das sind senkrecht befestigte Gefäße mit aufgesetzten graduierten Kapillarrohren. In die Reaktionsgefäße bringt man die zu untersuchenden Monomeren und Beschleuniger, füllt mit Quecksilber bis zu einer gegebenen Markierung auf und polymerisiert bei temperaturkonstanten Bedingungen sowie unter Sauerstoffausschluß. Die Umsätze zu Beginn und nach Abschluß des Versuches werden bestimmt (z. B. durch die Brechungsindices oder Dichten). Die dazwischenliegenden Werte können aus der linear ablaufenden Schrumpfung interpoliert und durch Auftragung gegen die Zeit als instruktive „Zeit-Umsatzkurven“ ausgewertet werden. Da durch diese sehr empfindliche Methode[5] Umsatzunterschiede von weniger als 1% erfaßt werden können, eignet sie sich ausgezeichnet zur Untersuchung der Reinheit von Monomeren im Hinblick auf das Polymerisationsverhalten, sowie zum Studium bestimmter Beschleuniger- oder Reglersysteme.

Die nachstehende Tabelle gibt eine Zusammenstellung der *Dichteunterschiede* zwischen monomeren und polymeren (Meth)acrylsäureestern.

---

[1] Trommsdorff, E., H. Köhle und P. Lagally: Makromolekulare Chem. **1**, 191 (1947).

[2] Schildknecht, C. E.: Vinyl and related Polymers, J. Wiley & Sons, New York 265 (1952).

[3] Melville, H. W.: J. electrochem. Soc. **60**, 276 (1956).

[4] Schulz, G. V., G. Henrici und S. Olivé: Z. El. Ch. **60**, 303 (1956).

[5] Schulz, G. V., und G. Harborth: Ang. Ch. A **59**, 90 (1947); Goldfinger, G., and K. E. Lauterbach: J. Polymer Sci. **3**, 146 (1948); Breitenbach, J. W., und A. Schindler: M. **83**, 273 (1953).

Tabelle 23. *Dichten von monomeren und polymeren (Meth)acrylaten*

Ester	Dichte des Monomeren		Dichte des Polymerisates[6]
Acrylsäuremethylester	D_{20}^{20}	0,9574[7]	1,15
Acrylsäureäthylester	D_{20}^{20}	0,9230[7]	1,12
Acrylsäure-n-butylester	D_{20}^{20}	0,9015[7]	1,09
Methacrylsäuremethylester	D_{25}^{25}	0,940[2]	1,19
Methacrylsäure-n-butylester	D_{4}^{20}	0,8936[8]	1,06
Methacrylsäure-i-butylester	D_{20}^{20}	0,884	1,02
Methacrylsäure-n-hexylester	D_{4}^{26}	0,8943	1,01
Methacrylsäure-n-decylester	D_{26}^{26}	0,863[9]	1,03

Die Schrumpfung von (Meth)acrylsäureestern bei der Polymerisation sinkt mit steigendem Volumen des Alkoholrestes und ist — auf cm^3/Mol reduziert — konstant[10].

Außer der Dichte ändern sich auch *Viskosität* und *Brechungsindex*. Da jedoch die Viskosität sowohl vom Polymerisationsgrad als auch von der Konzentration abhängig ist[11], kann sie für eine fortlaufende Umsatzbestimmung nicht mit der erforderlichen Verläßlichkeit verwendet werden.

B. Thermische Polymerisationsauslösung und Polymerisationsauslösung durch Strahlen

Die thermisch ausgelöste Spontanpolymerisation des Methacrylsäuremethylesters wird von vielen Autoren angezweifelt und eher Verunreinigungen zugeschrieben[12].

Für die Auslösung durch Strahlen werden feste Monomere, wie z. B. Amide, in Reagenzgläser abgefüllt, Stickstoff zur Vertreibung des Sauerstoffes eingeleitet und die Röhrchen zugeschmolzen. Flüssige Monomere bestrahlt man in Ampullen oder doppelwandigen Gefäßen[13].

Zur Initiierung der Polymerisation wird Licht oder UV-Licht[14] in

---

[6] Kollinsky, F.: Verfkroniek **32**, 74 (1959); Kline, G. M.: High Polymers, Vol. XII, Analytical Chemistry of Polymers, Part III; Interscience Publ., New York-London (1962).

[7] „Monomers“, Merkblatt der Carbide and Carbon Chem. Co. (1953).

[8] Crawford, J. W. C.: J. Soc. chem. Ind. **68**, 202 (1949).

[9] Blout, E. R., H. Mark, and W. P. Hohenstein: Monomers, Interscience Publ. Inc., New York-London (1951).

[10] Loshaek, S., and T. G. Fox: Am. Soc. **75**, 3544 (1953).

[11] Mark, H., and R. Raff: J. phys. Chem. B **31**, 275 (1936).

[12] Küchler, L.: Polymerisationskinetik. Berlin-Göttingen-Heidelberg: Springer 1951; Walling, C., and E. R. Briggs: Am. Soc. **68**, 1141 (1946).

[13] Dainton, F. S. u. a.: Trans. Faraday Soc. **52**, 414 (1956).

[14] Alexander, P., and S. F. Hitch: Biochem. biophysica Acta (Amsterdam) **9**, 229 (1952); C. **1954**, 334; Vrancken, M., and G. Smets: J. Polymer Sci. **14**, 521 (1954).

Gegenwart oder Abwesenheit von Sensibilisatoren[15], Röntgen- oder γ-Strahlen[16] oder Ultraschall verwendet.

So ist beispielsweise die Polymerisationsauslösung durch Licht von Acrolein[17] und Methacrylsäureestern[18], durch UV-Strahlung von Methacrylsäure[14], (Meth)acrylsäurechloriden[19], ungesättigten Amiden[20] und durch energiereiche Strahlung von Acrolein[21] bzw. Acrylamid[22] beschrieben.

Als sog. Sensibilisatoren[23] kommen bestimmte Farbstoffe, organische Polysulfide[18], Benzoin oder Azoisobuttersäuredinitril[24] in Frage. Es muß beachtet werden, daß die Einwirkung energiereicher Strahlung oder von Ultraschall[25] vielfach zu Abbau[26], Verfärbung und Vernetzung[27] der Polymeren führen kann (vgl. 3.6.6).

Da die durch Strahlen initiierte Polymerisation von festen Monomeren[28] zu theoretisch interessanten Beobachtungen geführt hat, seien diese im folgenden angeführt:

Wird die *Polymerisation von festem Acrylamid* mit γ-Strahlen gestartet, so findet man, daß die Induktionsperiode mit sinkender Temperatur wächst. Bei —186° findet überhaupt keine Polymerisation statt, doch tritt diese spontan ein, wenn das bestrahlte Acrylamid auf 0°

---

[15] RONDOU, S., G. SMETS, and M. C. DE WILDE-DELVAUX: J. Polymer Sci. **24**, 262 (1957).

[16] HENGLEIN, A., und R. SCHULZ: Z. Naturf. **9b**, 617 (1954); SCHULZ, R., A. HENGLEIN, H. E. v. STEINWEHR und H. BAMBAUER: Ang. Ch. **67**, 232 (1955).

[17] MOUREU, C., et C. DUFRAISSE: C. r. **169**, 621 (1919) und **176**, 797 (1923); DUFRAISSE, C., et R. HORCLOIS: C. r. **191**, 1126 (1930); BLACET, F. C., G. H. FIELDING, and J. G. ROOF: Am. Soc. **59**, 2375 (1937); A. P. 2326736 (1940) Shell Dev. Co., D. E. ADELSON, and H. DANNENBERG.

[18] DBP 1037132 (1956) Röhm & Haas G.m.b.H., F. GÖTZ.

[19] A. P. 2469696 (1946) Eastman Kodak Co., L. M. MINSK, and W. O. KENYON; Chem. Abstr. **43**, 5793 (1949).

[20] A. P. 2533166 (1945) General Aniline & Film Corp., G. D. JONES; Chem. Abstr. **45**, 1811 (1951); ARBUSOWA, I. A., W. N. JEFREMOWA, and J. K. ULESLO: Doklady Akad. S.S.S.R. **112**, 645 (1957); C. **1958**, 2452.

[21] F. P. 966760 (1940) J. F. JOLIOT; HENGLEIN, A., W. SCHNABEL und R. C. SCHULZ: Makromolekulare Chem. **31**, 181 (1959).

[22] HENGLEIN, A., und R. SCHULZ: Z. Naturf. **9 b**, 617 (1954); SCHULZ, R., A. HENGLEIN, H. E. v. STEINWEHR und H. U. BAMBAUER: Ang. Ch. **67**, 232 (1955); MESROBIAN, R. B. u. a.: J. chem. Physics **22**, 565 (1954); MORAWETZ, H.: Chem. Průmysl **9/1**, 41 (1959).

[23] OTSU, T. u. a.: Makromolekulare Chem. **27**, 142 (1958).

[24] SCHULZ, R. C., P. ELZER und W. KERN: Chimia **13**, 235 (1959) und Makromolekulare Chem. **42**, 189 (1960).

[25] ALEXANDER, P., and M. FOX: J. Polymer Sci. **12**, 533 (1954).

[26] VÖLKER, T.: Ang. Ch. **69**, 271 (1957) und Öst. Chemiker-Ztg. **62**, 349 (1961).

[27] ALEXANDER, P., and A. CHARLESBY: J. Polymer Sci. **23**, 355 (1957).

[28] MESROBIAN, R. B. u. a.: J. chem. Physics **22**, 565 (1954); RESTAINO, A. J. u. a.: Am. Soc. **79**, 2939 (1956).

erwärmt wird. Dieses Verhalten deutet auf „eingefrorene" Radikale im Kristallgitter hin.

Die Polymerisationsgeschwindigkeit ist dabei der Bestrahlungsintensität proportional; das Molekulargewicht ist unabhängig von der Strahlendosis und der Temperatur.

Die Polymerisation im festen Zustand wird weitgehend durch die Eigenschaften der Kristalle beeinflußt[29], wobei offenbar Fehlordnungen des Kristallgitters eine besondere Rolle spielen. Die durch Bestrahlung entstandenen Radikale lösen nur teilweise eine Polymerisation aus, ein Teil bleibt eingefangen. Mit fortschreitender Polymerisation ziehen sich Teile des Kristalles infolge der Schrumpfung zusammen. Hierbei werden die eingefangenen Radikale frei und die Polymerisation läuft beschleunigt weiter. Diese Erscheinungen treten verstärkt auf, wenn Fremdkristalle beigemischt werden, z. B. Propionamid zu Acrylamid. Auch die Tatsache, daß die Polymerisationsgeschwindigkeiten der kristallinen Kalium-, Rubidium-, Lithium- und Natriumacrylate sehr unterschiedlich sind, weist auf die Einflüsse des Kristallbaues hin. Die Kristallgitter bleiben bis zu hohen Umsätzen erhalten, wobei die Polymeren selbst amorph sind.

Auch nach Polymerisationsende sind noch Radikale vorhanden[29], die eingefangen sind und kein Monomeres mehr zur Anregung vorfinden.

C. Polymerisationsauslösung durch Ionen

Nach *anionischem* Mechanismus scheint die Polymerisation von *α-Cyanacrylsäureestern* bei ihrer Verwendung als Kleber auf Metallflächen abzulaufen. Die Polymerisation startet unter Einfluß von Aminen[30] (z. B. Tri(2-äthylhexyl)amin) oder ohne Zusatz von Katalysatoren[31]. Acrolein läßt sich sowohl kationisch als auch anionisch in Substanz polymerisieren[32].

D. Polymerisationsauslösung durch Radikalbildner

Diese Polymerisationsart wird in großem Umfang bei der technischen Fabrikation von Acrylglas aus Methacrylsäuremethylester und Comonomeren verwendet. Auf die technischen Probleme wird im Kapitel 3.5.4 ausführlich eingegangen.

---

29 FADNER, T. A., Y. RUBIN, and H. MORAWETZ: J. Polymer Sci. **37**, 549 (1959); BAYSAL, B., G. ADLER, D. BALLANTINE, and P. COLOMBO: J. Polymer Sci. **44**, 117 (1960).

30 A. P. 2763585 (1954) Eastman Kodak Co., H. W. COOVER, and N. H. SHEARER; Chem. Abstr. **51**, 7060 (1957); Canad. P. 624525 (1959) Eastman Kodak Co.

31 TESSMAR, K.: Houben-Weyl-Müller XIV/1, 1043 (1961).

32 SCHULZ, R. C.: Makromolekulare Chem. **17**, 62 (1955); DPB 961131 (1954) Vereinigte Glanzstoff-Fabriken A.G., W. JURGELEIT; F. P. 1191333 (1959) DuPont, R. L. EIFERT et B. M. MARKS.

Als Starter für die Polymerisation von (Meth)acrylsäureverbindungen in Substanz kommen sowohl Peroxyde als auch Azoisobuttersäuredinitril (in Mengen von 0,02 bis 0,1%) in Frage. Bei Zimmertemperaturen wird am besten durch Redoxysysteme gestartet[33].

α-Chloracrylsäuremethylester[34] ist sehr polymerisationsfreudig und bildet leicht Copolymerisate[35] mit verschiedenen Monomeren. Dieser Ester kann in Substanz mit den bekannten Beschleunigern polymerisiert werden. Die Polymeren besitzen durch ihre relativ schwere Brennbarkeit[36], höhere Wärmeformbeständigkeit, größere Härte sowie günstigen optischen Eigenschaften[37] einiges Interesse.

3.4.2 Perlpolymerisation

A. Allgemeines

Die Perlpolymerisation ist eine entsprechende Umsetzung wasserunlöslicher oder aussalzbarer Monomerer (oder überwiegend solcher) in Wasser bzw. wäßrigen Salzlösungen, wobei sich der Polymerisationsort im Gegensatz zur Emulsions- bzw. Lösungspolymerisation in der Monomerenphase befindet. Im Schrifttum findet man für die Perlpolymerisation vielfach die Bezeichnung „Suspensionspolymerisation".

Außer Beschleuniger und entsprechende Polymerisationshilfsmittel werden als weitere Zusätze sog. Suspensionsstabilisatoren verwendet. Diese sollen ein übermäßiges Zusammenfließen der Monomerentröpfchen verhindern, sie aber nicht in der wäßrigen Phase emulgieren.

Die erste Perlpolymerisation haben W. Bauer und H. Lauth vor über 30 Jahren beschrieben und sie patentrechtlich schützen lassen[38]. Inzwischen hat diese Polymerisationsart große technische Bedeutung erlangt.

Im Bereich der wissenschaftlichen Forschung wurde die Perlpolymerisation auch als präparative Methode zur Darstellung bestimmter Polymerer eingehender untersucht[39]. Eine Perlpolymerisation im Mikromaßstab unter Verwendung C^{14}-markierter Methacrylmonomerer (und deren Darstellung) wurde ebenfalls beschrieben[40].

---

[33] E. P. 721641 (1952) Dental Fillings Ltd., H. J. Stern, L. E. Shadbolt, and W. L. Rawitzer; Bredereck, H., E. Bäder und A. Wohnhas: Makromolekulare Chem. **12**, 100 (1954).

[34] Tessmar, K.: Kunstst. **44**, 9 (1954).

[35] DBP 875867 (1937) Röhm & Haas G.m.b.H., W. Bauer; DBP 834142 (1949) General Aniline & Film Corp., C. E. Barnes und W. O. Ney.

[36] Slone, M. C., J. J. Lamb, and F. W. Reinhart: Mod. Plastics **29**, 109 (1952).

[37] Fröhlich, K.: Kunstst. **30**, 267 (1940).

[38] DRP 656134 (1931) Röhm & Haas A.G., W. Bauer und H. Lauth.

[39] Kaghan, W. S., and R. N. Shreve: Ind. eng. Chem. **45**, 292 (1953); Bankoff, S. G., and R. N. Shreve: Ind. eng. Chem. **45**, 270 (1953); Emmer, E. J., and S. G. Bankoff: Ind. eng. Chem. **45**, 673 (1953); Konishi, A., and K. Nambu: J. Polymer Sci. **54**, 209 (1960); Sonnerskag, S.: Acta chem. scand. **8**, 579 (1954); Völker, T.: Makromolekulare Chem. **44—46**, 107 (1961).

[40] Kretz, R., und T. Völker: Landwirtsch. Forsch. **17**, 83 (1964).

Bei Verwendung wasserlöslicher Schutzkolloide als Suspensionsstabilisatoren kann neben der eigentlichen Perlpolymerisation auch eine Emulsionspolymerisation ablaufen, was die Ausbeute an Perlpolymerisat entsprechend mindert[41]. Durch Zusatz von wasserlöslichen Inhibitoren (z. B. Ammoniumrhodanid) läßt sich diese Konkurrenzreaktion zurückdrängen[42].

Die Anwendungsbereiche für eine Perlpolymerisation von (Meth)-acrylverbindungen sind breit gestreut. Mitunter wird die Darstellung von Spritzgußmassen durch Perlpolymerisation mit Rücksicht auf die anzustrebenden relativ niederen Polymerisationsgrade und die damit erforderliche rasche Abführung der Polymerisationswärme vorgenommen. Vielfach werden auch Polymere hergestellt, die nach Auflösung in den entsprechenden Monomeren die sog. „Vorpolymerisate" bilden. Um ein gutes Fließen der Polymerisatpartikel zu erreichen, werden bestimmte Siebfraktionen nach dem Prinzip der „Mischungslücke" vermengt und mit wenig Monomeren versetzt[43].

Im allgemeinen fallen die Perlpolymerisate als kugelförmige Partikel („Perlen") an. Gelegentlich werden jedoch auch andere Formen beobachtet[41]. Die Größe der Perlen hängt von den technischen Verfahrensbedingungen ab, so von der Rührgeschwindigkeit, dem Phasenverhältnis und der Art und Menge der Kolloide[41,42,44,45]. Die Reproduzierbarkeit der Perlengrößen[46] wurde allgemein als sehr schlecht bezeichnet[41,45]. Ebenso zeigen die beim Rühren von zwei miteinander nicht mischbaren Flüssigkeiten entstehenden Tröpfchen große Schwankungen[47,48].

Wir sind dem Züricher Arbeitskreis um H. Hopff[41,49–51] zu Dank verpflichtet, daß er sich u. a. der Erforschung der Vorgänge bei der

---

[41] Lutz, E.: Dissertation ETH Zürich (1957); Prom. Nr. 2749; Hopff, H., und E. Lutz: Kunststoffe-Plastics **5**, 341 (1958).

[42] Trommsdorff, E.: Makromolekulare Chem. **13**, 76 (1954).

[43] DRP 934498, Österr. P. 171172 (Schweiz. Prior. 1948) Lonza A.G., P. Halbig.

[44] Trommsdorff, E., and C. E. Schildkencht: High Polymers, Vol. 10, Interscience Publ., New York; Logemann, H.: Houben-Weyl-Müller XIV/1, 406 (1961).

[45] Winslow, F. H., and W. Matreyek: Ind. eng. Chem. **43**, 1108 (1951).

[46] Lesek, F., und F. Kudelka: Chem. Průmysl 8, 545 (1958); Lesek, F., und M. Sytar: Chem. Průmysl **10**, 50 (1960).

[47] Vermeulen, T., and G. M. Williams: Chem. Engng. Progr. **51**, 2/85 (1955); Rodger, W. A., V. G. Trice, and J. H. Ruston: Chem. Engng. Progr. **52**, 515 (1956).

[48] Wenning, H.: Makromolekulare Chem. **20**, 196 (1956).

[49] Hopff, H., H. Lüssi und P. Gerspacher: Makromolekulare Chem. **78**, 24 (1964).

[50] Vortrag von H. Lüssi, zusammen mit H. Hopff und P. Gerspacher, Makromolekulares Kolloquium, Freiburg/Brsg., März 1964.

[51] Hopff, H., H. Lüssi und P. Gerspacher: Makromolekulare Chem. **78**, 37 (1964); vgl. auch: Hopff, H., H. Lüssi und E. Hammer: Makromolekulare Chem. **82**, 175 und 184 (1965).

Perlpolymerisation im Hinblick auf die Morphologie der Endprodukte angenommen hat.

So haben H. HOPFF, H. LÜSSI und P. GERSPACHER[49] gefunden, daß die Größe der Perlen zu Beginn, bevor die Polymerisation einen merklichen Umsatz erreicht hat, festgelegt wird.

Ist das Monomere kein Lösungsmittel für das entstehende Polymerisat, z. B. Acrylnitril, so setzt die Polymerisation bei Verwendung von wasserlöslichen Startern in der wäßrigen Phase ein und man erhält sog. Suspensions-Pulverpolymerisate, die als lockeres Pulver anfallen[52]. Man kann geteilter Meinung darüber sein, ob in diesem Falle die Bezeichnung „Fällungspolymerisation" nicht angebrachter wäre (vgl. 3.4.3).

B. Monomere

Unter den Acrylderivaten kommen vor allen Dingen die Ester in Frage, wobei das wichtigste Monomere der Methacrylsäuremethylester ist. Entsprechend werden auch andere Methacrylsäureester[53] und Acrylsäureester[54] polymerisiert, wobei letztere je nach Erweichungspunkt weiche bis klebrige Perlen liefern, weshalb man sie oft nur als Comonomere neben anderen (Meth)acrylsäurederivaten, wie Säuren, Amiden, Nitrilen[55] oder bivalenten Monomeren, wie Säureanhydriden, verwendet.

Divinylverbindungen, wie Methacrylsäureanhydrid, ergeben vernetzte und somit unlösliche Produkte, die bei Copolymerisation mit (Meth)acrylsäure als Ionenaustauscherharze verwendet werden können[56].

C. Reaktionsmedium

Die günstigsten Bedingungen für eine Perlpolymerisation liegen dann vor, wenn wasserunlösliche Monomere eingesetzt werden. Ist die Wasserlöslichkeit einzelner Monomerer, wie im Falle der Acryl-[57] und Methacrylsäure[58] zu hoch, so wird in gesättigten Salzlösungen polymerisiert.

Es sind auch Zusätze von Alkoholen beschrieben[59]. Mit Glykol wird

---

[52] FIKENTSCHER, H.: Ullmann **14**, 127 (1963).

[53] A. P. 2440808 (1944) Rohm & Haas Co., H. T. NEHER, and F. J. GLAVIS.

[54] DRP 656134 (1931), A. P. 2171765, Röhm & Haas A.G., W. BAUER, and H. LAUTH.

[55] A. P. 2885371 (1955), E. P. 778104, F. P. 1121252 (1955; Ital. Prior. 1954) Montecatini, L. TAVANI, C. MORINI et M. MORINI; Chem. Abstr. **53**, 20628 (1959) und **51**, 15042 (1957); C. **1957**, 12569.

[56] DBP 960858 (1954) Röhm & Haas G.m.b.H., G. ABEL und A. WOHNHAS; C. **1957**, 11400.

[57] DBP 907827 (1941) Röhm & Haas G.m.b.H., E. TROMMSDORFF und G. ABEL.

[58] DRP 749016 (1938), A. P. 2326078, Röhm & Haas G.m.b.H., E. TROMMSDORFF, and G. ABEL; DBP 947115 (1939) Röhm & Haas G.m.b.H., E. TROMMSDORFF und G. ABEL.

[59] HOHENSTEIN, W. P., and H. MARK: J. Polymer Sci. **1**, 135 (1946); A. P. 2653145 (1951) Whitney Blake Co., W. P. HOHENSTEIN; F. P. 1057945 (1945) A. GOTLIB; C. **1955**, 5912.

so die Viskosität des Mediums erhöht; ähnlich wirkt z. B. auch Tragant. Diese Zusätze verfolgen u. a. den Zweck, die Monomerentröpfchen besser in Schwebe zu halten. Andere lyophile Flüssigkeiten, wie beispielsweise Xylol[60] kommen nur in Spezialfällen in Frage, eventuell dann, wenn es sich um wasserempfindliche Monomere, z. B. um Anhydride oder Säurechloride, handelt.

Das Verhältnis von wäßriger zur Monomerenphase beträgt meist 2:1 bis 4:1.

D. Polymerisationshilfsmittel

1. Beschleuniger

Zum Unterschied von der Emulsionspolymerisation werden bei der Perlpolymerisation monomerenlösliche und wasserunlösliche Starter eingesetzt. An erster Stelle ist hier Dibenzoylperoxyd[61] zu nennen, neben Azokatalysatoren[62] und Lauroylperoxyd[63]. Radikalbildner mit höheren Zerfallstemperaturen können zusätzlich verwendet werden, wenn gegen Reaktionsende die Temperatur gesteigert wird, um möglichst vollständige Polymerisation zu erreichen[64]. Die meist angewandte Menge an Startern liegt bei 0,1 bis 1%, bevorzugt um 0,5%, bezogen auf die Monomeren. Die Initiierung nach Art einer Redoxpolymerisation ist bei der Perlpolymerisation wenig üblich[65].

2. Regler

In Perlform polymerisierter Methacrylsäuremethylester wird hauptsächlich als Spritzgußmaterial verarbeitet, weshalb auf optimales Molekulargewicht geachtet werden muß. Von A. Wohnhas[66] wird für handelsübliche Spritzgußmassen ein Molekulargewicht von etwa 10^5 angegeben. Als Regler haben sich aliphatische Mercaptane[67] bewährt. Durch Zugabe von Laurylmercaptan wird außerdem die thermische Stabilität des Polymerisates verbessert. Im gleichen Sinne wirken Bis(2-äthylhexyl)sulfid[68] oder Bis-(2-mercaptoäthyl)sulfid[69]. Die Zugabe von Tetrahydronaphthalin[70]

---

[60] DAS 1081228 (1958; Am. Prior. 1957) The Dow Chemical Co., R. E. Friedrich, R. M. Wiley, and W. L. Garrett.

[61] Horn, M. B.: Acrylic Resins, Reinhold Publ. Corp., New York, 85 (1960).

[62] A. P. 2471959 (1948) DuPont, M. Hunt; Chem. Abstr. **43**, 6002 (1949).

[63] A. P. 2701245 (1951), E. P. 715099, Eastman Kodak Co., W. Lynn.

[64] A. P. 2656341 (1948) Koppers Co., G. F. D'Alelio.

[65] DBP 914902 (1941) BASF, C. Heuck.

[66] Wohnhas, A.: Houben-Weyl-Müller XIV/1, 1055 (1961).

[67] A. P. 2450000 (1943) DuPont, B. W. Howk, and F. L. Johnston; Chem. Abstr. **43**, 907 (1949).

[68] A. P. 2565141 (1949), E. P. 683303, DuPont, B. M. Marks; C. **1952**, 7745 und **1953**, 9718.

[69] A. P. 2882261 (1954) DuPont, B. M. Marks; Chem. Abstr. **53**, 12754 (1959).

[70] DRP 735284 (1934) Röhm & Haas G.m.b.H., O. Röhm und E. Trommsdorff.

und aliphatischen Chlorverbindungen[71] (Trichloräthylen) ist ebenfalls beschrieben.

E. Suspensionsstabilisatoren

Wenn die Polymerisation einen Umsatz von etwa 20 bis 30% erreicht hat, dann neigen die Monomerentröpfchen in besonderem Maße zum Verkleben. Um diese Störung hintanzuhalten, gibt es mehrere Möglichkeiten[72], so durch Erhöhung der Grenzflächenspannung bei Zusatz von Elektrolyten[73]. Im gleichen Sinne wirkt die Angleichung der Dichte des Reaktionsmediums an diejenige der dispergierten Tröpfchen, eine Erhöhung der Viskosität der wäßrigen Phase[74] und ebenso eine Vergrößerung der Wasserphase[75]. Günstig wirkt sich auch aus, wenn die Polymerisation möglichst rasch abläuft, was durch schnelles Aufheizen des Ansatzes auf optimale Polymerisationstemperatur erreicht werden kann[76].

Bei den meisten Ansätzen wird es jedoch nötig sein, noch besondere Stoffe in geringen Mengen (Größenordnung 1% bezogen auf die Monomeren) zuzusetzen, die sich an die Oberfläche der Tröpfchen anlagern und so ein Agglomerieren verhindern. Von diesen *Dispergiermitteln* wird außerdem verlangt, daß sie den Polymerisationsablauf nicht beeinflussen, in den Monomeren unlöslich sind, die Grenzflächenspannung zwischen Monomeren und Wasser kaum herabsetzen[77] und nach Reaktionsende wieder leicht entfernt werden können. In diesem Sinne wirken bestimmte schwerlösliche anorganische Salze eventuell unter Zusatz geringer Mengen von Emulgatoren oder hochpolymerer wasserlöslicher Kolloide, teils natürlicher Herkunft, teils synthetischer Natur.

1. Schwerlösliche Salze als Dispergiermittel

Die anorganischen pulverförmigen Zusätze[78] („PICKERING-Systeme“[79]) sollen in möglichst feinverteilter Form vorliegen. Man fügt sie entweder

[71] A. P. 2408426 (1943), E. P. 576071, DuPont, F. L. JOHNSTON; C. **1947**, 396 und **1946** I, 678; HORN, M. B., Acrylic Resins, Reinhold Publ. Corp., New York 87 (1960).

[72] KÜCHLER, L.: Polymerisationskinetik, S. 211. Berlin-Göttingen-Heidelberg: Springer 1951.

[73] DBP 960858 (1954) Röhm & Haas G.m.b.H., G. ABEL und A. WOHNHAS; C. **1957**, 11400; DBP 947115 (1939) Röhm & Haas G.m.b.H., E. TROMMSDORFF und G. ABEL; A. P. 2576720 (1949), E. P. 681392, DuPont, B. M. MARKS; C. **1953**, 1568 und **1955**, 6190.

[74] A. P. 2886559 (1954), Belg. P. 540672, DBP 1005272, The Dow Chemical Co., R. M. WILEY; HOHENSTEIN, W. P., and H. MARK: J. Polymer Sci. **1**, 135 (1946).

[75] WOHNHAS, A.: Houben-Weyl-Müller XIV/1, 1054 (1961).

[76] A. P. 2653145 (1951) Whitney Blake Co., W. P. HOHENSTEIN; A. P. 2418828 (1946), DBP 813460, DuPont, D. A. FLETCHER und F. L. JOHNSTON; C. **1947**, 1128.

[77] TROMMSDORFF, E.: Makromolekulare Chem. **13**, 80 (1954).

[78] DRP 735284 (1934), F. P. 803171, E. P. 640572, A. P. 2171765, Röhm & Haas G.m.b.H., O. RÖHM, and E. TROMMSDORFF.

[79] PICKERING, S. U.: Soc. **1907**, 2001 und Koll. Z. **7**, 11 (1910).

als solche zu oder erzeugt sie durch Fällung im Medium[80]. In der Praxis handelt es sich hauptsächlich um Erdalkalicarbonate ($MgCO_3$), -sulfate[81] und -silikate[82] sowie um Aluminiumhydroxyd[83], deren Wirkung durch Zusätze sehr geringer Mengen von Emulgatoren unterstützt werden kann[77,84].

2. Wasserlösliche Hochpolymere als Dispergiermittel

Unter den natürlichen Produkten[85] sind besonders Kohlehydrate und Eiweißverbindungen, wie Stärke[56] und Cellulosederivate sowie Gelatine[86] zu erwähnen.

Synthetische hochpolymere wasserlösliche Dispergiermittel[85,87] stellt man durch Polymerisation von geeigneten Vinylverbindungen (Vinylacetat, (Meth)acrylsäure und -amide[88]) her.

Polymerisiert man im alkalischen Gebiet, so bilden sich nach partieller Verseifung Produkte, die ebenfalls dispergierend wirken[87].

Die Mengen an Dispergiermitteln betragen meist wenige Prozente, bezogen auf die Wasserphase.

F. Besondere Zusätze für die Verarbeitung

Um ein Zusammenbacken der Perlen beim Trocknen zu verhindern und um ihr Gleiten z. B. beim Spritzguß zu erleichtern, werden Fettalkohole (Cetylalkohol[89], Octadecanol[90]), Stearinsäurebutylester, Palmitinsäureäthylester oder natürliche Wachse (bevorzugt vor der Polymerisation) als sog. „Gleitmittel" zugegeben[91]. Als saures Gleitmittel dient z. B. Stearinsäure.

---

[80] DRP 747596 (1935), E. P. 455742, F. P. 803171, A. P. 2171765, Röhm & Haas G.m.b.H., O. Röhm, and E. Trommsdorff.

[81] Horn, M. B.: Acrylic Resins, Reinhold Publ. Corp., New York, 86 (1960).

[82] A. P. 2440808 (1944) Rohm & Haas Co., H. T. Neher, and F. J. Glavis.

[83] Wohnhas, A.: Houben-Weyl-Müller XIV/1, 1056 (1961).

[84] A. P. 2673194 (1951) Koppers Co., J. M. Grim.

[85] E. P. 427494 (1933), F. P. 780204, A. P. 2108044, I.C.I., J. W. C. Crawford, and J. McGrath.

[86] Wohnhas, A.: Houben-Weyl-Müller XIV/1, 1058 (1961).

[87] DBP 951209 (1952) Röhm & Haas G.m.b.H., E. Trommsdorff und G. Abel; C. **1957**, 4278; A. P. 2882261 (1954) DuPont, B. M. Marks; Chem. Abstr. **53**, 12754 (1959); E. P. 427494 (1933), F. P. 780204, A. P. 2108044, I.C.I., J. W. C. Crawford, and J. McGrath.; A. P. 2133257 (1935) DuPont, D. E. Strain; E. P. 444257 (1934), A. P. 2104760, DBP 900612, I.C.I., A. Renfrew, J. M. Walter und W. E. F. Gates; C. **1936** II, 2456; DRP 727955 (1934), F. P. 789036, E. P. 466173, I. G., W. Starck, and H. Freudenberger; DBP 879315 (1939) Hoechst, H. J. Hahn und E. Braun.

[88] A. P. 2133257 (1935) DuPont, D. E. Strain; DBP 945091 (1953), E. P. 757770, F. P. 1111139, BASF, H. Fikentscher et H. Wilhelm.

[89] Kautter, C. T.: Ullmann **14**, 284 (1963).

[90] A. P. 2245040 (1940) DuPont, B. M. Marks.

[91] Wohnhas, A.: Houben-Weyl-Müller XIV/1, 1057 (1961); A. P. 2317138 (1940) DuPont, D. A. Fletcher; Chem. Abstr. **37**, 5808 (1943); C. **1945** II, 1417.

G. Apparatur und Reaktionsführung

Als Laboratoriumsapparatur[92] benutzt man Dreihalskolben mit Rührer, Kühler, Thermometer und eventuell Gaseinleitungsrohr. In der Technik verwendet man entsprechende Rührkessel aus rostfreiem Stahl, die innen mit Vorteil emailliert sind, wodurch sich Ablagerungen an den Wänden leichter vermeiden lassen[93]. Um bei höheren Temperaturen (z. B. oberhalb des Siedepunktes der Monomeren) arbeiten zu können, setzt man Rühr- bzw. Schüttelautoklaven ein.

Bei der praktischen Durchführung werden Wasser, Monomere, Starter, Dispergiermittel sowie eventuelle Regler und pH-Puffer und gegebenenfalls Gleitmittel zusammen vorgelegt und bis etwa 90° erhitzt. Die überschüssige Polymerisationswärme wird durch äußere Kühlung abgeführt, besonders ab etwa 95°. Die maximale Temperatur beträgt dann etwa 115°, die Polymerisationsdauer nur etwa 30 Minuten.

Die Dispergiermittel werden, da sie den Polymerisationsablauf nicht stören, einfachheitshalber zu Beginn zugesetzt[94]; anders die zum Teil reaktiven Gleitmittel (Stearinsäure), die erst an der Reaktionsspitze (bei etwa 20% Umsatz) zugegeben werden[95]. Auch der Zusatz von Reglern muß nicht zu Reaktionsbeginn erfolgen[95]. Manche Sulfide, die die thermische Stabilität des Materials verbessern sollen, erfordern ein Nacherhitzen des Polymerisates[96].

Für Spritzgußmaterial wünscht man möglichst gleichmäßige, gut fließende Perlen mit einem Durchmesser von etwa 0,5 bis 2 mm. Die Teilchengröße ändert sich auch mit der Menge an Suspensionsstabilisatoren, und zwar geben größere Mengen kleinere Perlen[97].

Nach Reaktionsende wird filtriert oder zentrifugiert und der Dispergator auf geeignete Weise, z. B. durch Waschen mit verdünnten Säuren und Wasser, entfernt. Anschließend werden die Perlen in Hordenschränken unter Luftumwälzung bei etwa 90° getrocknet und eventuell gemahlen und gesiebt. Weitere Angaben sowie einige Rezepte finden sich bei A. Wohnhas[98].

---

92 Hohenstein, W. P., and H. Mark: J. Polymer Sci. **1**, 135 (1946); Kaghan, W. S., and R. N. Shreve: Ind. eng. Chem. **45**, 292 (1953).

93 A. P. 2418828 (1946), E. P. 635581, DBP 813460 DuPont, D. A. Fletcher und F. L. Johnston; C. **1947**, 1128, **1953**, 9714 und **1952**, 3909.

94 DRP 755028 (1935) Chemische Forschungsgesellschaft München, H. Berg.

95 A. P. 2317138 (1940) DuPont, D. E. Fletcher; Chem. Abstr. **37**, 5808 (1943); C. **1945** II, 1417.

96 A. P. 2565141 (1949), E. P. 683303, DuPont, B. M. Marks; C. **1952**, 7745 und **1953**, 9718.

97 Horn, M. B.: Acrylic Resins, Reinhold Publ. Corp., New York, 86 (1960).

98 Wohnhas, A.: Houben-Weyl-Müller XIV/1, 1053ff. (1961).

3.4.3 Fällungspolymerisation

A. Allgemeines

Als Fällungspolymerisation wird eine Polymerisation bezeichnet, die in solchen Lösungsmitteln bzw. Lösungsmittelgemischen durchgeführt wird, in denen wohl die Monomeren, nicht jedoch die entstehenden Polymerisate löslich bzw. quellbar sind. Sind die genannten Bedingungen erfüllt, so erhält man nach einer rasch ablaufenden Reaktion pulverförmige, meist voluminöse und poröse, im trockenen Zustand zum Stäuben neigende Festprodukte.

Durch die Unlöslichkeit der Polymerisate wird während der Polymerisation der *Geleffekt* sehr verstärkt. Bei gleichen Bedingungen, jedoch verschiedenen Lösungsmitteln für die Monomeren kann aus dem Anstieg der Umsatzkurven indirekt auf die „Unlöslichkeit" der Polymerisate in den jeweiligen Lösungsmitteln in etwa geschlossen werden[99]. Durch die vorzeitige Ausfällung der wachsenden Ketten wird ihre Inaktivierung zu Gunsten der Wachstumsreaktion stark zurückgedrängt. Hieraus ergibt sich eine erhöhte Polymerisationsgeschwindigkeit und die Bildung von Produkten mit erhöhten Polymerisationsgraden (bei Abwesenheit von Reglern). Dementsprechend zeigen die Polymerisationen in überschüssigen guten Lösungsmitteln für die resultierenden Polymerisate (vgl. 3.4.5) keinen Geleffekt[99,100].

In der Technik spielt die Fällungspolymerisation bei der Herstellung von Acrylnitrilpolymerisaten eine dominierende Rolle.

Um die Fällungspolymerisation besser zu beherrschen, wird sie insbesondere bei der Darstellung von Acrylnitrilpolymeren durch Redoxsysteme gestartet und bei tiefen Temperaturen durchgeführt. Durch die Mitverwendung von Hilfsstoffen, wie geringer Mengen von Emulgatoren oder irgendwelcher Lösungsvermittler bleibt die Fällungspolymerisation in ihrer Definition unberührt. Vom Standpunkt der Kinetik ist sie besonders schwierig zu behandeln[100].

Zur Darstellung von Fällungspolymerisaten des Acrylnitrils liegt eine ausgezeichnete Zusammenfassung von H. LOGEMANN vor[101], so daß sich die folgenden Abschnitte B und C auf eine erläuternde Zusammenfassung der technischen Literaturhinweise betreffend die Fällungspolymerisation von Acrylmonomeren beschränken können.

B. Starter

Zur Polymerisationsauslösung in organischen Lösungsmitteln werden als Radikalbildner entweder organische Peroxyde oder Azoisobutter-

---

[99] NORRISH, R. G. W., and R. R. SMITH: Nature **150**, 336 (1942).

[100] KÜCHLER, L.: Polymerisationskinetik, S. 207—211. Berlin-Göttingen-Heidelberg: Springer 1951.

[101] LOGEMANN, H.: Houben-Weyl-Müller XIV/1, 973—1009 und 146 (1961).

säuredinitril[102] verwendet. Als Beispiele für die Verwendung von Dibenzoylperoxyd seien genannt:

Die Fällungspolymerisationen von Methacrylsäuremethylester[102] und Acrolein in verschiedenen Lösungsmitteln sowie diejenige von Acryl- und Methacrylsäureamiden in organischen Lösungsmitteln zu festen niedrigmolekularen Produkten[103].

In wäßrigen Lösungsmitteln arbeitet man mit Peroxydisulfaten als Beschleuniger[104], gegebenenfalls unter Zusatz von Reduktionsmitteln. Brauchbar sind z. B. folgende Systeme:

Kaliumperoxydisulfat — Natriumsulfit[105],
Kaliumperoxydisulfat — Natriumhydrogensulfit[105],
Ammoniumperoxydisulfat — Natriumhydrogensulfit[106],
Natriumhypochlorit — Natriumhydrogensulfit[105] und
Wasserstoffperoxyd — Natriumhydrogensulfit[105,107].

Eine ionische Polymerisationsauslösung wurde für die Fällungspolymerisation von Acrylnitril[108], Methacrylnitril[109] und Acrolein[110] beschrieben.

C. Lösungsmittel

Wasser wird besonders für die Fällungspolymerisation von Acrylnitril verwendet[111]. Die (Meth)acrylsäureester sind nur wenig wasserlöslich, weshalb nur sehr verdünnte Monomerenlösungen polymerisiert werden können[112]. Der Zusatz von wasserlöslichen Acrylderivaten[113] (Säuren, Amiden) oder von Alkoholen[106] verbessert jedoch die Wasserlöslichkeit

---

[102] DRP 662157 (1932) Röhm & Haas A.G., W. Bauer und H. Lauth; C. **1938** II, 4355; A. P. 2504074 (1945) General Aniline & Film Corp., G. D. Jones; Chem. Abstr. **44**, 6677 (1950); C. **1951** I, 793; Arcus, C. L.: Soc. **1949**, 2732.

[103] Rauch-Puntigam, H.: Houben-Weyl-Müller XIV/1, 1030 (1961); A. P. 2486191 (1946) Eastman Kodak Co., L. M. Minsk, W. O. Kenyon, and J. H. van Campen; C. **1950** II, 2979.

[104] A. P. 2663701 (1951) Shell Dev. Co., G. S. Ronay, and J. R. Vinograd; DRP 708639 (1937) Röhm & Haas G.m.b.H., E. Trommsdorff und H. Hahn; C. **1941** II, 2262; Jacobi, B.: Ang. Ch. **64**, 540 (1952).

[105] Bacon, R. G. R.: Trans. Faraday Soc. **42**, 140 (1946).

[106] A. P. 2135443 (1933) DuPont, D. E. Strain; C. **1939** I, 1869.

[107] Baxendale, J. H., M. G. Evans, and J. K. Kilham: Trans. Faraday Soc. **42**, 668 (1946).

[108] Zilkha, A., B. A. Feit, and M. Frankel: Pr. chem. Soc. **1958**, 255.

[109] Beaman, R. G.: Am. Soc. **70**, 3117 (1948).

[110] Schulz, R. C.: Makromolekulare Chem. **17**, 62 (1955).

[111] A. P. 2693462 (1951) DuPont, A. P. Guess, and W. B. McCaskill.

[112] Baxendale, J. H., M. G. Evans, and G. S. Park: Trans. Faraday Soc. **42**, 155 (1946); Baxendale, J. H., M. G. Evans, and J. K. Kilham: Trans. Faraday Soc. **42**, 668 (1946); A. P. 2537030 (1948) Am. Viscose Co., D. W. Chaney; Chem. Abstr. **45**, 3652 (1951).

[113] DBP 862956 (1941) BASF, H. Fikentscher und H. Boppel; C. **1953**, 8467; F. P. P. 898551 und 898552 (1945, Dtsche Prior. 1942) Röhm & Haas G.m.b.H.

der monomeren Ester und ermöglicht somit die Durchführung der Fällungspolymerisationen.

Für die Polymerisationen der Ester wurden außerdem Alkohole[114] und Kohlenwasserstoffe[114,115], für Methacrolein Benzol[116] und für Acrylamid[103] allgemein organische Lösungsmittel genannt.

Als Lösungsmittel für die Fällungspolymerisation der Acrylsäuren wurden vorgeschlagen: Toluol[117] bzw. Xylol[118] bzw. ungesättigte Halogenkohlenwasserstoffe[119], wobei letztere durch Telomerisation zu Produkten mit niederen Molekulargewichten führen.

3.4.4 Emulsionspolymerisation

A. Allgemeines

Die Emulsionspolymerisation gehört von ihrem äußeren Erscheinungsbild her — ähnlich wie die Perl- und Fällungspolymerisation — zu den Polymerisationsverfahren in heterogener Phase, doch bestehen in ihrem Ablauf und in der Anwendung der Endprodukte gewisse Parallelen zu den Polymerisationen in Lösungsmitteln. Die Kinetik der Emulsionspolymerisation ist sehr komplex, zum Teil unterschiedlich je nach Monomeren und Reaktionsbedingungen und relativ spät in den Einzelheiten aufgeklärt worden. Andererseits ist diese Polymerisationsart schon lange bekannt und bereits wenige Jahre nach der Jahrhundertwende[120] industriell bearbeitet worden.

Hinsichtlich der Terminologie bestanden in der Literatur lange Zeit uneinheitliche Auffassungen und man unterschied u. a. zwischen einer *Emulsionspolymerisation* einerseits und einer *Dispersionspolymerisation* andererseits[121]. In den moderneren Monographien findet man die Auffassung, daß bei einer „Emulsionspolymerisation" eine (Monomeren-) „*Emulsion*" zu einem Kunststofflatex bzw. einer (Kunststoff-)„*Dispersion*" polymerisiert[122,123].

[114] A. P. 2135443 (1933) DuPont, D. E. STRAIN; C. **1939** I, 1869.

[115] DRP 662157 (1932) Röhm & Haas A.G., W. BAUER und H. LAUTH; C. **1938** II, 4355.

[116] F. P. 1100649 (1954) Degussa.

[117] A. P. 2205882 (1938) DuPont, G. D. GRAVES; C. **1940** II, 3139.

[118] JENCKEL, E., und E. BRÄUCKER: Ph. Ch. (A) **185**, 465 (1940).

[119] DBP 912755 (1951) Röhm & Haas G.m.b.H., G. ABEL; C. **1954**, 10827.

[120] DRP 250690 (1909) Bayer, F. HOFMANN und C. COUTELLE; DRP 254672, A. P. 1149577 (1912) Bayer, K. GOTTLOB.

[121] TROMMSDORFF, E.: R. HOUWINK, Chemie und Technologie der Kunststoffe, Band II, 3. Auflage, Akademische Verlagsges., Leipzig, 57 (1956).

[122] VOLLMERT, B.: Grundriß der Makromolekularen Chemie, S. 98. Berlin-Göttingen-Heidelberg: Springer 1962.

[123] FIKENTSCHER, H., H. GERRENS und H. SCHULLER: Ang. Ch. **72**, 856 (1960); GERRENS, H.: Fortschr. Hochpolymeren-Forsch. **1**, 234 (1959); GERRENS, H.: Ang. Ch. **71**, 608 (1959).

Vom Standpunkt der Kinetik wird die Emulsionspolymerisation grob in eine „eigentliche“[123] oder „typische“[122] Emulsionspolymerisation, die mit in Monomeren unlöslichen, wasserlöslichen Beschleunigersystemen gestartet wird[122] und überwiegend in der Flotte abläuft[124] sowie in eine Emulsionspolymerisation, die mit wasserunlöslichen-monomerenlöslichen Initiatoren beschleunigt wird, eingeteilt.

Entsprechend den angeführten Kennzeichen wollen wir die Beschreibung der Emulsionspolymerisation im wesentlichen auf die „typische“ bzw. „eigentliche“ Emulsionspolymerisation beschränken, hinsichtlich der Grenzfälle gleichzeitig auf Fällungspolymerisationsverfahren (vgl. 3.4.3) verweisen. Auch die in der Technik bei der Darstellung von Polyvinylchlorid- und Polystyroldispersionen mit hohen Trockengehalten üblichen Verfahren mit Latexvorlage bleiben hier unerwähnt; ausgezeichnete praktische Beschreibungen hierzu findet man in der Literatur[125]. Wegen ihrer Aktualität werden die Emulsionspolymerisationen in organischen Flotten im Abschnitt L. dieses Kapitels zusammengefaßt.

Die praktische Bedeutung der Emulsionspolymerisation beruht u. a. auf der Tatsache, daß man bei dieser Polymerisationsart hochkonzentrierte Emulsionen wasserunlöslicher Monomerer relativ rasch und technisch beherrschbar zu Produkten mit sehr hohen Polymerisationsgraden umsetzen kann. Je nach Monomerenart und deren Mischungen sowie der Teilchengrößenverteilung[126] erhält man Produkte mit verschiedenen Filmbildungstemperaturen (vgl. S. 329). Insbesondere für die Darstellung von Polymeren mit niederen Erweichungstemperaturen (z. B. Acrylsäureester) stellt die Emulsionspolymerisation den gängigen Weg zur Darstellung von leicht handlichen Produkten dar. Infolge der Filmbildung von Acrylatdispersionen wird deren direkte Verwendung in sehr weiten technischen Bereichen, wie für Anstrichzwecke, Beschichtungen von Papier und Cellophan, Appreturen von Textilien und Leder, Klebstoffe und anderes mehr möglich.

Die Koagulation oder Trocknung von Emulsionspolymerisaten wird besonders bei der Herstellung von Elastomeren angewandt und insbesondere dann, wenn man außer der üblichen Polymerisation gleichzeitig oder anschließend Reaktionen unter Ausnutzung der morphologischen Feinheit der Polymerisatteilchen, wie Pfropfmischpolymerisationen und Verseifungen, durchführen will. Sonst wird man bei Produkten mit hohen Erweichungstemperaturen eher die Suspensionspolymerisation vorziehen.

---

[124] KÜCHLER, L.: Polymerisationskinetik, S. 215. Berlin-Göttingen-Heidelberg: Springer 1951.

[125] LOGEMANN, H. u. a.: Houben-Weyl-Müller XIV/1, 339 und 879 (1961).

[126] WESSLAU, H.: Makromolekulare Chem. **69**, 213 (1963); BRODNYAM, I. G.: J. Colloid Sci. **15**, 76 (1960).

B. Theoretische Grundlagen[127]

Zum genaueren Studium wird auf die Originalliteratur[123, 127–130] verwiesen und hier nur einige wenige Punkte herausgehoben. Die Komponenten bei einer Emulsionspolymerisation können grob eingeteilt werden in

Monomere,
Wasser,
Emulgatoren und
Starter.

Die Monomeren sind überwiegend wasserunlöslich und werden durch genügend starke Bewegung (Rühren oder Schütteln) verteilt, wobei durch die Emulgatoren und andere Zusätze die Dispergierung der Monomerentröpfchen gefördert wird. Im Reaktionsmedium finden sich Emulgator-Micellen, die die Fähigkeit haben, die wasserunlöslichen Monomeren einzulagern.

Die Polymerisation setzt in den Micellen[128], gegebenenfalls auch in dem im Wasser gelösten Monomeren[129], jedoch nicht in den Monomerentröpfchen ein. Aus dem gelösten und emulgierten Monomerenanteil erfolgt die Nachlieferung von Monomeren, was schon im Jahre 1936 bei den grundlegenden Arbeiten von H. FIKENTSCHER und W. FRANKE[130] erkannt wurde.

Durch die Micellenbildung und ihr Wachstum wird der Emulgator fortlaufend verbraucht, bis schließlich die Konzentration des noch frei verfügbaren Emulgators unter die KMK (= kritische Micellkonzentration) sinkt. Die Micellen verschwinden und die weitere Polymerisation läuft in den inzwischen gebildeten Latexteilchen weiter.

Dieses qualitative Bild des Polymerisationsverlaufes ist imstande, die meisten Besonderheiten bei der Emulsionspolymerisation zu deuten. So ist es wegen des Polymerisationsbeginns in den Micellen (bzw. im gelösten Monomerenanteil) erklärlich, warum wasserlösliche Beschleuniger benötigt werden und warum die Latexteilchen nicht ebenso groß sind wie die Monomerentröpfchen (sie sind um mehr als eine Größenordnung kleiner).

C. Monomere

Für die Emulsionspolymerisation kommen vor allem die wasserunlöslichen Monomeren, wie Acryl- und Methacrylsäureester, in Frage.

---

[127] FIKENTSCHER, H., H. GERRENS und H. SCHULLER: Ang. Ch. **72**, 856 (1960).

[128] HARKINS, W. D. u. a.: J. chem. Physics **13**, 381 (1945), Am. Soc. **69**, 1428 (1947) und J. Polymer Sci. **5**, 217 (1950).

[129] VAN DER HOFF, B. M. E.: J. Polymer Sci. **44**, 240 (1960).

[130] FIKENTSCHER, H.: Kunstst. **53**, 735 (1963); BOVEY, F. A., I. M. KOLTHOFF, A. I. MEDALIA, and E. J. MEEHAN: Emulsion Polymerization, Interscience Publ. Inc., New York, 166 (1955).

Wasserlösliche Monomere, wie Säuren[131] und N-unsubstituierte Amide werden nur als Comonomere verwendet, um höhere Stabilität bzw. Verdickbarkeit mit Alkalien (durch Salzbildung) zu erreichen[132]; außerdem verbessern hydrophile Gruppen die Haftfestigkeit der Filme. Wasserunlösliche (Meth)acrylamide lassen sich ohne weiteres in Emulsion homopolymerisieren[133]. (Meth)acrylamidmethylenäther oder ähnlich gebaute Verbindungen als Comonomere ermöglichen eine nachträgliche Vernetzung der linearen Polymerisate durch Kondensationsreaktionen[134].

Die hauptsächlich zur Emulsionspolymerisation herangezogenen Ester sind Methyl-, Äthyl, n-Butyl- und 2-Äthylhexylacrylsäureester sowie Methyl- und n-Butylmethacrylsäureester[135].

Polyacrylnitril allein läßt sich nur unter Verwendung bestimmter Emulgatoren und Startersysteme als „Dispersion" erhalten[136]; anderenfalls entstehen Fällungspolymerisate (vgl. 3.4.3). Acrylnitril als Comonomeres liefert demgegenüber wesentlich leichter einen stabilen Latex[131] (technisch wichtig sind die Copolymerisate mit Butadien).

Bei Methacrylnitril läßt sich die Emulsionspolymerisation relativ leichter durchführen[137].

Unter Einhaltung besonderer Versuchsbedingungen erhält man auch Dispersionen von Polyacrolein[138] bzw. Polymethacrolein[138,139].

An die Reinheit der Monomeren werden die üblichen hohen Anforderungen gestellt. Stabilisatoren sollten entfernt werden, doch haben geringe Mengen (bis etwa 0,02% Hydrochinonmethyläther[140]) auf den Polymerisationsablauf wenig Einfluß bzw. können durch erhöhte Beschleunigergaben „überfahren" werden.

---

[131] A. P. 2795564 (1953) Rohm & Haas Co., W. R. Conn, B. B. Kine, and W. C. Prentiss; C. **1959**, 3321.

[132] DBP 940854 (1953) Röhm & Haas G.m.b.H., K. Tessmar und F. Kollinsky; C. **1957**, 277; DBP 826358 (1950) BASF, J. Thewalt und K. Craemer; C. **1952**, 4540; Wesslau, H.: Makromolekulare Chem. **69**, 220 (1963).

[133] A. P. 2790789 (1950), E. P. 694911 (1951) Celanese Corp., A. L. Miller; Chem. Abstr. **51**, 10129 (1957) und **48**, 9106 (1954).

[134] DAS 1035363 (1954) Bayer, W. Graulich und E. Müller; DAS 1086208 (1958) BASF, H. Reinhard und E. Penning; DAS 1141079 (1955) Bayer, W. Graulich, G. Sinn und E. Müller; DAS 1102410 (1958) Röhm & Haas G.m.b.H., F. Kollinsky; DAS 1011850 (1956) Bayer, W. Graulich u. a.

[135] Kollinsky, F.: Houben-Weyl-Müller XIV/1, 1048 (1961); Strain, D. E., R. G. Kennelly, and H. R. Dittmar: Ind. eng. Chem. **31**, 382 (1939).

[136] DBP 916470 (1950) DuPont, K. L. Berry.

[137] E. P. 422679 (1933) Triplex Safety Glass Co., L. V. D. Scorah.

[138] Cherdron, H., R. C. Schulz und W. Kern: Makromolekulare Chem. **32**, 197 (1959); DBP 1062937 (1958) Degussa, W. Kern, R. C. Schulz und H. Cherdron.

[139] F. P. 1131993 (1955), DAS 1024714 (1958) General Tire & Rubber Co., E. E. Gruber und E. F. Kalafus.

[140] „Emulsion Polymerization of Monomeric Acrylic Esters", Firmenschrift der Rohm & Haas Co., S. 2.

D. Verteilungs- und Lösungsmittel

Für die technische Durchführung von Emulsionspolymerisationen kommt nur *Wasser* in Frage. Zum Erzielen besonderer Effekte (z. B. besserer Stabilität) sind auch andere Lösungsmittel, wie z. B. Xylol[141], organische Kohlenwasserstoffe[142], Testbenzin[143], Toluol, Äthanol[144] erwähnt; bei der Emulsionspolymerisation wäßriger Acrylamidlösungen in umgekehrter Phase arbeitet man mit Petroläther[145]. Im Labor benutzt man destilliertes Wasser, im Betrieb sollte durch Ionenaustauscher entsalztes Wasser[146] verwendet werden.

E. Beschleuniger

Die gebräuchlichste Polymerisationsauslösung erfolgt durch anorganische wasserlösliche Peroxyde eventuell unter Zugabe von Reduktionsmitteln und Zusatz von Schwermetallsalzen als Aktivatoren. Außerdem sind die Initiierung durch Licht[147] oder UV-Licht[148] in Gegenwart oder Abwesenheit von Sensibilisatoren sowie durch energiereiche Strahlung studiert worden; sie besitzen bis heute kein technisches Interesse.

Von den anorganischen Peroxyden bevorzugt man besonders Kalium- oder Ammoniumperoxydisulfat[149] und Wasserstoffperoxyd[150]. Erstere werden als Sulfoendgruppen in das Polymerisat eingebaut.

Bei Verwendung wasserunlöslicher, monomerenlöslicher Beschleuniger setzt die Polymerisation in den Monomerentröpfchen ein, wodurch größere Partikel entstehen, die leichter koagulieren können[151] (= keine „typische" Emulsionspolymerisation). Hierbei kann durch Kombination von wasserlöslichen Peroxyden (H_2O_2) mit Dibenzoylperoxyd[152] die Polymerisationsgeschwindigkeit erhöht werden.

Die Menge an Peroxydisulfatverbindungen richtet sich nach der Reinheit und Art der Monomeren. Für *Acrylsäureester* wird ein Prozentsatz von 0,001 bis 0,05% bezogen auf die Monomeren, für *Methacrylsäureester* ein solcher von 0,1 bis 0,2% angewendet[153]. Höhere Mengen können bei

---

[141] DAS 1089173 (1958) The Dow Chemical Co., J. W. Vanderhoff, and R. M. Wiley.

[142] E. P. 934038 (1963) Rohm & Haas Co.

[143] Österr. P. P. 231712 (1959) und 232274 (1960) I.C.I.

[144] Österr. P. 223821 (1960) I.C.I.

[145] DAS 1123110 (1960) Hoechst, J. W. Zimmermann und A. Kühlkamp.

[146] Horn, M. B.: Acrylic Resins, Reinhold Publ. Corp., New York, 108 (1960).

[147] DAS 1055814 (1957) Dunlop Rubber Co. Ltd., W. Cooper und M. Fielden.

[148] A. P. 2367661 (1941) DuPont, C. L. Agre; Chem. Abstr. **39**, 3703 (1945).

[149] Green, L., and O. Masson: Soc. **1910**, 2083; Kailan, A., und E. Leisek: M. **50**, 403 (1928); Bartlett, P. D., and J. D. Cotman: Am. Soc. **71**, 1419 (1949).

[150] DRP 654989 (1930), E. P. 358534, F. P. 710901, I. G., H. Fikentscher et C. Heuck.

[151] „Emulsion Polymerization of Monomeric Acrylic Esters", Firmenschrift der Rohm & Haas Co., S. 6.

[152] A. P. 2109595 (1936) DuPont, B. M. Marks.

[153] Kollinsky, F.: Houben-Weyl-Müller XIV/1, 1049 (1961).

Acrylsäureestern Vernetzung hervorrufen; außerdem leidet die Stabilität der Latices durch den erhöhten Salzgehalt[151].

Um die Polymerisation schon bei tieferen Temperaturen in Gang bringen zu können, verwendet man Redoxsysteme, von denen einige hier angeführt seien:

Peroxydisulfat — Natriumsulfit[154]
Peroxydisulfat — Natriumthiosulfat[155]
Peroxydisulfat — Natriumhydrogensulfit[140]
Wasserstoffperoxyd — Tris-β-hydroxyäthylamin[153].

Zur Steigerung ihrer Aktivität dient der Zusatz von Schwermetallsalzen[156]. Beschleunigend wirken Kupfer-, Eisen-[157], Chrom-, Kobalt- oder Silberionen[158] in Mengen von 0,1 bis 20 ppm, während höhere Gaben die Polymerisation auch inhibieren können.

Vorteilhaft wählt man für die Startreaktion mit Peroxydisulfaten ein schwach saures Milieu (pH 3-6[159]), mit H_2O_2 eine schwach alkalische Einstellung[160].

Der pH-Wert hat auch Einfluß auf den Wirkungsgrad des Emulgators. Man muß daher in manchen Fällen zur Korrektur bzw. Aufrechterhaltung des pH-Wertes dem Ansatz Fremdsubstanzen zusetzen, obwohl dadurch die Stabilität des Latex leiden kann. Verwendet werden z. B. Natriumbicarbonat, Natriumhydrogenphosphat und Dinatriumhydrogenphosphat sowie Borat- oder Acetatpuffer.

F. Regler

Der Polymerisationsgrad bei der Emulsionspolymerisation läßt sich u. a. durch die Konzentration an Beschleuniger und Emulgator sowie durch die Wahl der Reaktionstemperatur beeinflussen. Darüberhinaus kann man zur Herabsetzung des Molekulargewichtes und zur Erzielung einer möglichst engen Molekulargewichtsverteilung bei manchen Monomeren (besonders Methacrylsäureester) Regler, meist Schwefelverbindungen[161], in einer Menge von 0,05 bis 2% zugeben. Verwendung finden besonders längerkettige Alkylmercaptane (tert. Dodecylmercaptan) und Thioglykolsäureester (Mercaptobernsteinsäure[162]).

---

[154] E. P. 573270 (1942) I.C.I., R. G. R. Bacon, S. G. Jarrett, and L. B. Morgan.

[155] E. P. 576160 (1942) I.C.I., R. G. R. Bacon, S. G. Jarrett, and L. B. Morgan.

[156] Kern, W.: Makromolekulare Chem. **1**, 249 (1947).

[157] „Emulsion Polymerization of Monomeric Acrylic Esters", Firmenschrift der Rohm & Haas Co., S. 1.

[158] Schulz, R. C., H. Cherdron und W. Kern: Makromolekulare Chem. **24**, 141 (1957).

[159] Warson, H.: Paint Manufact. **34**, 54 (1964); Referat.

[160] Kollinsky, F.: Houben-Weyl-Müller XIV/1, 1049 (1961).

[161] Smith, W. V.: Am. Soc. **68**, 2060 (1946).

[162] Horn, M. B.: Acrylic Resins, Reinhold Publ. Corp., New York, 108 (1960).

G. Emulgatoren

Die als Emulgatoren verwendeten Substanzen stellen wasserlösliche Verbindungen mit einer hydrophilen (End-)Gruppe und einem längeren hydrophoben (Kohlenwasserstoff-)Rest dar. Auf Grund ihrer Konstitution wirken Emulgatoren als oberflächenaktive Substanzen und bilden in wäßrigen Lösungen *Micellen.* Wie im Abschnitt B. bereits beschrieben, erfolgt die Polymerisation der Monomeren bis zu einem Umsatz um 20% in den Micellen. In weiterer Folge werden die Micellen gesprengt, wobei auf den Polymerisatteilchen eine molekulare Schicht von Emulgator verbleibt, deren weitere Aufgabe darin besteht, den Latex gegen Koagulation zu stabilisieren.

In der Praxis wird außerdem von einem brauchbaren Emulgator verlangt, daß er die Schaumbildung nicht fördert und in das Polymerisationsgeschehen nicht hemmend eingreift, wie es z. B. die Seifen mehrfach ungesättigter Fettsäuren tun[163].

Die Emulgatormenge, die normalerweise 2 bis 6% (bezogen auf die Wassermenge) beträgt und die Art der Zugabe beeinflußt die Teilchengröße[164]. Liegt anfänglich viel Emulgator vor, so bilden sich viel Micellen und damit viele Polymerenteilchen, die entsprechend kleiner ausfallen. Umgekehrt resultieren bei geringer Anfangskonzentration an Emulgator Emulsionspolymerisate mit größeren Teilchendurchmessern, die im allgemeinen nur dann stabil sind (wo auch nachträglich keine Bildung kleinerer Teilchen einsetzt), wenn während des Polymerisationsablaufes noch Emulgator in dem Ausmaß nachgegeben wird, daß die kritische Micellenkonzentration nicht erreicht wird[165].

Die benötigte Menge an Emulgator hängt auch von der Art der Monomeren ab. Niedere Acrylsäureester erfordern im Gegensatz zu Methacrylsäureestern und höheren Acrylsäureestern weniger Emulgator[166] und sind außerdem von der Art des Emulgators weniger abhängig.

Hinsichtlich ihres Aufbaues unterscheidet man

1. anionogene,
2. kationogene und
3. nichtionogene Emulgatoren.

1. Anionogene Emulgatoren

Diese Produkte waren lange Zeit die bevorzugten Emulgatoren und haben auch heute neben den nichtionogenen Typen die größte Bedeutung.

[163] Carr, C. W., I. M. Kolthoff, E. J. Meehan, and R. J. Stenberg: J. Polymer Sci. **5**, 191 (1950); Wilson, J. W., and E. S. Pfau: Ind. eng. Chem. **40**, 530 (1948).

[164] Zimmt, W. S.: J. Appl. Polymer Sci. **1**, 323 (1959).

[165] „Emulsion Polymerization of Monomeric Acrylic Esters", Firmenschrift der Rohm & Haas Co., S. 6; Jacobi, B.: Ang. Ch. **64**, 539 (1952).

[166] Mast, W. C., and C. H. Fisher: Ind. eng. Chem. **41**, 790 (1949).

Die hydrophile Gruppe liegt hier als Anion vor und zwar meist als Carboxylation R—COO⁻, Sulfation R—O—SO_2—O⁻ oder Sulfonsäureion R—SO_2—O⁻. Diese Emulgatoren werden häufig in Form der Natrium- oder Ammoniumsalze eingesetzt.

Die Alkalisalze der langkettigen Fettsäuren (Seifen) wirken nur im alkalischen Bereich und sind historisch interessant, weil sie die ersten technisch verwendeten Emulgatoren bei der Emulsionspolymerisation waren. Ihre Wirksamkeit ist mäßig, weshalb nur relativ niedrigkonzentrierte Latices hergestellt werden konnten.

Wichtiger sind Verbindungen, die Sulfonsäure- oder Sulfationen bilden, die auch bei pH-Werten unter 7 wirksam sind[167], z. B.

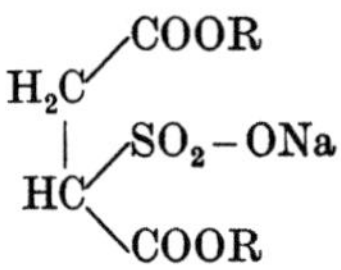

Sulfobernsteinsäureesterderivate (z. B. Sulfobernsteinsäure-bis-(2-äthylhexyl)-ester).

Heute finden besonders oxalkylierte und mit Schwefelsäure veresterte Alkylphenole und längerkettige Alkohole steigenden Einsatz, da sie die Beständigkeit der Emulsionen gegen Elektrolyte, mechanische Beanspruchung und Frosteinwirkung, sowie die Pigmentverträglichkeit verbessern[168].

2. Kationogene Emulgatoren

Diese Verbindungen, bei denen es sich meist um quartäre Ammoniumsalze langkettiger Kohlenwasserstoffe oder um Umsetzungsprodukte von Polyaminen mit Äthylenoxyd handelt, verleihen den Polymerisatteilchen eine positive Ladung, wodurch diese z. B. substantiv auf negativ geladene Cellulosefasern aufziehen können.

$[(R)_1-N^+(R)_3]\,X^-$ z. B. N,N-Dimethyldodecylammoniumsulfat.

Da diese Emulgatoren mit Peroxydisulfaten reagieren, löst man die Polymerisation mittels Wasserstoffperoxyd aus. Die Anwendung ist jedoch nur auf Spezialfälle, vor allem in der Papier- und Textilindustrie, beschränkt.

3. Nichtionogene Emulgatoren

Durch Addition von Äthylenoxyd an Alkohole, Phenole oder Carbonsäuren erhält man Emulgatoren, die für die Emulsionspolymerisation häufig verwendet werden. Die Wasserlöslichkeit dieser Verbindungen

---

[167] Konrad, E., und W. Becher: Naturforsch. Med. Dtschl. 1939—1946, **38**, 215 (1948); DBP 1129284 (1960) BASF, H. Fikentscher u. a.; DBP 1127590 (1960) BASF, H. Fikentscher u. a.

[168] Fikentscher, H.: Kunstst. **53**, 737 (1963).

nimmt mit steigender Temperatur ab, daher werden besonders Redoxsysteme mit Vorteil als Starter bei Zimmertemperatur eingesetzt[169].

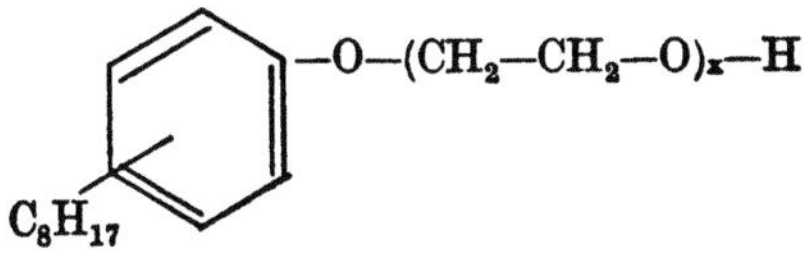

Additionsprodukt von Äthylenoxyd an Octylphenol

Emulgatoren dieses Typs sind weitgehend unempfindlich gegen Zusatz von Elektrolyten und können sowohl im alkalischen als auch im sauren Bereich eingesetzt werden. Da ihre Wirkung relativ gering ist, müssen häufig weitere Zusätze von ionischen Emulgatoren verwendet werden. Die erhaltenen Latices haben gegenüber solchen mit ionischen Emulgatoren hergestellten größere Teilchendurchmesser.

H. Apparatur und Durchführung der Emulsionspolymerisation

Im Labormaßstab verwendet man als Apparatur einen Vierhalskolben mit Rührer, Thermometer, Tropftrichter und Kühler, der durch ein Bad

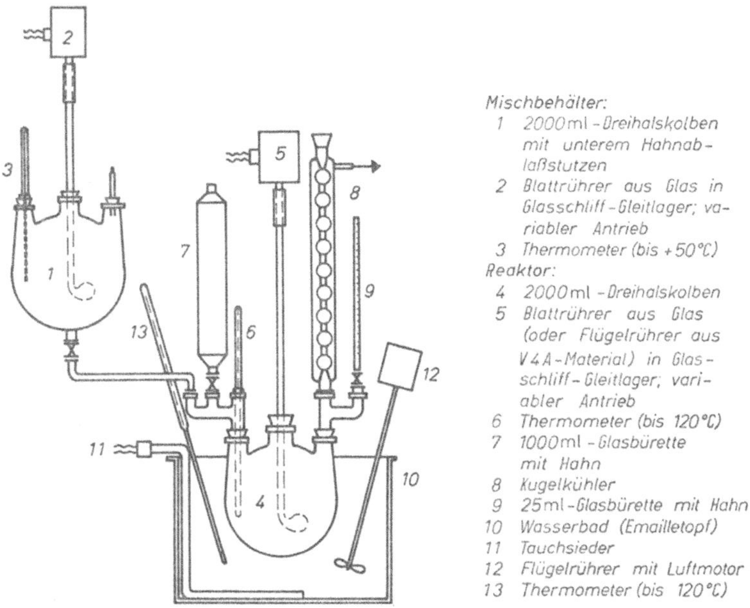

Abb. 7. Laboratoriumsapparatur zur Herstellung von Emulsionspolymerisaten. [„Acrylate und ihre Verwendung", Firmenschrift der BASF]

[169] Horn, M. B.: Acrylic Resins, Reinhold Publ. Corp., New York, 107 (1960); DAS 1155243 (1961) Hoechst, K. H. Kahrs und W. Ehmann.

geheizt und gekühlt werden kann. Außerdem sollte eine Möglichkeit zum Einleiten von Inertgas gegeben sein.

Bei der technischen Durchführung[170] wird überwiegend diskontinuierlich gearbeitet (Chargenbetrieb). Man nimmt meist Kessel aus rost-

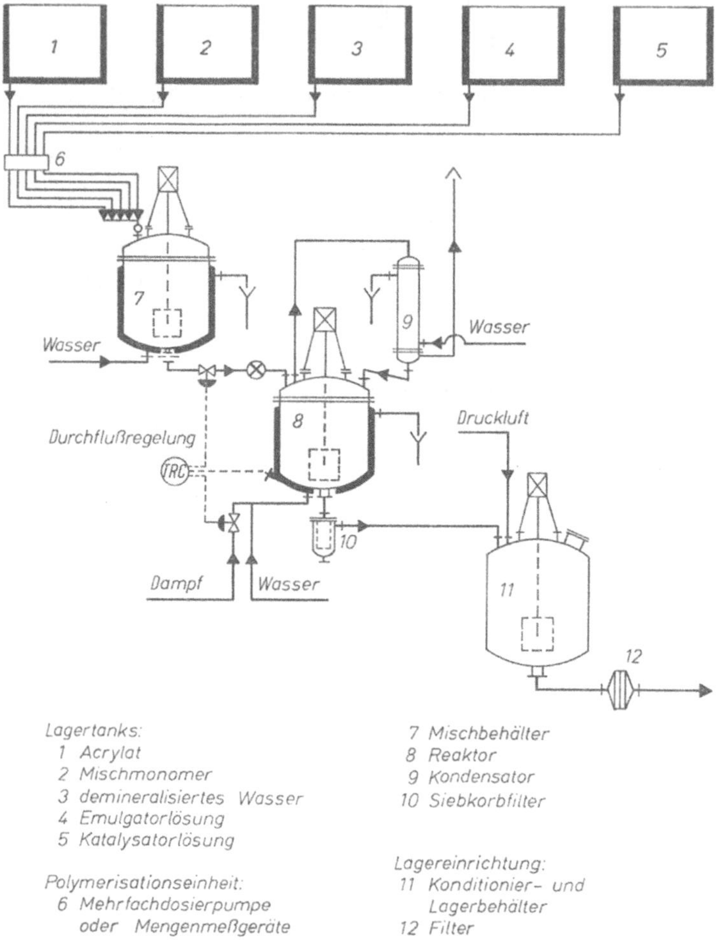

Abb. 8. Fließ-Schema zur Herstellung von Emulsionspolymerisaten. [„Acrylate und ihre Verwendung", Firmenschrift der BASF]

freiem oder emailliertem Stahl, die für einen Innendruck von etwa 3,5 atm. konstruiert und mit einem entsprechenden Sicherheitsventil (oder Berstscheibe) versehen sind. Die Innenwand des Gefäßes soll zur Vermeidung von Abscheidungen möglichst glatt poliert sein.

[170] „Emulsion Polymerization of Monomeric Acrylic Esters", Firmenschrift der Rohm & Haas Co., S. 7; Fikentscher, H.: Kunstst. **53**, 737 (1963).

Zur weiteren Ausrüstung gehören ein Dampfeinleitungsrohr, ein Rückflußkondensator (V2A-Röhrenbündelkondensator), über welchen Destillat abgezogen oder in das Reaktionsgefäß zurückgeleitet werden kann, ein Temperaturanzeiger, Manometer und Sichtglas sowie ein regelbarer Rührer. Für niedrigviskose Emulsionen genügen Blatt- oder Propellerrührer. Auf optimale Rührgeschwindigkeit muß geachtet werden, da bei zu hohen Umdrehungsgeschwindigkeiten infolge der hohen Scherbeanspruchung Koagulation erfolgen kann[171].

Die Monomerenemulsion bereitet man in einem Tank aus rostfreiem Stahl, der mit Rührer, Kühlschlangen, Berstscheibe und Temperaturanzeigegerät ausgestattet ist; die Beschleunigerlösung wird aus einem kleinen Stahltank zugegeben, der mit einem Rührer ausgerüstet und auf einer Wägeskala montiert ist.

Die einfachste *Reaktionsführung* ist die, bei der man alle Reaktionsteilnehmer vorlegt und die Polymerisation durch Erwärmen in Gang setzt. Dieses Verfahren wendet man dann an, wenn es möglich ist, die Polymerisationswärme durch das Wasser aufzufangen, also bei entsprechender Verdünnung und bei Monomeren mit geringerer Polymerisationswärme. Man erhält dabei Dispersionen mit sehr einheitlicher Teilchengröße.

Sicherer ist das Zulaufverfahren, welches besonders bei höherem Monomerengehalt von 40 bis 55% angewendet wird[172]. Man legt nur einen Teil (etwa $^1/_{10}$) der Monomerenemulsion vor und fügt den Rest allmählich (etwa 2 bis 5 Stunden) nach Maßgabe des Reaktionsablaufes zu[173]. Je nachdem, ob man reines Monomeres oder eine Monomerenemulsion zulaufen läßt, erhält man verschieden feine Partikel[174].

Die Zugabe einer Monomerenemulsion ist dabei gebräuchlicher.

Bei der Polymerisationsauslösung durch thermisch zerfallende Beschleuniger arbeitet man meist bei Rückflußtemperatur, bei Verwendung von Redoxsystemen häufig bei Temperaturen um 30 bis 50°. Während im ersteren Fall der Luftzutritt durch die Dampfschicht verhindert wird, muß man bei der Redoxpolymerisation durch Einleiten von Inertgas für Sauerstoffausschluß sorgen. Zur Vervollständigung der Polymerisation wird in beiden Fällen kürzere Zeit auf höhere Temperatur erhitzt und die letzten Reste an Monomeren durch Vakuumdestillation abgezogen oder

---

[171] Wilhelm, H., und G. Faulhaber: Ullmann **14**, 270 (1963); Shusmukham, S. R., V. L. Hallenbeck, and R. L. Guile: J. Polymer Sci. **6**, 691 (1951).

[172] Naidus, H.: Ind. eng. Chem. **45**, 712 (1953); Fram, P., G. T. Stewart, and A. J. Szlachtun: Ind. eng. Chem. **47**, 1000 (1955); „Emulsion Polymerization of Monomeric Acrylic Esters“, Firmenschrift der Rohm & Haas Co., S. 6.

[173] DRP 663469 (1930) I. G., H. Fikentscher und C. Heuck; E. P. 793528 (1954) I.C.I., D. J. Guest.

[174] Fikentscher, H., H. Gerrens und H. Schuller: Ang. Ch. **72**, 860 (1960).

mittels Dampf oder Inertgas (oder Luft) ausgeblasen[175] (etwa 1 Stunde). Die Emulsion wird gekühlt, über ein feinmaschiges Siebkorbfilter abgelassen und der pH-Wert mit 25%iger Ammoniaklösung auf 8 bis 9 eingestellt.

I. Zusätze zu Emulsionen

Nach Beendigung der Polymerisation werden oft Stoffe zugegeben, die verschiedene Eigenschaften günstig beeinflussen sollen. Zur Verbesserung der Lagerfähigkeit kann man Polyelektrolyte, wie Copolymerisate von Methacrylsäuremethylester und dem Natriumsalz von Methacrylsäure[176] sowie Copolymerisate von Acrylsäuremethylester und (Meth)-acrylamid[177] zusetzen.

Weitere Zusätze betreffen Verdickungsmittel[178], Gefrierschutzmittel[179,180], Mittel zur Frost- und Elektrolytbeständigkeit[181], Benetzungsmittel, Fungicide[179], Fließmittel[179], Weichmacher[182],[183] u. a. m.

K. Ausfällen von Emulsionen

Um das feste Polymerisat aus den Emulsionen zu erhalten, kann man entweder nach mechanischen Verfahren arbeiten oder Fällungsmittel zugeben. So sind beispielsweise viele Emulsionen nicht froststabil und man koaguliert den Latex durch *Ausfrieren*, wobei optimaler pH-Wert für die Geschwindigkeit der Fällung wesentlich ist. Durch Verdunsten des Wassers, sei es durch einfaches *Auftrocknen* der Filme oder durch Zerstäubungs- bzw. Gefriertrocknung, läßt sich ebenfalls der Feststoff isolieren. In diesen Fällen befinden sich im Rückstand außer Polymerisat auch alle anderen nichtflüchtigen Bestandteile. Mitunter lassen sich die Feststoffe wieder in Wasser dispergieren[184].

Als *Fällungsmittel* finden hauptsächlich Elektrolyte, wie Natriumchlorid[185], Erdalkalichlorid und Aluminiumsalze, eventuell unter Zusatz von Säuren sowie auch organische Lösungsmittel, Anwendung. Die optimalen Fällungsbedingungen, wie Temperatur, pH-Wert, Verdünnung

---

[175] DRP 654989 (1930), E. P. 358534, F. P. 710901, I. G., H. Fikentscher et C. Heuck.

[176] E. P. 648001 (1946) Vinyl Products Ltd., J. E. O. Mayne, and H. Warson.

[177] DAS 1049871 (1956), F. P. 1173009, BASF, H. Fikentscher, H. Wilhelm et K. Holzer.

[178] DRP 737999 (1941) I. G., H. Fikentscher und R. Gäth.

[179] Riese, W. A.: Farbe u. Lack **64**, 489 (1958).

[180] DRP 733995 (1935), E. P. 437446, Röhm & Haas G.m.b.H., E. Trommsdorff; C. **1943** II, 2331 und **1936** I, 3584.

[181] A. P. P. 2868748 (1955) und 2868752 (1955) Am. Cyanamid Co., C. Frazier, and J. H. Fortune; DAS 1050058 (1957) BASF, H. Fikentscher u. a.

[182] E. P. 518704 (1938) I.C.I., A. Renfrew, and W. E. F. Gates.

[183] Seifert, E.: Farbe u. Lack **63**, 17 (1957).

[184] Belg. P. 568731 (1958) BASF, J. Lenz et H. Scheuermann.

[185] Mast, W. C., and C. H. Fisher: Ind. eng. Chem. **41**, 790 (1949).

und Rühren oder Eingießen des Latex in die Fällungslösung werden am besten in Vorversuchen ermittelt. Geringe Zugaben an Fällungsmitteln bewirken vorerst Teilchenvergrößerung; wird der Zusatz rechtzeitig abgestoppt, so sind diese Emulsionen mit vergrößerten Teilchen unter Umständen beständig.

L. Emulsionspolymerisate vom Typ Wasser-in-Öl[186]

Bei dieser Polymerisationsmethode, die erst in neuerer Zeit aufgegriffen wurde und deren Bearbeitung noch im Fluß ist, wird nicht das Monomere im Wasser, sondern das Wasser im Monomeren emulgiert. Nach der Polymerisation bleibt das Wasser im Polymerisat eingeschlossen. Es kann nicht — wie z. B. bei schwammartiger Struktur — ausgedrückt werden, da es sich in abgeschlossenen Hohlräumen befindet.

Als *Emulgatoren* kommen bei diesem Verfahren bevorzugt öllösliche Stoffe mit stark ausgeprägtem hydrophilem Charakter in Frage. Von W. v. Bonin und W. Göbel[186] wird als geeignete Substanz ein durch Pfropfung von Styrol, Vinylacetat oder Acrylaten[187] auf Polyäthylenoxyd entstandener Emulgator als besonders wirkungsvoll beschrieben. Ebenfalls gute Emulgierwirkung besitzen Reaktionsprodukte von Alkylenoxyden mit carboxylgruppenhaltigen Copolymerisaten[187].

Als *Beschleuniger* eignen sich Azoisobuttersäuredinitril oder Dibenzoylperoxyd bzw. wasserlösliche Redoxsysteme.

Bei der praktischen Durchführung der Polymerisation in umgekehrter Emulsion löst man den Emulgator im Monomeren und rührt dann anteilweise das Wasser ein, in welchem das Aktivatorsystem gelöst ist, wobei mit zunehmendem Wassergehalt die Viskosität der Emulsion ansteigt. Durch die einsetzende Polymerisation steigt die Viskosität weiter an, bis schließlich die Masse durchhärtet.

Die Einsatzmöglichkeiten derart hergestellter Polymerisate haben sich bis jetzt noch nicht klar abgezeichnet. Wichtig ist vor allem die Nichtentflammbarkeit dieser Produkte und die Möglichkeit des Einbaues von bestimmten, im Monomeren-Polymeren unlöslichen, jedoch wasserlöslichen Stoffen in einen Kunststoff, was für den modernen Strahlenschutz eventuell von Interesse sein könnte.

Auf ähnliche Art wie oben beschrieben, lassen sich auch wäßrige Acrylamidlösungen in Lösungsmitteln polymerisieren, die mit Wasser nicht mischbar sind (z. B. Petroläther). Die wäßrige Acrylamidlösung kann sowohl die innere Phase[188]

---

[186] v. Bonin, W., und W. Göbel: Kunstst. **53**, 741 (1963); Bartl, H., und W. v. Bonin: Makromolekulare Chem. **57**, 74 (1962) und **66**, 151 (1963).

[187] F. P. 1325554 (1962) Bayer, W. v. Bonin et H. Bartl; DAS 1160616 (1961) Bayer, W. v. Bonin und H. Bartl.

[188] DAS 1081228 (1958) The Dow Chemical Co., R. E. Friedrich, R. McConnell Wiley und W. L. Garrett; DAS 1089173 (1958) The Dow Chemical Co., J. W. Vanderhoff und R. McConnell Wiley.

wie auch die äußere Phase[189] bilden. Man erhält dabei ein perlförmiges, wasserhaltiges und wasserlösliches Polymerisat.

3.4.5 Polymerisation in Lösung

A. Allgemeines

Die Polymerisation in Lösungsmitteln wird besonders dann durchgeführt, wenn die Verwendung der Polymerisate aus deren Lösungen erfolgt; so z. B. bei Lackharzen oder bei bestimmten wäßrigen Polymerisatlösungen (vgl. 3.5.4.2). In Spezialfällen wird man auch bei der Gewinnung von festen Produkten auf die Lösungspolymerisation zurückgreifen, wie bei der Herstellung von festem Polyacrylamid (Fällung des Polymeren).

Die Polymerisation in Lösung ist dadurch charakterisiert, daß sowohl die Monomeren als auch deren Polymere im Lösungsmittel löslich sind. Sie hat gegenüber der Polymerisation in Substanz den Vorteil, daß die Polymerisationswärme besser abgeführt werden kann. Als Nachteile müssen in Kauf genommen werden: Kosten der Lösungsmittel, Beachtung besonderei Sicherheitsvorschriften infolge Feuer- und Explosionsgefährlichkeit sowie Giftigkeit der Lösungsmittel, verhältnismäßig lange Polymerisationsdauer (geringe Reaktionsgeschwindigkeiten) und hohe Viskosität der Endlösungen bei relativ niedrigen Festkörpergehalten.

Die aus einer Lösung erhaltenen Filme trocknen meist glasklar auf und zeichnen sich gegenüber Filmen aus Polymerisatdispersionen durch bessere Wasserfestigkeit aus (Fehlen von Emulgatoren).

Da der mittlere Polymerisationsgrad (bei konstanter Beschleunigerkonzentration) der Monomerenkonzentration proportional ist[190], findet man bei Lösungspolymerisaten niedrigere Molekulargewichte als bei Polymerisation in Substanz.

B. Lösungsmittel

Bei guten Lösungsmitteln für das Polymere tritt der *Geleffekt*[191] wenig in Erscheinung, während umgekehrt bei schlechten Lösungsmitteln Polymerisationsgeschwindigkeit[192] und Polymerisationsgrad[193] höher sind als bei guten Lösern (vgl. S. 169).

Die Lösungsmittel, auf deren Reinheit natürlich geachtet werden muß, können zum Teil durch Übertragungsreaktionen[194] das Molekulargewicht

[189] DAS 1123110 (1960) Hoechst, J. W. ZIMMERMANN und A. KÜHLKAMP.

[190] SCHULZ, G. V., und G. HARBORTH: Makromolekulare Chem. **1**, 106 (1947).

[191] TROMMSDORFF, E., H. KÖHLE und P. LAGALLY: Makromolekulare Chem. **1**, 169 (1947).

[192] NORRISH, R. G. W., and R. R. SMITH: Nature **150**, 336 (1942).

[193] STRAIN, D. E.: Ind. eng. Chem. **30**, 345 (1938).

[194] FLORY, P. J.: Am. Soc. **59**, 241 (1937); MAYO, F. R.: Am. Soc. **70**, 3689 (1948).

herabsetzen. — Sie werden als Endgruppen in die Makromoleküle eingebaut (vgl. S. 165).

Als Lösungsmittel für niedere (Meth)acrylsäureester können z. B. Äthylacetat, Toluol, Aceton, für die höheren Ester Mineralöle und für die wasserlöslichen Monomeren, wie (Meth)acrylsäure[195] und (Meth)-acrylamid[196] Wasser bzw. Gemische von Wasser mit Alkoholen, Aceton, Dioxan (auch für Acryloylchlorid) oder Tetrahydrofuran dienen. Für Acrylnitril müssen besonders polare Lösungsmittel, wie Dimethylformamid, Äthylencarbonat, cyclische Lactone oder konzentrierte Salzlösungen, Schwefelsäure oder Salpetersäure eingesetzt werden.

Natürlich ist die Wahl des Lösungsmittels auch von wirtschaftlichen Gesichtspunkten abhängig. Zu berücksichtigen sind außerdem die Flammpunkte und eventuell erforderliche Sicherheitsvorkehrungen. Unter diesen Gesichtspunkten fällt bei der Polymerisation von (Meth)acrylsäureestern die Wahl oft auf Toluol und wegen seiner guten Lösungseigenschaften und aus Preisgründen auch auf Aceton. Als Lösungsmittel seien außerdem noch Äthylenglykolacetat, Benzol, Butylacetat und Methylisobutylketon genannt[197].

Auch bei makromolekularen Stoffen hängt das *Lösevermögen eines Lösungsmittels* von der chemischen Affinität zum gelösten Stoff ab. Außerdem besitzt das Molekulargewicht einen großen Einfluß auf die Löslichkeit der Polymeren, wovon man bei der fraktionierten Fällung Gebrauch macht[198].

Acryl- und Methacrylverbindungen sind polar gebaut und lösen sich daher in einigen polaren Lösungsmitteln[199], während sie im allgemeinen in gesättigten Kohlenwasserstoffen unlöslich sind. Beim sperrig gebauten Polymethacrylsäuremethylester sind allerdings Alkohole (z. B. Methanol, Äthanol) keine Löser, da ihnen der Zutritt zur polaren Estergruppe aus räumlichen Gründen verwehrt ist. Erst bei Zusatz von Wasser erfolgt Lösung, da dieses als kleines Molekül eindiffundieren kann und die Bildung neuer polarer Assoziationsstrukturen ermöglicht, die dann von den Alkoholen gelöst werden können.

Kohlenwasserstoffe lösen dann, wenn die polare Gruppe durch größere unpolare Gruppen abgeschirmt wird, wie z. B. bei höheren (Meth)acryl-

---

[195] DBP 951209 (1952) Röhm & Haas G.m.b.H., E. Trommsdorff und G. Abel; C. **1957**, 4278; DBP 862956 (1941) BASF, H. Fikentscher und H. Boppel; C. **1953**, 8467.

[196] „Acrylamide, Technical Bulletin", Firmenschrift der Am. Cyanamid Co. (1956); DAS 1155598 (1960) Hoechst, P. Seibel.

[197] Horn, M. B.: Acrylic Resins, Reinhold Publ. Corp., New York, 116 (1960).

[198] Kern, W., und R. C. Schulz: Houben-Weyl-Müller XIV/1, 71 (1961).

[199] Fuchs, O.: Ullmann **12**, 6 (1960); Fuchs, O.: Kunstst. **43**, 409 (1953).

säureestern (ab Polymethacrylsäurebutylester etwa), die in Heptan löslich sind.

Polyacrylnitril ist besonders polar gebaut und erfordert deshalb auch stark polare Lösungsmittel[200]. In Gemischen stark polarer Lösungsmittel tritt häufig keine Lösung ein, da sich diese gegenseitig durch starke Assoziation desaktivieren (z. B. Malonsäuredinitril + Dimethylformamid).

Die polymeren freien Acryl- und Methacrylsäuren bzw. Acryl- und Methacrylsäureamide liegen über Wasserstoffbrücken assoziiert vor; ihre Auflösung erfolgt also nur dann, wenn die Lösungsmittel ihrerseits stärkere H-Brücken mit den Makromolekülen bilden können.

Bei Copolymerisaten ist der durch zwischenmolekulare Kräfte bedingte Zusammenhalt der Makromoleküle durch den unregelmäßigen räumlichen Aufbau abgeschwächt, deshalb sind diese meist besser löslich.

Bei der *Quellung* wird das Lösungsmittel unter starker Volumenzunahme aufgenommen. Es dringt zwischen die Makromoleküle ein, weitet die Zwischenräume auf, erreicht aber keine vollständige Trennung. Bei stark vernetzten Polymerisaten kann kein Lösungsmittel eindringen — es findet kein Quellen statt.

C. Beschleuniger

Als Beschleuniger werden in organischen Lösungsmitteln die üblichen Peroxyde[201] oder Azoverbindungen verwendet. Von diesen werden Dibenzoylperoxyd in tiefer siedenden Lösungsmitteln und tert.-Butylhydroperoxyd bei Acrylierungen von Alkydharzen bei Temperaturen oberhalb 125° eingesetzt. Die Beschleunigermengen liegen meist um etwa 0,01 bis 2% bezogen auf die Monomeren. Bei Acrylierungen von Ölen werden häufig noch höhere Initiatorgaben angewandt.

In wäßrigen Systemen nimmt man naturgemäß wasserlösliche Perverbindungen[196,202], eventuell in Form von Redoxsystemen[202,203].

Bei der Polymerisation in Lösung ist die Auslösung durch radikalbildende Beschleuniger weitaus die wichtigste Methode. Für wissenschaftliche Laborversuche kommt noch die Auslösung durch sichtbares Licht[204],

---

[200] Houtz, R. C.: Textile Res. J. **20**, 786 (1950).

[201] „Organic Peroxydes", Merkblatt der Noury & Van der Lande N. V. (Holland).

[202] Schulz, R. C., G. Renner, A. Henglein und W. Kern: Makromolekulare Chem. **12**, 20 (1954).

[203] DAS 1007503 (1953), F. P. 1104339 (1954) Bayer, H. Logemann, R. Schmitz-Josten et W. Becker; C. **1958**, 14493 und **1957**, 9228; Suen, T. J., Y. Jen, and J. V. Lockwood: J. Polymer Sci. **31**, 481 (1958); DBP 942298 (1954), F. P. 1111203, Union Carbide & Carbon Chem. Corp., H. M. Rife et A. H. Walker.

[204] Onyon, P. E.: Trans. Faraday Soc. **52**, 80 (1956); A. P. 2850445 (1955) G. K. Oster; Chem. Abstr. **53**, 1844 (1959); Oster, G. K., G. Oster, and G. Prati: Am. Soc. **79**, 595 (1957).

energiereiche Strahlen (UV-Licht[205], Röntgen-[206] und γ-Strahlen[207]) oder Ultraschall in Frage.

Als Beispiel für die Initiierung durch Ultraschall sei die Polymerisation von Acrylamid in wäßriger Lösung angeführt. Polymerisationsgeschwindigkeit und mittlerer Polymerisationsgrad hängen dabei von der Konzentration der Monomeren, der Intensität und Frequenz der Ultraschallwellen sowie der Beschallungsdauer ab[208].

D. Regler

Schließlich sei noch auf die Verwendung von üblichen Reglern[209] (Schwefelverbindungen, wie n- und tert.-Dodecylmercaptan, Thioglykolsäure) verwiesen, durch deren Zusatz der Polymerisationsgrad erniedrigt wird, wobei sich auch eine engere Molekulargewichtsverteilung ergibt.

Außer den erwähnten Schwefelverbindungen, die je nach gewünschter Viskosität bis zu Mengen von einigen Prozenten bezogen auf die Monomeren zugesetzt werden, erniedrigen auch Cu-(II)-salze den Polymerisationsgrad von Acrylamid. Dabei ist die Viskosität umso geringer, je größer die zugesetzte Menge an Kupferionen ist[210]. Alkoholzugaben erniedrigen ebenfalls das Molekulargewicht und werden bei der Polymerisation von Acrylamid[211] oder (Meth)acrylsäuren[212] in wäßriger Lösung bzw. bei der Polymerisation von Acrolein in Lösungsmitteln[213] eingesetzt.

E. Reaktionsführung

Im Labor führt man Lösungspolymerisationen in üblichen Rührkolben durch, im Betrieb verwendet man Reaktionsgefäße aus rostfreiem Stahl. In vielen Fällen löst man die Monomeren im Lösungsmittel(gemisch), fügt Beschleuniger und eventuell Regler zu und legt einen aliquoten Teil der Mischung vor. Durch Temperaturerhöhung wird die

[205] A. P. 2533166 (1945) General Aniline & Film Corp., G. D. Jones; Chem. Abstr. **45**, 1811 (1951); Arbusowa, I. A., W. N. Jefremowa, and J. K. Uleslo: Doklady Akad. S.S.S.R. **112**, 645 (1957); C. **1958**, 2452; Alexander, P., and F. S. Hitch: Biochim. biophysica Acta (Amsterdam) **9**, 229 (1952); C. **1954**, 334.

[206] Collinson, E., F. S. Dainton et G. S. McNaughton: J. Chim. physique Physico-Chim. biol. **52**, 556 (1955) und Trans. Faraday Soc. **53/54**, 476 (1957); Dainton, F. S., and M. Tordoff: Trans. Faraday Soc. **53/54**, 499 (1957) und **53**, 666 (1957).

[207] Prevot-Bernas, A.: C. r. **237**, 1686 (1953).

[208] Schulz, R., G. Renner, A. Henglein und W. Kern: Makromolekulare Chem. **12**, 20 (1954).

[209] DAS 1083548 (1957) Pittsburgh Plate Glass Co., R. M. Christenson.

[210] DAS 1068013 (1958), Belg. P. 580663 (1959) Henkel und Cie. G.m.b.H., G. Renner.

[211] A. P. 2486191 (1946) Eastman Kodak Co., L. M. Minsk, W. O. Kenyon, and J. H. van Campen; C. **1950** II, 2979.

[212] DBP 862956 (1941) BASF, H. Fikentscher und H. Boppel; C. **1953**, 8467.

[213] A. P. 2657192 (1951) DuPont, H. C. Miller, and H. S. Rothrock.

Polymerisation in Gang gebracht, wobei man meist bei Rückfluß arbeitet. Der restliche Teil der Mischung wird allmählich nachgegeben. Die Geschwindigkeit der Zugabe richtet sich nach dem Rückfluß. Nachdem alles im Reaktionsgefäß vorliegt, läßt man die Polymerisation mehrere Stunden ablaufen[214], wobei man bei Bedarf noch Beschleuniger nachfüttert. Verläuft die Reaktion stark exotherm, so legt man das gesamte Lösungsmittel mit einem Teil des Monomerengemisches vor und läßt das restliche Monomere zutropfen.

Um den Ablauf einer Polymerisation in Lösung zu verfolgen, nimmt man Proben und bestimmt deren Feststoffgehalt sowie Viskosität. Ersterer gibt Aufschluß über den Umsatz, letztere über den ungefähren Polymerisationsgrad.

Anmerkung: Bei Verwendung von mit Wasser phlegmatisiertem Dibenzoylperoxyd als Starter und von mit Wasser nicht mischbaren Lösungsmitteln als Reaktionsmedium empfiehlt es sich, etwas Lösungsmittel zusammen mit dem Wasser abzudestillieren, um eine Trübung der Polymerisatlösung zu vermeiden[215].

[214] Schulz, G. V., und G. Harborth: Makromolekulare Chem. 1, 106 (1947).
[215] „Acrylate und ihre Verwendung", Firmenschrift der BASF.

3.5 Darstellung, Eigenschaften und Anwendungen der Polymeren in der Technik

3.5.1 Polymere auf Basis von (Meth)acrylsäure

A. Darstellung

1. Substanzpolymerisate

Neutralisiert man Acrylsäure mit Alkali- oder Ammoniumcarbonat und polymerisiert (z. B. mit einem Redoxsystem), so erhält man direkt die Salze der Polyacrylsäure als Pulver[1]. Die Substanzpolymerisate von (Meth)acrylderivaten mit (Meth)acrylsäure als Comonomere sind mehrfach beschrieben[2]. Als Beschleuniger dienen meist organische Peroxyde, eventuell unter Zusatz von tertiären Aminen[3].

2. Perlpolymerisate

Infolge der guten Wasserlöslichkeit kann man Acryl- und Methacrylsäure nicht in reinem Wasser zu Perlen polymerisieren. Durch Sättigung mit Elektrolyten wird die Löslichkeit der Methacrylsäure soweit herab-

[1] DBP 932700 (1953) BASF, H. Fikentscher; C. 1956, 9287.
[2] DAS 1086430 (1953) Degussa, W. Querfurth und O. Schweitzer; A. P. 2794016 (1957) The L. D. Caulk Co., J. F. Glenn, J. J. Clancy, and R. S. Brenneman; Chatani, Y., Y. Sakata, and J. Nitta: J. Polymer Sci. B 1, 419 (1963).
[3] DAS 1086430 (1953) Degussa, W. Querfurth und O. Schweitzer.

gesetzt, daß sich eine Perlpolymerisation glatt durchführen läßt[4]. Acrylsäure läßt sich als solche auch nach diesem Prinzip nicht homopolymerisieren, da ihre Löslichkeit in Salzlösungen noch zu groß ist, wohl aber zusammen mit wasserunlöslichen Comonomeren, z. B. (Meth)acrylsäureestern[5].

3. Fällungspolymerisate

Polymerisiert man Acryl- und Methacrylsäure in geeigneten organischen Lösungsmitteln, wie Xylol[6], Toluol[7] oder ungesättigten Halogenkohlenwasserstoffen[8], so erhält man die Polymeren direkt in fester Form, wobei durch Telomerisation in Gegenwart von z. B. Trichloräthylen oder 1,2-Dichloräthylen Polymerisate mit niedrigem Polymerisationsgrad entstehen.

Über die Darstellung von Copolymerisaten der (Meth)acrylsäure finden sich in der Literatur zahlreiche Angaben. Mit Methacrylsäure und Methacrylamid in Wasser erhält man Polymere in Form von weißen Körnern[9]. Von (Meth)acrylamid, entsprechenden Methylolverbindungen und Acrylsäure ausgehend, erhält man stabile, wasserlösliche, pulverförmige, N-Methylolgruppen enthaltende Copolymerisate[10]. Beschrieben ist auch die Polymerisation von (Meth)acrylsäure mit vernetzend wirkenden Substanzen[11], wie Methylenbisacrylamid oder 1,3,5-Triacryloyltriazin zu unlöslichen Produkten.

4. Emulsionspolymerisate

Acryl- und Methacrylsäure werden bei der Emulsionspolymerisation nur als Comonomere in geringen Prozentsätzen eingesetzt, um z. B. den Dispersionen zusätzliche Stabilität zu verleihen[12] und bei den Filmen ein besseres Haftvermögen zu erreichen; zu hohe Gaben erhöhen jedoch das meist unerwünschte Quellvermögen in Wasser.

---

[4] DRP 749016 (1938), Ital. P. 383151, F. P. 872437, Röhm & Haas G.m.b.H., E. TROMMSDORFF et G. ABEL; DBP 947115 (1939) Röhm & Haas G.m.b.H., E. TROMMSDORFF und G. ABEL; C. **1942** II, 347.

[5] DBP 907827 (1941), F. P. 882175 (1942) Röhm & Haas G.m.b.H., E. TROMMSDORFF und G. ABEL; C. **1954**, 9871.

[6] JENCKEL, E., und E. BRÄUCKER: Ph. Ch. (A) **185**, 465 (1940).

[7] A. P. 2205882 (1938) DuPont, G. D. GRAVES; C. **1940** II, 3139.

[8] DBP 912755 (1955) Röhm & Haas G.m.b.H., G. ABEL; C. **1954**, 10827.

[9] DBP 1023014 (1957), E. P. 846515, Österr. P. 202579, Röhm & Haas G.m.b.H., H. RAUCH-PUNTIGAM, K. TESSMAR und T. VÖLKER.

[10] DAS 1094455 (1959) BASF, H. FIKENTSCHER, H. WILHELM, E. PENNING und D. BRÜNING.

[11] DAS 1103585 (1955) B. F. Goodrich Co., J. F. JONES.

[12] HORN, M. B.: Acrylic Resins, Reinhold Publ. Corp., New York, 112 (1960); DRP 733995 (1935), E. P. 437446, Röhm & Haas G.m.b.H., E. TROMMSDORFF; C. **1943** II, 2331 und **1936** I, 3584.

Bei Einbau größerer Mengen an Carboxylgruppen werden die Polymerisate als Alkalisalze löslich bzw. lassen sich insbesondere durch Ammoniakzusatz verdicken[13]. Speziellen Polymerisaten verleihen größere Mengen Methacrylsäure Redispergierbarkeit[14].

5. Lösungspolymerisate

Die *Säuren* werden bevorzugt in wäßriger Lösung unter Zusatz wasserlöslicher Beschleuniger polymerisiert. (Für wissenschaftliche Zwecke ist auch eine Initiierung durch Strahlen möglich[15]). Da die Reaktion sehr heftig ablaufen kann, wird die Konzentration der Monomeren unter 25% belassen[16]. Bei Konzentrationen unter 10% können wäßrige Methacrylsäurelösungen auf einmal polymerisiert werden[17]; bei höheren Konzentrationen wird das Monomere nach und nach zugesetzt und die Polymerisationswärme fortlaufend abgeführt.

Die Beschleunigermenge beeinflußt in bekannter Weise das Molekulargewicht[18]. Änderungen des pH-Wertes wirken sich in der Polymerisationsgeschwindigkeit aus, und zwar ist diese in stärker saurer Lösung höher[19].

Um das Molekulargewicht herabzusetzen, kann man wasserlösliche Mercaptane (Thioglykosäure) oder geringe Mengen Allylalkohol zugeben[20].

Der Zusatz wasserlöslicher organischer Verbindungen, wie Alkohole, Aceton, Dioxan, Tetrahydrofuran, ergibt Reaktionsmedien, in denen auch Copolymerisate von (Meth)acrylsäure mit wasserunlöslichen Monomeren in hochviskoser Form erhalten werden können[21].

Zu den *Salzen* der Poly(meth)acrylsäure gelangt man entweder durch Neutralisation der polymeren Säuren oder durch Polymerisation der Salze an sich, z. B. durch Polymerisation von Acrylsäure in Natronlauge[22].

Um die Polymeren aus den Lösungen in fester Form zu erhalten, kann man die Lösungen entweder eintrocknen oder ausfällen. Zur *Fällung* von

---

[13] DBP 940854 (1953) Röhm & Haas G.m.b.H., K. Tessmar und F. Kollinsky; C. **1957**, 277; Rossberg, P.: Farbe u. Lack **70**, 29 (1964).

[14] Warson, H.: Paint Manufact. **34**, 54 (1964) Referat.

[15] Alexander, P., and S. F. Hitch: Biochim. biophysica Acta (Amsterdam) **9**, 229 (1952); C. **1954**, 334.

[16] Merkblatt der Rohm & Haas Co.

[17] A. P. 2289540 (1939) DuPont, H. R. Dittmar, and D. E. Strain; Chem. Abstr. **37**, 550 (1943).

[18] Trommsdorff, E.: H. Staudinger, Die hochmolekularen organischen Verbindungen. Berlin: Springer (1932).

[19] Pinner, S. H.: J. Polymer Sci. **9**, 282 (1952).

[20] Völker, T.: Houben-Weyl-Müller XIV/1, 1020 (1961).

[21] DBP 862956 (1941) BASF, H. Fikentscher und H. Boppel; C. **1953**, 8467.

[22] DRP 695097 (1937), F. P. 841299 (1938) I. G., H. Fikentscher et G. Hagen; C. **1940** II, 3743 und **1939** II, 2281.

Polyacrylsäure eignet sich konzentrierte Salzsäure[23]; das Polymere ist allerdings in einem Überschuß des Fällungsmittels wieder löslich. Polymethacrylsäure wird aus wäßrigen Lösungen mit verdünnter Salzsäure oder Schwefelsäure ausgefällt[24]. Stellt man durch Zugabe einer überschüssigen Menge Natronlauge aus Polyacrylsäure das Natriumsalz her, so läßt sich dieses durch Äthanol ausfällen[25].

B. Eigenschaften

Polyacryl- und Methacrylsäure sind hart und spröde und haften meist stark auf Glas und Porzellan. Sie sind nicht thermoplastisch. Bei stärkerem Erhitzen vernetzen sie unter Anhydridbildung und werden zum Teil unlöslich. Durch die Polymerisation sinkt die Acidität der Carboxylgruppe im Vergleich zum Monomeren.

Die unvernetzten Homopolymerisate der beiden Säuren sind je nach Darstellungsverfahren (= Endgruppe) entweder direkt oder zumindest in Form ihrer Ammonium- und Alkalisalze wasserlöslich; sie lösen sich nicht in den Monomeren. Die *Löslichkeit* der Copolymerisate mit hydrophoben Monomeren richtet sich nach dem Gehalt an eingebauter Acryl- bzw. Methacrylsäure. In Form der *Alkalisalze* sind die Copolymerisate mit mindestens 30 Gew.-% Acrylsäure bzw. etwa 40 bis 50% Methacrylsäure löslich. Die *Ammoniumsalze* weisen meist noch höhere Löslichkeiten auf, so daß noch geringere Anteile Acryl- bzw. Methacrylsäure erforderlich sind. Um lösliche *Erdalkalisalze* von (Meth)acrylsäurepolymerisaten zu erhalten, bedarf es besonders ausgewogener Mengenverhältnisse von eingebauter Säure zu hydrophober Komponente (mitunter wird die letztere auch als „Abstandshalter" bezeichnet), wobei in den Extremfällen von Homopolymerisat einerseits und Polymerisat mit sehr geringem Carboxylgruppengehalt andererseits keine Löslichkeit zu erwarten ist. Als Faustregel für die Monomerenkombinationen statistischer Copolymerisate, die in Form der Erdalkalisalze wasserlöslich sind, gilt, daß der (Meth)acrylsäureanteil zum hydrophoben Anteil im Molverhältnis 2:1 stehen soll, wobei bei Verwendung von weiteren hydrophilen Copolymerisationskomponenten, wie von Amiden und Monoglykolätherestern der Acrylsäure und Methacrylsäure, der Bereich an erdalkalilöslichen Copolymerisatkombinationen wesentlich erweitert wird[26,27]. Im übrigen ist insbesondere die Erdalkalisalzlöslichkeit stark

[23] Kern, W.: Bio. Z. **301**, 338 (1939).

[24] Katchalsky, A., and G. Blauer: Trans. Faraday Soc. **47**, 1360 (1951).

[25] Völker, T.: Houben-Weyl-Müller XIV/1, 1022 (1961).

[26] DBP 927444 (1952), A. P. 2763961 (1953) Röhm & Haas G.m.b.H., E. Trommsdorff, G. Abel, and T. Völker; C. **1955**, 10363.

[27] DAS 1158713 (1961), F. P. 1333264 (1962) Röhm & Haas G.m.b.H., T. Völker et H. Knöll.

temperaturabhängig und es erfolgt häufig bereits bei 70° Ausfällung[28]. Die Kenntnis der Löseeigenschaften von Acryl- und Methacrylsäurepolymeren ist für deren Anwendung von besonderer Wichtigkeit, da in sehr vielen Fällen Kombinationen angestrebt werden, die gerade an der Grenze der Löslichkeit stehen.

Die Polymerisate der (Meth)acrylsäure gehören zu der Gruppe der Polyelektrolyte — oder exakter zu den Polyanionen bildenden Verbindungen. Eine besonders typische und auch wichtige Eigenschaft dieser Verbindungsklasse ist, daß die an sich hohe Viskosität der Lösungen der freien Säuren bei Dissoziation (d. h. bei Salzbildung) unverhältnismäßig stark (in der Größenordnung um 10^1 bis 10^3) erhöht wird[29]. Diese Eigenschaft hängt mit Ver- und Entknäuelungseffekten der Makromoleküle zusammen. Sie werden u. a. durch eine starke gegenseitige Abstoßung der dissoziierten funktionellen Gruppen hervorgerufen. Dementsprechend tritt bei Zurückdrängung der Dissoziation, z. B. durch Zusatz von starken Säuren, wieder Verknäuelung bis Ausfällung ein. Auch bei Erhöhung der Konzentration an Gegenionen oder auch der Polymeren selbst wird die Verknäuelung gefördert. Schließlich ist es auf Grund des Gesagten nicht verwunderlich, daß die Polyelektrolyteffekte sehr stark von der Natur des Polymeren abhängen, einmal von den Dissoziationskonstanten, besonders aber von der Flexibilität der Polymerenketten. Die genannten Effekte sind z. B. bei der „weicheren“ Polyacrylsäure wesentlich stärker ausgeprägt als bei der sperriger gebauten Polymethacrylsäure[30].

C. Anwendung

1. Verdickungsmittel

Die Anwendung der (meth)acrylsäurehaltigen Polymerisate erstreckt sich über sehr viele Einzelgebiete und hat in der Summe einen bedeutenden Umfang angenommen.

Als besonders intensiv wirkende Verdickungsmittel werden hochmolekulare Acrylsäurepolymere angeboten (Carbopol ® 934, Cyanamer ® 370), als erdalkalisalzverträgliche Verdickungsmittel für die sekundäre Erdölgewinnung (als Zusätze zum Flutwasser) wurden methacrylsäurehaltige Copolymerisate empfohlen[31]. Niedriger polymere Produkte können im gleichen Bereich als Zusätze zu Bohrspülflüssigkeiten[32] zur Viskositätsregelung, sowie zur Verbesserung des Wasserhaltevermögens und der Stabilität von Bohrschlämmen verwendet werden (Rohagit ®).

[28] Firmenschriften der Röhm & Haas G.m.b.H.

[29] Kanevskaya, Y. E., Y. S. Lipatov und P. I. Zubov: Vysokomolekulyarnye Soedineniya 5, 587 (1963).

[30] Völker, T.: Öst. Chemiker-Ztg. 62, 347 (1961).

[31] DBP 950182 (1954) Röhm & Haas G.m.b.H., W. v. Engelhardt, E. Trommsdorff und W. Tunn.

[32] DBP 948951 (1952) Röhm & Haas G.m.b.H., E. Trommsdorff.

2. Hilfsmittel in der Anstrichtechnik und Überzüge

Im Bereich der Anstrichtechnik finden sich ebenfalls interessante Anwendungsmöglichkeiten. Wäßrige (meist 30%ige) Lösungen von relativ niedrigviskos eingestellten Ammoniumsalzen der Polyacrylsäure werden wäßrigen Anstrichmitteln in Mengen von 0,2 bis 0,5% (bezogen auf Pigment) zugesetzt[33]. Infolge der Netzwirkung des Polymeren (Pigmentverteiler A ®) wird das Anteigen erleichtert, der Verteilungsgrad des Pigmentes verbessert und die Gefahr einer Koagulierung vermindert.

Emulsionspolymerisate mit etwa 10 und mehr Prozent Acrylsäure verdicken bei Zusatz von wäßrigen Ammoniumhydroxydlösungen[34] (bis etwa pH 9) und ergeben hochviskose, klare Lösungen, die beim Eintrocknen klare Filme mit relativ guter Wasserfestigkeit bilden. Der Zusatz solcher Produkte (Rohagit ® SD 15) wird für die Herstellung von Binderfarben und wäßrigen Anstrichmassen für Wandplastiken empfohlen[28]. Zu wasserunlöslichen[35] bis nicht quellbaren Filmen in Wasser[36] trocknen auch wäßrige Lösungspolymerisate aus (Meth)acrylsäure und den entsprechenden Diolmonoestern auf, wenn die Monomeren und Neutralisationsmittel bei der Herstellung in geeigneten Mengenverhältnissen eingesetzt werden.

Acryl- oder Methacrylsäure bewirken als Bestandteile technischer Lacke, die z. B. aus Lösungspolymerisaten hergestellt werden, eine verbesserte Haftung auf Metallflächen[37]. Die genannten Säuren werden auch als „eingebaute" Beschleuniger für bestimmte Härtungsprozesse benutzt. Stellt man beispielsweise ein Copolymerisat aus (Meth)acrylamid, (Meth)-acrylsäureestern, Comonomeren und geringen Mengen (Meth)acrylsäure her, so kann dieses nach Überführung der Amidgruppen in Methylolbutyläthergruppen und Auftragung als Überzug unter dem Einfluß der Carboxylgruppen thermisch ausgehärtet werden[38]. Bei prinzipiell ähnlichen Härtungsprozessen kann die Carboxylgruppe auch selbst als Reaktionspartner auftreten, wenn z. B. mit Epoxyden[39] oder Melaminharzen[40] umgesetzt wird.

---

[33] RÖMPP, H.: Chemie Lexikon, 5. Aufl., Franckh'sche Verlagshandlung Stuttgart, 3922 (1962); Firmenschriften der BASF.

[34] Canad. P. 623617 (1957) Rohm & Haas Co., W. W. TOY.

[35] DBP 1113090 (1959) Röhm & Haas G.m.b.H., T. VÖLKER und H. KNÖLL.

[36] DBP 1176870 (1962) Röhm & Haas G.m.b.H., G. MARKERT, T. VÖLKER und H. KNÖLL.

[37] DAS 1133058 (1958) Rohm & Haas Co., S. MELAMED; A. P. 2787603 (1957) DuPont, P. F. SANDERS; A. P. 2931742 (1960) Devoe & Raynolds, D. HICKS.

[38] DAS 1083548 (1957), F. P. 1172128 (1957) Pittsburgh Plate Glass Co., R. M. CHRISTENSON; DAS 1089549 (1958) Pittsburgh Plate Glass Co., R. M. CHRISTENSON; F. P. 1175483 (1957) Pittsburgh Plate Glass Co., R. M. CHRISTENSON u. a.; Belg. P. 554183 (1957) Pittsburgh Plate Glass Co.

[39] MURDOCK, J. D., and G. H. SEGALL: Paint Manufact. **31**, 13 (1961).

[40] SAXON, R., and J. H. DANIEL jr.: J. Appl. Polymer Sci. **8**, 325 (1964).

Auf diese Reaktionsharze und die wasserlöslichen Harze wird in Kapitel 3.5.4 in größerem Rahmen ausführlicher eingegangen.

Für Überzüge auf Papier und Leder wurden Copolymerisate von Acrylsäure, Styrol und Methacrylsäuremethylester empfohlen. Solche Produkte können nach dem Emulsionsverfahren hergestellt werden. Sie sollen nach Trocknung aus ammoniakalischen wäßrigen Lösungen aufgetragen werden[41].

3. Lederhilfsmittel

Im Bereiche der Lederherstellung können acrylsäurehaltige, mit Ammoniak verdickbare Dispersionen ebenfalls als Hilfsmittel eingesetzt werden[42]. Beim Grundieren von Leder schließen solche Produkte die Oberfläche des Leders ab und verhindern dadurch das Einsickern der Deckfarbe und das Abwandern von Weichmachern aus den oberen Schichten in das Leder. Gleichzeitig erfolgt eine Verankerung der Deckfarbe (obere Schicht) auf der Lederoberfläche[28]. Zum Veredeln der als Deckfarben auf Basis von Kasein- und Albuminbindern verwendete Produkte eignen sich die gleichen verdickbaren Dispersionen (Plextol ® 9572). Als Hilfsmittel für die Trocknung des Leders nach dem Pastingverfahren bzw. für die geeignete Vorbereitung des Leders für dieses Verfahren werden neben anderen Produkten ebenfalls (meth)acrylsäurehaltige Polymerisate empfohlen, die sich insbesondere als Klebemittel für Schleifbox, Vollnarbenleder sowie lohgare und kombiniert gegerbte Leder[28] eignen.

4. Textilhilfsmittel

Verhältnismäßig bedeutungsvoll ist die Verwendung der Polyelektrolyte als Textilhilfsmittel, insbesondere zum Schlichten von Fasern. Für diesen Zweck verwendet man bei Polyamidfasern die freien, relativ niederpolymeren Säuren (Acrysol ®, Acrytex ®, Orthocryl ®), die über ihre Carboxylgruppen mit der Polyamidfaser in guter Haftung während des Schlichtprozesses verbunden vorliegen[43]. Für andere synthetische Fäden aus Basis von Polyacrylnitril (vgl. Kapitel 3.5.2) und Polyester werden bevorzugt die Salze der Polyacrylsäure oder noch besser die hydrophoberen (zum Teil gerade noch löslichen) Salze der Mischpolymerisate aus Acrylsäure und deren Estern bzw. Methacrylsäure und entsprechenden Methacrylaten eingesetzt (Schlichte T 8 ®, Rohatex ®, Rohagit ®, Acrysol ®).

Auch zum Schlichten veredelter Fäden auf Basis von Cellulose, wie Viskose und Acetat, werden wasserlösliche Acrylpolymere in steigenden Mengen verwendet, da sie gegenüber den bisher verwendeten Leimschlichten einen weicheren und geschmeidigeren Griff ergeben[30].

---

[41] DRP 743945 (1940) I. G., H. Fikentscher und R. Gäth.
[42] E. P. 963602 (1961) Rohm & Haas Co.
[43] F. P. 883341 (1942) I. G., P. May et H. Fikentscher.

5. Klebstoffe

Für eine Reihe von wasserlöslichen Polymerisaten (z. B. in Form der wäßrigen Salzlösungen) liegen Anwendungsmöglichkeiten in der Klebstoffindustrie vor. Die Polymeren können entweder an Stelle von Klebstoffen auf Basis von Naturprodukten allein, oder zum Teil veredelnd, verbessernd und streckend in Kombination mit diesen verwendet werden. Derartige Klebstoffe eignen sich zum Verkleben von z. B. Papier auf Papier, Papier auf Holz oder Leder auf Leder[28]. Im Gegensatz zu tierischen Leimen werden sie durch Fäulniserreger nicht angegriffen.

6. Hilfsmittel auf dem Waschmittelgebiet und in der Kosmetik

Im Bereiche der Kosmetik und Waschmittelindustrie werden mitunter hydrophober eingestellte Methacrylsäuremischpolymerisate eingesetzt (Rohagit ® S und S 3). In Kombination mit Waschmitteln wird hierbei auf eine ausreichende Verträglichkeit der Polymerisatsalze mit hartem Wasser geachtet. Im übrigen wirken diese Mittel hautschonend, verbessern zum Teil das Schmutztragevermögen, bewirken einen feinblasigeren und beständigeren Schaum und hemmen die Trocknungsgeschwindigkeit von Kernseifen. Exakt neutral eingestellte und stark weichgemachte (mit Glycerin) Salzlösungen werden wegen ihrer hautschonenden Eigenschaften als Verdickungsmittel in Haarfixativen verwendet, ohne Weichmacher zum Teil auch als Zusätze für Cremes, Zahnpasten und Haarwaschmittel[28]. Die alkoholische Lösung der freien Copolymerisate dient mitunter als Bestandteil von Haarlacken.

Für Mittel zur Vorbereitung der Elektrorasur werden als filmbildende Stoffe ebenfalls Lösungen von Acrylsäure- bzw. Methacrylsäurepolymerisaten[44] verwendet.

7. Flockungsmittel

Anfang der 50er Jahre wurde gefunden, daß carboxylgruppenhaltige Polymerisate, insbesondere solche der Acryl- und Methacrylsäure, in Form der wäßrigen Salzlösungen technische Aufschlämmungen und Trüben unlöslicher anorganischer Verbindungen ausflocken, sei es in Gegenwart gelöster Salze[45] oder in deren Abwesenheit[46]. Durch diesen mit äußerst geringen Polymerisatmengen erzielbaren Effekt wird in der Praxis eine beschleunigte Sedimentation und Filtration erreicht. Die Methode gewinnt insbesondere bei der Abwasserbereitung in verschiedensten Industriezweigen in Anbetracht der steigenden Aktualität dieses Problems eine wachsende Bedeutung (Praestol ®, Rohafloc ® L 1, Sedipur ®[47]). Darüberhinaus können solche Mittel auch unmittelbar bei Her-

[44] DAS 1142429 (1959) W. Kaufmann.
[45] DBP 931591 (1952) Anm. Wintershall; Inh. Stockhausen; Erf. G. Budan.
[46] DBP 1037420 (1954) Röhm & Haas G.m.b.H., T. Völker.
[47] „Klären von Trüben", Firmenschrift der BASF (dort weitere Literaturzitate).

stellungs- und besonders bergmännischen Gewinnungsverfahren eingesetzt werden. So erwies sich z. B. ein Polymerisatsalz, das neben Methacrylsäure auch Dimethacryloylimidbausteine in der Kette enthält, als Flockungsmittel bei der Kaolingewinnung besonders wirksam[48].

Für die Aufbereitung von Ton- und Pigmentaufschlämmungen aus der Papierindustrie eignen sich Polymerisate, die neben überwiegend Acrylamid wenig Acrylsäure als Monomere enthalten[49]. Im Hinblick auf die steigende Bedeutung der Acrylamidpolymeren als Flockungsmittel wird hier auf die weiteren Ausführungen in Kapitel 3.5.3 verwiesen.

8. Ionenaustauscher

Ein anderes Problem, das verschiedenste Industriezweige und Anwendungen betrifft, ist der Bedarf an entsalztem Wasser. Im Rahmen der Kunststofferzeugung benötigt man insbesondere bei den Emulsionspolymerisationsverfahren (vgl. 3.4.4) konstant weiche Wasserqualitäten. Für die Wasserenthärtung können neben anderen Produkten carboxylgruppenhaltige Austauscherharze auf Basis von vernetzten Acrylsäure- und Methacrylsäurepolymeren verwendet werden. Als Vernetzungsmittel eignet sich u. a. auch Methacrylsäureanhydrid[50], wobei am besten durch eine sorgfältig durchgeführte Perlpolymerisation Harze erhalten werden, die hohe Anforderungen hinsichtlich Quellvermögen, Größe und Stabilität sowie Kapazität erfüllen können (Amberlite ®, Rohagit ®).

(Über Anionenaustauscher auf Methacrylatbasis vgl. [51]).

9. Bodenverbesserungsmittel

Eng verwandt mit der Verwendung von Polyelektrolyten als Flokkungsmittel ist die bereits vorher gefundene Anwendung als sog. „Bodenverbesserungsmittel"[52]. Diese Mittel verändern die Bodenstruktur in einer für den Wasserhaushalt und das Pflanzenwachstum günstigen Weise. Als besonders geeignet erwiesen sich Methacrylsäurecopolymere mit einem Molgewicht von über 300000[53], die wasserlösliche Kalksalze bilden[54]. Die Darstellung geeigneter wasserlöslicher Salze aus üblichen Perl-

---

[48] DBP 1023014 (1957), E. P. 846515, Österr. P. 202579, Röhm & Haas G.m.b.H., H. Rauch-Puntigam, K. Tessmar und T. Völker.

[49] Swift, A. M.: Tappi **40**, 226 A (1957).

[50] DBP 960858 (1954) Röhm & Haas G.m.b.H., G. Abel und A. Wohnhas; C. **1957**, 11400.

[51] Joanisiani, P. G., B. N. Laskorin und N. L. Alekseeva: Vysokomolekulyarnye Soedineniya **5**, 1213 (1963).

[52] DBP 897847 (1950) Monsanto Chem. Co., R. M. Hedrick und D. T. Mowry.

[53] DBP 946987 (1954) Röhm & Haas G.m.b.H., E. Trommsdorff, G. Abel und T. Völker.

[54] DBP 927444 (1952), A. P. 2763961 (1953) Röhm & Haas G.m.b.H., E. Trommsdorff, G. Abel und T. Völker; C. **1955**, 10363.

polymerisaten kann nach einem eigens entwickelten einfachen Verfahren erfolgen[55]. Eine zusätzliche Verbesserung der an sich günstigen Wirkung auf den Wasserhaushalt erreicht man durch weiteren Einbau von hydrophilen Nitril- und Amidmonomeren[56], eine besondere Steigerung der Agglomerierwirkung durch Einbau von Dimethacryloylimidgruppen[48].

Unter den vorgeschlagenen Polyelektrolyten zeichnen sich die Produkte auf Basis von Methacrylsäureverbindungen durch eine mehrjährige Wirkungsdauer, langjährige Festlegung in den oberen Bodenschichten (Gare), fehlende Toxizität gegenüber der Bodenflora, Förderung der mikrobiologischen Vorgänge im Boden und eine relativ hohe Resistenz gegenüber allzu hohen Salzgehalten aus. Bemerkenswert ist auch die hohe Wirksamkeit dieser Verbindungen im Vergleich zu Bodenverbesserungsmitteln auf anderer Basis, wie eine Vielzahl von Laboratoriums- und Freilandversuchen ergab[57].

Die Ermittlung der optimalen Konzentration bzw. die Auswahl von Polymerisaten hinsichtlich ihrer Eignung als Bodenverbesserungsmittel erfolgt zweckmäßigerweise nach einem Naßsiebverfahren[58].

Durch Verwendung von radioaktiv markierten Bodenverbesserungsmitteln auf Methacrylsäurebasis wurde schließlich festgestellt, daß diese Mittel am Kolloidanteil von Basalt- und Alluvialböden, sowie an reinen Tonböden allgemein in einer nicht auswaschbaren Form festgelegt werden[59]. Man geht also kaum fehl in der Annahme, daß der Bodenverbesserung ähnliche Mechanismen zugrunde liegen, wie sie bei den Flockungsmitteln diskutiert werden[47] (vgl. Kapitel 3.5.3), woraus unmittelbar die Einflüsse bestimmter funktioneller Gruppen sowie die Forderung nach Mindestmolekulargewichten der Polymerisate plausibel werden.

In der Praxis scheinen die Bodenverbesserungsmittel am ehesten für Gebiete mit heißem und trockenem Klima geeignet zu sein. Gegen ihre Anwendung stellen sich die zu hohen Kosten. Unter Berücksichtigung der Entwicklungstendenzen der heutigen Zeit, wie zunehmende Verknappung von Agrarprodukten im Verhältnis zum Bevölkerungszuwachs

[55] DAS 1158713 (1961), F. P. 1333264 (1962) Röhm & Haas G.m.b.H., T. Völker et H. Knöll.

[56] DBP 945989 (1954) Röhm & Haas G.m.b.H., T. Völker.

[57] Czeratzki, W.: Landbauforsch. Völkenrode, H. 4, 83 (1957); Homrighausen, E.: Technik und Landwirtschaft **15**, 354 (1957); Homrighausen, E.: International Symposium on Soil Structure, Ghent, May 28—31, 73 (1958); Kuron, H., H. Glathe und E. Homrighausen: Zbl. Bakt. Parasitenk., Abt. II, **112**, 204 (1959); Homrighausen, E.: Z. Pflanzenernähr. **78**, 38 (1957); Tallarico, L. A., A. C. Ferreiro und F. S. Stillo: IDIA (Argentinien) 45 (1961); Paxinos, S. A., und K. A. Alexiades: Aristotelion Panepistimion Thesalonikis Epiteris tes Geoponikes Kai Desalogikes Scholes **1961**, 31 (II, H.).

[58] Yoder, R. E.: Am. Soc. **28**, 337 (1936).

[59] Kretz, R., und T. Völker: Landwirtschaftl. Forschg. **17**, 83 (1964).

(= Verteuerung von Nahrungsmitteln), Steigerungen und Entwicklungen in der Kunststoffproduktion (= Verbilligung von Bodenverbesserungsmitteln) sowie Hebung der Kaufkraft in den Entwicklungsländern, kann diesen Mitteln für die fernere Zukunft doch eine Bedeutung zukommen, die den erarbeiteten Versuchsergebnissen entspricht. Man muß sich dabei vor Augen halten, daß in den betreffenden Ländern bei einer ausreichenden und verbesserten Wasserversorgung der Kulturböden mit bis zu drei Ernten pro Jahr gerechnet werden kann.

10. Anwendungen in der Medizin

Gewisse Anwendungsmöglichkeiten haben schließlich die Polymerisate der (Meth)acrylsäure auf dem Gebiet der Medizin gefunden. In ihrer Zusammensetzung abgestufte Copolymerisate, insbesondere der Methacrylsäure, werden in Form ihrer Lösungen in Isopropanol bzw. Aceton als sog. „*Dragierlacke*", d. h. als Mittel zum Überziehen von festen Arzneistoffen, verwendet[60]. Die speichelunlöslichen Lacke verhindern einmal eine Geschmacksbelästigung des Patienten und zum anderen eine vorzeitige Auflösung im Magen. Im Dünndarm wird der alkalilösliche Überzug abgebaut und das Medikament freigelegt. Ein entsprechender Lack, der an Stelle der Methacrylsäure den basischen Methacrylsäuredimethylaminoäthylester enthält, löst sich bereits im sauren Milieu des Magensaftes auf[61] (Eudragit ®).

Zum Füllen von Zahnkavitäten wurde u. a. eine Masse aus Polymethacrylsäuremethylester und monomerem Ester vorgeschlagen, die außer verschiedenen anderen Zusätzen noch 3% Methacrylsäure enthält[62]. Durch Zugabe der Carboxylverbindung soll eine bessere Haftung der auspolymerisierten Füllung erzielt werden.

11. „Ionomere"[63]

Durch Mischpolymerisation von Äthylen mit geringen Mengen carboxylgruppenhaltiger Monomerer (Acryl- oder Methacrylsäure) erhält man Produkte, die bei geeigneter Konfektionierung erstaunliche Eigenschaften aufweisen. Die Nachbehandlung der Produkte beruht auf einer partiellen Neutralisation der freien Carboxylgruppen durch Alkali- oder Erdalkalibasen. Die Ionomeren zeichnen sich als Thermoplaste dadurch

[60] DBP 859931 (1944) Röhm & Haas G.m.b.H., E. Trommsdorff und O. Grimm.

[61] DBP 1090381 (1958) Röhm & Haas G.m.b.H., T. Völker und F. Wenzel.

[62] DAS 1086430 (1953) Degussa, W. Querfurth und O. Schweitzer; A. P. 2794016 (1957) The L. D. Caulk Co., J. F. Glenn, J. J. Clancy, and R. S. Brenneman.

[63] Kline, G. M.: Mod. Plastics **42**, 117 (1964); Rees, R. W.: Mod. Plastics **42**, 98 und 209 (1964); Kunstst. **55**, 114 (1965), Referat; Randell, A. G.: Kunstst. **55**, 316 (1965).

aus, daß zwischen den einzelnen Ketten temporäre Vernetzungen durch Ionenverbindungen (über die Kationen) ausgebildet werden. Darüber hinaus sollen Wasserstoffbrücken zwischen den dissoziierten und freien Carboxylgruppen bestehen. Die ionogenen Quervernetzungen können bei erhöhter Temperatur reversibel gespalten werden, wodurch ein „Fließen", also ein thermoplastisches Verhalten des Materials ermöglicht wird. Durch den Carboxylgruppengehalt und die Art der Kationen werden die Eigenschaften der Ionomeren modifiziert.

Als erstes Ionomeres erschien von DuPont ein Produkt unter der Bezeichnung Surlyn ® A auf dem Markt. Dieses hochtransparente Produkt (Dichte etwa 0,93) entspricht hinsichtlich der Steifigkeit normalem Polyäthylen, weist jedoch eine höhere Wasserdampfdurchlässigkeit und höhere Beständigkeit gegenüber mineralischen, pflanzlichen und tierischen Ölen auf. Die Reißfestigkeit von Surlyn ® A liegt bei 250 bis 385 kp/cm^2, die Bruchdehnung bei 300 bis 400%, der E-Modul beträgt 2000 bis 3000 kp/cm^2, die Wärmeformbeständigkeit nach Vicat 70°, die Versprödungstemperatur liegt unterhalb von —105° (!).

Surlyn ® A kann zur Herstellung von porenfreien Beschichtungen auf z. B. Papier, zur Herstellung von Folien hoher Transparenz und Zähigkeit, für geblasene Flaschen, für Spritzgußteile, metallisierte Streifen für Autos, Rohre und Schläuche verwendet werden. Besondere Vorteile verspricht man sich bei der Herstellung elektrotechnischer Teile.

3.5.2 Polymere auf Basis von (Meth)acrylnitril

Von den beiden Polymeren hat Acrylnitril eine ungleich größere Bedeutung als sein Homologes. Die bevorzugte Art der Polymerisationsauslösung ist dabei die durch Radikale, während die ionische Polymerisation technisch bisher nicht durchgeführt wird. Von den anionischen Startern sind allgemein die Alkalimetalle[64] als solche oder in Form der Amide bzw. Alkoholate und die Grignardverbindungen[65] zu erwähnen.

A. Darstellung

1. Fällungspolymerisate

Für die Herstellung von Polyacrylnitril für Kunstfasern bedient man sich in hohem Maße der Fällungspolymerisation. Acryl- und Methacrylnitril lassen sich in verschiedenen organischen *Lösungsmitteln*[66] nach Art einer Fällungspolymerisation polymerisieren. Da Acrylnitril in Wasser

---

[64] Evans, M. G., W. C. Higginson et N. S. Wooding: R. **68**, 1069 (1949); Overberger, C. G., E. M. Pearce, and N. Mayes: J. Polymer Sci. **34**, 109 (1959).

[65] Beaman, R. G.: Am. Soc. **70**, 3115 (1948).

[66] DBP 1039700 (1957) Bayer, H. Gerber und R. Stroh; A. P. 2699433 (1950) DuPont, D. L. Green, and W. A. Hare; A. P. 2837559 (1954) Monsanto Chem. Co., J. F. Fields.

recht gut löslich ist, wird dieses in der Technik bevorzugt als Reaktionsmedium verwendet. Die Löslichkeit des Monomeren kann durch Zugabe von Methanol oder Aceton noch weiter gesteigert werden. Ein Zusatz von wenig Dimethylformamid[67] wirkt ebenfalls löslichkeitsverbessernd und bei völligem Ersatz des Wassers durch dieses oder andere stark polare Lösungsmittel[68] erhält man Polymerisatlösungen. Methacrylnitril ist in Wasser wesentlich schlechter löslich[69], läßt sich aber ebenfalls als Fällungspolymerisat in Wasser nach dem Zulaufverfahren herstellen[70].

Als *Beschleuniger* in wäßrigen Systemen dienen Peroxydisulfate[71], meist als Redoxsystempartner[72]. Zur zusätzlichen Aktivierung können geringe Mengen an Schwermetallionen zugesetzt werden[73]. Als Reduktionsmittel verwendet man im sauren Bereich bei Temperaturen von 40 bis 60° besonders Natriumhydrogensulfit[74], Alkalidisulfite[75] und Formaldehydsulfoxylat[76], im alkalischen Bereich bei 20 bis 40° wasserlösliche Amine[77], wie Triäthanolamin[78].

Der pH-Wert steuert über die Radikalkonzentration indirekt den Polymerisationsgrad[79]. Im Redoxsystem Peroxydisulfat-Hydrogensulfit erhält man z. B. in einem pH-Bereich von 2,5 bis 3,5 die niedrigsten Molekulargewichte[79]. Wird der Ansatz stark alkalisch, so kann als Nebenreaktion die Bildung von β-Oxypropionitril auftreten; außerdem verschlechtern sich Farbe und Löslichkeit der Endprodukte[80].

Als *Regler* eignen sich besonders die wasserlöslichen Mercaptane[81].

Im technischen Maßstab polymerisiert man nach kontinuierlichen Verfahren in V2A- oder emaillierten Reaktionsgefäßen. Als Endprodukt fällt eine 10- bis 15%ige Polyacrylnitril-Aufschlämmung an, die filtriert, mehrmals gewaschen und getrocknet wird.

---

[67] A. P. 2587465 (1948) Monsanto Chem. Co., G. E. Ham, and E. C. Chapin.

[68] Thomas, W. M., E. H. Gleason, and J. J. Pellon: J. Polymer Sci. **17**, 275 (1955).

[69] Kern, W., und H. Fernow: J. pr. **160**, 296 (1942).

[70] A. P. 2663701 (1951) Shell Dev. Co., G. S. Ronay, and J. R. Vinograd.

[71] A. P. 2654731 (1951) DuPont, H. T. Patterson.

[72] Bacon, R. G. R.: Trans. Faraday Soc. **42**, 140 (1946); Davis, P., M. G. Evans, and W. C. E. Higginson: Soc. **1951**, 2563.

[73] A. P. 2601293 (1950) DuPont, E. G. Howard.

[74] DBP 970964 (1952), A. P. 2847408, Vereinigte Glanzstoff-Fabriken, E. Pirot; Bacon, R. G. R.: Trans. Faraday Soc. **42**, 140 (1946); Campbell, C. H.: J. Polymer Sci. **35**, 413 (1958).

[75] Hunyar, A., und H. Reichert: Faserforsch. u. Textiltechn. **5**, 1 (1954); A. P. 2693462 (1951) DuPont, A. P. Guess, and W. B. McCaskill.

[76] Kerber, R., und F. Patat: Ang. Ch. **70**, 339 (1958).

[77] DBP 901112 (1951) Bayer, I. Dennstedt und W. Wiesemann.

[78] DRP 907220 (1941) BASF, H. Fikentscher u. a.

[79] A. P. 2628223 (1949) DuPont, J. C. Richards.

[80] Schurz, J.: J. Polymer Sci. **28**, 438 (1958).

[81] A. P. 2974123 (1957) DuPont, C. C. Ketterer.

2. Substanzpolymerisate

Die Homopolymerisation des Acrylnitrils in Substanz[82] wird, da sie kaum beherrscht werden kann, technisch nicht durchgeführt, wohl aber die Copolymerisation, z. B. mit Methacrylsäuremethylester[83] (Sadur ®, Plexidur ®, vgl. S. 254). Die Darstellung dieser Produkte erfolgt analog der entsprechenden Polymerisation von Methacrylsäuremethylester.

3. Lösungspolymerisate

Bei Polyacrylnitril ist das α-Wasserstoffatom beweglich und kann zum Nitrilstickstoffatom einer benachbarten Kette eine Protonenbrücke ausbilden. Dadurch löst sich das Polymere nur in Lösungsmitteln, die diese Wasserstoffbrücken aufspalten können[84]. Solche Lösungsmittel besitzen ebenfalls Atome mit einem einsamen Elektronenpaar, welches mit den α-Wasserstoffatomen des Polyacrylnitrils neue Protonenbrücken bildet. Polymethacrylnitril besitzt keine α-Wasserstoffatome und löst sich deshalb in üblichen Lösungsmitteln (z. B. Aceton).

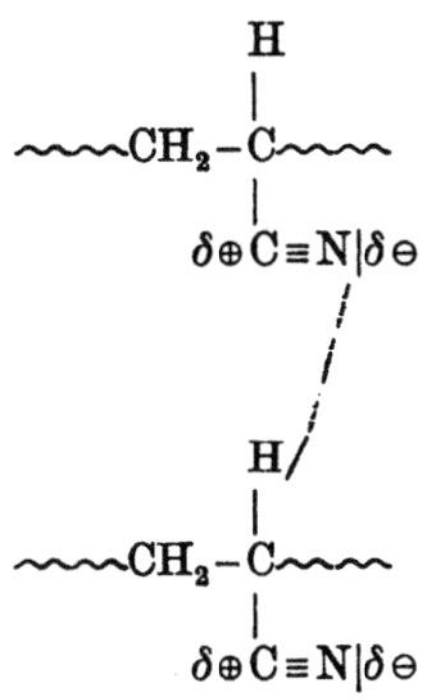

Als *Lösungsmittel* für Polyacrylnitril seien vor allem Dimethylformamid[85], dann γ-Butyrolacton[86], Äthylencarbonat[87], Rhodanidlösungen[88] und verschiedene konzentrierte Salzlösungen[89] angeführt, die besonders

---

[82] THOMAS, W. M., and J. J. PELLON: J. Polymer Sci. **13**, 330 (1954).

[83] DBP 963476 (1954) Röhm & Haas G.m.b.H., K. TESSMAR.

[84] DAS, S. K., S. R. CHATTERJEE, and S. R. PALIT: Pr. roy. Soc. **227**, 252 (1955); ULBRICHT, J.: Faserforsch. u. Textiltechn. **11**, 62 (1960); THOMAS, W. M., E. H. GLEASON, and J. J. PELLON: J. Polymer Sci. **17**, 275 (1955).

[85] DBP 915034 (1942) Cassella, H. REIN.

[86] DBP 888764 (1941) Cassella, H. REIN.

[87] A. P. 2601254 (1949) Industrial Rayon Co., H. A. BRUSON, and T. W. RIENER.

[88] DBP 862515 (1944) Röhm & Haas G.m.b.H., K. TESSMAR.

[89] DRP 631527 (1934), A. P. 2140921, I. G., H. REIN; A. P. 2605246 (1951) Am. Cyanamid Co., A. CRESSWELL, and P. W. CUMMINGS jr.; DAS 1190179 (1959) Phrix-Werke A. G., R. PFLUGER und W. IRION.

hinsichtlich der Verwendung des Polymeren als Fasermaterial von Interesse sind, da man aus der Lösung direkt verspinnen kann[90]. Zur Initiierung bedient man sich anorganischer[91] Beschleuniger, eventuell unter Zusatz von Reduktionsmitteln[92] oder man löst die Polymerisation durch Azoisobuttersäuredinitril[93] bzw. organische Peroxyde[94] aus.

Während sich bei Verwendung von Dimethylformamid als Lösungsmittel und Redoxsystemen farblose Polymere mit geeignetem Molekulargewicht herstellen lassen[95], führt die Verwendung der meisten anderen Lösungsmittel zu verfärbten Produkten niederen Molekulargewichtes[93].

Im Hinblick auf ihre bekannte chemische Agressivität ist es überraschend, daß neuerdings Substanzen, wie Schwefelsäure und konzentrierte Salpetersäure als brauchbare und technisch attraktive Lösungsmittel für Polyacrylnitril erprobt und zum Teil bereits mit Erfolg verwendet werden (z. B. Cashmilon®-Faser). Durch besondere schonende Polymerisations- und Auflöseoperationen kann ein schädlicher Säureeinfluß auf die Faser vermieden werden und das relativ teure und physiologisch nicht unbedenkliche Dimethylformamid gegen zum Teil quantitativ auswaschbare (HNO_3) und leicht regenerierbare sowie sehr billige Lösungsmittel ausgetauscht werden[96].

4. Emulsionspolymerisate

Die Polymerisation in Emulsion ist das Mittel der Wahl zur Herstellung von ABS-Kunststoffen und Acrylnitril-Kautschuk (Perbunan ®) und wird auf S. 255 beschrieben.

5. Anionisch dargestellte Polymerisate

Abgesehen von den Homopolymerisaten der höheren α-Alkylacrylnitrile sind bisher noch keine technisch interessanten Produkte auf diesem Wege gewonnen worden.

---

[90] Hunyar, A., und V. Gröbe: Faserforsch. u. Textiltechn. **6**, 496 und 548 (1955).

[91] DAS 1052687 (1957) Deutsche Akad. d. Wissensch., A. Hunyar und E. Roth; E. P. 815331 (1950) Courtaulds Ltd., B. W. Brook, and H. D. Mackenzie.

[92] DAS 1088715 (1957) Courtaulds Ltd., V. I. Furness.

[93] E. P. 830830 (1957) Courtaulds Ltd., R. J. Starkey, and R. F. Sheppard; Thomas, W. M., E. H. Gleason, and J. J. Pellon: J. Polymer Sci. **17**, 275 (1955).

[94] DAS 1066355 (1957) Deutsche Akad. d. Wissensch., A. Hunyar und E. Domanski; A. P. 2356767 (1940) Am. Cyanamid Co., E. L. Kropa.

[95] Ulbricht, J.: Faserforsch. u. Textiltechn. **12**, 108 (1961); F. P. 1337003 (1962) Am. Viscose Corp., M. F. C. Bender.

[96] DBP 969053 (1951), E. P. 701652, F. P. 1039360, P. Halbig; DBP 817812 (1950) BASF, R. Gäth; Schweiz. P. 373860 (1958) Lonza A. G., P. Halbig und C. Nordmann; DDRP 35278 (Schweiz. Prior. 1962) Lonza A. G., R. Dagon und C. Nordmann; DBP 1074209 (1958), E. P. 944620, Phrix-Werke A. G., W. Harz, W. Irion, and G. Trautmann.

Bei der anionischen Polymerisation von Acrylnitril in unpolaren Lösungsmitteln und bei tiefen Temperaturen entstehen Polymerisate, die farblos sind, hohes Molekulargewicht aufweisen und IR-spektrometrisch den radikalisch polymerisierten gleichen[97].

Methacrylnitril läßt sich mit n-Butyl-Lithium in geeigneten Lösungsmitteln (Toluol, Dioxan, Tetramethylensulfon) bei tiefen Temperaturen polymerisieren[98]. Auch die Initiierung durch andere metallorganische Verbindungen in Ätherlösung ist beschrieben[99].

Über die kristallinen Homopolymeren von α-Äthyl-[100], α-n-Propyl- und α-i-Propylacrylnitril berichteten G. NATTA u. Mitarb.[101]. Diese Polymerisate weisen bemerkenswert hohe Erweichungspunkte und technisch interessante Eigenschaften auf (vgl. S. 201).

B. Eigenschaften und Verwendung

1. Fasern

Eines der wichtigsten Anwendungsgebiete von Polyacrylnitril ist die Herstellung von Fasern, wobei an das Monomere sehr hohe Anforderungen hinsichtlich Reinheit gestellt werden. Man geht dabei durchwegs von Lösungen des Polymeren aus, da die Zersetzungstemperatur von Polyacrylnitril unter seiner Schmelztemperatur liegt und man deshalb nicht nach einem Schmelzspinnverfahren arbeiten kann. Ein bevorzugtes Lösungsmittel ist Dimethylformamid[102], neuerdings auch Dimethylsulfoxyd, Äthylencarbonat, Schwefelsäure und Salpetersäure der aceotropen Zusammensetzung[96].

Um Fasern mit guten mechanischen Eigenschaften zu erhalten, muß auf optimales Molekulargewicht, welches bei 3,5 bis etwa 6.10^4 liegt, geachtet werden[103]. Bei der Darstellung aus Dimethylformamidlösungen wendet man meist das Trockenspinnverfahren an, d. h. es wird eine Spinnlösung (etwa 20- bis 25%ig in Dimethylformamid) durch eine Düse in einen auf über 200° geheizten Schacht gespritzt, in welchem das Lösungsmittel verdampft. Die Spinnlösung muß gut evakuiert werden, um den schädlichen Einfluß des Sauerstoffs bei den hohen Spinntemperaturen hintanzuhalten[104]. Wünscht man mattierte oder gefärbte Fäden, so setzt man Mattierungsmittel- bzw. Farbpasten kurz vor Eintritt in

---

[97] MILLER, M. L.: J. Polymer Sci. **56**, 203 (1962).
[98] A. P. 3087919 (1958) DuPont, W. K. WILKINSON.
[99] BEAMAN, R. G.: Am. Soc. **70**, 3115 (1948).
[100] Ind. eng. Chem. **46**, 804 (1954).
[101] F. P. 1317309 (1962) Montecatini, G. NATTA, G. DALL'ASTA et G. MAZZANTI.
[102] DBP 915034 (1942) Cassella, H. REIN.
[103] HILL, R.: Fibres of Synthetic Polymers, Elsevier Publ. Co., New York (1953).
[104] KOCH, P.-A.: Polyacrylnitril-Faserstoffe, Z. ges. Textil-Ind. **64**, 255 (1962).

den Spinnkopf zu. Das Lösungsmittel wird im Kreislauf geführt und man reinigt es — falls nötig — durch Destillation. Naßspinnverfahren für Dimethylformamidlösungen sind ebenfalls beschrieben[105], wobei als Fällbad Glycerin von 130 bis 140° Verwendung findet[104].

Polyacrylnitrilspinnlösungen in verseifend wirkenden Lösungsmitteln, z. B. Salpetersäure mit Prozentgehalten von mehr als 50 (meist um 60 bis 66) werden naturgemäß bei möglichst tiefen Temperaturen und ebenfalls durch Fällung, d. h. nach einem Naßspinnverfahren, verarbeitet. Als Fällbad dient meist eine wäßrige Säurelösung geringerer Stärke, z. B. eine maximal 50%ige Salpetersäure[106].

Bei allen Spinnverfahren wird die Faser zur Nachbehandlung bei erhöhter Temperatur auf das Vier- bis Zehnfache gereckt. Durch die dabei stattfindende Orientierung erhöht sich die Festigkeit in der Reckrichtung beträchtlich.

Polyacrylnitril-Faserstoffe[104] zeichnen sich durch hervorragende Licht- und Wetterbeständigkeit, starke Bauschkraft, hohes Wärmerückhaltevermögen und geringes spezifisches Gewicht aus. Die Beständigkeit gegen Säuren und Lösungsmittel ist ebenfalls gut, gegen schwache Alkalien ausreichend. Von Bakterien, Pilzen und Insekten werden Polyacrylnitril-Faserstoffe nicht angegriffen. Der Erweichungspunkt liegt je nach Fabrikat zwischen 235 und 330°.

Dank ihrer Eigenschaften werden Polyacrylnitril-Faserstoffe für Kleidung (besonders flauschige Textilien, Regenmäntel, Tropenkleidung), Schlafdecken, Vorhänge, Zeltstoffe und Wagenplanen verwendet.

Die für technische Verwendungen entwickelte Dralon ®-T-Faser der Farbenfabriken Bayer eignet sich zur Herstellung von Filtertüchern[107]. Als Vorteile werden bei der Naßfiltration die Verrottungsbeständigkeit (Möglichkeit der Lagerung im feuchten Zustand), hydrolytische Beständigkeit, hohe Lebensdauer und leichte Ablösbarkeit des Filtergutes, bei der Trockenfiltration von technischen Stäuben die gleichbleibende Luftdurchlässigkeit infolge geringen Quellvermögens und das hohe Staubrückhaltevermögen herausgestellt.

Bei der Herstellung von Filzen werden Spezialnadeln mit Widerhaken durch das Material auf- und abgezogen, die Fasern verschlungen und mit der Gewebeunterlage verbunden.

Der Umfang der Produktion an Acrylnitrilfasern ist beträchtlich. Innerhalb der Weltproduktion an synthetischen Fasern entfallen bereits 16% auf Acrylnitrilpolymere. Außer der oben genannten Markenbezeichnung Dralon ® existieren noch zahlreiche andere Markennamen von

[105] A. P. 2847389 (1953) Am. Cyanamid Co., R. D. Evans; E. P. 811638 (1959) Courtaulds Ltd.; DBP 969053 (1951), E. P. 701652, F. P. 1039360, P. Halbig.

[106] Schweiz. P. 373860 (1958) Lonza A.G., P. Halbig und C. Nordmann.

[107] Kniep, E.: Chemiefasern 4, 260 (1964).

Acrylnitril-Homopolymerisaten, die das weltweite Interesse an diesem synthetischen Faserprodukt illustrieren.

Wir bringen als Beispiele einige bemerkenswerte *Copolymerisate* mit überwiegendem Acrylnitrilanteil:

Acrilan ®	Chemstrand Corp. (USA)	Comonomeres: Vinylacetat Darstellung nach Naßspinnverfahren
Creslan ®	Am. Cyanamid Co. (USA)	Comonomeres: Methylmethacrylat
Dynel ®	Carbide & Carbon Chem. Corp. (USA)	Comonomeres: Vinylchlorid Die Darstellung der endlosen Fäden erfolgt nach Trokkenspinnverfahren, die der Stapel durch Naßspinnverfahren

Polyacrylnitril läßt sich nur außerordentlich schwer anfärben, da sein Wasseraufnahmevermögen zu gering ist. Um dem abzuhelfen, polymerisiert man Acrylnitril in Gegenwart von Hochpolymeren, die eine gute Affinität zu Wasser aufweisen[108]. Die resultierenden Pfropfpolymerisate lassen sich leichter anfärben, behalten aber im übrigen ihre physikalischen Eigenschaften. Als „Rückgrad" für die Pfropfpolymerisation werden vielfach Derivate des Polyacrylamids verwendet, wie z. B. Poly-N-methyacrylamid[109], Poly-N-methylmethacrylamid[110] oder Poly-N-acetyl-(meth)acrylamide[111]. Die Darstellung läuft im Prinzip so ab, daß man entweder die genannten Polymeren vorlegt, Acrylnitril zufügt und polymerisiert oder aber im gleichen Ansatz zuerst das Grundpolymerisat und anschließend das Pfropfpolymerisat herstellt[112].

Verbesserung der Anfärbbarkeit unter Beibehaltung der übrigen guten physikalischen Eigenschaften (hohe Einfriertemperatur) kann man meist nur durch Pfropfpolymerisation erreichen. Die Copolymerisation wird jedoch aus Verfahrensgründen sehr verbreitet angewendet, ist jedoch meist mit einem Abfall der Wärmeformbeständigkeit des Endproduktes verbunden.

Die sehr häufig praktizierte Copolymerisation von Acrylnitril mit Acrylsäuremethylester begünstigt die Diffusion der Farbstoffe in die Faser[113]. Um die Anfärbbarkeit der Polyacrylnitrilfaser zu verbessern,

---

[108] Ham, G. E.: Z. ges. Textil-Ind. **27**, 594 (1955).

[109] A. P. 2879253 (1954) Eastman Kodak Co., H. W. Coover jr.; DAS 1186629 (1955) Eastman Kodak Co., H. W. Coover jr. und D. J. Shields.

[110] A. P. 2657191 (1950), DAS 1019826 (1952) Eastman Kodak Co., H. W. Coover, and J. B. Dickey.

[111] A. P. 2719138 (1952) Eastman Kodak Co., H. J. Hagemeyer jr., and M. A. Perry.

[112] DAS 1015601 (1952) Eastman Kodak Co., H. W. Coover, and J. B. Dickey.

[113] Sundén, O.: Öst. Chemiker-Ztg. **62**, 162 (1961).

verwendet man auch schwerer zugängliche Comonomere (in sehr geringen Mengen bezogen auf Acrylnitril), die sich durch eine hohe Farbstoffaffinität auszeichnen, z. B. N-Vinylimidazol, Vinylpyridin, Vinylsulfonsäure, Vinylpiperazin, N-Allylnikotinamid, N-Allylisonikotinamid, Nikotinsäureallylester, Allylisonikotinsäureester u. a. m.

Die Umsetzung von Methylenbisacrylamid oder Hexahydro-1,3,5-triacryloyl-s-triazin mit Natriumbisulfit und gegebenenfalls mit Aminen (z. B. Guanidin) liefert Monomere, die, mit überwiegendem Anteil Acrylnitril copolymerisiert, den Weißgrad, die Formbeständigkeit und die Hitzebeständigkeit der aus ihnen hergestellten Fasern und auch das Aufnahmevermögen für basische Farbstoffe verbessern[114].

Setzt man als mehrfunktionelles Monomeres Hexahydro-1,3,5-triacryloyl-s-triazin während der Polymerisation in sehr geringen Mengen zu, so erhält man verzweigte und vernetzte Polymere, die als Fasern hinsichtlich Reißfestigkeit und Scheuerfestigkeit verbesserte Werte zeigen. Die Polymerisate sind in Dimethylformamid und anderen Acrylnitrillösungsmitteln gut löslich[113].

Es sei auch erwähnt, daß aus den Polyacrylnitrilfasern nicht nur textile Gewebe, sondern ebenso papierähnliche Produkte hergestellt werden können[115].

2. Elastomere

Acrylnitril wird auch unter Zusatz anderer Monomerer in Emulsion copolymerisiert. Wählt man als überwiegendes Comonomeres Acrylsäurebutylester (85 bis 95%), so erhält man kautschukartige Produkte mit guten technischen Eigenschaften[116] (Acrylan Rubber ® der Monomer Corp.).

Für die Herstellung von synthetischem Kautschuk aus Copolymerisaten von Acrylnitril mit Butadien[117], eventuell unter Zusatz von Styrol[118] werden große Mengen an Acrylnitril verbraucht. Die Verwendung von Acrylnitril verbessert die Resistenz der Polymerisate gegen Benzin sowie gegen Fette und Öle, vermindert aber deren Elastizität[117].

Die Emulsionspolymerisation wird durch Persulfat bei 50° oder durch Redoxsysteme ausgelöst[119], wobei bei tiefer Temperatur gearbeitet wird

---

[114] DAS 1164667 (1959) Stockholms Superfosfat Fabr. A. G., O. Sundén und S. B. Stenemur.

[115] DAS 1155974 (1960) Monsanto Chem. Co., R. R. Holmes und N. T. Anderson.

[116] Hansen, J. E., and W. E. Palm: Rubber Age 75, 677 (1954); Mendelsohn, M. A.: Ind. eng. Chem., Prod. Res. and Dev. 3, 67 (1964).

[117] DRP 658172 (1930), A. P. 1973000, I. G., E. Konrad, W. Tschunkur, and H. Kleiner.

[118] DBP 883339 (1940) Bayer, H. Wolz, H. Holzrichter und R. Ludwig; A. P. 2791571 (1954) B. F. Goodrich Co., G. L. Wheelock, and G. P. Ferrini.

[119] Horn, M. B.: Acrylic Resins, Reinhold Publ. Corp., New York, 152 (1960); Wall, F. T. u. a.: Am. Soc. 70, 1031 (1948).

(„Cold-Rubber"). Als Regler kommen bestimmte Schwefelverbindungen (Diisopropylxanthogendisulfid = Diproxyd) in Frage, die stufenweise zugesetzt werden (Emulgator Nekal, Stabilisator Phenyl-β-naphthylamin). Um zu vermeiden, daß Regler oder Amine durch Acrylnitril cyanäthyliert werden, gibt man Puffersubstanzen zu, die ein Ansteigen des pH-Wertes über 10 verhindern. Man führt die Reaktion[120], die kontinuierlich in mehreren Druckkesseln durchgeführt wird, nicht bis zum vollständigen Umsatz (Polymerisationsdauer bei 25 bis 30° etwa 30 Stunden, Umsatz 75 bis 80%) und entfernt die restlichen Monomeren durch heißes Wasser und Dampf; sie werden bei weiteren Ansätzen wieder eingesetzt. Nach der Homogenisierung in großen Rührkesseln wird der Latex durch Zugabe von Elektrolyten koaguliert, schließlich gereinigt und getrocknet.

Technisch interessant sind auch Copolymerisate, die etwa 25 bis 40% Acrylnitril und 75 bis 60% Butadien enthalten (Perbunan ®). Durch das Acrylnitril wird einerseits die Quellbarkeit in unpolaren Lösungsmitteln (Ölen und Benzin) herabgemindert, andererseits die Löslichkeit in Aceton und Methyläthylketon und die Verträglichkeit mit polaren Weichmachern verbessert; die Vulkanisierfreudigkeit wird erhöht, die elastischen Eigenschaften und das Verhalten in der Kälte werden jedoch verschlechtert.

Einbau geringer Mengen (Meth)acrylsäure[121] verbessert die Filmeigenschaften und die Beständigkeit gegen Kohlenwasserstoffe. Solche Copolymerisate können durch polyvalente Metalloxyde (ZnO) vernetzt werden (vgl. auch „Ionomere", S. 244).

Mastiziert man Butadien-Acrylnitril-Copolymerisate mit Kaolin und versetzt sie mit diversen Zusätzen (ZnO, $MgCO_3$ u. a.) auf der Walze, so dient die Lösung des Walzfelles in verschiedenen Lösungsmitteln (Äthylacetat, Benzol, Trichloräthylen) als benzin- und mineralölbeständiger Klebstoff[122]. Zur Verbesserung der Wirkung werden noch geringe Mengen an Kunstharzen zugesetzt und der Film durch Polyisocyanate (Triphenylmethan-4,4',4''-triisocyanat) vernetzt.

Acrylnitrilkautschuk besitzt außer der guten Beständigkeit gegen Öle und Lösungsmittel auch gute Wärmebeständigkeit und geringe Gasdurchlässigkeit. Die Eigenschaften der Produkte können in weiten Grenzen abgeändert werden, indem man entweder verschiedene Verhältnisse der Ausgangsmonomeren wählt oder Zusätze anderer Vinylverbindungen wie (Meth)acrylsäureester[123] oder -amide[124] zugibt oder die Reaktion

---

[120] SCHNEIDER, P. u. a.: Ullmann **9**, 321 ff. (1957).

[121] BROWN, H. P., and C. F. GIBBS: Ind. eng. Chem. **47**, 1006 (1955).

[122] SCHNEIDER, P. u. a.: Ullmann **9**, 594 (1957).

[123] A. P. 2386661 (1942) Wingfoot Co., A. M. CLIFFORD, and W. D. WOLFE; A. P. 2384568 (1940) B. F. Goodrich Co., W. L. SEMON.

[124] A. P. 2384574 (1942) B. F. Goodrich Co., W. D. STEWART, and B. M. G. ZWICKER.

nach Art einer Pfropfpolymerisation durchführt. Im letzteren Fall kann man einen Fremdlatex vorlegen und Acrylnitril in diesem zur Polymerisation bringen[125] oder verschiedene andere Monomere, wie Butadien und Styrol in einer Polyacrylnitrildispersion polymerisieren[126].

Butadien-Acrylnitril-Dispersionen (etwa 33% Acrylnitril) erhöhen die Flexibilität, Dehnbarkeit, Einreißfestigkeit und besonders die Ölfestigkeit von Papieren[127]. Sie werden in der Papierindustrie bevorzugt für Lederimitationen, Tapeten und Verpackungsmaterial herangezogen. Eine Aufgliederung dieser Dispersionen nach Verwendungszwecken für das Jahr 1963 in den USA gibt Tabelle 24 (Mengen in t)[128].

Tabelle 24. *Verwendung von Polyacrylnitrildispersionen in den USA*

Verwendungszweck	Menge (t)
Papierimprägnierung	5400
Binder für Vliese	2300
Textilindustrie	1800
Kleber	1100
Lederausrüstung	700
Verschiedene Zwecke	2300
	13600

3. Feste Werkstoffe

a) Copolymerisate mit Methacrylsäuremethylester

Acrylnitril wird auch als Comonomeres bei der Polymerisation in Substanz von Acryl- und Methacrylsäureestern verwendet[129]. Geringe Zusätze verbessern die Beständigkeit der Esterpolymerisate gegen viele Lösungsmittel. In Zusätzen über 50% erhöht Acrylnitril die Schlagfestigkeit und Bruchdehnung eines Copolymerisates mit Methacrylsäuremethylester. Die Wärmeformbeständigkeit wird jedoch erniedrigt, da durch den Einbau von Acrylnitril die für die Einfriertemperatur verantwortliche Steifheit der Kette, welche auf die α-Methylgruppen des Methacrylsäuremethylesters zurückzuführen ist, verloren geht. Dieser Verlust wird erst bei hohen Acrylnitrilgehalten durch die Wirksamkeit der Protonenbrücken zwischen den Acrylnitrilbausteinen verschiedener Ketten kompensiert. Die unter den Markennamen Plexidur ® (Röhm & Haas GmbH.) bzw. Sadur ® (Resart Ges.) vertriebenen Werkstoffe

[125] E. P. 649166 (1948) United States Rubber Co.; A. P. 2623032 (1948) Standard Oil Dev. Co., F. W. BANES, and E. ARUNDALE.

[126] A. P. 2538779 (1946) B. F. Goodrich Co., S. A. HARRISON, and W. E. BROWN.

[127] Canad. P. 630517 (1958) Am. Cyanamid Co., D. D. RITSON.

[128] Chem. Engng. News **42**, 32 (1964).

[129] DRP 701914 (1938) Röhm & Haas G.m.b.H., W. BAUER und F. ESSER, Zusatzpatent zu DRP 700176 (1937) Röhm & Haas G.m.b.H., W. BAUER; A. P. 2412034 (1942) General Electric Co., G. F. D'ALELIO; TESSMAR, K.: Kunststoffe. **43**, 498 (1953); DAS 1181418 (Am. Prior. 1959) Baker Chem. Corp., C. H. SCHRAMM, and C. B. MILLER.

(70% Acrylnitril, 30% Methacrylsäuremethylester[130]) weisen gegenüber Acrylglas bessere mechanische Eigenschaften (höhere Zähigkeit) und chemische Resistenz auf. Der Vicatwert (Erweichungstemperatur) liegt jedoch etwas tiefer, auch besitzt das Material eine gelbliche Eigenfarbe und läßt sich nicht im Spritzgußverfahren verarbeiten. (Eine tabellarische Zusammenfassung der Eigenschaften wird wegen besserer Vergleichsmöglichkeiten mit anderen Werkstoffen in Kapitel 3.5.4, S. 295 gebracht).

b) ABS-Copolymerisate

Die Erzeugung der Acrylnitril-Butadien-Styrol-Copolymerisate (ABS-Kunststoffe[131], z. B. Cycolon ®, Marbon Chem. Co.), die sich besonders durch ihre hohe Schlagfestigkeit, Härte und gute Beständigkeit gegen Chemikalien und Wärme auszeichnen, hat sich in den USA von 1960 bis 1963 fast verdoppelt und befindet sich in weiterer Zunahme.

Chemisch bestehen die ABS-Kunststoffe entweder aus einer Mischung von Acrylnitril-Butadien-Latex und einem Acrylnitril-Styrol-Copolymerisat oder aus einem Pfropfpolymerisat von Acrylnitril und Styrol auf Polybutadien[132]. Dabei sind Mischungsverhältnisse und Polymerisationsgrad entscheidend für die Eigenschaften des Endproduktes.

Nach dem Verfahren der U. S. Rubber Co. wird Acrylnitril und Butadien bei 41° während 17 Stunden in Emulsion polymerisiert und anschließend mit Dampf die Restmonomeren abgeblasen. Getrennt von diesem Ansatz wird ein Copolymerisat von Acrylnitril (10 bis 40%) mit Styrol — ebenfalls nach dem Emulsionsverfahren — hergestellt und bis zum Bereiten der Mischung aufbewahrt. Schließlich werden beide Latices in einem bestimmten Verhältnis vermischt, wobei der Anteil des Acrylnitril-Butadien-Kautschuks 5 bis 50% betragen kann. Gleichzeitig werden organische Phosphite oder Phenole als Antioxydationsmittel zugegeben. Aus der Mischung wird der Feststoff durch Calciumchlorid oder eine Säure ausgefällt, filtriert und durch Heißluft getrocknet. Schließlich wird der ABS-Kuchen noch mit Pigmenten und anderen Additiven vermischt.

Wird nach der Methode der Pfropfpolymerisation gearbeitet, so läßt man ein Gemisch von Acrylnitril und Styrol unter Zusatz eines Beschleunigers (meist Kaliumperoxydisulfat) auf den Butadienlatex bei 40° unter

---

130 SCHEIBER, J.: Chemie und Technologie der künstlichen Harze, Wissenschaftl. Verlagsges. Stuttgart, Bd. 1, 681 (1961).

131 BASDEKIS, C. H.: ABS-Plastics, Reinhold Publ. Corp., New York (1965); HELGESON, J. A.: Western Plastics **10**, 29 (1963); WHITNEY, J. L.: Machine Des. **34**, 48 (1962); SCHWARTZ, E., and W. J. COUGHLIN: SPE Journal **20**, 51 (1964); DAS 1182831 (1961) W. R. Grace & Co., D. M. WACOME; BINOTTO, G., e E. RAMBALDI: Materie plast. **30**, 346 (1964).

132 KLEMA, F.: Kunststoffe-Plastics **1**, 17 (1963).

Druck einwirken. Die Weiterverarbeitung, d. h. Zugabe von Zusätzen, Ausfällen usw., erfolgt wie bei den Latexmischungen.

Wenn man Styrol und Butadien mit 20 bis 30% Acrylnitril copolymerisiert, so erhält man harte, transparente, thermoplastische Kunststoffe mit erhöhtem Erweichungspunkt (105 bis 115°) und gegenüber Polystyrol verbesserter Wetterbeständigkeit und chemischer Resistenz; außerdem sind die mechanischen Eigenschaften, wie Biege-, Druck- und Zerreißfestigkeit verbessert. Man arbeitet nach dem Emulsionsverfahren oder durch Polymerisation in Substanz. Das Material (z. B. Novodur ®, Bayer) läßt sich als Granulat durch Extrudieren oder Spritzgießen verarbeiten und findet hauptsächlich in Form von Rohren, Platten oder diversen Spritzgußartikeln Anwendung[133].

Die Eigenschaften von Novodur ® gehen aus der nachfolgenden Tabelle[133] hervor, wobei besonders auf die gute Schlagzähigkeit und Kerbschlagzähigkeit hingewiesen sei.

Tabelle 25. *Eigenschaften styrolhaltiger Werkstoffe*

Eigenschaften	Polystyrol. Substanzpolym.[134]	Modifiz. Polystyrolmischung mit ca. 14% Butadien	Copolym. Styrol-Acrylnitril (ca. 26,5% Acrylnitril)	Novodur® mit 10% TiO_2
Dichte	1,05	1,05	1,08	1,12
Schlagzähigkeit (kgcm/cm²)	20	nicht gebrochen	18	nicht gebrochen
Kerbschlagzähigkeit (kgcm/cm²)	2	12	2	20
Biegefestigkeit (kg/cm²)	1000	500	1400	650
Druckfestigkeit (kg/cm²)	900	400	1250	390
Zerreißfestigkeit (kg/cm²)	400	310	650	350
Dehnung (%)	2—3	25	2—3	30
Härte (°Shore, Skala D)	88	83	93	84
Erweichungspunkt nach Vicat (°C)	88	86	115	105
Erweichungspunkt nach Martens (°C)	70	68	84	77
Quellen in Benzin nach 8 Tagen (20°) in %	unbeständig	unbeständig	0,0	0,1
Durchschlagfestigkeit (kV/mm)	56	—	32	22
Spez. Durchgangswiderstand (Ω.cm)	10^{16}	etwa 10^{15}	1.10^{12}	$6,4.10^{11}$
Dielektrizitätskonstante 50 Hz	—	—	3,4	6,2
10^6 Hz	2,4	2,4	3,2	4,7
Verlustfaktor tg δ 50 Hz	—	—	0,016	0,100
10^6 Hz	2.10^{-4}	—	0,019	0,150

Gegen verdünnte und konzentrierte Alkalien ist Novodur ® beständig, ebenso gegen verdünnte Säuren, Testbenzin und mineralische, animalische

[133] SCHNEIDER, P., und A. WUNDERER: Kunstst. **47**, 147 (1957).
[134] OHLINGER, H.: Polystyrol. Berlin-Göttingen-Heidelberg: Springer 1955.

und vegetabilische Fette und Öle. Ester, Ketone, aromatische und halogenierte Kohlenwasserstoffe, Schwefelkohlenstoff und Äther quellen ebenso wie konzentrierte Säuren, die den Werkstoff zum Teil zerstören.

Infolge der Butadienkomponente tritt bei intensiver Sonnenbestrahlung Vergilbung auf; auch bei langandauernder Freibewitterung zeigt sich eine gewisse Schädigung.

Für das Extrudieren werden Arbeitstemperaturen von 190 bis 220° vorgeschlagen. Diese Verarbeitungsmethode eignet sich für Rohre, Platten und Profile. Beim Walzen des Materials sind Temperaturen von 160 bis 170° einzuhalten, beim Kalandrieren 180 bis 190°. Für den Spritzguß eignen sich besonders Maschinen mit Schneckenbeschickung.

Nach diesen oben erwähnten Methoden lassen sich also die verschiedensten Endprodukte herstellen, wobei besonders die Erzeugung von Rohren im Vordergrund steht.

4. Drahtlacke

An Drahtlacke werden hohe Anforderungen bezüglich Härte und Haftfestigkeit gestellt, während die Vergilbungsresistenz meist nicht so wesentlich ist. Diese Anforderungen — verbunden mit sehr guter Chemikalienbeständigkeit — werden von acrylnitrilhaltigen Dispersionen erfüllt, die mit Phenol-, Harnstoff- oder Melamin-Formaldehyd-Kondensaten (10 bis 15%) abgemischt und bei 200 bis 380° kurzzeitig eingebrannt werden.

Man polymerisiert beispielsweise[135] eine Mischung von 67 Teilen Acrylnitril, 28 Teilen Acrylsäurebutylester und 5 Teilen Acrylsäure in wäßriger Emulsion und vermischt die erhaltene Dispersion mit der wäßrigen Dispersion eines nicht plastifizierten Phenol-Formaldehyd-Harzes. Die Enddispersion wird bei etwa 360° auf Kupferdraht aufgezogen und ergibt harte Lacke mit besonders guter Spannungsfestigkeit und Benzolbeständigkeit.

5. Verschiedene technische Versuchsprodukte

Teilweise hydrolysiertes Polyacrylnitril kann als *Bodenverbesserungsmittel*[136] dienen (vgl. 3.5.1), wobei sich eine bessere Krümelstabilität ergibt und der Wasserhaushalt des Bodens reguliert wird.

Interessant ist die Möglichkeit, *Elastomere* aus Acrylnitril und Äthylen[137] oder *Copolymerisate* von Acrylnitril mit SO_2 in Gegenwart von Allylalkohol herzustellen. Dabei beteiligt sich das Schwefeldioxyd am Aufbau des Makromoleküls stets nur in den Mengen, die dem Allylalkoholanteil äquivalent sind[138].

[135] Österr. P. 226435 (1960) BASF, H. Pohlemann u. a.

[136] Römpp, H.: Chemie Lexikon, 5. Aufl., Franckh'sche Verlagshandlung Stuttgart, 571 (1962).

[137] E. P. 951025 (1962) DuPont.

[138] DBP 1068894 (1958) BASF, K. Jost.

Um Cellulose oder bereits geformten Celluloseprodukten (Filme, Fäden, Papier) verbesserte Eigenschaften hinsichtlich Chemikalienbeständigkeit, Reißfestigkeit, Wasserabsorption u. a. zu verleihen, können diese Produkte mit Acrylnitril gepfropft werden[139], wobei als mögliche Reaktionsprinzipien die im Abschnitt über *Pfropfpolymerisate* (vgl. S. 192) geschilderten in Frage kommen.

3.5.3 Polymere auf Basis von (Meth)acrylamid

Methacrylamide und Acrylamide unterscheiden sich in der Reaktionsfähigkeit und zwar polymerisieren Methacrylamide langsamer[140]; auch mit steigender Größe der Substituenten sinkt die Polymerisationsgeschwindigkeit[141].

Monomeres Acryl- und Methacrylamid sind feste Substanzen, die sich in Wasser und einigen anderen polaren Lösungsmitteln[142] (Eisessig, Formamid, Äthylenglykol) lösen. Wasser ist das bevorzugte Polymerisationsmedium für diese Monomeren. Die Löslichkeit der N-substituierten Amide hängt vom Substituenten ab.

A. Darstellung

1. Lösungspolymerisate

Die Homopolymerisation der Amide[143] oder die Copolymerisation von Acryl- mit Methacrylamid in verschiedenen Mengenverhältnissen[144] in wäßriger Lösung kann infolge *Imidbildung* zu teilweise unlöslichen Produkten führen. Dies tritt besonders im sauren Gebiet[145] und bei höherer Temperatur auf[146]. (Bei zu stark alkalischem pH werden die Amidgruppen verseift[147]).

Bei Polymerisation in Wasser-Alkohol-Gemischen[148] (es genügt der

---

[139] SCHURZ, J.: Papier **16**, 525 (1962).

[140] PARROD, J., and J. ELLES: J. Polymer Sci. **29**, 411 (1958); Diskussionsbemerkung.

[141] RAUCH-PUNTIGAM, H.: Houben-Weyl-Müller XIV/1, 1027 (1961).

[142] A. P. 2713041 (1954) Am. Cyanamid Co., H. Z. FRIEDLANDER, and W. A. BARBER; A. P. P. 2780610 (1954) und 2798058 (1954) Am. Cyanamid Co., W. A. BARBER, and H. Z. FRIEDLANDER.

[143] SCHULZ, R., G. RENNER, A. HENGLEIN und W. KERN: Makromolekulare Chem. **12**, 20 (1954).

[144] DBP 964902 (1955) BASF, H. FIKENTSCHER und H. WILHELM; C. **1958**, 10215.

[145] A. P. 2486190 (1946) Eastman Kodak Co., L. M. MINSK, and W. O. KENYON; Chem. Abstr. **44**, 1750 (1950).

[146] STAUDINGER, H., und E. URECH: Helv. **12**, 1107 (1929); CRAUWELS, K. et G. SMETS: Bull. Soc. chim. belges **59**, 182 (1950).

[147] ARCUS, C. L.: Soc. **1949**, 2732; SCHULZ, R., G. RENNER, A. HENGLEIN und W. KERN: Makromolekulare Chem. **12**, 20 (1954).

[148] A. P. 2486191 (1946) Eastman Kodak Co., L. M. MINSK, W. O. KENYON, and J. H. VAN CAMPEN; C. **1950** II, 2979; Canad. P. 658808 (1958) Am. Cyanamid Co., H. P. WOHNSIEDLER, and R. H. HUNT; „Acrylamide, Technical Bulletin", Firmenschrift der Am. Cyanamid Co.

Zusatz weniger Prozente Isopropanol) erhält man infolge der Reglerwirkung der Alkoholzusätze Polymere mit herabgesetztem Molekulargewicht und guter Wasserlöslichkeit. Auch durch Einbau geringer Mengen von Carboxylgruppen[149] (Copolymerisation mit (Meth)acrylsäure oder Teilverseifung der Amidgruppen) und nachträgliche Neutralisation erhält man klare Lösungen. Bei Methacrylamid wird auch die Copolymerisation mit mindestens 6% Vinylpyrrolidon[150] vorgeschlagen.

Bei der Polymerisation von Acrylamid in Wasser erreicht man durch Zusätze von Kupferionen eine Herabsetzung der Polymerisationsgrade und kann so Lösungen mit Konzentrationen bis 50% herstellen[151]. Hochviskose, wäßrige Lösungen von Polyacrylamid gewinnt man, indem man bei Erreichen der hochviskosen Phase mit Wasser fortlaufend verdünnt[152].

Als *Beschleuniger* werden in wäßriger Lösung bevorzugt anorganische Peroxyde (Redoxsysteme[153,154]) und eventuell Azoisobuttersäuredinitril eingesetzt (Verwendung von $FeCl_3$ siehe [155]). Legt man Wert auf besonders reine Produkte, so verwendet man Wasserstoffperoxyd[153].

Geringe Mengen von Restmonomeren werden nach der Polymerisation durch Addition von Aminen oder Ammoniak an die Doppelbindung[156] oder durch Sulfitzugabe[157] unschädlich gemacht. Durch Zusatz wasserlöslicher Nitrite verbessert sich die Stabilität von Acrylamidpolymerisaten in Wasser[158].

Unter den N-Derivaten der (Meth)acrylamide haben besonders die *Methylolverbindungen* und *verkappten Methylolverbindungen*[159], das

[149] DRP 697481 (1936) I. G., H. FIKENTSCHER und A. STEINHOFER; Chem. Abstr. **35**, 6699 (1941); DBP 859931 (1944) Röhm & Haas G.m.b.H., E. TROMMSDORFF und O. GRIMM; C. **1953,** 4909.

[150] DBP 954197 (1953), E. P. 757770 (1954) BASF, H. FIKENTSCHER, and H. WILHELM; C. **1957**, 6004.

[151] DAS 1068013 (1958), Belg. P. 580663 (1959) Henkel & Cie., G.m.b.H., G. RENNER; A. P. 3086950 (1958) Henkel & Cie., G.m.b.H., G. RENNER.

[152] DAS 1155598 (1960) Hoechst, P. SEIBEL.

[153] SCHULZ, R., G. RENNER, A. HENGLEIN und W. KERN: Makromolekulare Chem. **12**, 20 (1954).

[154] DAS 1007503 (1953), F. P. 1104339 (1954) Bayer, H. LOGEMANN, R. SCHMITZ-JOSTEN et W. BECKER; C. **1958**, 14493 und **1957**, 9228; TALAMI, G., A. TUROLLA e E. VIANELLO: Chimica e Ind. **45**, 335 (1963); SUEN, T. J., Y. JEN, and J. V. LOCKWOOD: J. Polymer Sci. **31**, 481 (1958); DAS 1180523 (1962) Degussa, K. RINK und O. SCHWEITZER.

[155] CAVELL, E. A. S., and I. T. GILSON: Nature **202**, 1005 (1964).

[156] A. P. 2831841 (1956), DAS 1041248 (1957) The Dow Chemical Co., G. D. JONES; C. **1959**, 5642.

[157] DAS 1070377 (1958) The Dow Chemical Co., D. J. PYE.

[158] F. P. 1315527 (1962), DAS 1181905 (1962) The Dow Chemical Co., M. H. VOLK und R. R. FRABLE.

[159] MÜLLER, E., K. DINGES und W. GRAULICH: Makromolekulare Chem. **57**, 27 (1962).

sind Amidmethylenäther, -amine, -amide und -ester, technisches Interesse erlangt. Die Polymerisation dieser Verbindungen — besonders die des N-Methylol-(meth)acrylamids — muß unter schonenden Bedingungen erfolgen, um vorzeitige Vernetzung zu vermeiden[159]. Man wählt daher die Temperatur entsprechend niedrig und polymerisiert in verdünnter Lösung.

Um aus einer wäßrigen Lösung von Polymethylolacrylamid das Polymere in fester Form zu gewinnen[160], trocknet man die Lösung bei einem pH-Bereich von 6 bis 8,8 möglichst rasch ein. Das pulverförmige Endprodukt bleibt so wasserlöslich.

Da die ungesättigten Mannichbasen besonders reaktionsfähig sind, soll ein pH über 6 eingehalten werden. Die Amidmethylenäther sollen bei pH 4, die Amidmethylenamide bei pH 3 polymerisiert werden. Diese Abstufung der noch eben zulässigen pH-Werte gibt ein Bild der Reaktionsfähigkeit der Amidmethylengruppen der drei verschiedenen Monomerenklassen.

2. Fällungspolymerisate

Poly(meth)acrylamide lösen sich in den gebräuchlichen organischen Lösungsmitteln nicht, sondern fallen während der Polymerisation aus. Als Reaktionsmedium[161] für eine Fällungspolymerisation sei z. B. Dioxan, Methanol oder Toluol[162] genannt, als Starter Dibenzoylperoxyd oder Azoisobuttersäuredinitril[163].

Durch Fällungspolymerisation in mineralsaurer Lösung[164] erhält man Endprodukte, die durch Sekundärreaktionen verändert sind.

Will man wasserlösliche feste Polyacrylamide mit hohem Molekulargewicht erhalten, so polymerisiert man in Gemischen aus Aceton und maximal 10% Wasser[165]. Das Polymerisat fällt in körniger Form an und ist vollkommen wasserlöslich.

Polymerisiert man N-Methylolmethacrylamid zusammen mit Acryl- und Methacrylamid in geeigneten organischen Lösungsmitteln, wie Kohlenwasserstoffen, Alkoholen und Estern, so fällt ein pulverförmiges Polymerisat aus, welches in Wasser leicht löslich ist[166].

[160] Canad. P. 663506 (1960) Am. Cyanamid Co., R. H. Hunt, and D. E. Nagy.

[161] A. P. 2661309 (1948) Hercules Powder Co., J. L. Azorlosa; A. P. 2718497 (1950) Union Oil Co., W. N. Oldham, and E. L. Kropa.

[162] Wilhelm, H., und G. Faulhaber: Ullmann **14**, 291 (1963).

[163] A. P. 2504074 (1945) General Aniline & Film Corp., G. D. Jones; Chem. Abstr. **44**, 6677 (1950); C. **1951** I, 793; A. P. 2486191 (1946) Eastman Kodak Co., L. M. Minsk, W. O. Kenyon, and J. H. van Campen; C. **1950** II, 2979; Arcus, C. L.: Soc. **1949**, 2732.

[164] DAS 1050063 (1954), F. P. 1130433 (1955) Wacker Chemie G.m.b.H., K. Meinel; C. **1958**, 8204.

[165] DAS 1124244 (1959) Bayer, G. Jennes und G. Scriba.

[166] DAS 1094455 (1959) BASF, H. Fikentscher, H. Wilhelm, E. Penning und D. Brüning.

3. Substanzpolymerisate

Durch Bestrahlung von festem Acrylamid mit γ-Strahlen[167] (vgl. S. 206) oder durch Erhitzen des Monomeren in Substanz auf etwa 150° [168] erhält man Produkte, deren Löslichkeit vom Grad der intermolekularen Vernetzung abhängt.

4. Emulsionspolymerisate

Für wasserunlösliche N-Alkylacrylamide ist die Polymerisation in Emulsion die bevorzugte Polymerisationsart[169]. Bei N-tert.-Butylacrylamid kann man beispielsweise das Natriumsalz des Sulfobernsteinsäuredioctylesters als Emulgator verwenden; die Polymerisationsauslösung erfolgt mit Alkaliperoxydisulfaten.

Emulsionscopolymerisate mit Acrylamid[170] bzw. diversen Methacrylamid-N-methylolalkyläthern[171] oder Mannichbasen des (Meth)acrylamids[172] sind beschrieben und stellen technisch interessante, härtbare Produkte dar.

5. Suspensionspolymerisate

Wird Acrylamid in fein verteilter flüssiger Form in Gegenwart eines Dispergiermittels (z. B. Polyvinylacetat) in einem organischen Reaktionsmedium polymerisiert, in welchem sich das Monomere nur wenig löst, so erhält man das Polymerisat in Form von Perlen oder in Form eines groben Pulvers[173]. Als Reaktionsmedien kommen vor allem Kohlenwasserstoffe in Frage, als Beschleuniger Alkaliperoxydisulfate, gegebenenfalls unter Zusatz von Reduktionsmitteln und auch diversen Reglern.

B. Eigenschaften und Verwendung

1. Poly(meth)acrylamid und Copolymerisate

a) Sedimentationshilfsmittel (vgl. auch S. 241)

Wasserlösliches Polyacrylamid mit geringen Mengen an sauren Gruppen (z. B. durch Copolymerisation mit (Meth)acrylsäure oder Styrol-

---

[167] HENGLEIN, A., und R. SCHULZ: Z. Naturf. **9** b, 617 (1954); SCHULZ, R., A. HENGLEIN, H. E. v. STEINWEHR und H. U. BAMBAUER: Ang. Ch. **67**, 232 (1955); MORAWETZ, H.: Chem. Průmysl **9/1**, 41 (1959); RESTAINO, A. J. u. a.: Am. Soc. **78**, 2939 (1956).

[168] STAUDINGER, H., und E. URECH: Helv. **12**, 1107 (1929); MOUREU, C.: Bl. **9**, 337 (1893); C. **1893** II, 66.

[169] A. P. 2790789 (1950), E. P. 694911 (1951) Celanese Corp. of America, A. L. MILLER; Chem. Abstr. **51**, 10129 (1957) und **48**, 9106 (1954).

[170] A. P. 2401885 (1945) B. F. Goodrich Co., W. L. SEMON; Chem. Abstr. **40**, 4907 (1946).

[171] MÜLLER, E., K. DINGES und W. GRAULICH: Makromolekulare Chem. **57**, 47 (1962).

[172] Österr. P. 235577 (1960) Bayer, K.-H. KNAPP, E. MÜLLER und K. DINGES.

[173] DAS 1110869 (1959) Henkel & Cie., G.m.b.H., H. ZOEBELEIN und M. DOHR.

sulfonsäure[174] oder durch partielle Verseifung von Acrylamid[175]) kann als Sedimentationshilfsmittel[176] dienen. Die zuzusetzenden Gaben sind außerordentlich gering und liegen in der Größenordnung von 0,001 bis 1 g pro kg Trockensubstanz der Suspension[177], das entspricht meist weniger als 1 g pro m³ Trübe. Die optimale Menge wird durch Zusatz verdünnter Lösungen des Polymeren zu den Trüben in Vorversuchen ermittelt.

Die Absetzgeschwindigkeit wird von verschiedenen Faktoren, wie

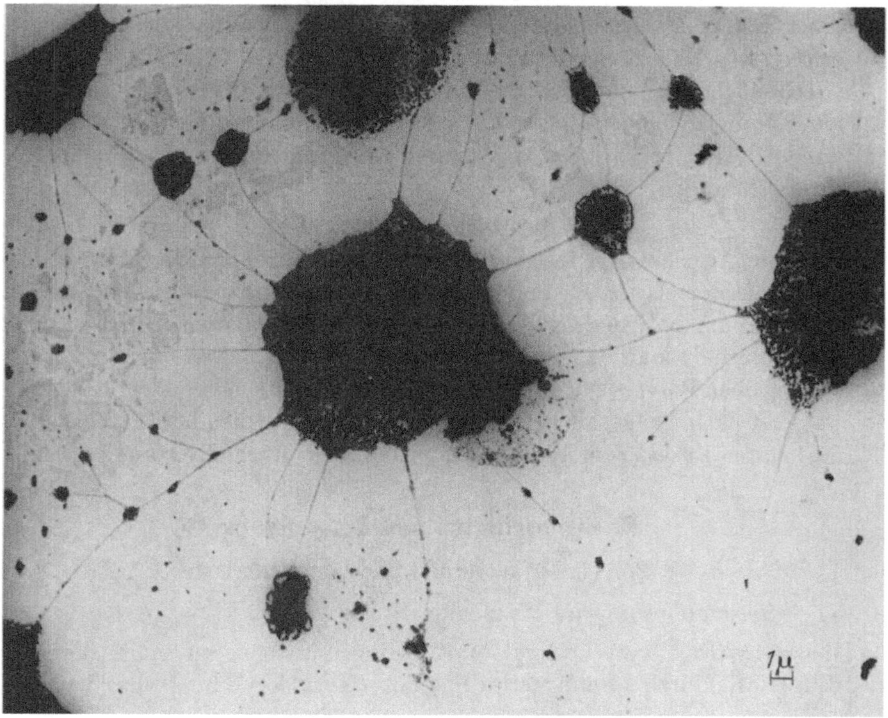

Abb. 9. Elektronenmikroskopaufnahme der Flockung von Kaolin mit Sedipur ® TF (BASF) in wäßriger Suspension. Die einzelnen Teilchen sind spinnfadenartig durch die Molekülketten des Flockungsmittels miteinander verbunden. Aus der durchschnittlichen Dicke der Polymerenketten läßt sich errechnen, daß es sich dabei um Bündel aus einigen Hunderten von Einzelketten handelt. [Aufnahme aus dem Ammoniaklaboratorium der BASF]

[174] E. P. 859269 (1959) The Dow Chemical Co., G. D. JONES.

[175] Belg. P. 533010 (1955) The Dow Chemical Co.

[176] A. P. 2625529 (1952) Monsanto Chem. Co., R. M. HEDRICK, and D. T. MOWRY; A. P. 2625471 (1952) Monsanto Chem. Co., D. T. MOWRY, and R. M. HEDRICK; MICHAELS, A. S.: Ind. eng. Chem. **46**, 1485 (1954); „Klären von Trüben", Firmenschrift der BASF (mit Literaturzusammenstellung); „Cyanamer P 26 ® und Cyanamer P 250 ®", Firmenschrift der Am. Cyanamid Co.

[177] DAS 1122461 (1954) The Dow Chemical Co., D. J. PYE, and J. A. PATTERSON.

z. B. Temperatur, pH-Wert, Art der zu klärenden Trübe, Feststoffgehalt, Korngröße, Salzgehalt, Viskosität des Mediums u. a. beeinflußt.

Voraussetzung für eine Koagulation der Feststoffe ist die Adsorption der kettenförmigen Polymeren an die zu flockenden Teilchen. Bei koagulierbarem Kaolin[178] wird eine kationische Doppelschicht um die Feststoffteilchen angenommen, wozu ausreichender Salzgehalt des Wassers erforderlich ist; notfalls muß Kalk zugegeben werden. Ist der Kalkgehalt zu gering, so sind Teilchen und Polyelektrolyt gleichartig geladen und es erfolgt keine Flockung. Die Bindung zwischen den Kettenmolekülen und den Silikaten erfolgt durch elektrostatische Kräfte und durch Wasserstoffbrückenbildung zwischen Carboxyl- bzw. Amidgruppen einerseits und dem gebundenen Sauerstoff der Aluminiumsilikat-Oberfläche andererseits.

Die Adsorption der Sedimentationshilfsmittel an Kaolin wird mit fallenden pH-Werten begünstigt, allerdings auch die Knäuelung der anionischen Polymerenketten. Der letztere Effekt tritt besonders bei Vorhandensein größerer Mengen Carboxylgruppen in der Kette in Erscheinung; bei vorwiegend aus Acrylamid aufgebauten Polymerisaten findet Knäuelung erst bei stark sauren pH-Werten statt. Ist die Knäuelung zu stark (pH zu tief), so wird die Brückenbildung zwischen den einzelnen Kaolinteilchen durch die fadenförmigen Makromoleküle und damit auch die Agglomerierung unmöglich.

Ist der Feststoffanteil in den Trüben zu gering, so erfolgt ebenfalls keine Flockung, da die einzelnen Teilchen zu weit voneinander entfernt sind.

Die Flockungsmittel gewinnen steigende praktische Bedeutung[179] in der Abwässerreinigung von Gas- und Hüttenwerken, in der Erzaufbereitung und im Stein- und Braunkohlenbergbau zur Klärung des Waschwassers und der Flotationsabgänge. In der Flotation von Erzen werden sie als „Schlammdrücker"[180] verwendet (Separan ® Dow Chemical Co., Sedipur ® BASF, Superfloc ® Am. Cyanamid Co., Rohafloc ® Röhm & Haas GmbH., Praestol ® Chem. Fabrik Stockhausen).

b) *Papierhilfsmittel*

Setzt man Copolymerisate von Acrylamid mit wenig Acrylsäure bei der Papierfabrikation[181] ein, so resultieren Papiere mit besserer Naßreißfestigkeit und Zugfestigkeit, wenn bei der Herstellung Alaun zugegen

[178] Michaels, A. S.: Ind. eng. Chem. **46**, 1485 (1954); Michaels, A. S., and O. Morelos: Ind. eng. Chem. **47**, 1801 (1955).

[179] F. P. 1139954 (1954) The Dow Chemical Co.; F. P. 1168036 (1955) The Dow Chemical Co.; A. P. 2909508 (1956) The Dow Chemical Co., G. D. Jones; Belg. P. 589293 (1959) The Dow Chemical Co.; DAS 1181914 (1959) The Dow Chemical Co., G. D. Jones; DBP 1112294 (1961) BASF, H. Pohlemann und H. Spoor.

[180] A. P. 2740522 (1953) Am. Cyanamid Co., F. M. Aimone, and R. B. Booth.

[181] F. P. 824952 (1937) I. G.; Chem. Abstr. **32**, 5628 (1938); Reynolds, W. F.: Tappi **44**, 177 A (1961); Woodberry, N. T.: Tappi **44**, 156 A (1961); Linke, F.: Tappi **45**, 326 (1962).

ist und ein pH von etwa 4,6 eingehalten wird. Die Säuregruppen des Polymerisates und diejenigen der Cellulosefasern werden dabei über Aluminiumionenbrücken (aus zugesetztem Alaun) miteinander verbunden, worauf die größere mechanische Widerstandsfestigkeit basiert. Zusatzmengen von 0,5 bis 1% bringen eine Erhöhung der Zugfestigkeit um 10 bis 15% (z. B. Accostrength ® der Am. Cyanamid Co.).

Hingewiesen sei hier ebenfalls auf Überzüge für verschiedene Papiere[182].

Durch die solubilisierende Wirkung von Methacrylamid werden auch Copolymerisate mit Acrylsäureestern wasserlöslich. Diese Produkte können als Leimungsmittel bei der Herstellung fettbeständiger Papiere dienen[183].

c) Verschiedenes

Bei der Perlpolymerisation von Vinylverbindungen kann wasserlösliches Polyacrylamid als *Dispergator* dienen[184]. Für Emulsionspolymerisate wurden Polyacrylamid bzw. Copolymerisate von Methacrylamid mit Vinylpyrrolidon[185] als *Schutzkolloide* genannt[186].

Poly(meth)acrylamid bzw. entsprechende Copolymerisate wurden als *Stabilisierungsmittel* für Polyoxymethylene[187] bzw. als *Zusätze für Preßmassen* auf Harnstoff- oder Melaminharzbasis vorgeschlagen[188].

Als Zusatz zu Gelatine oder als *Gelatineersatz* für photographische Zwecke können verschiedene wasserlösliche Copolymere mit Acrylamid dienen[189].

2. Copolymerisate von Aldehydumsetzungsprodukten des Poly(meth)acrylamids

Die technische Bedeutung dieser Polymerisate rechtfertigt die Behandlung in einem separaten Abschnitt, wobei die Produkte sowohl durch Copolymerisation der entsprechenden Monomeren als auch durch nachträgliche Umsetzung der amidgruppenhaltigen Polymerisate mit

---

[182] A. P. 2541465 (1949) Eastman Kodak Co., J. B. DICKEY; Chem. Abstr. **45**, 5715 (1951); A. P. 2616818 (1948) Hercules Powder Co., J. L. AZORLOSA.

[183] DAS 1182047 (1959) BASF, H. WILHELM und H. G. LUCHTENBERG.

[184] A. P. 2067234 (1936) DuPont, W. E. GORDON, and W. W. HECKERT; Chem. Abstr. **31**, 1527 (1937).

[185] DBP 945091 (1953) BASF, H. FIKENTSCHER und H. WILHELM.

[186] DAS 1061285 (1954) Bayer, A. SCHMITZ und W. GRAULICH; DAS 1115454 (1960) BASF, H. POHLEMANN, H. SPOOR und G. FLORUS; A. P. 2133257 (1935) DuPont, D. E. STRAIN; Chem. Abstr. **33**, 785 (1939).

[187] DAS 1128654 (1960) Röhm & Haas G.m.b.H., W. METZGER, G. SCHRÖDER und K. TESSMAR.

[188] Canad. P. 658808 (1958) Am. Cyanamid Co., H. P. WOHNSIEDLER, and R. H. HUNT.

[189] A. P. 2533166 (1945) General Aniline & Film Corp., G. D. JONES; Chem. Abstr. **45**, 1811 (1951); A. P. P. 2461023 (1944) und 2506537 (1948) General Aniline & Film Corp., C. E. BARNES, and W. O. NEY; Chem. Abstr. **43**, 2882 (1949) und **44**, 6054 (1950).

Formaldehyd und weiteren Reagentien (Alkoholen, Aminen, Amiden, Säureanhydriden) erhalten werden können. Bei der Copolymerisation mit Amidmethylenaminen[190], Amidmethylenäthern[191], Amidmethylenestern[192] oder Amidmethylenamiden[193] kann man jedoch die Eigenschaften der Polymerisate gezielter einstellen als durch nachträgliche Einführung von maskierten Methylolgruppen in amidgruppenhaltige Polymere.

Die verkappten Methylolverbindungen[194] lassen sich unter schonenden Bedingungen auch homopolymerisieren und zeigen als Polymerisate folgendes Bild[194]:

Die Derivate des Methacrylamids mit niederen Alkylresten (C_1—C_6) geben härtere Polymerisate als die entsprechenden Acrylamidverbindungen.

Mit steigender Größe des Alkylrestes werden die Polymeren zunächst weicher; ab C_{10}–C_{12} steigt dann die Härte wieder an und die Polymeren werden wachsartig. Diese Erscheinung ist ähnlich wie bei den (Meth)-acrylsäureestern und hat die gleichen Ursachen.

Die Härte der Polymeren der Methylol(meth)acrylamidderivate steigt in folgender Reihenfolge:

Amidmethylenamine (weiche, flexible Filme) ⟶ Amidmethylenäther ⟶ Amidmethylenester bzw. Amidmethylenamide.

Technische Bedeutung haben die Homopolymerisate nicht; in der Praxis baut man Mengen von etwa 15% in das Makromolekül ein und erhält dadurch die Möglichkeit einer ausreichenden Vernetzung.

a) Überzüge und Textilhilfsmittel

Die Copolymerisate mit Methylolverbindungen[195] und verkappten Methylolverbindungen des (Meth)acrylamids können als Lacküberzüge, Lederhilfsmittel[196], vernetzbare Veredlungsmittel für Textilien, zur Herstellung von Vliesstoffen[197] („non woven fabrics") und als Binder für Pigmentdruck (Primal ® Binder, Rohm & Haas Co., Plextol ®, Röhm & Haas GmbH., Acronal ® BASF, Acramin ® -Binder, Bayer) dienen.

---

190 DAS 1102 404 (1958) Bayer, K. Dinges, E. Müller und W. Graulich.

191 DAS 1035363 (1954) Bayer, W. Graulich und E. Müller.

192 DBP-Anm. F 35885 (1962) Bayer, E. Müller und K. Dinges.

193 Österr. P. 241813 (1962) Bayer, E. Müller und K. Dinges.

194 Müller, E., K. Dinges und W. Graulich: Makromolekulare Chem. **57**, 27 (1962).

195 DAS 1102410 (1958) Röhm & Haas G.m.b.H., F. Kollinsky; DAS 1035363 (1954) Bayer, W. Graulich und E. Müller; DAS 1011850 (1956) Bayer, W. Graulich u. a.; DBP 947338 (1936) BASF, H. Fikentscher u. a.

196 E. P. 960499 (1962) Bayer.

197 DAS 1191784 (1960) Röhm & Haas G.m.b.H., F. Kollinsky, H. Moroff und E. Heil.

Durch Einbau weiterer aktiver Gruppen in die verkappten Methylolverbindungen (z. B. in die Mannichbasen, siehe Formel I) erhält man zusätzliche Reaktionsmöglichkeiten[198] (vgl. auch [204]).

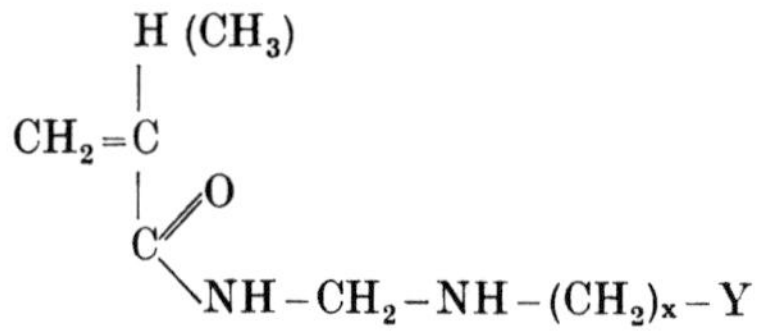

$Y = -OH, -COOH, -SO_3H, -CN$ u. a.

(I)

Bei der nachträglichen Einwirkung von Formaldehyd auf relativ niedermolekulare Lösungscopolymerisate des Acrylamids bilden sich die Methylolverbindungen bzw. in Gegenwart von Alkoholen die entsprechenden Methyloläther[199]. Die genannten Polymeren vernetzen im sauren Medium unter Ausbildung von Methylenbrücken. Mit steigender Größe des Alkylrestes in Amidmethylenalkyläthern werden diese reaktionsträger, d. h., es müssen schärfere Bedingungen angewendet werden (tieferes pH, höhere Temperatur) um Vernetzung herbeizuführen.

Die Comonomeren werden nach dem Verwendungszweck ausgesucht. So gibt Styrol gute Härte und Chemikalienresistenz, vermindert aber die Elastizität und die Bewitterungsfestigkeit; in ähnlicher Richtung geht der Einbau von Methacrylsäuremethylester, doch liefert dieser sehr witterungsbeständige Polymere. Acrylsäureester machen die Produkte elastischer, diese sind aber gegen Chemikalien relativ anfälliger.

Ein Zusatz von Polymethylstyrol trägt zur Vermeidung von Oberflächenstörungen (Kratern) bei Überzügen aus acrylamidmodifizierten Harzen bei[200], Epoxyharze erhöhen die Waschmittelresistenz[201].

Ein hitzehärtender Einbrennlack besteht aus einem Copolymerisat aus Methacrylsäuremethylester und etwas Acrylamid und N,N'-Bismethoxymethyl-N,N'-äthylenharnstoff als Vernetzungsmittel. Maleinsäureanhydrid wird als vernetzungsfördernder Katalysator zugegeben. Die aus dem System erhaltenen Überzüge besitzen gute Haftung[202].

Anstatt Monomere mit Amidgruppen einzupolymerisieren, kann man auch vorhandene Nitrilgruppen partiell hydrolysieren und die Produkte mit Formaldehyd umsetzen[203].

---

[198] Österr. P. 235577 (1960) Bayer, K.-H. Knapp, E. Müller und K. Dinges.

[199] A. P. 2871213 (1959) Bayer, W. Graulich u. a.; A. P. 2173005 (1936) DuPont, D. E. Strain; Belg. P. 554183 (1957) Pittsburgh Plate Glass Co.; DBP 947338 (1936), E. P. 482897, I. G., H. Fikentscher u. a.; F. P. 1162967 (1955) Pittsburgh Plate Glass Co., R. M. Christenson; DAS 1089549 (1958) Pittsburgh Plate Glass Co., R. M. Christenson; DAS 1083548 (1957) Pittsburgh Plate Glass Co., R. M. Christenson.

[200] A. P. 3108088 (1960) Pittsburgh Plate Glass Co., R. C. Krueger.

[201] A. P. 2870117 (1959) Pittsburg Plate Glass Co., H. A. Vogel, H. G. Bittle, and R. M. Christenson.

[202] DAS 1155205 (1959) Rohm & Haas Co., L. C. Souder und S. Melamed.

[203] Ital. P. 386922 (1940) I. G.

Copolymerisate mit Amiden, die reaktionsfähige Halogen- oder Sulfonsäuregruppen tragen (z. B. (Meth)acrylsäure-[β-sulfato-äthyl]-amid), vernetzen im *alkalischen* Gebiet[204] und können als scheuer- und kochfeste Ausrüstungsmittel für Gewebe herangezogen werden.

b) Vernetzungsmittel

Vom Acryl- und Methacrylamid leiten sich einige Verbindungen mit mehreren Doppelbindungen ab, die als Vernetzungsmittel verwendet werden können (vgl. auch S. 184).

Im einzelnen seien Alkylidenbisacrylamid und -methacrylamid[205], Hexahydro-1,3,5-tri(meth)acryloyl-s-triazine[206] und Ylidenverbindungen[207] des Typs

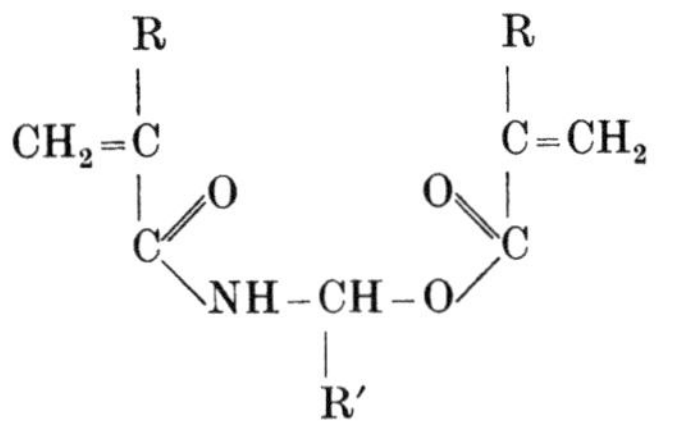

R = H oder CH_3
R'–CH= = Aldehydrest

erwähnt. Aus der letzten Verbindungsklasse sei das N-[β-Trichlor-(hydroxyäthyl)]-methacrylamid-methacrylat hervorgehoben, welches in den gebräuchlichsten Monomeren gut löslich ist und mit Methacrylsäuremethylester copolymerisiert, dessen Wärmeformbeständigkeit steigert, wobei das Material gleichzeitig tiefziehbar bleibt.

Copolymerisate von Acryl- und Methacrylsäure mit Methylenbisacrylamid bzw. 1,3,5-Tri(meth)acryloyl-hexahydro-s-triazin ergeben in alkalischen Systemen stark quellende aber unlösliche Polymerisate[208].

Methylenbisacrylamid dient neben Calciumacrylat und Copolymerisaten von Acrylnitril und Acrylamid und Mischungen von Acrylamid und Methylolacrylamid zur *Verfestigung von Böden*, z. B. um den Untergrund für schwere Fahrzeuge tragbar zu machen (Flugzeuglandeplätze)[209]. Das Produkt „AM-9 Chemical Grout"[210] der Am. Cyanamid Co. findet Anwendung zur Präparierung von Baustellen für Brücken, Dämme,

[204] DAS 1184083 (1961) Bayer, W. Kruckenberg, G. Scriba, W. Langmann und K. Dinges.

[205] A. P. 2475846 (1946) Am. Cyanamid Co., L. A. Lundberg.

[206] A. P. 2559835 (1948) Sun Chem. Corp., E. Zerner, and M. W. Pollock.

[207] DAS 1123475 (1960) Röhm & Haas G.m.b.H., T. Völker und H. Rauch-Puntigam.

[208] DAS 1103585 (1955) B. F. Goodrich Co., F. Jones.

[209] A. P. 2801985 (1956) Am. Cyanamid Co., R. W. Roth; DAS 1170331 (1962) Röhm & Haas G.m.b.H., G. Markert und K.-H. Carthaser.

[210] „AM-9 Chemical Grout", Firmenschrift der Cyanamid of Canada Ltd. (1960).

Tunnels usw. und ermöglicht eine rasche und dauerhafte Stabilisierung auch stark sandhaltiger Böden. Dadurch wird die Gefahr von Erdeinbrüchen und Sickerwasser gemindert. Man mischt an der Baustelle die Reaktionsstoffe und erhält eine niedrigviskose Lösung, die unter Druck in vorbereitete Bohrlöcher in die Erde gepumpt wird. Der Zeitpunkt der Verfestigung des Bodens durch vernetzende Polymerisation läßt sich über die Beschleuniger einstellen[211].

c) Verschiedenes

Durch Umätherung von Polyestern mit (Meth)acrylamidmethylenäther in Gegenwart saurer Katalysatoren erhält man *Polyester* mit endständigen Doppelbindungen[212]. Mit polymerisierbaren Vinylverbindungen (meist Styrol) läßt sich das System aushärten (copolymerisieren) und liefert besonders spannungsfreie Formteile mit sehr guten mechanischen Eigenschaften.

Interessant sind verschiedene Verfahren zur *Herstellung farbiger Polymerisate*, z. B. durch Kondensation von Copolymerisaten des (Meth)acrylamids mit Azo-, Anthrachinon- oder Phthalocyaninfarbstoffen, die N-Methylolgruppen (—CO—NH—CH_2OH) tragen[213] oder durch Copolymerisation von Acrylamidderivaten der Formel II mit Acrylsäurebutylester, Methacrylsäuremethylester und Methacrylamid in Emulsion[214].

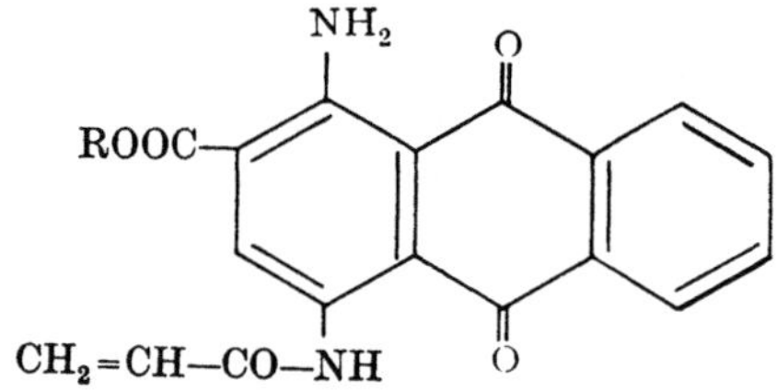

(II)

3. Copolymerisate von N-alkylsubstituierten Poly(meth)acrylamiden

Basische Acrylamidpolymere (z. B. N-(γ-Diäthylaminopropyl)acrylamid) dienen neben substituierten Amiden (N-tert.-Butylacrylamid) und

---

211 A. P. 2801984 (1955) Am. Cyanamid Co., R. L. Morgan, and J. J. Padbury; A. P. 2856380 (1956) Am. Cyanamid Co., R. W. Roth, A. M. Swift, and D. H. Rokawitz; Mitteilungen des Chem. Forschungsinstitutes der Wirtschaft Österreichs **15**, 94 (1961).

212 DAS 1156980 (1960) Bayer, E. Müller, G. Nischk und K.-H. Andres.

213 DAS 1182432 (1962) BASF, G. Lange, G. Louis und H. Wilhelm.

214 DAS 1179712 (1962) BASF, K.-H. Beyer, K. Gulbins, G. Lange, G. Louis und H. Weidinger.

(Meth)acrylsäureestern als Bausteine von Polymeren[215], die in der *Haarkosmetik* Verwendung finden. Sollen die Präparate als Aerosole verwendet werden, so müssen sie in Treibgasen löslich sein. Für die Haarfixierung sollen die Polymerisate durch Waschen entfernbar sein und die Filme Glanz und günstige antistatische Wirkung aufweisen. Als Zusatzmittel verwendet man Weichmacher, Parfum, Farbstoffe, Glanzmittel und Verdunstungsverzögerer.

Als weitere Verwendungsmöglichkeiten für Copolymerisate der N-alkylsubstituierten (Meth)acrylamide seien *Verdickungsmittel*[216] (Copolymerisate von Acrylamid mit N-tert.-Butylacrylamid[217] und (Meth)acrylsäure nach Neutralisation mit Laugen) und *Lackharze* erwähnt (Vinylpolymerisate mit N-Butylacrylamid), die mit Alkydharzen homogen mischbar sind[218].

4. Pfropfpolymere

Um das Farbstoffbindevermögen von Polyacrylnitrilfasern zu verbessern, stellt man Pfropfpolymerisate von Acrylnitril auf verschiedene Poly(meth)acrylamidderivate her[219] (vgl. 3.5.2).

Pfropfpolymerisation von Acrylamid und seinen Derivaten auf Poly(meth)acrylsäureester in wäßriger Emulsion soll Verbesserungen hinsichtlich Lagerfähigkeit, Froststabilität und einiger anderer Eigenschaften bringen[220].

5. Tabellen über (Meth)acrylamidpolymere und -copolymere

Als Übersicht der umfangreichen Literatur über die Polymerisation und Copolymerisation von (Meth)acrylamidderivaten dient die Zusammenfassung in den folgenden Tabellen.

---

215 DBP 1095467 (1958) Ciba A.G., A. Maeder; DBP 1087807 (1957) Ciba A.G., A. Maeder; DAS 1169064 (1960) Henkel & Cie., G.m.b.H., H. Zoebelein und M. Dohr.

216 Swift, A. M.: Tappi **40**, 224 A (1957); A. P. 2476527 (1944) General Aniline & Film Corp., C. E. Barnes, and W. O. Ney; Chem. Abstr. **43**, 8076 (1949); A. P. 2506537 (1948) General Aniline & Film Corp., C. E. Barnes, and W. O. Ney; Chem. Abstr. **44**, 6054 (1950).

217 DAS 1110422 (1960) Henkel & Cie., G.m.b.H., H. Zoebelein und M. Dohr.

218 DAS 1118911 (1958) Canadian Ind. Ltd., A. L. Johnson, M. Morf und J. K. Whiteley.

219 A. P. 2560680 (1948) Am. Viscose Corp., A. L. Allewelt; Chem. Abstr. **45**, 8811 (1951); A. P. P. 2558730 (1947) und 2558734 (1950) Am. Cyanamid Co., A. Cresswell; Chem. Abstr. **45**, 8263 und 8782 (1951); A. P. 2649434 (1950) Eastman Kodak Co., H. W. Coover, and J. B. Dickey; A. P. 2879253 (1954) Eastman Kodak Co., H. W. Coover; A. P. 2657191 (1950), DAS 1019826, Eastman Kodak Co., H. W. Coover, and J. B. Dickey; A. P. 2620324 (1950) Eastman Kodak Co., H. W. Coover, and J. B. Dickey.

220 E. P. 801411 (1956) BASF.

Tabelle 26. *Polymerisate von N-substituierten Acrylamiden* 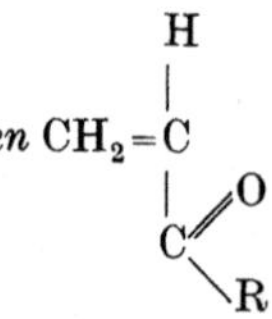

Monomeres	Formel für R	Literatur
N-substituierte Acrylamide	–NH–R R = Tert.-Butyl Isopropyl Cyclohexyl Isobornyl Tert.-Amyl Phenyl	215
N-Methylacrylamid	$-NH-CH_3$	221
N-Isopropylacrylamid	$-NH-CH(CH_3)_2$	222
N-Tert.-Butylacrylamid	$-NH-C(CH_3)_3$	223
N-Benzylacrylamid	$-NH-CH_2-C_6H_5$	224
Acrylamide von β-Aminopyridin oder p-Amino-N,N-dimethylanilin	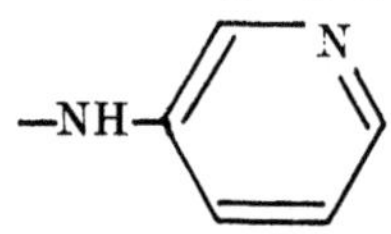 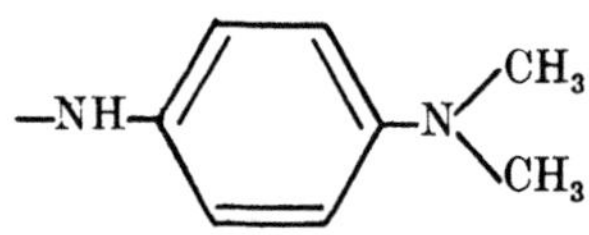	225
N-Acryloylpyrrolidon	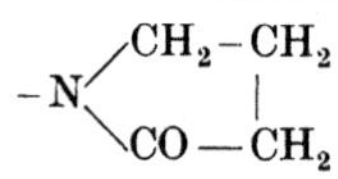	226
N-Acryloylmorpholin -thiomorpholin -piperidin	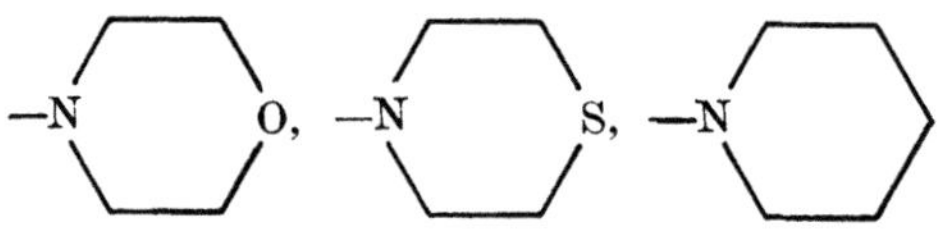	227

[221] A. P. 2620324 (1950) Eastman Kodak Co., H. W. Coover, and J. B. Dickey; A. P. 2732363, DAS 1015601 (1952) Eastman Kodak Co., H. W. Coover, and J. B. Dickey.

[222] Wooten, W. C., R. B. Blanton, and H. W. Coover: J. Polymer Sci. **25**, 403 (1957).

[223] A. P. 2790789 (1950), E. P. 694911 (1951) Celanese Corp. of America, A. L. Miller; Chem. Abstr. **51**, 10129 (1957) und **48**, 9106 (1954); DBP 1095467 (1958) Ciba A.G., A. Maeder; DAS 1110422 (1960) Henkel & Cie., G.m.b.H., H. Zoebelein und M. Dohr.

[224] A. P. 2732358 (1952), E. P. 728353, Celanese Corp. of America, W. D. Jones; C. **1956**, 4579.

[225] E. P. 728605 (1952) Koppers Co., G. F. D'Alelio.

[226] A. P. 2728739 (1952), E. P. 730449, Celanese Corp. of America, W. D. Jones.

[227] A. P. 2798061 (1955) Eastman Kodak Co., H. W. Coover, and N. H. Shearer.

Tabelle 26 (Fortsetzung)

Monomeres	Formel für R	Literatur
Acrylamid-N-methylenamine (quaterniert)	$\left[-NH-CH_2-\overset{R_1}{\underset{R_3}{N}}-R_2\right]^{\oplus}$	228
Basische Acrylamide	$-NH-(CH_2)_n-N{<}^{R'}_{R''}$	229
N-(2-Hydroxyäthyl)-acrylamid	$-NH-CH_2-CH_2-OH$	230
N-(2-Morpholinoäthyl)-acrylamid	$-NH-CH_2-CH_2-N\langle\ \rangle O$	231
Acrylamidoessigsäure	$-NH-CH_2-COOH$	232
N-Acetylacrylamid	$-NH-CO-CH_3$	233
acryloylaminoäthylthiosulfosaures Natrium	$-NH-CH_2-CH_2-S_2O_3Na$	234
Acrylsäure-(β-sulfatoäthyl)-amid	$-NH-CH_2-CH_2-O-SO_3H$	235
N-Phenyl-N-acryloylharnstoff	$-NH-CO-NH-C_6H_5$	236
N-Hydroxymethylacrylamid	$-NH-CH_2-OH$	237
N-Methoxymethylacrylamid	$-NH-CH_2-O-CH_3$	238
Äther des Hydroxymethylacrylamids	$-NH-CH_2-O-R \quad R = \text{Alkyl}$	239
N-(β-Trichlor-α-oxy)-äthylacrylamid	$-NH-\underset{OH}{CH}-CCl_3$	240

[228] DAS 1111825 (1959) BASF, H. WILHELM, E. PENNING, D. BRÜNING und F. POSCHMANN.

[229] A. P. 2595907 (1950), E. P. 702017, Am. Cyanamid Co., W. M. THOMAS, and J. A. PRICE; DAS 1094983 (1958) Ciba A.G., A. MAEDER; DBP 1095467 (1958) Ciba A.G., A. MAEDER.

[230] A. P. 2718515 (1954) Am. Cyanamid Co., W. M. THOMAS.

[231] A. P. 2649438 (1950) Industrial Rayon Co., H. A. BRUSON.

[232] F. P. 882923 (1942) I. G.; Belg. P. 445946 (1942) I. G.

[233] A. P. 2719138 (1952) Eastman Kodak Co., H. J. HAGEMEYER, and M. A. PERRY.

[234] DAS 1143330 (1961) Hoechst, C. BEERMANN.

[235] DAS 1184083 (1961) Bayer, W. KRUCKENBERG, G. SCRIBA, W. LANGMANN und K. DINGES.

[236] DBP 888316 (1943) Cassella, W. ZERWECK und W. KUNZE.

[237] A. P. 2680110 (1952) Am. Cyanamid Co., G. LOUGHRAN, J. R. DUDLEY, and E. L. KROPA; C. **1955**, 7565.

[238] DAS 1035363 (1954) Bayer, W. GRAULICH und E. MÜLLER.

[239] DAS 1102410 (1958) Röhm & Haas G.m.b.H., F. KOLLINSKY.

[240] DAS 1102399 (1956) Ciba A.G., A. DEFLORIN und A. MAEDER.

Tabelle 26 (Fortsetzung)

Monomeres	Formel für R	Literatur
Alkyläther des N-(β-Trichlor-α-oxy)-äthylacrylamids	$-NH-CH(OR)-CCl_3$	241
N,N-disubstituierte Acrylamide	Verschiedene Reste	242
α-Acylamino-acrylamide	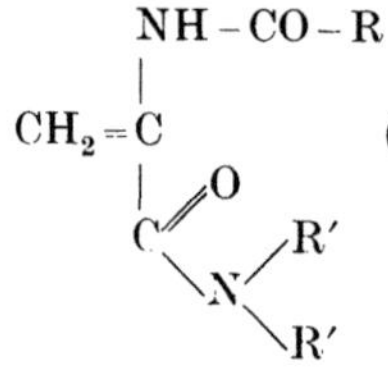 (Gesamtformel)	243

Tabelle 27. *Polymerisate von N-substituierten Methacrylamiden* 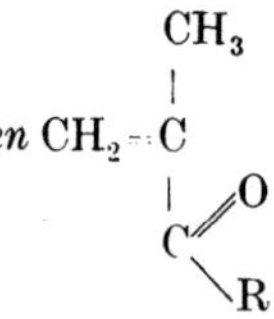

Monomeres	Formel für R	Literatur
Substituierte Methacrylamide	Verschiedene Reste	244
N-Methylmethacrylamid	$-NH-CH_3$	245
N-Tert.-Butylmethacrylamid	$-NH-C(CH_3)_3$	223
N-Acetylmethacrylamid	$-NH-CO-CH_3$	233
Methacrylamide von β-Aminopyridin oder p-Amino-N,N-dimethylanilin	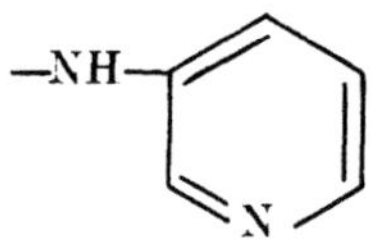 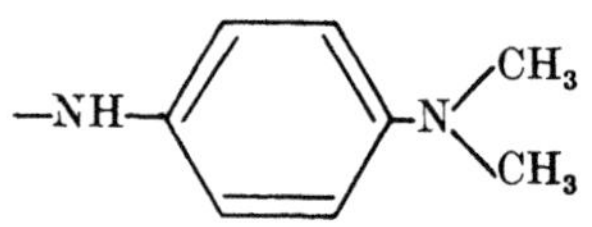	225
Methacrylaminoessigsäure	$-NH-CH_2-COOH$	232
Basische Methacrylamide	$-NH-(CH_2)_n-N(R')(R'')$	229

[241] DAS 1154630 (1961) BASF, H. Wilhelm u. a.

[242] A. P. 2576839 (1945), E. P. 648250, DBP 832680, General Aniline & Film Corp., G. D. Jones; C. **1953**, 8726, 9715 und **1952**, 6940.

[243] A. P. 2548518 (1949) Eastman Kodak Co., H. W. Coover, and J. B. Dickey; A. P. 2592248 (1952) Eastman Kodak Co., H. W. Coover, and J. B. Dickey.

[244] Petrowa, G. A., G. A. Schtraichman und A. A. Wanscheidt: Ž. fiz. Chim. **32**, 512 (1958) und **33**, 1246 (1959); Chem. Abstr. **52**, 14299 (1958).

[245] A. P. 2657191 (1950), DAS 1019826, Eastman Kodak Co., H. W. Coover, and J. B. Dickey.

Tabelle 27 (Fortsetzung)

Monomeres	Formel für R	Literatur
Methacrylsäure-(β-sulfatoäthyl)-amid	$-NH-CH_2-CH_2-O-SO_3H$	235
methacryloylaminoäthylthiosulfosaures Natrium	$-NH-CH_2-CH_2-S_2O_3Na$	234
methacrylamidomethylensulfosaures Natrium	$-NH-CH_2-SO_3Na$	246
Substituierte N-Phenylmethacrylamide	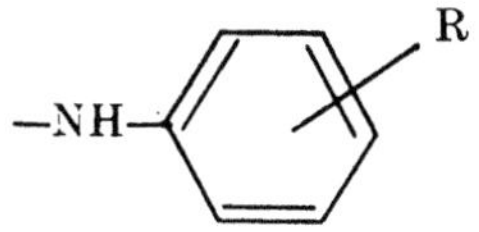	247
Methacrylamid-N-methylenamine (quaterniert)	$\left[-NH-CH_2-\overset{R_1}{\underset{R_3}{N}}-R_2\right]^{\oplus}$	228
N-(β-Trichlor-α-oxy)-äthylmethacrylamid	$-NH-\underset{OH}{CH}-CCl_3$	240
Alkyläther des N-(β-Trichlor-α-oxy)-äthylmethacrylamids	$-NH-\underset{OR}{CH}-CCl_3$	241
N-Hydroxymethylmethacrylamid	$-NH-CH_2-OH$	248
Äther des N-Hydroxymethylmethacrylamids	$-NH-CH_2-O-R$	239
N-Methacryloyläthylenimin	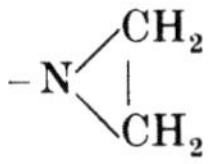	249
N-Methacryloyl-morpholin, -thiomorpholin, -piperidin	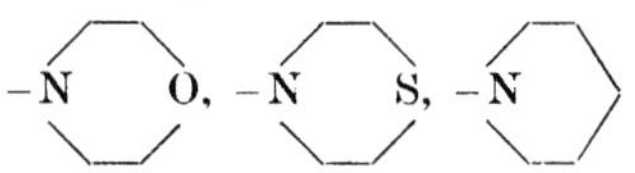	227

[246] DAS 1181419 (1962) Cassella, W. Kunze.

[247] Sokolova, T. A. u. a.: Bull. Acad. Sci. URSS, Cl. Sci. chim. **1959**, 511; Chem. Abstr. **53**, 21758 (1959).

[248] Ital. P. 399685 (1942) Röhm & Haas G.m.b.H.; DAS 1094455 (1959) BASF, H. Fikentscher, H. Wilhelm, E. Penning und D. Brüning.

[249] A. P. 2830045 (1957), DBP 1066745 (1958), E. P. 799657, Ciba A.G., E. Leumann, D. Porret, A. Deflorin, and A. Maeder; Chem. Abstr. **52**, 16368 (1958) und **53**, 1378 (1959).

3.5.4 Polymere auf Basis von (Meth)acrylsäureestern

3.5.4.1 Substanzpolymerisate

A. Allgemeines

Das Verfahren der Polymerisation in Substanz wird in großem Umfang bei der technischen Fabrikation von Platten aus Acrylaten, besonders aus Methacrylsäuremethylester, verwendet.

Im *Labormaßstab* füllt man die inhibitorfreien Monomeren mit dem Beschleuniger in Reagensgläser, spült mit Inertgas und schmilzt ab. Durch Einhängen in ein Bad mit geeigneter konstanter Temperatur (z. B. 50°) wird die Polymerisation in Gang gebracht. Soll der Ablauf des Polymerisationsvorganges über die Volumenkontraktion verfolgt werden, so wählt man entsprechende Dilatometergefäße[250] (vgl. S. 204).

Durch Polymerisation zwischen zwei Glasscheiben, die durch Gummischnüre oder ähnliches auf Distanz gebracht sind und durch Klammern zusammengehalten werden, erhält man das Polymere in Form von Platten, an denen gewünschte mechanische Prüfungen meist direkt vorgenommen werden können.

Die Monomeren werden vor dem Einfüllen filtriert und evakuiert[251].

Die Polymerisation in Substanz von Methylmethacrylat kann durch energiereiche Strahlung oder Licht, in letzterem Fall unter Zusatz von Sensibilisatoren[252], ausgelöst werden. In der Praxis werden organische Peroxyde, die in den Monomeren löslich sind (Dibenzoylperoxyd, Lauroylperoxyd) in Mengen von etwa 0,01 bis 0,5%, bevorzugt um 0,1% oder aliphatische Azoverbindungen in der gleichen Größenordnung eingesetzt. Die Polymerisationstemperatur liegt um 50°, die Dauer beträgt 1 bis 3 Tage, wobei zum Schluß noch einige Stunden bei höherer Temperatur (etwa 100 bis 110°) nacherhitzt wird. Die Verwendung von anpolymerisierten Monomeren verkürzt die Polymerisationszeit.

An Redoxsystemen[253] sei die Kombination von Dibenzoylperoxyd mit tertiären Aminen[254] (z. B. Trihexylamin[255]) oder Dimethylanilin[256] hervorgehoben, wobei die zuzusetzenden Mengen einige Prozente betragen.

---

[250] Schulz, G. V., und G. Harborth: Ang. Ch. (A) **59**, 90 (1947); Schulz, G. V., G. Henrici und S. Olivé: Z. El. Ch. **60**, 303 (1956).

[251] DBP 963476 (1954) Röhm & Haas G.m.b.H., K. Tessmar.

[252] DBP 1037132 (1956) Röhm & Haas G.m.b.H., F. Götz.

[253] Brauer, G. M., R. M. Davenport, and W. C. Hansen: Mod. Plastics **34**, 153 (1956).

[254] DRP 760351 (1940) Reichsverb. Deutscher Dentisten, E. Schnebel; F. P. 890289 (1943) Röhm & Haas G.m.b.H., E. Schnebel, E. Trommsdorff et P. Lagally.

[255] DAS 1086430 (1953) Degussa, W. Querfurth und O. Schweitzer.

[256] Kalkhof-Rose, W., und W. Bauer: Kunstst. **47**, 156 (1957).

Als Regler können diverse Mercaptane, eventuell Gemische von höheren und niederen Mercaptanen[257], dienen.

Andere Ester als der Methacrylsäuremethylester haben bei der Substanzpolymerisation eine weitaus geringere Bedeutung[258]. Erwähnt sei noch der Zusatz von *Dimethacrylsäureglykolester*[259], *Acrylsäuremethylester*, *Acrylsäurebutylester*[260] und *α-Chloracrylsäuremethylester*[261].

Auf die Bedeutung von *Acrylnitril* als Copolymerisationskomponente für Methacrylsäuremethylester ist in Kapitel 3.5.2 schon eingegangen worden. *Methylolmethacrylamid* verbessert die Lösungsmittelbeständigkeit von Copolymerisaten mit Methacrylsäuremethylester[262], *N-substituierte 1-(Meth)acryloxycarbonsäureamide* erhöhen deren Wärmestandfestigkeit[263].

B. Organische Gläser[264] auf Methacrylatbasis

1. Herstellung

Während viele andere Herstellungsverfahren für Kunststoffe sich cyclisch ablaufender vollmechanisierter Prozesse bedienen können, sind im vorliegenden Falle, wo es auf den Formstücken angepaßte individuelle Prozeßführungen und hohe Anforderungen hinsichtlich Maßhaltigkeit und Homogenität ankommt, auch großes handwerkliches Können erforderlich[265].

Bei der Fabrikation von Plattenmaterial wird mit der Polymerisation gleichzeitig eine Formgebung durchgeführt. Die Schrumpfung während der Polymerisation erfordert Formen, die diese auszugleichen vermögen. Im Falle des Methacrylsäuremethylesters beträgt die Schrumpfung 23,06% bei 100%igem Umsatz[266]. Wie die verschiedenen Schwierigkeiten gemeistert werden können, berichtete neben anderen mehrmals C. T. Kautter[267,268].

Unter *a)—e)* wollen wir die wesentlichen Probleme der technischen Produktion zusammenfassen.

257 Österr. Pat. Anm. A 8879/60 (1960) E. Teupel.

258 E. P. 961695 (1961) I.C.I., K. S. Ennor, and B. P. Griffin.

259 DBP 963476 (1954) Röhm & Haas G.m.b.H., K. Tessmar.

260 Horn, M. B.: Acrylic Resins, Reinhold Publ. Corp., 35 (1960); BIOS Final Rep. No. 363.

261 Tessmar, K.: Kunstst. **44**, 9 (1954); Slone, M. C., J. Lamb, and F. W. Reinhart: Mod. Plastics **29**, 109 (1952); Marvel, C. S., J. Dec, H. G. Cooke jr., and J. C. Cowan: Am. Soc. **62**, 3495 (1940).

262 A. P. 3117108 (1959) I.C.I., L. G. Calvete.

263 DAS 1181422 (1962) Bayer, W. v. Bonin, U. Fetzner und J. Ugi.

264 Bauer, W.: Kunstst. **52**, 261 (1962).

265 Tessmar, K.: Houben-Weyl-Müller XIV/1, 1039 (1961).

266 Schulz, G. V., und G. Harborth: Ang. Ch. (A) **59**, 90 (1947).

267 Kautter, C. T. :Brit. Plastics **21**, 332 (1949).

268 Kautter, C. T.: Brit. Plastics **21**, 390 (1949).

a) Beschaffenheit der Formen

Als Formmaterial verwendet man Silikatgläser (= Tafelgläser mit polierter Oberfläche und von ausreichender Stärke). Hochpolierte Metallplatten können grundsätzlich ebenfalls verwendet werden, doch werden solche leichter verkratzt, was im Endprodukt zu unerwünschten Effekten führt; außerdem weisen die Metallplatten einen höheren Verschleiß auf. Zwischen die beiden Platten werden sog. Abstandshalter gesetzt[267,269]. Diese Abstandshalter müssen folgende Eigenschaften aufweisen:

Stets in gleicher chemischer und physikalischer Qualität erhältlich sein,

eine der Schrumpfung entsprechende Elastizität aufweisen,

durch Monomere weder angegriffen noch gequollen werden und

sowohl gegenüber dem Polymerisationsprozeß als auch dem Polymerisat inert sein.

Als solche wurden z. B. empfohlen: Scheibchen aus Pappe oder Teflon ® mit einem Randverschluß aus doppelt gummierten Papierstreifen[265] oder Schnüre aus synthetischen Elastomeren kombiniert mit Federklammern als Halterungen[270].

Die Herstellung maßhaltiger Platten stößt bei größeren Flächen auf steigende Schwierigkeiten. Sie gehen auf ein merkliches Durchsacken der Glasformen mit wachsender Fläche zurück, wobei eine Abhängigkeit von der geometrischen Form der Glaswandungen gegeben ist. So verhalten sich z. B. Formen für quadratische Methacrylatplatten ungünstiger als solche für rechteckige Platten mit einem Seitenverhältnis wie 1—2:3. Die Stärke des Glases richtet sich nach der Größe der Platten und beträgt bei kleinen etwa 5 mm, bei größeren entsprechend mehr. Für die richtige Einstellung der beiden Glasplatten zueinander beim Füllen der Formen verwendet man eine besonders konstruierte Präzisionsmaschine[271].

Bei der Herstellung von Rohren nach dem Schleuderverfahren bedient man sich innenpolierter Metallrohre, in die die entsprechenden Mengen an Monomeren und Beschleuniger gefüllt und bei Rotation der Formen um die Längsachse polymerisiert werden[272].

b) Das Problem der Polymerisationswärme

Bei der Polymerisation von Methacrylsäuremethylester werden 13 kcal/Mol frei[273]. Diese Wärme wird nicht stetig, sondern entsprechend

[269] DRP 639095 (1934) Röhm & Haas A.G., W. Bauer; C. **1937** I, 446; DRP 875092 (1940) Röhm & Haas G.m.b.H., C. T. Kautter.

[270] Norw. Pat. Anm. 142789 i (Dän. Prior. 1961) Skand. Akryl Ind.

[271] Kautter, C. T.: Kunstst. **37**, 141 (1947).

[272] Trommsdorff, E.: Houwink, Chemie und Technologie der Kunststoffe, 2. Bd., 3. Aufl., 48 (1954/56), Akademische Verlagsges. Leipzig; Schmitz, W. E.: Kunstst. **55**, 117 (1965).

[273] Tong, L. K. J., and W. O. Kenyon: Am. Soc. **67**, 1278 (1945).

der Zeit-Umsatzkurve, d. h. nach Erreichung des Gelpunktes (vgl. S. 169) beschleunigt abgegeben. Die Wärmeleitzahl des Polymeren ist sehr gering und zwar 0,16 kcal/mh°C, im Vergleich zu 0,75 für Spiegelglas und 175 für Aluminium[271]. In der Praxis kann die Polymerisationsgeschwindigkeit so reduziert werden, daß die Wärmeabfuhr bei einer Reaktionstemperatur von 50° bis zu Dicken von 12 mm mit den gängigen Mitteln so gesteuert werden kann, daß eine „isotherme" Polymerisation erreicht wird. Demgegenüber beobachtet man bei analogem Vorgehen bei 70° Temperaturgefälle von 30° und mehr je nach Querschnitt der Platten[268,271].

Zur Abführung der Polymerisationswärme eignen sich in der Praxis Luft und noch besser Wasser. Innerhalb der praktisch erreichbaren Grenzen läßt man hierbei die Luft mit möglichst hoher Geschwindigkeit an den Formen vorbeistreichen, wobei mit Rücksicht auf eine gleichmäßige Wärmeabfuhr (sonst sog. optisch erkennbare „Hammereffekte") die Außenteile der Formen und die Luftgeschwindigkeiten aufeinander so abgestimmt werden, daß keine Wirbelbildungen auftreten. Der Luftgeschwindigkeit wiederum wird die Polymerisationsgeschwindigkeit (über die Reaktionstemperatur) so angepaßt, daß die Wärmeabfuhr für eine isotherme Prozeßführung ausreicht[268,271].

Da Wasser eine wesentlich höhere Wärmeübergangszahl als Luft aufweist, kann bei einer Wasserkühlung um rund 66% rascher polymerisiert werden. Mit dieser Kapazitätsverdreifachung werden jedoch erhöhte Schwierigkeiten bei der Darstellung von optisch einwandfreiem Material in Kauf genommen[268].

c) Vorpolymerisation der Monomeren

Bereits in den 30er Jahren erkannte man in England[267], daß eine Vorpolymerisation des Monomeren bis zu einer sirupösen Lösung eine Erleichterung hinsichtlich der Halterung der oberen Formenplatte bei Polymerisation mit waagrechter Aufhängung der Formen bringt. Da die Polymerisation infolge der erhöhten Viskosität beschleunigt und die Schrumpfung um den bereits vorpolymerisierten Anteil vermindert wird, sind für die verschiedensten Ausführungsformen einer Polymerisation in Substanz wesentliche Vorteile erreichbar. Sie fallen z. B. bei den Schnellpolymerisationen für Dental-[274] und Klebezwecke besonders ins Gewicht.

Im Hinblick auf eine blasenfreie und glatt ablaufende Füllung der Formen, homogene Vermengung mit Hilfs- und Zusatzstoffen, eventuelle gleichmäßige Durchdringung von Glasfasermatten oder anderen einzupolymerisierenden Körpern, darf die Viskosität der Vorpolymerisate

[274] Schweiz. P. 369407 (1958) LONZA, S. A.

jeweils bestimmte Höchstwerte nicht überschreiten. Sie wird bevorzugt auf etwa 10 Poise (= 10 dyn.s.cm^{-2}) eingestellt[275].

Um die Molekulargewichte der gelösten Polymeren zu bestimmen, kann man sich der Vorschrift nach F. W. BILLMEYER[276] bedienen. Die Vorpolymerisate können entweder durch Auflösung der Polymeren in den Monomeren oder noch eleganter durch partielle Polymerisation der Monomeren direkt gewonnen werden. Das Fortschreiten der Polymerisation läßt sich durch den Brechungsindex verfolgen[277] (Methacrylsäuremethylester n_D^{20} 1,4120; Polymerisat n_D^{20} 1,492[278]. Der Polymerisatanteil kann dabei im Extremfall bis zu 70% betragen[279], wird aber meist weit unter diesem Wert liegen. In jedem Falle wird gefordert, daß die Vorpolymerisatlösungen eine dem Anwendungszweck angepaßte Lagerbeständigkeit sowie eine genügende Reproduzierbarkeit und Konstanz ihrer Viskositäten und Polymerenanteile aufweisen. Hieraus folgt, daß die Vorpolymerisate frei von Restinitiatoren sein müssen.

Die ungefähre Initiatormenge läßt sich nach bekannten Gleichungen aus der Literatur berechnen[280]:

$$X = \frac{10^{-3} \cdot 2\,Pt}{H}$$

X = Beschleunigermenge in Gew.-%
H = Halbwertszeit des Initiators (vgl. S. 162)
Pt = Polymerisationszeit

Von den verschiedenen technischen Verfahren zur Darstellung von Vorpolymeren seien zwei, die sich auch für eine kontinuierliche Verfahrensweise eignen, herausgegriffen. So erhält man lagerfähige „Präpolymere", wenn man nach Erreichung der gewünschten Umsetzung das Vorpolymerisat über die Zersetzungstemperatur der verwendeten Beschleuniger erhitzt[279]. Beim anderen Verfahren bedient man sich besonderer Zusätze, z. B. bestimmter Schwefelverbindungen[275].

d) *Reinheitsanforderungen*

Von großer Bedeutung für die optische Qualität einer Polymerisatscheibe ist die Vermeidung auch geringster mechanischer Verunreinigungen in der Monomerenlösung, wie Staub- oder Schmutzteilchen, polymerer Klümpchen oder ähnlichem. Diese Verunreinigungen können zu

---

[275] DAS 1175439 (Am. Prior. 1958) DuPont, G. E. MUNN.

[276] BILLMEYER, F. W.: Textbook of Polymer Chemistry, Interscience Publ. Inc., 128 (1957).

[277] TESSMAR, K.: Houben-Weyl-Müller XIV/1, 1041 (1961); KÜCHLER, L.: Polymerisationskinetik, S. 34. Berlin-Göttingen-Heidelberg: Springer 1951.

[278] CRAWFORD, J. W. C.: J. Soc. chem. Ind. **68**, 202 (1949).

[279] Österr. P. 233 827 (Ital. Prior. 1960) Montecatini, F. SABBIONI und D. GRAZIOLI.

[280] FLORY, P. J.: Principles of Polymer Chemistry, Cornell University Press, 114 (1953).

unerwünschten Erscheinungen, sog. „Pickelbildung" führen[271]. Selbstverständlich muß auch auf die chemische Reinheit der verwendeten Rohstoffe größter Wert gelegt werden. Insbesondere polare chemische Verbindungen tragen zu einer Erhöhung des Haftvermögens der Polymerisate an den Formwandungen bei, was sich durch einen höheren Formenverschleiß sowie vergrößerte Produktionsverluste bemerkbar macht.

e) Technische Durchführung

Bei der technischen Durchführung[281] der Substanzpolymerisation wird der im Ester gelöste Sauerstoff ausgetrieben, indem man das Monomere samt Beschleuniger (etwa 0,1% Dibenzoylperoxyd) in einem Kessel auf Temperaturen etwas unterhalb des Siedepunktes (etwa 90°) mehrere Minuten unter Rühren erhitzt. Gleichzeitig wird dadurch ein Anpolymerisieren auf 10 bis 20% erreicht. Der Sirup wird möglichst rasch auf Raumtemperatur gebracht und bis zu seiner Verwendung kühl gelagert. Es soll dabei stabilisatorfreier (gewaschener oder destillierter) Ester verwendet werden, um völlig klare Produkte zu erhalten und um eine Reproduzierbarkeit der Ergebnisse zu erreichen. Es ist ebenso möglich, das entlüftete Monomere direkt einzufüllen[282].

Die noch leere Form wird in eine wenig geneigte Lage gebracht, wobei eine obere Ecke offen bleibt. Durch diese füllt man das anpolymerisierte Monomere, in welches man vorher die gewünschten Zusätze (z. B. etwa 2 bis 4% Weichmacher wie Dibutylphthalat, UV-Absorber, Farbstoffe u. a. m.) eingerührt hat und welches durch Anlegen von Vakuum entlüftet wurde, ein und verschließt die Öffnung. Es ist zu beachten, daß einige Farbstoffe in das Reaktionsgeschehen eingreifen und die Polymerisationsdauer verlängern können.

Durch Zusatz von Polystyrol oder Silikonölen erhält man milchig getrübte Gläser.

Dünne Platten bis etwa 1 cm Stärke können in einem Ofen mit Luftumwälzung polymerisiert werden. Man stapelt die Formen horizontal auf einem geeigneten Wagen (Hordenwagen) und fährt sie in den Ofen ein. Bei etwa 50° Lufttemperatur muß man mit Polymerisationszeiten von 10 bis 30 Stunden — bei größeren Plattenstärken oft noch wesentlich länger — rechnen.

Gegen Polymerisationsende (Umsatz über 90%) wird die Lufttemperatur einige Stunden auf 90 bis 120° erhöht, um völliges Auspolymerisieren

---

[281] Horn, M. B.: Acrylic Resins, Reinhold Publ. Corp., 37 (1960); Kautter, C. T.: Ullmann **14**, 281 (1963); Lücke, H.: Kunststoff-Rundschau **6**, 273, **7**, 330, **8**, 376 (alle 1962).

[282] DBP 872121 (1942) und Zusatz P. 878278 (1942) Röhm & Haas G.m.b.H., C. T. Kautter.

zu erreichen (Endpolymerisation). Die Abstandsdichtungen können schon entfernt werden, wenn ein weichgummiartiger Zustand erreicht ist[283].

Dickere Platten polymerisiert man bei etwas tieferer Temperatur, wobei die Wirtschaftlichkeitsgrenze bei Blöcken von etwa 50 bis 100 mm liegt; darüber hinaus werden die Polymerisationszeiten wegen der erforderlichen tiefen Polymerisationstemperaturen zu lang.

Nach Reaktionsende kühlt man auf Raumtemperatur, wobei sich das Polymerisat vom Glas löst. Die Glasplatten können nach Reinigung wieder eingesetzt werden. Das Polymerisat besitzt ein durchschnittliches Molekulargewicht von etwa 1 bis 3.10^6.

Für die Herstellung dickerer Platten ist die Verwendung eines Wasserbades, welches einfachheitshalber mit Preßluft gerührt werden kann, günstiger. Die üblichen Reaktionsbedingungen sind z. B. 8 Stunden bei 32°, 30 Stunden bei 42°, dann in senkrechter Lage 8 Stunden bei 100°, wobei Dampf eingeblasen wird[284]. Zum Nacherhitzen und Auspolymerisieren kann wieder ein Luftbad verwendet werden. Die maximale Plattenstärke bei der eben beschriebenen Verfahrensweise beträgt etwa 50 mm, die günstigste Stärke 3 bis 6 mm. Bei noch stärkeren Teilen beginnt das Restmonomere infolge der starken Temperaturerhöhung zu sieden und die entstandenen Blasen machen die Platte unbrauchbar. (Durch Polymerisation unter Druck in einem Autoklaven kann dieser Übelstand behoben werden.)

Zur Beseitigung innerer Spannungen werden die Platten getempert, indem man sie senkrecht auf etwa 140° erhitzt und dann langsam abkühlen läßt.

Die Prüfung des Spannungszustandes ist im polarisierten Licht möglich; Werkstücke mit starken Eigenspannungen zeigen dabei charakteristische schlierenartige Bilder.

Stäbe werden in Aluminiumröhren oder — bei geringem Durchmesser — in solchen aus Nylon polymerisiert. Man füllt den Sirup in die senkrecht stehenden Röhren ein und läßt diese — mit fortschreitender Polymerisation immer tiefer — in ein erwärmtes Wasserbad eintauchen. Durch Nachfüllen von Vorpolymerisat wird die Schrumpfung ausgeglichen. Nachpolymerisiert wird wieder bei höherer Temperatur. Um eine hochglänzende Oberfläche zu erhalten, muß nachpoliert werden.

Zur *Herstellung von Rohren* läßt man mit Vorpolymerisat oder monomerem Methylmethacrylat gefüllte und verschlossene Aluminiumröhren oder Röhren aus nichtrostendem Stahl waagrecht um die Mittelachse

[283] DBP 875092 (1940) Röhm & Haas G.m.b.H., C. T. Kautter.

[284] Horn, M. B.: Acrylic Resins, Reinhold Publ. Corp., 35 (1960); BIOS Final Rep. No. 363.

in einem Luft- oder Wasserbad rotieren (Schleuderpolymerisation[285]). Das Polymerisat legt sich an der Wand an und man erhält Rohre mit einem Durchmesser von 13 bis etwa 500 mm und 1 bis 10 mm Wandstärke. Substanzpolymerisate mit wesentlich niedrigeren durchschnittlichen Molekulargewichten werden durch Zusatz von Reglern hergestellt und z. B. nach Granulierung von dünnen Polymeren-

Abb. 10. Granulierung von Vedril ® (Polymethylmethacrylat der Fa. Montecatini)

strängen (s. Abb. 10) als Spritzguß- oder Extrusionsmaterial eingesetzt (vgl. S. 322.)

Die *Färbung von Acrylglas*[286] wird entweder durch Einfärben des Monomeren vor der Polymerisation oder durch Einfärbung der Masse oder durch Oberflächenverfahren erzielt. Beim Einfärben des Monomeren verwendet man Farbstoffe, die peroxyd- und hitzebeständig (bis etwa 250°) sind. In Frage kommen die meisten anorganischen und viele organische Pigmente[287]. Das fertige Polymerisat wird eingefärbt, wenn es als

[285] DRP 673394 (1936) Röhm & Haas G.m.b.H., W. Bauer; Schmitz, W. E.: Kunstst. **55**, 117 (1965).
[286] Lützkendorf, W.: Ullmann **11**, 86 (1960).
[287] Kunstst. **55**, 368 (1965).

Spritzguß- oder Strangpreßmasse (s. Abb. 11) weiter verarbeitet wird; es wird zusammen mit dem Farbstoff plastifiziert.

Fertige Gegenstände werden z. B. in einer Flotte (Ceres ®-, Sudan ®- oder fettlösliche Farbstoffe) bei 80 bis 90° 5 bis 30 Minuten angefärbt.

Abb. 11. Einfärbung von Vedril ® (Polymethylmethacrylat der Fa. Montecatini)

2. Eigenschaften

a) Physikalische Eigenschaften

Die technischen Polymethylmethacrylate gehören zu der Gruppe der linear aufgebauten eindimensionalen Hochpolymeren. Die verschieden langen Molekülketten sind unregelmäßig verknäuelt und ineinander verschlauft. Das Molekulargewicht und die Zusammensetzung bestimmen den Grad der Verfilzung und damit Art und Größe der intermolekularen Zusammenhaltungskräfte.

Eine Reihe physikalischer Eigenschaften der Polymeren ist in starkem Maße vom Molekulargewicht abhängig und zwar nehmen Schlagzähigkeit, Reißfestigkeit, Viskosität, Zähigkeit und Filmbildung bis zu einem bestimmten Grenzwert mit dem Molekulargewicht zu, während sich die Löslichkeit verringert.

Die hochpolymeren Acrylgläser (Polymerisationsgrade um 10^4 und mehr), die durch Polymerisation in Substanz gewonnen werden, lassen sich in einem weiten Temperaturbereich thermoelastisch verformen[288]. Die intermolekularen Zusammenhaltungskräfte sind so stark, daß das Material beim Erwärmen nicht fließfähig wird — seine Warmformung kann nur durch Biegen, Blasen, Recken usw. vorgenommen werden[289].

Ähnlich verhalten sich auch Copolymerisate aus 40 bis 80% Acrylnitril und 60 bis 20% Methacrylsäuremethylester, wobei die Warmformung mit steigendem Acrylnitril-Anteil erschwert wird[289].

Im Gegensatz zu den vorgenannten Materialien sind Polymethylmethacrylate, deren mittlere Polymerisationsgrade zwischen 1,1 und 1,7.10³ liegen, beim Erwärmen im echten Sinne in den thermoplastischen

		ET	FT	Chem. Zerfall
Technologischer Zustand	fest glasartig spröde bis zähhart	thermo-elastisch kautschukartig, fester Körper grosser elastisch. Dehnung	thermo-plastisch zähviskose Flüssigkeit	
Molekularer Zustand	verknäuelte Fadenmoleküle Mikro- und Makro-BROWNsche Bewegung eingefroren	weitreichende Netzverschlingungen Mikro-BROWNsche-Bewegung frei Makro-BROWNsche Bewegung eingefroren	gelöste Netzverschlingungen Mikro-und Makro-BROWNsche Bewegung frei	Zerfall der Makromoleküle
Verarbeitbarkeit	spanabhebende Formgebung Feilen Sägen Bohren Drehen Fräsen	spanlose thermoelastische Formgebung Biegen Blasen Saugen Tiefziehen Formstanzen	spanlose thermoplastische Formgebung Kalandrieren Spritzgießen Spritzpressen Pressen Schweißen	

Abb. 12. Zustandsformen, Struktur und Verarbeitungsmöglichkeiten thermoplastischer Kunststoffe. [THOMASS, H.: PVC-Folien. München: Carl Hanser Verlag, 20 (1963) nach PEUKERT, H.]

Zustand überführbar und können daher auf Spritzguß -und Strangpreßmaschinen verformt werden. — Sie werden dementsprechend überwiegend im schmelzflüssigen Zustand verarbeitet (vgl. Abb. 12). Außer dem Polymerisationsgrad und der Zusammensetzung (Copolymerisate und Zusatz von Weichmachern) übt die *Taktizität* der Kunststoffe einen großen Einfluß auf die Eigenschaften und die Verarbeitbarkeit bei höheren Temperaturen aus. (Die technischen Acrylgläser bestehen, wie bereits erwähnt (vgl. 3.3.6), aus Monomerenbausteinen, die zu etwa 80 bis 85 Molprozenten syndiotaktisch verknüpft sind[288]).

Eingehende Darstellungen über den Einfluß der Temperatur auf die physikalischen Eigenschaften von Poly(meth)acrylaten und anderen

[288] SCHREYER, G., und P. R. SZIGETI: Kunstst. **53**, 703 (1963); SCHREYER, G.: 11. Dtsche Kunststofftagung Lübeck-Travemünde, 4.—6. 5. 1965 (Vorabdruck Kunstst. 2—4).

[289] SCHREYER, G.: Rheologica Acta **3**, 218 (1964).

Polymerisaten finden sich in den im Vorwort erwähnten Monographien[290] und vielen Literaturstellen, z. B. [291].

Polymethacrylsäuremethylester wird besonders wegen seiner Witterungsbeständigkeit, seiner guten Lichtdurchlässigkeit (vgl. Tabelle 28) und seiner guten mechanischen Eigenschaften anerkannt[292,293] (s. Tabelle 31, S. 294, ungerecktes Plexiglas ® 240).

Tabelle 28. *Lichtdurchlässigkeit von Gläsern*

Dicke des Materials (mm)	Wellenlänge (Å)	Lichtdurchlässigkeit (%) Acrylglas (Plexiglas ® I-A, Rohm & Haas Co.)	Fensterglas (nach Bureau of Standards C-421)
2	2800	2	—
2	3000	42	—
2	3200	79	17
2	3400	87	68
2	3600	90	83
2	3800	92	87
2	4000	92	88

Bei der Verwendung der Acrylgläser im Baugewerbe ist u. a. die Kenntnis der Wärmeisolation wichtig. Versuche unter vergleichbaren Bedingungen (Luftgeschwindigkeit innen 0 m.sec^{-1} bei 21,1°, Luftgeschwindigkeit an der Außenseite 6,7 m. sec^{-1} bei —17,8°) ergaben bei Acrylglas von 0,15 cm Schichtdicke einen um 4,5% und bei 0,64 cm Schichtdicke einen um 15% niedrigeren Wärmeverlust als bei Silikatglas[294]. (Weitere Angaben über die Wärmeleitfähigkeit von Polymethylmethacrylat vgl. [295]).

[290] NITSCHE, R., und K. A. WOLF (Herausgeber): Kunststoffe; Struktur, physikalisches Verhalten und Prüfung, 2 Bände. Bd. 6 und 7 der Reihe „Chemie, Physik und Technologie der Kunststoffe in Einzeldarstellungen"; Berlin-Göttingen-Heidelberg: Springer 1961 und 1962; STUART, H. A. (Herausgeber): Ordnungszustände und Umwandlungserscheinungen in festen hochpolymeren Stoffen. Bd. 3 der Reihe „Die Physik der Hochpolymeren"; Berlin-Göttingen-Heidelberg: Springer 1955.

[291] UEBERREITER, K.: Ang. Ch. **53**, 247 (1940); JENCKEL, E., und E. BRÄUCKER: Ph. Ch. (A) **185**, 465 (1940); SCHMIEDER, K., und K. WOLF: Kolloid-Z. **127**, 65 (1952); SCHMIEDER, K., und K. WOLF: Kolloid-Z. **134**, 149 (1953); WOLF, K., e K. SCHMIEDER: Ricerca sci. Suppl. **A 25**, 732 (1955); C. **1957**, 7949; STEINHOFER, A.: Kunstst. **55**, 551 (1965); SINNOT, K. M.: J. Polymer Sci. **42**, 3 (1960); SCHREYER, G.: Rheologica Acta **3**, 218 (1964); REHBERG, C. E., W. A. FAUCETTE, and C. H. FISHER: Am. Soc. **66**, 1723 (1944); REHBERG, C. E., and C. H. FISHER: Ind. eng. Chem. **40**, 1431 (1948); ROGERS, S. S., and L. MANDELKERN: J. phys. Chem. **61**, 985 (1957).

[292] WEISERT, P.: Kunstst. **48**, 149 (1958); KAUTTER, C. T.: Kunstst. **45**, 131 und 348 (1955); GOUZA, J. J., and W. F. BARTOC: Mod. Plastics **27**, 157 (1956); RICE, R. B. u. a.: Mod. Plastics **18**, 156 (1947).

[293] REICHHERZER, R.: Mitteilungen des Chem. Forschungsinstitutes der Wirtschaft Österreichs **17**, 1 (1963); HENKE, R. W.: Ind. eng. Chem. **47**, 684 (1955); ESSER, F.: Kunstst. **40**, 306 (1950).

[294] Mod. Plastics **30**, 126 und 185 (1953); Kunstst. **44**, 162 (1954); RICE, R. B. u. a.: Mod. Plastics **18**, 156 (1947).

[295] EIERMANN, K.: Kunstst. **55**, 335 (1965).

b) Chemisches Verhalten[293]

Tabelle 29. *Chemikalieneinwirkung auf Acrylglas*

Agens	Einwirkung (Tage)	Einwirkung (°C)	Gewichtsveränderung (%)	Kugeldruckhärte (60 sec) (kp/cm²)	Biegefestigkeit (kp/cm²)	Anmerkung
Kontrollwert				1750	1083	
Acetaldehyd		25				nicht beständig
Acetylen, gasförmig		25				beständig
Acetophenon	7	25				gequollen
Äthylacetat	7	25				gelöst
Äthyläther	30	22	+ 2,1	1680	1042	äußerlich unverändert
Äthylalkohol, 50%	40	22	+ 1,0	1680	1025	äußerlich unverändert
Äthylalkohol, 96%	7	22	+ 9,2			gequollen
Äthylen, gasförmig		25				beständig
Äthylenglykol	30	22	— 0,4	1830	956	äußerlich unverändert
Aceton	7	25				gelöst
Ammoniak, gasförmig		25				nicht beständig
Ammoniak, wäßrig, 10%	30	22	+ 0,8		1008	äußerlich unverändert
Ammoniak, wäßrig, 28%	30	50	+ 1,2		960	äußerlich unverändert
Ammoniak, wäßrig, 28%		60				beständig
Ammonpersulfat, wäßrig, 10%	30	22	+ 0,8	1680	1050	äußerlich unverändert
Ameisensäure, 10%	30	22	+ 0,8	1720	1147	äußerlich unverändert
Ameisensäure, 50%	30	22	+10,1			erweicht
Amylalkohol	30	22	— 0,2	1750		Oberflächenrisse
Amylacetat	7	25				löst
Benzin	40	22	— 0,2	1750	1060	äußerlich unverändert
Benzol	7	25				gelöst
Bleichlauge (12,5% Aktivchlor)	30	22	+ 0,4	1780	1095	äußerlich unverändert
Borax, wäßrig, 10%	30	22	+ 0,8	1750	1002	äußerlich unverändert

Tabelle 29 (Fortsetzung)

Agens	Einwirkung (Tage)	Einwirkung (°C)	Gewichtsveränderung (%)	Kugeldruckhärte (60 sec) (kp/cm²)	Biegefestigkeit (kp/cm²)	Anmerkung
Bromwasser	7	25				zersetzt
Butanol	7	25				angegriffen
Chloressigsäure, mono, 85%		25				nicht beständig
Chlorgas		25				nicht beständig
Chloroform		25				gelöst
Chlorsulfonsäure		20				nicht beständig
Chromsäure, wäßrig, 50%		25				nicht beständig
Citronensäure, wäßrig, 10%	11	60	+ 1,1	1680	950	äußerlich unverändert
Cyclohexan	7	25				gequollen
Cyclohexanol	30	22	± 0,0	1750	1197	äußerlich unverändert
Cyclohexanon		25				gelöst
Dibutylphthalat		25				Oberflächenrisse
Dibutylphthalat		60				nicht beständig
Dichloräthan		25				gelöst
Dimethylphthalat	30	22	— 2,2	1630		Oberflächenrisse
Dioxan		25				gequollen
Essigsäure, 10%	30	22	+ 0,5		963	äußerlich unverändert
Essigsäure, 30%	30	22	+ 0,76	1700		äußerlich unverändert
Essigsäure, 98%		25				gelöst
Essigsäureanhydrid		25				gelöst
Flußsäure, 48%	7	25	—20,0			zerstört
Formaldehyd, 37%	30	22	+ 0,6		1108	äußerlich unverändert
Fruchtsäfte	30	25				beständig
Glucose, wäßrig, 30%	30	25				äußerlich unverändert
Glycerin, wäßrig, 50%	7	20	+ 0,5			äußerlich unverändert
Isopropylalkohol	7	25	— 0,3			gequollen

Tabelle 29 (Fortsetzung)

Kaliumbichromat, wäßrig, 40%		25				nicht beständig
Kaliumpermanganat, wäßrig, 6%	30	22	+ 1,2			oberflächl. angegriffen
Kalkmilch	30	25				beständig
Kohlensäure, feucht		25				beständig
Kresol	7	25				nicht beständig
Lauryalkohol	30	22	— 0,2	1750	1111	äußerlich unverändert
Methanol, 100%	7	25	+14,5			nicht beständig
Methyläthylketon	7	25				nicht beständig
Milch	2	20				äußerlich unverändert
Monoäthylanilin	7	25				gelöst
Natriumcarbonat, wäßrig, 10%	30	22	+ 0,3	1700		äußerlich unverändert
Natriumsulfid, wäßrig, 40%	30	22	+ 0,7		1088	äußerlich unverändert
Natronlauge, 10%	30	22	+ 0,34	1700	1050	äußerlich unverändert
Natronlauge, 20%	30	25				oberflächl. angegriffen
Nitrobenzol	7	25				gelöst
Ölsäure	30	22	— 0,3	1780	1035	äußerlich unverändert
Paraffinöl	30	22	± 0,0		1106	äußerlich unverändert
Phosphorsäure, 30%		25				beständig
Salpetersäure, 10%	30	25	+ 0,8			äußerlich unverändert
Salpetersäure, 40%	30	25			750	angegriffen
Salpetersäure, 70%	21	25				zerstört
Salzsäure, 10%	7	25	+ 0,5			äußerlich unverändert
Salzsäure, 36%		25				angegriffen
Seifenlösung, wäßrig, 1%	30	22	+ 0,8	1680	1083	äußerlich unverändert
Schwefelkohlenstoff		25				nicht beständig
Schwefelwasserstoff, gasförmig		25				beständig
Schwefelsäure, 30%	180	25	+ 0,1		1050	äußerlich unverändert

Tabelle 29 (Fortsetzung)

Agens	Einwirkung (Tage)	Einwirkung (°C)	Gewichtsveränderung (%)	Kugeldruckhärte (60 sec) (kp/cm^2)	Biegefestigkeit (kp/cm^2)	Anmerkung
Schwefelsäure, 70%		60				stark angegriffen
Schwefelsäure, 98%	3	25				zerstört
Speiseöl	30	22	— 0,1	1750	1104	äußerlich unverändert
Terpentin	8	22	+ 0,1	1780		äußerlich unverändert
Tetralin	30	22	+ 3.2	1720		oberflächlich klebrig
Tetrachlorkohlenstoff	7	25				gelöst
Triäthanolamin	30	22	— 0,5	1750	1127	äußerlich unverändert
Trichloräthylen	3	25				gelöst
Trikresylphosphat		25				oberflächl. angegriffen
Waschlösung (OMO 2%)	30	22	+ 0,8	1680	1052	äußerlich unverändert
Waschlösung (desgl.)	7	60	+ 1,6		890	Oberflächenrisse
Wasser	180	25	+ 1,6			äußerlich unverändert
	7	60	+ 1,6		880	Oberflächenrisse
Wasserstoffperoxyd, 3%	8	25	+ 0,8			äußerlich unverändert
Wasserstoffperoxyd, 50%	180	25	+ 5,2		810	angegriffen
Wasserstoffperoxyd, 100%	7	25				zerstört

3. Weiterverarbeitung von Plattenmaterial

Die Weiterverarbeitung[292,296] des Halbzeuges erfolgt durch *Warmformen*, Kleben, Schweißen oder spangebendes Bearbeiten.

Polymethacrylsäuremethylester läßt sich bei Temperaturen von 120 bis gegen 200° verformen (zähelastischer Zustand). Die optimalen Verarbeitungstemperaturen werden vom Hersteller meist vorgeschrieben. Im einfachsten Fall zieht man die erwärmte Platte über eine (eventuell ebenfalls erwärmte) Form und läßt das Stück langsam erkalten. Das Erwärmen kann beispielsweise in einem Ofen mit Heißluftumwälzung oder Infrarotstrahlung erfolgen; außerdem werden Ölbäder vorgeschlagen, die eine gleichmäßige Erwärmung garantieren, aber die nachträgliche Reinigung der mit Öl verschmutzten Formstücke notwendig machen. Die Formen, die aus Holz oder Metall bestehen können, werden zweckmäßig mit Handschuhstoff ausgekleidet, um die Oberfläche des Formstückes nicht zu beschädigen.

Durch Anwendung von Druckluft oder Vakuum und entsprechend gebauten Patrizen und Matrizen gelingt die Herstellung der verschiedenartigsten Formteile, wobei als Ausgangsmaterial nicht nur Platten, sondern auch Rohre dienen können. Die so hergestellten Teile behalten ihre Form trotz der starken Rückstellkräfte (stärker als bei extrudiertem Material) bei; die Rückformung tritt erst wieder bei höheren Temperaturen auf[297].

Beim *spangebenden Bearbeiten* von Acrylglas ist nur einwandfreies Werkzeug zu benutzen, da stumpfe Schneiden durch Erhitzung das Material zum Erweichen und Schmieren bringen können. Beschädigungen der Oberfläche können durch Schleifen und Polieren beseitigt werden. Nach der Bearbeitung ist ein Tempern angeraten, damit sich Spannungen ausgleichen können[298].

Acrylglas läßt sich sägen und bohren und zeigt dabei Eigenschaften, die etwa zwischen denen von Holz und weichen Metallen liegen. Nähere Angaben findet man beispielsweise bei C. T. Kautter[299], P. Weisert[300], M. B. Horn[301], F. Esser[302] und G. Schreyer und P. R. Szigeti[298].

Das Zusammensetzen einzelner Acrylglasteile kann durch Nieten, Schrauben oder Bolzen erfolgen. Wenn diese Fremdkörper im optisch einheitlichen Material stören, verklebt oder verschweißt man die Formteile[303].

---

[296] Horn, M. B.: Acrylic Resins, Reinhold Publ. Corp., New York, 55 (1960).
[297] Peukert, H.: Industrieblatt **1955**, 507.
[298] Schreyer, G., und P. R. Szigeti: Kunstst. **53**, 703 (1963).
[299] Kautter, C. T.: Kunstst. **37**, 141 (1947).
[300] Weisert, P.: Kunstst. **48**, 148 (1958).
[301] Horn, M. B.: Acrylic Resins, Reinhold Publ. Corp., New York, 55 (1960).
[302] Esser, F.: Kunstst. **40**, 305 (1950).
[303] Esser, F.: Kunstst. **47**, 516 (1957).

Beim *Heißluftschweißen* wendet man Temperaturen von etwa 300° an, doch gebraucht man dieses Verfahren nur in Sonderfällen. Zum Verbinden von Rohren mit Platten kann man erstere mit hoher Umdrehungszahl rotieren lassen und dann auf der Platte abbremsen, wodurch sich die Teile verbinden.

Vor dem *Verkleben* sollen Acrylgläser getempert werden, damit die Einwirkung von Klebstoffen keine Rißbildung verursacht. Man verwendet diverse Kleblacke, Lösungsmittel oder Polymerisationsklebstoffe. Als Lösungsmittel werden Methylenchlorid, Chloroform, Dichloräthan, Aceton oder Methyläthylketon eventuell unter Zusatz von Toluol oder Xylol vorgeschlagen. Die Klebflächen werden im Lösungsmittel angequollen und aufeinandergedrückt. Diese Methode ist nur für einfache Teile üblich, da die Gefahr einer Spannungskorrosion sehr groß ist.

Löst man Polymethylmethacrylat im Lösungsmittel, so erhält man Kleblacke, die infolge ihrer geringeren Verdunstungsgeschwindigkeit leichter zu handhaben sind. Zur Verbindung spritzt man den Kleblack auf eine Klebfläche und drückt beide Teile aneinander.

Polymerisationsklebstoffe[304] bestehen aus Monomeren (z. B. 40% Methacrylsäuremethylester in 60% Methylenchlorid gelöst), welche durch geeignete Mittel (z. B. Redoxsysteme) zur Polymerisation gebracht werden. Bei Redoxsystemen mit tert. Aminen tritt mitunter eine leichte Gelbfärbung auf. Die mit Polymerisationsklebern hergestellten Verbindungen zeichnen sich durch hohe Zugfestigkeit und gutes Bewitterungsverhalten aus und geben die geringsten optischen Störungen. Diese Methode eignet sich auch zum Verkleben von Acrylglas mit anderen Werkstoffen, wozu auch lösungsmittelhaltige Klebemittel auf Kunstkautschukbasis Verwendung finden[305].

4. Verwendung

Acrylglas wird in starkem Maße in der *Beleuchtungsindustrie* eingesetzt. Es besitzt sehr gute Durchlässigkeit für elektromagnetische Wellen vom UV-Gebiet bis zum Infrarot-Bereich[306]. Für explosionsgeschützte Leuchten sowie *orthopädische Einlagen* wird meist ein Copolymerisat aus Methacrylsäuremethylester und Acrylnitril (Sadur ®, Resart GmbH., Plexidur ®, Röhm & Haas GmbH.) verwendet. Als *Verglasungsmaterial* im Fahrzeug- und Flugzeugbau wird Acrylglas dort

---

[304] DBP 863115 (1941) Röhm & Haas G.m.b.H., C. T. Kautter und E. Trommsdorff; C. **1953**, 7452.

[305] Eisenträger, K.: Kunstst. **53**, 555 (1963); Lücke, H.: Adhäsion **6**, 497 (1962).

[306] Trommsdorff, E.: Houwink, Chemie und Technologie der Kunststoffe, Akad. Verlagsges. Geest & Portig K.G., Leipzig, 3. Aufl., 2. Bd., 129 (1956).

eingesetzt, wo es nicht direkt mit dem Fahrtwind in Berührung kommt, da sonst seine Oberfläche zu stark verkratzt wird. Günstiger verhält sich biaxial gerecktes Acrylglas (vgl. S. 292).

In der *Werbung* findet Acrylglas vielfältige Anwendung, doch gebraucht man hier auch stranggepreßtes Material, auf welches später noch eingegangen wird.

Bei *Sicherheitsgläsern* aus Methacrylsäureestern[307] werden diese zusammen mit Weichmachern zwischen Glasplatten polymerisiert, wobei die Ester als Vorpolymerisat eingefüllt werden. Die Wärmeabfuhr ist hier weniger schwierig, da die organische Schicht nur 0,5 bis 0,7 mm beträgt. Ähnlich wird das Mehrschichten-Sicherheitsglas, das in der Autoindustrie gebraucht wird, hergestellt.

Sicherheitsgläser[308] können auch unter Verwendung von Acrylsäureestern hergestellt werden, wobei z. B. Acrylsäuremethylester in einem organischen Lösungsmittel polymerisiert wird. Man gießt eine Lösung geeigneter Viskosität auf Glasplatten, läßt das Lösungsmittel verdunsten und erhält einen Polymerisatfilm, der abgezogen und mittels Weichmacher auf eine Glasplatte aufgeklebt werden kann. Die Glasdeckplatte wird wieder mit Weichmacher aufgeklebt.

Erwähnt sei, daß außer (Meth)acrylaten vor allem Polyvinylacetale als Zwischenschichten von Sicherheitsgläsern verwendet werden, da sie den Vorteil größerer Kältebeständigkeit aufweisen.

Für *Uhrgläser* wird Polymethacrylsäuremethylester ebenfalls eingesetzt, wobei durch Copolymerisation mit geringen Mengen Glykoldimethacrylat[309] ein Material erhalten wird, welches sich durch größere Härte und Lösungsmittelresistenz auszeichnet. Außerdem liegt der Erweichungspunkt höher, die Wärmeausdehnung ist geringer und die mechanische Bearbeitbarkeit infolge der größeren Härte erleichtert. Die Gläser zeigen eine herabgesetzte Rißbildung beim Altern.

Im *Bausektor* findet Acrylglas steigende Verwendung, doch steht einem umfassenden Einsatz — wie auch bei vielen anderen Kunststoffen auf diesem Gebiet — seine Brennbarkeit entgegen. *Schwer brennbares Acrylglas* erhält man z. B. durch Zusatz einiger Prozente Phosphorsäure[310]; man muß dabei jedoch eine erhöhte Wasseraufnahme und, wenn die Phosphorsäure frei wird, deren Korrosionswirkung in Kauf nehmen. Diese Nach-

---

307 Kautter, C. T.: Brit. Plastics **21**, 390 (1949).
308 Bauer, W.: Rohrs, Staudinger und Vieweg, Fortschr. d. Chemie, Physik und Technik der makromolekularen Stoffe **2** (1942).
309 Schweiz. P. 369407 (1958) Lonza, S. A.
310 DBP 1032540 (1957) Röhm & Haas G.m.b.H., L. Hosch.

teile werden bei Verwendung saurer Phosphorsäureester vermindert[311] (über Zusatz komplexer Phosphor-Halogen-Verbindungen vgl.[312]).

Verschiedene Acrylgläser werden im Handel unter folgenden Warenzeichen angeboten (gegossenes Material und Spritzgußmaterial).

Tabelle 30[293]. *Markennamen von Polymethylmethacrylat*

Halbzeug	Hersteller
Bonoplex ®	AB. Bofors Tidaholm, Schweden
Finnacryl ®	Oy Suomen Synteesi A. B., Vantaa, Finnland
Isocryl ®	Isocryl Fabriken, Roskilde, Dänemark
Leoflex ®	Hesa A. G., Schönenwerd, Schweiz
Oroglas ®	Rohm & Haas Co., Philadelphia, USA
Paraglas ®	Para Chemie, Wien-Gramatneusiedl, Österreich
Perspex ®	I.C.I., London, England
Piacryl ®	VEB Stickstoffwerk, Piesteritz, DDR
Plexiglas ®	Röhm & Haas GmbH., Darmstadt, BRD
Plexiglas ®	Rohm & Haas Co., Philadelphia, USA
Resartglas ®	Resart Ges. Kalkhof & Rose, Mainz, BRD
VOS ®	Lonza A. G., Basel, Schweiz
Formmassen	
Altulite ®	Alsthom, Paris, Frankreich
Lucite ®	DuPont, Wilmington, USA
Plexigum ®	Röhm & Haas GmbH., Darmstadt, BRD
Resarit ®	Resart Ges. Kalkhof & Rose, Mainz, BRD
Vedril ®	Montecatini, Mailand, Italien

5. Gerecktes Material

Beim Recken von Acrylgläsern[313] orientieren sich die Kettensegmente der Makromoleküle entsprechend der Reckrichtung, es bildet sich eine „glimmerartige Struktur" aus.

Experimentell zeigt sich, daß bei biaxial gerecktem Acrylglas mit steigendem Reckungsgrad gewisse Eigenschaften, wie z. B. spezifische Bruchenergie, Bruchdehnung, kritische Fallenergie und Rißfortpflanzungswiderstand ein Maximum durchlaufen. Berücksichtigt man, daß andere Eigenschaften nach diesem, dem Maximum der Bruchdehnung entsprechenden Reckungsgrad nur noch mäßig zunehmen (z. B. Schlag- und Kerbschlagzähigkeit sowie Korrosionsbeständigkeit), so ergibt sich

[311] F. P. 1302114 (1961) Röhm & Haas G.m.b.H.

[312] Farbe u. Lack **71**, 211 (1965); Referat.

[313] Ladbury, J. W.: Plastics Inst. (London), Trans. and J. **28**, 1 (1960); Schreyer, G., und M. Buck; Kunstst. **52**, 174 (1962); (dort weitere Literatur); Schreyer, G.: Maschinenmarkt **68**, 1 (1962).

daraus für Polymethylmethacrylat bei biaxialer Reckung ein besonders günstiger Reckungsgrad von 70 bis 80%.

Derartig gerecktes Material kann infolge seines hohen Rißfortpflanzungswiderstandes genagelt werden, garantiert eine hohe Bruchsicherheit

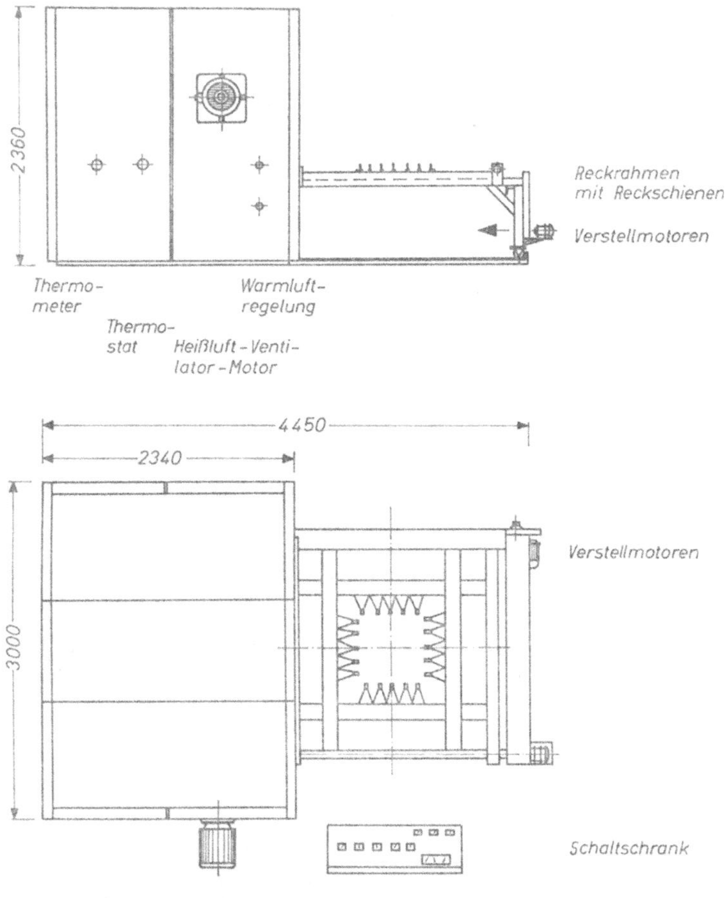

Abb. 13. Biaxial-Reckmaschine zum diskontinuierlichen Recken

und ist gegen den Angriff korrodierender Chemikalien wesentlich beständiger als ungerecktes Polymethylmethacrylat.

Zur Erklärung der oben erwähnten Maxima nimmt man an[313], daß sich mit steigendem Reckungsgrad die Orientierung erhöht, wobei vorher abgesättigte Valenzkräfte wirksam werden und daß ein Material mit erhöhtem Ordnungsgrad entsteht. Die Kräfte senkrecht zur Reckrichtung (bevorzugt VAN DER WAALS'sche Kräfte) werden mit steigendem Reckungsgrad zunehmend geringer. Viele mechanische Eigenschaften nehmen daher parallel zur Orientierungsebene zunächst mit dem Reckungsgrad zu, dann jedoch — offenbar doch infolge des Schwächerwerdens der Kräfte zwischen den Molekülschichten — wieder ab.

Tabelle 31. *Plexiglas® 240 bzw. 245; Richtwerte bei 20° und 60 ± 5% rel. Luftfeuchtigkeit*

Eigenschaften	Einheit	gereckt	ungereckt	Prüfvorschrift
Zugfestigkeit σ_B bei	kp/cm²			
—40°		1000	950	DIN 53455
+20°		850	800	
+70°		400	350	
Bruchdehnung ε_B	%	15—25	4—5	DIN 53455
Biegefestigkeit σ_{bB}	kp/cm²			DIN 53452
Normstab		1550	1350	
Normkleinstab		1650	1450	
Abriebfestigkeit				
Φ-Wert (1600 p)	%	89	89	ASTM D-673-44
Taber CS 10 (1000 p) nach				ASTM D-1044-56
10 Umdrehungen		20	10	
100 Umdrehungen		70	60	
Rißfortpflanzungswiderstand	cmkp/cm²	4,0—5,0	0,8—1,0	Interne Prüfmethode d. Röhm & Haas GmbH.
Spez. Bruchenergie	cmkp/cm²	rund 7	rund 0,9	
Vicat Erweichungstemp.	°C	120	120	DIN 57302
Heat distortion temp. 264 psi (rd. 18,5 kp/cm²)	°C	90	105	ASTM D-648-45
Maximale Gebrauchstemp.	°C	70—80	80—90	Interne Prüfmethode d. Röhm & Haas GmbH.
Wasseraufnahme gegenüber Trockenzustand n. 4 Tagen	mp	40—50	40—50	DIN 53472
Korrosionsgrenzspannung gegen	kp/cm²			Interne Prüfmethode d. Röhm & Haas GmbH.
a) Methacrylsäuremethylester		110	0	
b) Toluol		200	70	
c) Autobenzin		450	210	
d) Isopropanol		320	115	
e) Diäthylenglykol		400	200	
Korrosionstest				
a) Isopropanol		erfüllt den Test	erfüllt den Test *nicht*	
b) Lackverdünner		erfüllt den Test nahezu	erfüllt den Test *nicht*	

Eine *Reckmaschine* der Fa. Brückner-Trocknerbau wird in der Literatur beschrieben[314] (s. Abb. 13). Die Maschine mit biaxialer, diskontinuierlicher Arbeitsweise eignet sich sowohl zum Recken von Folien als

[314] Kunstst. 55, 134 (1965); Referat.

auch Acrylgläsern und besteht aus einem verstellbaren Reckrahmen in einer Heizkammer. Mit der Maschine kann ein maximales Reckverhältnis von 1:8 (= Flächen-Reckverhältnis 1:64) erreicht und dazwischen

Tabelle 32. *Plexidur ® T; Richtwerte bei 20° und 60 ± 5% rel. Luftfeuchtigkeit*

Eigenschaften	Einheit	gereckt	ungereckt	Prüfvorschrift
Zugfestigkeit σ_B bei	kp/cm²			DIN 53455
—40°		1650	1550	
+20°		1050	900	
+70°		450	350	
Bruchdehnung ε_B	%	rund 40	>40	
Biegefestigkeit σ_{bB}	kp/cm²			DIN 53452
Normstab		1950	1650	
Normkleinstab		2000	1700	
Druckfestigkeit σ_{dB}	kp/cm²	1600	1400	DIN 53453
Scherfestigkeit	kp/cm²	850	750	
Dauerzugfestigkeit $\sigma_{D,t}$ (ungekerbte Probe 6000 Std.)	kp/cm²	650	500	
Elastizitätsmodul	kp/cm²			
Zugversuch		49000	48000	Interne Prüfmethode
Biegeversuch		47000	46000	d. Röhm & Haas GmbH.
Druckversuch		41000	40000	
Schlagzähigkeit	cmkp/cm²			DIN 53453
Normstab		>600	>100	
Normkleinstab		400	50	
Kerbschlagzähigkeit	cmkp/cm²			
Normstab		6—7	4—5	
Normkleinstab		5—6	3—5	
Rißfortpflanzungswiderstand	cmkp/cm²	rund 15—20	3,0—3,5	Interne Prüfmethode d. Röhm & Haas GmbH.
Vicat Erweichungstemp.	°C	100	100	DIN 57302
Heat distortion temp. 264 psi	°C	70	85	ASTM-D-648-45
Maximale Gebrauchstemp.	°C	60—70	70—80	Interne Prüfmethode d. Röhm & Haas GmbH.

beliebig eingestellt werden. Das Recken kann simultan oder nach einer bestimmten Richtung bevorzugt durchgeführt werden. Die verkleidete (Heiz)-Isolierkammer kann mit Luft gleichmäßig auf 70 bis 230° beheizt werden.

Die Tabellen 31 und 32, deren Angaben im wesentlichen G. Schreyer und M. Buck[313] entnommen worden sind, zeigen eine Gegenüberstellung einer Auswahl von Eigenschaften von gerecktem und ungerecktem Acrylglas bzw. einem Copolymerisat mit Acrylnitril (s. S. 302).

Gerecktes Acrylglas läßt sich sägen und bohren, zum Teil sogar stanzen und nageln. Bei der Warmformung ist darauf zu achten, daß das erhitzte Material nicht wieder zurückschrumpfen kann. Wird ein gereckter

Kunststoff erwärmt, so tritt bei der Einfriertemperatur der Effekt der thermischen Relaxation auf und er nimmt die Form an, die er im ungereckten Zustand hatte. Man geht daher meist so vor, daß man die Verformung gleich an das Recken anschließt. Steht keine Reckvorrichtung zur Verfügung, so muß man vorsorglich die zu formende Platte in entsprechende Rahmen einspannen.

Eine starke Rückschrumpfung von gerecktem Material findet erst bei höherer Temperatur und innerhalb eines engen Temperaturintervalles statt. Wählt man daher eine entsprechende Verformungstemperatur (unterhalb etwa 90°), so wird die Rückschrumpfung kaum ins Gewicht fallen.

Infolge ihrer günstigen mechanischen Eigenschaften ergeben sich für gereckte Acrylgläser vielseitige *Anwendungsmöglichkeiten.* Ein wichtiges Einsatzgebiet ist der Flugzeugbau, wo diese Materialien als Verglasungen verwendet werden. Weitere Verwendungsmöglichkeiten sind Fernsehröhrenschutzscheiben, Windschutzscheiben, Verglasungen für Vitrinen, Meßgeräte, Bankschalter sowie Uhrgläser und explosionssichere Leuchten.

C. Harze nach dem Monomer-Polymer-Verfahren

1. (Glasfaserverstärkte) Polyester

In die Gruppe der Substanzpolymerisate gehören auch die mit (Meth)-acrylsäureestern durch Copolymerisation vernetzten Polyester, die jedoch aus Preisgründen bei weitem nicht die Bedeutung der mit Styrol vernetzten Polyester haben.

Prinzipiell wird zuerst ein Polyester aus einem Polyol und Phthalsäureanhydrid und Maleinsäureanhydrid durch Polykondensation (Veresterung) hergestellt. Dieses lösungsmittelfreie System behält die Doppelbindungen des Maleinsäureanhydrids bei; es wird in (Meth)acrylsäureestern gelöst und ist über einen gewissen Zeitraum stabil. Nach Zusatz von Startern[315] (meist Redoxsysteme aus Peroxyden und Co-Salzen bzw. Aminen oder Mercaptanen) härtet das System durch Copolymerisation der Acrylate mit dem ungesättigten Polyester aus. Die Menge an Startern wird dabei so bemessen, daß genügend lange Verarbeitungszeiten (potlife) gewährleistet bleiben.

Der teilweise oder völlige Ersatz von Styrol durch (Meth)acrylsäureester soll die gehärteten Polyester gegen Vergilbung und Witterungseinflüsse beständiger machen[316]. Außerdem tritt durch den günstigeren Brechungsindex des Endproduktes das eingebettete Glasfasergewebe nicht so stark in Erscheinung. Als weitere Monomerenkomponenten

---

[315] Kunststoffe-Plastics 1, 36 (1963); Referat, Vortrag E. Bäder.

[316] Smith, A. L., and J. R. Lowry: Mod. Plastics 35, 134 (1958); DAS 1168590 (1960) Reichhold Chemie A.G., J. P. Morris und C. J. Meeske; DAS 1024716 (1955) Röhm & Haas G.m.b.H., F. Kollinsky und K. Tessmar.

wurden Triäthylenglykolbismethacrylsäureester[317] und Reaktionsprodukte des Methacrylsäureglycidylesters[318] genannt.

Die verstärkten Polyester können z. B. im Karosseriebau, Bootsbau oder als Balkonverkleidungen eingesetzt werden.

2. Gießharze

Zur Herstellung des für Gießharze[319] aus (Meth)acrylsäureestern notwendigen Sirups verwendet man eine sehr geringe Beschleunigerkonzentration und polymerisiert bei höherer Temperatur bis zum völligen Verbrauch des Startmittels[320]. Durch diese teilweise Polymerisation des Monomeren erhält man eine gießfähige Masse, die in verschiedenen Formen auspolymerisiert oder zur Herstellung glasfaserverstärkter Formteile dienen kann. Der Zusatz von Vernetzungsmitteln ist empfehlenswert[321].

Als *Redoxsysteme* können tertiäre Amine und Dibenzoylperoxyd dienen, doch neigen die damit erhaltenen Polymerisate dazu, sich bei Bestrahlung zu verfärben. Kombinationen von Sulfoncarbinolen und Sulfonaminen zeigen diese Nachteile nicht. Kleine Mengen von Schwermetallverbindungen und geringe Halogenidzusätze geben noch kürzere Polymerisationszeiten.

Die *Gießformen* können aus Metall, Silikonkautschuk, PVC, Polyäthylen oder Gips bestehen, wobei der Zusatz eines Trennmittels (z. B. Resarit ® 118) die einwandfreie Entformung des Polymerisates ermöglicht. Das Entformen erfolgt nach dem Erkalten der Gießlinge; eine Nachhärtung ist nicht erforderlich.

Um die Schwierigkeiten der Temperaturabführung bei der Herstellung großvolumiger Gießlinge zu umgehen, wird entweder unter Druck ausgehärtet oder auf die Reduktionskomponente im Startersystem verzichtet und in der Wärme ausgehärtet oder schließlich der Gießling durch schichtweises Vergießen und Aushärten fertiggestellt[322].

Verwendet man für die Herstellung von verstärktem Material Glasfasermatten mit geeignetem Brechungsindex, so kann man durchsichtige Teile erhalten.

Die *Verwendung* glasfaserverstärkter Formteile aus Poly(meth)acrylsäureestern empfiehlt sich dann, wenn Farblosigkeit, Farbstabilität,

---

317 Strühmann, G. A., und J. M. Abschütz: Ž. prikl. Chim. 34, 888 (1961).

318 DAS 1172788 (1958) DuPont, R. McLellan Fitch.

319 Kunststoff-Plastics 1, 36 (1963) Referat, Vortrag E. Bäder; E. Bäder: Kunstst. 52, 731 (1962); „Resarit 117 A", Firmenschrift der Resart Ges., Kalkhof & Rose.

320 E. P. 937215 (1963) Montecatini.

321 DAS 1078325 (1956) DuPont, E. N. Squire.

322 „Resarit 117 A", Firmenschrift der Resart Ges., Kalkhof & Rose.

Wetterfestigkeit und gute Schlagzähigkeit auch bei tiefer Temperatur gefordert werden und erscheint auch deshalb interessant, weil die Teile ohne Qualmbildung und Entwicklung giftiger Gase brennen und dabei nicht abtropfen.

Die unter der Markenbezeichnung Degalan ® S[323] vertriebenen Gießharze auf Methacrylatbasis werden zur Herstellung von Behältern, Rohrleitungen, Sportgeräten, Karosserieteilen, Einbettungen u. a. empfohlen. Es werden folgende mechanische Eigenschaften angegeben:

Eigenschaften	Einheit	reines Harz	33% Matte	42% Matte	Prüfvorschrift
Biegefestigkeit	kg/cm²	1200—1400	2800—3000	4300—4400	DIN 53452
Schlagbiegefestigkeit	cmkg/cm²	10—12	40—45	45—50	DIN 53453
Härte nach Vickers	°HV	19—20	—	—	

3. Dentalmassen

Außer zur Herstellung von Formteilen wird in Substanz polymerisierter Methacrylsäuremethylester auch in der Dentaltechnik[324] und zum Einbetten von Präparaten[325] angewendet.

In der Dentaltechnik[326] ist Polymethacrylsäuremethylester der weitaus am häufigsten verwendete Kunststoff zur Herstellung von *Gaumenplatten* (z. B. Paladon ®, Kulzer & Co.; Optodont ®, Bayer). Die bevorzugte Verarbeitungsmethode beruht auf dem Polymer-Monomer-Verfahren, wobei man etwa 3 Teile Polymeres (meist Perlpolymerisat mit Zusätzen von etwa 0,1% Dibenzoylperoxyd) mit 1 Teil Monomerem (eventuell durch geringe Zusätze von Hydrochinon stabilisiert) anteigt[327]. Die bei der Polymerisation auftretende Schrumpfung wird dadurch von etwa 20 auf 5% verringert. Die Prothesenform wird aus Gips hergestellt und der Kunststoffteig bei erhöhter Temperatur (etwa 50 bis 75°, Nachtempern über 100°) während mehrerer Stunden zur Polymerisation gebracht. Anschließend wird mechanisch nachbearbeitet und poliert.

---

[323] „Degalan S, Gießharze auf Methacrylat-Basis", Firmenschrift der Degussa; E. P. 968366 (1962) Degussa.

[324] DRP 684533 (1930) Röhm & Haas A.G., W. BAUER; DRP 737058 (1936) Kulzer & Co. G.m.b.H.; A. P. 2794016 (1957) L. D. Caulk Co., J. F. GLENN, and J. J. CLANCY; E. SCHNEBEL, Dtsche. Dentistische Wochenschrift **60**, 640 (1940).

[325] WEISERT, P.: Kunstst. **48**, 154 (1958).

[326] SCHMIDT, A.: Ullmann **5**, 717 (1954); TROMMSDORFF, E.: Kunstst. **31**, 139 (1941); BAUER, W.: Kunstst. **38**, 1 (1948); BAUER, W.: Dtsch. zahnärztl. Z. **4**, 1165 (1949).

[327] DRP 737058 (1936) Kulzer & Co., G.m.b.H.

Bei *Zahnfüllungen* (Palavit ®, Kulzer & Co.; Redontil ®, Bayer) arbeitet man nach einem ähnlichen Verfahren, nur werden hier besondere Beschleunigersysteme[328] eingesetzt, um die Polymerisation bei der in der Mundhöhle herrschenden Temperatur mit genügender Geschwindigkeit ablaufen zu lassen. Im einzelnen wurden Kombinationen von Dibenzoylperoxyd mit Trihexylamin[329], Dimethyl-p-toluidin, Sulfinsäuren[330], Sulfonaminen oder Sulfoncarbinolen[331] beschrieben.

Zum *Ausbessern von Prothesen* wird ein Gemisch von

a) Polymethylmethacrylatpulver, welches 2% Dibenzoylperoxyd und 2% p-Toluyldisulfonmethyläthanolamin enthält und

b) monomerem Methacrylsäuremethylester (mit Hydrochinon- und Dimethyl-p-toluidinzusatz) vorgeschlagen[332].

Um die Haftfestigkeit der Füllung an der Zahnsubstanz zu erhöhen, können geringe Zusätze von (Meth)acrylsäure und (Meth)acrylamid[329] mitverwendet werden.

Künstliche Zähne können ebenfalls aus Polymethacrylsäuremethylester (Palapont ®, Kulzer & Co.) hergestellt werden. Dazu werden Perlpolymerisate bei 160 bis 200° verpreßt[326]. Die Widerstandsfähigkeit gegen Abnutzung und Einwirkung von Lösungsmitteln läßt noch zu wünschen übrig, doch läßt sich eine Verbesserung durch Copolymerisation mit geringen Mengen vernetzend wirkender Substanzen, wie Glykoldimethacrylat oder Allylmethacrylat, erreichen.

4. Einbettmassen

Ähnlich wie in der Gießtechnik wird bei Einbettmassen[333] vorgegangen. Dabei werden die Gegenstände in anpolymerisierten Methacrylsäuremethylester eingebettet und unter Einfluß der Beschleuniger ausgehärtet. Wesentlich ist, daß die einzubettenden Teile ohne Schädigung zu trocknen sind und die Polymerisation nicht stören. Nach dem Tränken der getrockneten Präparate mit peroxydhaltigem Monomeren wird wiederholt Vakuum angelegt, um eine eventuelle Blasenbildung zu vermeiden. Als Monomere kommen Methacrylsäure-methyl-, -äthyl- oder -butylester bzw. deren Gemische in Frage, wobei sich die Wahl der Ester nach der angestrebten Härte der Endprodukte richtet. Als Starter setzt man meist Dibenzoylperoxyd in einer Menge von 0,02 bis 0,1% ein. Durch

---

[328] BREDERECK, H., E. BÄDER und A. WOHNHAS: Makromolekulare Chem. **12**, 100 (1954); E. P. 721641 (1952), F. P. 1088699, Dental Fillings Ltd., H. J. STERN, L. E. SHADBOLT et W. L. RAWITZER.

[329] DAS 1086430 (1953) Degussa, W. QUERFURTH und O. SCHWEITZER.

[330] HAGGER, O.: Helv. **31**, 1624 (1948).

[331] DBP 913477 und 916733 (1950) Degussa und W. C. Heraeus.

[332] Russ. P. 152545 (1962) E. G. RONOV.

[333] SPILNER, A. J.: Mod. Plastics **31**, 129 (1953); „Einbettungsmasse Resarit 117", Firmenschrift der Resart-Ges. Kalkhof & Rose.

Auflösen von Polymerisat im Monomeren bzw. durch Anpolymerisieren stellt man die gewünschte Viskosität der Gießlösung her, gießt das Präparat in einer entsprechenden Form ein und polymerisiert bei erhöhter Temperatur aus. Bei größeren Teilen muß einige Male aufgegossen und polymerisiert werden, um eine zu starke Selbsterwärmung zu vermeiden.

Unter der Bezeichnung Einbettungsmasse Resarit ® 117 wird ein hauptsächlich aus Methacrylsäuremethylester bestehender Sirup in den Handel gebracht, wobei auch praktische Hinweise für das Einbetten verschiedener Objekte gegeben werden. So sollen z. B. Insekten je nach Feuchtigkeitsgrad 1 bis 3 Tage im Vakuumexsiccator über Calciumchlorid oder Kieselsäuregel getrocknet werden, bei anderen zoologischen und botanischen Präparaten wird das absorbierte Wasser durch Alkohol verdrängt und dieser dann durch ein Monomeres, welches durch Zusatz von Dilauroylperoxyd anpolymerisiert wird, so daß das Objekt von einem weichen Film umgeben wird.

Die Einbettungskammern werden aus Silikatglas, das eventuell durch Papierstreifen zusammengehalten wird, hergestellt; in diese wird die Einbettungsmasse eingefüllt, mit einer Cellophanfolie abgedeckt und bei Zimmertemperatur so weit anpolymerisiert, daß sie das Objekt tragen kann. Das präparierte Objekt wird eingelegt, die Kammer mit Einbettungsmasse aufgefüllt und die Oberfläche abgedeckt. Nach zwei Tagen erwärmt man den Block langsam auf 50 bis 100° — je nach Wärmeempfindlichkeit des Objektes — um ihn vollends auszuhärten. Es wird entformt, die Flächen planparallel geschliffen und poliert.

Spezifisch leichte Gegenstände werden mit Hilfe einer Nadel in die gewünschte Einbettungslage gebracht und überschichtet. Die Polymerisation beginnt am Kammerboden und schreitet nach oben fort. Sobald das Objekt von der Einbettungsmasse festgehalten wird, entfernt man die Nadel und verfährt weiter wie oben angegeben.

5. Preßmassen

Um Polymethacrylsäuremethylester-Preßmassen[334] für größere Formteile herzustellen, wird ebenfalls nach dem Monomer-Polymer-Verfahren gearbeitet. Man verwendet abgestimmte Kombinationen von Redoxsystemen und bereitet die die Oxydations- bzw. Reduktionsmittel enthaltenden Monomer-Polymer-Mischungen getrennt voneinander vor.

Ein brauchbares Beschleunigersystem besteht aus Dibenzoylperoxyd und Dimethylanilin im ungefähr molaren Verhältnis. Haben die Polymerisate in den Vorprodukten einen günstigen Polymerisationsgrad und hebt man die Mischungen in geschlossenen Behältern auf, so sind sie mehrere Monate beständig; sie können als lagerfähiges Granulat hergestellt werden.

[334] Kalkhof-Rose, W., und W. Bauer: Kunstst. **47**, 156 (1957).

Vor der Verarbeitung wird innig vermengt und der gewünschte Preßteil in einer Presse bei etwa 50° geformt. Es sind dabei Polymerisationszeiten von nur etwa 20 Minuten erforderlich.

Als Vorteile gegenüber den Verfahren der Polymerisation von Monomeren in Formen (und anschließende Weiterverformung) wird herausgestellt, daß die Herstellung von Gegenständen nach dem Preßmassenverfahren rascher vor sich gehe, der Energieaufwand geringer sei und die Formteile frei von inneren Spannungen seien.

Vernetzte Formkörper erhält man aus einer Monomer-Polymer-Mischung von Methacrylsäuremethylester, Mercaptan und einem Startersystem, welches aus Peroxyd, Cu-Salz, Antimonchlorid und Sn-(II)-chlorid besteht, indem man unter Formgebung polymerisiert[335].

Tabelle 33. *Eigenschaften von Polymethylmethacrylat-Preßmassen*[334]

Eigenschaften	Einheit	Werte	Prüfvorschrift
Spezifisches Gewicht	g/cm³	1,28	
Biegefestigkeit	kg/cm²	1200	DIN 53452
Schlagzähigkeit	cmkg/cm²	34	DIN 53453
Zugfestigkeit bei 22°	kg/cm²	>600	DIN 53455
Wärmeformbeständigkeit nach Martens	°C	62—67	DIN 53458
Kugeleindruckhärte (5/50/10)	kg/cm²	1200	DIN 7705
Wasseraufnahme (nach 7 Tagen bei 18°)	mg/100 cm²	37	DIN 53472
Kriechstromfestigkeit (Anzahl der Auftropfungen)		31—100	DIN 53480
Durchschlagfestigkeit	kV/mm	9,3—10	DIN 53481
Spez. Durchgangswiderstand	Ohm. cm	5.10^{12}	DIN 53482
Dielektrischer Verlustfaktor tg δ bei 800 Hz		0,023—0,024	DIN 53482
Linearer Wärmeausdehnungskoeffizient	mm/°C	100.10^{-6}	

Die Formen bestehen aus Metall und sind mit Wasser von außen auf 45 bis 50° erwärmt. Die Vermischung der Reduktions- bzw. Oxydationsmittel enthaltenden Granulate erfolgt im Verhältnis 1:1 in Mischern oder bei Mengen von über 5 kg auf Mischwalzen. Danach werden die Felle in die Form eingelegt und verpreßt.

Nach dem Polymer-Monomer-Preßverfahren lassen sich Fertigteile von über 10 kg in kürzester Zeit herstellen. Die Teile besitzen weitgehende Spannungsfreiheit, gute Widerstandsfähigkeit gegen verdünnte Säuren und Laugen, Fette, Öle und klimatische Einflüsse. Von organischen Lösungsmitteln, wie Ketonen, werden sie angegriffen.

Nach Meinung von W. Kalkhof-Rose und W. Bauer[334] werden sich die Preßmassen besonders dort bewähren, wo große und schwere Teile mit sehr unterschiedlichen Wandstärken hergestellt werden müssen und an allen Stellen die gleichen physikalischen Eigenschaften gefordert werden.

[335] DAS 1182815 (1961) DuPont, G. E. Munn.

Das Verfahren ist hinsichtlich der Ausgangskomponenten sehr abwandlungsfähig, da sowohl Vorpolymerisate als auch Monomere variiert werden können.

Um das Auflösen von Polymerisat im Monomeren — wie es bei den vorstehend beschriebenen Verfahren angewandt wird — zu erleichtern, wurde vorgeschlagen, an Stelle von Perlpolymerisat ein Polymerisatpulver zu verwenden. Dieses wird z. B. durch Zerkleinern von geschäumtem Polymethylmethacrylat erhalten. Das Schäumen erfolgt während der Polymerisation durch Inertgas oder durch Beschleuniger, die Inertgas freimachen[336].

D. Verschiedene Polymerisate

Werden hinsichtlich Schlagzähigkeit und Chemikalienbeständigkeit erhöhte Anforderungen gestellt, so entsprechen am ehesten Copolymerisate von Methacrylsäuremethylester mit Acrylnitril, wobei besonders ein Produkt mit 30 Gewichtsprozenten Ester und 70 Gewichtsprozenten Nitril Bedeutung besitzt[337] (Plexidur ®, Röhm & Haas GmbH.; Sadur ®, Resart Ges., Kalkhof & Rose) (vgl. Tabelle 32, S. 295, ungerecktes Plexidur ® T).

Das leicht gelb gefärbte Material dient zur Herstellung explosionsgeschützter Leuchten, von Fußstützen und von Webschützen.

Poly-α-chloracrylsäuremethylester[338] besitzt gegenüber Polymethylmethacrylat größere Härte und Festigkeit sowie höhere Wärmeformbeständigkeit und geringere Empfindlichkeit gegen Spannungskorrosion. Außerdem ist das Material schwer brennbar, vergilbt aber bei Belichtung. Für optische Zwecke sind der relativ hohe Brechungsindex (1,4906) und die hohe Dispersion (57,3) von Interesse.

Ein Copolymerisat aus Äthylen und einem Acrylester[339] ist ein Thermoplast mit der Dichte 0,93. Das Material ist weicher als Polyäthylen, hat gute Kältefestigkeit und gute Füllstoffaufnahme. Seine Wärmefestigkeit und Wasserdampfdurchlässigkeit sind jedoch geringer als bei Polyäthylen.

Produkte mit verschiedenen Mengen an Äthylen sind unter der Warenbezeichnung Zetafin ® (The Dow Chem. Co.) und den Typenbezeich-

---

[336] DAS 1161690 (1961) Chem. Fabrik Kalk G.m.b.H., R. Sckell.

[337] Tessmar, K.: Kunstst. **43**, 500 (1953); Firmenschriften der Röhm & Haas G.m.b.H. und der Resart Ges. Kalkhof & Rose; Weisert, P.: Kunstst. **48**, 149 (1958); DAS 1181418 (1960) J. T. Baker Co., C. H. Schramm und C. B. Miller.

[338] Tessmar, K.: Kunstst. **44**, 9 (1954); Slone, M. C., J. Lamb, and F. W. Reinhart: Mod. Plastics **29**, 109 (1952); Marvel, C. S., J. Dec, H. G. Cooke jr., and J. C. Cowan: Am. Soc. **62**, 3495 (1940).

[339] Krevsky, B. H.: Soc. of Plastics Eng., Techn. Papers, **I—1**, 1 (1964); A. P. 2953551 (1958) Union Carbide Corp., W. G. White; E. P. 900969 (1961), Österr. Pat. Anm. 6 A 6482/61 (1961) Spencer Chem. Co.

nungen 30, 35 und 70 im Handel erhältlich. Sie eignen sich u. a. als Mischungskomponenten zur Herstellung von schlagfestem Hart-PVC[340].

3.5.4.2 Lösungs- und Fällungspolymerisate

A. Überzüge

1. Allgemeines

Ein wichtiges Anwendungsgebiet von Lösungspolymerisaten liegt in der Herstellung von Überzügen. Ist bei der Polymerisation in Substanz Methacrylsäuremethylester das bevorzugte Monomere, so tritt bei der Lösungspolymerisation die Copolymerisation der verschiedenen Monomeren stark in den Vordergrund. Das günstigste *Molekulargewicht* für Acryllackharze liegt zwischen 40000 und 140000[341] (thermoplastische Acrylharze etwa 75000 bis 120000, hitzehärtende Acrylharze etwa 20000 bis 50000[342]). Bei geringerem Polymerisationsgrad werden die Lacke zu spröde, sie neigen zu Sprung- und Rißbildung bei schroffem Temperaturwechsel, bei höherem Polymerisationsgrad lassen sie sich infolge der hohen Viskosität nur schlecht handhaben. Es besteht allerdings die Möglichkeit, Primärpolymerisate mit guter Löslichkeit und niedrigem Molekulargewicht herzustellen und die Molekülketten in einer Zweitreaktion zu vernetzen, worauf wir später noch zurückkommen. Außerdem kann man micellare Lösungen sehr hochmolekularer Polymerer mit tiefer Viskosität herstellen[343].

Die *Erweichungspunkte* der Polymethacrylsäureester nehmen mit steigender Größe der Alkoholreste zuerst ab und steigen dann wieder an, wobei das Minimum in der Acrylesterreihe beim n-Octylester und in der Methacrylesterreihe beim n-Dodecylester liegt[344] (s. Abb. 14, vgl. auch Tabelle 39, S. 330).

Hinsichtlich der *Härte* der Filme gilt[341], daß Polymethacrylsäureester härter sind als die entsprechenden Polyacrylsäureester. Die Polymerisate der Ester mit verzweigten Alkoholen sind härter als diejenigen der isomeren geradkettigen Alkohole[345] (vgl. Tabelle 34).

Als *Lösungsmittel*[346] eignen sich Ketone (Aceton und Methyläthylketon), Ester (niedere Ester der Essig-, Propion- und Buttersäure, niedere Glykolätheracetate), Aromaten, Alkohole und chlorhaltige Verbindungen.

[340] E. P. 924457 (Am. Prior. 1959) Union Carbide Co., R. van CLEVE, and D. H. MULLINS.

[341] SEIFERT, E.: Farbe u. Lack **63**, 17 (1957).

[342] MERCURIO, A.: Official Digest **36**, 141 (1964).

[343] Resin Review **12**, Nr. 1 (1962), Firmenschrift der Rohm & Haas Co., S. 8; vgl. auch E. P. 968456 (1960) Rohm & Haas Co.

[344] REHBERG, C. E., and C. H. FISHER: Ind. eng. Chem. **40**, 1429 (1948).

[345] NEHER, H. T.: Ind. eng. Chem. **28**, 267 (1936); Ind. eng. Chem. **28**, 1160 (1936).

[346] „Plexisol ®-Acrylharzlösungen", Firmenschrift der Röhm & Haas G.m.b.H.

Mit höherem Alkoholesterrest in den Polymerisaten (ab Butylester) nimmt die Benzinlöslichkeit der Polymeren zu.

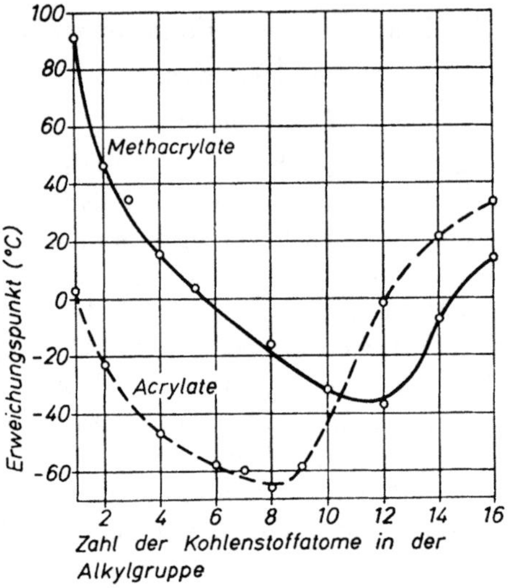

Abb. 14. Erweichungspunkte der polymeren n-Acryl- und Methacrylsäureester. [TESSMAR, K.: Houben-Weyl-Müller XIV/1, 1034 (1961) nach REHBERG, C. E., and C. H. FISHER: Ind. eng. Chem. **40**, 1431 (1948)]

Tabelle 34. *Eigenschaften einiger Poly(meth)acrylsäureester*[345]

Acrylsäure-methylester	biegsam, elastisch
-äthylester	weniger biegsam, weicher, elastisch
-butylester	weich, klebrig
-isobutylester	hart, brüchig
-cyclohexylester	hart, brüchig
Methacrylsäure-methylester	hart, biegsam
-äthylester	biegsam
-n-propylester	zäh, biegsam
-i-propylester	fest
-n-butylester	zäh, biegsam
-i-butylester	ziemlich spröde
-tert.-amylester	spröde
-octylester	gallertig
-laurylester	zähe Flüssigkeit
-phenylester	sehr spröde
-cyclohexylester	ziemlich spröde
-p-cyclohexyl-phenylester	hart, spröde

Die bevorzugt verwendeten *Monomeren* sind in der Methacrylsäurereihe der Methyl- und Butylester, in der Acrylsäurereihe der Methyl-, Äthyl-, Butyl- und 2-Äthylhexylester sowie allgemein diverse Spezialester, wie Hydroxyäthylester, dessen Äther[347] mit z. B. Butanol, Glycidylester

[347] DAS 1160965 (1961) DuPont, J. J. SANDERSON.

oder basische Ester u. a. m. Daneben findet man noch andere (Meth)-acrylderivate, wie Säuren[348], Amide[349], Nitrile und verschiedene andere Vinylverbindungen, wie Styrol, Vinyltoluol oder Butadien als häufige Comonomere.

Da man durch Kombination der verschiedenen Monomeren die Weichheit des Endproduktes einstellen kann („innere Weichmachung"), erübrigt sich meist der Zusatz von Weichmachern. Er ist jedoch prinzipiell möglich und bei den bevorzugt aus Methacrylsäuremethylester bestehenden Harzen auch notwendig.

Als *Weichmacher*[346] werden Trikresylphosphat und diverse Phthalsäureester (letztere auch für lichtbeständige Lacke) genannt, für praktisch unbrennbare Lackschichten Chlorparaffin, chloriertes Diphenyl und Phosphorsäureester.

Für chemikalienbeständige Lacke eignen sich besonders Dioctyl-, Diphenyl- und Benzylbutylphthalat, chloriertes Diphenyl und Trikresylphosphat.

Die zuzusetzenden Mengen an Weichmachern sind sehr verschieden und betragen bei geschmeidigeren Typen 5 bis 20%, bei den harten Polymerisaten bis zu 60%.

2. Physikalisch trocknende Lacke

Bei den rein physikalisch trocknenden Harzen erfolgt die Filmbildung nur durch Verdunsten des Lösungsmittels, die Produkte bleiben thermoplastisch. Gute Verträglichkeit dieser Typen[346] ist vor allem mit Phenolharzen, Maleinatharzen, Formaldehydharzen und Nitrocellulose gegeben. Niedrigmolekulare Polymerisate können in Alkydharze oder Nitrocellulose eingearbeitet werden[350], wobei der Festkörpergehalt der Nitrocellulose erhöht und die Eigenschaften verbessert werden.

Durch Einleiten von Sauerstoff mit wenigen Teilen Ozon in Nitrocelluloselösung lassen sich Peroxygruppen einführen, wodurch die Möglichkeit besteht, Vinylmonomere, z. B. Methacrylsäurebutylester, aufzupfropfen. Die aus dem Endprodukt hergestellten Lacke zeigen allgemein gute Eigenschaften, wobei besonders die Haftfestigkeit, Glanzhaltung und Wasserbeständigkeit hervorgehoben seien[351].

Während Harze, die überwiegend aus Polymethacrylsäuremethylester bestehen, bei guter Spritzviskosität zu tiefen Festkörpergehalt aufweisen, zeigen Abmischungen von Methylmethacrylat-Laurylmethacrylat-Copolymerisaten mit Alkydharzen[352] diesen Nachteil nicht. Die daraus

[348] Canad. P. 662128 (1958) The Sherwin-Williams Co., E. P. Budewitz, and A. M. Davis.

[349] Canad. P. 662584 (1958) Rohm & Haas Co., S. Gusman.

[350] F. P. 1065702 (1952) und Zusatz P. 65593 (1953) Röhm & Haas G.m.b.H.

[351] Piggot, M.: Chemische Rdsch. (Solothurn) **5**, 128 (1963).

[352] E. P. 901934 (1960) Pittsburgh Plate Glass Co.

hergestellten Lacke können als Decklacke in der Autoindustrie eingesetzt werden.

Lufttrocknende, thermoplastische Polymethacrylsäuremethylester-Lacke werden zur Beschleunigung der Trocknung und Verbesserung von Haftung und Glanz in der Autoindustrie 30 Minuten bei 80 bis 100° „eingebrannt". Ein Nachteil der thermoplastischen Acrylautolacke[353] ist die Notwendigkeit, den Lack auf eine geeignete Grundierung in 4 bis 5 Schichten aufzutragen und jeweils zu trocknen, zu schleifen und zu polieren. Ihr Vorteil liegt in der hohen Glanzhaltung und Witterungsbeständigkeit.

Als Autolacke sind z. B. auch Nitrocellulose (15 bis 25%)-Methacrylatharz-Kombinationen[354] interessant, da sie sehr gute Glanzbeständigkeit zeigen und gegenüber den reinen Methacrylatharzen bessere Schleifbarkeit, Pigmentdispersion und Treibstoffbeständigkeit aufweisen. Bei Bedarf kann diesen Harzmischungen noch ein Alkydharz zugegeben werden[355].

Um die genannten Nachteile zu umgehen, wurden Harze entwickelt, die dem „reflow-coating" unterworfen werden können (Setalux ® A-1100 der Synthese Kunstharsfabriek N. V.). Meist handelt es sich dabei allerdings nicht um thermoplastische, sondern um irreversibel härtende Acrylpolymere (z. B. Synocryl ® 820 S, Cray Valley Prod.; Viacryl ®, Vianova Kunstharz A.G.). Bei diesem Verfahren wird die Lackschicht leicht angetrocknet (80 bis 100°), wobei der Film so hart wird, daß er, um Unebenheiten und Staubteilchen zu entfernen (eventuell mit Spezialpapieren) leicht (naß) geschliffen werden kann. Nach diesem Vorgang erhitzt man erneut, wobei der noch thermoplastische Film primär verfließt und bei längerer Hitzeeinwirkung irreversibel aushärtet.

3. Hitzehärtbare Lacke

Unter den niedermolekularen Acrylharzen, die in Lösungsmitteln polymerisiert werden und die in der Hitze aushärten („thermosetting acrylics"), kann die Vernetzung nach verschiedenen Prinzipien erfolgen:

a) Copolymerisate, welche *Methylol- oder Methyloläthergruppen* (an den Amidbausteinen) tragen, härten bei höherer Temperatur unter Einfluß saurer Katalysatoren[356]. Auf diesen Vorgang wurde bei den Polyacryl- und -methacrylamiden (3.5.3) schon eingegangen. Man kann außer-

---

[353] Industrie-Lackierbetrieb **31**, 108 (1963).

[354] E. P. 839480 (1957) Pittsburgh Plate Glass Co.; A. P. 2989492 (1959) DuPont, J. J. Sanderson.

[355] A. P. 2857344 (1956) DuPont, A. N. Walus.

[356] Christenson, R. M., and D. P. Hart: Official Digest **33**, 684 (1961); Jones, D. V. H.: CVP-Resinotes, 7 (1963), Firmenschrift der Cray Valley Prod., England.

dem Epoxyverbindungen[357] (und/oder Melaminharze) zusetzen, die beim Einbrennen mit den Methylolgruppen reagieren und so Harze guter Härte und Chemikalienbeständigkeit liefern (Duracron ®, Pittsburgh Plate Glass Co.; Larodur ®, BASF; Scopacron ®, Styrene Co-Polymers Ltd., Synocryl ®, Cray Valley Products).

b) Außer Methylolgruppen sind besonders *Carboxylgruppen* zu nennen, welche sich ebenfalls mit Melaminharzen[358] oder mit Epoxyverbindungen (Diepoxyden) umsetzen lassen[359]. Ein Harz mit besonderer Widerstandsfähigkeit gegen Detergentien erhält man beispielsweise durch Copolymerisation von 72% Styrol, 20% Acrylsäuremethylester und 8% Acrylsäure. Die Vernetzung erfolgt mit Bisphenol-Epichlorhydrin-Kondensaten unter Einfluß alkalischer Katalysatoren[360].

Um optimale Eigenschaften zu erzielen, sind nicht nur die Art und der Prozentsatz der Monomeren, die das Makromolekül aufbauen, wesentlich, sondern auch das Molekulargewicht. Je niedriger das Molekulargewicht ist, um so geringer wird die Zahl der im einzelnen Makromolekül vorhandenen Bausteine mit reaktiven Gruppen, d. h. also die Zahl der Verknüpfungspunkte, sein. Um eine ausreichende Vernetzung zu gewährleisten, muß man daher dafür Sorge tragen, daß durch Abstimmung von Molekulargewicht und dem Prozentsatz an reaktiven Comonomeren genügend Angriffspunkte pro Makromolekül vorhanden sind.

c) Copolymerisate mit *hydroxylgruppenhaltigen* Estern[361], wie beispielsweise Methacrylsäure-β-hydroxyäthylester, lassen sich mit Amino-Formaldehyd-Harzen (butylierte Melamin- oder Benzoguanamin-Formaldehyd-Harze) vernetzen[362]. In der eben zitierten Literaturstelle wird der Oxyester durch nachträgliche Umsetzung des (20 bis 30%) carboxylgruppenhaltigen Polymerisates mit Äthylenoxyd hergestellt. Die übrigen Comonomeren sind Methacrylsäurebutylester und Styrol. An butyliertem Melamin-Formaldehyd-Harz oder butyliertem Benzoguanamin-Harz

---

[357] A. P. 2940944 (1960) Pittsburgh Plate Glass Co., R. M. Christenson; A. P. 2870117 (1959) Pittsburgh Plate Glass Co., H. A. Vogel, H. G. Bittle, and R. M. Christenson; DAS 1089549 (1958) Pittsburgh Plate Glass Co., R. M. Christenson; DAS 1083548 (1957) Pittsburgh Plate Glass Co., R. M. Christenson; E. P. 976554 (1962) Styrene Co-Polymers Ltd.

[358] Saxon, R., and J. H. Daniel jr.: J. Appl. Polymer Sci. **8**, 325 (1964).

[359] Murdock, J. D., and G. H. Segall: Official Digest **33**, 709 (1961); Applegath, D. D.: Official Digest **33**, 737 (1961); A. P. 2604457 (1951) Canad. Ind. Ltd., G. H. Segall, and J. F. C. Dixon.

[360] Schecter, L., and J. Wynstra: Ind. eng. Chem. **48**, 86 (1956); A. P. 2662870 (1952) Canadian Ind. Ltd., O. C. W. Allenby.

[361] Canad. P. 659301 (1959) Rohm & Haas Co., A. M. Levantin; DAS 1162016 (1961) Reichhold Chemie A.G., H. Dalibor.

[362] Petropoulos, J. C., Ch. Frazier, and L. E. Cadwell: Official Digest **33**, 719 (1961).

werden Mengen von 20 bis 30% zugegeben, wobei die Endharze mit letzterem die besten Gesamtergebnisse zeigen.

Die Oxygruppen können auch durch Copolymerisation mit (Meth)-acrylsäure-β-hydroxyäthylester oder -β-hydroxypropylester eingeführt werden[363]. Diese Polymeren werden ebenfalls mit alkoholmodifizierten Harnstoff- bzw. Melamin-Formaldehyd-Kondensaten (und Epoxyharzen) abgemischt, pigmentiert und eingebrannt (etwa 30 Minuten bei 125 bis 150°). Die Filme zeigen gute Haftung (auf Epoxygrundierungen) und Chemikalienresistenz. Sie gewinnen als polierfähige Autodecklacke (z. B. für metallisée-Effekte) steigende Bedeutung.

Als ein weiteres hydroxylgruppenhaltiges Harz sei ein Copolymerisat von Allylalkohol-Vinylchlorid-Acrylester angeführt[364]. Auch hier erfolgt die Vernetzung mit Melaminharzen.

d) Polymerisate mit *epoxygruppenhaltigen* Bausteinen lassen sich mit Säuren, Aminen oder Epoxyden vernetzen[353]; als Katalysatoren dienen Säuren oder Amine. Der wichtigste Ester mit Epoxygruppen ist Methacrylsäureglycidylester[365].

Diese vier aufgezählten hitzehärtenden Acrylharztypen befinden sich gegenwärtig auf dem Markt, wobei zu bemerken ist, daß der Ausdruck „Acrylharze" nur mit einer gewissen Einschränkung zu betrachten ist, da es sich in den meisten Fällen um Copolymerisate mit wesentlichen Mengen (an preisgünstigem) Styrol handelt, was sich auf die Chemikalienbeständigkeit günstig auswirkt. Die folgende Tabelle[366] bringt eine Zusammenfassung der bisher genannten Vernetzungskombinationen und zählt einige weitere Möglichkeiten auf.

Gegenüber den üblichen Alkydharz-Melaminharz-Einbrennsystemen zeichnen sich die meisten hitzehärtenden Acrylharze durch gute Witterungsbeständigkeit, Chemikalienresistenz, Glanzhaltung und geringe Vergilbung aus (z. B. Viacryl® 32, Vianova Kunstharz A.G.). Außerdem können viele dieser Systeme als Einschichtlackierungen auf Blech und Aluminium aufgetragen werden (besonders die Acrylamidsysteme), wovon bei der Lackierung von Waschmaschinen und Küchenmaschinen Gebrauch gemacht wird. Zur Erhöhung der Füllkraft und des Glanzes kann darüber hinaus mit geeigneten Alkydharzen abgemischt werden (Synocryl ® 830 S; Cray Valley Prod.).

Für Einschichtlackierungen durch hitzehärtende Acrylharze genügt

---

[363] A. P. 2681897 (1954) Am. Cyanamid Co., Ch. Frazier, and L. E. Cadwell; DAS 1149842 (1960) Rohm & Haas Co., A. M. Levantin; A. P. 3082184 (1959), DAS 1183617 Rohm & Haas Co., D. R. Falgiatore, and A. M. Levantin.

[364] A. P. 3084136 (1958) Monsanto, E. C. Chapin, B. A. Wilson, and W. F. Yates.

[365] A. P. 2556075 (1948) Am. Cyanamid Co., J. G. Erickson; Chem. Abstr. **45**, 7377 (1951).

[366] Brown, W. H., and T. J. Miranda: Official Digest **36**, 92 (1964).

meist bloßes Entfetten des Bleches, wohingegen der Metalluntergrund bei Alkyd-Melaminharzen phosphatiert, passiviert und gebeizt werden soll.

Gegenüber thermoplastischen Acrylharzen weisen die hitzehärtenden Acrylharze einen höheren Festkörpergehalt, bessere Verträglichkeit mit Melamin- und Epoxyharzen, höhere Elastizität und Chemikalienbeständigkeit sowie geringere Schmutzanziehung auf[367]. Die Nachteile liegen in der höheren Einbrenntemperatur und der Gefahr der irreversiblen Gelbildung bei unsachgemäßer Lagerung.

Tabelle 35. *Vernetzungsreaktionen reaktiver Acrylatpolymerer*

Reaktive Gruppen des Polymerisates	Reaktive Comonomere	Vernetzungsmittel
$-COOH$	(Meth)acrylsäure	Epoxyharze Aminoplaste Diisocyanate
$-COO-CH_2-CH(R)-OH$	Hydroxyäthyl(meth)acrylat Hydroxypropyl(meth)acrylat	Epoxyharze Diisocyanate Dialdehyde Polymere mit Methylol(äther)gruppen
$CONH_2$ bzw. $-CONH-CH_2-OR$	Äther des N-Methylol-(meth)acrylamides	Epoxyharze Aminoplaste
$-COO-CH_2-CH-CH_2$ (über O verbrückt)	Glycidyl(meth)acrylat	Säuren Anhydride Amine
$-COO-CH_2-CH_2-N(R'')-R'$	Dimethylaminoäthyl-methacrylat	Epoxyharze Diisocyanate Dialdehyde

Unter den Acrylharzen, die Carboxylgruppen besitzen und mit Melaminharzen eingebrannt werden können, besitzen solche, die in Wasser löslich sind, besonderes Interesse. Die Vorteile liegen auf der Hand[368]. Es entfallen die Feuergefährlichkeit und Gesundheitsschädlichkeit der Lösungsmittel, die zur Lackapplizierung verwendeten Apparate lassen sich leicht mit Wasser reinigen und der Preis von Wasser ist natürlich wesentlich niedriger als der aller anderen Lösungsmittel.

Das Prinzip der *Herstellung wasserlöslicher Harze* geht auf Arbeiten von H. Hönel[369] zurück. Diesem folgend werden Harze mit einer genügenden Anzahl von Carboxylgruppen hergestellt und mit Ammoniak oder einer flüchtigen Base zu einer wasserlöslichen Seife neutralisiert.

[367] Mercurio, A.: Official Digest **36**, 141 (1964).
[368] Heijungs, D. A.: Chem. Rdsch. (Solothurn) **5**, 128 (1963).
[369] Österr. P. 180407 (1949) H. Hönel; A. P. 2681894 (1949) H. Hönel; Hönel, H.: Ang. Ch. **65**, 327 (1953).

Die Härtung erfolgt durch Zusatz von Harzen mit Methylol(äther)-gruppen. Übertragen auf Acrylharze[370] stellt man Lösungspolymerisate von (Meth)acrylsäure mit diversen anderen Acrylverbindungen (z. B. Oxyestern[371]) in einem wasserlöslichen Reaktionsmedium her, löst die Endprodukte in Ammoniak oder organischen Basen und verdünnt weiter mit Wasser. Die Harze werden pigmentiert, wobei erwähnt sei, daß ihr Benetzungsvermögen im Gegensatz zu wäßrigen Dispersionen sehr gut ist und durch Zugabe von wasserlöslichen Aminoplasten bei etwa 150° ausgehärtet.

Direkt vernetzbare wasserlösliche Harze werden erhalten, wenn Acrylsäureester, (Meth)acrylsäure und N-Methylol(meth)acrylamid copolymerisiert werden[372]. Auf die Möglichkeit, wasserlösliche Polyester mit Säurezahlen von 50 bis 75 zusammen mit Glykoldi(meth)acrylaten und Beschleunigern einzubrennen, sei hingewiesen[373].

Bei allen wasserlöslichen Harzen muß infolge der hohen Verdampfungswärme des Wassers entsprechend lange abgedunstet werden, bevor man den Lack einbrennt, um Kochbläschen zu vermeiden. Auch muß in Kauf genommen werden, daß ein ausreichender Viskositätsabfall beim Verdünnen mit Wasser erst bei Trockengehalten um 25 bis 30% eintritt, die Lacke also bei geeigneter Applikationsviskosität meist niedrige Festkörpergehalte aufweisen.

Durch das Einbrennen wird der Film wasserunlöslich, er zeigt gute Haftung und ähnliche Eigenschaften wie Filme von geeigneten Acrylsystemen — gewonnen aus organischen Lösungen.

Sorgt man für Anwesenheit genügender Mengen an hydrophilen Gruppen (Oxy-, Carboxyl- oder Amidgruppen) und geeignete Comonomere, so erhält man wasserlösliche Produkte, die mit wasserlöslichen Phenolharzen vernetzt werden können[374].

Wasserlösliche Harze für Überzüge können neben den konventionellen Applikationsverfahren (Streichen, Spritzen, Tauchen) auch *elektrophoretisch* („electro-coating") aufgetragen werden[375].

Man verwendet dazu etwa 10%ige Lösungen des Polymeren in Wasser (und Alkoholen, wie Monoglykoläthern) als Bad und schaltet den zu

---

[370] A. P. 2906724 (1959) Am. Cyanamid Co., J. H. Daniel jr.; DAS 1053696 (1956) Am. Cyanamid Co., J. H. Daniel jr.; E. P. 968456 (1960) Rohm & Haas Co.; E. P. 967963 (1961) Canadian Ind. Ltd.

[371] E. P. 956741 (1962) BASF, F. Schauder, and H. Pohlemann.

[372] Canad. P. 620439 (1961) B. F. Goodrich Co., H. J. Essig.

[373] A. P. 2884404 (1955) Armstrong Cork Co., J. A. Parker.

[374] DAS 1150526 (1961) BASF, H. Wilhelm und E. Wegner; E. P. 929328 (1962) BASF, H. Wilhelm u. a.

[375] Frangen, K.-H.: Farbe u. Lack **70**, 271 (1964); Hünecke, H.: Industrie-Lackierbetrieb **32**, 69 (1964); Hahn, E.: Industrie-Lackierbetrieb **32**, 234 (1964); Tawn, A. R. H., and I. R. Berry: J. Oil Colour Chemists' Assoc. **48**, 790 (1965).

lackierenden, den elektrischen Strom leitenden Gegenstand als Anode, auf dem sich das Harz infolge seiner negativen Ladung (Dissoziation der Carboxylgruppen) abscheidet. Die Beckenwand bildet den Minuspol. Zur Vermeidung eines Konzentrationsgefälles und des Absinkens der Pigmente muß für ausreichende Rührung gesorgt werden.

Bei Mehrkomponentensystemen können infolge verschiedener Wanderungsgeschwindigkeiten Schwierigkeiten auftreten.

Das Verfahren ist sehr elegant und besonders für metallische Gegenstände mit Ecken, Kanten und Hohlräumen, die durch Spritzen oder Tauchen nur schwer fehlerfrei zu lackieren sind, ein echter Fortschritt. Die Filmstärke ist der zugeführten Strommenge proportional und läßt sich daher gut und gleichmäßig einstellen. Nach Beendigung des Lackiervorganges wird abgespült und eingebrannt.

Ebenfalls zu wasserverdünnbaren Produkten kommt man durch Copolymerisation von (Meth)acrylsäureestern mit quaternären und tertiären Aminoestern der Acryl- und Methacrylsäure. Die Polymerisate können als *Haarlacke* Verwendung finden[376]. Auch durch Umsetzung von Acrylamid-Acrylnitril-Copolymerisaten mit Hydroxylamin entstehen wasserlösliche Harze[377].

4. Acrylierte Alkydharze

a) *Polymerisation in Alkydharz(komponenten)*

Ähnlich wie styrolisierte Alkydharze lassen sich auch acrylierte Alkydharze herstellen[378]. Man polymerisiert z. B. Methacrylsäuremethyl- bzw. -butylester oder Acrylnitril in Gegenwart von Lösungsmitteln und trocknenden Ölen[379], wobei sich Holzöl und Ricinenöl besser eignen als Lein- oder Sojaöl. Bei nichttrocknenden Ölen wird Maleinsäureanhydrid einkondensiert und dann die Acrylierung vollzogen; zu große Mengen an Maleinsäureanhydrid können eine Vernetzung ergeben. Die Verknüpfung von Acrylkomponente und Alkydharz findet also über die ungesättigten Fettsäuren oder über die Maleinsäure des Alkydharzes statt.

---

[376] DAS 1153529 (1961) Röhm & Haas G.m.b.H., T. Völker und K. Ross.

[377] A. P. 2959574 (1958) Am. Cyanamid Co., N. T. Woodberry.

[378] „The Methacrylation of Alkyd Resins", Firmenschrift der Rohm & Haas Co., SP-20 (1962); „Alkyd-Report Nr. 13", Firmenschrift der Hercules Powder Co.; Martens, C. R.: Alkyd Resins, Reinhold Publ. Corp., New York, 105 (1961); F. P. 959022 (1947) Lewis Berger & Sons Ltd., E. Booth et R. H. Buckle; A. P. 2647093 und 2647095 (1951) Interchemical Corp., C. J. Opp, and R. E. Werner; DAS 1172788 (1958) DuPont, R. McLellan Fitch; A. P. 2590654 (1952) Am. Cyanamid Co., A. F. Schmutzler; A. P. 2600623 (1952) Am. Cyanamid Co., H. J. Daniel jr., and J. C. Petropoulos; A. P. 2748092 (1956) Am. Cyanamid Co., H. J. Daniel jr., and R. T. Corkum; A. P. 2862898 (1958) Monsanto, E. C. Chapin; A. P. 2727870 (1955) Rohm & Haas Co., E. M. Beavers, and R. S. Urban; A. P. 2857344 (1958) DuPont, A. N. Walus; E. P. 735764 (1955) I.C.I.; E. P. 869144 (1961) Balm Paint Prop.

[379] Benner, F. u. a.: Official Digest **31**, **1143** (1959).

Die Initiatormenge beträgt meist einige Prozente; man setzt Di-tert.-butylperoxyd, Tert.-butylperbenzoat, Dibenzoylperoxyd, Cumolhydroperoxyd oder besonders Dicumylperoxyd ein. Die Wahl des Starters richtet sich nach seiner Halbwertszeit, die bei der gewünschten Reaktionstemperatur 15 bis 30 Minuten betragen soll.

Tabelle 36[380]. *Halbwertszeiten von Peroxyden*

Peroxyd	Halbwertszeiten in Benzol-Lösung bei °C in Stunden						
	85°	100°	120°	140°	150°	160°	170°
Dibenzoylperoxyd	2,1	0,4	—	—	—	—	—
Di-tert.-butylperoxyd	—	218,0	17,0	1,0	0,4	0,1	—
Cumolhydroperoxyd	—	—	295,0	44,0	17,0	7,0	2,0
Dicumylperoxyd	—	85,0	7,0	0,5	0,2	0,06	0,025

Als günstig hat sich auch die Zugabe eines mit Starter (Dicumylperoxyd) vermischten Vinylmonomerengemisches zum halbfertigen Alkydharz[380], Vinylierung bei 140 bis 160° und Endveresterung des Alkydharzes bei 220 bis 250° unter Kreislauf des noch freien Monomeren erwiesen. Das überschüssige Monomere wird abgezogen.

Insgesamt unterscheidet man folgende Methoden der praktischen Durchführung:

a) Trocknende Fettsäuren und Acrylmonomere werden copolymerisiert und anschließend mit Polyolen und Dicarbonsäuren kondensiert.

b) Mit Fettsäuren (teil)veresterte Polyole und Monomere werden copolymerisiert und das Harz nach Zugabe einer Dicarbonsäure auskondensiert (s. oben).

c) Man setzt das trocknende Öl (Ester von Glycerin mit Fettsäure) mit dem Monomeren um, alkoholysiert mit einem Polyol (Bildung teilveresterter Polyole) und verestert mit einer Dicarbonsäure.

d) Das fertige Alkydharz (mit trocknenden Fettsäuren) wird mit dem Monomeren acryliert (copolymerisiert).

e) Relativ niedermolekulare Acrylpolymere (mit etwa 4% Methacrylsäure) werden mit einem Monoglycerid verestert und dann mit z. B. Phthalsäureanhydrid umgesetzt[381].

Die unter d) angegebene Methode ist am gebräuchlichsten. Um Gelbildung zu vermeiden, wird das Alkydharz entsprechend niedermolekular gewählt. Auch die Acrylkomponente soll bei der Acrylierung einen nicht zu hohen Polymerisationsgrad erreichen, um bessere Verträglichkeit zu erzielen.

Die Acrylierung verbessert den Anfangsglanz, die Glanzhaltung, Trocknungsgeschwindigkeit, Chemikalienbeständigkeit, Farbhaltung und Außenbeständigkeit und vermindert meist die Oberflächenhärte.

[380] „Alkyd-Report Nr. 13", Firmenschrift der Hercules Powder Co.

[381] WARSON, H.: Paint Manufact. **34**, 55 (1964); Referat.

Ob bei der Acrylierung echte Copolymerisation erfolgt oder ob das Alkydharz neben der polymeren Acrylverbindung vorliegt oder ob sich andere Reaktionen abspielen[382], ist noch nicht völlig geklärt. Man wird vermutlich mit ähnlichen Vorgängen wie bei der Styrolisierung zu rechnen haben, für die einige Möglichkeiten der Bindung zwischen Alkydkomponente und Styrol von J. Petit[383] diskutiert werden.

Bei Ölen mit *isolierten Doppelbindungen* wird das Monomere aufgepfropft, wobei das neben der Doppelbindung stehende C-Atom die Verknüpfungsstelle bildet, da die Allylwasserstoffe meist relativ lockerer gebunden sind:

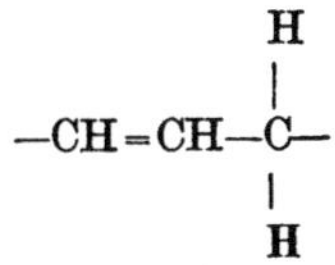

Bei nichtkonjungierten Ölen wird stets viel Homopolymerisat vorliegen.

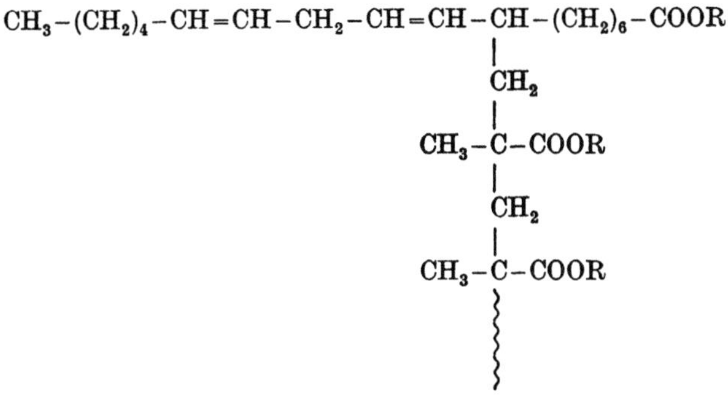

Für Öle mit *konjungierten Doppelbindungen* werden bevorzugt Diels-Alder-Additionen nach folgendem Schema ablaufen:

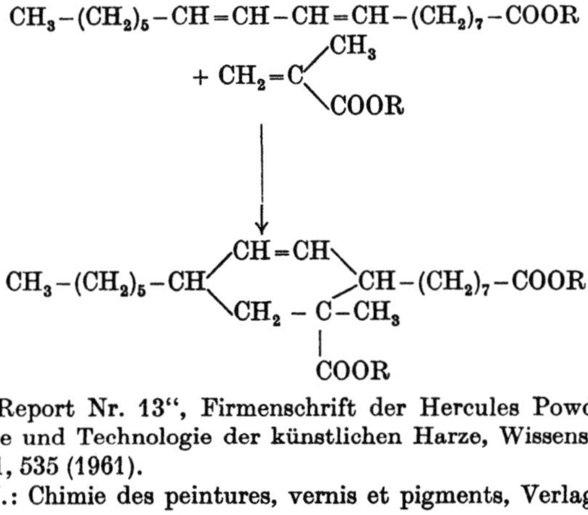

[382] „Alkyd-Report Nr. 13", Firmenschrift der Hercules Powder Co.; Scheiber, J.: Chemie und Technologie der künstlichen Harze, Wissensch. Verlagsges., Stuttgart, Bd. 1, 535 (1961).

[383] Petit, J.: Chimie des peintures, vernis et pigments, Verlag Dunod, Paris, Bd. 1, 68 (1956).

Daneben wird mit einer 1,4-Copolymerisation zu rechnen sein:

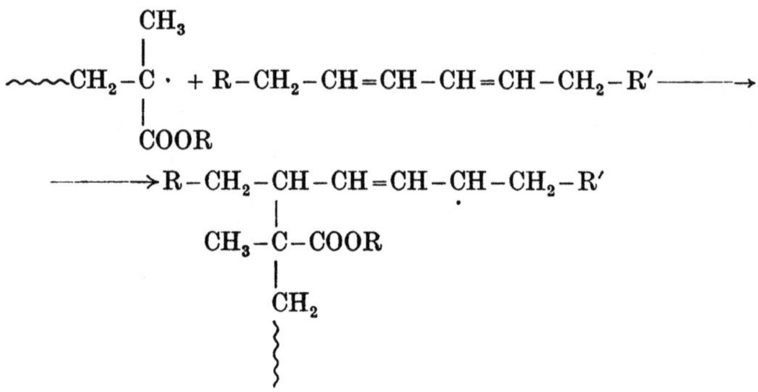

In diesem Fall sind wenige lange Polymethacrylsäuremethylesterketten an wenige Ölsäuresegmente gebunden, was auch mit der nur geringen Abnahme der Jodzahl bei der Acrylierung übereinstimmt.

b) Einarbeitung von Polymerisat

Ein weiterer Weg zur Kombination von Alkyd- mit Acrylharzen ist die schon früher erwähnte Möglichkeit der Einarbeitung von niedrigmolekularen Acrylpolymerisaten[384] in trocknende oder nichttrocknende Ölalkyde.

Die Einarbeitung erfolgt entweder so, daß Mono- oder Diester des Glycerins von diversen Fettsäuren (Leinölfettsäure, Linolsäure, dehydratisierte Ricinusölsäure) zusammen mit dem Polymerisat vorgelegt und mit mehrbasigen Säuren (Phthalsäureanhydrid, Maleinsäureanhydrid) verestert werden oder daß mehrwertiger Alkohol und mehrbasige Säure in Gegenwart des Polymerisates miteinander reagieren.

Im Handel (Plexalkyd ® der Röhm & Haas GmbH.) sind verschiedene Harze, deren Alkydanteil sich z. B. von Leinöl, Sojaöl, dehydratisiertem Ricinusöl oder nichttrocknenden Ölen ableitet. Als Polymerisationskomponente niederen Molekulargewichtes kommen vor allem Polymethacrylsäuremethyl- und -butylester in Frage.

B. Öl-Additives

Als *Zusatzmittel* (Additives[385]) *zu Motorschmierölen* (Acryloid ® der Rohm & Haas Co., Philadelphia, Viscoplex ® der Röhm & Haas GmbH., Darmstadt) werden Polymerisate von längerkettigen Estern eingesetzt.

[384] F. P. 1065702 (1952) und Zusatzpatent 65593 (1953) Röhm & Haas G.m.b.H.; DBP 912752 (1951) Röhm & Haas G.m.b.H., E. Seifert und D. Seip; DAS 1004379 (1954) Röhm & Haas G.m.b.H., E. Seifert und D. Seip; A. P. 2647093 und 2647095 (1951) Interchem. Corp., C. J. Opp, and R. E. Werner; „Plexalkyd ® Acrylierte Ölalkyde", Firmenschrift der Röhm & Haas G.m.b.H.

[385] Klamann, D., und H. Assmann: Ullmann 15, 204ff. (1964).

Bei der Herstellung werden die Monomeren in Mineralöl zu Konzentraten von etwa 40% polymerisiert. Besondere Bedeutung haben die Methacrylsäureester von Äthylhexyl-, Cetyl-, Lauryl- und Undecylalkohol erlangt.

Von diesen Zusatzstoffen für Mineralöle sind verschiedene Typen mit verschiedenen Eigenschaften[386] im Handel, die sich hauptsächlich durch den Polymerisationsgrad und die Länge der Alkoholreste sowie durch die Art der Comonomeren unterscheiden. Im einzelnen[387] gibt es Mittel für die Dispergierung von Ölschlamm, für die Verbesserung des Viskositäts-Temperatur-Verhaltens, für die Erniedrigung des Stockpunktes und für die Erhöhung des Haftvermögens von Schmierstoffen und die Verhinderung des Abtropfens der Öle. Manche Zusätze erfüllen mehrere Aufgaben gleichzeitig.

1. Detergents oder HD-(=Heavy duty)Additives

Die ölunlöslichen Verbrennungsrückstände (Ruß, Koks, Bleiseifen) und Oxydationsprodukte der Schmieröle sollen in Schwebe gehalten und eine Ablagerung an Metalloberflächen oder eine Schlammabscheidung vermieden werden[388]. Es ist daher erforderlich, daß die Detergents eine gute Dispergierwirkung und auch eine gewisse Lösewirkung für die harzartigen Oxydationsprodukte aufweisen. Außerdem sollen sie die sauren Reaktionsprodukte des Schmieröls neutralisieren.

Den überwiegenden Anteil an Detergents stellen die Alkylarylsulfonate neben Phenolaten und Phosphaten. Daneben haben noch „aschefreie" Detergents (z. B. Oronite ® 340 D der Oronite Co.), meist auf Basis von Methacrylaten, eine gewisse Bedeutung[389] erlangt. Um den erwähnten Anforderungen gerecht zu werden, bestehen die Copolymerisate aus:

a) längerkettigen Estern (Öllöslichkeit),

b) Monomerenbausteinen mit polaren Gruppen (Anlagerung an die Oberfläche der Schmutzteilchen und deren Dispergierung) und

c) Monomerenbausteinen mit basischen Gruppen (Neutralisation der durch Oxydation entstandenen Säuren).

Dabei kann b) und c) zusammenfallen.

Die allgemeine Formel für derartige Copolymerisate lautet[385]:

---

[386] „Viscoplex", Firmenschrift der Röhm & Haas G.m.b.H.

[387] Klamann, D., und H. Assmann: Ullmann 15, 204ff. (1964); Koch, E.: Erdöl u. Kohle 8, 793 (1955); Cibula, G.: Ullmann 6, 602 (1955).

[388] Zisman, W. A.: Synthetic Lubricants (von R. C. Gunderson, and A. W. Hart), Reinhold Publ. Corp., New York (1962).

[389] Biswell, C. B. u. a.: Ind. eng. Chem. 47, 1598 (1955).

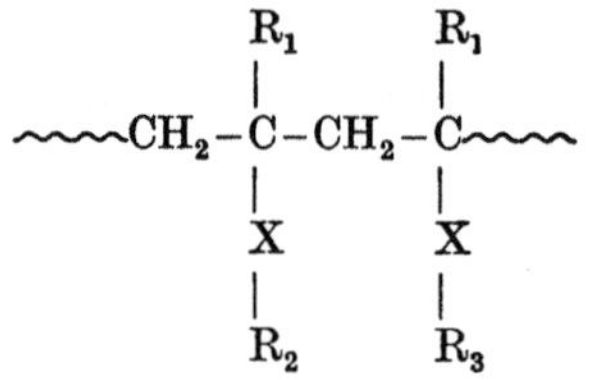

R_1 = H, CH_3
X = Bindeglieder (wie –O–, –COO–, –CONH–)
R_2 = Alkyl, p-Alkylphenyl (mit 8 oder mehr C-Atomen im Alkylrest)

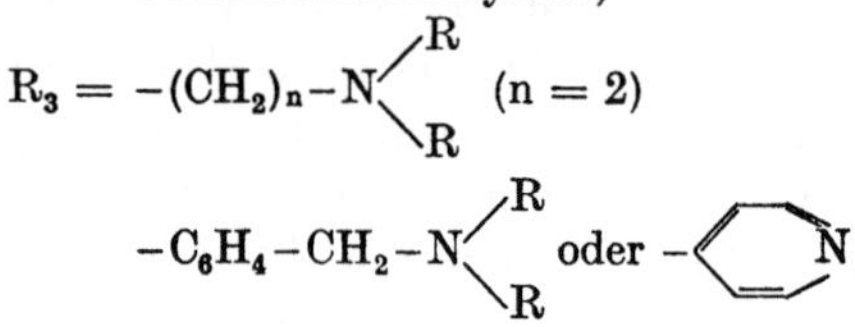

Als Beispiele seien Copolymerisate von 10% Diäthylaminoäthylmethacrylat und 90% Laurylmethacrylat[390] und solche von 90% Dodecylmethacrylat und 10% Vinylpyridin bzw. 95% Dodecylfumarat und 5% Diäthylaminoäthylmethacrylat genannt. Auch öllösliche Polymere höherer (Meth)acrylsäureester mit heterocyclischen, N-haltigen Monomeren (Formel I) verhindern die Bildung von Ölschlamm, d. h. sie halten

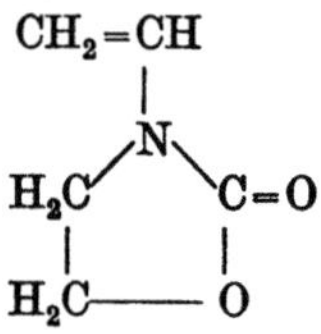

(I)

die Abscheidungen in Suspension[391]. Die zuzusetzenden Mengen an Detergents liegen bei etwa 3 bis 5%.

Neuerdings verwendet man multifunktionelle Zusätze, die neben einer guten Dispergierwirkung auch eine V.I.-Verbesserung und Stockpunktsverbesserung bewirken.

2. V.I.-Verbesserer

V.I.-Verbesserer (V.I. = Viskositätsindex[392]) sind Additives, die den Viskositätsabfall des Öles mit steigender Temperatur[393] verringern, wodurch Schmieröle die Eigenschaften von sog. „Mehrbereichsölen" erhalten.

Diese erstaunliche Wirkung[385] der kettenförmigen Polymerisate beruht darauf, daß das Öl für diese bei tiefen Temperaturen ein „schlechtes" Lösungsmittel ist. Dementsprechend sind die Makromoleküle bei tiefer Temperatur schlecht solvatisiert und liegen stark geknäuelt vor. Sie

[390] A. P. 2737496 (1952) DuPont, W. E. CALLIN; DuPont, Ind. eng. Chem. **46**, 17 A (1954).

[391] DAS 1151895 (1960) Röhm & Haas G.m.b.H., E. KOCH, G. SCHRÖDER und K. TESSMAR.

[392] DAVIS, G. H., M. LAPEYROUSE, and E. W. DEAN: Oil Gas J. **30**, 92 (1932); DEAN, E. W., and G. H. DAVIS: Chem. met. Eng. **36**, 618 (1939); DIN-Vorschlag 51550 (1950).

[393] ROST, U.: Erdöl u. Kohle **8**, 650 (1955).

erhöhen daher bei tiefer Temperatur die Gesamtviskosität des Öles nur wenig. Mit steigender Temperatur nimmt die Entknäuelung, d. h. Streckung, zu, der Viskositätsbeitrag des Additives erhöht sich und kompensiert weitgehend den temperaturbedingten Viskositätsabfall des Schmieröles[394].

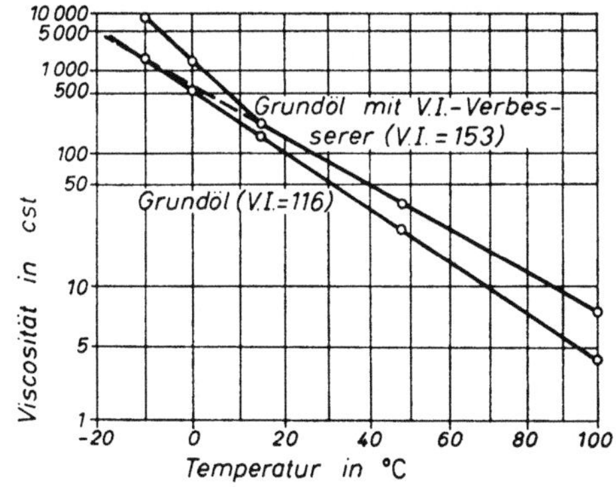

Abb. 15. Viskositäts-Temperatur-Verhalten von Mineralölen mit und ohne Zusatz von V.I.-Verbesserern. [KLAMANN, D., und H. ASSMANN: Ullmann **15**, 226 (1964) nach GEORGI, C. W.: Motor Oils and Engine Lubrications. New York: Reinhold Publ. Corp. 206 (1950)]

Die V.I.-Verbesserer sind Polymere von (Meth)acrylsäureestern[395], deren Alkoholrest mindestens 4 C-Atome trägt[396] (bevorzugt C_8—C_{18}).

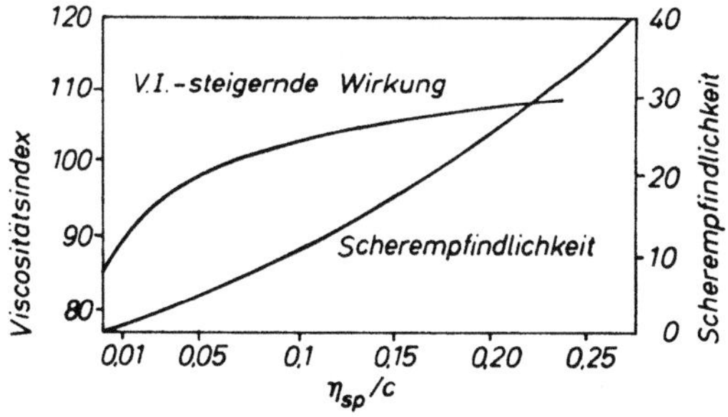

Abb. 16. V.I.-steigernde Wirkung und Scherempfindlichkeit von Polymethacrylaten. [KLAMANN, D., und H. ASSMANN: Ullmann **15**, 227 (1964) nach KOCH, E.: Erdöl u. Kohle **8**, 793 (1955)]

Das mittlere Molekulargewicht liegt bei 20000; mit steigendem Molekulargewicht sinkt die Öllöslichkeit der Polymeren, d. h. die V.I.-Ver-

[394] EVANS, H. C., and D. W. YOUNG: Ind. eng. Chem. **34**, 461 (1942) und **39**, 1676 (1947); ALFREY, R. u. a.: Am. Soc. **64**, 1557 (1942); KOCH, E.: Erdöl u. Kohle **8**, 793 (1955); CIBULA, G.: Ullmann **6**, 602 (1955).

[395] A. P. 2091627 (1934) Rohm & Haas Co., H. A. BRUSON; A. P. 2100993 (1934) Rohm & Haas Co., H. A. BRUSON; A. P. 2114233 (1933) Rohm & Haas Co., H. T. NEHER, and CH. S. HOLLANDER; DBP 1111829 (1960) Esso Res. Co., R. TIRTIAUX und R. TOURRET; DAS 1094392 (1959) Röhm & Haas G.m.b.H., E. KOCH, O. BENZ und N. JOCHUM.

[396] KOCH, E.: Erdöl u. Kohle **8**, 793 (1955).

besserung nimmt zu, allerdings ebenso die Scherempfindlichkeit, d. h. es findet ein Abbau der Makromoleküle zu kleineren Bruchstücken bei mechanischer Beanspruchung statt. Die Scherstabilität sinkt auch mit einer Verzweigung der Esteralkoholreste. — Die Zusätze betragen 1 bis 4%.

Die Wirkung von V.I.-Verbesserern ist nicht nur auf Erdölraffinate beschränkt, sondern erstreckt sich auch auf synthetische Esteröle[397].

3. Stockpunktserniedriger

Schmieröle auf Basis von Paraffin mit hohen V.I.-Werten scheiden beim Abkühlen Paraffinkristalle aus, die das Fließen des Öles beeinträchtigen. Sog. Stockpunktserniedriger in Mengen von 0,05 bis 1% werden teilweise entparaffinierten Ölen zugesetzt und vermeiden ein frühzeitiges Erstarren des Öles. Sie scheinen die Paraffinkristalle mit einem Film zu umhüllen und ein weiteres Agglomerieren der Kristalle zu verhindern[398]. Durch diese Eigenschaften sind die Zusatzstoffe auch für die Entparaffinierung von Mineralölen brauchbar, da die Paraffinkristalle gut filtrierbar anfallen.

Die verwendeten Polymeren verbessern auch den V.I.. Ihre Wirkung ist vom Molekulargewicht weitgehend unabhängig.

C. Verschiedene Copolymerisate

Lösungspolymerisate auf Basis von Acrylaten (z. B. Copolymerisate von Acrylsäurebutylester mit Vinylacetat in Äthylacetat) werden als *Klebstoffe* eingesetzt (z. B. Acronal® 500 L, BASF und Viacryl® 10, Vianova Kunstharz A.G.), doch erreicht ihre Bedeutung nicht diejenige der entsprechenden Dispersionen. Eine Klebmasse, z. B. für Selbstklebebänder, besteht aus einem Copolymerisat von Acrylsäure-2-äthylhexylester mit Vinylacetat (bzw. Vinylpropionat) in diversen Lösungsmitteln[399].

Copolymerisate mit überwiegenden Mengen an tert.Aminoestern von (Meth)acrylsäure, z. B. Dimethylaminoäthylmethacrylat, verhindern die Kalkseifenabscheidung in Waschflotten und besitzen sehr gutes Schmutztragevermögen[400]. Sie eignen sich daher als *Zusätze zu Waschmitteln.*

3.5.4.3 Perlpolymerisate

Da Perlpolymerisate (neben granuliertem Substanzpolymerisat[401]) in den meisten Fällen für Spritzguß- oder Strangpreßmassen eingesetzt wer-

[397] GLAVIS, F. J.: Ind. eng. Chem. **42**, 2441 (1950).

[398] GAVLIN, G., E. A. SWINE, and S. P. JONES: Ind. eng. Chem. **45**, 2327 (1953).

[399] E. P. 951428 (1962) Pittsburgh Plate Glass Co., D. P. HART, and J. E. PLASYNSKI.

[400] DBP 1015974 (1956) Röhm & Haas G.m.b.H., H. BRAUN und D. NEHER.

[401] Kunstst. **55**, 59 (1965); Referat.

den, steht auch hier der Methacrylsäuremethylester mit geringen Zusätzen von Acrylsäureestern (z. B. Acrylsäuremethylester[402]) im Vordergrund.

A. Spritzguß

1. Allgemeines

Beim Spritzgießen[403] gelangt das Polymerisat durch einen Fülltrichter in einen beheizbaren Zylinder, wird von dort als Schmelze mechanisch durch eine Düse gedrückt und in eine gekühlte Form gespritzt. Um das Material gleichmäßig zu durchwärmen[404] und den erforderlichen Spritzdruck zu senken, bedient man sich verschiedener apparativer Zusatzeinrichtungen, wie Kolbenvorplastifizierung oder Schneckenvorplastifizierung. Das durchschnittliche Molekulargewicht für Spritzgußmassen auf Basis von Polymethylmethacrylat beträgt 1 bis $1{,}7 \cdot 10^5$, ist also um eine Größenordnung niedriger als bei den Acrylgläsern[405].

Die Polymethylmethacrylat-Spritzgußmassen verhalten sich wie echte Thermoplaste, wohingegen die Acrylgläser beim Erwärmen thermoelastisches Verhalten zeigen[406].

Um die optimalen Verarbeitungsbedingungen für eine Spitzgußmasse zu erfassen, ist der sog. „Spiraltest"[407] gut brauchbar. Man verwendet dabei eine Prüfform, in die ein spiralförmiger Kanal eingearbeitet ist. Die Masse verteilt sich vom Mittelpunkt der Spirale und kommt schließlich durch fortlaufende Abkühlung zum Stillstand. Spirallänge und Aussehen der Spirale bei gegebenen Spritzbedingungen geben wertvolle Hinweise für die Verarbeitung.

Es ist zu beachten, daß Polymethylmethacrylat relativ schwer fließt, weshalb die Wandstärke der Teile nicht zu schwach dimensioniert sein sollte. Der Spritzdruck ist relativ hoch und schwankt je nach der Konstruktion der Spritzgußmaschine und der Form zwischen 1000 und 2500 kg/cm².

2. Vorbereitung des Materials

Da Polymethacrylsäuremethylester hygroskopisch ist (Sättigung bei etwa 0,6 bis 0,8% Wasser), muß das Material zwecks Vermeidung von Störungen, wie Blasenbildung, Trübung oder Vergilbung, vor der Verarbeitung sorgfältig getrocknet werden. Um eine nachträgliche Wasseraufnahme zu vermeiden, sollten geschlossene oder durch Umluft beheizbare Fülltrichter verwendet werden. Bei dem glasklaren Aussehen von

---

[402] BIOS Final Rep. No. 363.

[403] Macht, M. L.: Mod. Plastics **23**, 112 (1945).

[404] Horn, M. B.: Acrylic Resins, Reinhold Publ. Corp., New York, 90 (1960).

[405] Schreyer, G.: Rheologica Acta **3**, 218 (1964); Schreyer, G.: Kunstst. **55**, 339 (1965).

[406] Schreyer, G., und P. R. Szigeti: Kunstst. **53**, 703 (1963).

[407] „Vedril ®, Polymethylmethacrylat Montecatini", Firmenschrift 457/1962 der Fa. Montecatini.

Polymethylmethacrylat macht sich die geringste Verunreinigung durch Staub oder ähnliches bereits störend bemerkbar (Gegenmaßnahmen: Verwendung gefilterter Luft bei der Umlufttrocknung, Vermeidung zu weicher Materialien, die mit dem Polymerisat in Berührung kommen, wie Aluminium oder Holz).

3. Spritzgußmaschinen

Auf die für Polymethylmethacrylat besonders geeigneten Spritzgußmaschinen mit Vorplastifizierung und Schnecke wurde bereits hingewiesen. Sie ermöglichen die Anwendung relativ geringerer Spritzdrucke und ergeben besonders spannungsfreie Endprodukte.

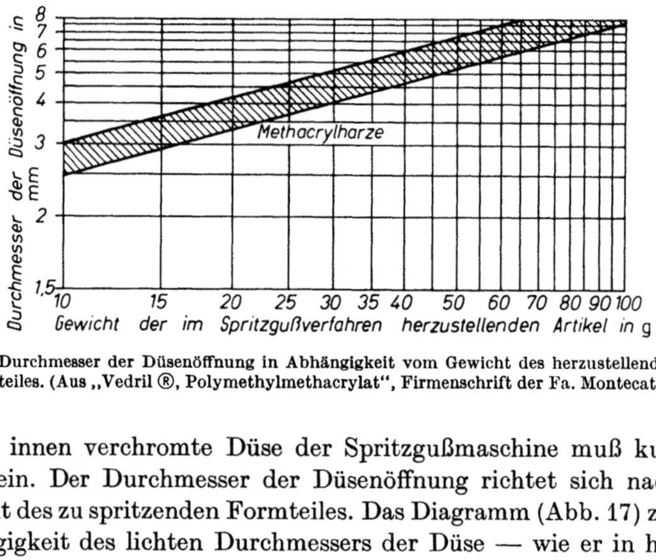

Abb. 17. Durchmesser der Düsenöffnung in Abhängigkeit vom Gewicht des herzustellenden Spritzgußteiles. (Aus „Vedril ®, Polymethylmethacrylat", Firmenschrift der Fa. Montecatini)

Die innen verchromte Düse der Spritzgußmaschine muß kurz und breit sein. Der Durchmesser der Düsenöffnung richtet sich nach dem Gewicht des zu spritzenden Formteiles. Das Diagramm (Abb. 17) zeigt die Abhängigkeit des lichten Durchmessers der Düse — wie er in handelsüblichen Pressen verwendet wird — vom Gewicht des Spritzgußartikels.

4. Verarbeitungsbedingungen

Die Betriebsbedingungen hängen weitgehend vom Material (Schmelzviskosität, Zusammensetzung), der Maschine, der Form und der Art des Artikels ab; für die Verarbeitung von Vedril ® (Spritzgußmasse der Fa. Montecatini) sind diese in Tabelle 37 zusammengefaßt[407].

Vor dem eigentlichen Spritzgießen erfolgt meist die Konfektionierung des Materials, d. h. es werden z. B. Weichmacher, Farbstoffe und Gleitmittel zugesetzt. Diese werden zusammen mit dem Polymerisat auf heißen Walzen oder Schneckenpressen homogenisiert, abgekühlt, gebrochen und gemahlen (s. Abb. 11, S. 282).

Tabelle 37. *Durchschnittliche Betriebsbedingungen bei der Verarbeitung von Vedril ®*

Typ	Maximale Trocknungstemperatur (°C)	Spritzdruck (kg/cm²)	Spritztemperatur (°C)	Formtemperatur (°C)	Formenschwundmaß (%)	Maximale Nacherwärmungstemperatur (°C)
6	75	800—1000	160—200	50—60	0,2—0,6	60
7	85	1000—1200	200—230	60—75	0,2—0,6	70
8	90	1200—2200	230—250	75—100	0,2—0,6	80

Tabelle 38. *Eigenschaften des Polymethylmethacrylates Vedril ® (Spritzgußmaterial der Fa. Montecatini)*

Eigenschaften	Einheit	Vedril 8	Vedril 7	Vedril 6	Prüfmethode ASTM
Spezifisches Gewicht[1]	g/cm³	1,19	1,19	1,19	D 792
Wasseraufnahme[1]	%	0,25	0,27	0,27	D 570
Zugfestigkeit[1] (Prüfkörper 3,2 mm stark)	kg/cm²	770	740	720	D 638
Biegefestigkeit (Prüfkörper 3,2 mm stark)	kg/cm²	1260	1230	1200	D 790
Elastizitätsmodul[1] (Prüfkörper 3,2 mm stark)	kg/cm²	30000 bis 32000	29000 bis 31000	28000 bis 30000	D 790
Schlagzähigkeit nach Charpy (Prüfkörper 6,4 mm stark)[1]	kg.cm/cm²	39	38	35	D 256
Kerbschlagzähigkeit, Izod (Prüfkörper 6,4 mm stark)[1]	kg.cm/cm²	1,5	1,5	1,5	D 256
Härte Rockwell[1]	Skala M	95	90	88	D 785
Wärmeformbeständigkeit[2] (18,5 kg/cm² — Prüfkörper 3,2 mm stark)	°C	90	80	75	D 648
Vicat-Wert[1]	°C	110	100	95	D 1525
Fließvermögen (Flow-test)	°C	158	145	140	D 569 Meth. A
Brechungsindex (n_D^{20})[2]	—	1,49	1,49	1,49	D 542
Lichtdurchlässigkeit[2]	%	92	92	92	D 1003 illumin. C
Trübung (Haze)[2]	%	<1	<1	<1	D 1003 illumin. C
Durchschlagfestigkeit (Kurzversuch)[2]	kV/mm	17	17	17	D 542
Oberflächenwiderstand[2]	Ω	$>10^{14}$	$>10^{14}$	$>10^{14}$	D 257
Spez. Durchgangswiderstand[2]	Ω/cm	$>10^{16}$	$>10^{16}$	$>10^{16}$	D 257
Dielektrizitätskonstante[1] (1 MHz)	—	2,5	2,5	2,5	D 150
Dielektrischer Verlustfaktor (tg δ)[1] (1 MHz)	—	0,015	0,020	0,020	D 150

Anmerkung:

[1] Prüfkörper, die im Spritzgußverfahren hergestellt und vor den Versuchen für 48 Stunden bei 50° konditioniert wurden.

[2] Prüfkörper, die im Formpreßverfahren hergestellt und vor den Versuchen für 48 Stunden bei 50° konditioniert wurden.

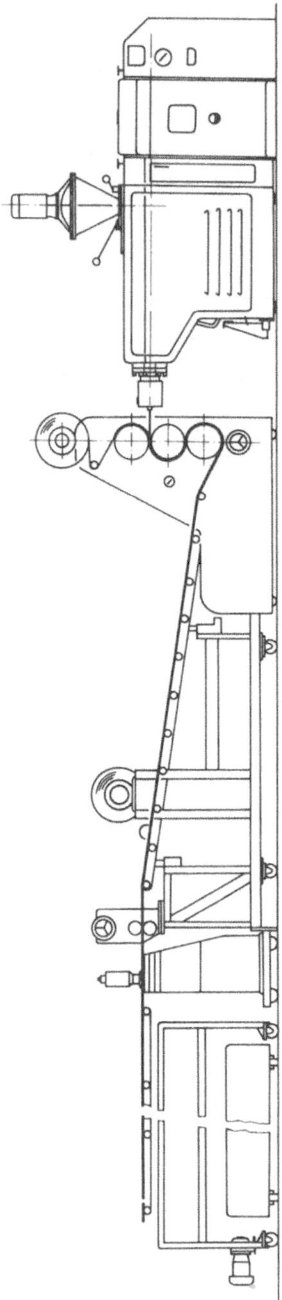

Abb. 18. Anlage zur Herstellung von Kunststoffplatten durch Extrusion. [Schnittzeichnung der Maschinenfabrik Paul Troester, Hannover-Wülfel]

5. Verwendung von Spritzgußartikeln und Eigenschaften

Nach dem Spritzgußverfahren werden besonders Massenartikel für den Haushalt und die Technik hergestellt. Die Unempfindlichkeit gegen Feuchtigkeit, verdünnte Säuren und Alkalien sowie die handelsüblichen Spülmittel ermöglicht deren Verarbeitung zu Wasch- und Spülbecken, Schüsseln, Dosen, Salatbestecken, Kaffeetassen, Tellern und Schneidbrettern.

Die Eigenschaften der üblichen Spritzgußmassen entsprechen denen von extrudiertem Material (s. S. 325 und Tabelle 38, S. 321).

Auf dem Markt befinden sich auch *schlagfeste Spritzgußmassen*[408], die sich besonders durch eine erhöhte Zähigkeit und Schlagfestigkeit auszeichnen; sie besitzen zum Teil eine milchigweiße Eigenfarbe. Es handelt sich dabei um Copolymerisate und Pfropfpolymerisate mit überwiegenden Methacrylsäureesteranteilen, die als Schreibmaschinentasten, Griffe und Damenschuhabsätze verwendet werden können.

B. Stranggepreßtes Material

1. Allgemeines

Außer nach der Spritzgußtechnik setzt man Perlpolymerisate von Methacrylsäuremethylester auch als stranggepreßtes Material ein.

Das Strangpressen oder Extrudieren[409] geschieht auf Maschinen, für

[408] Kunstst. **49**, 353 (1949).

[409] FRIEDERICH, E.: Kunstst. **47**, 218 (1957); BONNER, R. M.: SPE Journal **19**, 1157 (1963); HAYWOOD, C. K.: Plastics **1964**, 43.

die die Bezeichnungen Extruder = Strangpresse = Schneckenpresse = Schneckenspritzmaschine üblich sind. Das Material gelangt über einen Fülltrichter in einen beheizten Zylinder, in welchem eine Schnecke das nun plastisch fließende Material zum Mundstück transportiert. Dieses ist

Abb. 19. Extrusion von Polymethylmethacrylat-Platten (Vedril ®, Montecatini)

je nach Art des gewünschten Endproduktes (Rohre, Bahnen u. a.) verschieden geformt. Die Bahnen werden abgezogen, geschnitten und gestapelt. (s. Abb. 18 und 19).

2. Strangpreßmaschinen

Als *Schneckenpressen* kommen vor allem Einschnecken-Extruder mit geeigneter Schneckenlänge (etwa 20 D) bei einem Kompressionsverhältnis von 3:1 in Frage[407]; die zum Schmelzen erforderliche Wärme stammt zum Großteil aus der Reibung des Materials an der Schnecke.

Als „Entgasungsextruder"[410] bezeichnet man sehr lange Einschneckenextruder (Schneckenlänge 20 bis 30 D) mit einer Schnecke mit Sonderprofil und einem Zylinder mit Entgasungseinrichtung. Die Entgasung erfolgt durch Vakuum — die Gasblasen entweichen durch den Entgasungsschacht im Zylinder oder durch die hohle Schnecke.

[410] DAS 1189704 (1959) Reifenhäuser K.G., F. Reifenhäuser.

3. Weiterverarbeitung

Die Weiterbehandlung von extrudierten Platten ist in der Literatur[411] ausführlich beschrieben: Demnach können diese ähnlich wie die gegossenen Platten (mit Kreis- oder Bandsägen) geschnitten, gebohrt, gefräst, gedreht und verschweißt (Heißluft 160 bis 180°) werden.

Abb. 20. Vakuumverformung einer Vedril ®-Platte (Werkfoto: Fa. Montecatini, Mailand)

Beim Verformen wird zuerst in Wärmeschränken oder mit IR-Strahlern vorgewärmt und danach bei 140 bis 160° mit vorgewärmten Werkzeugen (50 bis 60°) verformt. Da sich extrudierte Platten infolge ihres günstigen rheologischen Verhaltens leichter als gegossene Platten dehnen

[411] „Vedril ®, extrudierte Acrylharz-Platten", Firmenschrift 40/1964 der Montecatini.

lassen, wird für sie mit Vorteil die *Vakuumverformung* (s. Abb. 20) angewendet, wobei auch feinere Konturen noch scharf wiedergegeben werden. Ebenso ist das *Tiefziehen* der extrudierten Platten möglich (s. Abb. 21). Bei eingefärbten Materialien (auch bei gegossenen Platten) können jedoch als Folge der Dickenverringerung optische Störungen

Abb. 21. Herstellung eines Fernsehschirmes aus Vedril ®. (Werkfoto: Fa. Montecatini, Mailand)

auftreten. Auch für extrudiertes, nachträglich verformtes Material ist eine Nachtemperung zu empfehlen.

4. Eigenschaften und Anwendung

Das Molekulargewicht der für Extrusion verwendeten Polymerisate entspricht dem von Spritzgußmaterial, wird also ebenfalls niedriger (und gleichmäßiger verteilt) als dasjenige von gegossenem Plattenmaterial eingestellt, um das Material bei den Verarbeitungstemperaturen in den thermoplastischen Zustand überführen zu können[405] (etwa 120 bis 140° zähelastisch, bis etwa 200° plastisch — Verformungsbereich — über 230° Zersetzung). Dadurch werden einige molekulargewichtsabhängige Eigenschaften des Produktes, wie Dauerstandfestigkeit und Spannungskorrosion, nicht jedoch Zugfestigkeit, Schlagzähigkeit und Erweichungspunkt gegenüber den gegossenen Acrylgläsern herabgesetzt. Die Wärmeformbeständigkeit ist demgegenüber beim extrudierten Material im Vergleich zum gegossenem Material infolge der geringeren Rückstellkräfte etwas besser. Auch der Kraftaufwand zur Verformung bei gleicher Temperatur ist gegenüber gegossenem Material geringer.

Da eine eventuelle Rückformung infolge plastischen Fließens nicht vorliegt bzw. nur unvollständig ist (irreversible Verformung wegen thermoplastischen Verhaltens) müssen die Formkörper bei Fehlformung erneut verarbeitet werden.

Die *Anwendung* stranggepreßter Platten und Profile liegt vor allem in der Beleuchtungsindustrie und in der Herstellung von Abdeckplatten mit Wellprofilen. Sie sind billiger als entsprechendes gegossenes Material und werden dort eingesetzt, wo auf die außerordentlich brillante Oberfläche und die damit verbundenen besonderen optischen Eigenschaften des gegossenen Materials verzichtet werden kann.

C. Preßmassen

Die Verarbeitung von Perlpolymerisat im Preßverfahren beansprucht einen wesentlich größeren Zeitaufwand als das Spritzgußverfahren und wird nur dann vertretbar sein, wenn es sich um die *Herstellung sehr schwerer oder starkwandiger* Teile handelt, die im Spritzgußverfahren nicht gefertigt werden können.

Als Pressen eignen sich sowohl elektrisch als auch ölbeheizte Formen, die möglichst rasch auf die erforderliche Preßtemperatur von 160 bis 180° gebracht werden können[412]. Nachdem diese Temperatur erreicht und das Material eingefüllt ist, wird die Presse geschlossen. Das Abkühlen soll allmählich vor sich gehen und bei der Herstellung dickwandiger Teile von unten nach oben stattfinden, wobei der noch warme Kernstempel die Masse noch weiter zusammendrückt und dadurch den Schwund ausgleicht.

Das Vorhandensein von Spannungen läßt sich durch die sog. „Kochprobe"[412] kontrollieren, bei der die Preßteile nach 30 Minuten Kochzeit keine Veränderung der Oberfläche oder der Form zeigen dürfen. Spannungsfelder lassen sich auch im polarisierten Licht feststellen (s. S. 280).

D. Überzüge

Perlpolymerisate, die vorwiegend aus Methacrylsäuremethylester bestehen, dienen auch als Lackharze; Weichmacher verbessern die Flexibilität, polare Comonomere (z. B. geringe Mengen (Meth)acrylsäure) die Haftung. Der Polymerisationsgrad ist so gewählt, daß bei Auflösung in

---

[412] „Verarbeitung von Resarit im Preßverfahren", Firmenschrift der Resart Ges. Kalkhof & Rose.

entsprechenden Solventien Lösungen geeigneter Viskosität entstehen. Die Filme aus diesen Produkten, z. B. bei den Typen Lucite ® 2008 (DuPont) sind klar, hart und hochglänzend. Die Alterungs- und Witterungsbeständigkeit sind ausgezeichnet. Als Anwendungsgebiete kommen Lacke für Aerosol-Spritzlacke, zur Gewebeschichtung u. ä. in Frage.

Innerlich weichgemachte Methylmethacrylatcopolymere (Lucite ® 2013, DuPont) zeigen gute Verträglichkeit mit Vinylchloridharzen, Chlorkautschuk und Nitrocellulose.

Perlpolymerisate aus Methacrylsäureestern liegen auch in einigen Typen von Plexigum ® der Röhm & Haas GmbH. vor[413]. Besonders die weicheren Typen (A, B, D, entsprechend Acrylsäure-methyl-, äthyl- und -butylester als Comonomere) zeigen erhöhte Haftfestigkeit, bei den harten Produkten (M und P entsprechend Methacrylsäuremethylester und -butylester) ist ein Zusatz von Weichmachern angezeigt.

Die *Filmbildung* erfolgt bei diesen Typen physikalisch, d. h. durch Verdunsten des Lösungsmittels. Eine Ofentrocknung ist nicht erforderlich, sie wirkt sich aber günstig auf Glanz und Härte aus. Alle Sorten zeichnen sich durch gute Lichtechtheit, auch bei Einwirkung von Wärme, hohe Witterungs- und Alterungsbeständigkeit, Farblosigkeit und Klarheit aus.

3.5.4.4 Emulsionspolymerisate

A. Allgemeines

Während bei den geformten Polymerisaten die Methacrylsäureester und unter ihnen besonders der Methylester hervorstechen, haben bei den Emulsionspolymerisaten die Acrylsäureester größere Bedeutung. Dies hat seine Ursache darin, daß die gebräuchlichen Acrylsäureester infolge ihres tieferen Erweichungspunktes bei Raumtemperatur filmbildend sind, während Methacrylsäureester diese Eigenschaft erst ab dem Butylester zeigen.

Im allgemeinen werden die Dispersionen als solche eingesetzt, doch ist auch ein Ausfällen möglich. Es wird besonders dann angewendet, wenn es sich um Copolymerisate handelt, die kautschukartige Eigenschaften besitzen (Acrylnitril-Butadien-Copolymerisate).

Bezüglich der Prüfung der Dispersionen wird auf die Literatur verwiesen[414].

B. Anstrichmittel

Ein sehr großes Einsatzgebiet für Acrylesterdispersionen ist das Anstrichmittelgebiet[415], wobei besonders gute Licht- und Witterungsbeständigkeit, Elastizität und Filmhaftung hervorgehoben seien; es findet

[413] Stock, E.: Taschenbuch für die Farben- und Lackindustrie, Wissensch. Verlagsges., Stuttgart, 147 (1954); Merkblätter der Röhm & Haas G.m.b.H.

[414] Horn, M. B.: Acrylic Resins, Reinhold Publ. Corp., New York, 128 (1960); Farbe u. Lack **62**, 593 (1956).

[415] Allyn, G.: Paint Varnish Product. **47**, 37 (1957).

kein Vergilben und kein Vespröden statt. Die Alkalifestigkeit ist gut und es besteht außerdem eine Durchlässigkeit des Films für Wasser, so daß der Dispersionsanstrich auch auf frische Wände erfolgen kann.

Die *wichtigsten Monomeren*[416] sind Acrylsäure-methyl-, -äthyl-, -butyl- und 2-äthylhexylester sowie Methacrylsäuremethyl- und -butylester. Daneben ist es natürlich noch möglich, andere Ester (z. B. Salze basischer Methacrylsäureester[417]) oder andere Comonomere mitzuverwenden, wobei besonders der Einbau von Carboxylgruppen[418] erwähnt sei, die in geringen Mengen die Stabilität und Haftung der Dispersion erhöhen, in größeren Anteilen die Möglichkeit zur *Verdickbarkeit* durch Alkalien bieten[419]. Solche Dispersionen können auch zum Verdicken anderer Dispersionen eingesetzt werden[420].

Die Verdickbarkeit von Acryllatices, die Acrylsäure enthalten, nimmt mit steigender Kettenlänge der Alkoholkomponente im Acrylester ab[421].

Wichtig ist der (Meth)acrylsäuregehalt auch bei redispergierbaren Dispersionen (z. B. aus Styrol und 2-Äthylhexylmethacrylat), wo der Prozentsatz an Säure über 15% liegen muß[422].

Weitere oft verwendete Vinylcomonomere sind Vinylacetat[423] und Styrol[423]. Ein Acrylemulsionssystem, welches als Anstrichmittelgrundlage besonders häufig eingesetzt wird, besteht aus Acrylsäureäthylester (Hauptmenge), Methacrylsäure (geringer Zusatz von maximal einigen Prozenten) und Methacrylsäuremethylester[424].

Eine besonders frostbeständige Dispersion für Anstrichzwecke erhält man bei der Emulsionspolymerisation eines Vinylesters mit einem verzweigten (Meth)acrylsäureester und mit (Meth)acrylsäure. Die Dispersion koaguliert nicht beim mehrmaligen Abkühlen auf —20° und ist auch gegen Zusätze von wäßrigen Salzlösungen stabil. Die Filme sind trotz des Vinylesteranteiles verseifungsfest[425].

Polyacrylsäureester, die eine räumlich blockierende Alkoholkompo-

---

[416] Kollinsky, E.: Houben-Weyl-Müller XIV/1, 1048 (1961); A. P. 2868748 (1955) Am. Cyanamid Co., C. Frazier, and J. H. Fortune; Chem. Abstr. **53**, 7625 (1959); A. P. 2795564 (1953) Rohm & Haas Co., W. R. Conn, B. B. Kine, and W. C. Prentiss; Chem. Abstr. **51**, 12508 (1957).

[417] A. P. 3108979 (1957) The Dow Chem. Co., W. J. LeFevre, and D. P. Sheetz.

[418] DRP 733995 (1935), E. P. 437446, Röhm & Haas G.m.b.H., E. Trommsdorff; C. **1943** II, 2331 und **1936** I, 3584.

[419] DBP 826358 (1950) BASF, J. Thewalt und K. Craemer; C. **1952**, 4540.

[420] DBP 940854 (1953) Röhm & Haas G.m.b.H., K. Tessmar und F. Kollinsky; C. **1957**, 277; Rossberg, P.: Farbe u. Lack **70**, 29 (1964).

[421] Wesslau, H.: Makromolekulare Chem. **69**, 220 (1963).

[422] Warson, H.: Paint Manufact. **34**, 54 (1964).

[423] „Amcel Acrylates", Firmenschrift der Celanese Corp. of America, **29** (1959).

[424] Horn, M. B.: Acrylic Resins, Reinhold Publ. Corp., New York, 114 (1960).

[425] DAS 1151661 (1961) BASF, H. Pohlemann und G. Florus.

nente tragen (sperrige Gruppe), sind harte, schwer hydrolysierbare Polymere, etwa dem Polymethacrylsäuremethylester vergleichbar[426].

Erwähnt sei, daß Pfropf-Copolymerisate von Schellack mit (Meth)acrylsäureestern in Form wäßriger Dispersionen als Bodenpflegemittel dienen können[427].

Das Ausarbeiten einer neuen Dispersionstype wird zwar dadurch erleichtert, daß man von bewährten Grundrezepten ausgehen kann, doch bleiben noch genug Schwierigkeiten, da hier, wie bei keiner anderen Polymerisationsart, eine Vielzahl von Zusatzstoffen in exakt ausgewogenen Verhältnissen nötig sind. Auch der Schritt von der Dispersion zur Dispersionsfarbe erfordert wieder zahlreiche Zugaben, die teils zur Dispergierung der Pigmente erforderlich sind, teils den Habitus und die Stabilität der Dispersionsfarbe entsprechend einstellen sollen[428].

Als Fließmittel, die das Zusammenfließen der Latexpartikelchen erleichtern, verwendet man flüchtige Lösungsmittel, wie Xylol, Äthylacetat, Butylacetat oder Äthylglykol. Wird deren zulässige Höchstkonzentration von wenigen Prozenten überschritten, so werden wichtige andere Eigenschaften der Dispersionen, wie Trocknung, Streichbarkeit und Lagerbeständigkeit beeinträchtigt.

Die *Filmbildung*[429] erfolgt bei Dispersionen durch Zusammenfließen der Latexteilchen nach Verdunsten des Wassers oder nach dem Aufsaugen durch den Untergrund bis zu einer bestimmten Konzentration, bei der sich die Teilchen unmittelbar berühren. Die Teilchen müssen also ein genügendes Maß an Deformierbarkeit aufweisen. Die die Verschmelzung fördernde Kraft ist im wesentlichen der Kapillardruck des Wassers, der somit größer sein muß, als der Widerstand des Polymeren gegen Verformung. Dieser Widerstand ist hauptsächlich von der Temperatur und dem chemischen und physikalischen Aufbau des Polymerisates (Polymerisationsgrad, Verzweigung, Polarität der Gruppen) und von Zusätzen (Lösungsmittel, Weichmacher) abhängig.

Voraussetzung zur Filmbildung ist, daß die *Filmbildungstemperatur*[430] über der *Einfriertemperatur*[431] liegt. Als Filmbildungstemperatur bezeichnen wir diejenige Temperatur, bei der sich ein geschlossener Film bildet. (Eine Apparatur zur Messung dieser Temperatur wird von

---

[426] FLORUS, G.: VII. Fatipec-Kongreß 1964; Diskussionsvortrag.

[427] DAS 1157398 (1960) Rohm & Haas Co., R. E. ZDANOWSKI und W. W. TOY.

[428] RIESE, W. A.: Farbe u. Lack **64**, 489 (1958).

[429] „Emulsion Polymerization of monomeric Acrylic Esters", Firmenschrift der Rohm & Haas Co., S. 8; GRINSFELDER, H., W. C. PRENTISS, and V. N. SHEETS: Official Digest **352**, 327 (1954); GÖTZE, T., und G. STENZEL: Beckacite-Nachrichten, Firmenschrift der Reichhold-Chemie A.G., Hamburg **4**, 114 (1962); DILLON, R. E. u. a.: J. Colloid Sci. **6**, 108 (1951).

[430] COGAN, H. D.: Official Digest **33**, 365 (1961).

[431] TALEN, H. W., und P. F. HOVER: Dtsch. Farben-Z. **13**, 50 und 92 (1959); JENCKEL, E.: Kolloid-Z. **120**, 160 (1945).

H. Fikentscher[432] angegeben). Niederes Molekulargewicht und Zusätze von Weichmachern setzen die Filmbildungstemperatur herab.

Zur Bestimmung des *Erweichungspunktes*[432] (vgl. Abb. 14, S. 304), der der Einfriertemperatur angenähert entspricht, werden Prüfkörper bestimmter Dimensionen so lange erwärmt, bis sie sich bei einer bestimmten Belastung bleibend verformen. (Im englisch-amerikanischen Schrifttum findet sich die Bezeichnung „brittle-point": Temperaturbereich, wo Streifen von Polymeren beim Biegen infolge Sprödigkeit brechen).

Tabelle 39. *Erweichungstemperaturen einiger (Meth)acrylate*

Polymeres	brittle point (°C)	Erweichungspunkt (°C)	Einfrier-temperatur (°C)
Acrylsäure	—	—	80—105
Acrylsäure-methylester	4	0 bis 3	8
-äthylester	—24	—23 bis —29	— 22
-butylester	—44	—45 bis —60	— 54
-i-butylester	—	—26	—
-tert.-butylester	—	+44	—
-hexylester	—	—56 bis —58	—
-octylester	—	—61 bis —64	—
-2-äthylhexylester	—	—70	— 70
-dodecylester	—2	etwa 0	—
-tetradecylester	22	+18 bis +23	—
-hexadecylester	—	+30 bis + 33	—
Methacrylsäure-methylester	91	+72 bis +105	+105
-äthylester	49	65	65
-butylester	16	33	20
-octylester	—	—18	— 20
-decylester	—	—30	—
-dodecylester	—34	—37	— 65
-tetradecylester	— 6	— 8	—
-hexadecylester	15	16	—
Acrylnitril	—	120 bis 200	—
Methacrylnitril	—	100 bis 115	—
N-Isopropylacrylamid	—	100 bis 125	—

Durch Copolymerisation entsprechender (Meth)acrylsäureester läßt sich ein weites Spektrum von Latices mit kontinuierlich abgestuften Filmhärten herstellen, während sich bei bloßem Mischen zweier Homopolymerisate ein völlig anderes Bild ergibt[429].

Die Filme von Acrylatdispersionen zeigen guten Glanz[433], der inner-

[432] Fikentscher, H.: Kunstst. **53**, 737 (1963); siehe auch[429].
[433] Farbe u. Lack **62**, 278 (1956).

halb einer gegebenen Zusammensetzung wieder von der Teilchengröße[434] des Latex abhängt[435]. Dabei steigt der Glanz mit fallender Partikelgröße.

C. Textilhilfsmittel

In der Textilindustrie finden Acrylharzdispersionen in großem Maß Verwendung, wo man sie beispielsweise als *Schlichtemittel*[436] für Textilgarne einsetzt. Die Garne werden durch diese gefestigt, geglättet und die Fasern miteinander verklebt, um den beim Weben und Wirken auftretenden Beanspruchungen (Zug und Reibung) besser standhalten zu können. Acrylharzschlichten sind besonders für Chemiefasern von Bedeutung, da die älteren Stärkeschlichten bei der Elastizität der Fasern eine zu geringe Haftung aufweisen.

Weitere Anwendungsgebiete auf dem Textilsektor sind *Appretiermittel*[437] (Erhöhung des Gebrauchswertes und verbesserter Griff) und *Bindemittel für gebundene Faservliese*[438] („non woven fabrics"), wobei durch Einbau von Acrylnitril die mechanische Festigkeit, Lösungsmittelbeständigkeit und Klebefreiheit verbessert werden. Bei den zuletzt genannten Fällen handelt es sich vielfach auch um Copolymerisate der Acrylester mit N-Methylol(meth)acrylamiden bzw. deren Äthern, also um Makromoleküle, die die Fähigkeit haben, unter dem Einfluß von Säuren und/oder Hitze auszuhärten und lösungsmittelbeständige Appreturen zu bilden.

Dispersionen von Polyacrylaten eignen sich schließlich als sog. *Beflockungskleber* bei der elektrostatischen Beflockung von Textilien. Dabei werden Textilfasern bestimmter Länge im elektrostatischen Feld unter hoher Spannung von den Geweben angezogen und dort in einer bevorzugten Richtung mit diesen verklebt (Herstellung von Teppichen und Velouren).

D. Lederhilfsmittel

Auf dem Ledersektor verwendet man Acrylatdispersionen in der Lederzurichtung (Gerbung), als Appreturen und Überzüge für Leder, die die Lederoberfläche glätten und sie gegen äußere Einflüsse unempfindlicher machen und als Zwischenschicht zwischen Leder und nachfolgenden

---

[434] Teilchengrößenbestimmung: H. Wesslau: Makromolekulare Chem. **69**, 213 (1963).

[435] „Emulsion Polymerization of monomeric Acrylic Esters", Firmenschrift der Rohm & Haas Co., S. 6.

[436] DAS 1092200 (1958) I.C.I., W. Colwill und St. M. Todd.

[437] Lachmann, H.: Ch. Z. **66**, 24 (1942); DAS 1102410 (1958) Röhm & Haas G.m.b.H., F. Kollinsky; DAS 1011850 (1956) Bayer, W. Graulich, A. Schmitz, W. Berlenbach und E. Müller.

[438] Chem. Week **86**, 67 (1960); DAS 1086208 (1958) BASF, H. Reinhard und E. Penning.

Aufträgen, wobei sie eine gute Haftung vermitteln und als Schutzschicht wirken[439].

Eine weitere Verwendung für Acrylatdispersionen sind Bindemittel für zerfaserte Lederabfälle: Dispersion und Faserleder werden zusammen vermischt und z. B. durch Elektrolyte ausgefällt, entwässert (auf Sieben) und zu plastischen Platten verpreßt.

E. Papierhilfsmittel und Klebstoffe

Als Überzugsmassen in der Papierindustrie[440] (z. B. Acro ® 30, Montecatini, Acronal ®, BASF, Plextol ®, Röhm & Haas GmbH., Darmstadt, Rhoplex ®, Rohm & Haas Co., Philadelphia) werden große Mengen von Acrylatdispersionen eingesetzt, ebenso findet man sie in großem Umfang als Klebstoffe (Textil-, Schuh- und Papierindustrie) und als Pigmentbinder für den Textildruck. Copolymerisate von N-Vinyl-2-pyrrolidinon mit Acrylsäureäthylester, Laurylmethacrylat oder Isobornylacrylat verhindern das Absetzen von Harz bei der Herstellung von Papier aus Sulfitzellstoff[441].

Als Anwendungsbeispiele der Dispersionen für Klebstoffe (z. B. Acronal ®-Typen der BASF) sind u. a. Klebstoffschichten von Klebebändern[442], Aufziehen von Kunststoff-Folien auf Holz, Papier oder Textilien, heißsiegelfähige Papiere, Verkleben von Wand- oder Fußbodenplatten u. a. m. zu nennen. Verschiedene Zusätze (z. B. bis 5% Lösungsmittel, wie Äthyl- oder Butylacetat oder Tetrahydrofuran) verbessern die Haftfestigkeit von Haftklebern.

F. Elastomere Polymerisate

In allen bis jetzt genannten Fällen wurden die Dispersionen als solche eingesetzt. Man hat aber auch die Möglichkeit, den Latex zu *koagulieren* und das Koagulat verschiedenen Verwendungszwecken, z. B. als kautschukartige Masse[443], zuzuführen. Dabei kann der Latex nach Art einer einfachen Copolymerisation gewonnen werden oder als Stammpolymeres für eine Pfropfcopolymerisation[444] dienen. Letztere Methode kann z. B. zur Herstellung schlagfester Massen („harter Kunststoffe", z. B. aus PVC, Methylmethacrylat u. a. m.) benutzt werden. So erhält man beim Aufpfropfen von Methacrylsäuremethylester und anderen Monomeren

[439] F. P. 881770 (1942) Röhm & Haas G.m.b.H.

[440] McLaughlin, P. J., and F. L. Schnecker: Tappi **40**, 146 (1957); Sweeny, E. J.: Tappi **41**, 304 (1958).

[441] DAS 1157468 (1960) Rohm & Haas Co., T. J. Drennen und L. E. Kelley.

[442] E. P. 893759 (1959) und Zusatz P. 950998 (1962) Rotunda Ltd.

[443] Mast, W. C., and C. H. Fisher: Ind. eng. Chem. **40**, 107 (1948).

[444] Whitby, G. S.: Ind. eng. Chem. **47**, 815 (1955); E. P. 694408 (1953) Bataafsche (Shell), M. Naps, and F. E. Condo.

auf geeignete Dispersionen Produkte mit verbesserten mechanischen Eigenschaften[445]. Wählt man als „Rückgrad" ein Copolymerisat aus Butadien und Acrylnitril und pfropft ein Gemisch von Methylmethacrylat und anderen Monomeren auf, die als Homopolymerisate einen Brechungsindex von 1,52 besitzen (Styrol, Acrylnitril u. a.), so entstehen transparente Formmassen hoher Schlagzähigkeit[446].

Thermoplastische Formmassen guter Durchsichtigkeit entstehen auch durch bloßes Mischen harter Polymerisate (Methacrylsäuremethylester-Vinyltoluol) mit elastischen Copolymerisaten (Styrol-Butadien), wenn deren Brechungsindices gleich sind[447]. Setzt man kautschukartige Polymerisate mit Einfriertemperaturen unter 20° (meist Acrylsäureester-Acrylsäure-Copolymerisate) mit harten und spröden Polymerisaten mit Einfriertemperaturen über 20° (meist Methacrylsäuremethylester-Styrol-Copolymerisate) bei höheren Temperaturen (etwa 140°) um, so erhält man teilvernetzte, thermoplastische Massen mit ebenfalls hoher Schlagzähigkeit[448].

Nach dem Emulsionsverfahren hergestellte Copolymerisate mit überwiegenden Anteilen an Acrylsäureestern können mit basischen Verbindungen nach Art einer intermolekularen *Claisenkondensation* unter Alkoholabspaltung vernetzt werden[449] und gehen in den kautschukelastischen Zustand über. Als vernetzend wirkende Agentien kommen Alkalihydroxyde, Calciumhydroxyd oder Polyalkylenpolyamine — eventuell unter Zusatz von Schwefel — oder Peroxyde[450] in Frage. Im Handel sind verschiedene Hycar ®-Typen der B. F. Goodrich Co.

Copolymerisate aus Acrylsäureäthylester und geringen Mengen (etwa 5%) β-Chloräthylvinyläther zeigen ebenfalls kautschukartige Eigenschaften[451] (Lactoprene ®).

Polyacrylatelastomere[452] (Hycar ®-, Thiacryl ®-, Paracril ®- und Cyanacryl ®-Typen) werden u. a. im Automobilbau für diverse Dichtungen eingesetzt, wo sie in Konkurrenz zum Nitrilkautschuk stehen. Gegenüber diesem haben sie infolge ihres gesättigten Charakters den Vorteil,

[445] F. P. 1164299 (1956) Röhm & Haas G.m.b.H.; DAS 1076377 (1958) Röhm & Haas G.m.b.H., F. Kollinsky.

[446] DAS 1127086 (1960) Röhm & Haas G.m.b.H., F. Kollinsky, A. Wohnhas und G. Schwebel.

[447] DAS 1137549 (1958) The Dow Chem. Co., A. F. Roche, B. H. Tubbs und C. Jones.

[448] DBP 1152538 (1956) BASF, B. Vollmert.

[449] Semegen, S. T., and J. H. Wakelin: Rubber Age (N. Y.) **71**, 57 (1952); A. P. P. 2412476, und 2451177 (1945) B. F. Goodrich Co., S. T. Semegen; Chem. Abstr. **41**, 1488 (1947) und **43**, 442 (1949).

[450] Mendelsohn, M. A.: Ind. eng. Chem., Prod. Res. and Dev. **3**, 67 (1964).

[451] Owen, H. P.: Rubber Age (N. Y.) **66**, 544 (1950); Mendelsohn, M. A., and H. F. Minter: Rubber Age (N. Y.) **95**, 403 (1964).

[452] Ind. eng. Chem. **55**, 27 (1963).

auch bei höheren Temperaturen (bis 175°) ihre Elastizität beizubehalten und nicht zu verspröden. Durch Ersatz des Acrylsäureäthylesters durch Butylester werden die Elastomeren kältefester (bis —23°), allerdings gleichzeitig auch unbeständiger gegen Hitze und Öl.

3.5.4.5 Polymerisate von (Meth)acrylsäureestern mit Heterosubstituenten bzw. mit mehreren Doppelbindungen

Aus dem Vorangegangenen ist ersichtlich, daß in der technischen Verwendung besonders die niederen Alkylester der Acryl- und Methacrylsäurereihe dominieren. Polymerisate von Estern mit längerkettigen Alkoholen findet man noch als Zusatzmittel zu Schmierölen[453]. Einige Polymerisate von Acrylverbindungen mit mehr als zwei Heteroatomen wurden bereits erwähnt, z. B. reaktive Ester bei der Herstellung von Überzügen (s. S. 309) und basische Ester als Öl-Additives (s. S. 316). Einige weitere Beispiele seien hier noch aufgezählt und im übrigen auf die tabellarische Zusammenfassung in Abschnitt D verwiesen, wobei viele Angaben einem Beitrag von K. Tessmar[454] entnommen sind.

A. Polymere Weichmacher

Polyäthylenglykoldimethacrylsäureester können als polymere Weichmacher für PVC eingesetzt werden[455]. Meist verwendet man ein Verhältnis von 70 Gewichtsteilen PVC und 30 Gewichtsteilen des polymeri-

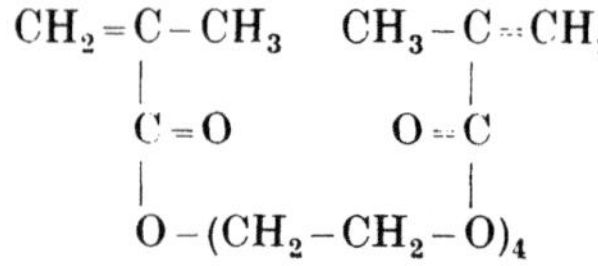

(I)

sierbaren Weichmachers, z. B. Tetraäthylenglykoldimethacrylsäureester (I) (oder Butandiol-(1,3)- und Butandiol-(1,4)-dimethacrylsäureester). Als Beschleuniger werden Tert.-butylperbenzoat oder Tert.-butylhydroperoxyd in Mengen von 1 bis 3% empfohlen. Zusätze von Kobaltnaphthenat oder -octoat setzen die Polymerisationstemperatur um etwa 30° herab.

B. Zweistufenpolymere (vgl. S. 185)

Die *Allylester* der Acryl- und Methacrylsäure sowie *β-Vinyloxyäthylacrylat* bzw. -methacrylat nehmen unter den Monomeren mit zwei Doppelbindungen insofern eine Sonderstellung ein, als man sie in zwei Stufen polymerisieren kann[456].

[453] Trommsdorff, E.: Houwink, Chemie und Technologie der Kunststoffe, Akad. Verlagsges., Leipzig, 3. Aufl., 2. Bd., 136 (1956).

[454] Tessmar, K.: Houben-Weyl-Müller XIV/1, 1036 (1961).

[455] A. P. 2618621 (1949) Union Carbide, S. L. Burt; Chem. Abstr. **47**, 3034 (1953); DBP 900858 (1949) General Electric Corp., J. A. Loritsch, and P. M. di Cerbo; C. **1954**, 6353; Thomass, H.: PVC-Folien, C. Hanser-Verlag, München, 39 (1963).

[456] Tessmar, K., und H. Schreiber: Houben-Weyl-Müller XIV/1, 1078 (1961).

Die Polymerisation der Acryldoppelbindung läßt sich radikalisch oder anionisch auslösen, die der Vinylätherdoppelbindung radikalisch oder kationisch. So kann man zuerst die Vinylätherdoppelbindung kationisch zur Polymerisation anregen, den Beschleuniger entfernen und radikalisch die Acryldoppelbindung polymerisieren[457]. Die andere Möglichkeit besteht in der anionischen Polymerisation der Acryldoppelbindung und der radikalischen oder kationischen Polymerisation der Vinylätherdoppelbindung[458].

Die genannten Polymerisate sind vernetzt, also unlöslich und meist hart und spröde. Es wurde gelegentlich vorgeschlagen, durch partielle, z. B. an geformten Kunststoffoberflächen geführte Zweistufenpolymerisation eine Verbesserung der Kratzfestigkeit zu erreichen.

Mit Butyllithium polymerisiert *Allylacrylat* bei —50° in Lösung nur über die Vinyldoppelbindungen zu einem linearen kristallinen, löslichen, stark ungesättigten Polymeren[459].

C. Fluorhaltige Elastomere

Acrylsäure-1,1-dihydroperfluorbutylester, sowie Acrylsäure-1,1-dihydroperfluorpropyl-3-perfluormethoxyester lassen sich in wäßriger Emulsion polymerisieren und geben kautschukähnliche Produkte[460]. Der Latex wird koaguliert und die Vulkanisation mit geringen Mengen Triäthylentetramin und Schwefel in Gegenwart von Kohle bei 154° durchgeführt.

Die Produkte wurden von der Minnesota Mining & Manufacturing Co. entwickelt und sind unter der Bezeichnung Poly-FBA ®, Fluoro-Rubber ® 2F4 und 1F4 im Handel. Sie zeichnen sich besonders durch gute Chemikalienresistenz aus. Die Temperaturbeständigkeit, Festigkeit und Dehnung sind relativ schwächer, lassen sich jedoch durch Copolymerisation mit Butadien verbessern, wobei aber die Chemikalienresistenz zurückgeht.

D. Tabellarische Übersicht

1. Ester mit Heterosubstituenten (s. Tab. 40 auf S. 336)

2. Ester mit mehreren Doppelbindungen (s. Tab. 41 auf S. 341)

3.5.5 Polymere auf Basis von (Meth)acrolein

Die Polymerisation des einfachsten Vertreters dieser Reihe, des Acroleins, verläuft je nach Reaktionsbedingungen nach sehr unterschiedlichen Mechanismen. Sie führt zu verschiedenen, theoretisch sehr interessanten Produkten, deren praktische Anwendung jedoch bisher noch nicht konkrete Formen angenommen hat. Es wird deshalb an dieser Stelle lediglich auf die bereits im Kapitel 3.2.3 erfolgte Diskussion der Acroleinpolymerisationen verwiesen. Ebenfalls nur ergänzend sei auf die in der Literatur

[457] Haas, H. C., and M. S. Simon: J. Polymer Sci. **17**, 421 (1955).

[458] DBP 1027401 (1956) Röhm & Haas G.m.b.H., H. Schreiber.

[459] Donati, M., und M. Farina: Makromolekulare Chem. **60**, 233 (1963).

[460] Codding, D. W. u. a.: J. Polymer Sci. **15**, 515 (1955); Naunton, W. I. S.: Rubber J. **130**, 260 (1956).

Tabelle 40. *Ester mit Heterosubstituenten*

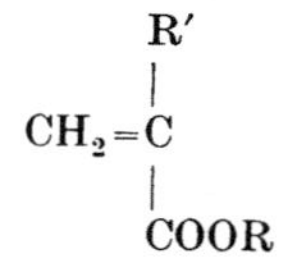

(R′ = H oder CH_3)

Ester	Formel für R	Literatur
(Meth)acrylsäureoxyalkylester	$-(CH_2)_{2\text{-}6}-OH$	DAS 1121811 (1959) Rohm & Haas Co., J. L. O'BRIEN.
Methacrylsäure-β-hydroxyäthylester	$-CH_2-CH_2-OH$	A. P. 2129722 (1934) DuPont, J. C. WOODHOUSE; C. **1939** I, 2507; DBP 1113090 (1959) Röhm & Haas G.m.b.H., T. VÖLKER und H. KNÖLL.
Methacrylsäure-β-methoxyäthylester	$-CH_2-CH_2-O-CH_3$	A. P. 2404817 (1941) DuPont, D. E. STRAIN.
Methacrylsäure-β-äthoxyäthylester	$-CH_2-CH_2-O-C_2H_5$	Ind. eng. Chem. **28**, 1160 (1936).
Methacrylsäuremethoxymethoxyäthylester	$-CH_2-CH_2-O-CH_2-O-CH_3$	SCHEIBER, J.: Chemie und Technologie der künstlichen Harze, Wissensch. Verlagsges. Stuttgart, 682 (1961).
Methacrylsäurepolyäthylenglykolester	$-(CH_2-CH_2-O)_n-H$	DAS 1084920 (1956) O. WICHTERLE und D. LIMM.
Methacrylsäure-2,3-epoxypropylester (Glycidylmethacrylat)	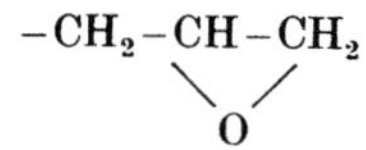	A. P. 2556075 (1948) Am. Cyanamid Co., J. G. ERICKSON; Chem. Abstr. **45**, 7377 (1951).
2,2-Dimethyl-4-methacryloyloxymethyldioxolan	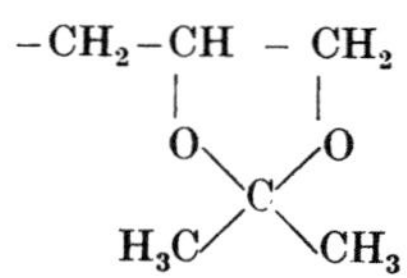	A. P. 2680735 (1952), Belg. P. 521281, Ital. P. 501894, Rohm & Haas Co., V. W. FEGLEY e S. P. ROWLAND; C. **1955**, 5195 und **1957**, 7230.

Tabelle 40 (Fortsetzung)

Methacrylsäure-β-isobutyryl-oxyäthylester	$-CH_2-CH_2-O-C(=O)-CH(CH_3)_2$	Loshaek, S.: J. Polymer Sci. **15**, 392 (1955).
Acrylsäure-2-hydroxy-3-chlor-propylester	$-CH_2-CH(OH)-CH_2-Cl$	DAS 1105173 (1959) BASF, H. Kessler u. a.
Acrylsäure-2-(2-cyanäthoxy)-äthylester	$-CH_2-CH_2-O-CH_2-CH_2-CN$	A. P. 2723260 (1951) Monsanto Chem. Co., D. T. Mowry, and R. R. Morner.
Methacrylsäure-β-cyanäthylester	$-CH_2-CH_2-CN$	A. P. 2379297 (1945) DuPont, J. Harmon, and C. J. Mighton; Chem. Abstr. **39**, 5128 (1945).
Methacrylsäure-β-isocyanato-äthylester	$-CH_2-CH_2-N=C=O$	A. P. 2718516 (1952) Rohm & Haas Co., N. M. Bortnick; Chem. Abstr. **50**, 1371 (1956).
Methacrylsäure-β-ureidoäthylester	$-CH_2-CH_2-NH-CO-NH_2$	A. P. 2694695 (1953), DBP 955634, Rohm & Haas Co., N. M. Bortnick; Chem. Abstr. **53**, 4819 (1959) und **49**, 4335 (1955).
Methacrylsäure-β-dimethylamino-äthylester	$-CH_2-CH_2-N(CH_3)_2$	A. P. 2138763 (1938) DuPont, G. D. Graves; C. **1939** II, 2379; E. P. 475131 (1936) DuPont; C. **1938** I, 2963; A. P. 2940950 (1960) Rohm & Haas Co., S. Gusman.
Acrylsäurepyridylester	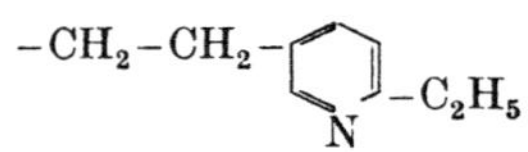	DAS 1180527 (1960) Union Carbide Corp., J. W. Lynn.
Methylsulfat des Methacrylsäure-β-trimethylammoniumäthylesters	$-CH_2-CH_2-N(CH_3)_3]^+[SO_4CH_3]^-$	DAS 1046307 (1954) DuPont, H. L. Jackson; DBP 1037407 (1955) Röhm & Haas G.m.b.H., T. Völker.

Tabelle 40 (Fortsetzung)

Ester	Formel für R	Literatur
Methacrylsäure-β-diäthylmethyl-ammoniumäthylestersulfat	$\left[-CH_2-CH_2-N(CH_3)(C_2H_5)_2\right]^+_2 SO_4^{--}$	DAS 1097685 (1956) DuPont, R. W. Upson und V. J. Webers.
Acrylsäurenitroalkylester	z. B. $-CH_2-C(CH_3)(NO_2)-CH_3$	Marvel, C. S. u. a.: Ind. eng. Chem. **47**, 344 (1955); Tanaka, A. u. a.: J. Appl. Polymer Sci. **8**, 1787 (1964).
Methacrylsäure-β-chloräthylester	$-CH_2-CH_2-Cl$	Blout, E. R., W. P. Hohenstein, and H. Mark: Monomers, Intersc. Publ. Inc., New York-London, 39, Section I (1949), Section II (1951).
Acrylsäure-3-chlorpropylester	$-CH_2-CH_2-CH_2-Cl$	Mast, W. C., and C. H. Fisher: Ind. eng. Chem. **40**, 107 (1948).
Acrylsäure-1,1-dihydro-perfluoralkylester	$-CH_2-(CF_2)_n-CF_3$	Codding, D. W. u. a.: J. Polymer Sci. **15**, 515 (1955).
Acrylsäure-1,1-dihydro-perfluorbutylester	$-CH_2-(CF_2)_2-CF_3$	Codding, D. W. u. a.: J. Polymer Sci. **15**, 515 (1955); Naunton, W. I. S.: Rubber J. **130**, 260 (1956).
(Meth)acrylsäureester von Perfluoralkoholen	$-CH_2-(CF_2)_n-CF_2H$	A. P. 2628958 (1950) DuPont, A. J. Bittle.
Acrylsäure-1,1-dihydroperfluorpropyl-3-perfluormethoxyester	$-CH_2-C_2F_4-O-CF_3$	Codding, D. W. u. a.: J. Polymer Sci. **15**, 515 (1955); Naunton, W. I. S.: Rubber J. **130**, 260 (1956).
Methacrylsäure-β-sulfoäthylester	$-CH_2-CH_2-SO_3H$	Belg. P. 566000 (1958) The Dow Chem. Co., W. J. LeFevre et D. P. Sheetz.

Tabelle 40 (Fortsetzung)

Methacrylsäure-β-diäthyl-phosphitoäthylester	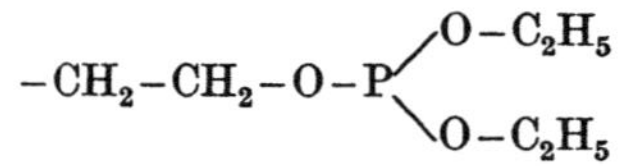	Belg. P. 573178 (1958) Rohm & Haas Co., C. A. LANE.
Methacrylsäure-β-diäthyl-phosphito-i-propylester	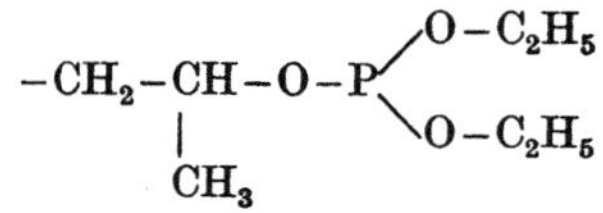	Belg. P. 573178 (1958) Rohm & Haas Co., C. A. LANE; A. P. 2934554 (1960) Rohm & Haas Co., C. A. LANE.
Methacrylsäure-2-diäthyl-phosphatoäthylester	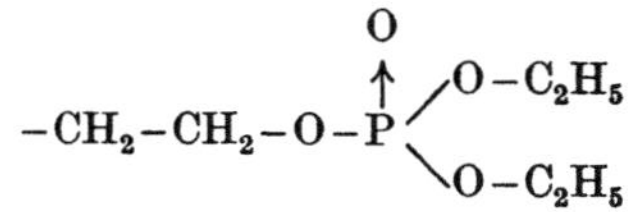	A. P. 2863851 (1958) Rohm & Haas Co., J. L. O'BRIEN.
Methacrylsäure-2-diäthyl-phosphato-i-propylester	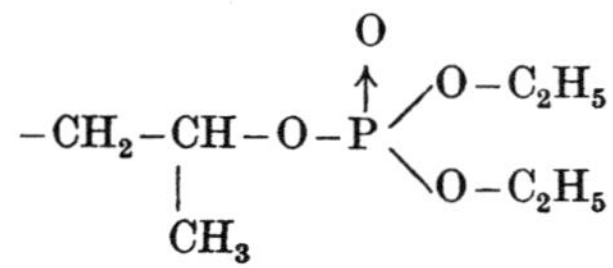	A. P. 2863851 (1958) Rohm & Haas Co., J. L. O'BRIEN.
Tri-n-butyl-zinn-methacrylsäureester	$—Sn(C_4H_9)_3$	MONTERMOSO, J. C., T. M. ANDREWS, and L.P. MARINELLI: J. Polymer Sci. **32**, 523 (1958).
Perfluoracrylsäureester	Gesamtformel 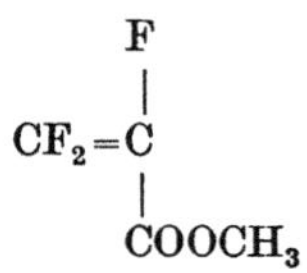	A. P. 2795601 (1956) Minnesota Mining Co., J. L. RENDALL, and W. H. PEARLSON.

Tabelle 40 (Fortsetzung)

Ester	Gesamtformel	Literatur
α-Difluormethylacrylsäureester	$CH_2=C(CHF_2)-COOCH_3$	A. P. 2472811 (1946) Eastman Kodak Co., J. B. Dickey.
α-Cyanacrylsäureester	$CH_2=C(CN)-COOR$	A. P. 2763585 (1954) Eastman Kodak Co., H. W. Coover, and N. H. Shearer; Chem. Abstr. **51**, 7060 (1957).
α-Chloracrylsäureester	$CH_2=C(Cl)-COOR$	F. P. 859536 (1940) Pittsburgh Plate Glass Co.; Marvel, C. S., J. Dec, and H. G. Cooke: Am. Soc. **62**, 3499 (1940).; A. P. 2683704 (1950), E. P. 696994, General Aniline & Film Corp., H. D. Anspon.

Tabelle 41. *Ester mit mehreren Doppelbindungen*

Ester	Formel	Literatur
Methylendimethacrylat	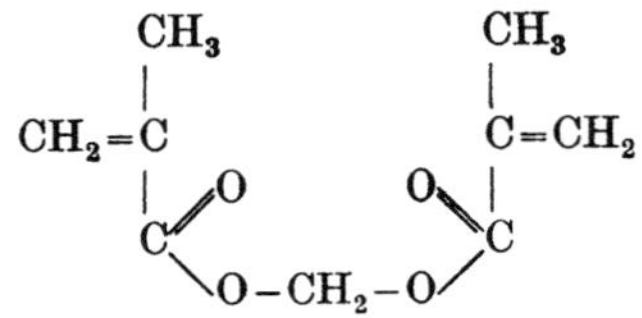	BAGGENSTOSS, A.: Diss. Univ. Fribourg/Schweiz (1947).
Äthylidendi(meth)acrylat	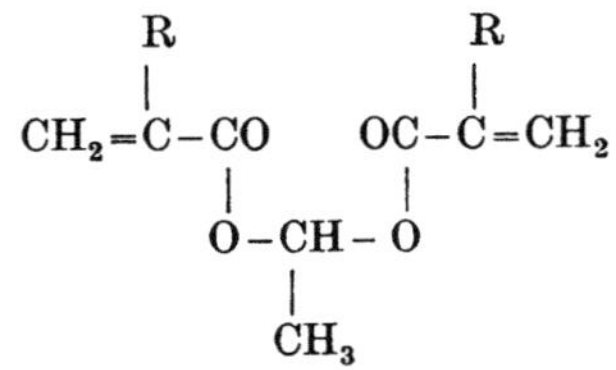	E. P. 535175 (1941) Norton Grinding Wheel Co. Ltd.; Chem. Abstr. **36**, 1413 (1942); BUECHE, F.: J. Appl. Polymer Sci. **1**, 240 (1959).
β,β,β-Trichloräthylidendimethacrylat	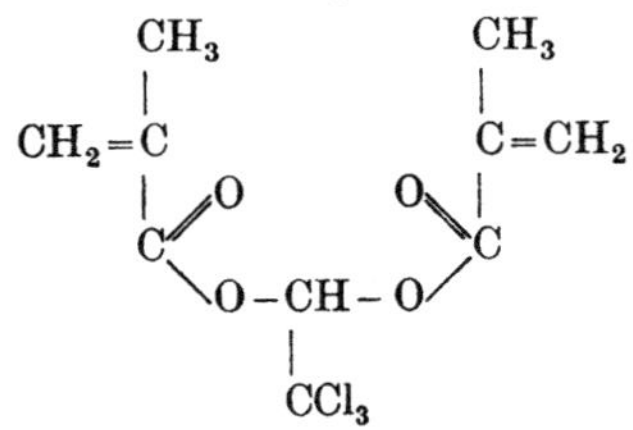	DBP 1104700 (1959) Röhm & Haas G.m.b.H., T. VÖLKER, G. SCHREYER und K. ROSS.
Glykoldimethacrylat	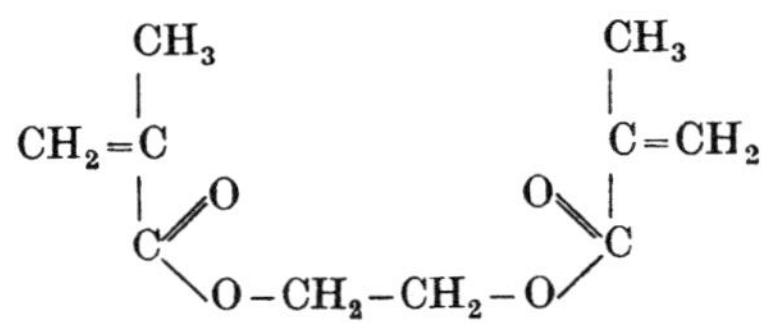	A. P. 2413973 (1942) DuPont, B. W. HOWK, and R. A. JACOBSON; C. **1947**, 1040; E. P. 784611 (1954) I.C.I., G. L. FOSTER, and P. F. NICKS; Chem. Abstr. **52**, 5035 (1958); ASO, C.: J. Polymer Sci. **39**, 475 (1959).

Tabelle 41 (Fortsetzung)

Ester	Formel	Literatur
N-[β-Trichlor-(hydroxyäthyl)]-methacrylamidmethacrylat	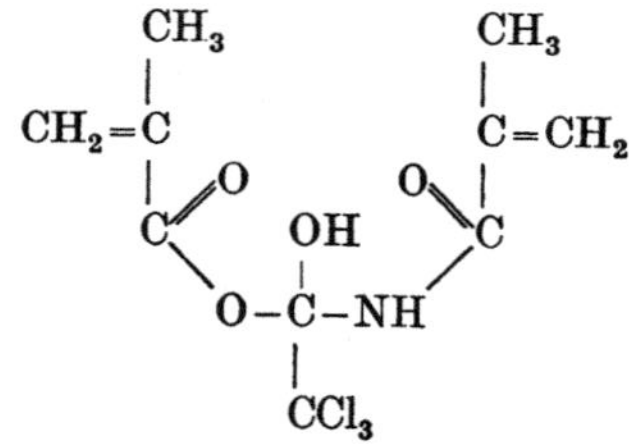	DAS 1123475 (1960) Röhm & Haas G.m.b.H., T. Völker und H. Rauch-Puntigam.
Dimethacrylsäureester des 1,3-Butylenglykols	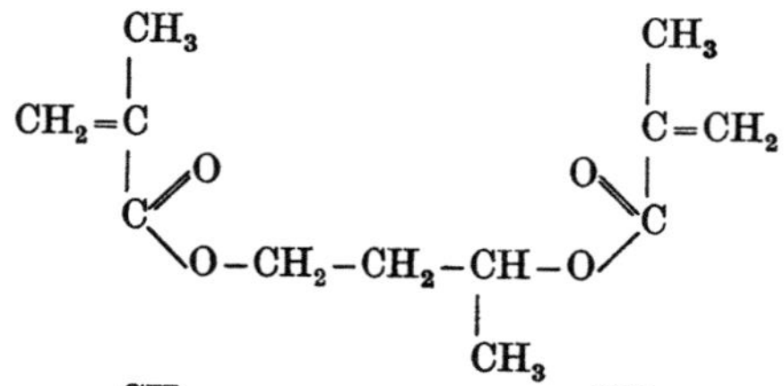	Baggenstoss, A.: Diss. Univ. Fribourg/Schweiz (1947); Plastic World **21**, 14 (1963).
Polyäthylenglykoldimethacrylsäureester	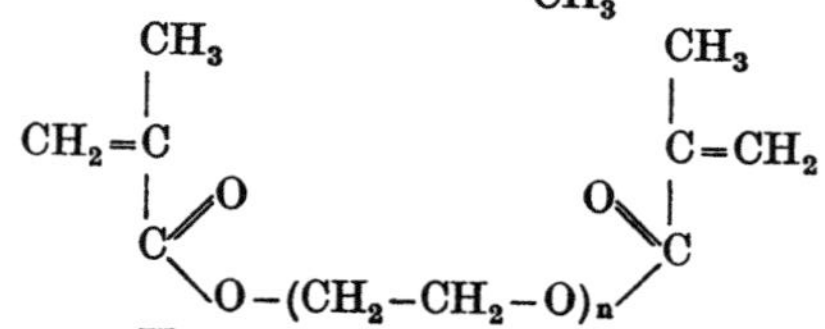	A. P. 2618621 (1949) Union Carbide & Carbon Corp., S. L. Burt; Chem. Abstr. **47**, 3034 (1953).
Acrylsäureallylester	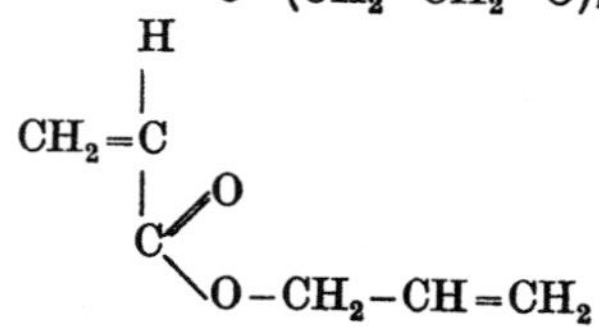	Bristow, G. M.: Trans. Faraday Soc. **54**, 1064 und 1239 (1958).

Tabelle 41 (Fortsetzung)

Ester	Formel	Literatur
Methacrylsäureallylester	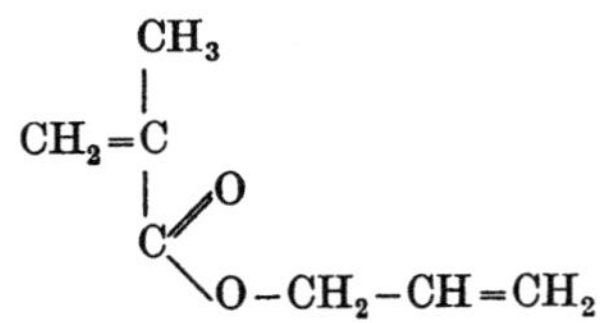	STARKWEATHER, H. W., A. ADICOFF, and F. R. EIRICH: Ind. eng. Chem. **47**, 302 (1955); BLOUT, E. R., and B. E. OSTBERG: J. Polymer Sci. **1**, 230 (1946).
β-Vinyloxyäthylmethacrylsäureester	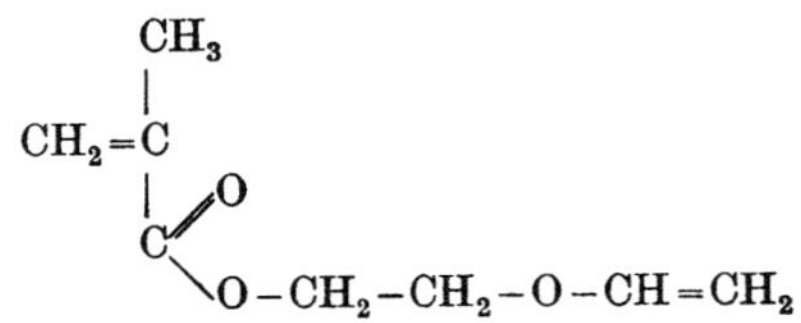	A. P. 2692256 (1951), DAS 1025146, Rohm & Haas Co., LAVERNE N. BAUER und H. T. NEHER; C. **1958**, 14495 und **1956**, 14509.
α-Chloracrylsäureallylester	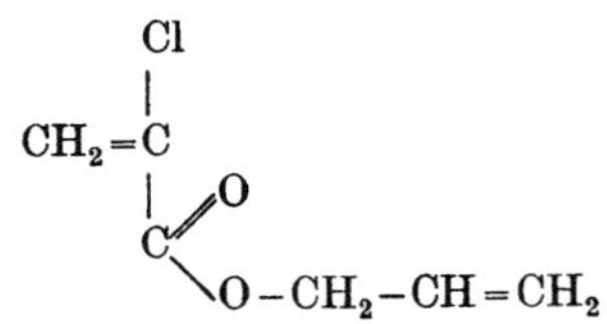	MOUREU, C., M. MURAT et L. TAMPIER: A. ch. **15**, 221 (1921); Chem. Abstr. **16**, 55 (1922).

Tabelle 41 (Fortsetzung)

Ester	Formel	Literatur
N,N'-Bis-(β-methacryloyloxyäthyl)-p-xylylendiurethan	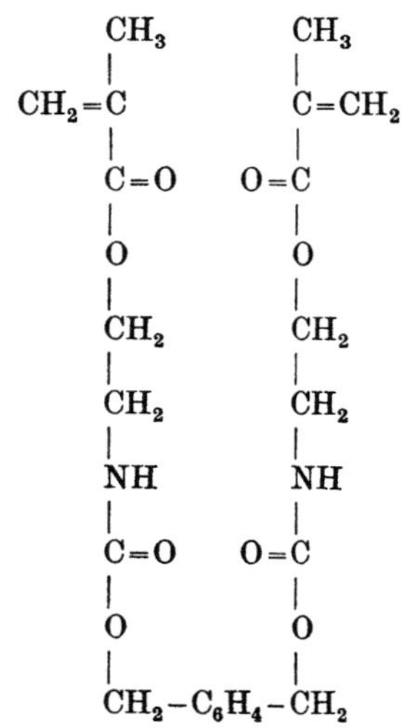	MINNEMA, L., and A. J. STAVERMAN: J. Polymer Sci. **29**, 281 (1958).
Methacroleinacetal-dimethacrylsäureester	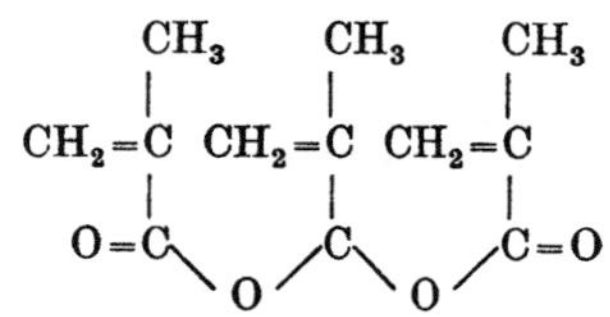	DBP 1125177 (1960) Röhm & Haas G.m.b.H., L. HOSCH, K. ROSS und T. VÖLKER.

mehrfach beschriebene Polymerisation des Methacroleins zu löslichen Homo- und Copolymerisaten hingewiesen[461].

[461] SCHULZ, H., und H. WAGNER: Ang. Ch. 62, 110 (1950); SCHULZ, R. C., H. CHERDRON und W. KERN: Houben-Weyl-Müller XIV/1, 1088 (1961); F. P. 1131993 (1955), DAS 1024714 (1958) General Tire & Rubber Co., E. E. GRUBER und E. F. KALAFUS; F. P. 1100649 (1954) Degussa; A. P. 2416536 (1942) Rohm & Haas Co., H. T. NEHER, and C. F. WOODWARD; A. P. 2651624 (1949) General Tire & Rubber Co., G. H. SWART.

3.6 Reaktionen an Polymeren

Die Acrylpolymerisate können entweder durch Reaktion der seitenständigen funktionellen Gruppen oder durch Abbau bzw. Verlängerung der Hauptvalenzketten verändert werden. Über die Möglichkeiten, die Hauptvalenzketten durch seitenständige Ketten zu verzweigen, wurde bereits im Kapitel 3.3.5 referiert. — Eine lineare Kettenverlängerung unter Erhalt des chemischen Charakters des Homopolymerisates spielt im Gegensatz zu einigen Kondensationspolymeren im Rahmen der Polymerenchemie der Acryl- und Methacrylverbindungen keine Rolle, wodurch sich eine Besprechung erübrigt. Eine gewisse Bedeutung könnten die sog. Blockpolymeren erhalten, die im Kapitel 3.3.4 (über weitere Darstellungsmöglichkeiten vgl. auch letzten Absatz im Kapitel 3.6.6) schon besprochen wurden. Im vorliegenden Kapitel werden die „typischen" Reaktionen der Polymeren, ihr Abbau (3.6.6), vor allem aber die Umsetzungen der verschiedenen funktionellen Gruppen (3.6.1 bis 3.6.5) behandelt.

Es kann vorausgeschickt werden, daß die meisten Umsetzungen der funktionellen Seitengruppen prinzipiell nach gleichen Reaktionsschemata verlaufen, wie bei entsprechenden niedermolekularen Verbindungen. In vielen Fällen werden jedoch diese Reaktionen durch *spezifische makromolekulare Effekte* beeinflußt. Zu solchen gehören z. B. die Gestalt der Makromoleküle in Lösung bzw. in Gelen (= Verknäuelungsgrad), mitunter der reaktionslenkende Einfluß der benachbarten Gruppen (= Nachbargruppeneffekt) sowie der Einfluß der Taktizität und Konformation der Hauptvalenzketten (einige Beispiele hierzu vgl 3.3.6). Darüberhinaus werden die polymeranalogen Umsetzungen der funktionellen Gruppen in den Polymethacrylverbindungen aus sterischen Gründen erschwert (funktionelle Gruppe an quaternären C-Atomen) und in den Polyacrylverbindungen infolge der α-ständigen H-Atome oft durch Nebenreaktionen beeinflußt ablaufen. Sind an einer polymeranalogen Umsetzung zwei benachbarte Gruppen beteiligt (z. B. bei Ringschlußreaktionen), so kann auch bei Homopolymerisaten a priori aus statistischen Gründen kein vollständiger Umsatz erwartet, sondern maximal ein solcher von nur 86 Mol.% erreicht werden[1]. Bei höheren Umsatzraten kann gefolgert werden, daß die Reaktion nicht an beliebigen, statistisch verteilten Stellen gleichzeitig abläuft, sondern von bestimmten Stellen aus (z. B. den Endgruppen) gestartet wird, oder auch, daß die umgesetzten und nicht umgesetzten Gruppen reversibel ineinander überführbar sind, wobei durch die angewandten Reaktionsbedingungen die Gleichgewichtslage extrem in die gewünschte Richtung verlagert wurde.

3.6.1 Polymeranaloge Reaktionen an den Carboxyl-, Säurechlorid- und Anhydridgruppen

A. Salzbildung

Die Löslichkeit der Polyacrylsäure und Polymethacrylsäure in Wasser hängt außer vom Verzweigungs- und Vernetzungsgrad und dem Molekulargewicht schließlich auch von den Endgruppen ab[2]. Die linear gebauten Homopolymerisate sind in jedem Falle in Form ihrer Alkali- und Ammoniumsalze wasserlöslich. Die Wasserlöslichkeit der entsprechenden Mischpolymerisatsalze hängt von wohldefinierten Mindestgehalten an Acryl- bzw. Methacrylsäure ab (vgl. 3.5.1).

Die Darstellung der Salze erfolgt nach dem bekannten Schema einer Neutralisationsreaktion, am einfachsten durch Umsetzung der Reaktionspartner in wäßriger Lösung. Bei Umsetzung wasserunlöslicher Copolymerisate zu wasserlöslichen Salzen dauert die Reaktion naturgemäß länger und kann durch gelindes Erwärmen, Rühren und Zusätze von Lösungsvermittlern (z. B. Alkohol oder Aceton) beschleunigt werden. Auch nach vollzogener Lösung beobachtet man mitunter einen weiteren pH-Abfall (Basenverbrauch) in der Reaktionsmischung, bis sämtliche Carboxylgruppen neutralisiert sind. Feste Polymerisate der Methacrylsäure können auch topochemisch direkt in wasserlösliche feste Salze übergeführt werden, wenn in Gegenwart sehr geringer Wassermengen neutralisiert wird und die freiwerdende Neutralisationswärme zum Verdampfen des Wasser benutzt wird[3].

Außer den linear gebauten Polymerisaten der Acryl- und Methacrylsäure sind auch die vernetzten Produkte in die entsprechenden Salze überführbar. An Stelle einer Auflösung beobachtet man hierbei eine Volumenzunahme durch Quellung. Der Quellungsgrad ist abhängig vom Gehalt an Carboxylgruppen, dem Vernetzungsgrad und dem Kation. Insbesondere Alkalilaugen verursachen eine erhöhte Quellung.

Sowohl die löslichen (linearen) als auch die unlöslichen (vernetzten) Polymerisatsalze können in wäßriger Lösung bzw. Aufschlämmung durch

---

[1] Flory, P. J.: Am. Soc. **61**, 1518 (1939) und **64**, 177 (1942).
[2] Völker, T.: Öst. Chemiker-Ztg. **62**, 347 (1961).
[3] DBP 1158713 (1961) Röhm & Haas G.m.b.H., T. Völker und H. Knöll.

überschüssige andere Basen bzw. Salze in die entsprechenden Polymerisatsalze übergeführt werden. Die genannten Vorgänge spielen insbesondere bei den Austauscherharzen für die Wasserenthärtung eine bedeutende Rolle.

Die Quellung und Entquellung von Austauscherharzen bei Salzbildung und Entionisierung sind makroskopisch sichtbare Vorgänge, die in den wäßrigen Lösungen der entsprechenden linear gebauten Produkte als optisch unsichtbare Verknäuelungs- und Entknäuelungsprozesse ablaufen. In den Lösungen können diese Vorgänge durch Messung der Viskosität verfolgt werden.

Zu den üblichen Faktoren, die die Viskosität der Lösungen von Makromolekülen beeinflussen, wie Molekulargewicht, Struktur der Polymerenkette, Solvatation und Temperatur, kommt bei den Polyelektrolyten als weiterer Faktor noch deren Dissoziationsgrad hinzu.

Maximale Viskositäten sind also bei Polyelektrolytlösungen bei vollständiger Dissoziation (z. B. durch Salzbildung der Carboxylgruppen und möglichst geringe Polymerisatkonzentration) zu erwarten; darüber hinaus hängt der *Knäuelungsgrad* (Verknäuelung = niedere Viskosität; Entknäuelung = hohe Viskosität) von dem Gehalt an entgegengesetzt geladenen Elektrolyten (z. B. Neutralsalzen) ab. Unsere heute geltenden Vorstellungen über das Verhalten von Polyelektrolyten in wäßriger Lösung verdanken wir den Arbeitskreisen um J. W. BREITENBACH[4], R. M. FUOSS[5] und insbesondere um W. KUHN[6]. Sie wurden durch W. KUHN durch die synthetische Darstellung eines pH-Muskel-Modells (auf Basis einer Folie, die aus querverklebten Lagen aus schwach vernetzter Polyacrylsäure und vernetztem Polyvinylalkohol bestand) in einer „Vorrichtung“ verwirklicht, die unmittelbar chemische Energie in mechanische Leistung (teilweise auch umgekehrt!) zu verwandeln vermag.

B. Veresterungen

Die Darstellung einfacher Ester der Polyacryl- und -methacrylsäure erfolgt in der Technik aus naheliegenden Gründen nicht durch polymeranaloge Veresterung der freien polymeren Säuren, sondern durch direkte Polymerisation der gewünschten monomeren Ester. Im Rahmen theoretischer Arbeiten ist es — insbesondere zur Feststellung der Molekulargewichte[7] nach viskosimetrischen Methoden — mitunter angebracht, die Polysäuren durch Veresterung in Makromoleküle mit exakt bekannten Viskositätszahl$[\eta]$-Molekulargewichtsbeziehungen zu überführen. Im Falle der Veresterung der Säuren zu den Methylestern erfolgt dies am besten durch Umsetzung der freien Säuren mit *Diazomethan*[8], wobei aus

---

[4] BREITENBACH, J. W., und H. KARLINGER: M. **80**, 312 (1949).

[5] FUOSS, R. M.: Discuss. Faraday Soc. **11**, 125 (1925); J. Polymer Sci. **3**, 603 (1948), **4**, 97 (1949) und **6**, 511 (1951).

[6] KUHN, W. u. a.: Koll. Z. **68**, 2 (1934), **76**, 258 (1936) und **101**, 248 (1942); Helv. **31**, 1994 (1948); J. Polymer Sci. **5**, 283 (1950), **7**, 344 und 393 (1951); R. **68**, 699 und 879 (1949).

[7] SCHULZ, G. V. und F. BLASCHKE: J. pr. N. F. **158**, 130 (1941).

[8] KATCHALSKY, A., and H. EISENBERG: J. Polymer Sci. **6**, 145 (1951).

der Literatur über diese Reaktion bekannt ist, daß die Polymerisationsgrade dabei nicht verändert werden[8].

Weniger glatt und elegant verläuft die Veresterung durch Umsetzung der Alkalisalze mit *Dialkylsulfaten*. In jedem Falle empfiehlt es sich, insbesondere bei Anwendung von in der Literatur noch nicht als einwandfrei bestätigten Methoden, nach der Veresterung und Messung nochmals zu verseifen und zu verestern, um eine der möglichen Abbaureaktionen (vgl. 3.6.6) mit Sicherheit ausschließen zu können. Im Rahmen solcher Arbeiten muß natürlich auch geprüft werden, ob die durchgeführte polymeranaloge Veresterungsreaktion vollständig verlaufen ist, was durch Ermittlung der Säurezahlen oder noch besser über Alkoxyl-Bestimmungen und vergleichende spektrophotometrische Untersuchungen erfolgen kann.

Mehr von praktischem Interesse ist die Reaktion von carboxylgruppenhaltigen Polymeren mit *Epoxyverbindungen*, die primär zu den entsprechenden β-Alkoxyverbindungen führt. Bei Verwendung von Diepoxyverbindungen erhält man nach analogem Reaktionsschema vernetzte Produkte[9,10].

Um Acrylharze mit Harnstoff- oder Melaminharzen vernetzen zu können, läßt man vorher die carboxylgruppenhaltigen Polyacrylverbindungen mit Monoepoxyden, im einfachsten Fall mit Äthylenoxyd[11] reagieren, um auf diese Weise Oxygruppen einzuführen. Diese sind dann unter dem katalytischen Einfluß von Säuren imstande, mit den aktiven Gruppen der Aminoharze in Reaktion zu treten[11,12].

Eine direkte Umsetzung von carboxylgruppenhaltigen Copolymeren mit Melaminharzen unter Vernetzung läßt sich gleichfalls durchführen[13].

Intramolekulare Veresterungsreaktionen sind ebenfalls möglich — enthält das Makromolekül z. B. außer Carboxyl- auch Hydroxylgruppen (in 1,3- bzw. in 1,4-Stellung zueinander), so reagieren diese in Gegenwart von Schwefelsäure zu Lactongruppen[14]. Zu polymeren Lactonen führt

---

[9] Murdock, J. D., and G. H. Segall: Paint Manufact. **31**, 13 (1961).

[10] E. P. 809658 (1956) I.C.I., W. Abbotson, D. H. Coffey, F. K. Duxburg, and R. Hurd; Chem. Abstr. **54**, 20338 (1960); Murdock, J. D., and G. H. Segall: Official Digest **33**, 709 (1961); Applegath, D. D.: Ind. eng. Chem. **53**, 463 (1961); A. P. 2866767 (1955) DuPont, J. C. Fang; C. **1960**, 16606.

[11] Petropoulos, J. C., C. Frazier, and L. E. Cadwell: Official Digest **33**, 723 (1961); A.P. 2607761 (1948) Ind. Res. Inst. of the University of Chattanooga, R. B. Seymour; C. **1954**, 4276.

[12] Petropoulos, J. C., C. Frazier, and L. E. Cadwell: Paint Manufact. **31**, 14 (1961); Petropoulos, J. C., C. Frazier, and L. E. Cadwell: Ind. eng. Chem. **53**, 466 (1961).

[13] Saxon, R., and J. H. Daniel jr.: J. Polymer Sci. 8, 325 (1964).

[14] Minsk, L. M., and W. O. Kenyon: Am. Soc. **72**, 2650 (1950).

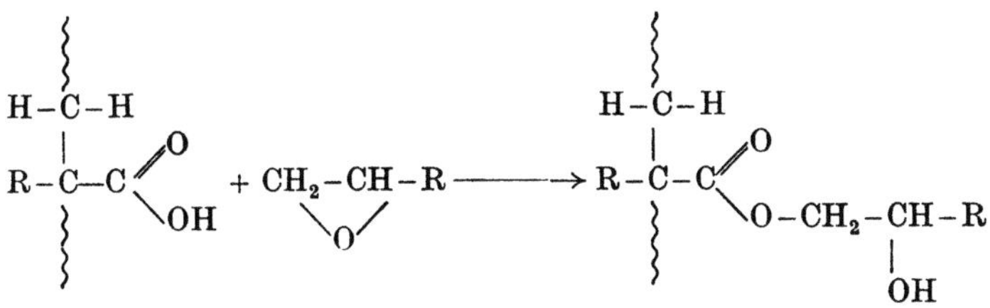

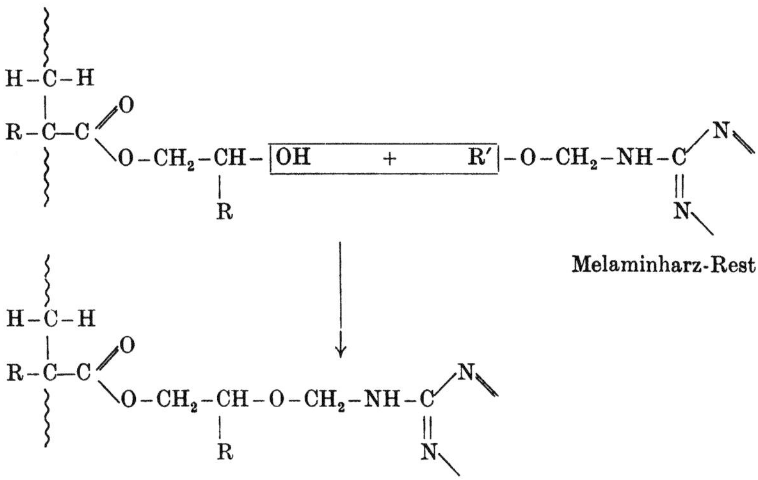

auch die unter CO_2- und H_2-Abspaltung verlaufende Elektrolyse von Polymethacrylsäure[15] und die HCl-Abspaltung aus Poly-α-chloracrylsäure:

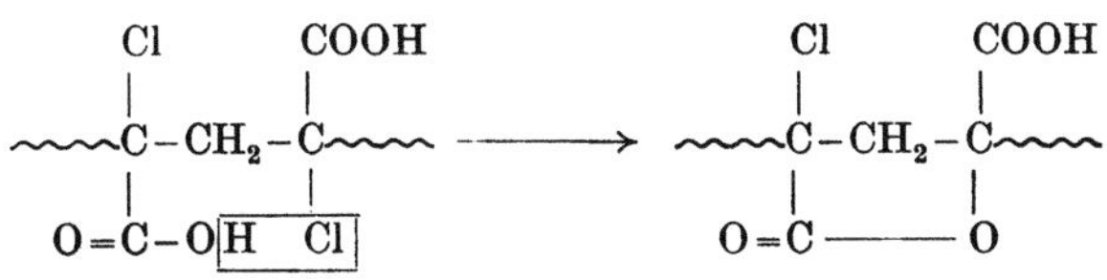

C. Reaktionen mit Stickstoffwasserstoffsäure[16]

Polyacrylsäure wird in Schwefelsäure mit Stickstoffwasserstoffsäure umgesetzt und die Base gegebenenfalls mit Alkali in Freiheit gesetzt. Man erhält nach dem bekannten Schema des Carbonsäureabbaues nach SCHMIDT[17] *Polyvinylamin* bzw. dessen Sulfat.

D. Reaktionen mit Ammoniak und Aminen

Polyacrylsäure und Polymethacrylsäure werden durch wäßrige Ammoniak- bzw. Aminlösungen bei tiefen Temperaturen lediglich in die

[15] SMETS, G.: Makromolekulares Kolloquium der ETH Zürich (1964).

[16] DBP 1153528 (1959) H. RATH und E. HILSCHER, Erf.: E. HILSCHER.

[17] SCHMIDT, K. F.: B. **57**, 704 (1924); Ang. Ch. **36**, 511 (1923); CURTIUS, T.: B. **23**, 3023 (1890); FRANZEN, V., und H. KRAUCH: Ch. Z. **79**, 738 (1955).

entsprechenden Salze übergeführt. Diese Neutralisationsreaktion kann auch an den Festprodukten direkt erfolgen, wenn die gasförmigen Basen über fein verteilte Polymerisatpartikelchen geleitet werden.

Bei höheren Temperaturen (etwa 220°) erhält man aus den Lösungen der Polymethacrylsäure und den genannten Stickstoffbasen direkt wasserunlösliche Produkte, welche die Konstitution der entsprechenden *Poly-di-methacrylsäureimide* aufweisen[18]:

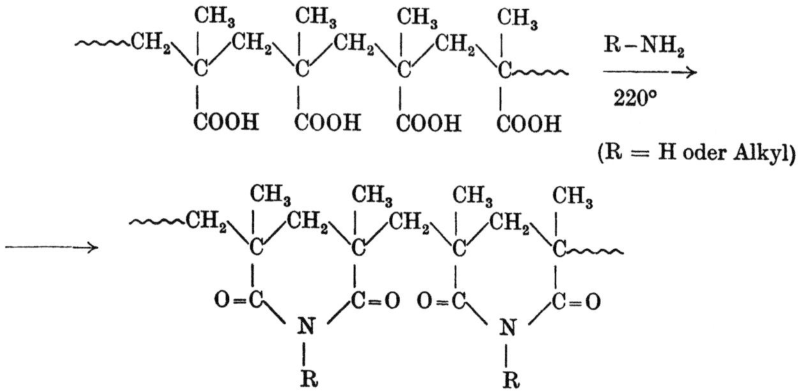

Zu ähnlichen Endprodukten gelangt man beim Erhitzen von Copolymerisaten aus Methacrylsäure und Methacrylsäureamid durch intramolekulare Wasserabspaltung[19].

E. Die polymeranalogen Reaktionen der Carbonsäurechloride und -anhydride

Die genannten Verbindungen lassen sich grundsätzlich analog den entsprechenden niedermolekularen Substanzen umsetzen. Zu ihrer *Darstellung* bedient man sich entweder der Polymerisation der entsprechenden Monomeren (zu der Polymerisation der Anhydride vgl. die Cyclopolymerisation gem. 3.3.3) oder der polymeranalogen Umsetzungen der polymeren Carbonsäuren. So stellt man z. B. die Polyanhydride durch Umanhydratisierung mit Essigsäureanhydrid[20] oder durch thermische Abspaltung von Essigsäure aus polymeren Acrylsäure-essigsäure-mischanhydriden[21] dar.

---

[18] BAUMANN, U., H. SCHREIBER, G. SCHRÖDER und K. TESSMAR: Ang. Ch. **72**, 274 (1960) — Vortragsbericht.

[19] CRAUWELS, K., et G. SMETS: Bull. Soc. chim. belges **59**, 182 (1950); DBP 1023014 (1957), E. P. 846515, Österr. P. 202579, Röhm & Haas G.m.b.H., H. RAUCH-PUNTIGAM, K. TESSMAR und T. VÖLKER.

[20] DBP 1079836 (Am. Prior. 1955) B. F. Goodrich Co., J. F. JONES.

[21] DBP 1086892 (Am. Prior. 1955) B. F. Goodrich Co., W. L. SEMON, and J. F. JONES.

Einen ganzen Cyclus polymeranaloger Reaktionen, ausgehend von *Polyacrylsäurechlorid* haben M. VRANCKEN und G. SMETS[22] beschrieben. Das polymere Säurechlorid wurde partiell in das polymere Azid übergeführt und die Azidgruppen einem Abbau zu Isocyanatgruppen (I) unterworfen. In weiterer Folge cyclisierten die benachbarten Säurechlorid- und Isocyanatgruppen intramolekular zu (II) und ergaben nach Hydrolyse und HCl-Abspaltung ein Polymerisat mit LEUCHS'schen Anhydridgruppen (III), das nach Decarboxylierung zu einem Polymerisat mit Lactambausteinen (IV) führte. Die Cyclisierungsreaktionen seien durch das folgende Reaktionsschema veranschaulicht:

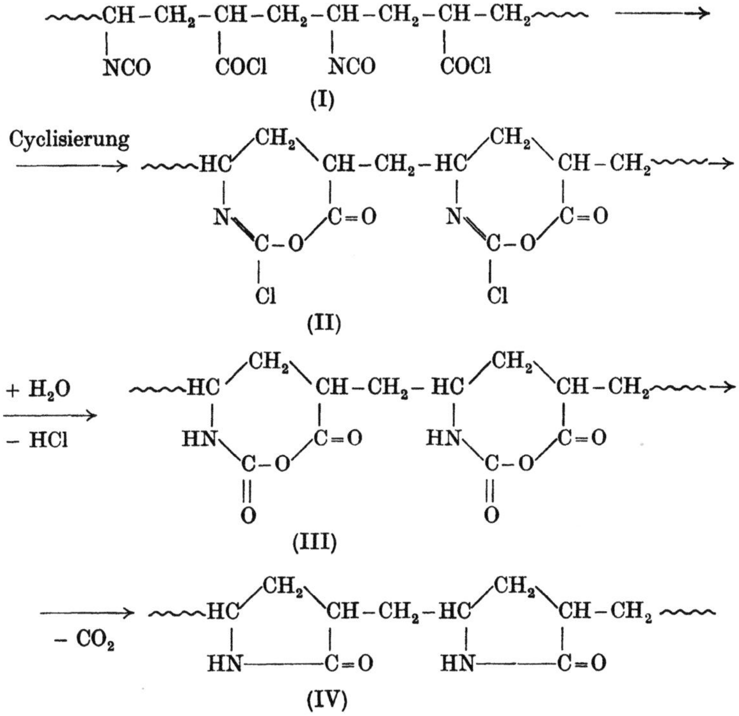

Im Vergleich zum polymeren Chlorid sind die entsprechenden *polymeren Anhydride* weniger reaktionsfähig. Das Polymethacrylsäureanhydrid hydrolysiert in siedendem Wasser nicht (ist eventuell sogar als Kunststoff mit hohem Erweichungspunkt — Vicatwert bei 150° — brauchbar) und wird erst nach Zusatz besonderer Lösevermittler (Dioxan) in die polymere Säure übergeführt[23]. Die polymeren Anhydride sind deshalb besonders interessant, weil die Umsetzungen mit verschiedenen

[22] VRANCKEN, M., and G. SMETS: J. Polymer Sci. **14**, 521 (1954).

[23] HWA, J. C. H., W. A. FLEMING, and L. MILLER: J. Polymer Sci. A **2**, 2385 (1964).

Reagentien — mit Ausnahme von Wasser — jeweils alternierende Copolymerisate der entsprechenden Säure und der Folgeverbindung ergeben. So erhält man bei Reaktion von Polymethacrylsäureanhydrid mit Ammoniak in wäßriger oder benzolischer Lösung[23,24] ein streng alternierend aufgebautes Copolymerisat aus Methacrylsäure und Methacrylsäureamid und nach dem HOFMANNschen Abbau schließlich einen exakt alternierend aufgebauten Polyampholyten[24].

Auf analoge Weise können die polymeren Säureanhydride auch mit Alkoholen partiell verestert werden[25]. Besonders interessante Einblicke in makromolekulare Strukturprobleme erhält man bei der Darstellung und Umsetzung von stereospezifischen Polymeren des Acrylsäure-Methacrylsäure-Mischanhydrids[23].

3.6.2 Polymeranaloge Reaktionen an den Nitrilgruppen

A. Alkalische Verseifung und Hydrolyse

1. Alkalische Verseifung

Als Agentien kommen neben Alkalihydroxyden[26] auch starke organische Basen[27] oder Ammoniak[28] in Frage; als Reaktionsmedium dient meist Wasser. Die Endprodukte enthalten im wesentlichen Carboxylgruppen neben geringen Mengen Amidgruppen und eventuell noch unverseifte Nitrilbausteine. Besonders beim Polymethacrylnitril, das gegen Verseifung wesentlich beständiger ist[29], finden sich auch nach längerer Reaktionsdauer noch gewisse Mengen an Nitrilgruppen[26].

Die Verseifung von Polyacrylnitril bildet eine sinnvolle Verwertung der entsprechenden Faserabfälle und führt zu wäßrigen Polyelektrolytlösungen, die als Flockungs-, Dispergier- und Bodenverbesserungsmittel (vgl. 3.5.1) dienen können.

2. Hydrolyse

Wie monomeres Acrylnitril[30] lassen sich auch dessen Polymerisate mit konzentrierter Schwefelsäure hydrolisieren. Die Endprodukte bestehen in der Hauptsache aus Acrylamideinheiten[31]. Je nach den Versuchsbedingungen bilden sich in wechselnden Mengen auch Acryloylimid-

---

[24] A. P. 2967175 (1958) B. F. Goodrich Co., R. M. SUMMERS.

[25] A. P. 2958674 (1958) B. F. Goodrich Co., L. F. ARNOLD.

[26] DRP 580351 (1929) I.G., H. MARK und H. FIKENTSCHER; KERN, W., und H. FERNOW: J. pr. (2) **160**, 281 (1942).

[27] DBP 915329 (1950) Bayer, H. KLEINER und W. LEHMANN; C. **1958**, 1148; DAS 1052685 (1956) BASF, F. EBEL und E. MEYER; C. **1960**, 16956.

[28] Ital. P. 386922 (1940) I.G.

[29] STÜBCHEN, H., und J. SCHURZ: M. **89**, 234 (1958).

[30] DBP 966955 (1942) Cassella, W. ZERWECK und R. MÜLLER; C. **1958**, 7894.

[31] STREPICHEJEW, A. A., G. I. KUDRJAWZEW und J. A. SSOKOLOWA-WASSILJEWA: Faserforsch. u. Textiltechn. **11**, 359 (1960).

bausteine. Mit verdünnter Schwefelsäure läuft die Reaktion bis zur Polyacrylsäure.

In Wasser (180 bis 220°) hydrolisieren Acrylnitril-Copolymerisate zu amid- und carboxylatgruppenhaltigen Produkten. Diese sind in Wasser löslich oder zumindest quellbar[32].

B. Reduktion

Ein technisches Verfahren zur Überführung von Poly(meth)acrylnitril in Poly(meth)allylamin ist nicht bekannt; es wurden Versuche über die katalytische Hydrierung mit Raney-Nickel[33] bzw. mit Lithiumaluminiumhydrid[34] beschrieben.

C. Cyclisierung

Polyacrylnitril färbt sich beim Erhitzen auf 80 bis 160° zunächst gelb, dann braun und schließlich dunkelbraun bis schwarz[35]. Chemisch beruht dieser Vorgang auf einer Cyclisierung der freien Nitrilgruppen[36], der, zum Teil intermolekular ablaufend, auch zu Vernetzungen führen kann[37]. Es entstehen teilweise reduzierte Pyridin- und Naphthyridinringe. Im Prinzip ähnlich verläuft diese Reaktion (die durch Comonomere mit Carbonsäure- bzw. Carboxylgruppen oder durch Anwesenheit von Carbonsäuren beschleunigt wird) beim Polymethacrylnitril[38]. Die Bildung von —N=C-Gruppierungen wurde spektrometrisch nachgewiesen[38] und die Produkte auf Grund ihrer Bindung von Edelmetallsalzen als selektiv wirkende Austauscher untersucht[39]. Die Cyclisierung der Nitrilgruppen zu gleichen Produkten wie bei der thermischen Behandlung erfolgt auch nach ionischen Mechanismen in den Polymerisatlösungen[40].

Beim Erhitzen von Polyacrylnitril in Gegenwart von Sauerstoff bzw. bei geeigneter Oxydation der cyclisierten Produkte erfolgt eine Dehydrierung zu thermisch sehr stabilen (praktisch nur aus C und N bestehenden) Produkten mit aromatischem Charakter. Sie besitzen die Struktur von

[32] F. P. 1333027 (1962), E. P. 948607, Bayer, H. Kleiner.

[33] A. P. 2456428 (1944) Shell Dev. Co., J. H. Parker; Chem. Abstr. **43**, 2468 (1949).

[34] Cohen, H. L., and L. M. Minsk: J. org. Chem. **24**, 1404 (1959).

[35] LaCombe, E. M.: J. Polymer Sci. **24**, 152 (1957).

[36] Wurlant, W. J., and J. L. Parsons: J. Polymer Sci. **22**, 249 (1956); Houtz, R. C.: Textile Res. J. **20**, 796 (1950); Grassie, N., J. N. Hay, and I. C. McNeill: J. Polymer Sci. **31**, 205 (1958) und **30**, 37 (1958).

[37] Schurz, J., und H. Stübchen: Z. El. Ch. **61**, 754 (1957); Schurz, J.: J. Polymer Sci. **28**, 438 (1958).

[38] Grassie, N., and J. C. McNeill: J. Polymer Sci. **27**, 207 (1958).

[39] DBP 1020320 (1956) Röhm & Haas G.m.b.H., T. Völker und H. Zima; Völker, T.: Ang. Ch. **72**, 379 (1960).

[40] McCartney: Mod. Plastics **7**, 118 (1953).

Doppelketten-Polymeren und werden häufig als „Leiterpolymere" bildhaft bezeichnet. Eine Vorstellung über diese besondere Art einer polymeranalogen „Umlagerung" vermittelt das folgende Formelschema:

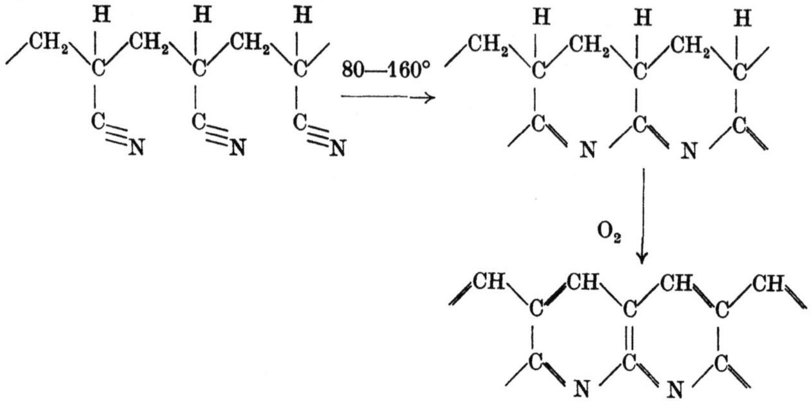

Das Dehydrierungsprodukt aus cyclisiertem Polyacrylnitril interessiert technisch einmal im Hinblick auf dessen mögliche Verwendung als Halbleiter[41] und zum anderem vor allem als feuerfeste Faser. Nach W. G. Vosburgh[42] erhitzt man hierzu Orlon ®-Fasern oder -Gewebe auf über 160° in Gegenwart von 15 bis 20% O_2. Je nach Erhitzungszeit, Temperatur, Gewebestruktur und Reaktionsatmosphäre erhält man eine Faser (Faser AF), die feuerfest ist und einer um 100mal stärkeren Wärmestrahlung widersteht als gewöhnliche Textilfasern. Die technischen Daten dieser interessanten Faser sind in der Literatur vielfach beschrieben[42].

D. Umsetzung mit Hydroxylamin

Mit freiem Hydroxylamin reagiert Polyacrylnitril in (Dimethylformamid)-Lösung zum *Polyacrylamidoxim*[43].

Das Reaktionsprodukt bleibt in Dimethylformamid gelöst und kann mit Methanol gefällt werden. Nach der Fällung und Trocknung ist es in Dimethylformamid unlöslich, aber löslich in verdünnter Salzsäure bzw. Natronlauge[44], verhält sich also wie ein Polyampholyt.

Auf Grund des Oximcharakters bildet Polyacrylamidoxim mit einer Reihe von Schwermetallsalzen intensiv gefärbte unlösliche Verbindungen[45]. Bei der Verseifung sollen sich außer Carboxyl- und Carbonamid- auch Hydroxamgruppen bilden[46].

[41] Topchiyew, A. V., and M. A. Geyderikh: Chem. and Ind. **1960**, 184.
[42] Vosburgh, W. G.: Textile Res. J. **30**, 882 (1960); Wallenberger, F. T.: Ang. Ch. **76**, 484 (1964).
[43] Schouteden, F. L.: Makromolekulare Chem. **24**, 25 (1957) und **27**, 246 (1958).
[44] E. P. 786960 (1954) Gevaert Photo-Producten N. V.
[45] DBP 1069130 (1958) Röhm & Haas G.m.b.H., T. Völker.
[46] Belg. P. 560782 (1957) Gevaert Photo-Producten N. V.

3.6.3 Polymeranaloge Reaktionen an den Carbonamidgruppen

A. Alkalische Verseifung und Hydrolyse

Bei der alkalischen Verseifung[47] von *Polyacrylamid* erreicht man maximal 70%igen Umsatz. Versucht man durch energischere Versuchsbedingungen eine vollständige Umsetzung herbeizuführen, so erfolgt Abbau der Makromoleküle[48].

Bei Zimmertemperatur ist Polyacrylamid gegen geringe Mengen Basen oder Säuren bemerkenswert widerstandsfähig[49]. Mit steigender Alkalimenge steigt die Verseifungsgeschwindigkeit. Um annähernd bis zu 70% zu verseifen, werden beispielsweise zwei Teile Polyacrylamid mit 18 Teilen Wasser und 1,9 Teilen Natriumhydroxyd zwei Stunden bei 90° unter Rühren umgesetzt[48].

Eine weitergehende Verseifung ist deshalb nicht möglich, weil die entstandenen Carboxylgruppen einen Angriff der gleichsinnig geladenen Hydroxylgruppen verhindern.

N-Alkylsubstituierte Polyacrylamide sind gegen Verseifung noch widerstandsfähiger[50].

Verseift man mit unterschüssigen Mengen an Natriumhydroxyd[47,51], so kann man z. B. Produkte mit 0,5 bis 5,0 Mol.-% Carboxylgruppen erhalten, die als Salze erhöhte Wasserlöslichkeit zeigen[52].

Das Verhalten von *Polymethacrylamid* gegen Alkalien ist prinzipiell gleich. Auch hier läßt sich keine vollständige Verseifung erreichen[53], wobei ähnliche Gründe wie beim Polyacrylamid maßgeblich sind; (über den Einfluß von Protonenbrücken und den der Kettensteifheit vgl. [54]).

Bei der Hydrolyse in essigsaurer Lösung von Polyacrylamid[55] ist die Anfangsreaktionsgeschwindigkeit gering und der Essigsäurekonzentration proportional. Nach 3 bis 5% Umsatz beschleunigt sich die Reaktion von selbst, was auf eine Wechselwirkung der Amid- mit benachbarten, undissoziierten Carboxylgruppen zurückzuführen ist. Dabei müssen sich beide Gruppen außerdem in einer günstigen sterischen Stellung zueinander befinden.

Aus dieser Annahme erklärt sich auch die Tatsache, warum Copolymerisate von Acrylamid mit Acrylsäure im sauren Milieu primär sehr

---

[47] A. P. 2886558 (1953) Am. Cyanamid Co., H. Z. Friedlander.

[48] „Cyanamer P 26 und Cyanamer P 250", Firmenschrift der Am. Cyanamid Co. (1959).

[49] Swift, A. M.: Tappi **40**, 225 A (1957).

[50] Sing-Tuh, Y., and T. Shu-Kou: Acta Chim. Sinica **24**, 239 (1958).

[51] A. P. 2373190 (1940) B. F. Goodrich Co., F. E. Kung; Chem. Abstr. **39**, 4085 (1945).

[52] E. P. 475671 (1937) I.G.; Chem. Abstr. **32**, 3514 (1938).

[53] Pinner, S. H.: J. Polymer Sci. **10**, 379 (1953).

[54] Arcus, C. L.: Soc. **1949**, 2732.

[55] Smets, G., and A. M. Hesbain: J. Polymer Sci. **40**, 217 (1959).

rasch und nach etwa 20 bis 30% Umsatz 50- bis 100mal langsamer hydrolysieren. Für den ersten Reaktionsschritt sind die unmittelbar benachbarten Carboxylgruppen, für den zweiten Schritt die externen Wasserstoffionen verantwortlich.

Bei der Einwirkung von Säuren auf Poly(meth)acrylamid entstehen Imidgruppen[56] (vgl. Formelbild). Dieselben Bausteine erhält man auch in geringem Maße durch bloßes Erhitzen der Ausgangspolymeren auf

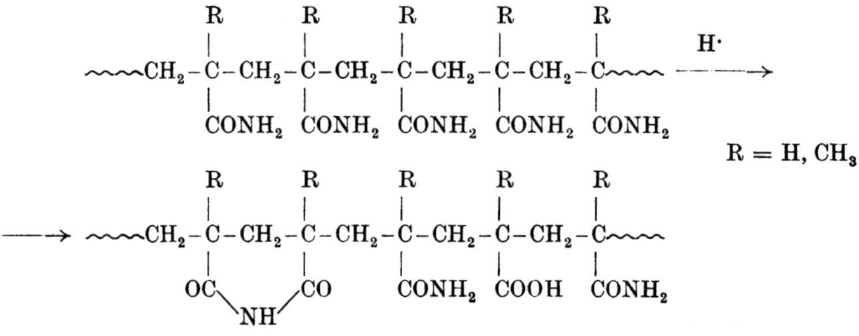

Temperaturen über 50° [57]. Produkte mit höheren Imidanteilen resultieren beim trockenen Erhitzen von Copolymerisaten aus Methacrylsäure und Methacrylamid[58] oder durch Erhitzen eines Copolymerisates von Methacrylamid mit niederen Methacrylsäureestern in Gegenwart von Wasser auf etwa 150° [59].

Entsprechend der statistischen Theorie von FLORY[60] (vgl. 3.6) liegt der maximal erreichbare Gehalt an Imidgruppen beim bloßen Erhitzen von Poly(meth)acrylamiden bei 86 Mol-%[61].

Polymethacrylsäureimide bzw. Polymerisate, die diese Bausteine zum Teil enthalten, lassen sich mit primären Aminen bei höheren Temperaturen am Stickstoff alkylieren[62] (vgl. hierzu auch 3.6.4).

Mit steigendem Imidgehalt sinkt die Wasserlöslichkeit der Produkte. Ebenso nimmt die Wasserlöslichkeit natürlich auch durch *inter*molekulare

---

[56] A. P. 2486190 (1946) Eastman Kodak Co., L. M. MINSK, and W. O. KENYON; Chem. Abstr. **44**, 1750 (1950); MOENS, J., and G. SMETS: J. Polymer Sci. **23**, 931 (1957); A. P. 2486192 (1947) Eastman Kodak Co., L. M. MINSK, and W. O. KENYON; Chem. Abstr. **44**, 1750 (1950); A. P. 2541474 (1946) Eastman Kodak Co., W. G. LOWE, L. M. MINSK, and W. O. KENYON; Chem. Abstr. **45**, 4590 (1951).

[57] STAUDINGER, H., und E. URECH: Helv. **12**, 1107 (1929); CRAUWELS, K., et G. SMETS: Bull. soc. chim. belges **59**, 182 (1950).

[58] DBP 1023014 (1957), E. P. 846515, Österr. P. 202579, Röhm & Haas G.m.b.H., H. RAUCH-PUNTIGAM, K. TESSMAR und T. VÖLKER.

[59] DAS 1113308 (1960) Röhm & Haas G.m.b.H., G. SCHRÖDER, K. TESSMAR und U. BAUMANN.

[60] FLORY, P. J.: Am. Soc. **61**, 1518 (1939).

[61] CRAUWELS, K., et G. SMETS: Bull. soc. chim. belges **59**, 182 (1950).

[62] DAS 1165861 (1960) Röhm & Haas G.m.b.H., G. SCHRÖDER und K. TESSMAR.

Imidbildung, also durch Vernetzung, stark ab. Diese tritt bei höherer Reaktionstemperatur, längerer Erhitzungsdauer und höherer Säurekonzentration verstärkt in Erscheinung[48] (vgl. Formelbild).

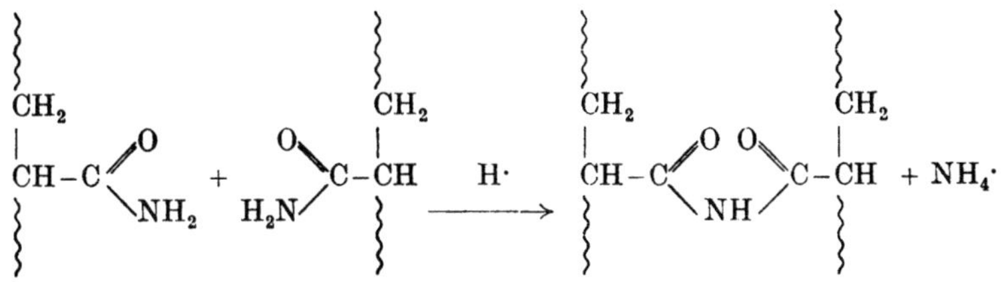

B. Umsetzungen mit Aldehyden und eventuelle Folgereaktionen

1. Umsetzungen mit Aldehyden

Die Amidgruppen der Poly(meth)acrylamide lassen sich mit Formaldehyd im schwach alkalischen Milieu in die entsprechenden N-Methylolgruppen überführen[63].

Führt man die Reaktion in wäßriger Lösung aus, so empfiehlt es sich, das pH auf etwa 10 einzustellen und die Temperatur unter 70° zu halten, um vorzeitige Vernetzung zu vermeiden. Nach Verbrauch des Formaldehyds wird mit verdünnter Salzsäure auf pH 6 bis 7 eingestellt. An alkalischen Katalysatoren wurden z. B. Soda[64] oder Triäthanolamin[65] genannt.

Einen 90%igen Umsatz bei Zimmertemperatur erhält man bei Verwendung von Trinatriumphosphat als Base[65]. Aus den neutralen Lösungen läßt sich das umgesetzte Polymerisat durch Verdampfen des Wassers gewinnen[48].

Die Polymerisate mit N-Methylolamidgruppen lassen sich entweder durch bloßes Erhitzen[66] oder durch Einwirkung von Säuren[67] oder durch Umsetzung mit bisfunktionellen Verbindungen vernetzen. Bei der letzteren Möglichkeit verwendet man z. B. Epoxyharze[68] oder Kondensationsprodukte aus Harnstoff und Formaldehyd[69]. Dialdehyde, wie z. B. Glyoxal, reagieren mit den Amidgruppen in Gegenwart von Basen direkt zu vernetzten Produkten[48].

---

[63] DRP.-Anm. B 7619 (1936) I.G.; C. **1938** II, 2036; DAS 1005730 (1955) BASF, H. Fikentscher, H. Wilhelm und K. Dachs; Swift, A. M.: Tappi **40**, 225 A (1957); „Chemistry of Acrylamide", Firmenschrift der Am. Cyanamid Co., 19 (1959).

[64] Swift, A. M.: Tappi **40**, 225 A (1957).

[65] „Chemistry of Acrylamide", Firmenschrift der Am. Cyanamid Co., 19 (1959).

[66] A. P. 3007887 (1958) B. F. Goodrich Co., H. J. Essig.

[67] DAS 1005730 (1955) BASF, H. Fikentscher, H. Wilhelm und K. Dachs; C. **1958**, 13113.

[68] F. P. 1162967 (1955) Pittsburgh Plate Glass Co., R. M. Christenson.

[69] E. P. 792874 (1955) Bayer, W. Graulich, and E. Müller; C. **1960**, 3713.

2. Darstellung von N-Methyloläthern

Die Umsetzungen der Carbonamidgruppen mit Formaldehyd und Alkoholen gleichzeitig werden im sauren Medium durchgeführt und liefern die entsprechenden N-Methylolalkyläther[70], wobei besonders Polymerisate mit N-Methylolbutylätherbausteinen als Überzüge technisches Interesse besitzen (vgl. S. 306).

Die Polymerisate härten (vernetzen) nach folgendem Schema:

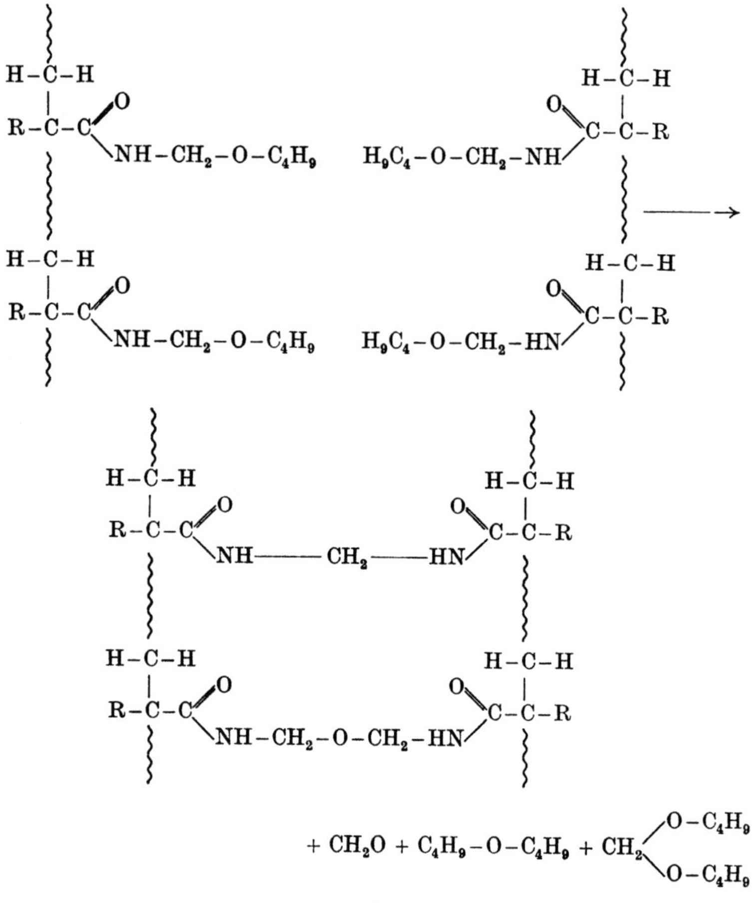

3. Darstellung von Mannichbasen

Die Umsetzungen der Carbonamidgruppen mit Formaldehyd und Basen verlaufen gemäß dem Formelschema:

---

[70] DAS 1054710 (1956), F. P. 1173990, BASF, H. Fikentscher, H. Wilhelm, K. Bronstert und E. Penning; C. **1960**, 10420; DAS 1083548 (1957) Pittsburgh Plate Glass Co., R. M. Christenson.

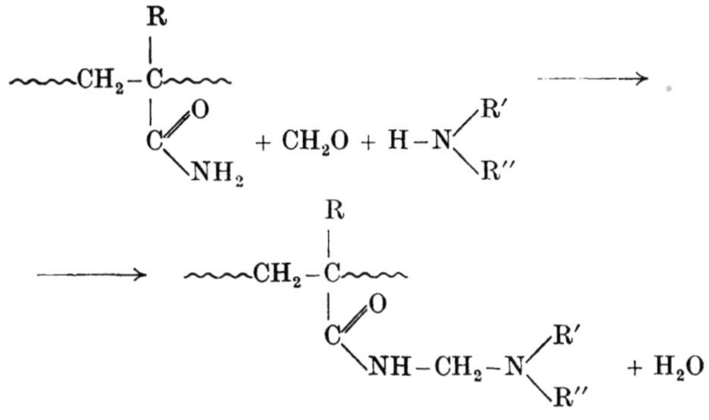

Man verwendet bevorzugt sekundäre Amine (Morpholin, Diäthylamin), die mit Poly(meth)acrylamid und Formaldehyd polymere Mannich-Basen ergeben[71]. Zu den gleichen Endprodukten gelangt man durch Umsetzung von Polymethylol(meth)acrylamid mit Aminen[72]. Die Reaktion von N-Methylolpolyacrylamid mit Amin erfolgt bei 70 bis 75°. Die Endprodukte können zur Verbesserung der Naßreißfestigkeit von Papier dienen.

4. Umsetzung mit Formaldehyd und Natriumhydrogensulfit[73]

Diese Umsetzung verläuft nach bekanntem Schema und wird analog wie die Reaktionen von Poly(meth)acrylamid mit Formaldehyd und Alkoholen bzw. Aminen entweder in einem Schritt oder stufenweise durchgeführt:

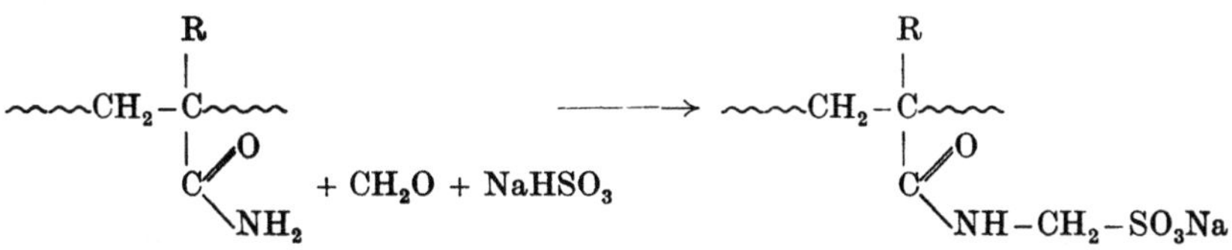

C. Weitere Vernetzungsreaktionen von amidgruppenhaltigen Polymerisaten

Polymerisiert man Acrylamid in mineralsaurer Lösung[74], so erhält man direkt unlösliches Polymerisat. Eine andere Möglichkeit besteht in

---

[71] A. P. 2328901 (1939) Röhm & Haas G.m.b.H., O. Grimm, and H. Rauch.

[72] Schiller, A. M., and T. J. Suen: Ind. eng. Chem. **48**, 2137 (1956).

[73] A. P. P. 2761834 und 2761856, F. P. 1083609, E. P. 738047, Am. Cyanamid Co., T. J. Suen, and A. M. Schiller; C. **1957**, 6004; Schiller, A. M., and T. J. Suen: Ind. eng. Chem. **48**, 2132 (1956); DAS 1005730 (1955) BASF, H. Fikentscher, H. Wilhelm und K. Dachs; C. **1958**, 13113.

[74] DAS 1050063 (1954), F. P. 1130433, Wacker Chemie G.m.b.H., K. Meinel; C. **1958**, 8204.

der Nachbehandlung mit Säureanhydriden[75] oder mit Säuren[76]. Auch durch bloßes Erhitzen auf Temperaturen von 150 bis 220° werden Polyacrylamid oder Copolymerisate mit Acrylnitril unlöslich[77]. Setzt man Lösungen von Polyacrylamid Chromsalze zu, so erhält man daraus wasserunlösliche Filme[48].

Polymerisate, die Thiosulfatgruppen in Form von poly(meth)acryloylamidoäthylsulfonsaurem Natrium tragen (Formel I), lassen sich mit Natriumsulfid vernetzen[78].

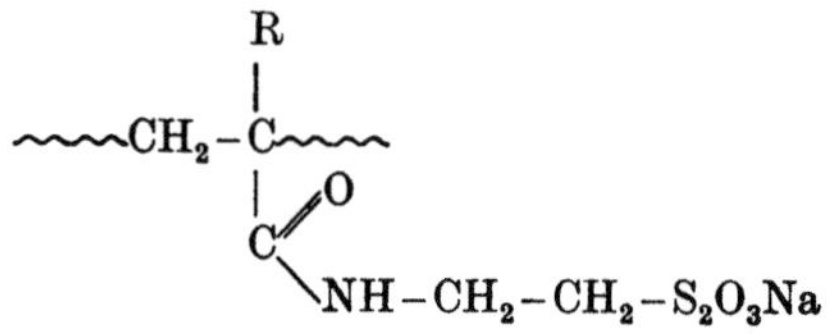

(I)

Erwähnt sei außerdem noch die Bestrahlung von Polyacrylamid mit Elektronen hoher Energie, die ebenfalls zu vernetzten Produkten führt[79].

D. Hofmannscher Abbau

Aus niedrigmolekularen Carbonsäureamiden erhält man beim Hofmannschen Abbau bekanntlich die entsprechenden um 1 C-Atom ärmeren primären Amine. Im Fall von Poly(meth)acrylamid finden sich im Endprodukt des Abbaus die Amingruppen nur in untergeordneter Menge, da die benachbarten Gruppen über die Zwischenstufen des Abbaus Nebenreaktionen miteinander eingehen, die hauptsächlich zu Butyrolactam-, Harnstoff- und Carbamatbausteinen führen. So weisen die Endprodukte des Hofmannschen Abbaus von Polyacrylamid[80] Stickstoffgehalte von 9,7 bis 15,0% (Polyvinylamin = 32,5%) und diejenigen von Polymethacrylamid[81] solche von 8,8 bis 12,3% (Polyisopropenylamin = 24,6% N) auf. Durch mildere Versuchsbedingungen läßt sich die Ausbeute an Amin erhöhen[82].

---

[75] DBP 940734 (1952) Wacker Chemie G.m.b.H., K. Meinel; C. **1957**, 1808.

[76] DAS 1115021 (1959) Cassella, W. Kunze.

[77] DAS 1013871 (1952), A. P. 2901468, Wacker Chemie G.m.b.H., K. Meinel; C. **1958**, 11673; Chem. Abstr. **53**, 20917 (1959).

[78] DAS 1143330 (1961) Hoechst, C. Beermann.

[79] Miller, A. A., E. J. Lawton, and J. S. Balwit: J. Polymer Sci. **14**, 503 (1954).

[80] Jones, G. D., J. Zomlefer, and K. Hawkins: J. org. Chem. **9**, 500 (1944).

[81] Arcus, C. L.: J. Polymer Sci. 8, 365 (1952).

[82] Schiller, A. M., and T. J. Suen: Ind. eng. Chem. **48**, 2136 (1956); Kern, W., und R. C. Schulz: Ang. Ch. **69**, 159 (1957).

E. Umsetzung mit Alkylenoxyden[83]

Erhitzt man eine wäßrige alkalische Lösung von Polyacrylamid mit Äthylenoxyd im Autoklaven oder leitet Äthylenoxyd in eine solche Lösung bei 80 bis 90° während mehrerer Stunden ein, so resultiert ein alkohollösliches Endprodukt, aus dem man das Wasser durch Abdampfen entfernen kann.

3.6.4 Polymeranaloge Reaktionen an den Estergruppen

A. Hydrolyse, alkalische Verseifung und Alkoholyse

Die Verseifung von *Polacrylsäureestern* mit Alkalien erfolgt grundsätzlich wesentlich leichter als diejenige von *Polymethacrylsäureestern*[84], wobei mit zunehmender Größe der Ester-Alkoholreste steigend schärfere Bedingungen anzuwenden sind[85]. Bestimmte polare Substituenten in diesen Alkoholresten erleichtern die Verseifung[86].

Durch Nachbargruppeneffekte bedingt, hydrolysieren die Copolymerisate aus carboxylgruppenhaltigen Monomeren (Acrylsäure und Methacrylsäure) und α-alkylsubstituierten Acrylsäureestern (Methacrylsäure- und Äthacrylsäureester) gegenüber den entsprechenden carboxylgruppenfreien Homopolymerisaten bis zu bestimmten Umsätzen wesentlich leichter.

In gepufferten, auf bestimmte pH-Werte eingestellten wäßrigen Lösungen wurde bei der Untersuchung der Hydrolyse verschieden zusammengesetzter Copolymerisate aus Acrylsäure und Äthacrylsäureäthylester gefunden, daß die Hydrolysegeschwindigkeit mit wachsendem Molenprodukt (Triaden) aus Ester-, Carboxyl- und Carboxylatgruppen zunimmt und dementsprechend bei einem Neutralisationsgrad von 0,5 am größten ist[87]. Von den Autoren[87] (G. Smets und W. van Humbeeck) wurde im Rahmen der genannten Arbeit auch festgestellt, daß unter analogen Bedingungen isotaktische Copolymere aus Acrylsäure und Acrylsäuremethylester im Vergleich zu entsprechend zusammengesetzten ataktischen Produkten 3 bis 5mal rascher und zu einem höheren Endumsatz hydrolysieren, woraus außer auf Nachbargruppeneffekte auch auf Taktizitätseinflüsse geschlossen werden kann. Demgegenüber wurde später im gleichen Arbeitskreis festgestellt, daß bei vergleichenden, analog durchgeführten Hydrolyseuntersuchungen an Copolymerisaten

---

[83] „Cyanamer P 26 und Cyanamer P 250", Firmenschrift der Am. Cyanamid Co. (1959); A. P. 2808397 (1953) Bayer, R. Stroh, and J. Ebersberger.

[84] Mast, W. C., and C. H. Fisher: Ind. eng. Chem. **41**, 790 (1949); A. P. 2205882 (1938) DuPont, G. de Witt Graves; C. **1940** II, 3139; A. P. 2649439 (1950) B. F. Goodrich Co., H. P. Brown; C. **1954**, 8231.

[85] A. P. 2649439 (1950) B. F. Goodrich Co., H. P. Brown; C. **1954**, 8231.

[86] DBP 859449 (1944) Bayer, W. Bock; C. **1954**, 2065.

[87] Smets, G., and W. van Humbeeck: J. Polymer Sci. A **1**, 1127 (1963).

aus Methacrylsäure und Methacrylsäuremethylester verschiedener Taktizitäten, die syndiotaktischen 4 bis 5mal rascher und die isotaktischen Copolymerisate langsamer als die ataktischen hydrolysieren[88]. Aus der Kinetik der Hydrolyse von ausschließlich ataktischen Copolymerisaten aus Methacrylsäure und Methacrylsäuremethylester bzw. Vinylpyrrolidon folgte wieder, daß der Hydrolyseablauf dieser Produkte wesentlich von der funktionellen Wechselwirkung einer Estergruppe mit einer direkt benachbarten Carboxyl- bzw. Carboxylatgruppe dirigiert wird, darüber hinaus aber auch zusätzliche Einflüsse stereochemischer Natur angenommen werden müssen[89].

Bei Estergruppen, die durch sperrige Reste abgeschirmt werden, stellt man bei der Hydrolyse keine Nachbargruppeneffekte fest. So werden weder ataktische noch isotaktische Copolymerisate aus Acrylsäure und Acrylsäure-tert.-butylester unter den genannten Bedingungen hydrolytisch in wäßrigen Pufferlösungen gespalten. Eine Hydrolyse dieser Copolymeren findet in Gegenwart starker Mineralsäuren nach anderen Mechanismen (A_{A11} ... entsprechend C. K. INGOLD, Structure and Mechanism in Organic Chemistry, Cornell Univ. Press, Ithaca, N. Y., 779—782 [1953]) statt[87].

Bei der Untersuchung des Ablaufs der alkalischen Verseifung von Copolymeren aus Methacrylsäure und Methacrylsäuremethylester stellten G. SMETS[90] und Mitarbeiter fest, daß diese Reaktion bei pH-Werten bis 12,5 ebenfalls nach intramolekularen Mechanismen abläuft und durch die Taktizität der Ketten beeinflußt wird.

In stark alkalischem Medium wird die Verseifung meist durch äußere Hydroxylionen bewirkt, verläuft aber bei Copolymeren mit mehr als 83% Methacrylsäure unverändert nach einem intramolekularen Mechanismus[90].

In der Technik galten die Homopolymerisate des Methacrylsäuremethylesters lange Zeit als *alkalisch* nicht verseifbar[91]. In der Tat sind, wie man nun weiß[92], recht drastische Bedingungen (Temperaturen um 200° und mehr) erforderlich, um eine vollständige Verseifung zu erreichen. Die alkalische Verseifung von Polymethacrylsäuremethylester ist für die Technik wegen einer Verwertung von Kunststoffabfällen aus der Verarbeitung von Interesse.

Einen Einblick in das Verhalten von Polymethylmethacrylat bei der alkalischen Verseifung erhielt man durch Untersuchungen der entsprechenden Reaktion analog

---

[88] SMETS, G., and W. DE LOECKER: J. Polymer Sci., **45**, 461 (1960).

[89] DE LOECKER, W., and G. SMETS: J. Polymer Sci. **40**, 203 (1959).

[90] SMETS, G., and W. DE LOECKER: J. Polymer Sci. **41**, 375 (1959).

[91] TROMMSDORFF, E.: R. HOUWINK, Chemie und Technologie der Kunststoffe, Bd. II, 3. Auflage, Akademische Verlagsges. Leipzig, 121 (1956).

[92] F. P. 1169056 (1956) Röhm & Haas G.m.b.H.; C. **1960**, 7014; Österr. P. 187053 (1951) Pharm. Fabr. Montavit G.m.b.H., E. KVASNICKAU und O. KRAUPP.

aufgebauter Oligomerer als Modellsubstanzen[93]. In siedender methanolischer bzw. äthanolischer KOH reagieren die Oligomeren in der Weise, daß die an den endständigen, tertiären Kohlenstoffatomen gebundenen Estergruppen (Nr. 1 im Formelschema) unabhängig vom Polymerisationsgrad n mit konstanter und hoher Geschwindigkeit verseifen. Von den restlichen, an quartären C-Atomen gebundenen Estergruppen verseift nur eine (bei 64 bis 78°) mit noch meßbarer Geschwindigkeit; k_1 und k_2 unterscheiden sich etwa um eine Größenordnung. Die Zuordnung der Verseifungsgeschwindigkeitskonstanten zu den einzelnen Estergruppen geschieht nach folgendem Formelbild:

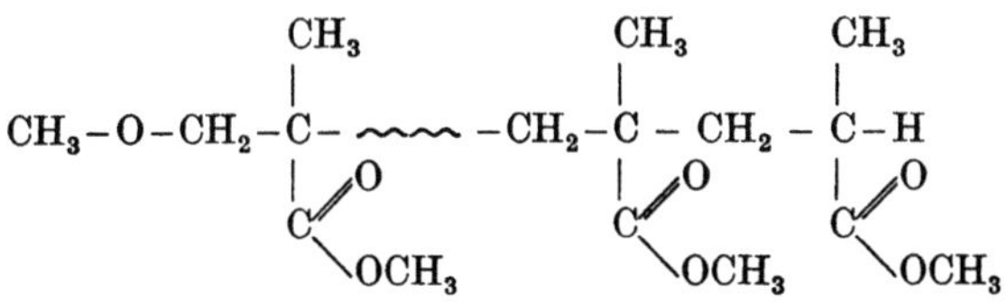

Nr. n	Nr. 2	Nr. 1	Estergruppe
k_n	k_2	k_1	Verseifungsgeschwindigkeitskonstanten

Da die Reaktionsgeschwindigkeitskonstanten k_2 bis k_n sehr klein oder aber gleich Null sind und k_1 und k_2 unabhängig von n und konstant sind, ist der relative Verseifungsgrad K des Oligomeren vom Polymerisationsgrad n diesem umgekehrt proportional:

$$K = \frac{1}{n}$$

Die nachfolgende Zeit-Umsatz-Kurve (Abb. 22) veranschaulicht diese Aussage, wobei als x_n der nach einer Verseifungsdauer von einer Stunde verseifte prozentuelle Anteil aller Estergruppen für das Polymere vom Polymerisationsgrad n gegen die Zeit (Stunden) aufgetragen wurde.

Die Befunde über den Ablauf der alkalischen Verseifung von Polymethacrylsäuremethylester fanden durch andere Ergebnisse eine indirekte Bestätigung. Werden z. B. die genannten Oligomeren mit schwachen Basen (NH_3) bei Siedehitze bis 130° verseift, dann verseift lediglich die endständige Estergruppe (Nr. 1) am tertiären C-Atom[94].

Wird an Stelle von Methanol oder Äthanol als Reaktionsmedium das höher siedende Isopropanol-Wasser-Gemisch (Kp 85°) und eine höhere NaOH-Konzentration verwendet, so kann Polymethylmethacrylat darin teilweise verseift werden[95].

Die *saure* Esterspaltung von Polymethacrylsäuremethylester verläuft nach einem anderen Mechanismus als die alkalische Verseifung und bei wesentlich niedereren Reaktionstemperaturen. Konzentrierte Schwefelsäure im Überschuß hydrolysiert bereits bei 25° innerhalb von 6 Stunden

[93] SCHREYER, G., und T. VÖLKER: Makromolekulare Chem. **63**, 202 (1963).

[94] VÖLKER, T., A. NEUMANN und U. BAUMANN: Makromolekulare Chem. **63**, 182 (1963).

[95] DAS 1091336 (1958) Rohm & Haas Co., F. J. GLAVIS.

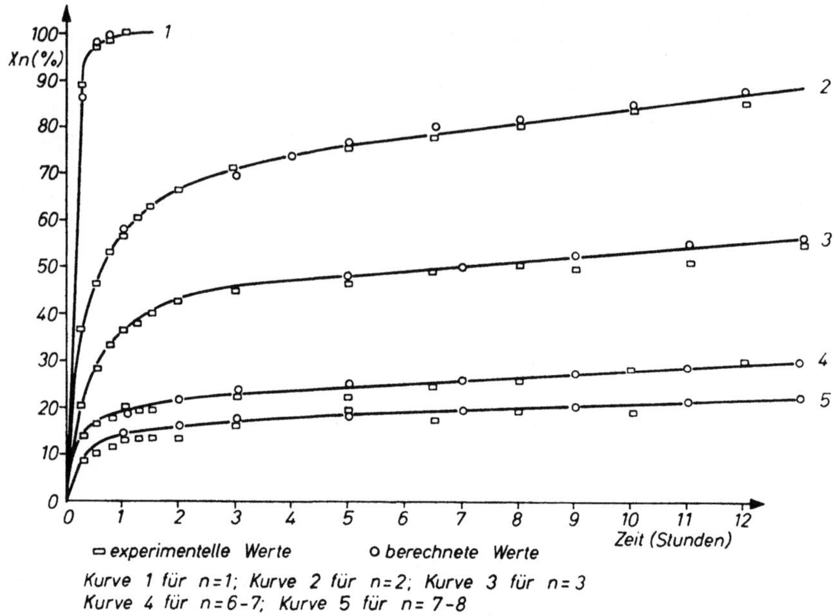

Abb. 22. Verseifung der Oligomeren vom Polymerisationsgrad *n* in äthanolischer KOH. [SCHREYER, G., und T. VÖLKER: Makromolekulare Chem. **63**, 182 (1963)]

bis zu einem Umsatz von 52% d. Th., bei 45° innerhalb dieser Zeit vollständig und bei 75° in weniger als einer Stunde quantitativ[96].

Polyacrylsäuremethylester kann sogar mit wäßriger Essigsäure in Gegenwart eines sauren Umesterungskatalysators (p-Toluolsulfonsäure) durch Acidolyse (unter Bildung von Methylacetat) in Polyacrylsäure (Umsatz 85% d. Th.) übergeführt werden[97].

Formal analog wie die alkalische Verseifung verlaufen die alkalisch katalysierten *Alkoholysen* und *Aminolysen*. Diese Reaktionen sind im Falle der Polyacrylsäureester wegen der Möglichkeit von Vernetzungsreaktionen[98] nach dem Schema einer CLAISEN-Esterkondensation technisch weniger verlockend (vgl. aber 3.5.4.4 F). In den letzten Jahren sind besonders die Aminolysen, ausgehend vom Polymethacrylsäuremethylester, breiter untersucht worden. Wesentliche Anteile an diesen Forschungen hatte der Arbeitskreis um K. TESSMAR.

Unter ähnlich harten Reaktionsbedingungen wie bei der alkalischen Verseifung von Polymethacrylsäuremethylester und unter Verwendung

[96] A. P. 2504049 (1946) DuPont, L. M. RICHARDS; C. **1955**, 7798.

[97] KATCHALSKY, A., and H. EISENBERG: J. Polymer Sci. **6**, 145 (1951).

[98] A. P. P. 2412476 und 2451177 (1945) B. F. Goodrich Co., S. T. SEMEGEN; Chem. Abstr. **41**, 1488 (1947) und **43**, 442 (1949); SEMEGEN, S. T., and J. H. WAKELIN: Rubber Age (N. Y.) **71**, 57 (1952).

der gewünschten Alkohole als Reaktionspartner (an Stelle von Wasser) verläuft die Alkoholyse der Oligomeren[94] und Hochpolymeren[99] glatt. Für die entsprechende Darstellung des Dodecylalkoholesters von Polymethacrylsäure wurde sogar eine Arbeitstemperatur von 300° genannt; dabei bleibt die ursprüngliche Taktizität der Ausgangspolymeren erhalten[100].

B. Aminolyse

Die Umsetzung von Polymethacrylsäureestern mit NH_3 unter Druck in Gegenwart von Alkalien und bei erhöhten Temperaturen liefert Polymere, die in der Hauptsache aus *Dimethacryloylimidbausteinen* (vgl. Formelschema) aufgebaut sind[101]. Ähnliche Reaktionen wurden zwar bereits Mitte der dreißiger Jahre durchgeführt[102], doch nahm man damals, z. B. im Falle der Umsetzung mit Methylamin, an, daß die Aminolyse beim N-Methylpolymethacrylsäureamid stehen bleibe. Demgegenüber geht aus den neueren Arbeiten exakt hervor, daß auch die Aminolyse mit primären Aminen zu den N-substituierten Polymethacryloylimiden führt, die gegenüber den unsubstituierten Imiden für viele Anwendungszwecke den entscheidenden Vorteil einer sehr hohen Alkalibeständigkeit aufweisen[103]. Die Hauptreaktionen der Aminolyse von Polymethacrylsäureestern mit Ammoniak und primären Aminen kann also wie folgt formuliert werden:

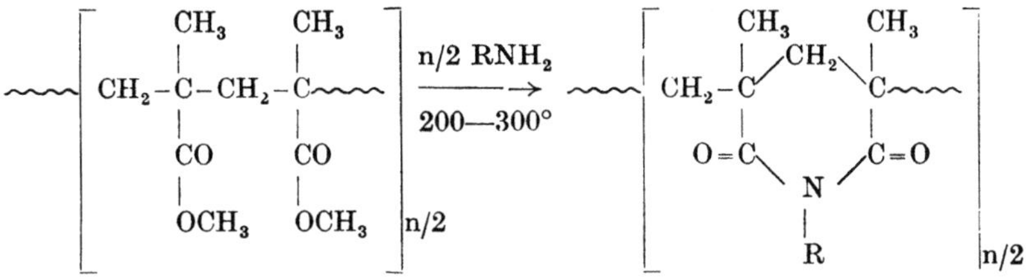

R = H oder Alkyl

Die nicht substituierten Imide (= sekundäre Amide) können unter den beschriebenen Bedingungen mit primären Aminen (oder solche liefernden Verbindungen) in die entsprechend substituierten Imide übergeführt werden[104]. Interessant ist, daß bei der Aminolyse von Polymethylacrylat mit Ammoniak ein Produkt entsteht, daß zu 70 bis 80%

---

[99] DAS 1045658 (1956) Röhm & Haas G.m.b.H., K. Tessmar; C. **1960**, 7358.

[100] Baumann, U., H. Schreiber, G. Schröder und K. Tessmar: Ang. Ch. **72**, 274 (1960).

[101] DAS 1077872 (1958) Röhm & Haas G.m.b.H., K. Tessmar; DAS 1187799 (1958) Röhm & Haas G.m.b.H., K. Tessmar.

[102] A. P. 2146209 (1936) DuPont, G. de Witt Graves.

[103] DAS 1088231 (1959) Röhm & Haas G.m.b.H., G. Schröder und K. Tessmar.

[104] DAS 1165861 (1960) Röhm & Haas G.m.b.H., G. Schröder und K. Tessmar.

aus unsubstituierten Imideinheiten und entsprechend zu 30 bis 20% aus N-Methyl-substituierten Imideinheiten besteht[104]. Daraus folgt, daß für diese Aminolyse hinsichtlich des maximal erreichbaren Umsatzes die Theorie von FLORY (vgl. 3.6) nicht gilt und zum anderen, daß als Nebenreaktion eine N-Alkylierung ablaufen muß.

Nach G. SCHRÖDER[105] entstehen N-Methylimidpolymere auch bei der Umsetzung von Polymethacrylsäureamid mit Magnesiummethylat in Methanol. Nach den Vorstellungen des Autors[105] werden diese ungewöhnlichen N-Methylierungen nur dann auftreten, wenn die Ausbildung einer tetraedrischen Zwischenstufe (Formel I), welche als das methylierende Agens angesehen wird, möglich ist.

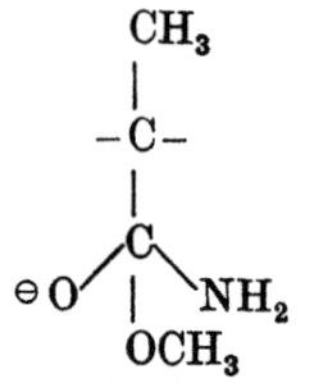

(I)

Diese Zwischenstufe soll nach dem Schema einer „concerted reaction" durch Umsetzung mit einer benachbarten Carbonamidgruppe (die durch Aminolyse gebildet wurde) Methylamin abspalten, welches zum Teil in das Reaktionsprodukt als N-Methylimideinheit eingebaut wird und zum Teil bis zum Trimethylamin (wie nachgewiesen) weiter methyliert wird.

Das praktische Interesse an der *Aminolyse von Polymethacrylsäuremethylester* erklärt sich aus dem Bedürfnis, billige Abfallprodukte zu wertvollen Kunststoffen zu veredeln und aus der Suche nach Kunststoffen mit sehr hohen Erweichungspunkten bei gleichzeitigem Erhalt der thermoplastischen Eigenschaften. Die beschriebenen Aminolyseprodukte wurden u. a. von K. MIENES[106] als interessante technische Neuentwicklung auf dem Gebiete der Polyacrylharze angesehen. So weisen z. B. Preßplättchen aus Polymethacryloylimid bei milchigtrübem Aussehen eine Wärmeformbeständigkeit nach VICAT von 163° (zum Vergleich: Polymethylmethacrylat hat einen Vicat-Wert um 120°) und die klaren, durchsichtigen Plättchen aus den entsprechenden N-methylierten Polymeren einen Vicat-Wert von sogar 177° auf.

Insbesondere die N-alkylierten Aminolyseprodukte sollen für die Herstellung von Fasern, Folien oder Filmen hoher Wärmeformbeständigkeit und Lösungsmittelbeständigkeit geeignet sein. Durch Variation der Comonomeren und insbesondere durch die Art und den Grad der N-Alkylierung können verschiedenartige Kunststoffe erhalten werden, die sich nach dem Press-, Spritzguß-, Strangpreß- oder nach dem Walzverfahren

[105] SCHRÖDER, G.: Ang. Ch. **73**, 245 (1961).
[106] MIENES, K.: Kunstst. **53**, 495 (1963).

verarbeiten lassen, wobei die gewünschte Schmelzviskosität über das Molekulargewicht und die Art der N-Alkylreste eingestellt werden kann[104].

Die polymeranalogen Umsetzungen der Polyacrylsäureester mit Stickstoffbasen verlaufen bei niedrigeren Temperaturen als die Aminolysen der Polymethacrylate. Meist lassen sich die Acrylate bereits mit siedenden wäßrigen ammoniakalischen Lösungen verseifen.

Wasserlösliche Verbindungen entstehen auch aus Polyacrylsäuremethylester und *N-Methylglucamin*[107] und außerdem aus Polyacryl-

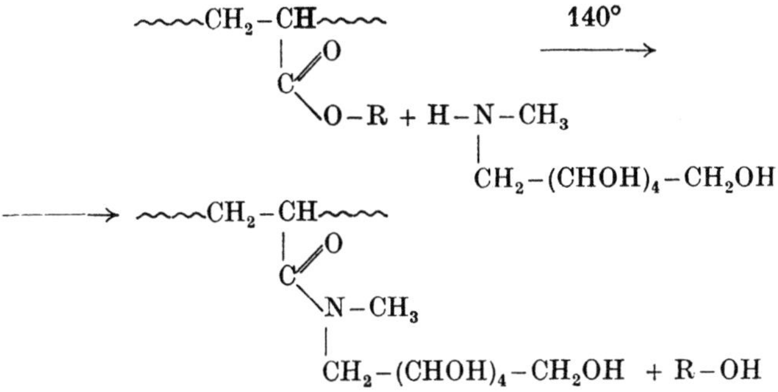

säureestern und *Hydroxylamin*[108]. Im letzteren Fall erhält man Polyacrylhydroxamsäuren, die mit Schwermetallsalzen die aus der niedermolekularen Chemie bekannten farbigen Komplexverbindungen bilden und stark reduzierend wirken.

Ein weiteres wasserlösliches Polymeres entsteht aus Polyacrylsäureestern durch Umsetzung mit *Hydrazinhydrat*[109]; dabei werden bei entsprechendem Hydrazinhydratüberschuß praktisch alle Estergruppen in Hydrazidgruppen übergeführt.

C. Vernetzungsreaktionen

Die Vernetzung von Polymerisaten mit Acrylsäureesterbausteinen gelingt bei Einwirkung verschiedener basisch reagierender Verbindungen[110], wie Natriumorthovanadat oder Blei-(II)-oxyd durch Kondensationsreaktionen.

---

[107] DAS 1060143 (1958) Rohm & Haas Co., F. E. Boettner und W. D. Niederhauser; C. **1960**, 12518; E. P. 877956 (1958) Rohm & Haas Co.

[108] Kern, W., und R. C. Schulz: Ang. Ch. **69**, 158 (1957).

[109] Rath, H., G. Nawrath und E. Schönpflug: Melliand Textilber. **33**, 636 (1952); Kern, W., und R. C. Schulz: Ang. Ch. **69**, 155 (1957); Kern, W. u. a.: Makromolekulare Chem. **22**, 31 (1957); Tolmachev, V. N., L. A. Lomako und L. A. Gurskaya: Vysokomolekulyarnye Soedineniya **5**, 512 (1963).

[110] A. P. P. 2412476 und 2451177 (1945) B. F. Goodrich Co., S. T. Semegen; Chem. Abstr. **41**, 1488 (1947) und **43**, 442 (1949); Semegen, S. T., and J. H. Wakelin: Rubber Age (N. Y.) **71**, 57 (1952).

Vernetzungsreaktionen über *reaktive Estergruppen* lassen sich durchführen, wenn die polymeren Ester in den Alkoholkomponenten Epoxy-, Hydroxyl-, Amino- oder ähnliche Gruppen enthalten. Das wichtigste epoxygruppenhaltige Monomere ist Methacrylsäureglycidylester[111], dessen Copolymerisate durch Erwärmen[111,112] bzw. durch Umsetzung mit epoxyreaktiven mehrfunktionellen Komponenten vernetzt werden können (Polyamine[113], Kondensationsprodukte aus Phenol und Formaldehyd[114]).

Durch sauer katalysierte Ringöffnungsreaktionen lassen sich auch Polymerisate von (Meth)acrylsäureestern geeigneter heterocyclischer Alkoholverbindungen (Formeln II und III)[115] vernetzen.

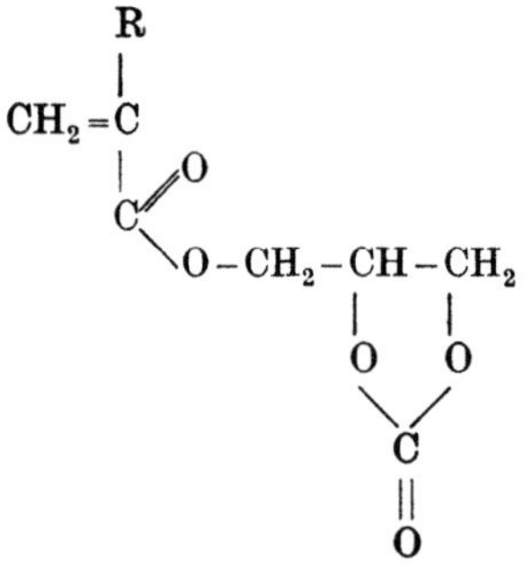

(II)

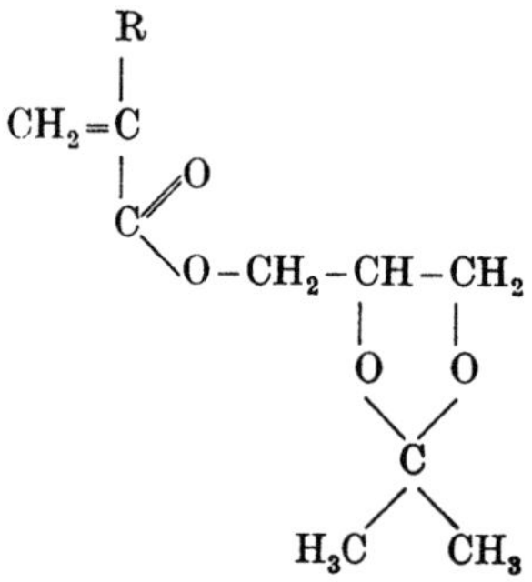

(III)

Die Vernetzung polymerer hydroxylgruppenhaltiger Ester läßt sich durch Einwirkung von Melaminharzen[116] (vgl. Formelbild S. 349) oder von Verbindungen mit mindestens zwei Anhydrid-[117] oder Isocyanatgruppen[118] erreichen. Polyisocyanate vernetzen auch Polyacrylsäureester mit freien Aminogruppen.

Enthält das Makromolekül Halogene in den Estergruppen, so ver-

[111] A. P. 2556075 (1948) Am. Cyanamid Co., J. G. ERICKSON; Chem. Abstr. **45**, 7377 (1951); BERLIN, A.: Vysokomolekulyarnye Soedineniya **1**, 962 (1959).

[112] A. P. 2729625 (1952) Rohm & Haas Co., M. D. HURWITZ; C. **1956**, 4288.

[113] DAS 1076371 (1959) BASF, H. FIKENTSCHER, H. WILHELM und H. BOLTE.

[114] DAS 1058179 (1954) DuPont, P. F. SANDERS; C. **1957**, 7797.

[115] A. P. 2680735 (1952), Belg. P. 521281, Ital. P. 501894, DAS 1047436, Rohm & Haas Co., V. W. FEGLEY, and S. P. ROWLAND; C. **1955**, 5195 und **1957**, 7230; A. P. 2967173 (1956) DuPont, J. C. FANG; Chem. Abstr. **55**, 7909 (1961).

[116] PETROPOULOS, J. C., C. FRAZIER, and E. L. CADWELL: Official Digest **33**, 723 (1961); PETROPOULOS, J. C., C. FRAZIER, and E. L. CADWELL: Ind. eng. Chem. **53**, 466 (1961).

[117] A. P. 2971946 (1957) Firestone Tire & Rubber Co., R. A. HAYES, and F. M. SMITH; Chem. Abstr. **55**, 21641 (1961).

[118] A. P. 2381063 (1942) B. F. Goodrich Co., F. E. KUNG; Chem. Abstr. **39**, 5126 (1945).

netzen diese durch Einwirkung von Polyaminen[119] oder Zinkoxyd[120]. Auf die Umsetzung dieser Produkte mit Kaliumhydrosulfid[121] (Austauscherharze mit –SH-Gruppen) sei hingewiesen.

D. Chlorierung

Die Chlorierung von Polymethacrylsäuremethylester interessierte die Technik im Hinblick auf die Darstellung schwerentflammbarer Kunststoffe. Die Arbeiten neueren Datums vermitteln folgende Ergebnisse:

Bei der *Chlorierung von Polymethacrylsäuremethylester* in Kohlenstofftetrachlorid[122] findet neben der Chlorierung ein Abbau statt.

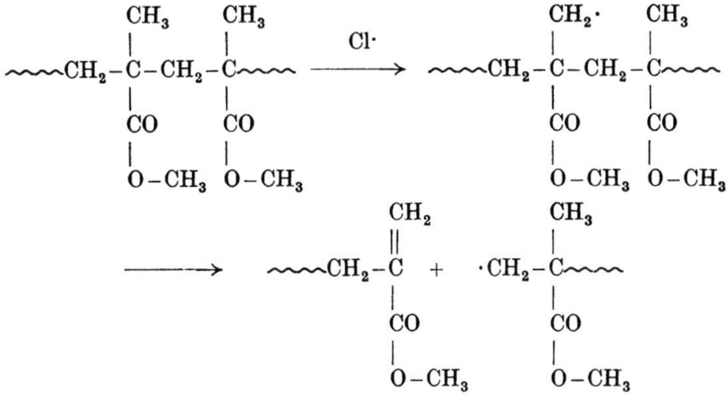

Quantitativ wurde die Chlorierung von F. H. Owens und F. E. Zimmerman[123] untersucht. Wird demnach Polymethacrylsäuremethylester in Lösung chloriert, so ist bei Vorhandensein von zwei Chloratomen pro Monomereneinheit ihre Verteilung folgendermaßen:

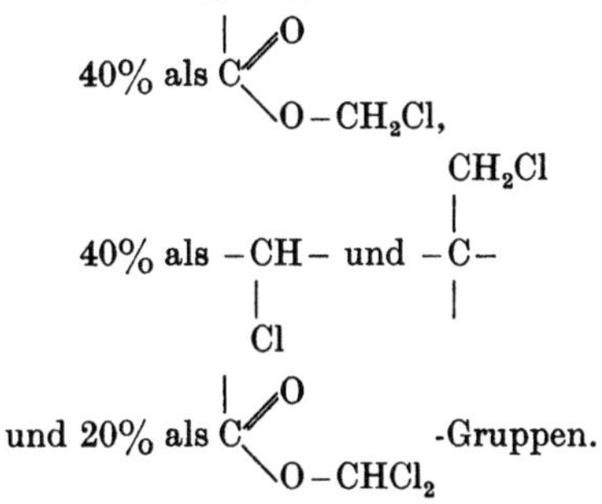

[119] A. P. 2492170 (1945) U. S. Secr. of Agricult., W. C. Mast, C. E. Rehberg, and C. H. Fisher.

[120] DAS 1105173 (1959) BASF, H. Kessler, E. Penning, H. Wilhelm und H. Reinhard.

[121] DAS 1041250 (1957) Röhm & Haas G.m.b.H., H. Zima; C. **1960**, 5931; DAS 1074860 (1957) Röhm & Haas G.m.b.H., E. Trommsdorff und H. Zima.

[122] Hahn, W., und F. Grafmüller: Makromolekulare Chem. **21**, 121 (1956).

[123] Owens, F. H., and F. E. Zimmermann: J. Polymer Sci. A **1**, 2711 (1963).

Wird in Suspension chloriert, so findet man bei einem Einbau von einem Chloratom pro Monomereneinheit 20% des Chlors als

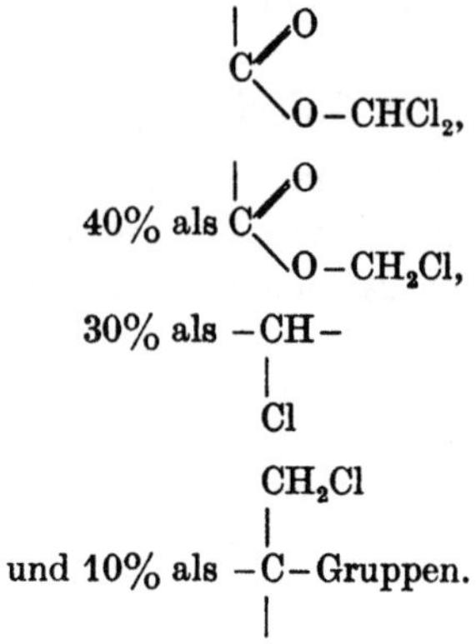

Bei der Photochlorierung erfolgt nach G. SMETS und J. FOURNAUX[124] ausschließlich Substitution an den Methylenkettengliedern und den seitenständigen Methylgruppen.

E. Reduktion

Um die Estergruppen in (Meth)acrylatpolymerisaten zu Alkoholgruppen (Poly[meth]allylalkohol) zu reduzieren, verwendet man bevorzugt *Lithiumaluminiumhydrid*[125] in Tetrahydrofuran. (Hierbei bleibt die Taktizität der Polymeren erhalten[126].) Eine weitere Möglichkeit besteht in der Einwirkung von *Kaliumborhydrid*[127]. Die Reaktion verläuft bei entsprechend langen Umsetzungszeiten quantitativ.

F. Umsetzung mit metallorganischen Verbindungen[128]

Bei der Reaktion von Poly(meth)acrylsäureestern mit *Phenyllithium* in Tetrahydrofuran bildet sich ein Lithiumcarbinolat, welches durch Wasser in das Carbinol übergeführt wird:

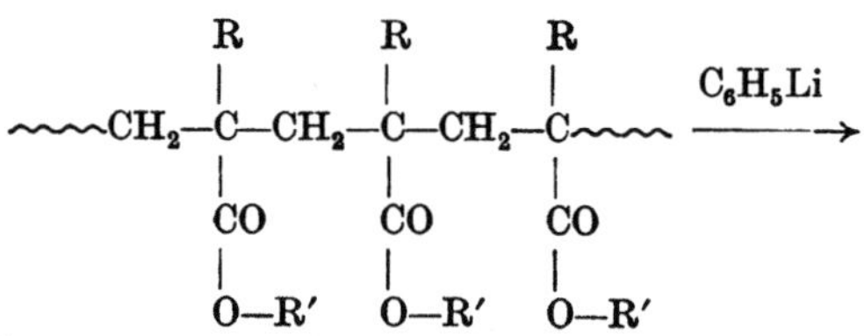

[124] SMETS, G., und J. FOURNAUX: Makromolekulare Chem. **23**, 133 (1957).

[125] PETIT, J., et B. HOUEL: C. r. **246**, 1427 (1958); COHEN, H. L., D. G. BORDEN, and L. M. MINSK: J. org. Chem. **26**, 1274 (1961).

[126] BAUMANN, U., H. SCHREIBER, G. SCHRÖDER und K. TESSMAR: Ang. Ch. **72**, 274 (1960).

[127] SCHULZ, R. C., P. ELZER und W. KERN: Chimia **13**, 237 (1959).

[128] RATH, H., und L. HEISS: Kunstst. **44**, 342 (1954).

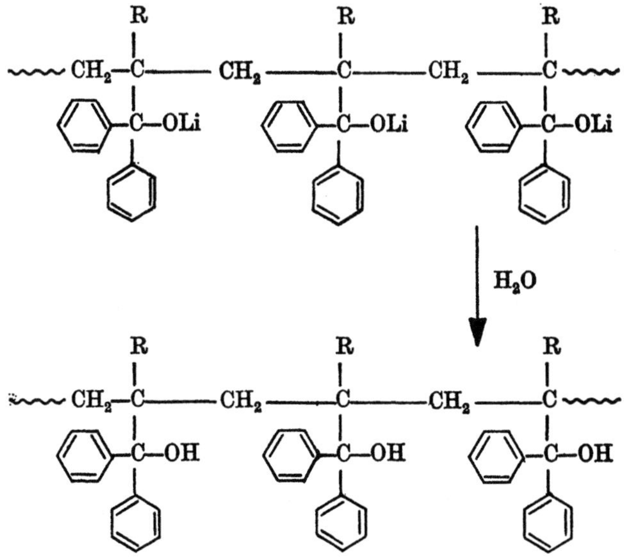

Die Umsetzung und weitere Folgereaktionen (verschiedene Farbreaktionen) können zum qualitativen Nachweis bzw. zur Unterscheidung zwischen Polyacrylsäureestern und Polymethacrylsäureestern (auch kleinster Mengen) benutzt werden.

3.6.5 Polymeranaloge Reaktionen an den Aldehydgruppen

Acrylpolymere mit maximal erreichbarem Aldehydgruppengehalt sind formal bei der Homopolymerisation von Acrolein zu erwarten. Wie bereits in Kapitel 3.2.3 dargelegt, führt jedoch auch die schonende Polymerisation dieses Monomeren mit Hilfe von Redoxsystemen im wäßrigen Medium zu chemisch zwar recht einheitlichen Produkten, in denen aber nur ein Teil (10 bis 20 Mol-%) der Aldehydgruppen frei, der überwiegende Rest aber als Aldehydhydratäther cyclisiert vorliegen[129,130] (vgl. Formelbild).

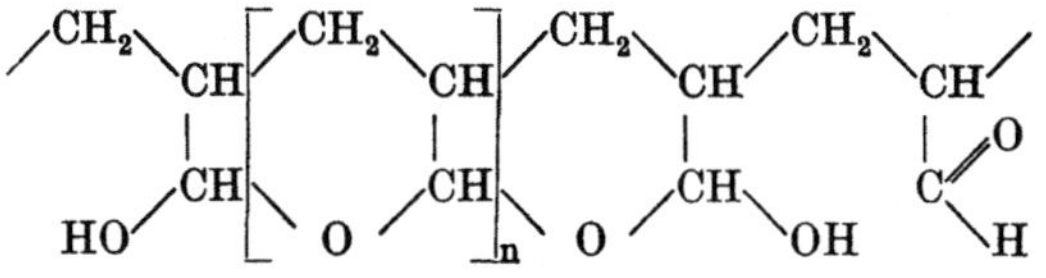

Entlang der C—C-Hauptkette im Polyacrolein vom Polymerisationsgrad 100 bis 20000 findet also bereits während der Polymerisation bzw. unmittelbar danach eine polymeranaloge Reaktion eines großen Teiles

[129] SCHULZ, R. C., und W. KERN: Makromolekulare Chem. **18/19**, 4 (1956); SCHULZ, R. C.: Kunststoffe **47**, 303 (1957) und **48**, 257 (1958).

[130] SCHULZ, R. C., J. KOVACS, und W. KERN: Makromolekulare Chem. **54**, 146 (1962).

der Aldehydgruppen statt, die zu Sequenzen von anellierten Tetrahydropyranringen führt, die aus 2 bis 4 Grundbausteinen aufgebaut sind[131] (n = 1—3). Bei weiteren polymeranalogen Umsetzungen dieser überwiegend cyclisierten Polyacroleine reagieren je nach Reaktionsbedingungen entweder alle (auch die maskierten) Aldehydgruppen (reversibel bzw. irreversibel) oder nur die halbacetalartigen HO-Endgruppen der Pyranringsequenzen. Darüberhinaus sind Substitutionsreaktionen an der C—C-Hauptkette möglich. Die freien, nicht cyclisierten Aldehydgruppen der Homopolymerisate sind in erstaunlichem Maße reaktionsträge (Abschirmung durch die Pyranringe ?), in Copolymerisaten jedoch teilweise den üblichen Aldehydreaktionen zugänglich. Hieraus erklären sich die großen Unterschiede in den maximal erreichbaren Umsätzen bezogen auf die Grundbausteine bei den verschiedenen Reaktionen. Alle Reaktionen lassen sich auf Grund der in den letzten Jahren aufgeklärten Struktur der Polyacroleine (vgl. 3.2.3) erklären und in Anlehnung an R. C. SCHULZ[131] nach verschiedenen Reaktionstypen (die wir willkürlich mit großen Buchstaben bezeichnen) unterscheiden.

Reaktionstypus A:

Alle Pyranringe werden aufgespalten — das Polyacrolein reagiert wie ein polymerer Monoaldehyd, und zwar jeder Grundbaustein unabhängig von den Nachbargruppen. Diese Reaktionen eignen sich also grundsätzlich zur quantitativen Bestimmung der Aldehydgruppen[131]. Beispiele:

Die *Reduktion* zum Polyallylalkohol, insbesondere mit KBH_4[130,132] oder auch mit $LiAlH_4$[133].

Die *Oxydation* mit H_2O_2 in Essigsäure[134] bzw. mit Peressigsäure[135] zu Polyacrylsäure.

Die *Oximierung* mit Hydroxylamin zum Poly(meth)acroleinoxim[136]; (die polymeren Oxime reagieren mit Schwermetallionen zu charakteristisch gefärbten unlöslichen Verbindungen[137]).

Die Bildung von löslichen *Polyhydrazonen* durch Umsetzung mit verschieden substituierten Hydrazinderivaten, wobei diese Substituenten unterschiedlichen Einfluß auf den Umsatz ausüben[138].

---

[131] SCHULZ, R. C.: Ang. Ch. **76**, 357 (1964).

[132] SCHULZ, R. C., und P. ELZER: Makromolekulare Chem. **42**, 205 (1961).

[133] A. P. 2893979 (1955) Monsanto Chem. Co., E. C. CHAPIN, and R. I. LONGLEY jr.; KUHN, K. A., and H. G. CASSIDY: J. Polymer Sci. **44**, 383 (1960).

[134] SCHULZ, R. C., I. LÖFLUND und W. KERN: Makromolekulare Chem. **28**, 58 (1958).

[135] KERN, W., und R. C. SCHULZ: Ang. Ch. **69**, 162 (1957).

[136] SCHULZ, R. C., H. FAUTH und W. KERN: Makromolekulare Chem. **20**, 161 (1956); KERN, W., und R. C. SCHULZ: Ang. Ch. **69**, 162 (1957).

[137] DBP 1069130 (1958) Röhm & Haas G.m.b.H., T. VÖLKER.

[138] SCHULZ, R. C., R. HOLLÄNDER und W. KERN: Makromolekulare Chem. **40**, 16 (1960); KERN, W., und R. C. SCHULZ: Ang. Ch. **69**, 162 (1957); vgl. auch KAUFFMANN, T., und F. P. BOETTCHER: A. **625**, 123 (1959).

Reaktionstypus B:

Es werden alle Pyranringe geöffnet — das Polyacrolein reagiert wie eine polymere Dicarbonylverbindung, d. h. an jeder Umsetzung sind jeweils zwei benachbarte Aldehydgruppen beteiligt. Entsprechend der Theorie von FLORY[139] ist bei derartigen Reaktionen, wie bereits erwähnt (3.6), der erreichbare Umsatz aus statistischen Gründen auf maximal 86 Mol-% beschränkt.

Beispiel: Die intramolekulare *Disproportionierung* nach CANNIZZARO zu Acrylsäure-Allylalkohol-Copolymerisaten durch Umsetzung mit Alkalihydroxyden[140].

Reaktionstypus C:

Die Pyranringe bleiben als solche erhalten, in Reaktion treten ausschließlich die halbacetalartigen HO-Endgruppen (vgl. Formelbild). Im Falle des Polyacroleins kann mit zwei HO-Gruppen auf 2 bis 4 Grundbausteine gerechnet werden, woraus sich maximale Umsätze pro Acroleinbaustein von 50 bis 25 Mol% errechnen lassen[131].

Beispiele: Die Umsetzung mit Alkoholen zu *Vollacetalen*[141], die *Mercaptalisierung*[142] und die KNOEVENAGEL-*Kondensation* mit methylenaktiven Verbindungen[143].

Reaktionstypus D:

Die Pyranringe werden reversibel aufgespalten — das Polyacrolein reagiert wie ein polymerer Monoaldehyd zu labilen Aldehyd-Addukten. Nach Zerstörung der Addukte erfolgt wieder Cyclisierung. Der Umsetzungsgrad bei der Adduktbildung ließ sich bisher nicht bestimmen[131].

Als Beispiel sei die Bildung von *Bisulfit-Addukten* durch Umsetzung mit schwefliger Säure, deren Anhydrid oder Natriumhydrogensulfit[144] angeführt. Diese Reaktion gelingt auch bei Verwendung von Copolymerisaten mit geringem Aldehydgehalt (= mit freien Aldehydgruppen) und führt zu wasserlöslichen Verbindungen mit Polyelektrolytcharakter. Da

---

[139] FLORY, P. J.: Am. Soc. **61**, 1518 (1939) und **64**, 177 (1942).

[140] SCHULZ, R. C., E. MÜLLER und W. KERN: Naturwiss. **45**, 440 (1958); vgl. auch F.P.1257957 (1960) General Tire & Rubber Co., H. PIOTROWSKI et G. E. VAN GILS, sowie DAS 1109898 (1960) General Tire & Rubber Co., G. E. VAN GILS.

[141] SCHULZ, R. C., H. FAUTH und W. KERN: Makromolekulare Chem. **21**, 227 (1956); vgl. auch DAS 1047432 (1957) Hoechst, P. SCHLACK und W. GÖLTNER.

[142] SCHULZ, R. C., E. MÜLLER und W. KERN: Makromolekulare Chem. **30**, 39 (1959).

[143] SCHULZ, R. C., K. MEYERSEN und W. KERN: Makromolekulare Chem. **53**, 58, **54**, 156 und **59**, 123 (alle 1962).

[144] SCHULZ, R. C.: Kunststoffe-Plastics **6**, 32 (1959) und Kunstst. **47**, 303 (1957); SCHULZ, R. C., I. LÖFLUND und W. KERN: Makromolekulare Chem. **32**, 209 (1959); CHERDRON, H.: Kunstst. **50**, 568 (1959); KERN, W., R. C. SCHULZ, and D. BRAUN: J. Polymer Sci. **48**, 91 (1960).

sich durch einfache Maßnahmen (Erniedrigung des pH-Wertes) die Ausgangspolymeren zurückbilden lassen, hat diese Reaktion auch einiges technisches Interesse (z. B. für die Faserherstellung) erweckt[145].

Reaktionstypus E:

Es werden nur die freien Aldehydgruppen umgesetzt. Diese Reaktion gelingt im Falle einiger Copolymerisate, z. B. des Methacroleins, durch Umsetzung zum polymeren Cyanhydrin[146]. Demgegenüber sind die freien Aldehydgruppen im Polyacrolein außerordentlich reaktionsträge, solange die Pyranringe intakt bleiben. R. C. SCHULZ[132] sieht hierin den Grund für das Versagen von Peroxydationsreaktionen und Radikalketten-Übertragungsreaktionen sowie für das Ausbleiben einer Autoxydation[147].

Reaktionstypus F:

Es finden Substitutionsreaktionen an den zur Carbonylgruppe α-ständigen Kohlenstoffatomen der Hauptkette statt. Ein Beispiel hierfür ist die Aldolkondensation mit Formaldehyd, die mit einem überraschend hohen Umsatz von rund 90% abläuft[148].

Die angeführten Reaktionstypen A—F gelten insbesondere für die Homopolymerisate des Acroleins[131], sie haben auch weitgehend — chemisch sinngemäß abgewandelt — Geltung für dessen Copolymerisate und die Polymeren des Methacroleins. Natürlich werden je nach Art der Comonomeren und des Gehaltes an Aldehydgruppen die Eigenschaften der polymeren Derivate in weiten Grenzen variieren und die weiteren Reaktionsabläufe beeinflussen.

3.6.6 Abbaureaktionen

Die Acryl- und Methacrylpolymeren werden bei Einwirkung von Energie, sei es in Form von Strahlung, Wärme, Ultraschall oder mechanischer Energie allgemein, bzw. unter geeigneten Bedingungen durch Redoxsysteme und radikal- oder anionenbildende Verbindungen abgebaut und gegebenenfalls chemisch weiter verändert. Die Kettenabbau-

[145] DBP 1019825 (1956) Degussa, O. SCHWEITZER, W. KERN, R. C. SCHULZ und R. HOLLÄNDER; vgl. auch A. P. 3036978 (1960) W. KERN, R. C. SCHULZ und H. CHERDRON, sowie DBP 1016020 (1955) W. KERN und R. C. SCHULZ und DBP 1083051 (1958) W. KERN, R. C. SCHULZ und I. LÖFLUND; darüberhinaus: DAS 1104183 (1959), Belg. P. 593116, Hoechst, W. GÖLTNER et P. SCHLACK, sowie DAS 1156649 (1963) Agfa A.G., W. HIMMELMANN, H. ULRICH und H. MECKL; zur Darstellung von „Verbundpolymeren" siehe auch: SCHULZ, R. C., und I. LÖFLUND: Ang. Ch. **72**, 771 (1960); SCHULZ, R. C.: Kolloid-Z. **182**, 99 (1962).

[146] A. P. 2833743 (1955) Monsanto Chem. Co., R. H. REINHARD.

[147] SCHULZ, R. C., I. LÖFLUND und W. KERN: Makromolekulare Chem. **32**, 209 (1959).

[148] SCHULZ, R. C., J. KOVACS und W. KERN: Makromolekulare Chem. **67**, 187 (1963).

reaktionen können sowohl in den festen Polymeren als auch in deren Lösungen ablaufen.

Von der Technik her am bekanntesten ist die thermische Depolymerisation von Polymethacrylsäuremethylester[149,150], die das Monomere in hoher Ausbeute liefert. Bei den meisten anderen Abbaureaktionen erhält man niedrigerpolymere, oft chemisch veränderte Bruchstücke oder chemisch definierbare Spalt- und Zersetzungsprodukte. Zum besseren Verständnis der verschiedenen Abbauarten seien diese grob unterteilt in:

A. Depolymerisationsreaktionen (Abbau zum Monomeren) und

B. Statistische Kettenabbaureaktionen.

Mit Rücksicht auf gegebene Zusammenhänge und Analogiebeziehungen wird diese schematische Einteilung gelegentlich durchbrochen werden müssen.

A. Depolymerisationsreaktionen

1. Thermische Depolymerisation

Reines *Polymethacrylnitril*[151] und insbesondere die *niederen Ester der Polymethacrylsäure*[149,150] depolymerisieren beim Erhitzen („Cracken") auf über etwa 250° mit sehr hoher Ausbeute zu *Monomeren* und gelegentlich geringen Mengen Oligomeren. Die analogen *Derivate der Polyacrylsäure* liefern überwiegend *Zersetzungsprodukte*; die Monomerenausbeute übersteigt in keinem Falle 5% bezogen auf das eingesetzte Homopolymerisat[151,152].

Die Fähigkeit zur thermischen Depolymerisation teilen die genannten Polymethacrylverbindungen mit z. B. Poly-α-methylstyrol. Diese Produkte weisen als gemeinsames Kennzeichen sperrig aufgebaute Ketten mit quartären C-Atomen als Kettenglieder und hierzu β-ständige ungesättigte Atomgruppierungen in den Seitengruppen auf.

Nach den heute geltenden Vorstellungen wird der thermische Abbau von Polymethacrylsäuremethylester als eine *Kettenreaktion*[153] in dem

[149] DRP 642289 (1935), E. P. 460009, F. P. 809386, A. P. 2030901, Röhm & Haas A.G., P. Weisert; C. **1937** I, 4871 und C. **1936** I, 4630.

[150] DRP 729730 (1940) Röhm & Haas G.m.b.H., C. T. Kautter und W. Leitenberger.

[151] Kern, W., und H. Fernow: J. pr. (2) **160**, 281 (1942); Grassie, N., and I. C. McNeill: Soc. **1956**, 3929; J. Polymer Sci. **27**, 207 (1958) und **30**, 37 (1958).

[152] Burlant, W. J., and J. L. Parsons: J. Polymer Sci. **22**, 249 (1956); Lacombe, E. M.: J. Polymer Sci. **24**, 152 (1957); Strauss, S., and S. L. Madorsky: J. Res. Bur. Stand. **61**, 77 (1958); Zahn, H., und P. Schäfer: Makromolekulare Chem. **30**, 225 (1959); Kennedy, J. P., and C. M. Fontana: J. Polymer Sci. **39**, 501 (1959); Houtz, R. C.: Textile Res. J. **20**, 786 (1950); Schurz, J.: J. Polymer Sci. **28**, 438 (1958); Schurz, J., und H. Stübchen: Z. El. Ch. **61**, 754 (1957); Hopff, H.: Kunstst. **42**, 423 (1952); Wall, L. A., and R. E. Florin: J. Res. Bur. Stand. **60**, 451 (1958); Strauss, S., and S. L. Madorsky: J. Res. Bur. Stand. **50**, 165 (1953); J. Polymer Sci. **11**, 501 (1953); Steele, R., and H. Jacobs: J. Appl. Polymer Sci. **2**, 86 (1959).

[153] Grassie, N., and H. W. Melville: Pr. roy. Soc. **199/A**, 1 (1949).

Sinne verstanden, daß nach einer Startreaktion am Kettenende (oder einer Ketten-Bruchstelle) viele Monomerenbausteine „reißverschlußartig" vom aktiven Ende abgespalten werden. Eine allgemeine statistische Theorie für diesen Prozeß wurde erstmals durch R. SIMHA und L. A. WALL[154] erstellt. A. BROCKHAUS und E. JENCKEL[155] verdanken wir weitere eingehendere Kenntnisse über die thermische Depolymerisation von Polymethacrylsäuremethylester. Dieses Polymere depolymerisiert nach etwa 45% Umsatz mit herabgesetzter Geschwindigkeit. Die Zahl der C=C-Enddoppelbindungen nimmt mit steigendem Umsatz (bis 55%) ab. Polymethacrylsäuremethylester enthält also zu je etwa 50% einen leichter (Aktivierungsenergie etwa 27 kcal) und einen schwerer (Aktivierungsenergie etwa 45 kcal) depolymerisierenden Anteil. Diese überraschende Feststellung wurde durch die Autoren[155] einleuchtend mit dem Mechanismus der Abbruchreaktion bei der radikalischen Polymerisation von Methacrylsäuremethylester in Beziehung gebracht.

Bekanntlich erfolgt der Abbruch bei dessen Polymerisation (vgl. 3.2.1.1) überwiegend durch Disproportionierung zweier radikalischer Enden unter Ausbildung je eines gesättigten und eines ungesättigten Kettenendes[156]. Von den beiden Polymeren mit verschiedenen Endgruppen depolymerisiert dasjenige mit dem ungesättigten Kettenende leichter. In Übereinstimmung damit wurde auch festgestellt, daß während der Depolymerisation die Konzentration an mit Starterresten besetzten Kettenenden zunimmt[157].

Einen Einfluß auf die Depolymerisationsgeschwindigkeit scheint auch die Art der radikalischen Polymerisation von Methacrylsäuremethylester und die Art der verwendeten Starter auszuüben. Die durch Photopolymerisation gewonnenen Produkte werden nämlich besonders rasch und die Polymeren mit resonanzstabilisierten Resten an den Kettenenden verlangsamt abgebaut[157].

Aus der Kenntnis der Reaktionsabläufe bei der thermischen Depolymerisation ergeben sich für die Praxis wichtige Hinweise, die insbesondere bei der Darstellung von Polymethacrylatkunststoffen, die bei der Verarbeitung und Verformung thermisch stark beansprucht werden, beachtet werden müssen. In diesen Fällen strebt man Polymerisatketten mit gesättigten und stabilen Endgruppen an, was einmal durch geeignete Wahl von Beschleunigern und zum anderen durch Mitverwendung von Übertragungsreglern (vgl. 3.2.1.2) oder geeigneten Comonomeren (z. B.

---

[154] SIMHA, R., and L. A. WALL: J. phys. Chem. **56**, 707 (1952).

[155] BROCKHAUS, A., und E. JENCKEL: Makromolekulare Chem. **18/19**, 262 (1956); BROCKHAUS, A.: Dissertation Aachen 1955.

[156] AYREY, G., and C. G. MOORE: J. Polymer Sci. **36**, 41 (1959); BEVINGTON, J. C., H. W. MELVILLE, and R. P. TAYLOR: J. Polymer Sci. **12**, 449 (1954) und **14**, 463 (1954); SCHULZ, G. V., G. HENRICI-OLIVÉ und S. OLIVÉ: Ph. Ch. **27**, 1 (1961).

[157] GRASSIE, N., and H. W. MELVILLE: Discuss. Faraday Soc. **2**, 378 (1947); Bull. Soc. chim. belges **57**, 142 (1948).

von geringen Mengen Acrylsäuremethylester) erfolgen kann. Selbstverständlich richtet sich die Menge dieser Zusätze auch nach anderen wichtigen Eigenschaften, wie dem einzustellenden Polymerisationsgrad, der gewünschten Erweichungstemperatur und z. B. der Schmelzviskosität. Bei der Verarbeitung selbst, insbesondere bei dem nahe an der Depolymerisationstemperatur erfolgenden Spritzgußverfahren (vgl. 3.5.4.3), sollte beachtet werden, daß die Anwesenheit von Luftsauerstoff die für den Abbau erforderliche Temperatur herabsetzt[158].

Im Gegensatz zu Polymethacrylsäureestern mit niederen Alkoholen und Polymethacrylnitril weisen die anderen Polymethacrylsäurederivate thermisch labilere Seitengruppen auf, die sich unterhalb der Depolymerisationstemperatur chemisch verändern und den Abbau zu Monomeren verhindern. So werden *Polymethacrylsäure* und dessen *Amid* beim Erhitzen unter Abspaltung von Wasser bzw. Ammoniak in die entsprechenden polymeren Anhydride[159] bzw. Imide[160] übergeführt. Aus dem gleichen Grunde ist die thermische Depolymerisation der Polymethacrylsäureester im wesentlichen auf die Ester der niederen primären Alkohole beschränkt. Der Polymethacrylsäureester des tertiären Butylalkohols spaltet beim Erhitzen in erster Stufe Isobuten ab und reagiert über die Säure zum polymeren Anhydrid weiter[161].

Ersetzt man schließlich in den thermisch depolymerisierbaren Polymethacrylverbindungen die α-ständige Methylgruppe durch andere thermisch stabile Substituenten, so bleiben wieder Polymere mit quartären C-Atomen als Kettenglieder, die thermisch ebenfalls depolymerisieren. Diese Eigenschaft ist nicht nur auf die Polymeren der α-Alkylacrylsäureester beschränkt, sondern vor allem auch für die Polymeren der Di-ester oder des Di-nitrils von α-Methylenmalonsäure[162] wichtig. So beruht eine Methode zur Darstellung und Reinigung des Monomeren auf einer thermischen Spaltung von Polymeren des rohen Vinylidencyanids (vgl. 2.1.4).

Wie bereits erwähnt, spielt die *thermische Depolymerisation von Polymethacrylsäuremethylester* technisch eine wichtige Rolle[149,150]. Zur präparativen Monomerengewinnung bedient man sich am besten eines elektrisch beheizten Pyrolyseofens, wobei unter geringem Vakuum (etwa 70 bis 80 Torr) und um 350° annähernd quantitative Ausbeuten an Monomeren erhalten werden. Technisch crackt man aus hocherhitzten

---

158 MESROBIAN, R. B., and A. V. TOBOLSKY: J. Polymer Sci. **2**, 463 (1947); STEELE, R., and H. JACOBS: J. Appl. Polymer Sci. **2**, 86 (1959).

159 GRANT, D. H., and N. GRASSIE: Polymer **1**, 125 (1960).

160 DAS 1113308 (1960) Röhm & Haas G.m.b.H., G. SCHRÖDER, K. TESSMAR und U. BAUMANN.

161 CRAWFORD, J. W. C.: J. Soc. chem. Ind. **68**, 201 (1949); GRANT, D. H., and N. GRASSIE: Polymer **1**, 445 (1960); DAS 1109883 (1957) BASF, W. BAUMEISTER, R. GÄTH und A. SCHWARZ.

162 HAWORTH, E., and W. H. PERKIN: Soc. **1898**, 330; BOTTOMLEY, J. F., and W. H. PERKIN: Soc. **1900**, 294; HOPFF, H., H. LÜSSI und S. ALLISON: Makromolekulare Chem. **44—46**, 95 (1961).

Schmelzen oberhalb 300° oder aus Lösungen, wobei in Gegenwart von Wasserdampf erhöhte Ausbeuten erzielt werden sollen[150].

Die aus technischen Produkten gewonnenen Monomeren sind erwartungsgemäß stark verunreinigt. Anteile von Comonomeren sowie Spaltprodukte von Reglern, Beschleunigern, UV-Absorbern, Weichmachern und Pigmenten schließen eine direkte Wiederverwendung des gewonnenen Monomeren für Polymerisationszwecke aus. In der Praxis wird man deshalb einer sorgfältigen Reinigung durch fraktionierte Destillation Waschungen mit schwach sauer und schwach alkalisch reagierenden wäßrigen Lösungen vorschalten.

2. Anionische Depolymerisation

Nach anionischem Mechanismus dargestellte Oligomere sowie darin gelöste Hochpolymere von Methacrylsäuremethylester depolymerisieren in Gegenwart geeigneter anionischer Beschleuniger bereits bei Temperaturen von 170° und mehr[163]. In festen Hochpolymeren ist diese Art der Depolymerisation infolge Behinderung der Diffusion der Starter stark verlangsamt. Nach offenbar gleichem Mechanismus kann auch Polymethylenmalonsäurediäthylester depolymerisiert werden[164]. Die übliche thermische Depolymerisation dieses Polymeren tritt bei 200 bis 240° auf; durch starke Alkalien katalysiert tritt eine Depolymerisation bereits bei 170 bis 190° in Erscheinung.

B. Statistische Kettenabbaureaktionen

Verglichen mit anderen synthetischen Polymeren gehören zwar Polyacrylsäure und Polymethacrylsäure, insbesondere deren Ester und Nitrilderivate, zu den widerstandsfähigsten Hochpolymeren überhaupt. In der Praxis jedoch muß beachtet werden, daß durch Einwirkung von Wärme, chemische Agenzien, Luftfeuchtigkeit, Beschleunigerresten (mit Azoisobuttersäuredinitril gestarteter Polymethacrylsäuremethylester ist vergleichsweise stabiler als mit Dibenzoylperoxyd gestarteter), Licht und anderen Strahlen die Polymerisate chemisch verändert, vernetzt und auch abgebaut werden können. Diese Reaktionen sind bezogen auf die Summe der monomeren Grundbausteine quantitativ meist sehr gering, in bezug auf bestimmte Eigenschaften jedoch oft sehr stark bemerkbar. Unter der Einwirkung von mechanischen Kräften, wie Zugspannungen, treten ebenfalls Veränderungen auf, die bei Polymethacrylsäuremethylester nach neueren Anschauungen[165] nicht auf molekularen Spaltungs-

[163] Völker, T., A. Neumann und U. Baumann: Makromolekulare Chem. **63**, 182 (1963).
[164] Hopff, H., H. Lüssi und S. Allison: Makromolekulare Chem. **44—46**, 95 (1961).
[165] Spurr jr., O. K., and W. D. Niegisch: J. Appl. Polymer Sci. **6**, 585 (1962).

prozessen, sondern auf eng begrenzten morphologischen Veränderungen beruhen sollen.

Insgesamt betrachtet, beobachtet man bei *Polyacrylverbindungen* bei statistischen Kettenabbaureaktionen außer einer teilweisen bis geringen Veränderung der funktionellen Gruppen häufig Vernetzungsreaktio-

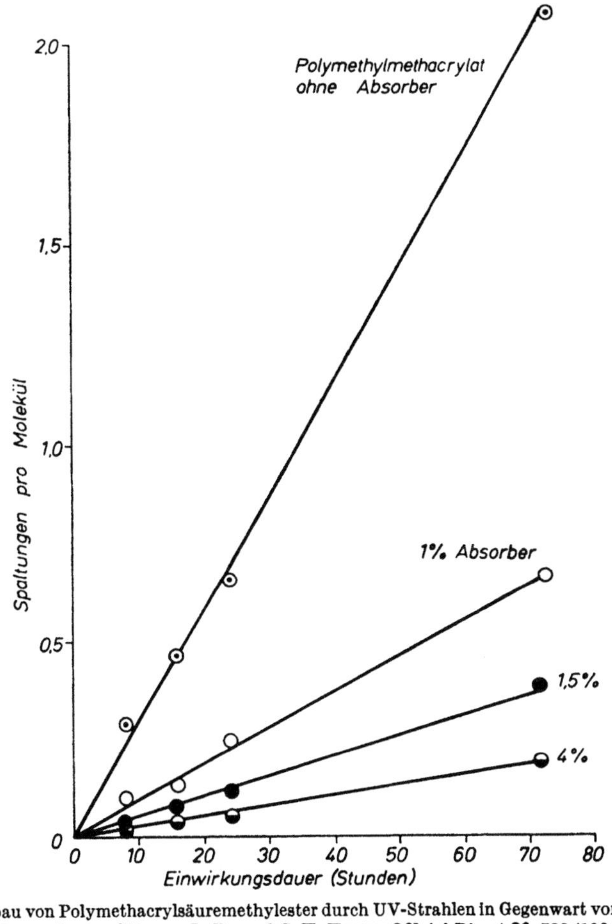

Abb. 23. Abbau von Polymethacrylsäuremethylester durch UV-Strahlen in Gegenwart von Dihydroxybenzophenon. [MAXIM, L. D., and C. H. KUIST: Official Digest **36**, 730 (1964)]

nen durch Substitution der aktivierten α-Wasserstoffatome, bei *Polymethacrylverbindungen* sind Vernetzungsreaktionen naturgemäß sehr erschwert. Bei Abbauvorgängen in Lösung verhalten sich Polyacrylverbindungen und Polymethacrylverbindungen ebenfalls oft sehr unterschiedlich, wobei Dissoziationsgrad und Verknäuelungsgrad der Polymeren einen großen Einfluß auf diese Reaktionen ausüben können.

In den technisch wichtigen festen Polymerisaten, wie den meisten

Acrylatgläsern, werden je nach Verwendungszweck zum Schutz gegen einen Lichtabbau UV-Absorber beigemengt, wovon z. B. Uvinul ® 490 der General Aniline & Film Corp.[166] und auch andere[167] geeignet sind.

Die Schutzwirkung eines UV-Absorbers (Dihydroxybenzophenon) gegen den Abbau von Polymethacrylsäuremethylesterfilmen durch UV-Strahlen zeigt Abb. 23.

Der Spannungskorrosion wird mitunter durch Zusatz geringster Mengen an Vernetzungsmitteln bei der Polymerisation entgegengewirkt.

Bei Einwirkung von Wärme werden insbesondere Acrylnitril enthaltende Polymerisate geschädigt, was sich durch Verfärbungen anzeigt (vgl. 3.6.2. C). In der Praxis bemüht man sich deshalb vor allem darum, für Acrylnitrilfasern (vgl. 3.5.2) geeignete Stabilisatoren zu finden[168].

1. Abbau durch Radikalbildner

Polymethacrylsäuremethylester und Poly-α-chloracrylsäureester werden in ihren Lösungen durch Radikale abgebaut[169]. Wäßrige Polymethacrylsäure wird durch OH-Radikale, die durch Einwirkung von UV-Licht aus H_2O_2 gebildet werden, ebenfalls abgebaut[170]. Freie Polymethacrylsäure wird weniger stark durch OH-Radikale abgebaut als deren Salze[171].

2. Abbau durch Alkalien

Durch katalytische Mengen an Alkalien wird Polyacrylnitril in Dimethylformamid statistisch abgebaut[172], als Nebenreaktion findet eine Cyclisierung der Nitrilgruppen statt, die ähnlich wie bei der Hitzebehandlung[173] zu Verfärbungen führt[172,174].

---

166 Völker, T.: Makromolekulare Chem. **44—46**, 116 (1961); Canad. P. 623508 (1955) General Aniline & Film Corp.

167 Coleman, R. A., and J. A. Weicksel: Mod. Plastics **36**, 117 und 198 (1959); Gysling, H., und H. J. Heller: Kunstst. **51**, 13 (1961); Maxim, L. D., and C. H. Kuist: Official Digest **36**, 730 (1964).

168 Schurz, J., W. Skoda und H. Bayzer: M. **91**, 264 (1960); (Zusammenstellung der amerikanischen Patentschriften über Stabilisatoren gegen Hitzeverfärbung von Polyacrylnitril).

169 Tasset, G., and G. Smets: J. Polymer Sci. **12**, 517 (1954).

170 Baxendale, J. H., and J. K. Thomas: Chem. and Ind. **1956**, 377.

171 Baxendale, J. H., and J. K. Thomas: Trans. Faraday Soc. **54**, 1515 (1958).

172 McCartney, J. R.: Mod. Plastics **30**, 118 (1953).

173 Burlant, W. J., and J. L. Parsons: J. Polymer Sci. **22**, 249 (1956); Houtz, R.: Textile Res. J. **20**, 786 (1950); Lacombe, E. M.: J. Polymer Sci. **24**, 152 (1957); Völker, T.: Ang. Ch. **69**, 728 (1957); Tsuda, Y.: Bl. chem. Soc. Japan **34**, 1046 (1961); Grassie, N., J. N. Hay, and I. C. McNeill: J. Polymer Sci. **31**, 205 (1958); Schurz, J., und H. Stübchen: Z. El. Ch. **61**, 754 (1957); Schurz, J.: J. Polymer Sci. **28**, 438 (1958); Schurz, J., A. Ullrich und H. Zah: M. **91**, 741 (1960).

174 Völker, T.: Ang. Ch. **72**, 379 (1960).

3. Abbau durch Schwermetallionen

Wäßrige Lösungen von Polymethacrylsäure und Polyacrylsäure bauen in saurem bis schwach alkalischem Milieu in Gegenwart von Eisen, Schwermetallionen, insbesondere von Fe-(III)-Ionen, ab[175].

4. Abbau durch Luftsauerstoff

Alkalisch reagierende wäßrige Lösungen von Polyacrylsäure sowie entsprechende Lösungen von Acrylsäure enthaltenden Copolymerisaten, bauen bei Einwirkung von Luftsauerstoff ab[176]. Beim Erhitzen von Filmen von Polyäthylacrylat auf 80 bis 120° findet bei Anwesenheit von Luft ebenfalls Abbau statt. Diese Reaktion wird durch Hydrochinon inhibiert und durch Dibenzoylperoxyd beschleunigt und erinnert vom Mechanismus her an die autokatalytische Oxydation[177].

5. Abbau durch Strahlen

Bei Bestrahlung von Hochpolymeren, die aktive α-Wasserstoffatome enthalten, wie Polyacrylsäure, deren Ester und Amide, mit energiereichen Elektronen, findet außer Abbau auch Vernetzung statt. Demgegenüber werden Polymethacrylsäure und Polymethacrylsäuremethylester unter analogen Bedingungen nur abgebaut[178]. Wäßrige Lösungen von Polyacrylsäure und Polyacrylamid werden durch Röntgenstrahlen abgebaut und vernetzt, dagegen Lösungen von Polymethacrylsäure sowie von Polymethacrylaten nur abgebaut[179].

Eine eingehende Untersuchung der Einwirkung hochenergetischer Strahlungen auf Filme von Polymethylmethacrylaten einerseits und Polyacrylsäurederivaten andererseits bestätigte wieder für den ersten Fall, daß nur ein Abbau, und im zweiten Fall, daß daneben auch eine Vernetzung (durch Pfropfung) stattfindet[180]. Die Veränderung von Polyacrylaten durch Einwirkung energieärmerer Strahlen (UV) ist für die

---

[175] Völker, T.: Houben-Weyl-Müller XIV/1, 1024 (1961).

[176] Trommsdorff, E.: H. Staudinger, Die hochmolekularen organischen Verbindungen, S. 355. Berlin: Springer 1932; Völker, T.: Makromolekulare Chem. **44—46**, 111 (1961).

[177] Steele, R., and H. Jacobs: J. Appl. Polymer Sci. **2**, 86 (1959); weitere Literatur und neuere Ergebnisse vgl. auch Conley, R. T., and P. L. Valint: J. Appl. Polymer Sci. **9**, 785 (1965).

[178] Miller, A. A., E. J. Lawton, and J. S. Balwit: J. Polymer Sci. **14**, 503 (1954).

[179] Alexander, P., and A. Charlesby: J. Polymer Sci. **23**, 355 (1957); Alexander, P., et M. Fox: J. Chim. physique Physico-Chim. biol. **50**, 415 (1953); Trans. Faraday Soc. **50**, 605 (1954).

[180] Todd, A.: J. Polymer Sci. **42**, 223 (1960); vgl. auch: Jellinek, H. H. G.: Degradation of Vinyl Polymers, Academic Press, New York (1955) und Grassie, N.: Chemistry of High Polymer Degradation Processes, Interscience Publ., New York (1956); ältere Literaturzusammenstellungen.

Wetterfestigkeit von Überzügen von Bedeutung[181]. Das unterschiedliche Verhalten einzelner Polymerfilme geht aus Abb. 24. hervor. Polymethacrylatverbindungen, insbesondere die Ester, werden durch UV sowohl in Lösung als auch in Filmen ebenfalls abgebaut[182].

Wäßrige Lösungen von Polymethacrylsäureverbindungen werden auch durch ungefiltertes Tageslicht abgebaut, sofern die genannten Verbindungen in stark geknäuelter Form gelöst vorliegen. Dementspre-

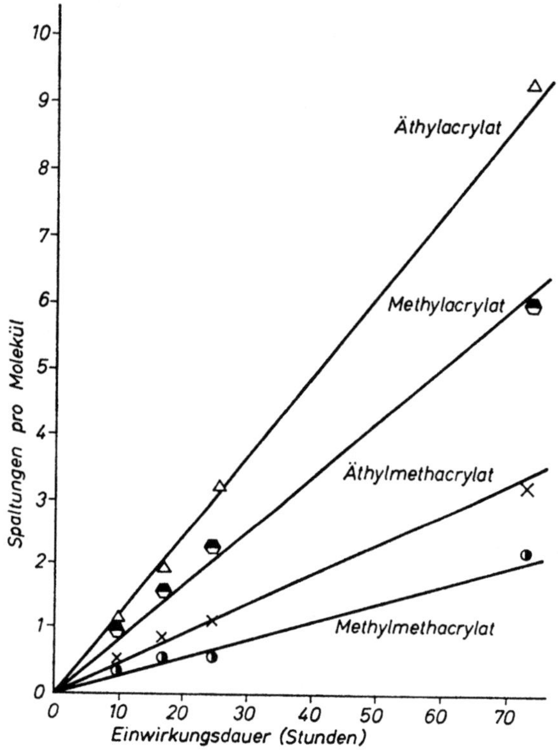

Abb. 24. Der Einfluß von UV-Bestrahlung auf den Abbau verschiedener Poly(meth)acrylatfilme. [MAXIM, L. D., and C. H. KUIST: Official Digest **36**, 733 (1964)]

chend findet ein Abbau von Polymethacrylsäure im sauren bis schwach alkalischen Bereich, von Polymethacrylsäureaminoestern im alkalischen bis schwach sauren Bereich und kein Abbau von pH 1 bis pH 12 im Falle

[181] JACOBS, H., and R. STEELE: J. Appl. Polymer Sci. **3**, 239 und 245 (1960); FOX, R. B., L. G. ISAACS, S. STOKES, and R. E. KAGARISE: J. Polymer Sci. A **2**, 2085 (1964).

[182] OSTER, G., G. K. OSTER, and H. MOROSON: J. Polymer Sci. **34**, 671 (1959); MÖNIG, H., und H. KRIEGEL: Z. Naturf. **15** b, 333 (1960); GARDNER, D. G., and L. M. EPSTEIN: J. chem. Physics **34**, 1653 (1961); CHARLESBY, A., and D. K. THOMAS: Pr. roy. Soc. A **269**, 104 (1962); FOX, R. B., L. G. ISAACS, and S. STOKES: J. Polymer Sci. A **1**, 1079 (1963).

des starken Polyelektrolyten und daher wenig geknäuelten, quaternisierten Poly-N-dimethyl-β-aminoäthylmethacrylsäureesters statt[183].

6. Abbau durch Ultraschall

Bei intensiver Beschallung von Polymerisatlösungen in Gegenwart von Gasen findet der sog. Ultraschallabbau statt. Man nimmt an, daß kleine, in Resonanz mit den Ultraschallwellen stehende Gasbläschen (Kavitationsbläschen) die Ursache für diesen Abbau sind. Die Kinetik des Ultraschallabbaues ist zuerst von G. SCHMID[184] behandelt worden. Nach seinen Vorstellungen ist die Abbaugeschwindigkeit umso größer, je höher das Molekulargewicht des Polymeren ist.

Die SCHMID'sche Theorie ist von verschiedenen Seiten auch angegriffen worden; eine eingehende Gegenüberstellung der einzelnen Arbeiten wurde durch G. WILKE und K. ALTENBURG[185] gebracht, weshalb eine Diskussion an dieser Stelle mit diesem Hinweis abgebrochen werden kann.

Von der Theorie her kann der Ultraschallabbau auch als ein rein mechanischer Abbau betrachtet werden. Solche Abbauvorgänge können beim Austritt von Polymerisatlösungen (besonders von Polymethacrylatlösungen) aus einer engen Düse auftreten[186]. Sowohl beim Ultraschallabbau als auch bei einem rein mechanisch verursachten Abbau werden die Polymeren einheitlicher, was eventuell auch zu einer praktischen Verwendung dieser Abbauart führen kann.

Der Ultraschallabbau führt zu radikalischen Bruchstellen, die mit Acrylnitril eine Polymerisation zu Blockcopolymeren[187] eingehen können. Aus zwei verschiedenartigen Polymerradikalen können durch Kombination (z. B. aus Polymethylmethacrylat und Polystyrol) ebenfalls Blockcopolymere[188] entstehen (vgl. 3.3.4). Der radikalische Charakter der Bruchstellen im Falle des Ultraschallabbaues von Polymethacrylsäuremethylester wurde durch Reaktion mit α,α-Diphenyl-β-picrylhydrazin nachgewiesen[189].

---

[183] VÖLKER, T.: Makromolekulare Chem. **44—46**, 107 (1961); vgl. hierzu auch: CHOU, C. H., and H. H. G. JELLINEK: Canad. J. Chem. **42**, 522 (1964).
[184] SCHMID, G.: Ph. Ch. **A 186**, 113 (1940).
[185] WILKE, G., und K. ALTENBURG: Plaste u. Kautschuk **3**, 219 und 257 (1957).
[186] OPITZ, G., und H. GROHN: Plaste u. Kautschuk **11**, 11 (1964).
[187] HENGLEIN, A.: Makromolekulare Chem. **14**, 128 (1954).
[188] HENGLEIN, A.: Makromolekulare Chem. **18**, 37 (1956).
[189] HENGLEIN, A.: Makromolekulare Chem. **15**, 188 (1955).

3.7 Hinweise zur analytischen Charakterisierung von (Meth)acrylpolymeren

Erste Anhaltspunkte über die Art und den Aufbau eines ursprünglich unbekannten Kunststoffes erhält man durch Ermittlung des spezifischen Gewichtes (das durch Füllstoffe allerdings stark beeinflußt werden kann), wobei z. B. die reinen Polymethacrylate ein solches von 1,0 bis 1,2 aufweisen können. Weitere qualitative Vorprüfungen können durch Beobachtung und Verfolgung der Vorgänge beim Erhitzen, Anzünden, Abbrennen und Verseifen erfolgen, worüber in der Literatur zahlreiche Hinweise als Anleitung vorliegen[1].

Eingehendere Anhaltspunkte erhält man durch spektrophotometrische Untersuchungsmethoden, wobei es sich empfiehlt, das Hochpolymere grundsätzlich durch Umfällen von Hilfs- und Zusatzstoffen zu trennen und die diversen Anteile getrennt zu untersuchen. Zur Feststellung der funktionellen Gruppen in den Polymerisaten eignen sich hervorragend IR-spektroskopische Methoden[2]. Die anorganischen Verunreinigungen und Zusätze können hinsichtlich ihrer Art und Menge (in bezug auf die Kationen) flammenspektrometrisch ermittelt werden.

Das Gebiet der Kunststoffanalyse ist im Hinblick auf den Umfang und die Mannigfaltigkeit der Anforderungen so groß, daß eine eingehendere Darstellung der verschiedenen Methoden den angemessenen Rahmen sprengen würde. Hierzu wird auf die ausgezeichnete Literaturzusammenstellung neueren Datums (1963) von M. Hoffmann[3] verwiesen.

In der Praxis bedient man sich zur weiteren Charakterisierung u. a. folgender Untersuchungsmethoden, die durch die klassischen Methoden der Analyse organischer Verbindungen (z. B. Mikroverbrennung, Alkoxylbestimmung u. a. m.) sinngemäß ergänzt werden.

A. Feste Polymerisate

1. Löslichkeit

Aus der Löslichkeit und Art der Lösungsmittel sowie der Lösetemperatur lassen sich Rückschlüsse auf den Bau der Polymerisate ziehen (vgl. S. 231). Filmbildung aus der Lösung und Filmbeschaffenheit geben weitere Hinweise auf das Polymerisat.

---

[1] Saechtling, Hj., und A. Krause: Kunststoffbestimmungstafel, 3. Auflage, C. Hanser Verlag München (1959); Nitsche, R., und W. Toeldte: Kunstst. **40**, 29 (1950); Thinius, K.: Analytische Chemie der Plaste, Berlin-Göttingen-Heidelberg: Springer 1952; Bandel, G.: Ang. Ch. **51**, 570 (1958).

[2] Hummel, D.: Kunstst. **46**, 442 (1956) und **55**, 102 (1965); Hummel, D.: Kunststoff-, Lack- und Gummianalyse, C. Hanser Verlag München (1958).

[3] Hoffmann, M.: Houben-Weyl-Müller XIV/2, 960 (1963).

2. Viskosität

Über die Viskositätsmessung wird in der Praxis der durchschnittliche Polymerisationsgrad von linearen Homopolymeren grob ermittelt[4]. Zur Bestimmung von $\frac{\eta\ \mathrm{spez}}{c}$ bzw. des K-Wertes vgl.[5]. Tabellen mit Werten für die Berechnung der durchschnittlichen Molekulargewichte von Polymethacrylsäuremethylester finden sich beispielsweise bei L. KÜCHLER[6] und H. G. ELIAS[7]. (Üblicherweise wird $\frac{\eta\ \mathrm{spez}}{c}$ für Polymethacrylsäuremethylester in Chloroform bestimmt[8]).

Unter Verwendung von Eichkurven kann auch aus Messungen der Schmelzviskosität der Polymerisationsgrad abgeschätzt werden.

3. Verseifungszahl

Die Ermittlung der VZ erfolgt meist in äthylakoholischer Kalilauge (Kochen unter Rückfluß) und Rücktitration der Lauge (vgl. 2.4.2); aus der Differenz der Verseifungs- und Säurezahl berechnet man die Esterzahl. Man erhält dadurch Auskunft über die Summe der verseifbaren Gruppen (= Ester-, Anhydrid-, Amid- und Nitril-Gruppen; über letztere ungenauer). Bei schwerer verseifbaren Polymeren (z. B. (Co)polymerisate von Methacrylsäureestern) können auch Isopropanol oder Glykol als Lösungsmittel bei der Verseifung dienen.

Eine Kombination der Methode mit den Ergebnissen einer Alkoxygruppenbestimmung (z. B. Methoxyl) führt zu detaillierteren Aussagen.

4. Säurezahl

Die SZ kann entsprechend der im Kapitel 2.4.2 angegebenen Methode (vgl. DIN 53402) durchgeführt werden. Nach dieser Methode werden vor allem die freien Carboxylgruppen (bzw. auch andere Säuregruppen) und teilweise besonders leicht verseifbare funktionelle Gruppen erfaßt.

5. Stickstoffbestimmung

Zur Bestimmung stickstoffhaltiger Copolymerer (Acrylnitril sowie Acrylamid und dessen Derivate) kommen vor allem Stickstoffbestim-

[4] STAUDINGER, H.: Die hochmolekularen organischen Verbindungen, Berlin: Springer 1932; KUHN, W.: Ang. Ch. **49**, 858 (1936): KUHN, W., und H. KUHN: Helv. **26**, 1394 (1943) und **28**, 1533 (1945); HOUWINK, R.: J. pr. **157**, 15 (1941).

[5] KERN, W., und R. C. SCHULZ: Houben-Weyl-Müller XIV/1, 85, (1961); FIKENTSCHER, H.: Cellulosech. **13**, 58 (1932).

[6] KÜCHLER, L.: Polymerisationskinetik, S. 51, Berlin-Göttingen-Heidelberg: Springer 1951.

[7] ELIAS, H. G.: Makromolekulare Chem. **33**, 166 (1959).

[8] ISO/TC 61-WG 5/TG PM Document No. 563, First Draft Working Group Proposal „Method of Test for the Viscosity Number of Methylmethacrylate Polymers and Copolymers in Dilute Solution".

mungen nach KJELDAHL in Frage[9], wobei von W. P. TYLER[10] einige Ausführungsarten für Acrylnitril angegeben sind. Nach der Methode von COLE und PARKS[11] wird die Behandlung mit Schwefelsäure unter Zusatz einer gepulverten Mischung von Kaliumsulfat, Selen und Quecksilberoxyd durchgeführt. Der nach Laugenzusatz übergehende Ammoniak wird in Borsäure aufgefangen. Andere Katalysatormischungen bestehen aus Quecksilberoxyd, Selen und Kupfersulfat oder nur aus Quecksilberoxyd.

6. Depolymerisation (vgl. 3.6.6. A)

Bei der Untersuchung von Polymethylmethacrylat macht man von der Eigenschaft Gebrauch, daß sich das Polymere bei höherer Temperatur wieder depolymerisieren läßt. Zur Reinigung[12] löst man das Polymere in Aceton und fällt mit Leichtbenzin wieder aus, wobei der Weichmacher in Lösung bleibt. Bei dieser Umfällung erhält man auch Hinweise auf andere Zusätze, wie UV-Absorber (Geruch nach Methylsalicylat) oder Trübungsmittel (Paraffin).

Zur Depolymerisation im Vakuum verwendet man eine Apparatur, die aus zwei miteinander durch ein waagrechtes Rohr verbundenen Eprouvetten besteht[12]. Nach Einfüllen der Probe und Evakuieren wird die Apparatur abgeschmolzen und das Cracken bei einer Temperatur von 340 bis 350° durchgeführt, wobei das Auffanggefäß durch Kohlensäureschnee-Methanol auf minus 70° gekühlt wird. Nach Reaktionsende wird sofort analysiert[13].

Versuche zeigten, daß auf diese Weise aus Homopolymerisat 90 bis 97% monomerer Ester zurückgewonnen werden kann, wohingegen bei Luftzutritt nur eine Ausbeute von 60% erreicht wurde. Bei Gegenwart von Weichmacher erhält man ein Destillat von bedeutend niedrigerer VZ.

Handelt es sich um Copolymerisate von Methacrylsäuremethylester mit Styrol oder anderen Acrylestern, so muß man mit wesentlich tieferen Monomerenausbeuten rechnen.

Bei der nachfolgenden Analyse wird im Fall von Styrol-Methacrylsäuremethylester mit Alkali verseift und mit Äther extrahiert. Styrol wird in das Styroldibromid (Fp 73°) umgewandelt; niedere Acrylester werden zu Acetaldehyd gespalten.

Auf alle Fälle ist es vorteilhaft, die Methoden der Gaschromato-

---

[9] WILLITS, C. O., and C. L. OGG: J. Assoc. agr. Chemists **33**, 179 (1950).

[10] TYLER, W. P.: G. M. KLINE, Analytical Chemistry of Polymers, Teil I, Intersc. Publ. New York-London, 13 (1959).

[11] COLE, J. O., and C. R. PARKS: Ind. eng. Chem. Anal. **18**, 61 (1946).

[12] HASLAM, J.: C. P. A. KAPPELMEIER, Chemical Analysis of Resin-based Coating Materials, Intersc. Publ. New York-London, 356 (1959); vgl. auch: VIRUS, W.: Ch. Z. **87**, 740 (1963).

[13] HASLAM, J., and W. W. SOPPET: Analyst **75**, 63 (1950).

graphie[14] und der IR-Spektroskopie zu Hilfe zu nehmen. Dabei verwendet man das anfallende Depolymerisat direkt zur anschließenden Analyse. Im Fall einer IR-Untersuchung[15] wird das durch Cracken erhaltene Monomere sofort zwischen Kochsalzfenster gegeben und das Spektrum aufgenommen.

Über eine Zusammenstellung von IR-Spektren und nähere Angaben darüber vgl. z. B. [2,16].

7. Restmonomere

Um Restmonomere im Polymethacrylsäuremethylester zu bestimmen, stehen mehrere Methoden zur Verfügung. Bei der *jodometrischen Bestimmung* wird 1 g Probe eingewogen und in einen 500 ml Jodkolben übergeführt. 50 ml einer 0,2 n Lösung von Jodmonochlorid in Chloroform (Marshall-Lösung) werden aus einer automatischen Bürette zugefügt und nach Verschließen des Kolbens in dessen erweiterten Hals 1 ml 20%ige KJ-Lösung gegeben. Der Kolben samt Inhalt bleibt über Nacht im Dunkeln stehen.

Nach sorgfältiger Zugabe von etwa 25 ml 20%iger Kaliumjodidlösung und 100 ml Wasser schüttelt man den Kolben und titriert das ausgeschiedene Jod unter Verwendung von Stärkeindikator mit 0,1 n Natriumthiosulfatlösung. Gleichzeitig mit der Probe wird eine Blindbestimmung unter denselben Bedingungen durchgeführt.

Außerdem sei noch auf die *polarographische*[17] *Restmonomerenbestimmung* und diejenige durch *oxydative Titration*[17] hingewiesen.

8. Zusatzstoffe

An Zusatzstoffen können — besonders in Polymethacrylsäuremethylester — *UV-Absorber*, *Weichmacher* oder diverse *Mercaptane* vorhanden sein. Die Beschreibung einer potentiometrischen Titration von Mercaptan findet man bei J. Haslam[18], ebenso eine Methode zur Unterscheidung zwischen weichgemachtem und weichmacherfreiem Polymethacrylsäuremethylester.

Zur Vermeidung von Vergilbungen unter Lichteinfluß kommen als UV-Absorber u. a. Phenylsalicylat, Methylsalicylat, Resorcinolmonobenzoat, 2,4-Dihydroxybenzophenon und Stilben in Frage. Zu ihrer

---

[14] Davison, W. H. T., and G. R. Bates: Soc. **1953**, 2607; Haslam, J., and A. R. Jeffs: J. appl. Chem. **7**, 24 (1957).

[15] Harms, D. L.: Anal. Chem. **25**, 1140 (1953).

[16] Official Digest **33**, Teil II (1961).

[17] Swann, M. H.: C. P. A. Kappelmeier, Chemical Analysis of Resin-based Coating Materials, Intersc. Publ. New York-London, 372 (1959); Stanley, E. L.: G. M. Kline, Analytical Chemistry of Polymers, Teil I, Intersc. Publ. New York-London, 13 (1959).

[18] Haslam, J.: C. P. A. Kappelmeier, Chemical Analysis of Resin-based Coating Materials, Intersc. Publ. New York-London, 366 (1959).

Erfassung können chemische Farbreaktionen[19] oder die Bestimmung der Absorption dienen.

B. Gelöste und dispergierte Polymere

Die Untersuchung unbekannter Latices[20] stützt sich u. a. auf das Verhalten derselben gegenüber verschiedenen Lösungsmitteln, wie Hexan, Tetrachlorkohlenstoff, Äthanol, Wasser und Dioxan. In vielen Fällen versagt jedoch diese Methode, und zwar dann, wenn es sich um Gemische verschiedener Latices oder um Pfropfpolymere oder um weniger übliche Monomere und Zusatzmittel handelt. Einen in manchen Fällen brauchbaren Hinweis liefert das Verhalten der Latices gegenüber einer gesättigten Lösung von Jod in einer Mischung von Wasser und Diäthylenglykolmonoäthyläther 1:1. 5 Tropfen des Reagenzes zu 5 ml Latex geben im Fall von Polyvinylacetat oder anderen Polyvinylalkoholderivaten eine rostbraune Verfärbung, während das Fehlen einer Farbänderung einen Hinweis auf Acrylate liefert. Butadien-Styrol-Latices entfärben die Lösung.

Sicherere Aussagen erhält man durch Auswertung der Ergebnisse der Elementaranalyse, der Pyrolyse und der qualitativen und quantitativen Gruppenanalyse der Trockensubstanz. Die IR-Spektroskopie[2,21] und die Gaschromatographie (z. B. nach pyrolytischer Zersetzung) können dabei mit Erfolg zur Unterstützung herangezogen werden.

Die Ausprüfung der Latices umfaßt u. a. die Bestimmung des Feststoffgehaltes, der Viskosität (z. B. im Brookfield Viskosimeter), des pH-Wertes, der Gefrierstabilität, der Teilchengröße, der Viskosität des Polymeren und des Restmonomerengehaltes.

1. Feststoffgehalt

Der Feststoffgehalt wird meist bei 120° bestimmt. Bei Verwendung von großen Blechdeckeln (etwa 14 cm Durchmesser) und Verstreichen der Lösung mit einem rechtwinkelig gebogenen Glasstab, der mitgewogen wird, genügen Trocknungszeiten von 20 bis 25 Minuten.

2. pH-Wert

Die Bestimmung erfolgt in bekannter Weise mit pH-Meßgeräten.

3. Viskosität

Für Betriebskontrollen genügt meist die Ermittlung der Auslaufzeit der Lösung im Viskositätsbecher (4 DIN 53211). Darüberhinaus werden

[19] Haslam, J.: C. P. A. Kappelmeier, Chemical Analysis of Resin-based Coating Materials, Intersc. Publ. New York-London, 364 (1959); Haslam, J., S. Grossman, D. C. M. Squirrel, and S. F. Loveday: Analyst 78, 92 (1953).

[20] Heiberger, P.: C. P. A. Kappelmeier, Chemical Analysis of Resin-based Coating Materials, Intersc. Publ. New York-London, 267 (1959).

[21] Hummel, D.: Kunstst. 55, 102 (1965).

für Viskositätsprüfungen von Dispersionen bevorzugt Rotationsviskosimeter verwendet. Für die Bestimmung von $\frac{\eta\ \mathrm{spez}}{c}$ bzw. des K-Wertes des umgefällten Polymerisates vgl.[5].

Die Dispersion kann in Aceton gelöst, mit Wasser gefällt und die Viskosität in Aceton gemessen und graphisch ausgewertet werden[22].

4. Teilchengrößenbestimmung

Zur orientierenden Teilchengrößenbestimmung[22] gibt man einen Tropfen der Dispersion auf einen Objektträger und verteilt ihn mit einem befeuchteten Glasstab, bis die Dispersion einen dünnen, durchscheinenden Film bildet. Man bedeckt mit einem Deckgläschen, betrachtet den Film durch ein Mikroskop mit entsprechender Vergrößerung und registriert die Teilchengrößen, wobei Teilchen, die sich in Bewegung befinden, meist in der Größenordnung unter 0,5 μ liegen. (Über eingehendere Methoden vgl.[3]).

5. Verseifungszahl und Säurezahl

Die Bestimmung dieser Kenndaten erfolgt sinngemäß nach Kapitel 2.4.2.

6. Depolymerisation und Stickstoffbestimmung

Zur Depolymerisation wird aus der Lösung bzw. Dispersion durch Eintrocknen oder Ausfällen der Feststoff gewonnen und dann weiter wie bei den festen Polymerisaten beschrieben, verfahren.

Die Stickstoffbestimmung wird nach KJELDAHL durchgeführt (vgl. S. 385).

7. Restmonomerenbestimmung

Die Bestimmung des Restmonomerengehaltes erfolgt entweder nach der *Pyridinsulfatdibromidmethode*[23] oder durch *Addition von Morpholin* an die Doppelbindung[24]. Die zuletzt genannte Methode eignet sich für (Meth)acrylsäureester, -amid oder -nitril.

Borax, Natriumacetat oder Natriumbicarbonat, die sich als Puffersubstanzen im Latex vorfinden, bedingen einen Mehrverbrauch an Salzsäure, weshalb eine Blindprobe mit Latex — aber ohne Morpholin — durchgeführt werden muß.

Säuren mit Dissoziationskonstanten größer als 1.10^{-2}, tert. Amine, anorganische Basen und die meisten Epoxyde stören und müssen als Korrekturen berücksichtigt werden. Verbindungen, deren Doppelbindung nicht in Konjugation zu einer Carbonyl-, Carboxyl- oder Nitrilgruppe steht (Vinylester, Allylverbindungen), reagieren nicht mit Morpholin.

[22] „Amcel Acrylates", Firmenschrift der Celanese Corp. of America, 44 (1959).
[23] „Amcel Acrylates", Firmenschrift der Celanese Corp. of America, 46 (1959).
[24] „Acrylate Monomers", Firmenschrift der Union Carbide Chemicals Co., 13 (1962).

Namenverzeichnis

Sachverzeichnis

GPSR Compliance

The European Union's (EU) General Product Safety Regulation (GPSR) is a set of rules that requires consumer products to be safe and our obligations to ensure this.

If you have any concerns about our products, you can contact us on ProductSafety@springernature.com

In case Publisher is established outside the EU, the EU authorized representative is:

Springer Nature Customer Service Center GmbH
Europaplatz 3
69115 Heidelberg, Germany

Batch number: 10704711

Printed by Printforce, the Netherlands